高等院校计算机应用系列教材

大学计算机基础

(第四版)

唐永华　主　编
刘　鹏　于　洋　张彦弘　副主编

清华大学出版社

北　京

内 容 简 介

本书以 Windows 10 和 Office 2016 为平台，主要讲解了计算机基础知识、计算机硬件平台、中文操作系统 Windows 10、文字处理软件 Word 2016、电子表格软件 Excel 2016、演示文稿软件 PowerPoint 2016、多媒体技术、网络基础与应用等内容。书中最后附有全国计算机等级考试二级 MS Office 上机操作试题及答案，其中涵盖了考试二级 MS Office(Windows 10 环境)的核心内容。

本书内容丰富、层次清晰、图文并茂、通俗易懂，既有丰富的理论知识，又有大量难易适中、新颖独特的示例，具有很强的实用性和可操作性。

本书既可作为各类高等学校非计算机专业计算机基础课程的教学用书，又可作为计算机一、二级等级考试的学习用书，以及各类计算机培训机构的教学用书或计算机爱好者的自学用书。

本书配套的电子课件、课后习题及答案、示例源文件可以通过 http://www.tupwk.com.cn/downpage 网站下载，也可以扫描前言中的二维码获取。

图书在版编目(CIP)数据

大学计算机基础 / 唐永华主编. —4 版. —北京：清华大学出版社，2022.2
高等院校计算机应用系列教材
ISBN 978-7-302-60080-0

Ⅰ. ①大…　Ⅱ. ①唐…　Ⅲ. ①电子计算机—高等学校—教材　Ⅳ. ①TP3

中国版本图书馆 CIP 数据核字(2022)第 023050 号

责任编辑：胡辰浩
封面设计：高娟妮
版式设计：孔祥峰
责任校对：成凤进
责任印制：杨　艳

出版发行：清华大学出版社
网　　址：http://www.tup.com.cn，http://www.wqbook.com
地　　址：北京清华大学学研大厦 A 座　　**邮　　编：**100084
社 总 机：010-83470000　　**邮　　购：**010-62786544
投稿与读者服务：010-62776969，c-service@tup.tsinghua.edu.cn
质 量 反 馈：010-62772015，zhiliang@tup.tsinghua.edu.cn
印 装 者：三河市铭诚印务有限公司
经　　销：全国新华书店
开　　本：185mm×260mm　　**印　　张：**24.75　　**字　　数：**633 千字
版　　次：2013 年 9 月第 1 版　　2022 年 3 月第 4 版　　**印　　次：**2022 年 3 月第 1 次印刷
定　　价：79.00 元

产品编号：092207-01

前　言

本书是为了适应大学计算机基础教学新形势的需要，根据教育部高等学校非计算机专业计算机基础课程教学指导委员会提出的高等院校非计算机专业计算机基础教育大纲，结合当前教育教学改革和最新计算机技术而编写的。本书以高等院校非计算机专业需求为基础，针对高等院校非计算机专业计算机基础教学的特点，对教学内容进行重新审视，使其更适合计算机基础教学。本书内容丰富、层次清晰、图文并茂、通俗易懂，既有丰富的理论知识，又有大量难易适中、新颖独特、基于MS Office考试题库的示例。本书注重对学生实际动手能力的培养和训练，具有很强的实用性和可操作性。

本书编写的宗旨是使读者系统、全面地了解计算机基础知识，具备计算机实际应用能力，并能在各自的专业领域应用计算机进行学习与研究。本书主要内容包括计算机基础知识、计算机硬件平台、中文操作系统Windows 10、文字处理软件Word 2016、电子表格软件Excel 2016、演示文稿软件PowerPoint 2016、多媒体技术、网络基础与应用、全国计算机等级考试二级MS Office上机操作试题及答案。本书既注重基础知识的系统性，又突出应用，强化技能，能够满足高等院校计算机基础课程的教学需要。

本书由唐永华任主编，刘鹏、于洋、张彦弘任副主编，其中第1章由于洋和张彦弘编写，第2章、第7章、第8章由刘鹏编写，第3～6章、附录A、附录B由唐永华编写，全书最后由唐永华统稿。

本书注重基础引导、应用能力的培养、操作技能的提高，同时涵盖了全国计算机等级考试一、二级(Windows 10环境)的相关内容，既适合作为各类高等学校非计算机专业计算机基础课程的教学用书，又适合作为计算机一、二级等级考试的学习用书，以及各类计算机培训机构的教学用书或计算机爱好者的自学用书。

由于计算机技术的发展日新月异，高等学校计算机基础教育改革也在不断深化，加之编写时间仓促，书中难免有欠妥之处，恳请广大读者批评指正。我们的电话是010-62796045，邮箱是992116@qq.com。

本书配套的电子课件、课后习题及答案、示例源文件可以通过http://www.tupwk. com.cn/downpage网站下载，也可以扫描右侧的二维码获取。

编　者

2021年10月

目 录

꧁ 第1章 ꧂

计算机基础知识

1.1 计算机的发展

1946年，世界上第一台电子计算机在美国宾夕法尼亚大学诞生。此后，在短短的几十年里，电子计算机经历了几代演变，并迅速渗透到人们生产和生活的各个领域，在科学计算、工程设计、数据处理以及人们的日常生活等领域发挥着巨大的作用。电子计算机被公认为20世纪最重大的工业革命成果之一。

计算机是一种能够存储程序，并能按照程序自动、高速、精确地进行大量计算和信息处理的电子机器。科技的进步促使计算机的产生和迅速发展，而计算机的产生和迅速发展又反过来促使科学技术和生产水平的提高。当今，电子计算机的发展和应用水平已经成为衡量一个国家科学技术水平和经济实力的重要标志。

1.1.1 电子计算机的诞生

目前，人们公认的世界上第一台电子计算机是在1946年2月由美国宾夕法尼亚大学莫尔学院研制成功的 ENIAC(Electronic Numerical Integrator and Computer)，即电子数字积分计算机，如图1.1所示。ENIAC最初被专门用于火炮弹道计算，后经多次改进而成为能进行各种科学计算的通用计算机。它采用电子管作为计算机的基本元件，由18 000多个电子管，1500多个继电器，10 000多个电容器和70 000多个电阻构成，占地 170m^2，重量达 30t，耗电功率为140～150kW，每秒能进行5000次加减运算。这台完全采用电子线路执行算术运算、逻辑运算和信息存储的计算机，运算速度比继电器计算机快1000倍。

图1.1　世界上第一台电子数字积分计算机

尽管 ENIAC 的功能不能和现在的任何一台计算机相比，甚至不如现在的微型计算机，但在计算机发展的历史长河中，ENIAC 的诞生具有划时代的意义。

在计算机的发展过程中有两位杰出的科学家、重要的奠基人，他们分别是英国科学家阿兰·图灵[Alan Mathison Turing，图1.2(a)]和美籍匈牙利科学家冯·诺依曼[John von Neumann，图

1.2(b)]。阿兰·图灵的贡献是建立了对数字计算机有深远影响的图灵机理论模型，该模型奠定了人工智能的基础，而冯·诺依曼则提出了计算机的存储体系结构，并沿用至今。

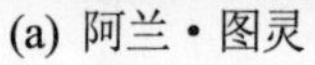

(a) 阿兰·图灵　　(b) 冯·诺依曼

图 1.2　阿兰·图灵与冯·诺依曼

1. 阿兰·图灵

阿兰·图灵，1912 年 6 月 23 日出生于英国伦敦，1954 年 6 月 7 日去世，享年 42 岁。图灵在科学特别是在数理逻辑和计算机科学方面，取得了举世瞩目的成就，是 20 世纪杰出的数学家、逻辑学家。他的一些科研成果，构成了现代计算机技术的基础。因此，阿兰·图灵被称为计算机科学之父、人工智能之父。

1936 年，图灵发表了著名的论文《论数字计算在决断难题中的应用》(“On Computable Numbers, with an Application to the Entscheidungs-problem”)。文中提出了“算法”(Algorithms)和“计算机”(Computing Machines)两个核心概念，被誉为现代计算机原理的开山之作。

1950 年，图灵发表了关于机器思维问题的论文《计算机器与智能》(“Computing Machinery and Intelligence”)，为后来的人工智能科学提供了开创性的构思，并提出了著名的“图灵测试”：如果第三者无法辨别人类与人工智能机器反应的差别，则可以论断该机器具备人工智能。这一划时代的作品，使图灵赢得了“人工智能之父”的桂冠。

1966 年，为了纪念图灵对计算机科学的巨大贡献，美国计算机协会(Association for Computing Machinery，ACM)设立了“图灵奖”。该奖项被公认为“计算机界的诺贝尔奖”，用以表彰在计算机科学中做出突出贡献的人。

2. 冯·诺依曼

冯·诺依曼，著名的美籍匈牙利数学家，1903 年 12 月 28 日出生于匈牙利布达佩斯的一个犹太人家庭，1957 年 2 月 8 日在华盛顿去世，享年 54 岁。

冯·诺依曼是少年天才，从小就显示出了惊人的数学天分，年仅 22 岁便以优异的成绩获得了布达佩斯大学的数学博士学位，并相继在柏林大学和汉堡大学担任数学讲师，27 岁便成为普林斯顿大学的终身教授，是 20 世纪最重要的数学家之一。冯·诺依曼在数学领域、经济学领域、物理学领域和计算机领域都有杰出的、开拓性的贡献。在计算机方面，冯·诺依曼参与了世界上第一台电子计算机 ENIAC 的研制，提出了计算机存储程序的原理，并确定了存储程序计算机的五大组成部分和基本的工作方法。半个多世纪以来，尽管计算机制造技术发生了巨大变化，但冯·诺依曼体系结构仍然被沿用至今。因此，冯·诺依曼被誉为“计算机之父”。

1.1.2 计算机发展的历程及未来趋势

从ENIAC问世至今，计算机从最初的用电子管作元器件，发展到今天的用超大规模集成电路作元器件，已走过了七十多年的历程。在这段时间里，计算机的应用领域不断拓宽，系统结构也发生了巨大的变化。根据计算机所采用的电子元器件的不同，计算机的发展历程可划分为电子管、晶体管、集成电路、大规模和超大规模集成电路4个阶段。

1. 第一代——电子管计算机(1946—1957年)

第一代计算机是电子管计算机。其基本元件是电子管，内存储器采用水银延迟线，外存储器有纸带、卡片、磁带和磁鼓等。其运算速度为几千次到几万次每秒，内存容量只有几千字节。计算机程序设计还处于最低阶段，用一串0和1表示的机器语言进行编程，直到20世纪50年代才出现汇编语言。由于尚无操作系统出现，因此对计算机的操作较困难，仅能在科学、军事和财务等少数尖端的领域得到应用。尽管这个时期计算机的应用有很大的局限性，但作为世界上第一台计算机，ENIAC的出现奠定了计算机发展的基础。

与ENIAC不同的是，EDVAC(Electronic Discrete Variable Automatic Computer，离散变量自动电子计算机)首次使用二进制，可以说EDVAC是第一台现代意义上的通用计算机。EDVAC由5个基本部分组成：运算器、控制器、存储器、输入装置以及输出装置，使用了大约6000个真空管、12 000个二极管，功率为56kW，重达7850kg，占地面积缩小到了45.5m^2，工作时需要30个技术人员同时操作。被誉为“计算机之父”的冯·诺依曼参与了EDVAC的研制，起草并发表了长达101页的著名的《关于EDVAC报告草案》。该草案中提出的计算机的存储体系结构沿用至今。这份草案在计算机发展史上具有划时代的意义，因为它向世界宣告了电子计算机的时代开始了。

第一代计算机体积庞大、造价昂贵、速度慢、存储容量小、可靠性差、不易操控，主要应用于军事和科学研究领域。其代表机型有IBM 650、IBM 709等。

2. 第二代——晶体管计算机(1958—1964年)

1954年，美国贝尔实验室成功研制了第一台使用晶体管的第二代计算机，取名为TRADIC(Transistorized Airborne Digital Computer)。相较于第一代计算机均采用的电子管元件在运行时产生的热量太多、可靠性较差、运算速度不快、价格昂贵、体积庞大等诸多缺点，尺寸小、重量轻、寿命长、效率高、发热少、功耗低的晶体管开始被用作计算机的基本元件。使用晶体管后，电子线路的结构大大改观，制造高速电子计算机就更容易了。

第二代计算机以晶体管为主要器件，其体积缩小，功耗降低，可靠性有所提高，与电子管相比，晶体管的平均寿命提高了100～1000倍，耗电降到了电子管的1/10，并且体积减小了一个数量级。晶体管计算机的内存储器由磁性材料制成的磁心做成，外存储器由磁盘、磁带组成，增加了浮点运算，运算速度达到几十万次每秒，内存容量也扩大到几十万字节。同时计算机软件也有了较大的发展，出现了监控程序并发展成为后来的操作系统，高级语言BASIC、FORTRAN被推出，使编写程序的工作变得更为方便并实现了程序兼容。

第二代计算机的使用范围也从单一的科学计算扩展到商务领域的数据处理和事务管理等其他领域。其代表机型有IBM 7094、CDC 7600。

3. 第三代——集成电路计算机(1965—1970年)

第三代计算机的主要元件是小规模集成电路和中规模集成电路。1958年，美国物理学家基尔比和诺伊斯同时发明了集成电路。这种集成电路是用特殊的工艺将几十个甚至几百个分立的电子元件组成的电子线路做在一个仅仅几平方毫米的硅片上，通常只有四分之一邮票大小。

与晶体管电路相比，集成电路计算机的体积更小，寿命更长，功耗、价格进一步下降，在存储器容量、速度和可靠性等方面都有了较大的提高。同时，计算机软件技术有了进一步发展，尤其是操作系统的逐步成熟是第三代计算机的显著特点。软件出现了结构化、模块化程序设计方法，如出现了Pascal语言。第三代计算机主要应用于科学计算、企业管理、自动控制、辅助设计和辅助制造等领域。最有影响的机型是IBM公司研制的IBM 360计算机系列。

4. 第四代——大规模、超大规模集成电路计算机(1970年至今)

第四代计算机的主要元器件是大规模集成电路和超大规模集成电路。随着集成电路技术的不断发展，20世纪70年代出现了可容纳数千至几十万个晶体管的大规模和超大规模集成电路。采用大规模集成电路可以在一个4mm^{2}的硅片上至少容纳相当于2000个晶体管的电子元器件。这种技术使得计算机的制造者把计算机的核心部件甚至整个计算机的部件都做在一个硅片上，从而使计算机的体积、重量都进一步减小。内存储器也用集成度很高的半导体存储器完全代替了磁心存储器。磁盘的存取速度和存储容量大幅度上升，开始引进光盘，计算速度可达到几百万次甚至上亿次每秒。操作系统向虚拟操作系统发展，数据管理系统不断完善和提高，程序语言进一步发展和改进，软件行业发展成为新兴的高科技产业。这个时期计算机的类型除小型、中型、大型机外，开始向巨型机和微型机两个方面发展。其中，巨型机的研发和利用，代表着一个国家的经济实力和科学研究水平；微型计算机的研发和运用，反映了一个国家科学技术的普及程度。世界上最早的微型计算机是由美国Intel公司的工程师马西安•霍夫(M. E. Hoff)于1971年研制成功的。它的突出特点就是将集成了运算器和控制器的微处理器做在了不同的芯片上，然后通过总线连接，组成了世界上第一台微型计算机——MCS-4。它的计算性能远远超过了第一代计算机ENIAC，且具有体积小、重量轻、功耗小、可靠性强、价格低廉、对使用环境的要求低的特点。所以微型计算机一经出现，就显现了强大的生命力。我国在1992年研制出了运算能力为10亿次每秒的巨型计算机——银河II，从而使我国成为世界上为数不多的具有研制巨型机能力的国家。

计算机的应用领域不断向社会各方面渗透，如办公自动化、数据库管理、图形识别和专家系统等，并且进入了寻常家庭。计算机发展阶段示意表如表1.1所示。

表1.1　计算机发展阶段示意表

器件	阶段			
	第一代 1946—1957年	第二代 1958—1964年	第三代 1965—1970年	第四代 1970年至今
电子元器件	电子管	晶体管	中、小规模集成电路	大规模和超大规模集成电路
主存储器	阴极射线管或汞延迟线	磁心、磁鼓	磁心、磁鼓、半导体存储器	半导体存储器

(续表)

器件	阶段			
	第一代 1946—1957年	第二代 1958—1964年	第三代 1965—1970年	第四代 1970年至今
外部辅助存储器	纸带、卡片	磁带、磁鼓	磁带、磁鼓、磁盘	磁带、磁盘、光盘
处理方式	机器语言、汇编语言	高级语言程序	多道程序、实时处理	实时处理、分时处理、网络操作系统
运算速度	几千次/秒～3万次/秒	几十万次/秒～上百万次/秒	上百万次/秒～几百万次/秒	几百万次/秒～上千亿次/秒

随着硅芯片技术的高速发展，硅技术越来越接近于其自身的物理发展极限，因此，迫切要求计算机从结构变革到器件与技术的变革这一系列的技术都要产生一次质的飞跃。2015年，中国紫光股份有限公司自主研发的第一代云计算机“紫云1000”问世。中国紫光股份有限公司将云计算机定义为采用与个人计算机和超级计算机完全不同的分布式体系架构，借助于云计算的虚拟化技术，由多个成本相对较低的计算资源融合而成的具有强大计算能力的计算机。它可高效满足大数据处理、高吞吐率和高安全信息服务等多类应用需求，其计算能力和存储能力可动态伸缩并无限扩展。随着技术的革新和理念的变革，预测未来新型计算机的类型如下。

- **量子计算机** 量子计算机是在量子效应基础上开发的，它利用一种链状分子聚合物的特性来表示开与关的状态，利用激光脉冲来改变分子的状态，使信息沿着聚合物移动，从而进行运算。一个量子位可以存储两个数据，0和1可同时存取。同样数量的存储位，量子计算机的存储量比普通计算机要大得多，而且能够实行量子并行计算，其运算速度可能比现有的个人计算机的芯片快将近10亿倍。
- **光子计算机** 光子计算机即全光数字计算机，以光子代替电子，光互连代替导线互连，光硬件代替计算机中的电子硬件，光运算代替电运算。光的高速特性天然决定了光计算机具有超高的运算速度；与只能在低温下工作的超高速电子计算机相比，光子计算机可在正常室温下工作；光计算具有容错性，从这个层面上，可以与人脑相媲美。
- **分子计算机** 其运算过程指蛋白质分子与化学介质的相互作用，计算机的转换开关是酶，生物分子组成的计算机能在生化环境下，甚至在生物有机体中运行，并能以其他分子形式与外部环境交换。因此它将在医疗诊治、遗传追踪和仿生工程中发挥不可替代的作用。分子芯片的体积虽然大大减小，但效率大大提高，分子计算机完成一项运算，所需的时间仅为10ps(皮秒)，比人的思维速度快100万倍。分子计算机具有惊人的存储容量，$1m^3$的DNA溶液可存储1万亿亿的二进制数据。分子计算机消耗的能量非常小，只有电子计算机的十亿分之一。由于分子芯片的原材料是蛋白质分子，因此分子计算机既有自我修复的功能，又可直接与分子活体相连。
- **纳米计算机** 纳米技术的终极目标是使人类按照自己的意志直接分离单个原子，制造出具有特定功能的产品。现在纳米技术能把传感器、电动机和各种处理器集成在一块硅芯片上，纳米计算机内存芯片的体积仅与几百个原子的大小相当。

- **生物计算机** 20世纪80年代以来，生物工程学家对人脑、神经元和感受器的研究倾注了大量心血，以期研制出可以模拟人脑思维、低耗、高效的第六代计算机——生物计算机。用蛋白质制造的计算机芯片，存储量可以达到普通计算机的10亿倍。生物计算机元件的密度比人脑神经元的密度高100万倍，传递信息的速度也比人脑思维的速度快100万倍。
- **神经计算机** 其特点是可以实现分布式联想记忆，并能在一定程度上模拟人和动物的学习功能。它是一种有知识、会学习、能推理的计算机，具有能理解自然语言、声音、文字和图像的能力，并且具有说话的能力，使人机能够用自然语言直接对话。它可以利用已有的和不断学习到的知识，进行思维、联想、推理，并得出结论，能解决复杂问题，具有汇集、记忆、检索有关知识的能力。

1.1.3 计算机发展的新热点

"我们将利用各种不同的设施进行相互联络，包括一些看起来像电视机、像今天的个人计算机或电话机的设备，有些设备的大小与形状可能与一个钱包相似。在它们的核心都嵌有一台功能强大的计算机，无形地与成百万的其他计算机连接在一起。

不久的将来，会有这么一天：你可能不必离开书桌或扶手椅，就可以办公、学习、探索这个世界和它的各种文化，进行各种娱乐，交朋友，逛附近的商场，向远方的亲戚展示照片，等等。你不会忘记带走你遗留在办公室或教室里的网络连接用品，它将不仅仅是你随身携带的一个小物件，或你购买的一个用具，而是你进入一个新的、媒介生活方式的通行证。"

——比尔·盖茨《未来之路》

1995年，比尔·盖茨在《未来之路》一书中用预言的方式描述了人们未来的生活方式。当时网络刚刚兴起，信息技术对人们生活方式的影响还微乎其微。然而在今天，这些预言的大部分在新思想、新技术、新应用的驱动下已经实现或者正在被实现。云计算、移动互联网、物联网、大数据等产业呈现出蓬勃发展的态势，全球的信息技术产业正在经历着深刻的变革。

1. 云计算

2006年，谷歌首席执行官埃里克·施密特(Eric Schmidt)在搜索引擎大会上首次提出"云计算"(Cloud Computing)的概念。云计算将计算任务分布在由大量分布式计算机构成的资源池中(并非本地计算机)，使各种应用系统能够根据需要获取计算能力、存储空间和服务信息。云计算之所以称为"云"，主要原因是它在某些方面具有云的特征。比如，云可大可小、可动态伸缩、边界模糊。而且云在空中的位置飘忽不定，虽然无法确定它的具体位置，但是它确实存在于某处。所以可以借用云的这些特点来形容云计算中服务能力和信息资源的伸缩性，以及后台服务设施位置的透明性。

2007年，谷歌与IBM公司合作搭建计算机存储、运算中心，然后用户通过网络借助浏览器就可以方便地访问，把"云"作为资料存储以及应用服务的中心。两大公司开始在美国大学校园，包括卡内基-梅隆大学、麻省理工学院、斯坦福大学、加州大学伯克利分校及马里兰大学等，推广云计算的计划，希望通过云计算降低分布式计算技术在学术研究方面的成本，随后云计算逐渐延伸到商业应用以及社会服务等多个领域。

目前，云计算正在从一个新的思想角度变革信息技术产业。在云计算概念的基础上，云存储、云安全、云杀毒的概念也应运而生。随着信息技术的发展，特殊行业中使用的昂贵大型计算机变成了人人都易得易用的个人计算机，这大大提升了企业和个人的工作效率。互联网将每个信息节点汇聚成庞大的信息网络，极大地提高了人类的信息沟通、共享以及协作的效率。而云计算带来的深刻变革会将信息产业变成绿色环保和资源节约型的产业，例如，将信息技术基础设施变成如水电一样按需使用和付费的社会公用基础设施，从而有效地降低企业的信息技术基础设施的成本。云计算的本质就是要通过整合、共享和动态提供资源来实现信息技术投资利用率的最大化。云计算不需要舍弃原有的信息技术基础设施资源，它包括新投资的资源和已有的资源。

云计算的优点很多，可以提供最可靠、最安全的数据存储中心，使用户不用再担心数据丢失、病毒入侵等问题带来的麻烦；云计算对用户端的设备要求最低，使用起来也最方便，可以轻松实现不同设备间的数据与应用的共享。另外，云计算为网络的使用提供了无限多的可能性，为数据的存储和管理提供了几乎无限多的空间，也几乎为各类应用提供了无限大的计算能力。

云计算目前已经发展到云安全和云存储两大领域，微软、谷歌公司涉足的是云存储领域，国内的瑞星公司已经推出了云安全产品。

2. 移动互联网

十几年前的你能想象到吗？你在家里发一条微博或微信就可以做成一单生意，下载一个移动应用就可以集合一个兴趣群体，利用打车软件就可以按需、按时叫车，利用智能手机就可以随时随地通过在线教育学习需要的知识。实际上，这就是移动互联网对我们生活的影响。

移动互联网(Mobile Internet，MI)将智能移动终端和互联网两者结合起来成为一体。移动互联网是指互联网的技术、平台、商业模式和应用与移动通信技术相结合并实践的活动的总称。随着宽带无线接入技术和移动终端技术的飞速发展，人们迫切希望能够随时随地，甚至在移动的过程中都能够高速地接入互联网，便捷地获取信息和服务。可见，移动与互联网相结合的趋势是历史的必然。

据统计，截至 2014 年 4 月，我国移动互联网用户总数就已达 8.48 亿，其中，在移动电话用户中的渗透率达 67.8%；手机网民规模达 5 亿，占总网民数的八成多，手机保持第一大上网终端地位。我国移动互联网的发展已进入全民时代。

移动互联网是一个全国性的、以宽带 IP 为技术核心并可以同时提供语音、传真、图像、数据、多媒体等高品质电信服务的新一代开放的电信基础网络。移动互联网正以“应用轻便”和“通信便捷”的特点逐渐渗透到人们的学习、工作和生活中。无论是个人还是企业，无论是我们的工作还是生活，都受着如潮水一般的移动互联网的极大影响。

3. 物联网

在信息时代，科技的发展日新月异，互联网深刻地改变着人们的生活方式与习惯。从一般的计算机到互联网，从互联网再到物物相连的物联网，网络从人与人之间的沟通，进一步拓展到人与物、物与物之间的沟通。

1999 年，美国 MIT Auto-ID 中心提出了物联网(Internet of Things，IoT)的概念：“通过射频识别(RFID)RFID+互联网、红外感应器、全球定位系统、激光扫描器、气体感应器等信息传感设备，按约定的协议，把任何物品与互联网连接起来，进行信息交换和通信，以实现智能化识别、定位、跟踪、监控和管理的一种网络。”

物联网的概念包含两种含义：第一，物联网的核心和基础仍然是互联网，是在互联网基础上延伸和扩展的网络；第二，其用户端延伸和扩展到了任何物品与物品之间，进行信息交换和通信。因此，物联网就是利用网络连接所有能够被独立寻址的普通物理对象，从而实现对物品的智能化识别、定位、跟踪、监控和管理。它具有普通对象设备化、自治终端互联化、普适服务智能化的重要特征。物联网的应用目的在于构建一个更加智能的社会。现在的物联网应用领域拓展到了国防安全、智能交通管理、智能医疗管理、环境保护、平安家居和个人健康等多个领域。物联网被称为继计算机和互联网之后，世界信息产业的第三次浪潮，代表着当前和今后一段时间内信息网络的发展方向。

4. 大数据

当今社会科技发达、信息通畅，人们的交流密切，生活方便，大数据(Big Data)就是这个高科技时代的产物。阿里巴巴创始人马云在一次演讲中提到“未来的时代将不是 IT 时代，而是 DT(Data Technology，数据科技)时代”。这显示出未来的社会中，大数据将处于举足轻重的地位。

最早提出“大数据”时代到来的是全球知名咨询公司麦肯锡全球研究所。该公司指出：大数据是一种规模大到在获取、存储、管理、分析方面大大超出传统数据库软件工具能力范围的数据集合，具有海量的数据规模、快速的数据流转、多样的数据类型和价值密度低四大特征。

牛津大学教授维克托·迈尔-舍恩伯格与《经济学人》数据编辑肯尼斯·库克耶在合著的《大数据时代》一书中指出，大数据不用随机分析法(抽样调查)这样的捷径，而采用所有数据进行分析处理。

而对于“大数据”，研究机构 Gartner 认为：“大数据”是需要新处理模式才能具有更强的决策力、洞察发现力和流程优化能力的海量、高增长率和多样化的信息资产。

大数据在物理学、生物学、环境生态学等领域以及军事、金融、通信等行业已存有时日，因为近年来互联网和信息行业的发展而引起人们关注。大数据已经渗透到当今每个行业和业务职能领域，已成为重要的生产因素。

目前，人们对大数据还没有一个准确的定义，大数据是一个正在形成的、发展中的阶段性概念，一般从 4 个方面的特征来理解其内容，即数量(Volume)、多样性(Variety)、速度(Velocity)和真实性(Veracity)，简称 4V 特征。

- **Volume**：数据量大。数据量的大小决定所考虑的数据的价值和潜在的信息，大数据的起始计量单位至少是 PB(1000TB)、EB(100 万 TB)或 ZB(10 亿 TB)。
- **Variety**：数据类型繁多。包括网络日志、音频、视频、图片、地理位置信息等，多类型的数据对数据的处理能力提出了更高的要求。
- **Velocity**：获得数据的速度快、时效高。这是大数据区别于传统数据挖掘最显著的特征。
- **Veracity**：数据真实性高。随着社交数据、企业内容、交易与应用数据等新数据源的兴起，传统数据源的局限被打破，企业越发需要有效的信息以确保其真实性及安全性。

随着云时代的来临，大数据也吸引了越来越多人的目光。大数据通常用来形容一家公司创建的大量非结构化和半结构化数据，这些数据在下载到关系数据库中用于分析时会花费过多的时间和金钱。大数据分析常和云计算联系到一起，因为实时的大型数据集分析需要向数十、数百甚至数千台计算机分配工作。

大数据技术的重要性并不在于掌握庞大的数据信息，而在于对这些含有意义的数据进行专业化处理。如今，信息海量存在，但这些数据的价值密度相对较低。如何对这些含有意义的数据进行专业化处理，提高对数据的加工能力，迅速地完成数据的价值“提纯”，是大数据时代亟待解决的难题。

目前，大数据技术已经在各个领域得以应用。如大数据帮助电商公司向客户推荐心仪的商品和服务，大数据帮助社交网站提供更准确的好友推荐，大数据帮助娱乐行业预测歌手、歌曲、电影、电视剧的受欢迎程度，并为企业分析和评估娱乐节目的受众，以帮助企业提升广告投放的精准度。

大数据的收集有很多种方法，如根据人们浏览的网页、搜索的关键字，推测出人们感兴趣的东西，也可以根据 QQ、微信类的社交软件聊天记录来收集有用的信息，还可以通过网页上的调查问卷来了解人们对某种事物的看法和态度。这些收集起来的数据会被存储起来，在需要时运用软件进行分析处理。国家有国家的数据，公司有公司的数据，数据量越大代表实力越强，未来发展的可能性也就越大、越好。

未来，大数据的身影将无处不在，因大数据而产生的变革浪潮将很快淹没地球上的每个角落。大数据将被用来解决社会问题、商业问题、科学技术问题，以及人类的衣食住行问题。

5. 可穿戴计算机

可穿戴计算机(简称可穿戴机)的前身并不光彩。20 世纪 60 年代，美国赌场里的赌客们将小型的摄像头、对讲机等机器挂在身上或放在口袋里，以此得到同伴的信息进而在赌局中获胜。尽管如此，它仍向人们透露了一个信息：人们已不满足于将计算机置于桌面上的人机分离状态，开始思考如何使人机结合得更紧密。

在一些发达国家，可穿戴机已经被广泛应用于危险事件的处理中。大楼起火，烟雾弥漫，漆黑一片，消防员随身佩戴的可穿戴机将信息整合后可以迅速提示其在整个楼房中的位置、楼内哪里还有幸存的生命，从而救出被困人员；灾情突然发生，受伤人员急需现场手术，救护人员通过可穿戴机进行远程会诊，成功实施手术；进行飞机紧急维修的维修工人通过可穿戴机一边阅读存储器中的维修手册，一边与总部沟通，同时自如地进行维修。

1989 年，日本著名漫画家鸟山明在其推出的《龙珠 Z》漫画中创造了一种“战斗力侦测器”，这是一种像眼镜一样戴在头上的东西，佩戴者可以通过目测，看出每一个人的战斗力数值。23 年后，谷歌公司推出了一款谷歌眼镜。虽然这款眼镜看不出战斗力，但拥有主流智能手机的所有功能，通信、数据业务一应俱全。一百多年来，全球科技发展日新月异，科技产品从想象变为现实的例子比比皆是，而其中能大规模商用的比例并不高。谷歌眼镜会是其中之一吗？值得注意的是，尽管思路完全不同，老牌电子消费企业索尼也有自己的商用化头戴式产品，而苹果公司也在动类似的脑筋。“众星捧月”之下，解放双手的头戴式设备到底离我们有多远？其实一点都不远。

在可穿戴机可预见的未来：孩子背着书包出门，父母通过孩子随身佩戴的可穿戴机可看见他所处的环境，随时与他面对面通话；商店里，面对琳琅满目的商品不知所措的丈夫经由妻子的“远程”参考后买回了满意的商品；年迈的父母无法纵情山水，通过在旅游胜地的儿女的眼睛“看旅游”；等等。虽然可穿戴机已在许多特殊任务领域得到充分利用，但人们更希望它早日进入日常生活。

许多人认为，可穿戴机“无非是一个小的PC挂在身上”，一些计算机基础研究者对其也不以为然。可穿戴机虽然看起来是穿戴在人身上工作，但并不能仅仅理解为将计算机穿在身上，在可穿戴计算工程中有11项关键技术，如无线自组网络、片上系统(System-on-Chip，SoC)、无线通信、嵌入式操作系统等都是当前计算机科学的难关。业内专家也曾宣称：“任何有利于缩小人机隔阂的研究都是有生命力价值的！”正是基于这一点，国内计算机的先锋“青年计算机科技论坛”曾专门以此为论题召开了可穿戴计算机新技术报告会。加拿大传播学家麦克卢汉在20世纪60年代就提出了“媒介是人的延伸”，今天的可穿戴计算机正在实现着人身上各个器官的功能，并延长着每一个功能。

6. 虚拟仿真技术

虚拟仿真技术又称虚拟现实技术或模拟技术，就是用一个虚拟的系统模仿另一个真实系统的技术。从狭义上讲，虚拟仿真技术是指20世纪40年代伴随着计算机技术的发展而逐步形成的一类试验研究的新技术；从广义上讲，虚拟仿真技术在人类认识自然界客观规律的历程中一直被有效地使用着。由于计算机技术的发展，仿真技术逐步自成体系，成为继数学推理、科学实验之后人类认识自然界客观规律的第三类基本方法，而且正在发展成为人类认识、改造和创造客观世界的一项通用性、战略性技术。

人们对仿真技术的期望越来越高，过去，人们只用仿真技术来模拟某个物理现象、设备或简单系统；今天，人们要求能用仿真技术来描述复杂系统，甚至由众多不同系统组成的系统体系。这就要求仿真技术需要进一步发展，并吸纳、融合其他相关技术。

虚拟现实(Virtual Reality，VR)技术，是20世纪80年代新崛起的一种综合集成技术，涉及计算机图形学、人机交互技术、传感技术、人工智能等。它是由计算机硬件、软件以及各种传感器构成的三维信息的人工环境——虚拟环境，可以逼真地模拟现实世界(甚至是不存在的)的事物和环境，人投入到这种环境中后，立即有一种“身临其境”的感觉，并可亲自操作，自然地与虚拟环境进行交互。

VR技术主要有三方面的含义：第一，借助于计算机生成的环境是虚幻的；第二，人对这种环境的感觉(视、听、触、嗅等)是逼真的；第三，人可以通过自然的行为(手动、眼动、口说、其他肢体动作等)与这个环境进行交互，虚拟环境还能够实时地做出相应的反应。

虚拟仿真技术则是在多媒体技术、虚拟现实技术与网络通信技术等信息科技迅猛发展的基础上，将仿真技术与虚拟现实技术相结合的产物，是一种更高级的仿真技术。虚拟仿真技术以构建全系统统一的、完整的虚拟环境为典型特征，并通过虚拟环境来集成与控制众多的实体。实体可以是模拟器，也可以是其他的虚拟仿真系统，还可用一些简单的数学模型表示。实体在虚拟环境中相互作用，或与虚拟环境作用，以表现客观世界的真实特征。虚拟仿真技术的这种集成化、虚拟化与网络化的特征，充分满足了现代仿真技术的发展需求。

虚拟仿真技术具有以下4个基本特性。

- **沉浸性(Immersion)**：虚拟仿真系统中，使用者可获得视觉、听觉、嗅觉、触觉、运动感觉等多种感知，从而获得身临其境的感受。理想的虚拟仿真系统应该具有能够给人所有感知信息的功能。

- **交互性(Interaction)**：虚拟仿真系统中，不仅环境能够作用于人，人也可以对环境进行控制，而且人是以近乎自然的行为(自身的语言、肢体的动作等)进行控制的，虚拟环境还能够对人的操作予以实时的反应。例如，当飞行员按下导弹发射按钮时，会看见虚拟的导弹发射出去并跟踪虚拟的目标；当导弹碰到目标时会发生爆炸，能够看到爆炸的碎片和火光。
- **虚幻性(Imagination)**：系统中的环境是虚幻的，是由人利用计算机等工具模拟出来的。计算机既可模拟客观世界中以前存在过的或是现在真实存在的环境，又可模拟客观世界中当前并不存在的但将来可能出现的环境，还可模拟客观世界中并不会存在的而仅仅属于人们幻想的环境。
- **逼真性(Reality)**：虚拟仿真系统的逼真性表现在两个方面。一方面，虚拟环境给人的各种感觉与所模拟的客观世界非常相像，一切感觉都是那么逼真，如同在真实世界中一样；另一方面，当人以自然的行为作用于虚拟环境时，环境做出的反应也符合客观世界的有关规律。例如，当给虚幻物体一个作用力时，该物体的运动就会符合力学定律，沿着力的方向产生相应的加速度；当它遇到障碍物时，会被阻挡。

7. 人工智能

人工智能(Artificial Intelligence，AI)是研究、开发用于模拟、延伸和扩展人的智能的理论、方法、技术及应用系统的一门新的科学。

人工智能是计算机科学的一个分支，它试图了解智能的实质，并生产出一种新的能以人类智能相似的方式做出反应的智能机器，该领域的研究包括机器人、语言识别、图像识别、自然语言处理和专家系统等。人工智能从诞生以来，理论和技术日益成熟，应用领域也不断扩大，可以设想，未来人工智能带来的科技产品，将会是人类智慧的“容器”。人工智能可以实现对人的意识、思维的信息过程的模拟。人工智能不是人的智能，但能像人那样思考，也可能超过人的智能。

人工智能是一门极富挑战性的科学，从事这项工作的人必须懂得计算机知识、心理学和哲学。人工智能是一门涉及十分广泛的科学，它由不同的领域组成，如机器学习、计算机视觉等。总的来说，人工智能研究的一个主要目标是使机器能够胜任一些通常需要人类智能才能完成的复杂工作。但不同的时代、不同的人对这种“复杂工作”的理解是不同的。2017 年 12 月，人工智能入选“2017 年度中国媒体十大流行语”。

人工智能的传说可以追溯到古埃及，但随着 1942 年以来电子计算机的发展，已最终可以创造出机器智能。“人工智能”一词最初是在 1956 年的达特茅斯会议上提出的，从那以后，研究者发展了众多理论和原理，人工智能的概念也随之扩展。在人工智能还不长的历史中，它的发展速度比预想的要慢，但一直在前进，从 60 多年前出现至今，已经出现了许多 AI 程序，并且它们也影响了其他技术的发展。

(1) 竞赛 Loebner(人工智能类)

以人类的智慧创造出堪与人类大脑相媲美的机器大脑(人工智能)，对人类来说是一个极具诱惑的领域，人类为了实现这一梦想也已奋斗了很多年。而从一个语言研究者的角度来看，要让机器与人自由交流是相当困难的，甚至说可能会是一个永无答案的问题。人类的语言、人类的智能是如此复杂，以至于我们的研究还并未触及其导向本质的外延部分的边缘。

日常生活中人们开始感受到计算机和人工智能技术的影响，计算机技术的研究不再只属于实验室中的一小群研究人员。个人电脑和众多技术杂志使计算机技术展现在人们面前，有了像美国人工智能协会这样的基金会，因为 AI 开发的需要，还出现了一阵研究人员进入私人公司的热潮。150 多家像 DEC(它雇用 700 多名员工从事 AI 研究)这样的公司共花了 10 亿美元在内部 AI 开发组上。其他 AI 领域也在 20 世纪 80 年代进入市场，其中一项就是机器视觉。MINSKY 和 MARR 的成果如今用到了生产线上的相机和计算机中，以进行质量控制。尽管还很简陋，但这些系统已能够通过黑白区别分辨出物件形状的不同。到 1985 年美国有一百多家公司生产机器视觉系统，销售额共达 8000 万美元。但 20 世纪 80 年代对 AI 工业来说也不全是好年景。1986 年到 1987 年对 AI 系统的需求下降，使业界损失了近 5 亿美元，Teknowledge 和 Intellicorp 两家公司共损失超过 600 万美元，大约占利润三分之一的巨大损失迫使许多研究领导者削减经费。另一个令人失望的项目是美国国防部高级研究计划署支持的所谓“智能卡车”，这个项目旨在研制一种能完成许多战地任务的机器人。由于项目缺陷和成功无望，Pentagon 停止了该项目的经费。尽管经历了这些受挫的事件，AI 仍在慢慢恢复发展，新的技术在日本被开发出来，如在美国首创的模糊逻辑，它可以从不确定的条件做出决策；还有神经网络，被视为实现人工智能的可能途径。总之，20 世纪 80 年代 AI 被引入市场，并显示出实用价值。可以确信，它将是通向 21 世纪的钥匙。人工智能技术接受检验，在“沙漠风暴”行动中，军方的智能设备经受了战争的考验。人工智能技术被用于导弹系统和预警显示以及其他先进武器。AI 技术也进入了家庭，智能电脑的出现激起了公众的兴趣。一些面向苹果机和 IBM 兼容机的应用软件，例如语音和文字识别软件已可买到。使用模糊逻辑，AI 技术简化了摄像设备，对人工智能相关技术更大的需求促使新的进步不断出现，人工智能已经并且将继续不可避免地改变我们的生活。

(2) 强弱对比

人工智能的一个比较流行的定义，也是该领域较早的定义，是由约翰·麦卡锡(John Mccarthy)在 1956 年的达特茅斯会议上提出的：人工智能就是要让机器的行为看起来就像是人所表现出的智能行为一样。但是这个定义似乎忽略了强人工智能的可能性。另一个定义指人工智能是人造机器所表现出来的智能性。总体来讲，对人工智能的定义大多可划分为 4 类，即机器“像人一样思考”“像人一样行动”“理性地思考”“理性地行动”。这里的“行动”应广义地理解为采取行动，或制定行动的决策，而不是肢体动作。

(3) 强人工智能(Bottom-up AI)

强人工智能观点认为有可能制造出真正能推理(Reasoning)和解决问题(Problem-Solving)的智能机器，并且这样的机器被认为是有知觉的、有自我意识的。强人工智能可以有两类：类人的人工智能，即机器的思考和推理就像人的思维一样；非类人的人工智能，即机器产生了和人完全不一样的知觉和意识，使用和人完全不一样的推理方式。

(4) 弱人工智能(Top-down AI)

弱人工智能观点认为不可能制造出能真正地推理和解决问题的智能机器，这些机器只不过看起来像是智能的，但是并不真正拥有智能，也不会有自主意识。主流科研集中在弱人工智能上，并且一般认为这一研究领域已经取得了可观的成就。强人工智能的研究则处于停滞不前的状态。

(5) 对强人工智能的哲学争论

“强人工智能”一词最初是约翰·罗杰斯·希尔勒针对计算机和其他信息处理机器提出的，其定义为：“强人工智能观点认为计算机不仅是用来研究人的思维的一种工具；相反，只要运行适当的程序，计算机本身就是有思维的。”在这里，智能的含义是多义的、不确定的，像下面提到的就是其中的例子。利用计算机解决问题时，必须明确知道程序。可是，人即使在不清楚程序时，根据发现(heu-ristic)法而设法巧妙地解决问题的情况是不少的，例如，识别书写的文字、图形、声音等，所谓认识模型就是一例。另外，能力因学习而得到提高，因归纳推理、依据类推而进行的推理等，也是其例。此外，解决的程序虽然是清楚的，但是实现起来需要很长时间，对于这样的问题，人能在很短的时间内找出相当好的解决方法，如竞技比赛等就是其例。还有，计算机在没有给予充分的合乎逻辑的正确信息时，就不能理解它的意义，而人在仅被给予不充分、不正确信息的情况下，根据适当的补充信息，也能抓住它的意义。自然语言就是其例，用计算机处理自然语言，称为自然语言处理。

关于强人工智能的争论不同于更广义的一元论和二元论的争论。其争论要点是：如果一台机器的唯一工作原理就是对编码数据进行转换，那么这台机器是不是有思维的？希尔勒认为这是不可能的，他列举了中文房间的例子来说明，如果机器仅仅是对数据进行转换，而数据本身是对某些事情的一种编码表现，那么在不理解这一编码和实际事情之间的对应关系的前提下，机器不可能对其处理的数据有任何理解。基于这一论点，希尔勒认为即使有机器通过了图灵测试，也不一定说明机器就真的像人一样有思维和意识。

也有一些哲学家持不同的观点。例如，Daniel C. Dennett 在其著作 *Consciousness Explained* 里认为，人也不过是一台有灵魂的机器而已，为什么我们认为人可以有智能而普通机器就不能呢？他认为上述数据转换机器是有可能有思维和意识的。

有的哲学家认为，如果弱人工智能是可实现的，那么强人工智能也是可实现的。比如 Simon Blackburn 在其哲学入门教材 *Think* 里说道，一个人看起来是“智能”的行动并不能真正说明这个人就真的是智能的。我永远不可能知道另一个人是否真的像我一样是智能的，还是说他仅仅是看起来是智能的。基于这个论点，既然弱人工智能认为可以令机器看起来像是智能的，那么就不能完全否定机器真的是智能的。Blackburn 认为这是一个主观认定的问题。

需要指出的是，弱人工智能并非和强人工智能完全对立。也就是说，即使强人工智能是可能的，弱人工智能也仍然是有意义的。至少，今天的计算机能做的事，像算术运算等，在一百多年前被认为是很需要智能的。

1.2 计算机中信息的表示与存储

1.2.1 信息表示的形式

在计算机中，所有的信息都是以二进制的形式表示与存储的。二进制是用 0 和 1 两个数码来表示的数，是计算机技术采用的一种数制。它的基数为 2，进位规则是“逢二进一”，借位规则是“借一当二”。

计算机系统使用二进制的主要原因是在设计电路、进行运算的时候更加简便、可靠、逻辑性强。因为计算机是由电驱动的，电路实现“开/关”的状态可以用数字“0/1”来表示，这样计算机中所有信息的转换电路都可以用这种方式表示。也就是说，计算机系统中数据的加工、存储与传输都可以用电信号的“高/低”电平来表示。

1. 基数和位权

在日常生活中，我们经常遇到数制的概念。例如，计算时间时，60 秒是 1 分钟，60 分钟是 1 小时，用的是六十进制的计数方法。每个星期有七天，超过了七天就是下一个星期，这是七进制计数方法。人们习惯上使用的是十进制记数法，比如乘法口诀表。但在计算机中，常用的计数制除了十进制外，还有二进制、八进制和十六进制。

数制的类型虽然不同，但具有共同的计算和运算规律。数制中有基数和位权两个概念。基数是进位制的基本特征数，即所用到的数码的个数。例如，十进制用 0～9 共 10 个数码表示，基数为 10。

对于多位数，处在不同位置上的数字代表的值不同，每一位数的大小是由该位置上的数乘以基数的若干次幂，这个基数的若干次幂称为位权。基数的幂次由每个数所在的位置决定。排列方式是以小数点为界，整数部分自右向左分别为 0 次幂、1 次幂、2 次幂……小数部分自左向右分别为负 1 次幂、负 2 次幂、负 3 次幂……例如，十进制整数部分第 3 位的位权为 $10^2=100$，而二进制第 3 位的位权为 $2^2=4$，对于 N 进制数，整数部分第 i 位的位权为 $N^{(i-1)}$，而小数部分第 j 位的位权为 N^{-j}。

2. 常用的进位记数制

(1) 十进制

所使用的数码有 10 个，即 0、1、2、…、9，基数为 10，各位的位权是 10^i，进位规则是“逢十进一”。例如，十进制数$(124.56)_{10}$可以表示为:

$$(124.56)_{10}=1\times10^2+2\times10^1+4\times10^0+5\times10^{-1}+6\times10^{-2}$$

(2) 二进制

所使用的数码有 2 个，即 0、1，基数为 2，各位的位权为 2^i，进位规则是“逢二进一”。例如，二进制数$(1101.01)_2$可以表示为:

$$(1101.01)_2=1\times2^3+1\times2^2+0\times2^1+1\times2^0+0\times2^{-1}+1\times2^{-2}$$

(3) 八进制

所使用的数码有 8 个，即 0、1、2、…、7，基数为 8，各位的位权是 8^i，进位规则是“逢八进一”。例如，八进制数$(35.21)_8$可以表示为:

$$(35.21)_8=3\times8^1+5\times8^0+2\times8^{-1}+1\times8^{-2}$$

(4) 十六进制

所使用的数码有 15 个，即 0、1、2、…、9、A、B、C、D、E 和 F(其中 A、B、C、D、E、F 分别表示 10、11、12、13、14、15)，基数为 16，各位的位权是 16^i，进位规则是“逢十六进一”。例如，十六进制数 $(2C7.1F)_{16}$ 可以表示为:

$$(2C7.1F)_{16}=2\times16^2+12\times16^1+7\times16^0+1\times16^{-1}+15\times16^{-2}$$

数制通常使用括号及下标的方法表示，也可以采用在数的后面加上不同字母来表示不同的数制。如 D(十进制)、B(二进制)、O 或 Q(八进制)、H(十六进制)，什么都不加默认为十进制数。

常用数制的特点如表 1.2 所示。

表 1.2　常用数制的特点

数制	基数	数码	进位规则	标识
十进制	10	0、1、2、3、4、5、6、7、8、9	逢十进一	D
二进制	2	0、1	逢二进一	B
八进制	8	0、1、2、3、4、5、6、7	逢八进一	O 或 Q
十六进制	16	0、1、2、3、4、5、6、7、8、9、A、B、C、D、E、F	逢十六进一	H

3. 不同数制间的转换

计算机采用的是二进制数，日常生活中人们习惯使用十进制数，所以计算机在处理数据时先将人们输入的十进制数转换为二进制数，待数据处理之后，再将二进制数转换为十进制数输出。

(1) 十进制数转换为非十进制数

十进制数转换成非十进制数，需要将整数部分与小数部分分别进行转换。整数部分采用“除基取余法”，小数部分采用“乘基取整法”。

① 十进制整数转换为非十进制整数

采用“除基取余法”，即把给定的数除以基数，取余数作为转换后进制数的最低位数码，然后继续将所得到的商反复除以基数，直至商为 0 为止，将所得到的余数从下到上进行排列即可。

例如，用“除基取余法”将十进制整数 327 转换为二进制整数。

“除基取余法”的转换过程如下：

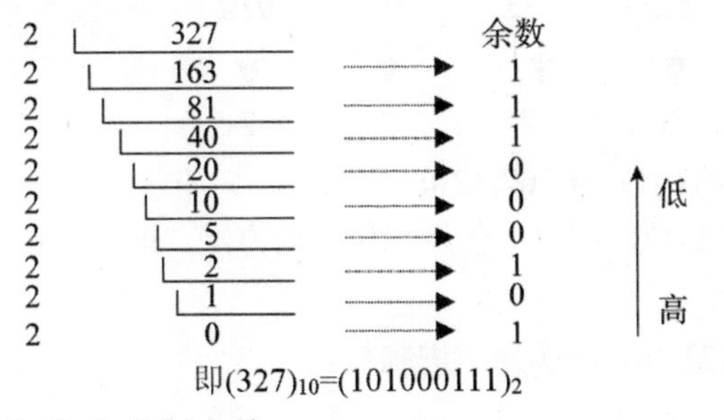

即$(327)_{10}=(101000111)_2$

② 十进制小数转换为非十进制小数

采用“乘基取整法”，即把给定的十进制小数乘以基数，取其整数作为二进制小数的第一位，然后取小数部分继续乘以基数，将所得整数部分作为第二位小数，重复操作直至乘积的小数部分为 0 或达到精度要求为止，得到所需要的二进制小数。

例如，将十进制小数 0.625 转换为二进制小数。

小数部分	取整	
$0.625\times2=\boxed{1}.25$	1	↑ 高
$0.25\times2=\boxed{0}.5$	0	
$2\times0.5=\boxed{1}.0$	1	低

即$(0.625)_{10}=(0.101)_2$

(2) 非十进制数转换为十进制数

非十进制数转换为十进制数采用“按权展开法”，即先把各位非十进制数按权展开，写成多项式，然后计算十进制结果。

例如，写出$(1101.01)_2$、$(237)_8$、$(10D)_{16}$的十进制数。

$$(1101.01)_2 = 1\times2^3+1\times2^2+0\times2^1+1\times2^0+0\times2^{-1}+1\times2^{-2}$$
$$=8+4+0+1+0+0.25$$
$$=(13.25)_{10}$$

$$(237)_8 = 2\times8^2+3\times8^1+7\times8^0$$
$$=128+24+7$$
$$=(159)_{10}$$

$$(10D)_{16} = 1\times16^2+0\times16^1+13\times16^0$$
$$=256+0+13$$
$$=(269)_{10}$$

(3) 二进制与八、十六进制数的转换

二进制数与八进制数以及十六进制数存在着倍数的关系，例如 $2^3=8$，$2^4=16$，所以它们之间的转换非常方便。

二进制数转换为八进制数，可以用“三位并一位”的方式，以小数点为界，将整数部分从右侧向左侧，每三位一组，当最后一组不足三位时，在该组的最左方添“0”补足三位；小数部分从左侧至右侧，每三位一组，当最后一组不足三位时，在该组的最右方添“0”补足三位。然后将各组的三位二进制数，按照各自的位权 2^2、2^1、2^0 展开后相加，就得到了八进制数。

例如，将二进制数$(10110111.01101)_2$转换为八进制数，转换过程如下：

二进制:	010	110	111	.	011	010
	↓	↓	↓		↓	↓
八进制:	2	6	7	.	3	2

结果为：$(10110111.01101)_2=(267.32)_8$

八进制数转换为二进制数，用“一位拆三位”的方法，即将每位八进制数用对应的三位二进制数展开表示。

例如，将八进制数$(123.46)_8$转换为二进制数。

八进制:	1	2	3	.	4	6
	↓	↓	↓		↓	↓
二进制:	001	010	011	.	100	110

结果为：$(123.46)_8=(1010011.10011)_2$

同理，将二进制数转换为十六进制数时，采用“四位并一位”的方法，十六进制数转换为二进制数时，采用“一位拆四位”的表示方法。

例如，用“四位并一位”的方法将二进制数$(110110111.01101)_2$转换为十六进制数。

二进制:	0001	1011	0111	.	0110	1000
	↓	↓	↓		↓	↓
十六进制:	1	B	7	.	6	8

结果为：$(110110111.01101)_2=(1B7.68)_{16}$

用“一位拆四位”的方法将十六进制数$(7AC.DE)_{16}$转换成二进制数。

十六进制：	7	A	C	.	D	E
	↓	↓	↓		↓	↓
二进制：	0111	1010	1100	.	1101	1110

结果为：　$(7AC.DE)_{16} = (11110101100.1101111)_2$

(4) 八进制、十六进制之间的转换

八进制、十六进制之间的转换可以借助二进制来实现。例如，要将八进制转换成十六进制，先将八进制转换成二进制，然后将二进制转换成十六进制。同理，要将十六进制转换成八进制，先将十六进制转换成二进制，再将二进制转换成八进制。

4. 二进制数的算术运算

(1) 二进制数的加法运算规则

0+0=0，1+0=1，0+1=1，1+1=10(向高位进位)。

例如，完成$(1101)_2+(1011)_2=(11000)_2$的运算。

被加数			1	1	0	1
加数			1	0	1	1
进位	+)		1	1	1	1
和		1	1	0	0	0

(2) 二进制数的减法运算规则

0-0=0，1-0=1，1-1=0，0-1=1。

例如，完成$(1010)_2-(0101)_2=(0101)_2$的运算。

被减数		1	0	1	0
减数		0	1	0	1
错位	−)	1		1	
差		0	1	0	1

(3) 二进制数的乘法运算规则

0×0=0，0×1=1，1×0=1，1×1=1。

例如，完成$(1010)_2\times(0101)_2=(0110010)_2$的运算。

被乘数					1	0	1	0
乘数	×)				0	1	0	1
					1	0	1	0
				0	0	0	0	
			1	0	1	0		
		0	0	0	0			
		0	1	1	0	0	1	0

(4) 二进制数的除法运算规则

0÷1=0，(1÷0 无意义)，1÷1=1。

例如，完成$(10100)_2 \div (100)_2 = (101)_2$的运算。

```
          101
     ┌─────────
 100 │ 10100
       100
     ─────────
         100
         100
     ─────────
           0
```

1.2.2 数值型数据的编码

计算机中处理的数据分为数值和非数值两种类型。数值型数据具有量的含义，如正数、负数、分数、小数等；非数值型数据是指没有量的含义的所有其他信息，如输入计算机中的汉字、英文符号、运算符号等。这些数据信息，在计算机中都是以二进制代码表示的。每串二进制数代表的数据不同，含义也是不同的。本节主要探讨数值型数据在计算机中的编码方式。

1. 信息的存储单位

(1) 位(bit)

位，简写为“b”，读作“比特”，表示二进制中的 1 位。计算机中的数据都是以 0 和 1 来表示的。一个二进制位只能有一种状态，即只能存放二进制数“0”或者“1”。

(2) 字节(Byte)

字节，简写为“B”，读作“拜特”，是计算机信息中用于描述存储容量和传输容量的一种计量单位。字节是计算机的基本存储单位，用 B 表示。1 字节由 8 个二进制位组成，即“1B=8b”。

常用的存储单位还有 KB、MB、GB、TB，它们之间的换算关系为：

KB：千字节　　$1KB=1024B=2^{10}B$

MB：兆字节　　$1MB=1024KB=2^{20}B$

GB：吉字节　　$1GB=1024MB=2^{30}B$

TB：太字节　　$1TB=1024GB=2^{40}B$

(3) 字长

字是指计算机的 CPU 在同一时间内处理的一组二进制数，而这组二进制数的位数就是“字长”。字长直接反映了计算机的计算精度，字长越长，计算机一次性处理的数字位数越多，处理数据的速度就越快。早期的计算机处理器的字长一般是 8 位和 16 位。目前市面上的计算机处理器基本上是 32 位和 64 位。字长受软件系统的制约，如果某台计算机的 CPU 是 64 位的，但是安装的是 32 位的操作系统，也只当成 32 位的 CPU 使用。所以 64 位处理器必须与 64 位的系统软件配套使用，否则无法体现其字长的优越性。

通常，字节的每一位自右向左依次编号。例如对于 32 位机器，各位依次编号为 b0～b31，位、字节和字长的关系如图 1.3 所示。

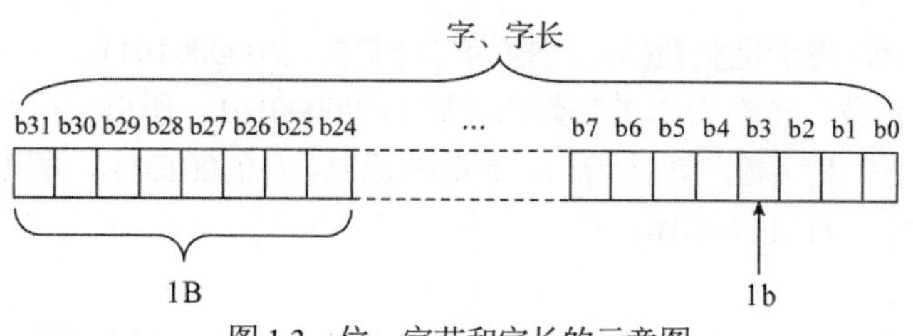

图 1.3　位、字节和字长的示意图

2. 数值型数据的编码方式

一个数在计算机中的表示形式称为机器数，而把原来的数值称为机器数的真值。由于采用二进制，在计算机中数的正、负只能用 0 和 1 表示，0 表示正数，1 表示负数，即把符号数字化。原码、反码和补码是把符号位和数值位一起编码的表示方式。

(1) 原码

正数的符号位用 0 表示，负数的符号位用 1 表示，数值部分用二进制数的绝对值表示，这种表示称为原码表示。

例如，求$(+69)_{10}$和$(-69)_{10}$的原码

因为　$(69)_{10} = (1000101)_2$

$(+69)_{原}$ = 0　　1000101

$(-69)_{原}$ = 1　　1000101

符号位　　数值

所以$(+69)_{10}$的原码为$(01000101)_2$，$(-69)_{10}$的原码为$(11000101)_2$。

数 0 也有“正零”和“负零”之分，+ 0 的原码=00000000，−0 的原码=10000000。

用原码表示一个数既简单又直观。但如果用原码直接对两个同号数相减或者两个异号数相加，则会产生错误的计算结果。例如，将十进制数$(+1)_{10}$与$(-1)_{10}$的原码直接相加，会产生错误。从数学上看，两者相加，结果应该为 0，然而如果用原码直接相加，结果则为“−2”。计算过程如下：

+1 的原码为 00000001

−1 的原码为 10000001

两者相加为：

```
  00000001
  10000001
----------
  10000010
```

可见，结果的符号位为 1，代表负数，真值为“0000010”。这个结果等于十进制的“−2”，可见，将原码直接相加这种做法是不正确的。所以为解决此问题，在计算机中引入了反码和补码的概念。

(2) 反码

计算机中规定，反码的最高位为符号位。正数的反码与原码相同，负数的反码是对原码除符号位外各位按位取反，即 1 取反变为 0，　0 取反变为 1。

例如，求十进制数$(+5)_{10}$与$(-5)_{10}$的反码。

若用 1 字节表示，将十进制数$(5)_{10}$转换为二进制数为$(00000101)_2$。

因为“+5”是正数，转换为二进制数的原码为 00000101，所以反码与原码相同，$(+5)_{反}=(00000101)_2$；而“−5”是负数，转换为二进制数的原码为$(10000101)_2$，所以原码符号位不变，其余按位取反，$(-5)_{反}=(11111010)_2$。

(3) 补码

正数的补码就是其原码，负数的补码是先求其反码，然后在最低位+1。

例如，十进制数$(+5)_{10}$与$(-5)_{10}$的补码用 1 字节表示为：

$(+5)_{10}=(00000101)_{原}=(00000101)_{反}=(00000101)_{补}$

$(-5)_{10}=(10000101)_{原}$

$(-5)_{10}=(11111010)_{反}$

$(-5)_{10}=(11111011)_{补}$

补码没有“+0”和“−0”的区别，即 0 补码只有一种形式。

(4) 定点数与浮点数

数值除了有正负之分，还有整数和小数之分。计算机不仅能处理带符号的数值问题，还能解决数值中存在的小数点问题。计算机系统规定，小数点是用隐含规定位置的方式来表示，并不占用二进制位。同时，根据小数点位置是否固定，数的表示方法可分为定点数和浮点数。

① 定点数

定点数指小数点在数中的位置是固定不变的，通常有定点整数和定点小数之分。定点整数是将小数点位置固定在数值的最右端，定点小数是将小数点位置固定在有效数值的最左端，符号位之后，如图 1.4 所示。

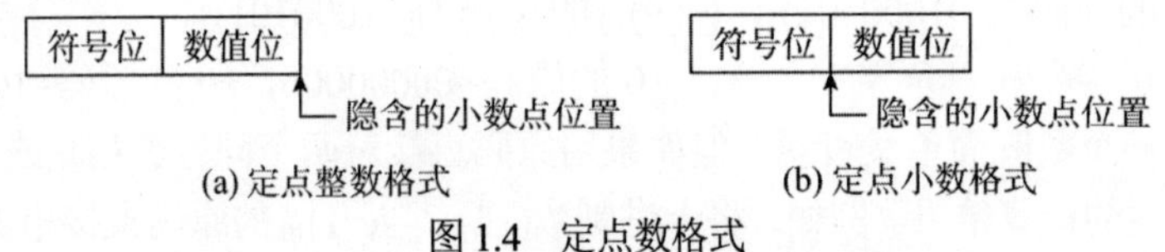

图 1.4　定点数格式

② 浮点数

小数点位置浮动变化的数称为浮点数。对十进制来说，浮点数是以 10 的 *n* 次方表示的数。例如，十进制数 245.78，使用浮点表示法为 0.24578×10^3。其中 0.24578 为一个定点数，3 表示小数点向右移动 3 位。当浮点数采用指数形式表示时，指数部分称为“阶码”，小数部分称为“尾数”。尾数和阶码有正负之分，例如，二进制数“−0.00111”，浮点表示为“-0.111×2^{-2}”，这里尾数(−0.111)和阶码(−2)都是负数。尾数的符号表示数的正负，阶码的符号则表明小数点的实际位置。

浮点数的格式多样化，假设一个浮点数有 32 位二进制的长度，其最左端第 1 位为该数指数的符号位，也就是 10 的 *n* 次方的 *n* 的符号位；第 2～8 位为该数的指数位，也就是 *n* 的二进制值；第 9 位是该数的符号位，其余的第 10～32 位为底数位。

例如，二进制数“+111100011”，使用浮点表示为“$+0.111100011\times2^9$”，则阶码为 9(即二进制定点整数为 1001)，尾数为“+0.111100011”，存储在计算机中的浮点数表示形式如图 1.5 所示。

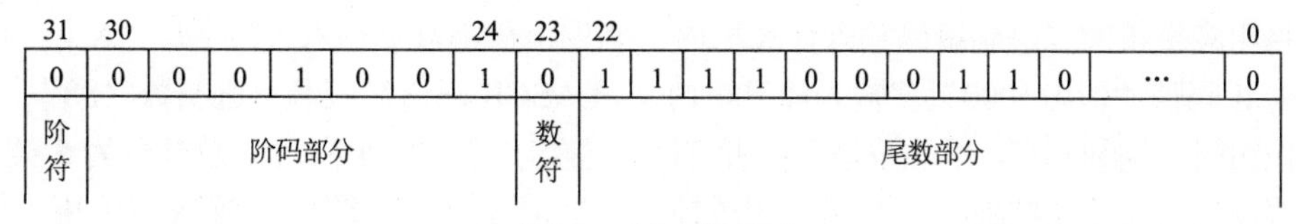

图 1.5　浮点数示例

1.2.3　非数值型数据的编码

1. 字符编码

字符编码，即用规定的二进制数表示输入到计算机中的字符的方法。字符编码是人与计算机进行通信、交互的重要方式。国际上采用的是美国信息交换标准码(American Standard Code for Information Interchange)，即 ASCII 编码。

在计算机内，每个字符的 ASCII 编码用 1 字节(8 位)来存放，字节的最高位(b_7)为校验位，通常用“0”来填充，后 7 位($b_6 b_5 b_4 b_3 b_2 b_1 b_0$)为编码值，7 位二进制共有 128 种状态($2^7$= 128)，可表示 128 个字符，即 26 个小写字母、26 个大写字母、10 个数字、32 个符号、33 个控制符号和 1 个空格，如表 1.3 所示。7 位编码的 ASCII 编码是目前使用最为广泛的字符编码，称为标准的 ASCII 编码字符集。

表 1.3　ASCII 字符与编码对照表

$b_3b_2b_1b_0$	$b_7b_6b_5b_4$							
	0000	0001	0010	0011	0100	0101	0110	0111
0000	NUL	DLE	SP	0	@	P	`	p
0001	SOH	DC1	!	1	A	Q	a	q
0010	STX	DC2	“	2	B	R	b	r
0011	ETX	DC3	#	3	C	S	c	s
0100	EOT	DC4	$	4	D	T	d	t
0101	ENQ	ANK	%	5	E	U	e	u
0110	ACK	SYN	&	6	F	V	f	v
0111	BEL	ETB	‘	7	G	W	g	w
1000	BS	CAN	(	8	H	X	h	x
1001	HT	EM	)	9	I	Y	i	y
1010	LF	SUB	*	:	J	Z	j	z
1011	VT	ESC	+	;	K	[	k	{
1100	FF	FS	,	<	L	\	l	|
1101	CR	GS	-	=	M	]	m	}
1110	SO	RS	.	>	N	^	n	~
1111	SI	US	/	?	O	_	o	DEL

其中，可打印或显示的字符共有 95 个，称为图形字符，这些字符有确定的结构形状，在计算机的键盘上有对应的物理按键，可在显示器或打印机等输出设备上输出，通过键盘输入时，

就可以将相应字符的二进制编码输入计算机内。例如，在键盘上输入大写字母“X”，则其对应的ASCII码值“01011000”被输入计算机内，该ASCII码值对应着十进制数“88”。

其他的属于控制字符，不能被显示或者打印，这类字符一共有33个，总共分为5类：用于数据传输控制的传输类控制字符10个；用于控制数据位置的格式类控制字符6个；用于控制辅助设备的设备类控制字符4个；用于分隔或限定数据信息的分隔类控制字符4个；其他的控制字符、空格字符和删除字符有9个。

这些字符大致满足了各种编程语言以及常见控制命令的需要。

2. 汉字编码

计算机在处理英文、汉字、数字等文字信息的时候，会将它们看成由一些基本字符和符号组成的字符串，比如说中文词组“计算机”是由“计”“算”“机”三个汉字组成的。英文单词“Hello”是由“H”“e”“l”“l”“o”五个字符组成的。这些基本的字符都对应着一组二进制代码，计算机对文字信息的处理实际上就是对这些二进制代码进行处理。

对于英语这类拼音文字来说，基本的符号少，编码容易，所以在计算机中对这类拼音文字的处理，如输入、输出、存储等都是用统一的代码，例如ASCII编码。而汉字数量众多、编码相对困难，对汉字进行编码的时候，用同一代码很难解决汉字输入、汉字存储与交换、汉字输出的问题，所以计算机中对汉字的处理采取了不同的编码，分别是汉字输入码、汉字交换码、汉字内码、汉字字形码。

(1) 汉字输入码

汉字输入码也称外码，是为了将汉字输入计算机而编制的代码，是代表某一汉字的一串键盘符号。同一个汉字，输入法不同，输入码也会不同。例如，输入“国”字，用拼音输入法输入时，先输入拼音 guo，然后选择字，而用五笔输入法输入时，输入码是 lg。无论使用哪种输入法，输入的汉字都会转换成相应的机内码并进行存储。

(2) 汉字交换码

汉字交换码是指不同的具有汉字处理功能的计算机系统之间在交换汉字信息时所使用的代码标准。目前国内计算机系统所采用的标准信息处理交换码，是基于1980年制定的国家标准《信息交换用汉字编码字符集》(GB 2312—80)修订的国标码。国标码是简化字的编码标准。

国标码表一共收录了6763个汉字和682个图形符号，共7445个。其中，6763个汉字按照使用的频率和用途，又分为一级常用汉字3755个，二级次常用汉字3008个。其中一级汉字按拼音字母顺序排列，二级汉字按偏旁部首排列。

每个汉字采用2字节进行编码，每字节各取7位，这样可对128×128=16384个字符进行编码。为了与ASCII编码兼容和统一，以及留出控制字符等因素预留出0～32号和127号，共34个控制字符。也就是说，每字节的有效取值为第33号～第126号(即对应的十六进制数为21H～7EH)，这个取值范围可以“独立”地表示94×94共8836个汉字字符。另外，组成汉字的2字节中，第一个称为“区”，第二个称为“位”。也就是说，该字符集有94个区，每个区分94位。例如，“中”字的国标码为5650H(十六进制)。

(3) 汉字内码

汉字内码又称为机内码，是指在计算机内部用于存储、交换、检索汉字信息的编码，是汉字系统中使用的二进制字符编码，一般采用2字节表示。向计算机输入汉字时可以通过不同的输入法输入，但是汉字的内码在计算机中是唯一的，这些通过键盘等输入设备输入的输入码被计算机接收后，由汉字操作系统的“输入码转换模块”转换为汉字内码，通过汉字内码可以达到通用和高效率传输文本信息的目的。

(4) 汉字字形码

汉字字形码是文字信息的输出编码，是将汉字字形经过点阵数字化后形成的一串二进制数，用于汉字的显示和打印。计算机对各种文本信息进行二进制编码后，必须将其转换为能够理解的各种字形、字体的文字格式，然后通过输出设备输出。通常，汉字字形码用点阵、矢量函数表示，分别称为点阵字库和矢量字库。

① 点阵字库

当用点阵表示字形时，汉字字形码就是这个汉字字形点阵的代码。不论一个字的笔画有多少，都可用一组点阵进行表示，每个点即二进制的一位，用“0”“1”的不同状态来表示文字的明暗、文字的不同颜色或文字的笔画是否存在等特征。根据输出的文字要求不同，文字点的多少也不同。一般来说，点阵越大，点数越多，字的分辨率就越高，输出的字形就越清晰、美观、细腻。但是这类字库不能放大，否则文字的边缘就会出现锯齿现象。

常见的点阵有简易型 16×16、普及型 24×24、提高型 32×32、精密型 48×48 等。以 16×16 点阵字为例，把汉字“你”划分为 16×16 的网格。对每一个小方格，用一位二进制位来表示，用 0 表示无笔画，用 1 表示有笔画，那么用一组二进制数就可以将这个字形表示出来，即 0000000000000000……然后用这组二进制数就可以在屏幕上显示或在打印机上打印该字形了，这组二进制数就称为该字的字形码。保存这样一个字需要 16×16 位“二进制位”，转换为字节则是 16×16/8=32 字节，即 32B 存储空间。汉字“你”的存储格式示意图如图 1.6 所示。

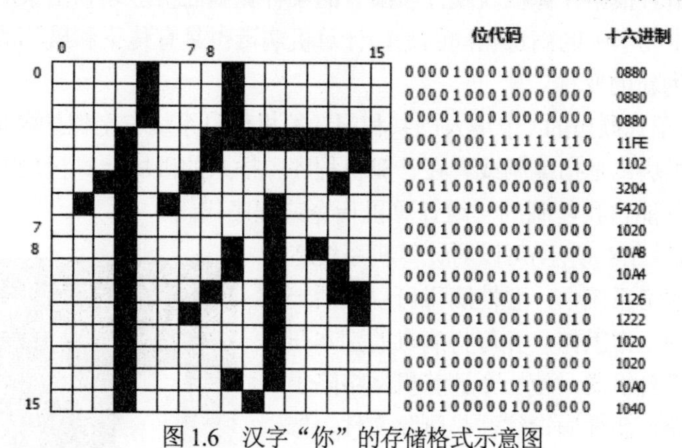

图 1.6　汉字“你”的存储格式示意图

② 矢量字库

矢量字形码是指通过数学曲线来对汉字进行描述的字形码。它的基本原理是根据一定的数学模型，将每个字符的笔画特征，如笔画的起始坐标、终止坐标、半径、弧度等，分解成数学模型中定义好的各种直线和曲线，然后记下这些直线和曲线的参数。在显示、打印矢量字形码的时候根据具体的尺寸大小，再根据记录下来的参数画出这些线条，就还原了原来的字符。用矢量字形码描述的汉字理论上可以被无限放大，放大后汉字的笔画轮廓仍然能保持圆滑，打印时使用的字库均为此类字库。

Windows 操作系统中使用的字库也分点阵字库和矢量字库两类，在 FONTS 目录下，如果字体文件的扩展名为FON，则表示该文件为点阵字库；如果字体文件的扩展名为TTF，则表示该文件为矢量字库。

在汉字的输入、输出过程中，汉字输入码、汉字交换码、汉字机内码，以及汉字字形码的转换过程如图1.7所示。

汉字输入 ➡ 汉字输入码 ➡ 汉字交换码 ➡ 汉字机内码 ➡ 汉字字形码 ➡ 汉字输出

图1.7 汉字的转换示意图

以输入汉字“学生”为例，在键盘上利用输入码输入“xue sheng”，在计算机内部转换成的十六进制交换码编码为“D1A7 C9FA”，交换码进一步转换成二进制的内码为“1101 0001 1010 0111 1100 1001 1111 1010”，最后再将其转换为“0-1”的点阵格式字形码进行输出。

1.3 计算机病毒及防治

在计算机网络日益普及的今天，几乎所有的计算机用户都受到过计算机病毒的侵害。有时，计算机病毒会对人们的日常工作造成很大的影响。因此，了解计算机病毒的特征，学会如何预防、消灭计算机病毒是非常必要的。

1.3.1 计算机病毒的概念

什么是计算机病毒呢？与微生物学中“病毒”的概念不同，计算机病毒不是天然存在的，而是计算机病毒制造者根据计算机软硬件所固有的某种脆弱性蓄意编制出来的具有特殊功能的一段程序；而与微生物学中的病毒相同的是，计算机病毒也具有传染和破坏的性质，并可能随着时间的推移演变为新的变种。

我国在1994年正式颁布的《中华人民共和国计算机信息系统安全保护条例》中对计算机病毒的定义为：计算机病毒是指编制或者在计算机程序中插入的破坏计算机功能或者损坏数据，影响计算机使用，并能自我复制的一组计算机指令或程序代码。

计算机病毒(如图1.8所示)可以对计算机系统造成很大的危害。在网络系统中，恶性病毒可以中断一个大型计算机中心的正常工作，并可将病毒的副本在短时间内传递给数千台机器，使一个计算机网络陷于瘫痪；对于单机系统，恶性病毒往往是删除文件、修改数据和格式化磁盘等。鉴于计算机病毒给信息化社会带来的危害，世界各国纷纷将制作和散布计算机病毒的行为定性为犯罪行为。

图1.8 计算机病毒

1.3.2 计算机病毒的特点及分类

1. 计算机病毒的特点

计算机病毒具有生物病毒的某些特性，如破坏性、传染性、潜伏性、寄生性；同时还具有其自身独有的性质，如可触发性和不可预见性等。

(1) 破坏性

计算机病毒的破坏性因计算机病毒的种类不同而差别很大。有的计算机病毒仅干扰软件的运行而不破坏该软件；有的无限制地侵占系统资源，使系统无法运行；有的可以毁掉部分数据或程序，使之无法恢复；有的恶性计算机病毒甚至可以毁坏整个系统，导致系统崩溃。据统计，全世界因计算机病毒所造成的损失每年以数百亿美元计。

(2) 传染性

传染性即自我复制能力，是计算机病毒最根本的特征，也是病毒和正常程序的本质区别。计算机病毒具有很强的繁殖能力，能通过自我复制到内存、硬盘和 U 盘，甚至传染到所有文件中。Internet 日益普及，数据共享使得不同地域的用户可以共享软件资源和硬件资源，但与此同时，计算机病毒也可通过网络迅速蔓延到联网的计算机系统。

(3) 潜伏性

有些计算机病毒并不会立即发作，它可以隐藏在系统中，等到满足一定条件时才发作。在潜伏期中，它并不影响系统的正常运行，只是悄悄地复制、传播自身，一旦满足某种条件(例如某个特定的日期)，就会对系统产生很大的破坏作用。

(4) 寄生性

一般计算机病毒并不独立存在，而是寄生在某种载体中，当载体被激活时，计算机病毒也随之发作。计算机病毒寄生的载体通常有磁盘系统区和文件。寄生在磁盘系统区的计算机病毒称为系统型病毒，其中引导区病毒最常见；寄生于文件中的计算机病毒称为文件型病毒。还有一部分计算机病毒既寄生于系统区又寄生于文件区，称为混合型病毒。

(5) 可触发性

计算机病毒没有被激活时，它可以像其他普通程序一样，安静地保存在系统中，没有传染力也不具有杀伤性；一旦满足某种触发条件或遇到某种特定文件，计算机病毒就会被激活，危害系统的安全。计算机病毒的触发条件通常是某个日期、时间、某种文件类型或某种数据等。

(6) 不可预见性

计算机病毒种类繁多，破坏性各异，某些计算机病毒随着时间的推移，还可以自我演变为未知的变种。人们可以查杀已知计算机病毒，对未知计算机病毒或已知计算机病毒的变种却无能为力。这也是现代计算机杀毒软件所面临的一大难题。

2. 计算机病毒的分类

计算机病毒种类繁多，根据其特点不同，可按不同的准则进行分类。

(1) 按计算机病毒的破坏能力，可分为良性病毒和恶性病毒。

良性病毒是指不破坏系统数据的病毒，通常只显示一段信息、发出声响或占用少量磁盘空间，而不会使系统彻底瘫痪。

恶性病毒是指病毒制造者蓄意破坏被感染计算机的系统数据，其破坏力和危害程度很高，常见的破坏手段有删除文件、修改数据和格式化硬盘等。

(2) 按计算机病毒的传染方式，可分为磁盘引导区传染的病毒、操作系统文件传染的病毒和一般应用程序传染的病毒。

磁盘引导区传染的病毒是指用计算机病毒自身的信息取代正常的引导记录。

操作系统文件传染的病毒是指寄生在操作系统提供的文件中的计算机病毒。

一般应用程序传染的病毒是指寄生在一般应用程序的计算机病毒，这些计算机病毒随着被寄生的应用程序的运行而发作，寻找可以感染的对象进行传染。

(3) 按病毒程序特有的算法，可将病毒分为伴随型病毒、蠕虫病毒、特洛伊木马和寄生型病毒等。

伴随型病毒主要存在于 DOS 中，这一类病毒并不改变可执行文件本身，而是产生可执行文件的伴随体，这些伴随体与原可执行文件具有同样的名字和不同的扩展名(com)。计算机病毒把自身写入 com 文件，当 DOS 加载文件时，伴随体被优先执行，从而引发计算机病毒发作。

蠕虫病毒并不改变文件和资料信息，而是利用网络从一台机器传播到其他机器中，除内存外，蠕虫病毒一般不占用其他资源。蠕虫病毒倾向于在网络上感染尽可能多的计算机，而不是像普通计算机病毒那样在一台计算机上尽可能多地复制自身。

特洛伊木马程序表面上伪装成一般的应用程序，但暗地里会对系统进行恶意操作。与一般计算机病毒不同，特洛伊木马不会进行自我复制。

寄生型病毒是指计算机病毒附加在主程序上，一旦执行这种被感染的程序，计算机病毒就会被激活，感染后的文件将会以不同于原先的方式运行从而产生无法预料的后果，如破坏用户数据或者删除硬盘的文件等。

1.3.3 计算机染毒的症状与防治措施

1. 计算机感染病毒的常见症状

通常，感染病毒的计算机具有如下症状。

- 计算机中的某些文件或文件夹无故消失。
- 运行的应用程序无反应。
- 计算机运行速度突然变慢。
- 计算机含有可疑的启动项。
- 杀毒软件无法正常进行杀毒操作。
- 计算机出现无故蓝屏、运行程序异常。
- 计算机经常出现死机现象或不能正常启动。
- 显示器上经常出现一些莫名其妙的信息或异常现象。

随着制造病毒和反病毒双方较量的不断深入，计算机病毒制造者的技术越来越高，计算机病毒的欺骗性、隐蔽性也越来越好。因此，只有在实践中细心观察才能发现计算机的异常现象。

2. 计算机病毒的防治措施

计算机病毒的防治包括预防和杀毒两个方面。预防胜于治疗，预防计算机病毒对保护个人计算机系统免受病毒破坏是非常重要的。如果个人计算机被病毒攻击，则亡羊补牢为时未晚，因此查杀和预防都是不可忽视的。

(1) 计算机病毒的预防

预防计算机病毒首先要在思想上重视，加强管理，防止计算机病毒的入侵。一般来说，可采取下列措施：

- 及时下载、安装最新操作系统的安全漏洞补丁。
- 安装防火墙软件和杀毒软件，并定期对其进行升级。

- 及时取消不必要的共享目录。
- 不运行来路不明的软件。
- 不使用来路不明的光盘和可移动磁盘。如果必须使用，则应先使用杀毒软件查杀病毒。
- 慎重对待垃圾邮件，慎用从网上下载的软件。
- 上网浏览时，开启杀毒软件的实时监控功能，不随便单击不安全的陌生网站，避免访问非法网站。
- 定期使用杀毒软件对计算机进行全面查杀病毒。
- 定期对计算机硬盘数据进行备份，一旦系统被计算机病毒破坏，可以短时间内恢复系统和数据。

(2) 计算机病毒的清除

计算机病毒的清除，是指运用计算机病毒检测技术检测计算机病毒程序，然后根据具体计算机病毒的清除方法从被传染的程序中去除计算机病毒代码部分，并恢复文件的原有结构信息。

一般来说，计算机如果被病毒感染，应该立即清除。通常采用人工处理和反病毒软件清除两种方法。

人工处理的方法主要有格式化磁盘、删除被感染的文件或者覆盖被病毒感染的文件。运用反病毒软件清除计算机病毒是较为经济、省时省力的方法。目前市面上的杀毒软件种类很多，如《360 杀毒》和《金山毒霸》等，这些杀毒软件功能强大、界面友好，并且厂商的技术支持完善，可以及时下载升级包更新病毒信息库，以检测和清除层出不穷的新病毒。

此外，在云计算和云存储的理念之上，中国信息技术企业进一步提出了“云安全”(Cloud Security)的概念。云安全是网络时代信息安全的最新体现，它融合了并行处理、网格计算、未知病毒行为判断等新兴技术和概念，通过网状的大量客户端对网络中软件行为的异常进行监测，获取互联网中木马、恶意程序的最新信息，传送到 Server 端进行自动分析和处理，再把病毒和木马的解决方案分发到每一个客户端。2009 年 6 月，基于云安全理念的云杀毒技术面世。《金山贝壳木马专杀》产品问世，成为国内第一款“100%云查杀”的产品。云杀毒本质依然是基于特征码杀毒，但能降低杀毒软件升级的频率，降低查杀的内存占用，减小本地数据库的容量。瑞星、卡巴斯基、360 和金山等公司都推出了云安全解决方案。

∞ 第2章 ∞

计算机硬件平台

2.1 计算机系统的组成与工作原理

随着计算机技术的快速发展，计算机应用已渗透到社会的各个领域。为了更好地使用计算机，必须对计算机系统有个全面的了解。下面介绍计算机系统的基本组成和工作原理。

2.1.1 计算机系统的组成

一个完整的计算机系统是由计算机硬件系统和计算机软件系统两部分组成的，如图 2.1 所示。

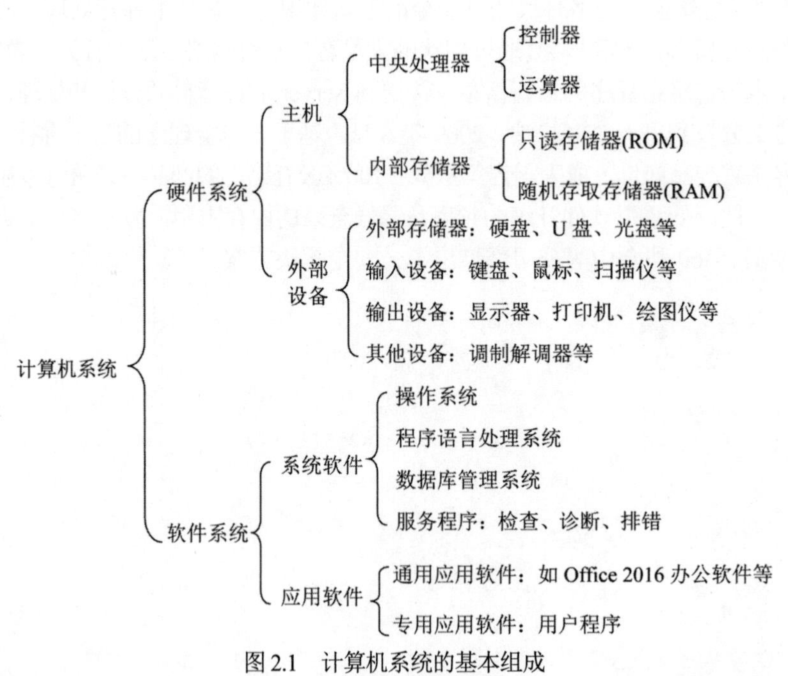

图 2.1 计算机系统的基本组成

计算机硬件系统是组成计算机系统的各种物理设备的总称，是计算机系统的物质基础，如 CPU、存储器、输入设备、输出设备等。计算机硬件系统又称为裸机，裸机只能识别由 0、1 组成的机器代码，没有软件系统的计算机几乎是没有用的。

计算机软件系统是指为使计算机运行和工作而编制的程序和全部文档的总和。硬件系统的发展给软件系统提供了良好的开发环境，而软件系统的发展又给硬件系统提出了新的要求。

2.1.2　计算机的工作原理

在介绍计算机的基本工作原理之前，先说明几个相关的概念。

指令，指的是指挥计算机进行基本操作的命令，是计算机能够识别的一组二进制编码。通常，一条指令由两部分组成：第一部分指出应该进行什么样的操作，称为操作码；第二部分指出参与操作的数据本身或该数据在内存中的地址。在计算机中，可以完成各种操作的指令有很多，计算机所能执行的全部指令的集合称为计算机的指令系统。把能够完成某一任务的所有指令(或语句)有序地排列起来，就组成程序，即程序是能够完成某一任务的指令的有序集合。

现代计算机的基本工作原理是存储程序和程序控制。这一原理是由美籍匈牙利数学家冯•诺依曼于 1946 年提出的，因此又称为冯•诺依曼原理。其主要思想如下。

(1) 计算机硬件由 5 个基本部分组成：运算器、控制器、存储器、输入设备和输出设备。

(2) 在计算机内采用二进制的编码方式。

(3) 程序和数据一样，都存放在存储器中(即存储程序)。

(4) 计算机按照程序逐条取出指令加以分析，并执行指令规定的操作(即程序控制)。

计算机的基本工作方式如图 2.2 所示。

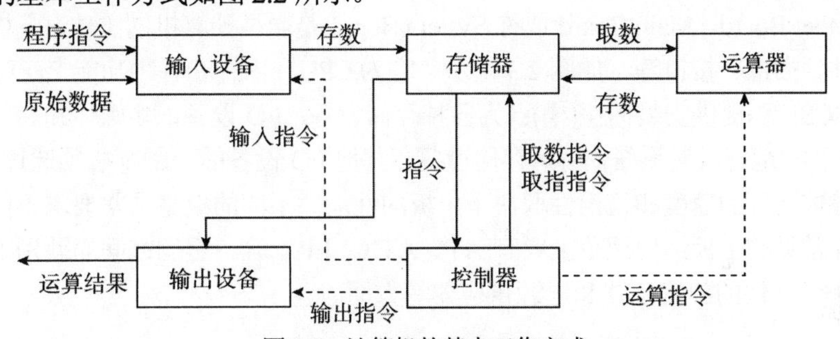

图 2.2　计算机的基本工作方式

图 2.2 中，实线为数据和程序，虚线为控制命令。首先，在控制器的作用下，计算所需的原始数据和计算步骤的程序指令通过输入设备送入计算机的存储器中。然后，控制器向存储器发送取指命令，存储器中的程序指令被送入控制器中。控制器对取出的指令进行译码，接着向存储器发送取数指令，存储器中相关的运算数据被送到运算器中。控制器向运算器发送运算指令，运算器执行运算，并把运算结果存入存储器中。控制器向存储器发出取数指令，数据被送往输出设备。最后，控制器向输出设备发送输出指令，输出设备将计算结果输出。一系列的操作完成以后，控制器再从存储器中取出下一条指令，进行分析，再执行该指令，周而复始地重复“取指令、分析指令、执行指令”的过程，直到程序中的全部指令执行完毕为止。

按照冯•诺依曼原理构造的计算机称为冯•诺依曼计算机，其体系结构称为冯•诺依曼体系结构。冯•诺依曼计算机的基本特点如下：

(1) 程序和数据在同一个存储器中存储，二者没有区别，指令与数据一样可以送入运算器中进行运算，即由指令组成的程序是可以修改的。

(2) 存储器采用按地址访问的线性结构，每个单元的大小是一定的。

(3) 通过执行指令直接发出控制信号来控制计算机操作。指令在存储器中按顺序存放，由指令计算器指明将要执行的指令在存储器中的地址。指令计算器一般按顺序递增，但执行顺序也可以随外界条件的变化而改变。

(4) 整个计算过程以运算器为中心，输入/输出设备(I/O 设备)与存储器间的数据传送都要经过运算器。

当今，计算机正在以难以置信的速度向前发展，但其基本原理和基本构架仍然没有脱离冯·诺依曼体系结构。

2.2 微型计算机的硬件组成

微型计算机是发展最快的一类计算机，被广泛地应用于各个领域。一台典型微型计算机的硬件系统，宏观上可分为主机箱、显示器、键盘、鼠标和打印机等几部分，主机箱内部有电源、系统主板、光盘驱动器、硬盘等，系统主板上插有 CPU、内存和各种适配器。

2.2.1 主板

主板(Mother Board、Main Board 或称 System Board)是微型计算机的主体。主板上布满了各种电子元器件、插槽、接口等，如图 2.3 所示。它为 CPU、内存和各种功能卡(声、图、通信、网络、TV、SCSI 等)提供安装插座(槽)；为各种存储设备、I/O 设备、多媒体和通信设备提供接口。计算机在正常运行时对系统内存、存储设备和其他 I/O 设备的控制都必须通过主板来完成，因此计算机整体运行的速度和稳定性取决于主板的性能。不同的板型通常要求不同的主机箱与之匹配。目前常见的主板结构规范主要有 AT、ATX、LPX 等。它们之间的差别主要在于尺寸大小、形状、元器件的放置位置和电源供应器等方面。

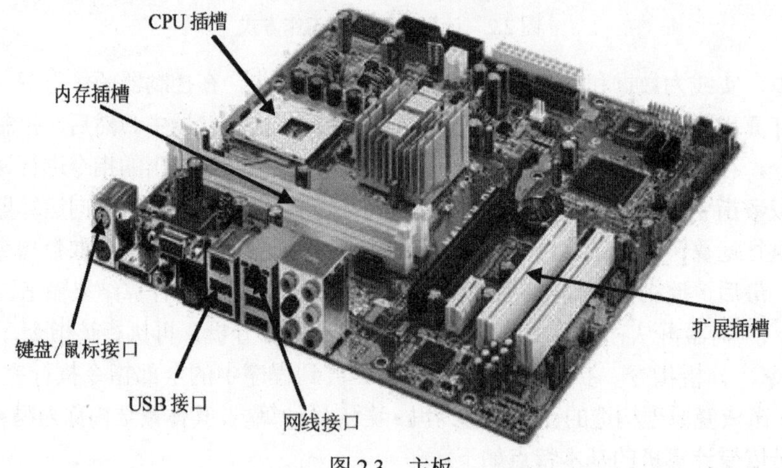

图 2.3　主板

芯片组(Chipset)是主板的灵魂，决定了主板的性能和价格。正如人的大脑分左脑和右脑一样，主板上的芯片组由北桥芯片和南桥芯片组成，如图 2.4 所示。北桥芯片提供对 CPU 的类别和主频、内存的类型和最大容量、ISA/PCI/AGP 插槽、ECC 纠错等的支持。南桥芯片则提供对 KBC(键盘控制器)、RTC(实时时钟控制器)、USB(通用串行总线)、ACPI(高级能源管理)等的支持。其中北桥芯片起着主导作用，也称为主桥(Host Bridge)。

(a) 南桥芯片

(b) 北桥芯片

图 2.4　主板芯片

2.2.2　中央处理器

中央处理器(Central Processing Unit，CPU)，又称微处理器。它包括运算器和控制器两个部件，是计算机系统的核心。CPU 的主要功能是按照程序给出的指令序列分析指令、执行指令，完成对数据的加工处理。计算机所发生的全部动作都受 CPU 的控制。

控制器用来协调和指挥整个计算机系统的操作，本身不具有运算功能，而是通过读取各种指令，并对其进行翻译、分析，来对各部件做出相应的控制。它主要由指令寄存器、译码器、程序计算器、时序电路等组成。运算器主要完成算术运算和逻辑运算，是对信息加工和处理的部件，它主要由算术逻辑部件和寄存器组成。

衡量 CPU 的性能有以下几个主要指标。

(1) 主频

主频是指 CPU 时钟的频率。主频越高，CPU 单位时间内完成的操作越多。主频的单位是 MHz 或 GHz。

(2) 内部数据总线

内部数据总线是 CPU 内部数据传输的通道。内部数据总线一次可传输二进制数据的位数越多，CPU 传输和处理数据的能力越强。

(3) 外部数据总线

外部数据总线是 CPU 与外部数据传输的通道。外部数据总线一次可传输二进制数据的位数越多，CPU 与外部交换数据的能力就越强。

(4) 地址总线

地址总线是 CPU 访问内存时的数据传输通道。地址总线一次可传输二进制的位数越多，CPU 的物理地址空间越大。通常，地址总线是 n 位，CPU 的物理地址空间就是 2^n 字节。

目前，大多数微机都使用美国 Intel 公司生产的 CPU。Intel 公司成立于 1968 年，1971 年 Intel 推出了 4 位微处理器(即 4004)，首次采用 100MHz 系统总线，相继生产出 32 位的时钟频率为 400MHz 和 450MHz 的微处理器——Pentium Ⅱ，随后又推出 Pentium Ⅲ、Pentium 4、Core 1、Core 2 Duo 等，如图 2.5 所示。

(a) 第1代Intel处理器4004　(b) Intel 486是Intel最后一代以数字编号的CPU　(c) Core 2 Duo

图2.5　CPU

2.2.3　存储器

存储器是计算机的记忆和存储部件，用来存放信息。对存储器而言，容量越大，存取速度越快、越好。计算机的操作主要是与存储器之间交换信息，存储器的工作速度相对CPU的运算速度要低得多，因此存储器的工作速度是制约计算机运算速度的主要因素之一。目前计算机的存储系统由各种不同的存储器组成。通常至少有两级存储器：一级是包含在计算机中的内存储器，它直接和运算器、控制器联系，容量小，但存取速度快，用于存放那些急需处理的数据或正在运行的程序；另一级是外存储器，它间接和运算器、控制器联系，存取速度慢，但存取容量大，价格低廉，用来存放暂时不用的数据。

1. 内存储器

内存储器又称为主存储器，实质上是一组或多组具备数据输入输出和存储功能的集成电路。内存储器的主要作用是存放计算机系统执行时所需要的数据，存放各种输入、输出数据和中间计算结果，以及与外部存储器交换信息时作为缓冲。内存储器的存取速度较快，由于价格上的原因，一般容量较小。

(1) 内存储器的主要技术指标

- 存储器容量

在内存储器中含有大量存储单元，每个存储单元可存8位(bit，b)二进制信息，这样的存储单元称为1字节(Byte，B)。存储器容量是指存储器中包含的字节数，通常以KB、MB、GB、TB作为存储器容量单位，其中：1B=8b，1KB＝1024B，1MB＝1024KB，1GB＝1024MB，1TB=1024GB。

- 读写时间

从存储器读一个字或向存储器写一个字所需的时间为读写时间。两次独立的读写操作之间所需的最短时间称为存取周期。本指标反映存储器的存取速度，早期的存取周期有60ns、70ns、80ns等几种，目前的存取周期有7ns、8ns、10ns等几种。

(2) 内存的分类

- 只读存储器(ROM)

存储在ROM中的数据理论上是永久的，即使在关机后，保存在ROM中的数据也不会丢失。因此，ROM常用于存储微型机的重要信息，如主板上的BIOS等。

- 随机存取存储器(RAM)

RAM主要用来存放系统中正在运行的程序、数据和中间结果，以及用于与外部设备的信息交换。它的存储单元根据需要可以读出也可以写入，但它只能用于暂时存放信息，一旦关闭电源或发生断电，其中的数据就会丢失。随机存储器就是通常所说的内存条。随机存储器又分为动态随机存储器(DRAM)和静态随机存储器(SRAM)。目前比较常用的内存条有 SDRAM、DDR SDRAM 和 RDRAM 等，如图 2.6 所示。

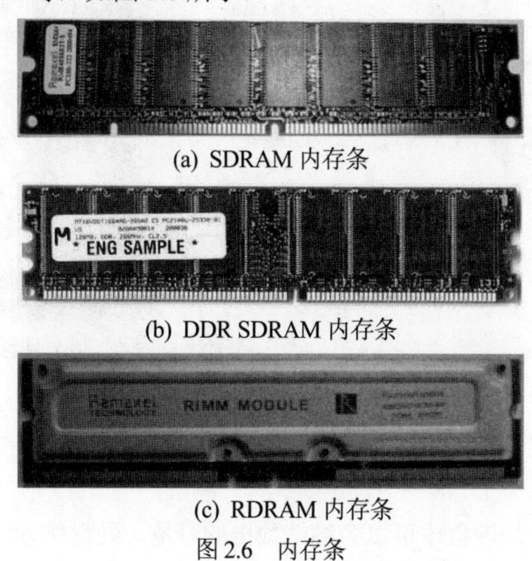

(a) SDRAM 内存条

(b) DDR SDRAM 内存条

(c) RDRAM 内存条

图 2.6　内存条

- 高速缓冲存储器

高速缓冲存储器是位于 CPU 和主内存 DRAM 之间的规模较小但速度很快的存储器，通常由 SRAM 组成。把在一段时间内、一定地址范围内被频繁访问的信息集合，成批地从主存中读到一个能高速存取的小容量存储器中存放起来，供程序在这段时间内随时使用，而减少或不再去访问速度较慢的主存，就可以加快程序的运行速度。这个介于 CPU 和主存之间的高速小容量存储器就称为高速缓冲存储器(Cache)，简称高速缓存。显然，程序访问的局部化性质是 Cache 得以实现的基础。目前，CPU 一般设有一级缓存(L1 Cache)和二级缓存(L2 Cache)。

2. 外存储器

内存由于技术及价格上的原因，容量有限，不可能容纳所有的系统软件及各种用户程序，因此，计算机系统都要配置外存储器。外存储器又称为辅助存储器，它的容量一般都比较大，而且大部分可以移动，便于不同计算机之间进行信息交流。目前，常见的外存储器有硬盘、光盘以及可移动磁盘等。

(1) 硬盘

硬盘(Hard Disk)是计算机中不可缺少的存储设备。由一组大小相同、涂有磁性材料的铝合金或玻璃片环绕一个共同的轴心组成。通常，硬盘盘片和驱动装置合为一体，盘片完全密封在驱动器内，不可更换。每个磁盘的表面都装有一个读写磁头，在控制器的统一控制下沿着磁盘表面径向同步移动。硬盘的外观及内部结构如图 2.7 所示。

硬盘是由磁道(Tracks)、扇区(Sectors)、柱面(Cylinders)和磁头(Heads)组成的。一个硬盘可以有 1～10 张甚至更多的盘片，所有的盘片串在一根轴上，两个盘片之间仅留出安置磁头的距离。柱面是指使磁盘的所有盘片具有相同编号的磁道。硬盘的容量取决于硬盘的磁头数、柱面数及每个磁道的扇区数，由于硬盘一般都有多个盘片，因此用柱面这个参数来代替磁道。每一扇区的容量为 512 B，硬盘的容量=512 B×磁头数×柱面数×每道扇区数。

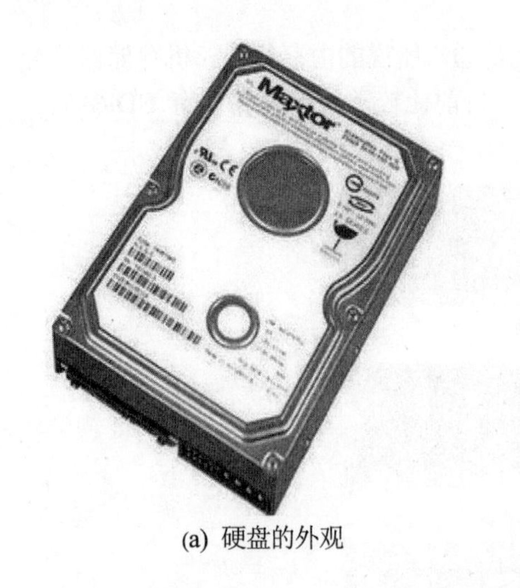

(a) 硬盘的外观

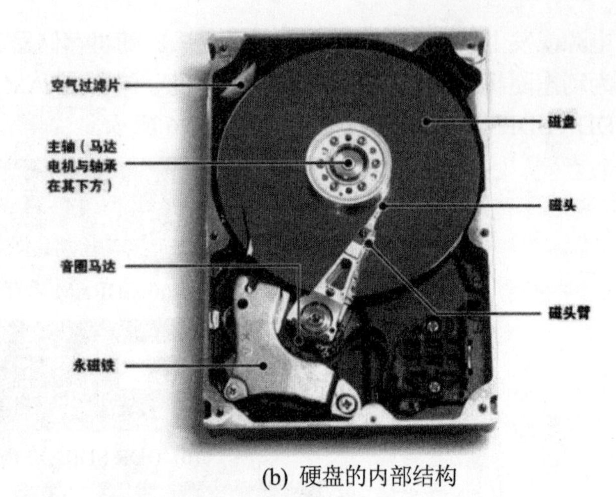

(b) 硬盘的内部结构

图 2.7　硬盘

硬盘的性能指标如下。

- 硬盘容量

硬盘容量指的是在一块硬盘中可以容纳的数据的容量。硬盘作为计算机最主要的外部存储器，其容量是第一性能指标。硬盘容量通常以吉字节为单位。目前，主流硬盘的容量为 500GB～2TB。

- 硬盘转速

硬盘转速指硬盘的电动机旋转的速度，它的单位是转每分(r/min)，即每分钟旋转多少转。它是决定硬盘内部传输率的因素之一，它的快慢决定了硬盘的速度，同时也是区别硬盘档次的重要标志。目前，硬盘的转速主要有 5400 r/min、7200 r/min 和 10000 r/min 三种。速度越快，硬盘的性能越好，较高的转速可缩短硬盘的平均寻道时间和实际读写时间。

- 平均寻道时间

平均寻道时间是指硬盘的读写磁头在盘面上移动到数据所在磁道需要的时间，它是衡量硬盘机械能力的重要指标。寻道时间越短，数据读写速度自然就越快，表示硬盘的性能越好。目前，大多数主流硬盘的平均寻道时间为 4.5～12.6ms。

- 高速缓存

高速缓存是计算机缓解数据交换速度差异的必备设备，高速缓存的大小对硬盘速度有较大影响，硬盘内部的传输速度与硬盘外部的传输速度目前还不一致，必须有缓存的缓冲。目前，主流硬盘的高速缓存大小为 8～64MB。其类型一般是 EDODRAM 或 SDRAM，一般以 SDRAM 为主。

- 硬盘接口类型

硬盘接口是指连接硬盘驱动器和计算机的专用部件，它对计算机的性能以及扩充系统时计算机连接其他设备的能力有着很大影响。不同类型的接口往往制约着硬盘的容量，更影响硬盘速度的发挥。一般按接口来分，硬盘主要有 IDE 接口、SCSI 接口和 SATA 接口。

使用硬盘时的注意事项如下。

保持使用环节的清洁；使用环境的温度为 10～40℃，湿度为 20%～80%；避免振动与冲击；不要随意拆卸硬盘；避免频繁地开关机器电源；计算机在运行时，不要随意移动。

目前，比较流行的新型硬盘是固态硬盘。

固态硬盘(Solid State Drives，SSD)，简称固盘，它是用固态电子存储芯片阵列制成的硬盘，由控制单元和存储单元(Flash 芯片、DRAM 芯片)组成。固态硬盘在接口的规范和定义、功能及使用方法上与普通硬盘完全相同，在产品外形和尺寸上也完全与普通硬盘一致。被广泛应用于军事、车载、工控、视频监控、网络监控、网络终端、电力、医疗、航空、导航设备等领域。其芯片的工作温度范围很宽，商规产品为 0～70℃，工规产品为-40～85℃。虽然成本较高，但也逐渐普及到 DIY 市场。由于固态硬盘技术与传统硬盘技术不同，因此产生了不少新兴的存储器厂商。厂商只需购买 NAND 存储器，再配合适当的控制芯片，就可以制造成固态硬盘。新一代的固态硬盘普遍采用 SATA-2 接口、SATA-3 接口、SAS 接口、MSATA 接口、PCI-E 接口、NGFF 接口、CFast 接口和 SFF-8639 接口。

固态硬盘的存储介质分为两种，一种是采用闪存(Flash 芯片)作为存储介质；另外一种是采用 DRAM 作为存储介质。

- 基于闪存的固态硬盘：基于闪存的固态硬盘(IDE Flash Disk、Serial ATA Flash Disk)采用 Flash 芯片作为存储介质，这也是通常所说的 SSD。它的外观可以被制作成多种模样，例如笔记本硬盘、微硬盘、存储卡、U 盘等样式。这种固态硬盘最大的优点就是可以移动，而且数据保护不受电源控制，能适应于各种环境，适合个人用户使用。一般它的可擦写次数普遍为 3000 次左右，以常用的 64GB 固态硬盘为例，在 SSD 的平衡写入机理下，可擦写的总数据量为 64GB×3000 = 192 000GB，如果每天下载 100GB 的视频，可用天数为 192 000 / 100 = 1920，也就是 1920 / 365 = 5.26 年。如果每天写入的数据远低于 10GB，就拿 10GB 来算，可以不间断地使用 52.5 年，如果用的是 128GB 的 SSD，那么可以不间断地使用 104 年！这是什么概念？它像普通硬盘一样，理论上可以无限读写。
- 云储固态硬盘：基于 DRAM 的固态硬盘采用 DRAM 作为存储介质，应用范围较窄。它仿效传统硬盘的设计，可由绝大部分操作系统的文件系统工具进行卷设置和管理，并提供工业标准的 PCI 和 FC 接口用于连接主机或者服务器。应用方式可分为固态硬盘和固态硬盘阵列两种。它是一种高性能的存储器，而且使用寿命很长，美中不足的是需要独立电源来保护数据安全。DRAM 固态硬盘属于非主流的设备。

对比传统硬盘，固态硬盘的接口规范和定义、功能及使用方法与普通硬盘几乎相同，外形和尺寸也基本与普通的 2.5in(英寸，1in=2.54cm)硬盘一致。

固态硬盘具有传统机械硬盘不具备的快速读写、质量轻、能耗低以及体积小等特点，同时其劣势也较为明显。尽管 IDC 认为 SSD 已经进入存储市场的主流行列，但其价格仍较为昂贵，容量较低，一旦硬件损坏，数据较难恢复等；并且亦有人认为固态硬盘的耐用性(寿命)相对较短。

影响固态硬盘性能的几个因素主要是：主控芯片、NAND 闪存介质和固件。在上述条件相同的情况下，采用何种接口也可能会影响 SSD 的性能。

主流的接口是 SATA(包括 3Gb/s 和 6Gb/s 两种)接口，亦有 PCIE 3.0 接口的固态硬盘问世。由于固态硬盘与普通磁盘的设计及数据读写原理不同，因此其内部的构造也有很大的不同。一般而言，固态硬盘的构造较为简单，并且也可拆开；我们通常看到的有关固态硬盘性能评测的文章中大多附有固态硬盘的内部拆卸图。

固态硬盘的优点如下。

- 读写速度快：采用闪存作为存储介质，读取速度相对机械硬盘更快。固态硬盘不使用磁头，寻道时间几乎为 0。持续写入的速度非常惊人，固态硬盘厂商大多会宣称自家的固态硬盘持续读写速度超过了 500MB/s，固态硬盘的快绝不仅仅体现在持续读写上，随机读写速度快才是固态硬盘的终极目标，这直接体现在绝大部分的日常操作中。与之相关的还有极低的存取时间，最常见的 7200r/min 机械硬盘的寻道时间一般为 12～14ms，而固态硬盘可以轻易达到 0.1ms 甚至更低。
- 防振抗摔性强：传统硬盘都是磁盘型的，数据存储在磁盘扇区里。而固态硬盘是使用闪存颗粒(即 MP3、U 盘等存储介质)制作而成，所以固态硬盘内部不存在任何机械部件，这样即使在高速移动甚至伴随翻转倾斜的情况下也不会影响正常使用，而且在发生碰撞和振荡时也能够将数据丢失的可能性降到最小。相较于传统硬盘，固态硬盘占有绝对优势。
- 低功耗：固态硬盘在功耗上要低于传统硬盘。
- 无噪声：固态硬盘没有机械马达和风扇，工作时噪声值为 0dB。基于闪存的固态硬盘在工作状态下能耗和发热量较低(但高端或大容量产品能耗会较高)。内部不存在任何机械活动部件，不会发生机械故障，也不怕碰撞、冲击、振动。由于固态硬盘采用无机械部件的闪存芯片，因此具有发热量小、散热快等特点。
- 工作温度范围大：典型的硬盘驱动器只能在 5～55℃范围内工作。而大多数固态硬盘可在-10～70℃范围内工作。固态硬盘比同容量机械硬盘体积小、重量轻。固态硬盘的接口规范和定义、功能及使用方法与普通硬盘相同，在产品外形和尺寸上也与普通硬盘一致。其芯片的工作温度范围很宽(-40～85℃)。固态硬盘的重量更轻，与常规的 1.8in 硬盘相比，重量轻 20～30g。

(2) 光盘

光盘是近年来逐渐淡出主流存储设备的一种辅助存储器，可以存放各种文字、图形、图像、声音、动画等信息，当年曾是多媒体技术迅速获得推广的重要推动力之一。光盘系统包括光盘盘片和光盘驱动器，其中光盘盘片由聚碳酸酯注塑而成，表面有大量凸凹，用来存储数据信息；光盘驱动器通过激光束照射到带凹坑的光盘上，反射光的强弱不同来读取光盘数据。光盘和光盘驱动器分别如图 2.8 和图 2.9 所示。

图 2.8　光盘

图 2.9　光盘驱动器

光盘包括 CD(Compact Disk)和 DVD(Digital Versatile Disk)两大类。其中，CD 光盘的容量约为 650MB，而 DVD 光盘又分为单面单层、单面双层、双面单层和双面双层 4 类，容量从 4.7GB 到 17GB 不等。根据光盘读写功能的不同，CD 和 DVD 又可分别分为只读型(CD-ROM、

DVD-ROM)、一次写入型(CD-R、DVD±R)和重复写入型(CD-RW、DVD±RW)等类型。

光盘驱动器读写数据的速度通常用倍速来描述。目前，CD-ROM 的读取速度一般为 48 倍速或 52 倍速(单倍速的读写速度为 150KB/s)，CD-R 和 CD-RW 的写入速度分别为 48 倍速和 24 倍速；DVD-ROM 的读取速度一般为 16 倍速(DVD 中单倍速的读写速度为 1.385MB/s)，而 DVD±R 和 DVD±RW 的写入速度分别为 16 倍速和 8 倍速。

光盘具有容量大、读写速度快、数据保存时间长、便于携带、单位价格较低等优点，已成为多媒体计算机的重要组成部分。

目前比较流行的是蓝光光盘。

蓝光光盘(Blu-ray Disc，BD)是 DVD 之后的下一代光盘格式之一，用以存储高品质的影音以及高容量的数据。蓝光光盘的命名是由于其采用了波长为 405nm 的蓝色激光光束进行读写操作(DVD 采用 650nm 波长的红光读写器，CD 则采用 780nm 波长)。一个单层的蓝光光碟的容量为 25GB 或 27GB，足够录制一个长达 4h 的高清晰影片。2008 年 2 月 19 日，随着 HD DVD 领导者东芝宣布在 3 月底退出所有 HD DVD 相关业务，持续多年的下一代光盘格式之争正式画上句号，最终由索尼主导的蓝光光盘胜出。蓝光光盘使用 YCbCr 颜色空间的色与空间，采用 4∶2∶0 的色度抽样(Chroma Subsampling)，色彩深度为 8 位。

尽管蓝光光盘有很大的存储空间，但随着网络带宽的不断增加，其他存储设备成本的不断降低，未来高清电影的移动方案将主要由移动硬盘和大容量闪存盘来承担，蓝光 DVD 不大可能成为主流载体。

(3) 可移动磁盘

目前，一种用半导体集成电路制成的电子盘正逐渐成为可移动外存的主流。这种电子盘又分为 U 盘和移动硬盘两种。其中，U 盘采用闪存(Flash Memory)作为存储介质，可反复存取数据，使用时只要插入计算机中的 USB 插口即可。由于现代计算机中，USB 2.0 接口的传输速率可达 480MB/s，因此，使用 U 盘传输文档资料速度非常快。另外，移动硬盘通过一个转接电路把 2.5 或 3.5 英寸的硬盘连接到 USB 接口上，具有容量大、便于携带的优点，适合大量数据的移动存储或备份。

U 盘的容量有几百兆字节到几十吉字节，而移动硬盘的容量可以高达上百吉字节。近年来，可移动磁盘的发展极其迅猛，已成为主要的数据存储设备。U 盘和移动硬盘如图 2.10 所示。

(a) U 盘

(b) 移动硬盘

图 2.10 可移动磁盘

2.2.4 输入/输出设备

1. 输入设备

输入设备用于将系统文件、用户程序及文档、计算机运行程序所需的数据等信息输入计算机的存储设备中以备使用。常见的输入设备有键盘、鼠标、扫描仪、数码相机、光笔等。

(1) 键盘

键盘是最常用的输入设备，通过连线和主机的键盘接口相连接，计算机中大部分的输入工作主要由键盘来完成。

(2) 鼠标

鼠标也是主要的输入设备，其主要功能用于移动显示器上的光标并通过菜单或按钮向主机发出各种命令，但不能输入字符和数据。按照工作原理，鼠标可分为机械式鼠标和光电式鼠标两种。

机械式鼠标在底部有一个可以滚动的小球，当鼠标在桌面上移动时，小球和桌面相摩擦，发生转动，屏幕上的光标随着鼠标的移动而移动。这种鼠标价格便宜，但易沾灰尘，影响移动速度，且故障率高，应经常清洗。

光电式鼠标的底部是两个平行放置的小光源，光源发出的光经反射后，再由鼠标接收，并转换为移动信号送入计算机，使屏幕光标随着移动。光电式鼠标分辨率高，故障率低，应用范围越来越广泛。

(3) 扫描仪

图像扫描仪(Image Scanner)简称扫描仪，用于获取照片、书籍上的文字和图片，是一种以图片文件的形式保存在计算机中的输入设备，如图 2.11 所示。

随着技术的进步和价格的下降，以前只有专业人士才能使用的扫描仪已经走进了千家万户，扫描仪可以说是除了键盘和鼠标之外应用最广泛的计算机输入设备。扫描仪的工作原理是通过光源照射到被扫描的材料上，材料将光线反射到 CCD(Charge Coupled Device，电荷耦合器件)的光敏元件上，CCD 将这些强弱不同的光线转换成数字信号，并传送到计算机中，从而获得材料的图像。

扫描仪最主要的性能指标是光学分辨率，它是用两个数字相乘来表示的，如 6400×9600 像素，其中前一个数字代表扫描仪的横向分辨率，后面一个数字代表扫描仪的纵向分辨率。扫描仪的另一个指标是色彩深度，又称色彩位数，是指扫描仪对图像进行采样的数据位数，也就是扫描仪所能辨别的色彩范围。目前有 18 位、24 位、30 位、36 位、42 位、48 位等多种，位数越高，扫描效果越好。其他还应考虑的性能参数包括扫描幅面、接口类型等。

(4) 数码相机

数码相机(Digital Camera，DC)，又叫数字照相机。数码相机是实现了光学、机械、电子一体化的产品，它集成了影像信息的转换、存储和传输等部件，具有即时拍摄、图片数字化存储、浏览简便、与计算机交互处理等特点，如图 2.12 所示。

图 2.11　扫描仪

图 2.12　数码相机

数码相机的核心是成像感光器件，它代替了传统相机的“胶卷”。当感光器表面受到光线照射时，能把光线转换成电荷，通过模数转换器芯片转换成数字信号，所有感光器产生的信号加在一起，就构成一幅完整的画面，数字信号经过压缩后由相机内部的闪存和内置硬盘卡保存。

数码相机的种类繁多，性能各不相同，它的主要性能参数包括：

① 像素数目，如 800 万、1000 万、1500 万、2000 万等，像素数目越多，所获得的图片分辨率越高，质量也越好，但需要更多的存储空间，价格相应也越贵。

② 感光器件，感光器件是数码相机的关键，成像部件主要有 CCD 元件和 CMOS(互补金属氧化物导体)器件，目前主流感光器采用的是 CCD 元件。

除了以上提到的常用输入设备外，其他输入设备还有光笔、游戏手柄、数码摄像头和话筒等，如图 2.13 所示。

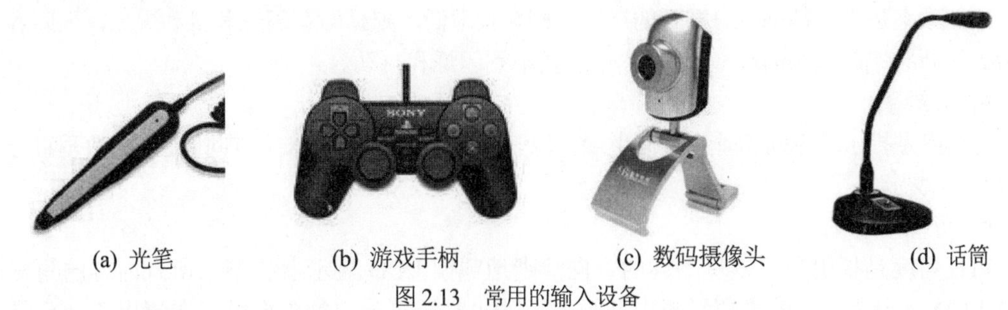

(a) 光笔　(b) 游戏手柄　(c) 数码摄像头　(d) 话筒

图 2.13　常用的输入设备

2. 输出设备

输出设备用于将计算机内部以二进制代码形式表示的信息转换为用户所需要并能识别的形式，如十进制数字、文字、符号、图形、图像、声音，或者其他系统所能接收的信息形式。在微型计算机系统中，主要的输出系统是显示器、打印机和绘图仪等。

(1) 显示器系统

显示器系统由显示器和图形适配器(Graphics Adapter，图形卡或显卡)组成。它们共同决定了图像输出的质量。

显示器的类型很多，按显示的内容可以分为只能显示 ASCII 编码字符的字符显示器和能显示字符与图形的图形显示器；按显示的颜色可以分为单色显示器和彩色显示器；按显示原理可以分为阴极射线管显示器(CRT)和液晶显示器(LCD、LED 等)。目前主流的显示器为 LED 显示器，如图 2.14 所示。

(a) CRT 显示器　(b) LCD 显示器　(c) LED 显示器

图 2.14　显示器

显示器的技术参数主要有以下几个。

- 显示模式

当前微型计算机的显示模式主要有 MDA(Monochrome Graphics Adapter，单色显示器)、CGA(Color Graphics Adapter，彩色图形显示器)、EGA(Enhanced Graphics Adapter，增强图形显

示器)、VGA(Video Graphics Array，影像图形阵列显示器)及扩展 VGA(SVGA 及 TVGA)等模式。在彩色显示模式中，EGA、VGA 和扩展 VGA 是目前使用的主流。

- 点距

点距一般指显像管水平方向相邻同色荧光点的间距。以毫米为单位来表示，点距越小，图像的清晰度越高。目前多数显示器的点距为 0.28mm。高端显示器则往往采用更小的点距以提高显示分辨率和图像的质量。

- 刷新频率

刷新频率是指屏幕每秒内刷新的次数。刷新频率低，则画面有闪烁和抖动现象，人眼容易疲劳。刷新频率超过 75Hz，人眼基本上感觉不到闪烁和抖动。

- 分辨率

分辨率是指水平方向和垂直方向上最大像素的个数，一般用(水平方向像素数)×(垂直方向像素数)来表示。

- 可视角度

可视角度是指用户可以从不同的方向清晰地观察 LCD 显示器屏幕上所有内容的角度。支持 LCD 显示器显示的光源经折射和反射后输出时已有一定的方向性，在超出这一范围观看就会产生色彩失真现象，可视视角越大，视觉效果越好。目前市面上大多数产品的可视角度为 150°～170°，部分产品可超过 170°。CRT 显示器不涉及此参数。

- 带宽

带宽决定显示器可以处理的信号频率范围。带宽越宽，显示器处理的信号频率范围就越大，图像的边缘就越清晰。带宽=最大分辨率×刷新频率。

- 辐射与环保

液晶显示器属于低辐射的环保型显示器。阴极射线管显示器需要工作在高电压、高脉冲状态下，会辐射对人体有害的电磁波和射线。国际上有多种关于显示器环保的认证。

显卡(Video Card，Graphics Card)全称为显示接口卡，又称显示适配器，是计算机最基本的配置，也是最重要的配件之一。显卡作为计算机主机里的一个重要组成部分，是计算机进行数模信号转换的设备，承担输出显示图形的任务。显卡接在计算机主板上，它将计算机的数字信号转换成模拟信号让显示器显示出来，同时显卡还具有图像处理能力，可协助 CPU 工作，提高整体的运行速度。对于从事专业图形设计的人来说显卡非常重要。民用和军用显卡图形芯片供应商主要包括 AMD(超微半导体)和 NVIDIA(英伟达)两家。现在的 TOP 500 计算机，都包含显卡计算核心。在科学计算中，显卡被称为显示加速卡。显卡如图 2.15 所示。

图 2.15　显卡

显卡的分类如下：

- **核芯显卡**　核芯显卡是 Intel 产品的新一代图形处理核心，和以往的显卡设计不同，Intel 凭借其在处理器制程上的先进工艺以及新的架构设计，将图形核心与处理核心整合在同一块基板上，构成一颗完整的处理器。智能处理器架构这种设计上的整合大大缩减了处理核心、图形核心、内存及内存控制器间的数据周转时间，有效提升了处理效能并能大幅降低芯片组的整体功耗，有助于缩小核心组件的尺寸，为笔记本电脑、一体机等产品的设计提供了更大的选择空间。

核芯显卡的优点：低功耗是核芯显卡的最主要优势，由于新的精简架构及整合设计，核芯显卡对整体能耗的控制更加优异，高效的处理性能大幅缩短了运算时间，进一步缩减了系统平台的能耗。高性能也是它的主要优势：核芯显卡拥有诸多优势技术，可以带来充足的图形处理能力，相较于前一代产品，其性能的进步十分明显。核芯显卡可支持 DX10/DX11、SM 4.0、OpenGL 2.0 以及全高清 Full HD MPEG2/H.264/VC-1 格式解码等技术，即将加入的性能动态调节功能可大幅提升核芯显卡的处理能力，令其完全满足于普通用户的需求。

核芯显卡的缺点：低端核芯显卡难以胜任大型游戏。

- **集成显卡** 集成显卡是将显示芯片、显存及其相关电路都集成在主板上，与它们融为一体的元件。集成显卡的显示芯片可以是单独的，但大部分都集成在主板的北桥芯片中。一些主板集成的显卡也在主板上单独安装了显存，但其容量较小，集成显卡的显示效果与处理性能相对较弱，不能对显卡进行硬件升级，但可以通过 CMOS 调节频率或刷入新 BIOS 文件实现软件升级来挖掘显示芯片的潜能。

  集成显卡的优点：功耗低、发热量小，部分集成显卡的性能已经可以媲美入门级的独立显卡，所以不用花费额外的资金购买独立显卡。

  集成显卡的缺点：性能相对略低，且固化在主板或 CPU 上，本身无法更换，如果必须换，就只能换主板。

- **独立显卡** 独立显卡是指将显示芯片、显存及其相关电路单独做在一块电路板上，自成一体而作为一块独立的板卡存在，它需占用主板的扩展插槽(ISA、PCI、AGP 或 PCI-E)。

  独立显卡的优点：单独安装有显存，一般不占用系统内存，在技术上也较集成显卡先进得多，性能上也肯定不差于集成显卡，容易进行显卡的硬件升级。

  独立显卡的缺点：系统功耗有所加大，发热量也较大，需额外花费购买显卡的资金，同时(特别是对笔记本电脑)占用更多空间。由于显卡性能的不同，对于显卡的要求也不一样，因此独立显卡实际分为两类，一类是专门为游戏设计的娱乐显卡；另一类则是用于绘图和 3D 渲染的专业显卡。

(2) 打印机

打印机是计算机的重要输出设备之一，可用来打印字符、数字、图形和表格等。打印机的种类很多，按照打印原理，可分为击打式打印机和非击打式打印机。击打式打印机是用机械方法，使打印针或字符锤击打色带，在打印纸上印出字符，其产品主要是针式打印机。非击打式打印机是通过激光、喷墨、热升华或热敏等方式将字符印在打印纸上，其产品主要有喷墨打印机和激光打印机，如图 2.16 所示。

(a) 针式打印机

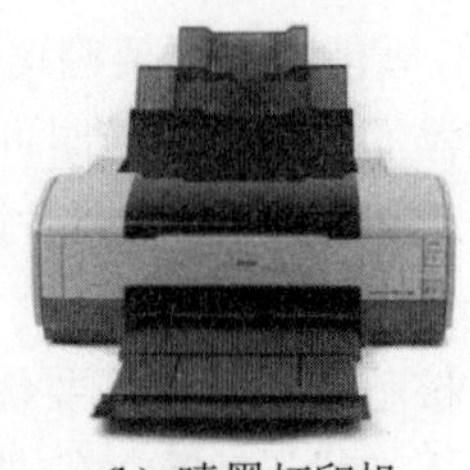

(b) 喷墨打印机

(c) 激光打印机

图 2.16 打印机

(3) 绘图仪

绘图仪(Plotter)是一种输出图形硬拷贝的输出设备。打印机虽然也能输出图形硬拷贝，但对复杂、精确的图形无能为力。绘图仪可以在绘图软件的支持下，绘制出各种复杂、精确的图形，成为计算机辅助设计必不可少的设备。绘图仪如图 2.17 所示。

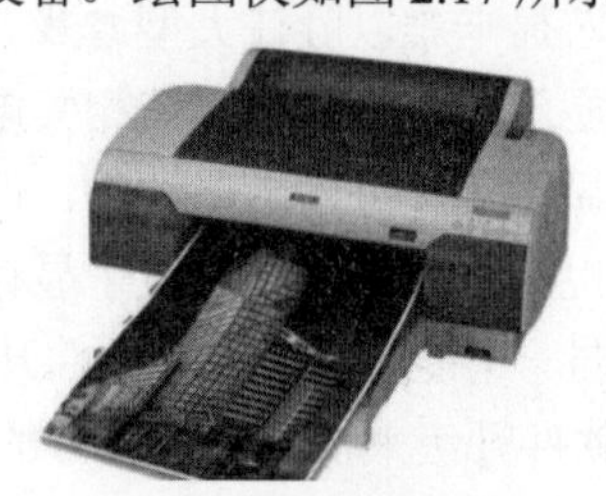

图 2.17 绘图仪

2.3 微型计算机的总线与接口

2.3.1 微型计算机的总线

总线(Bus)是计算机内部传输指令、数据和各种控制信息的高速通道，是微型计算机中各组成部分在传输信息时共同使用的“公路”。微型计算机中的总线分为内部总线、系统总线和外部总线 3 个层次。内部总线位于 CPU 芯片内部，用于连接 CPU 的各个组成部件；而系统总线是指主板上连接微型计算机中各大部件的总线；外部总线则是微型计算机和外部设备之间的总线，通过该总线和其他设备进行信息与数据交换。

如果按总线内传输的信息种类，可将总线分类为以下几种。

(1) 数据总线(Data Bus，DB)，用于 CPU 与内存或 I/O 接口之间的数据传递，它的条数取决于 CPU 的字长，信息传送是双向的(可送入 CPU，也可由 CPU 送出)。

(2) 地址总线(Address Bus，AB)，用于传送存储单元或 I/O 接口的地址信息，信息传送是单向的，它的条数决定了计算机内存空间的大小，即 CPU 能管辖的内存数量。

(3) 控制总线(Control Bus，CB)，用于传送控制器的各种控制信息，它的条数由 CPU 的字长决定。

微型计算机采用开放体系结构，由多个模块构成一个系统。一个模块往往就是一块电路板。为了方便总线与电路板的连接，总线在主板上提供了多个扩展槽与插座，任何插入扩展槽的电路板(如显卡、声卡)都可以通过总线与 CPU 连接，这为用户自己组合可选设备提供了方便。微型处理器、总线、存储器、接口电路和外部设备(简称外设)的逻辑关系如图 2.18 所示。

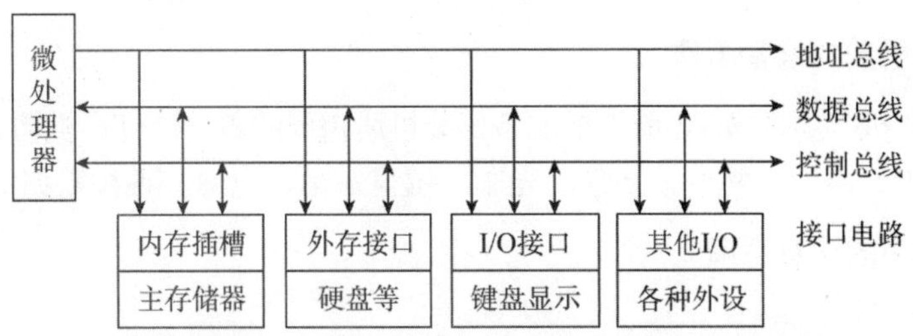

图 2.18　微处理器、总线、存储器、接口电路和外部设备的逻辑关系

目前，微型计算机常用的系统总线标准有以下几种。

(1) PCI(Peripheral Component Interconnect，外部设备互连)总线

PCI 总线于 1991 年由 Intel 公司推出，它为 CPU 与外部设备之间提供了一条独立的数据通道，让每种设备都能与 CPU 直接联系，使图形、通信、视频和音频设备都能同时工作。PCI 总线的数据传送宽度为 32 位，可以扩展到 64 位，工作频率为 33 MHz，数据传输可达 133 MB/s。

(2) AGP(Advanced Graphics Port，加速图形接口)总线

AGP 总线是 Intel 公司配合 Pentium 处理器开发的总线标准，它是一种可自由扩展的图形总线结构，能增加图形控制器的可用带宽，并为图形控制器提供必要的性能，有效地解决了 3D 图形处理的瓶颈问题。AGP 总线的宽度为 32 位，时钟频率有 66 MHz 和 133 MHz 两种。

2.3.2　微型计算机的接口

接口就是设备与计算机或其他设备连接的端口，主要用来传送信号。一部分是数据信号，另一部分是控制信号，它们都是为传输数据服务的。

数据传输方式可分为串行和并行两种。用于串行传输的接口就叫串行接口(Serial Port)。被传送的数据排成一串，一次发送，其特点是传输稳定、可靠，但传输距离长、数据传输速率较低。用于并行传输的接口就是并行接口(Parallel Port)，其特点是数据传输速率较高、协议简单、易于操作；由于并行传输在传输时容易受到干扰、传输距离短、有时会发生数据丢失等问题，所以并口设备的连接电缆一般比较短，否则不能保证正常使用。

在计算机行业中最早出现的串行接口标准是 RS-232 标准，这个标准直到现在还在个人计算机上使用，这就是用来外接鼠标或调制解调器(Modem)的 COM1、COM2 接口。随着计算机技术的发展，现在又出现了许多新的接口标准，如 SCSI、USB 和 IEEE 1394 等。USB(Universal Serial Bus)是一种通用串行总线接口，其最大的好处在于能支持多达 127 个外设，并且可以独立供电(可从主板上获得 500 mA 的电流)和支持热插拔(开机状态下的插拔)，真正做到即插即用。目前可以通过 USB 接口连接的设备有扫描仪、打印机、鼠标、键盘、移动硬盘、数码相机和音箱，甚至还有显示器，USB 接口具有很好的通用性。USB 2.0 标准的传输速率可高达 480 Mbps(60MB/s)，而 USB 3.2 标准的传输速率理论上高达 5.0Gbps(500MB/s)，非常适用于一些视频输入/输出产品。

2.3.3 组装微型计算机的案例

1. 组装计算机前的准备工作

组装微型计算机(简称微机)之前需要准备好装机所需要的各种硬件：机箱、显示器、主板、CPU、内存、显卡、声卡、网卡、硬盘、光驱、键盘鼠标、电源、各种数据线和电源线等。

2. 组装过程中的注意事项

(1) 防止静电

在组装微型计算机之前需要用手触摸地面，以释放身上携带的静电，否则这些静电有可能将主板上的集成电路击穿，从而造成设备损坏。

(2) 防止液体进入微机内部

要防止水、饮料和汗液等液体接触到微机的内部板卡、元件，因为这些液体有可能造成元件的短路而使得微机的内部器件损坏。

(3) 运用正确的安装方法

安装之前请仔细查阅说明书，对于安装不到位的板卡、元件不要强行安装。例如，CPU 的引脚很容易因为强行安装使得引脚折断或者变形。此外，要确定板卡安装是否牢固，否则在用螺丝固定时，板卡会翘起变形，影响微机的正常运行。板卡安装完毕后，需要对微机的主机进行测试，在确定没有问题后，再固定机箱，避免因为故障再次打开机箱的情况。

3. 组装微机硬件的步骤

(1) 将 CPU 安装在主板上

① 选择与 CPU 相匹配的主板，用适当的力向下微压固定 CPU 的压杆，同时用力向外推压杆，使其脱离固定卡扣。

② 将 CPU 处理器一角的三角形标识与主板上的三角形标识对齐，然后慢慢地将 CPU 处理器轻压到位。这种安装方法适用于当前的所有处理器，尤其是对于采用引脚式设计的处理器。如果方向没有对齐，则无法将 CPU 安装到位，甚至有可能压弯或者损坏处理器的引脚。

③ 将 CPU 准确安放以后，盖好扣盖，将一旁用来固定 CPU 的压杆反方向用力扣下来。

安装过程如图 2.19 所示。

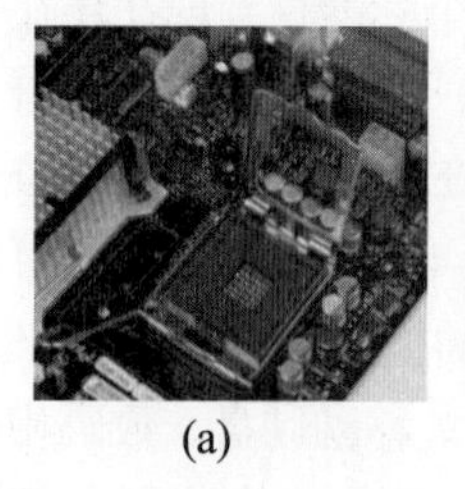
(a)

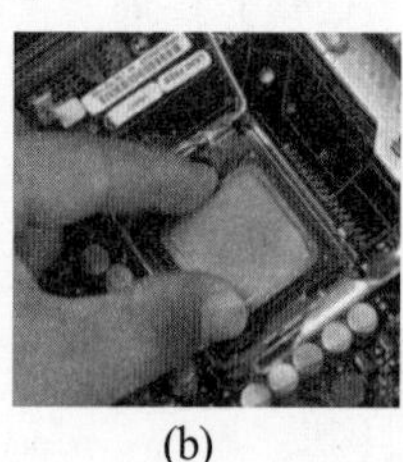
(b)

(c)

(d)

图 2.19 安装 CPU 示意图

(2) 安装 CPU 的散热器

先将散热器上 4 个扣具的旋钮顺时针轻转至不能转动为止，将散热器的四角对准主板相应的位置，然后用力压下四角扣具，再将旋钮逆时针转动半圈卡紧。散热器固定好之后，需要将散热风扇的电源接到主板的供电接口。由于主板上的风扇电源接口采取了防呆式设计，因此反向是无法插入的。

目前 CPU 的散热器接口采用了 3 针或 4 针设计，主板上 CPU-FAN 的地方就是接入 CPU 散热器供电插口的位置。安装过程如图 2.20 所示。

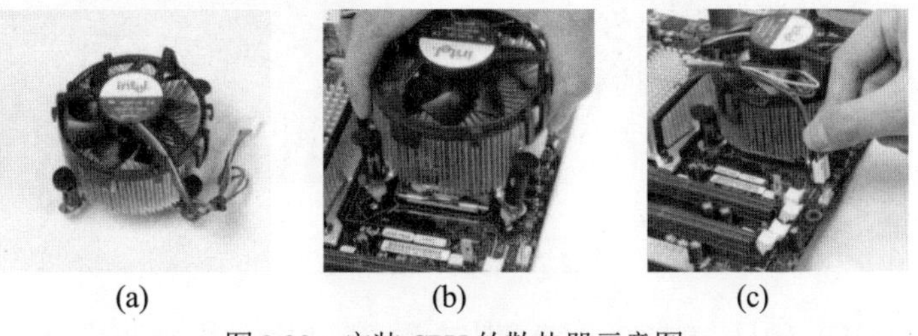

(a) (b) (c)

图 2.20 安装 CPU 的散热器示意图

(3) 安装内存

主板上的内存插槽一般都采用两种不同的颜色来区分插槽的单、双通道。在相同颜色的插槽上插入规格相同的内存即可构成内存双通道，内存双通道的设计可以提升系统的整体性能。

安装内存时，先用手将内存插槽两端的扣具打开，然后按照内存条与插槽的缺口调整内存条的插入方向(防呆式设计，反向将无法插入)，将内存条垂直地插入内存插槽中，用双手拇指按住内存条的两端轻微向下压，听到“啪”的声响之后，内存插槽两端的扣具会弹起，将内存条固定后，内存条的安装就已完成，如图 2.21 所示。

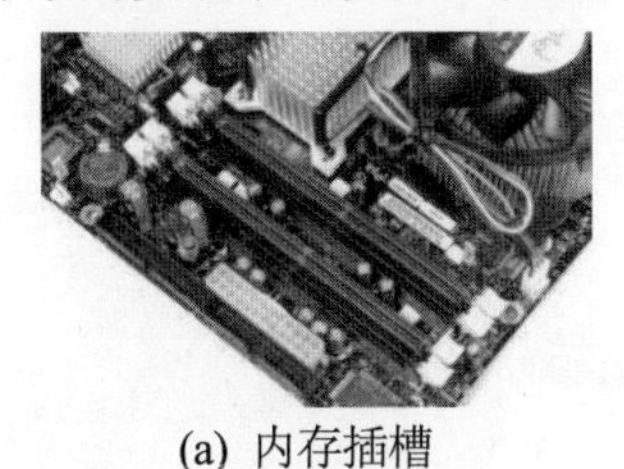

(a) 内存插槽 (b) 内存安装方法

图 2.21 安装内存示意图

(4) 在机箱中固定主板

将机箱中的主板垫脚螺母安放至机箱主板托架的对应位置，双手水平托住主板放入机箱当中，通过机箱背部的挡板来确定主板的安放位置是否到位。主板上一般有 5～7 个固定孔，选择合适的固定孔将固定主板的螺钉拧到一定程度，等全部螺钉都安装到位之后，再将每个螺钉拧紧，如图 2.22 所示，这样做可以方便地对主板的位置随时进行调整。

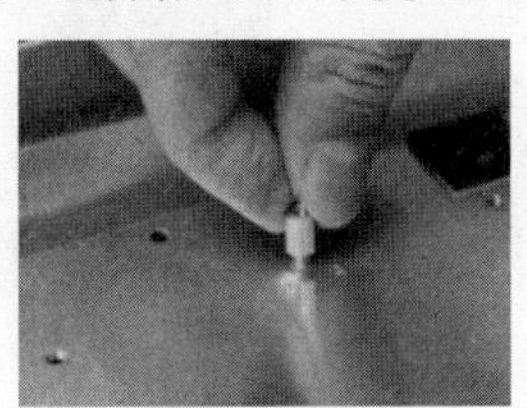

(a) 固定螺母 (b) 主板的安装

图 2.22 固定主板示意图

(5) 安装硬盘、光驱的数据线与电源线

安装硬盘的方法与安装光驱类似，将硬盘放入机箱的硬盘托架上，拧紧螺钉使其固定即可。若机箱中内置的是可拆卸的硬盘托架，可以将其拆下来，将硬盘装入托架中，并拧紧螺钉，再将托架重新装入机箱，并将固定扳手拉回原位固定好硬盘托架，如图 2.23 所示。

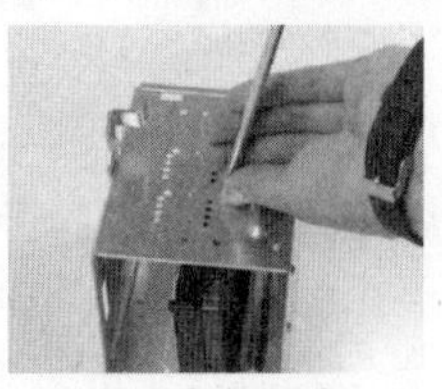
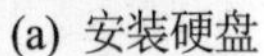
(a) 安装硬盘

(b) 固定硬盘托架

图 2.23　安装硬盘示意图

图 2.24 分别为 IDE 硬盘、SATA 硬盘和固态硬盘的数据线与电源线的接口图，这几种硬盘的接口全部采用防呆式设计，反方向无法插入。其中，绝大多数固态硬盘的接口都采用 SATA 接口。对于 M.2 接口的固态硬盘需要主板单独支持，下图以大众化的 SATA 接口固态硬盘为例进行演示。

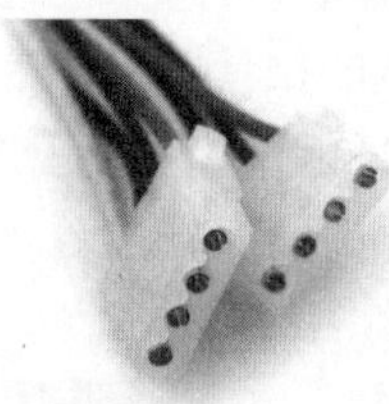

(a) IDE 硬盘的数据线、电源线、硬盘连接

(b) SATA 硬盘的数据线、电源线、硬盘连接

(c) 固态硬盘的数据线、电源线、硬盘连接

图 2.24　IDE、SATA 和固态硬盘的数据线、电源线、硬盘连接

安装光驱之前需要将机箱面前的面板拆除，并将光驱放入对应的位置，拧紧螺钉或把扣具扣好。光驱的数据线、电源线的连接方法与 IDE 硬盘的安装方法相同，如图 2.25 所示。

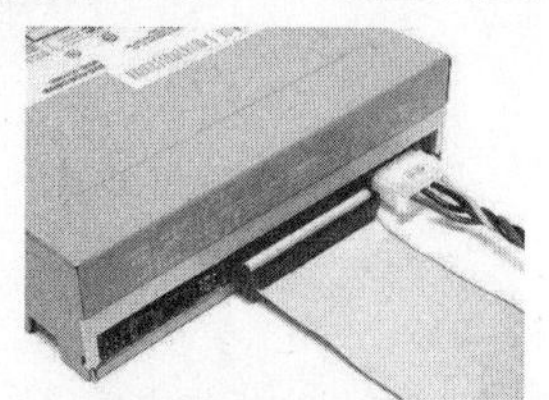

图 2.25 光驱的数据线与电源线及连接方法示意图

(6) 安装电源

机箱电源的安装方法比较简单，放入到位后，拧紧螺钉即可，如图 2.26 所示。主板的电源插座上都有防呆设置，插错是插不进去的。机箱的电源插头有很多，在“主板其余接口的连线方法”这一部分会详细叙述。

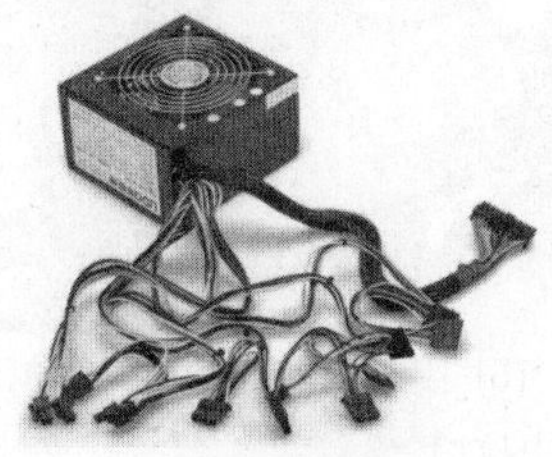

(a) 机箱电源

(b) 安装后

图 2.26 安装电源示意图

(7) 安装显卡

显卡、声卡、网卡等插卡式设备的安装方法是类似的。声卡、网卡一般集成在主板上，这样就只需要安装显卡了。用手轻握显卡两端，将显卡金手指部分垂直对准主板上的显卡插槽，向下轻压到位后，再用螺钉固定即可，然后把显卡上的挡板用螺钉固定在机箱上面，如图 2.27 所示。

(a) 显卡插槽

(b) 安装显卡

图 2.27 安装显卡示意图

(8) 主板其余接口的连线方法

① 主板供电接口

图 2.28 主板上的长方形插槽部分，是电源为主板供电的插槽，主板供电的接口主要有 24 针与 20 针两种，两种接口的插法相同。主板供电接口采用防呆式设计，反向无法插入。

(a) 主板上的24针供电接口

(b) 24针供电线接口

图2.28 主板供电接口

② CPU供电接口

主板上提供给CPU单独供电的接口主要有3种：4针、6针和8针，如图2.29所示。这些接口采用防呆式设计，反向无法插入。

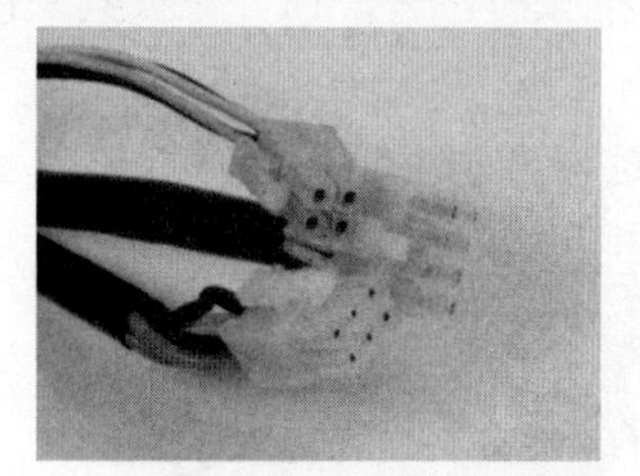
(a) 4针、6针、8针供电接口

(b) 主板上的8针与4针供电接口

图2.29 CPU供电接口

③ 光驱与硬盘的接口

a) IDE接口

IDE接口是曾经普遍使用的外部接口，主要连接硬盘和光驱，如图2.30所示。主要特点是体积小，兼容性强，性价比高，但是数据传输速度慢，缆线长度过短。IDE接口采用防呆式设计，反向无法插入。目前采用IDE接口的设备已经很少见，但为了保持对老设备兼容，大多数主板还是会提供一个IDE接口。

b) SATA串口

SATA串口也是一种接口。具备更高传输速度的SATA串口正逐渐取代IDE接口而成为硬盘接口的主流，它采用防呆式设计，反向无法插入，如图2.30所示。此外，SATA硬盘的供电接口也与普通的4针梯形供电接口有所不同。

(a) IDE接口(长)与SATA接口(短)

(b) IDE数据线(左)与SATA数据线(右)

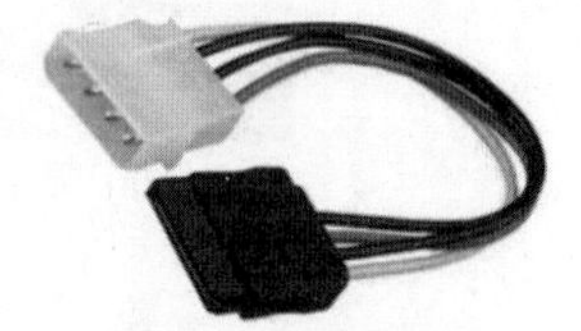
(c) SATA硬盘的电源线

图2.30 光驱与硬盘的接口及数据线

c) M.2接口

固态硬盘接口通常分为两种，一种是SATA串口，另外一种是M.2接口。M.2接口略为复杂，分为B key接口、M key接口和B&M key接口。三者的区别在于固态硬盘金手指处的断口位置以及短金手指部分的引脚数。其中，B key接口固态硬盘的金手指断口位置在左侧，短金手指部分的引脚数为6。采用SATA通道的B key接口固态硬盘持续读取峰值可达到550MB/s。采用PCI-E×2通道的B key接口固态硬盘持续读取峰值可达到700MB/s。M key接口固态硬盘的金手指断口位置在右侧，短金手指部分的引脚数为5。采用PCI-E×4通道的M key接口的固态硬盘读写速度非常快，持续读写速度一般在1600MB/s，而部分旗舰产品的读写速度可达到3300MB/s。B&M key接口的固态硬盘可以视为前两者的结合体，该固态硬盘金手指采用三段式设计，断口位置有两处，左右短金手指部分的引脚数分别为6和5。目前，B&M key接口已逐渐取代了B key接口，这两个接口的特性相近，如图2.31所示。

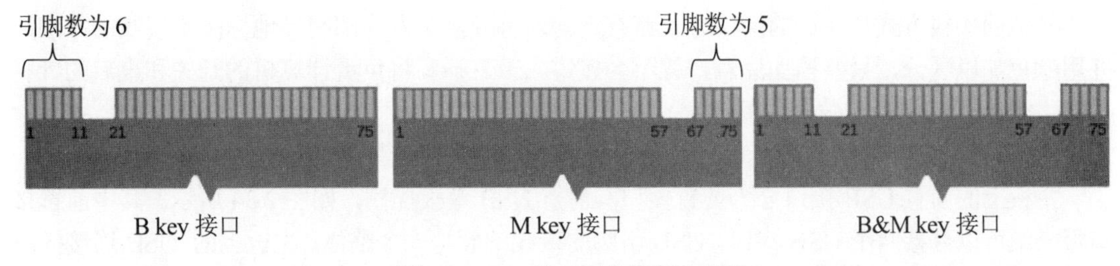

图2.31　M.2接口固态硬盘示意图

M.2接口的固态硬盘需要主板具有M.2接口插槽的专门支持，图2.32为M key接口固态硬盘及主板上与其相对应的M.2接口插槽。

图2.32　M key接口固态硬盘及主板上对应的M.2接口插槽

④ 认识机箱前置电源线的接线插头

机箱上前置电源线的接线插头上面都有表明自己身份的英文或者英文字母标注。机箱前置电源线的接线插头有以下几种。

电源开关：POWER SW (Power Switch)，机箱前面的“开机”按钮。

复位/重启开关：RESET SW(Reset Switch)，机箱前面的“复位”按钮。

报警器：SPEAKER，主板工作异常报警器。

硬盘状态指示灯：HDD LED(Hard Disk Drive Light Emitting Diode)。

电源指示灯：POWER LED +/−。

这些前置电源线需要接在主板上的相应位置。

如图2.33所示，黄色基座部分是比较流行的9针的开关/复位/电源灯/硬盘灯跳线方式，通常位于主板的右下角，在引脚旁会有英文标注每个针脚的用途，其中电源开关针脚(POWER SW)和复位开关引脚(RESET SW)是不区分正负极的，但硬盘指示灯引脚(HDD LED)和电源指示灯引脚(POWER LED +/−)是需要区分正负极的，正极所在第一针的位置旁边会有一个特殊印制的粗线。

(a) 前置电源线接头

(b) 9 针主板跳线

图 2.33 前置电源线

其他的接线方式与 9 针的接线方式略有不同，每种接线方式都明显地标注了接线的方法，并用颜色加以区分，只要稍加注意，就不会接错。千万不要将负责计算机的开关和重启的针脚接错，否则有可能烧坏微机主板。

⑤ 前置 USB 接口

主板上的前置 USB 接口分为前置接口与前置 USB 主板插槽，如图 2.34 所示。其中前置接口每一组可以外接两个 USB 接口，USB 引脚的接线一般是一个整体。主板上的 USB 连接插座有 10 个引脚，但有一个是空余的。同样，USB 引脚的接线也会提供 10 个插口，但对应的地方也会有一个堵死的插孔。在接线时，这种防呆式设计确保不会反向接入。连接前置 USB 接口时要仔细阅读主板说明书，若连接不当，容易造成主板的烧毁。

(a) USB 前置接口

(b) 前置 USB 主板插槽

图 2.34 前置 USB 接口

⑥ 主板的背部接口

图 2.35 所示为某型号主板的背部接口，对该主板接口的说明如下。

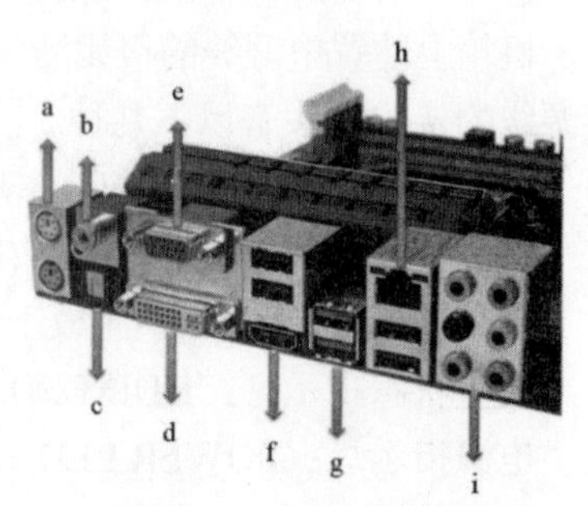

图 2.35 主板的背部接口

a) PS/2 接口

PS/2 接口是老式的连接鼠标和键盘的接口，其中紫色 PS/2 接口用于连接键盘，绿色 PS/2 接口用于连接鼠标。

b) 同轴音频接口

该接口将输入接口(麦克风接口)和输出接口(耳机或音响接口)整合在一起，同时拥有输入和输出功能。主要提供数字音频信号的传输。

c) 光纤输出接口

该接口为高端音频设备传输音频信号。

d) DVI 接口

该接口传输的是数字信号，抗干扰性和传输稳定性较好。

e) VGA 接口

该接口用于传输模拟信号。

f) HDMI 接口

HDMI 接口是高清晰度多媒体接口。用于连接高清平板电视，并且可以同时传输高清视频信号和音频信号。

g) USB 接口

USB 接口在计算机上使用广泛，该接口支持设备的即插即用和热插拔功能。移动硬盘、无线网卡、摄像头等设备大多使用该接口。

h) 网络接口

网络接口是网线接入接口，可根据设备的不同提供百兆或千兆网络接口。

i) 多声道音频接口

该接口传输的是模拟信号。蓝色是声道输入接口，绿色是声道输出接口，粉红色是麦克风输入接口，其他颜色接口为配置多声道的辅助接口。

4. 通电测试、安装完毕

经过以上的安装过程后，一台微机就组装完毕了。接下来对微机进行通电测试，先打开显示器电源，按下机箱上的电源键，如果听到“滴”声表明微机组装成功，可以进一步进行操作系统的安装了。

2.4 计算机的主要技术指标及性能评价

计算机是一个复杂的系统，由多个部分组成，技术指标众多。评价计算机的性能时要考虑多方面的因素，要进行综合分析。

2.4.1 计算机的主要技术指标

计算的性能是由多方面的指标决定的，不同类型的计算机侧重的方面也不同。主要的技术指标如下。

1. 字长

字长是计算机性能的一个重要指标，是指计算机中每个字所包含的二进制的位数，由计算机 CPU 的类型决定。根据计算机的不同，字长有固定字长和可变字长两种。固定字长是指字的长度在任何情况下都不发生改变；可变字长是指在一定范围内，字的长度可以发生变化。计算机处理数据的速率与一次能进行加工的二进制的位数以及运行的快慢有关。对于相同运算速度的计算机来说，同等时间内字长长的运算速度快。一般来说字长越长，计算机一次处理的信息位就越多，精度就越高。

2. 主频

主频是指计算机的时钟频率，即 CPU 每秒内的平均操作次数，单位用 MHz 表示。主频在很大程度上决定了计算机的运算速度(每秒所能执行的指令条数，MIPS)。

3. 内存容量

内存是CPU可以直接访问的存储器，需要执行的程序与需要处理的数据就存放在内存中。内存容量是指内存储器中能够存储信息的总字节数，一般以KB、MB为单位。该指标直接影响计算机的工作能力，内存越大，机器处理信息的能力越强。

4. 存取周期

存取周期与存储器的访问时间有关，存储器的访问时间是指存储器进行一次性读或写操作所需的时间。将信息代码存入存储器，称为“写操作”。把信息代码从存储器中取出，称为“读操作”。连续两次读或写操作所需的最短时间称为存取周期。存取周期通常用纳秒(ns)表示(1ns $=10^{-3}\mu s=10^{-9}s$)。存取周期反映了内存的速度性能。存取周期越短，存取的速度越快。

5. 运算速度

运算速度是指计算机每秒所能执行的指令条数，一般以 MIPS(百万条指令/秒)为单位。影响计算机运行速度的因素主要是CPU的主频和存储器的存取周期。如某种型号的计算机的运算速度是100万次/秒，也就是说，这种计算机在一秒钟内可执行加法指令100万次。

以上只是一些主要的技术指标。实际上，计算机功能的强弱或性能的高低，并不是由某项指标决定的，而是由它的系统结构、指令系统、硬件组成、软件配置等多方面的因素综合决定的。

2.4.2 计算机的性能评价

评价计算机的性能，除上述的主要技术指标外，还要考虑其他一些指标。

1. 系统的兼容性

兼容性是指硬件之间、软件之间或是软硬件组合系统之间的相互协调工作的程度。兼容性越好，越有利于系统的稳定和使用。

2. 外存储器的容量

主要指硬盘的存储容量(包括内置硬盘和移动硬盘)，外存储器的容量越大，存储的信息就越多。目前硬盘的存储容量为500GB～1TB，有的已经超过2TB。

3. 软件配置

根据需要应配置的相应软件，包括操作系统、数据库管理系统、网络通信软件、汉字支持软件及其他各种应用软件。只有配备了必需的系统软件和应用软件，计算机才能高效地工作。

4. 性价比

性价比是机器性能与价格的一个比值。它是衡量计算机产品性能优劣的一个综合性指标。性价比越高越好。购买时应该从性能、价格两方面进行考虑。

第3章

中文操作系统Windows 10

操作系统(Operating System)是一种系统软件，是用户与计算机的接口，主要用来管理和控制计算机系统的全部软件和硬件资源，使得计算机的软硬件功能发挥得更好。目前，主流的操作系统主要有 Windows、Linux、UNIX 等，其中 Windows 操作系统功能强大、人性化、界面友好、简单易学，已成为当前世界上使用最广泛的操作系统。

本章以 Windows 10 家庭版为例，介绍 Windows 10 操作系统、工作环境、文件管理及系统设置。

3.1 Windows 10 操作系统简介

Windows 10 是美国微软公司所研发的新一代跨平台及设备应用的操作系统。相对于以往的 Windows 操作系统，Windows 10 做了较大的调整和改进，更加人性化的设计使用户的操作更加方便快捷。

1. Windows 10 版本划分

Windows 10 共有 10 个版本，分别是家庭版、专业版、企业版、教育版、移动版、企业移动版、物联版、专业工作站版、专业教育版、神州网信政府版。每个版本面向不同的用户和设备，具有不同的功能。

Windows 10 家庭版，面向使用 PC、平板电脑和二合一设备的消费者。它将拥有 Windows 10 的主要功能：Cortana 语音助手、Edge 浏览器、面向触控屏设备的 Continuum 平板电脑模式、Windows Hello(脸部识别、虹膜、指纹登录)、串流 Xbox One 游戏的能力、微软开发的通用 Windows 应用(Photos、Maps、Mail、Calendar、Music 和 Video)。

Windows 10 专业版，面向使用 PC、平板电脑和二合一设备的企业用户。除具有 Windows 10 家庭版的功能外，它还使用户能管理设备和应用，保护敏感的企业数据，支持远程和移动办公，使用云计算技术。

Windows 10 企业版，以专业版为基础，增添了大中型企业用来防范针对设备、身份、应用和敏感企业信息的现代安全威胁的先进功能，供微软的批量许可(Volume Licensing)客户使用。用户能选择部署新技术的节奏，其中包括使用 Windows Update for Business 的选项。作为部署选项，Windows 10 企业版将提供长期服务分支(Long Term Servicing Branch)。

Windows 10 教育版，以 Windows 10 企业版为基础，面向学校职员、管理人员、教师和学生。它将通过面向教育机构的批量许可计划提供给客户，学校将能够升级 Windows 10 家庭版和 Windows 10 专业版设备。

Windows 10 移动版，面向尺寸较小、配置触控屏的移动设备，例如智能手机和小尺寸平板电脑，集成有与 Windows 10 家庭版相同的通用 Windows 应用和针对触控操作优化的 Office。部分新设备可以使用 Continuum 功能，因此连接外置大尺寸显示屏时，用户可以把智能手机用作 PC。

Windows 10 企业移动版，以 Windows 10 移动版为基础，面向企业用户。它将提供给批量许可客户使用，增添了企业管理更新，以及及时获得更新和安全补丁软件的方式。

Windows 10 物联版，面向小型低价设备，主要针对物联网设备。微软预计功能更强大的设备——例如 ATM、零售终端、手持终端和工业机器人，将运行 Windows 10 企业版和 Windows 10 移动企业版。

Windows 10 专业工作站版，Windows 10 Pro for Workstations 属于 Windows 10 专业版系统的顶级版本，专为高端 PC 打造、拥有服务器级别的硬件支持，专为高负载场景设计。Windows 10 Pro for Workstations 包括了许多普通版 Win10 Pro 没有的内容，着重优化了多核处理以及大文件处理，面向大企业用户以及真正的“专业”用户。

Windows 10 专业教育版，该版本层级高于家庭版和专业版，从名称上看“教育专业版”应该是基于“专业版(Windows 10 Pro)”制作，然后添加了面向教育行业(for Education)的功能。

神州网信政府版，Windows 10 神州网信政府版是在 2017 年 5 月 23 日，微软宣布与中国的神州网信公司合作时，推出的专门用于中国政府的神州网信政府版 Windows 10。这个版本的 Windows 支持离线激活，删掉了 Windows 安全中心、Microsoft Store、Xbox 等不必要的东西，预装了 360 安全卫士，同时“开始”菜单回归了 Windows 7 的风格。Windows 10 神州网信政府版不再归微软所有，而是归神州网信公司所有。

2. 系统特色

“开始”菜单：“开始”菜单新增了一个 Modern 风格的区域，将改进的传统风格与新的现代风格有机地结合在一起。单击屏幕左下角的“开始”按钮，打开的菜单左侧是系统的关键设置和应用列表，右侧是标志性的动态磁贴，如图 3.1 所示。

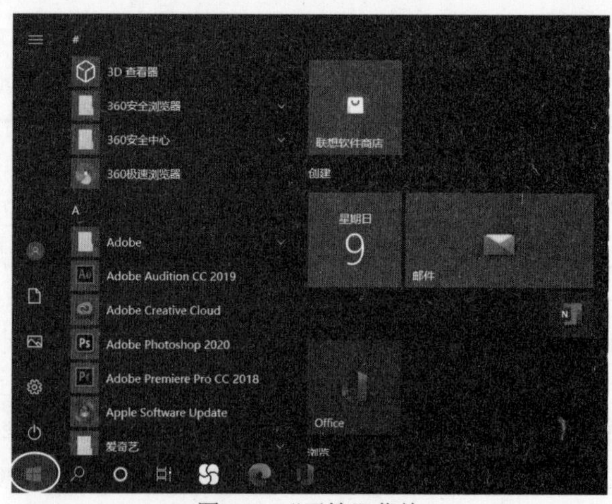

图 3.1 “开始”菜单

Cortana 交流：Cortana 位于任务栏“开始”按钮的右侧，支持使用语音唤醒，如图 3.2 所示。通过语音微软小娜可为用户打开相应的文件，也可以搜索硬盘内的文件、系统设置或互联网中的其他信息。作为一款私人助手服务，Cortana 像在移动平台那样帮助用户设置基于时间和地点的备忘。

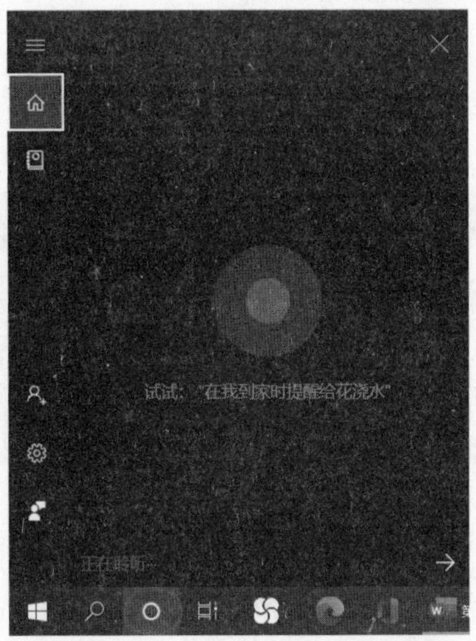

图 3.2　“Cortana 交流”按钮

虚拟桌面：Windows 10 新增了虚拟桌面功能，该功能可在同一个操作系统下使用多个桌面环境，方便用户直观明了地查看当前运行的窗口任务。单击任务栏中的“任务视图”按钮，打开多任务视图窗口模式，不同的窗口通过大尺寸缩略图的方式显示在桌面环境中。单击桌面左上角的“新建桌面”按钮，如图 3.3 所示，即可添加一个新的虚拟桌面，用户可将桌面上的窗口直接拖曳到虚拟桌面中，如图 3.4 所示。用户可在不同桌面环境间进行自由切换，预览多个桌面中已打开的所有窗口。单击其中某个窗口即可快速打开该窗口，方便用户迅速地找到目标任务。虚拟桌面使传统应用和桌面化的 Modern 应用在多任务中可以更紧密地结合在一起。

图 3.3　“新建桌面”按钮

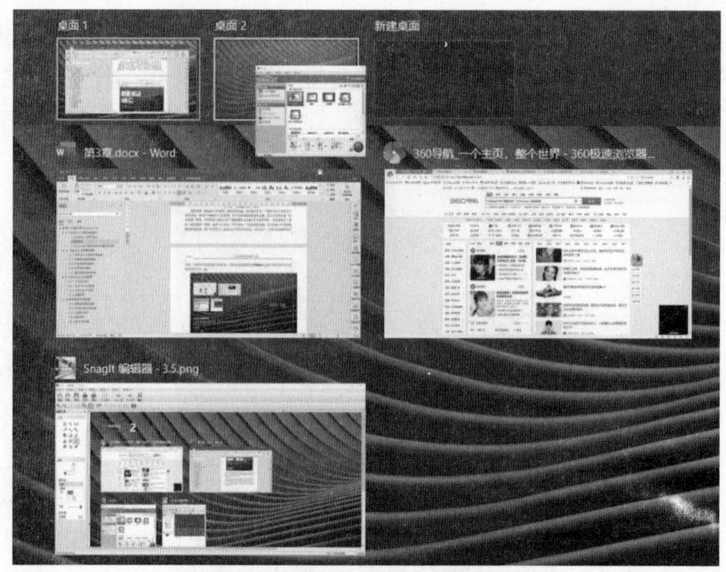

图 3.4　将窗口拖曳到其他桌面

分屏多窗：将某一窗口拖至屏幕两边时，系统会自动以 1/2 的比例分屏显示窗口，当前窗口占据半个屏幕，如图 3.5 所示，屏幕的剩余空间显示其他窗口的缩略图，单击某一缩略图可将其快速填充到另一半剩余的屏幕空间中。借助 Windows 10 内置的 Snap Assist 功能，用户可以在单个屏幕上放置 4 个窗口，即只要把窗口拖动到屏幕的 4 个角落，窗口就会变成屏幕四分之一大小停靠在相应角落，组合成多任务模式，组合使用 Win 键与上、下、左或右方向键可以调整选中的窗口的大小和形态，并可以同时使用 4 个打开的窗口，提高工作效率。Windows 10 的新版 Snap 功能可以让用户在使用不同输入设备(包括触摸屏、键盘、鼠标、手写笔等)时都能够有良好的体验。随着 Windows 10 的不断发展，这项功能将会为用户带来更大的方便。

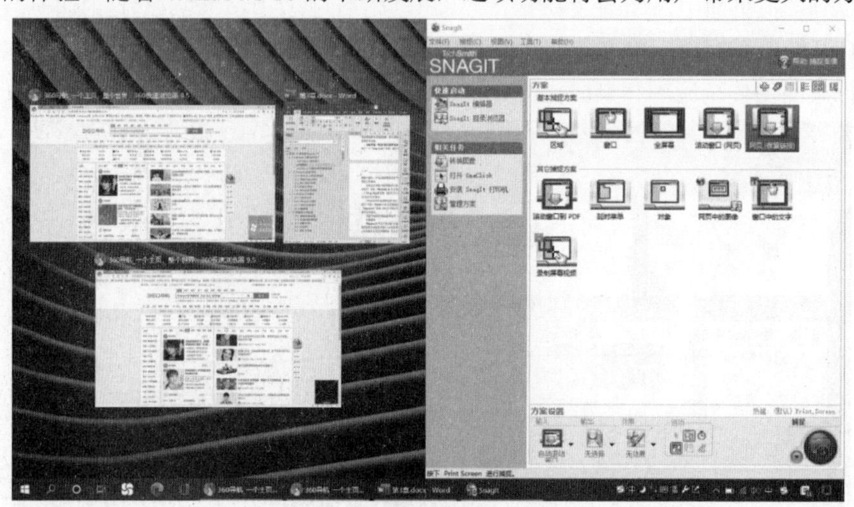

图 3.5　1/2 比例分屏显示窗口

应用商店：Windows 应用商店可以像桌面程序一样以窗口化方式运行，可以随意移动位置调整大小，单击顶栏按钮可实现最小化、最大化和关闭操作，或全屏运行。

文件资源管理器和控制面板升级：Windows 10 的文件资源管理器会在主页面上显示出用户

常用的文件和文件夹，方便用户快速获取自己需要的内容，如图 3.6 所示。2020 年，在 Windows 10 20H2 最新版本中，Windows 控制面板链接入口更改为“设置”，如图 3.7 所示。

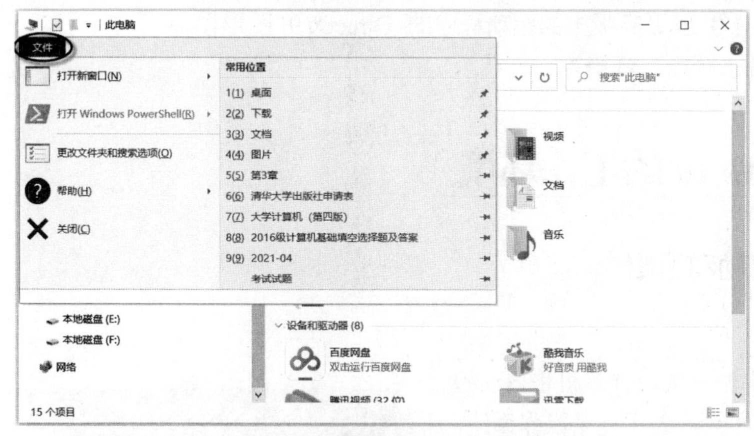

图 3.6　文件资源管理器主页面

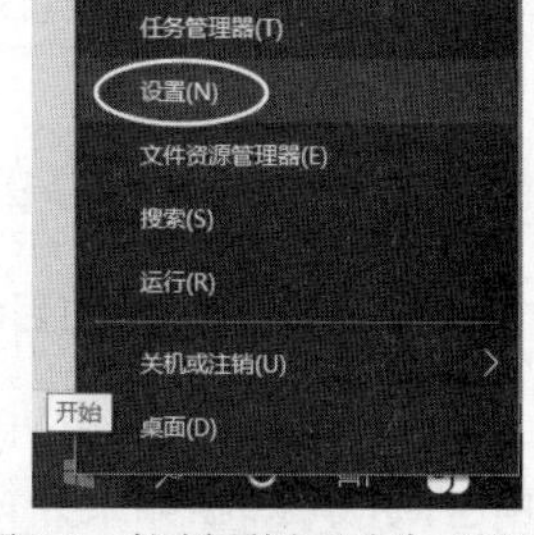

图 3.7　控制面板更改为“设置”

通知中心：通知中心功能被添加到了 Windows 10 中，用户可以随时查看来自不同应用的通知。在通知中心底部还提供了一些系统功能的快捷开关，比如平板模式、定位和所有设置等，如图 3.8 所示。

图 3.8　“通知中心”按钮

Microsoft Edge 浏览器：在 Windows 10 Techicnal Preview Build 10049 及后续版本中开放使用，与 Internet Explorer 浏览器共存。Microsoft Edge 浏览器采用全新排版引擎，带来不一样的浏览体验；Internet Explorer 浏览器使用传统排版引擎，以提供旧版本兼容支持。在 Windows 10 中，Edge 和 IE 是两个不同的独立浏览器，功能和目的也有着明确的区分。Edge 浏览器虽然尚未发展成熟，但它的确带来了诸多的便捷功能，比如和 Cortana 的整合以及快速分享功能。

生物识别技术：Windows 10 新增的 Windows Hello 功能将带来一系列对于生物识别技术的支持。除了常见的指纹扫描之外，系统还能通过面部或虹膜扫描来让用户登录，这些新功能需要使用新的 3D 红外摄像头来获取。

总之，Windows 10 操作系统在易用性和安全性方面有了极大的提升。除了针对云服务、智能移动设备、人机交互等新技术进行融合外，还对固态硬盘、生物识别、高分辨率屏幕等硬件进行了优化完善与支持。从技术角度来讲，Windows 10 操作系统是一款优秀的消费级别操作系统。

3. Windows 10 操作系统对计算机的主要硬件要求

(1) 处理器：主频 2GHz 以上的 32 位或 64 位处理器。

(2) 内存：32 位处理器，至少 1GB 内存；64 位处理器，至少 2GB 内存；如果是 4GB 以上推荐安装 64 位操作系统。

(3) 硬盘：32 位操作系统需要 16GB 以上的存储空间；64 位操作系统需要 20GB 以上的存储空间。

(4) 显卡：带有 WDDM 1.0 或更高版本的驱动程序的 DirectX 9 图形设备。

(5) 其他：显示器、键盘、鼠标、音箱等。

3.2 认识 Windows 10 的工作环境

3.2.1 Windows 10 的启动和退出

1. Windows 10 的启动

打开外部设备和主机的电源开关，计算机将自动检测硬件引导系统。如果计算机中只安装了一个操作系统，硬件检测完毕后，将显示欢迎界面。

(1) 若此计算机未设置登录密码，系统启动后将直接进入 Windows 10 的桌面，如图 3.9 所示。

图 3.9 Windows 10 桌面

(2) 若此计算机设置了登录密码，系统启动后不会直接进入 Windows 10 桌面，而显示登录提示界面，用户需输入密码，按 Enter 键进行确认，才可以进入 Windows 10 桌面。至此，Windows 10 的启动完成。

Windows 10 是多用户操作系统，允许多个用户同时登录一台计算机。虽然实际上只有一个用户能够使用计算机，但登录 Windows 的所有用户都可以运行程序。

切换用户是 Windows 10 系统的一个显著特色，可在不注销当前用户的情况下切换到另一个用户。方法：单击“开始”按钮，打开“开始”菜单，单击“账户”命令，选择要登录的用户，本例中选择用户“he”，如图 3.10 所示。此时进入切换用户界面，输入登录密码，则在不注销当前登录用户的情况下可切换到另一个用户。

2. Windows 10 的退出

Windows 10 的退出是指结束 Windows 系统的运行，关机或进入其他操作系统。正确退出 Windows 10 的方法为：关闭所有运行的应用程序，单击“开始”按钮 | “电源”命令，选择“关机”命令，如图 3.11 所示。系统会进入退出检测状态，自动关闭所有打开的程序和文件，退出 Windows 10，并关闭计算机电源。

Windows 10 的退出还有一种特殊情况，即“非正常关机”。当计算机出现“黑屏”“花屏”“死机”等意外情况时，通过“关机”命令无法退出操作系统，此时只能持续按住主机箱上的“电源开关”按钮，直到主机关闭。

单击图 3.11 中的“睡眠”选项，将使计算机转入休眠状态以节省电能的消耗，按电源按钮或晃动 USB 鼠标即可唤醒计算机，恢复到离开时的状态，这适用于用户暂时离开计算机又不想关机的情况。单击图 3.10 中的“注销”选项，可退出当前的用户环境，并切换到用户登录界面，与重启功能相似。在“注销”前要关闭当前运行的程序，以免造成数据的丢失。

图 3.10　切换用户

图 3.11　选择“关机”命令

3.2.2　桌面组成及操作

Windows 10 启动后呈现在用户面前的整个工作屏幕就是桌面，也可以将桌面理解为窗口、图标和对话框等工作项所在的屏幕背景。桌面上放置了一些经常使用的文件夹、工具或快捷方式图标等，以方便用户快速地启动和使用这些项目。

Windows 10 的桌面主要由桌面背景、桌面图标和任务栏组成，如图 3.12 所示。

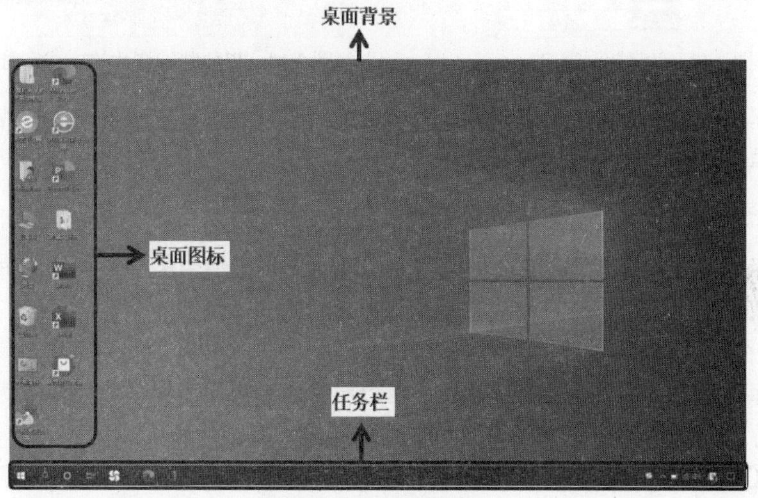

图 3.12　桌面的组成

1. 桌面背景

桌面背景是指应用于桌面的颜色或图片，是 Windows 为用户提供的一个图形界面，其功能是使桌面的外观更加美观丰富。用户可根据喜好更换不同的桌面背景，其设置如下。

(1) 在桌面空白处右击，从弹出的快捷菜单中选择“个性化”命令，在打开的窗口的左侧窗格中选择“背景”选项，进行如图 3.13 所示的设置。

(2) 在“背景”下拉列表框中选择作为背景的类型。背景有 3 种类型，分别是图片、纯色和幻灯片放映，本例中选择“图片”类型。在“选择图片”区域选择作为背景的图片或者单击“浏览”按钮，选择保存在计算机中的图片。

(3) 单击“选择锲合度”下拉列表框，设置图片的“适应”“拉伸”“平铺”“居中”等显示方式，本例中选择“平铺”。

(4) 设置结束后，关闭窗口返回桌面，即可更换桌面背景。

如果要选择多张图片作为背景，打开图 3.13 所示的“背景”下拉列表，选择“幻灯片放映”类型，单击“浏览”按钮，选择作为背景的多张图片，设置图片切换的时间，如图 3.14 所示，Windows 桌面会以放映幻灯片的方式定时切换背景图片。

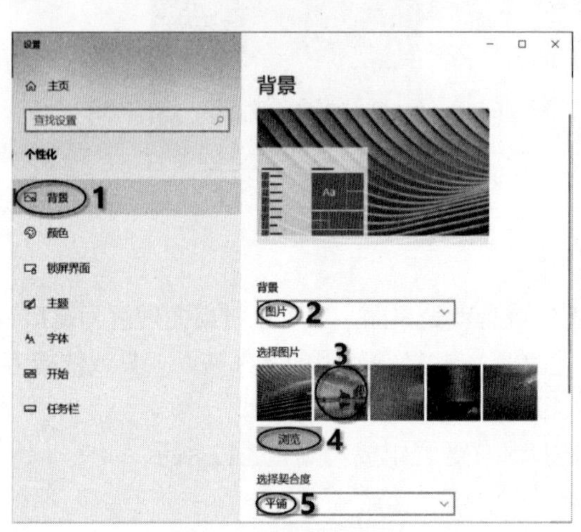

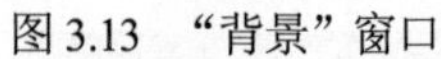
图 3.13 “背景”窗口

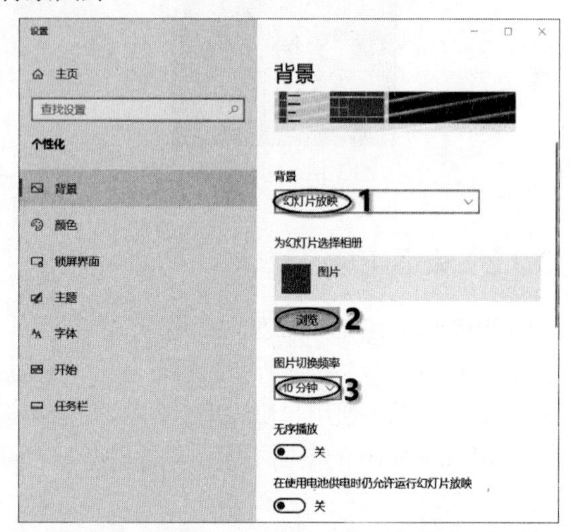

图 3.14 以放映幻灯片的方式定时切换背景图片

若将保存在磁盘中的某张图片作为桌面背景，最简单的设置方法是：在图片上右击，从弹出的快捷菜单中选择“设置为桌面背景(B)”命令。

2. 桌面图标

桌面图标是指在桌面上排列的图形符号，它包含图形、说明文字两部分，每一个图标代表一个对象，双击图标就可以打开相应的应用程序或执行命令等。

(1) 桌面图标类型

桌面图标有些是由系统提供的，有些是由用户手动添加或在程序安装时自动生成的，通常分为系统图标、快捷图标、文件夹图标和文档图标。

① 系统图标

系统图标是指启动 Windows 10 后，自动加载到桌面上的图标。常见的系统图标主要有“此电脑”、“用户的文件”、“回收站”和“网络”等。

- 此电脑：代表正在使用的计算机，该图标对计算机的所有资源进行集中管理，方便用户查看计算机的资源，浏览文件和文件夹。
- 用户的文件：它是系统默认的文档保存位置，主要用来存放和管理用户文档和数据。
- 回收站：是硬盘的一个区域，用于暂时存放已经删除的文件、文件夹或应用程序等信息。回收站中的内容仍然占据着硬盘空间，单击回收站窗口中的“还原选定的项目”按钮，可将删除的内容还原；单击“清空回收站”按钮，可将删除的内容永久性删除，并释放硬盘空间，此操作不可还原。
- 网络：用于浏览网络资源，使查看和使用网络更加便捷。

② 快捷图标

快捷图标是指图标左下角有一个弧形箭头的图标，如。其实质是一个链接指针，可链接到某个程序、文件、文件夹等。双击快捷图标可快速打开与其链接的内容。

若要创建某一个程序的快捷图标，例如，若要创建 Adobe Photoshop 2020 的快捷图标，可单击“开始”按钮，在 Adobe Photoshop 2020 程序上右击，从弹出的快捷菜单中选择“更多”|“打开文件位置”命令，如图 3.15(a)所示。在打开的窗口中，在该程序的快捷图标上右击，从弹出的快捷菜单中选择“发送到”|“桌面快捷方式”命令，如图 3.15(b)所示，即可在桌面上创建其快捷图标。

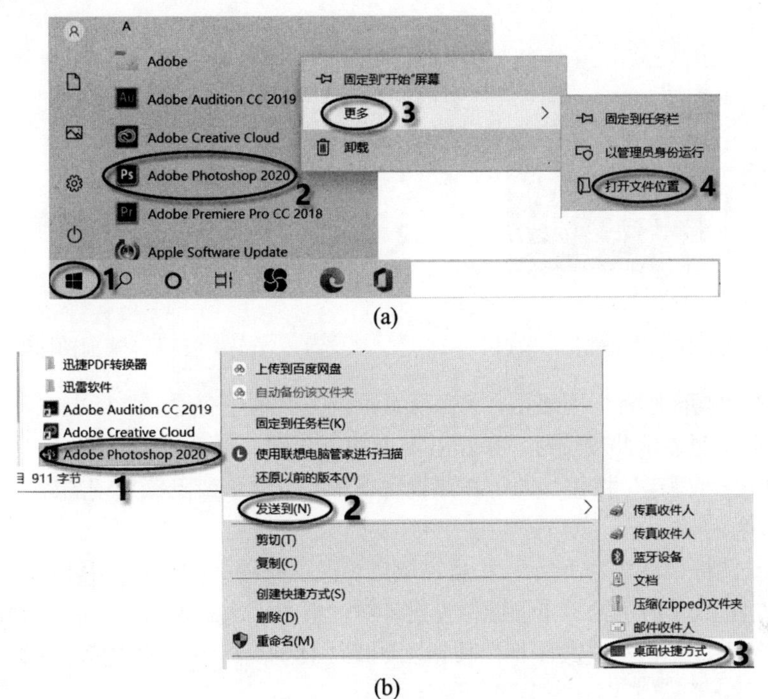

(a)

(b)

图 3.15　在桌面上创建程序的快捷图标

若要删除快捷图标，可选定要删除的快捷图标，按 Delete 键、Backspace 键或选择快捷菜单中的“删除”命令，都可将选定的快捷图标删除。快捷图标只是一种虚拟链接，删除快捷图标并不会删除与其所链接的对象。

③ 文件夹图标

在 Windows 10 中，文件夹图标用统一的图形符号来表示，主要用于存放、管理文件或子文件夹。双击文件夹图标，将打开文件列表或下一层的文件夹。

④ 文档图标

文档图标是 Windows 10 应用程序所创建的文档文件，其图标与创建它们的应用程序图标基本相似，例如，Word 的图标是，其所创建的文档图标是。双击文档图标，将自动启动创建它的应用程序，并将该文档内容显示在窗口中。文档图标代表文件本身，删除文档图标即删除了该文档文件。

(2) 系统图标的显示或隐藏

步骤 1：在桌面空白处右击，从弹出的快捷菜单中选择“个性化”命令，打开“个性化”窗口，在左侧窗格中单击“主题”选项，在右侧窗格中单击“桌面图标设置”链接，如图 3.16 所示，打开“桌面图标设置”对话框，如图 3.17 所示。

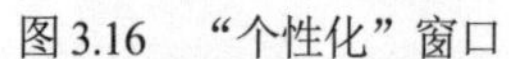
图 3.16　“个性化”窗口

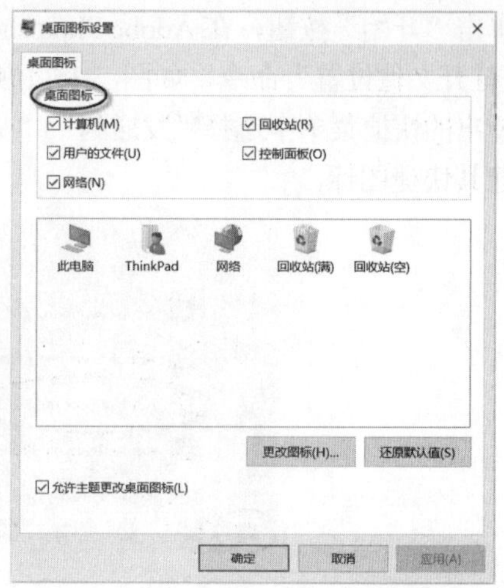

图 3.17　“桌面图标设置”对话框

步骤 2：在“桌面图标”区域中，若某项前面的复选框中有“√”标志，表示在桌面上显示此项图标；若不想显示此项图标，单击其前面的复选框，将“√”取消。

步骤 3：单击“确定”按钮，即可按照设置在桌面上显示或隐藏系统图标。

(3) 更改图标样式

默认的系统图标如图 3.17 所示，根据需要可更改这些图标的样式。具体步骤如下。

步骤 1：在图 3.17 所示的“桌面图标设置”对话框中，选定中间列表框中要更改样式的图标，例如“网络”，单击“更改图标”按钮，如图 3.18 所示，弹出“更改图标”对话框。

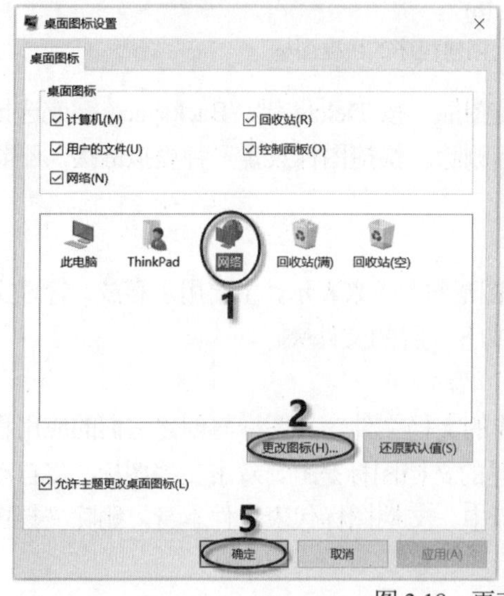

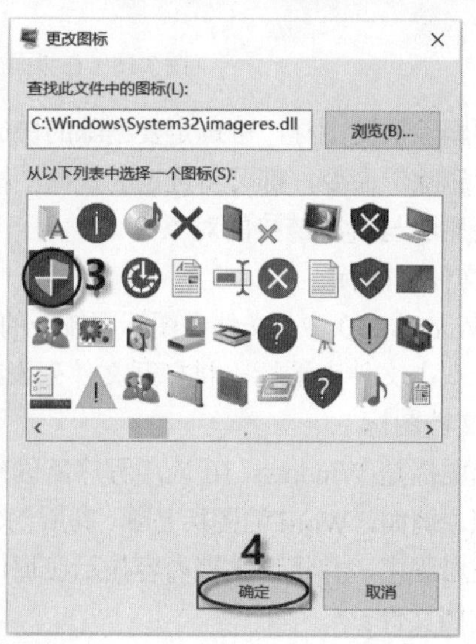

图 3.18　更改图标

步骤 2：在此对话框的“从以下列表中选择一个图标(S)”列表框中选择一个要使用的图标，依次单击“确定”按钮即可。若单击“还原默认值(S)”按钮，可将更改的图标还原为默认图标。

(4) 图标的重命名与删除

在要重命名的图标上右击，从弹出的快捷菜单中选择“重命名”命令，此时图标的名称呈反色显示，输入新名称，单击桌面的任意位置，即可完成对图标的重命名。

在欲删除的图标上右击，从弹出的快捷菜单中选择“删除”命令，或者将其直接拖动到“回收站”图标上，都可删除该图标。

3. 任务栏

任务栏位于 Windows 桌面的底部，它显示了系统正在运行的程序和打开的窗口、当前时间等内容。当打开的任务较多时，来自同一程序的多个窗口，将汇集到任务栏中唯一的图标里，以节省任务栏的空间。

(1) 任务栏的组成

任务栏主要由“开始”按钮、“搜索”图标、应用程序最小化按钮、通知区域和“显示桌面”按钮组成，如图 3.19 所示。通过任务栏可以完成多项操作和设置。

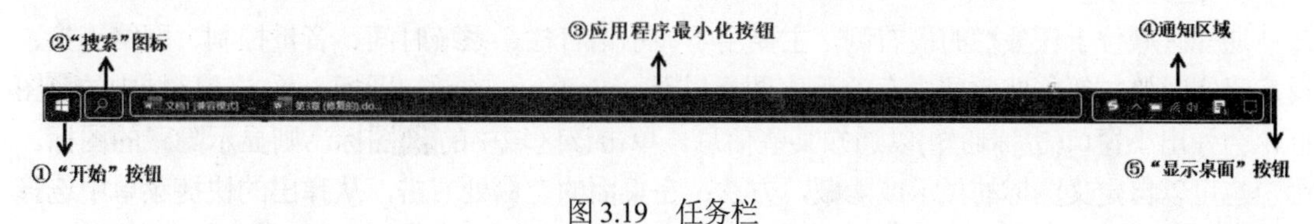

图 3.19　任务栏

① “开始”按钮

“开始”按钮是访问计算机资源的一个入口，用于引导用户在计算机上开始大多数的工作。单击桌面左下角的■按钮即可打开“开始”菜单。

② “搜索”图标

该图标位于“开始”按钮的右侧，单击“搜索”图标，在搜索区的文本框中输入搜索的关键字，系统将自动在计算机中查找符合关键字的程序和文件，搜索结果显示在上方的区域中，单击即可打开相应的程序或文件。

若要隐藏“搜索”图标，在任务栏的空白处右击，从弹出的快捷菜单中单击“搜索”子菜单中的“隐藏”命令即可，如图 3.20 所示。单击“搜索”子菜单中的“显示搜索图标”命令，“搜索”图标将显示在“开始”按钮的右侧；单击“搜索”子菜单中的“显示搜索框”命令，“搜索框”将显示在“开始”按钮的右侧。

在图 3.20 中，单击“显示 Cortana 按钮”或“显示‘任务视图’按钮”，可将其对应的图标显示在“开始”按钮的右侧，方便使用。

③ 应用程序最小化按钮

该按钮位于任务栏的中间，主要用来显示所有打开的程序或窗口的对应按钮。在 Windows 10 中，当启动某项应用程序或打开一个窗口后，在任务栏中会自动增加一个应用程序或窗口的最小化按钮，并将同一程序打开的多个窗口，汇集到一个图标里，方便用户快速地定位、查看和切换到已经打开的程序或窗口。

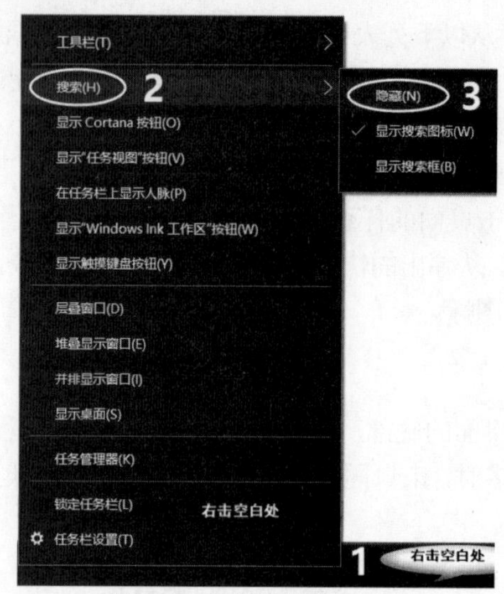

图 3.20　隐藏“搜索”图标

④ 通知区域

通知区域位于任务栏的最右侧，主要用于显示语言栏、系统时间、音量控制、网络连接、反病毒实时监控等一些常驻内存的程序图标以及 Windows 的通知图标。单击该区域中的■图标，会弹出小窗口(也称通知)以通知某些信息。单击该区域中的∧图标，则显示隐藏的图标。用户也可以自定义图标的显示或隐藏，方法：在桌面的空白处右击，从弹出的快捷菜单中选择“个性化”命令，打开“个性化”窗口，单击左侧窗格中的“任务栏”选项，在右侧窗格的“通知区域”中单击“选择哪些图标显示在任务栏上”链接，如图 3.21 所示。在打开的如图 3.22 所示的窗口中，先关闭“通知区域始终显示所有图标”开关，然后将希望显示在任务栏中的图标开关打开，本例中单击“360 安全卫士 安全防护中心模块”的开关，将“关”关变为“开”开，“360 安全卫士 安全防护中心模块”图标便会显示在任务栏的通知区域中。

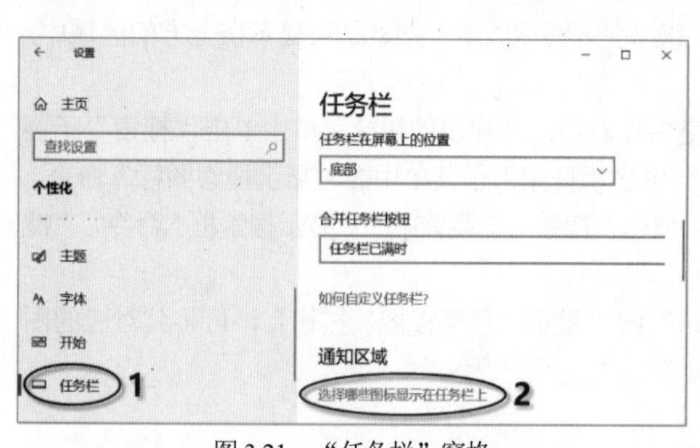

图 3.21　“任务栏”窗格

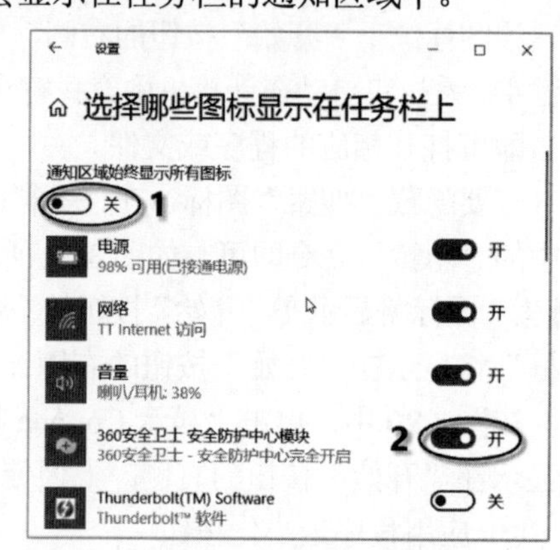

图 3.22　设置显示在任务栏中的图标

⑤ “显示桌面”按钮

该按钮位于任务栏最右端，单击此按钮会显示桌面，再次单击则恢复到原来打开窗口的状态。

(2) 任务栏的基本操作

① 锁定任务栏：右击任务栏的空白处，在弹出的快捷菜单中选择“锁定任务栏”命令，若

该项的前面有“√”符号，则表明锁定了任务栏，此时不能对任务栏进行移动和改变大小等操作。再次单击该项，则取消锁定。

② 改变任务栏大小：在任务栏非锁定状态下，将鼠标指针移到任务栏的边线上，当指针变为↔时，按住鼠标左键拖动，可将任务栏加宽或缩窄。

③ 任务栏的移动：默认情况下任务栏位于桌面的最下端，根据需要可将它移到四周边缘的任何一个地方。方法：在任务栏非锁定状态下，将鼠标指向任务栏的空白区，按住鼠标左键进行拖动，在目标位置释放鼠标键即可。

④ 隐藏任务栏：右击任务栏的空白处，从弹出的快捷菜单中选择“任务栏设置”命令。在打开的窗口中，单击“在桌面模式下自动隐藏任务栏”开关，将 关变为 开，如图 3.23 所示，即可隐藏任务栏。若要显示任务栏，则单击该开关，将 开变为 关即可。

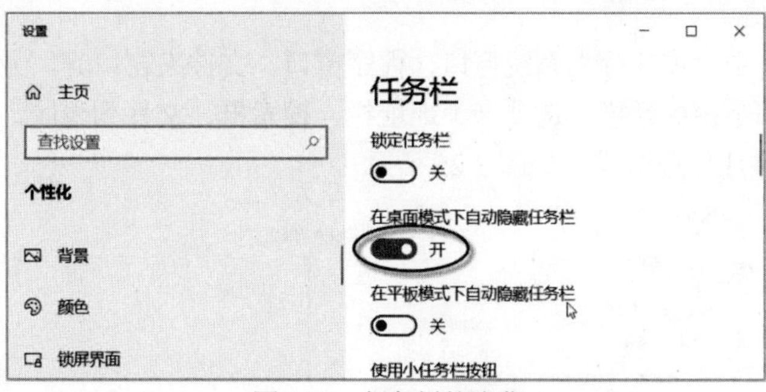

图 3.23　任务栏的隐藏

⑤ 任务管理器

Windows 10 是一个多任务操作系统，允许同时运行多个程序，各个程序的运行主要通过任务管理器来控制。利用任务管理器可终止已停止响应的程序或查看正在运行的程序、CPU 和内存使用情况的相关数据及图形等。

打开任务管理器：在任务栏的空白处右击，从弹出的快捷菜单中选择“任务管理器”命令，或同时按下 Ctrl+Alt+Delete 组合键，打开“任务管理器”窗口。单击该窗口左下角的“详细信息”按钮，如图 3.24 所示，展开“任务管理器”的详细信息窗口。

图 3.24 “任务管理器”窗口

终止已停止响应的程序：系统出现“死机”时，可能存在某些未响应的程序，可通过任务管理器终止未响应的程序，以恢复系统的正常运行。方法：单击“任务管理器”详细信息窗口中的“进程”选项卡，在此选项卡中列出了当前正在运行的应用程序及其状态。选定未响应的程序名称，单击“结束任务”按钮，可强行终止该程序的运行。

3.2.3 窗口的组成及操作

打开某个应用程序或文件夹时出现在屏幕上的矩形区域称为窗口，它是用户与产生该窗口的应用程序之间的可视界面，通过应用程序窗口可选择相应的应用程序。Windows 10 允许有多个窗口同时运行，但当前活动窗口只有一个，用户只能对活动窗口进行操作。

1. 窗口的组成

在 Windows 10 中，窗口分为系统窗口、程序窗口、文件夹窗口等，无论哪种窗口，它们的组成基本相同，都是由标题栏、选项卡、地址栏、搜索框、文件列表区、后退和前进按钮、导航窗格、状态栏等几部分组成，如图 3.25 所示。

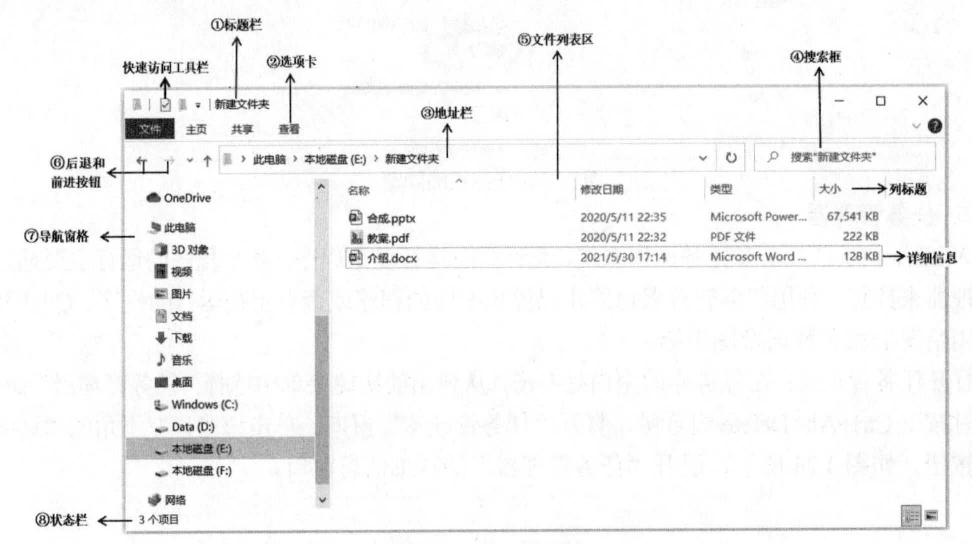

图 3.25　窗口的组成

① 标题栏：位于窗口的顶部，左侧是“快速访问工具栏”、应用程序的名称，右侧是最小化、最大化/还原及关闭按钮。

② 选项卡：位于标题栏的下方，每一个选项卡都对应着一个功能区，单击选项卡，可展开其对应的功能区。本例中单击“共享”选项卡，展开的功能区如图 3.26 所示，在该功能区中可对文件进行打印、传真、删除访问等操作。功能区中的命令按钮随选项卡的不同而变化。

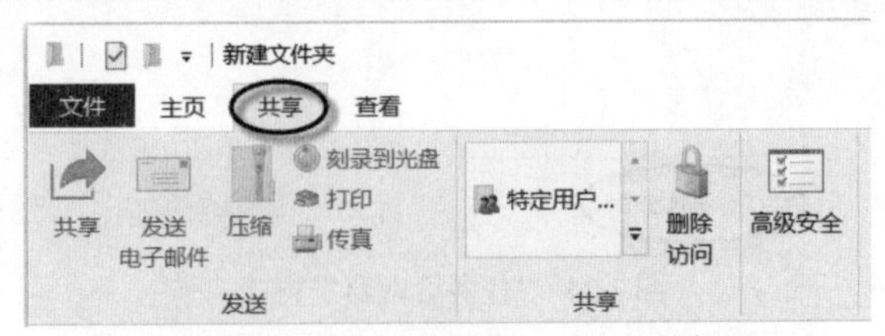

图 3.26　“共享”选项卡及对应的功能区

③ 地址栏：显示当前打开文件所在系统中的位置，单击地址栏右侧的下三角按钮⌄，可在相应的文件夹之间进行切换。

④ 搜索框：用于搜索计算机中符合条件的文件。搜索时，在地址栏中选择搜索路径，在搜索框中输入搜索内容的关键字，搜索结果将显示在文件列表区中。

⑤ 文件列表区：位于窗口的中部，是应用程序或当前对象的主要区域，用于显示应用程序界面或当前对象中所包含的全部内容。

⑥ 后退和前进按钮，返回到上一级文件夹或前进到下一级文件夹。

⑦ 导航窗格：单击某一项，可快速切换或打开对应的窗口。

⑧ 状态栏：位于窗口的最下方，用于显示与当前窗口操作有关的一些信息。

2. 窗口的基本操作

(1) 移动窗口

将鼠标指针指向窗口的标题栏，按住鼠标左键进行拖动，在目标位置释放鼠标键。

(2) 改变窗口的大小

在窗口非最大化或最小化的情况下，将鼠标指针移到窗口的某一边框线上或某一个角上，当鼠标指针变成↔、↔、⤡或⤢时，按住鼠标左键进行拖动，可改变窗口在水平方向、垂直方向或对角线方向的大小。

(3) 切换窗口

切换窗口是指将非活动窗口切换成当前活动窗口。切换方法有如下 3 种。

① 单击非活动窗口任意位置或任务栏中对应的窗口按钮，将其切换为当前活动窗口。

② 快捷键 Alt+Tab。按住 Alt 键，然后按 Tab 键，从弹出的矩形区域中选择要打开的窗口图标(按住 Alt 键不放的同时反复按 Tab 键，可以让当前打开的窗口从前往后滚动)，选定后松开按键即可。

③ 快捷键 Win+Tab。按住 Win 键，然后按 Tab 键，进入 3D 模式的窗口切换界面，释放 Win 键和 Tab 键，单击堆栈中的某个窗口，该窗口即为当前活动窗口。按快捷键 Win+Tab 可在打开的窗口和桌面间进行切换。

(4) 最小化、最大化/还原

最小化窗口：单击标题栏上的“最小化”按钮▬，可将窗口最小化为任务栏中的一个按钮。

最大化/还原窗口：单击标题栏上的“最大化”按钮▣，可将窗口扩大为整个屏幕，此时“最大化”▣按钮变为“还原”按钮⧉，单击“还原”按钮⧉，窗口又还原到原来大小。或者双击标题栏可使窗口最大化或将最大化窗口还原。

(5) 排列窗口

当打开的窗口较多时，可对窗口进行排列，以不同的方式查看窗口。方法：在任务栏的空白处右击，弹出如图 3.27 所示的快捷菜单，通过该菜单可对打开的多个窗口进行层叠窗口、堆叠显示窗口和并排显示窗口操作。

层叠窗口：选择图 3.27 所示快捷菜单中的“层叠窗口”命令，打开的若干窗口会逐层“叠”在一起排列，每个窗口的标题栏和左侧边缘是可见的，单击任一非活动窗口的可见部分，可使之成为当前活动窗口。

堆叠/并排显示窗口：选择图 3.27 所示快捷菜单中的“堆叠显示窗口”或“并排显示窗口”

命令，将打开的若干窗口横向或纵向排列，各窗口大小相当且并排显示，各自占据屏幕的一部分空间。

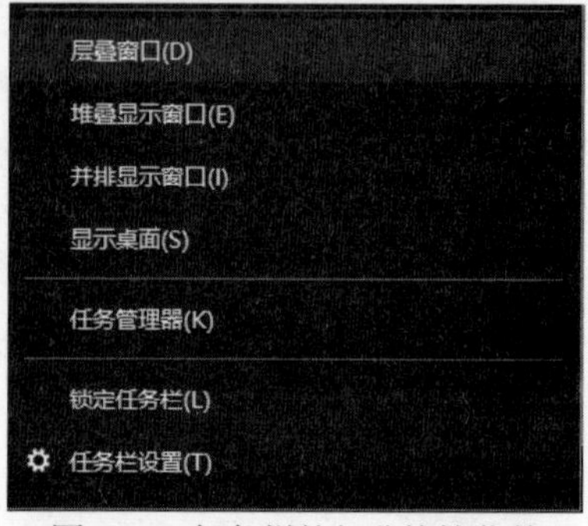

图 3.27 任务栏的部分快捷菜单

3.3 Windows 10 文件管理

3.3.1 文件和文件夹

1. 文件

文件是被赋予名称的一组相关信息的集合，是计算机系统用来存储信息的基本单位。Windows 中的信息都以文件形式存放在磁盘中，这些信息包括程序、文本、数据、图像和声音等。

2. 文件的命名规则

每一个文件都有一个名称，用来标识不同的文件。文件名由文件名称和扩展名两部分组成，中间用“.”隔开。如“ab.doc”，其中，“ab”是文件的名称，“doc”是文件的扩展名。文件名称一般采用描述性的名称，帮助用户记忆文件的内容或用途，可用英文字母、数字及一些特殊符号(如$、#、&、@、()、^ 等)随意命名，最长可达 255 个字符，但尽量要做到“见名知意”。扩展名代表文件的类型，要尽量做到“见名知类”，通常会随应用程序自动产生，一般由 3 个字母组成。扩展名也可省略或由多个字符组成，但不能随意修改，否则无法正常使用该文件。一般来说，文件命名时应遵循以下规则。

(1) 文件名中可以有空格，但不能出现以下字符：\、|、*、:、?、<、>、”、|。

(2) 文件名不区分英文大小写，如 NEW.DOC 和 new.doc 是同一个文件。

(3) 一个文件名中允许同时存在多个分隔符，如 exam.computer.file.doc。文件名最后一个“.”后的字符串是文件的扩展名，其余字符串是文件的名称。

(4) 文件名具有唯一性。同一文件夹内文件名不能同名，若文件名同名扩展名不能同名。

(5) 在查找文件时可以使用文件名通配符？和*。？仅代表所在位置的任意一个字符，而*代表所在位置开始的所有任意字符串。两个通配符可同时出现在一个文件名中，如“?X.P*”，表示文件名的第一个字符任意，第二个字符为 X，扩展名以 P 开始，其后为任意字符。

3. 文件类型与图标

默认情况下，文件以图标和文件名来表示，用图标来区分文件的类型，不同类型的文件使用的图标也不同，如表 3.1 所示。

表 3.1　部分常见的文件图标及其类型

图标	文件类型	扩展名	图标	文件类型	扩展名
	系统文件	sys		Word 文档文件	docx
	系统配置文件	ini		电子表格文件	xlsx
	可执行文件	exe		演示文稿文件	pptx
	批处理文件	bat		图片文件	jpg
	压缩文件	rar		视频文件	mp4
	文本文件	txt		音频文件	mp3

4. 文件夹

为了管理磁盘上的文件，往往将相关文件按类别存放在不同的“文件夹”里，以便于管理。在文件夹里既可包含文件，也可包含下一级文件夹，包含的文件夹称为“子文件夹”。通过磁盘驱动器、文件夹名和文件名可查找到文件夹或文件所在的位置，即文件夹或文件的“路径”，一条完整的路径可表述为如图 3.28 所示。

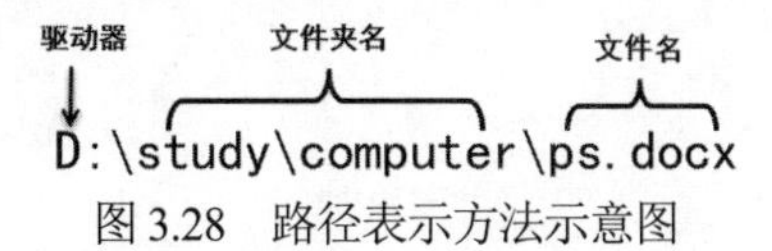

图 3.28　路径表示方法示意图

在图 3.28 中，D:是指驱动器 D 盘，表示文件的根目录；study 和 computer 是文件夹的名称，表示子目录；ps.docx 是文件的名称。各级目录与文件名之间用“\”隔开。

文件夹的命名规则与文件名相似，也可以使用英文、汉字等命名，也遵循“见名知意”的原则，但文件夹一般不带扩展名。

3.3.2　文件与文件夹的管理

文件资源管理器是一个功能强大的文件管理工具。右击“开始”按钮，从弹出的快捷菜单中选择“文件资源管理器”命令，在打开的窗口中可对文件和文件夹进行管理。

1. 浏览文件和文件夹

在“文件资源管理器”窗口中，文件和文件夹是以左右窗格的形式显示的，左侧窗格显示计算机的磁盘和文件夹等资源的树形结构，右侧窗格用于显示左侧窗格中选定对象所包含的内容，如图 3.29 所示为本地磁盘(E:)中的文件列表。

(1) 浏览文件夹

在图 3.29 的左窗格中，双击文件夹图标或单击其前面的›按钮，展开下一级文件夹，同时›变成∨。单击∨按钮，会将展开的文件夹折叠，同时∨变成›。

图 3.29　本地磁盘(E:)及其文件列表

(2) 浏览文件

在图 3.29 的右窗格中，选定要浏览的文件图标，单击窗口上方的“查看”选项卡，在打开的功能区中单击“窗格”组中的“预览窗格”按钮，打开第三个窗口，在该窗口中会显示所选文件的内容，如图 3.30 所示。

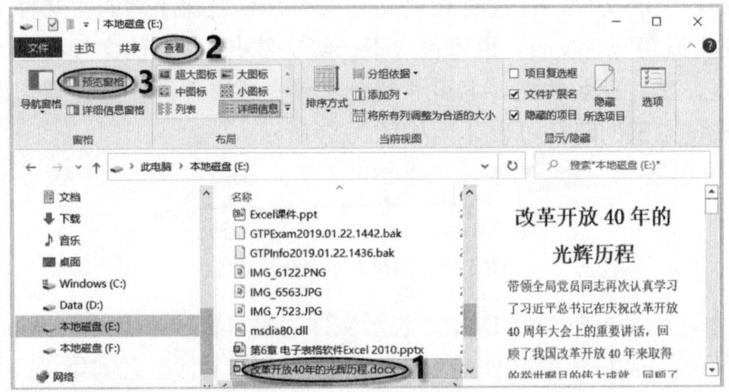

图 3.30　浏览文件内容

2. 文件和文件夹的显示方式

在图 3.30 中，打开“查看”选项卡，其“布局”组中包含了“超大图标”“大图标”“中图标”等 8 种显示方式，如图 3.31 所示。单击其中的某种显示方式，即可改变当前窗口中文件和文件夹的显示方式。或者在窗口的空白处右击，从弹出的快捷菜单中单击“查看”命令，其子菜单中包含了 8 种显示方式，如图 3.32 所示，通过这种方法也可以设置文件和文件夹的显示方式。

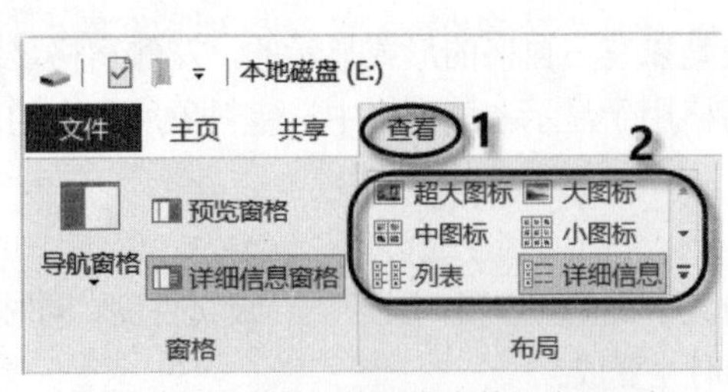

图 3.31　“查看”选项卡中的“布局”组

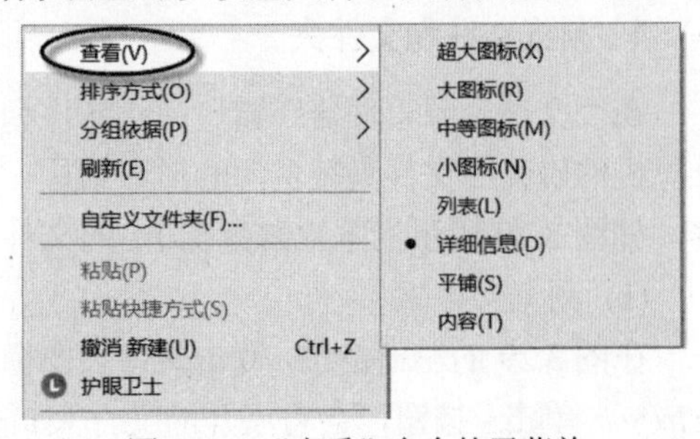

图 3.32　“查看”命令的子菜单

3.3.3　文件与文件夹的操作

1. 新建文件或文件夹

(1) 新建文件

新建文件主要是指借助某个应用程序或工具软件产生文档文件，如利用 Office 软件创建的 Word、Excel 和 PowerPoint 等文件；利用解压缩工具软件创建的压缩包和自解包等文件；利用 Photoshop 软件创建的图形文件等。其创建方法与创建文件夹相似，但同一级文件夹内不允许有文件名和扩展名完全相同的文件。

(2) 新建文件夹

步骤 1：确定新文件夹存放的位置。如在 E 盘中新建文件夹，首先要打开 E 盘。

步骤 2：在快速访问工具栏中单击“新建文件夹”按钮，如图 3.33 所示，创建一个新的文件夹。或在右窗格的空白处右击，选择快捷菜单中的“新建”｜“文件夹”命令，即可在右窗格中建立一个新文件夹。利用快捷键 Ctrl+Shift+N 也可以新建文件夹。

图 3.33　单击“新建文件夹”按钮

步骤 3：其默认的名称是“新建文件夹”，该名称若反色显示则说明处于可编辑状态，可直接输入所需的文件夹名称，按 Enter 键或用鼠标单击其他地方确认保存。

若在桌面上新建文件夹，只需直接在桌面的空白处右击，从弹出的快捷菜单中选择“新建”｜“文件夹”命令。

2. 选定文件或文件夹

(1) 选定单个文件或文件夹：直接单击要选定的对象，被选定的对象将以反白形式显示。

(2) 选定连续的多个文件或文件夹，方法如下。

鼠标拖动：将鼠标指针移到要选定的第一个对象的左上角，按住鼠标左键拖动画方框，在最后一个对象上释放鼠标键，则方框内所有的对象都被选定。

鼠标+Shift 键：单击要选定的第一个对象，按住 Shift 键，再单击最后一个要选定的对象，则两者之间的所有对象都被选定。

(3) 选定不连续的多个文件或文件夹：按住 Ctrl 键，分别单击要选定的对象，则单击过的对象将全部被选定。

(4) 选定所有文件或文件夹：利用快捷键 Ctrl+A，可选定该区域中的所有对象。

(5) 撤销选定：若撤销所有已选定的对象，只需在任意空白处单击。若取消部分选定的对象，按住 Ctrl 键，单击要取消的对象，被单击的对象将被撤销选定。

3. 复制文件或文件夹

复制也称拷贝，是指将文件或文件夹“克隆”一份，放到其他位置。执行“复制”命令后，原位置和目标位置均有该文件或文件夹。操作方法有如下两种。

(1) 利用快捷键：选定要复制的对象，按快捷键 Ctrl+C，在目标位置按快捷键 Ctrl+V，则将选定对象复制到目标位置。

(2) 利用菜单命令：选定要复制的对象，在选定的对象上右击，从弹出的快捷菜单中选择“复制”命令，然后在目标位置右击，从弹出的快捷菜单中选择“粘贴”命令。

4. 移动文件或文件夹

移动文件或文件夹就是将文件或文件夹移到其他位置。执行“移动”命令后，原位置的文件或文件夹消失，出现在目标位置。移动文件或文件夹与复制文件或文件夹的方法相似，所不同的是将“复制”命令改为“剪切”命令。

“复制”“剪切”和“粘贴”命令是经常使用的命令，存在于“开始”选项卡“剪贴板”组和快捷菜单中，其对应的快捷键分别是：Ctrl+C、Ctrl+X、Ctrl+V。“复制”和“剪切”的区别是：“复制”时选定的对象在原处还存在，而“剪切”时选定的对象在原处已不存在。

5. 删除文件或文件夹

为了释放磁盘空间，可将无用的文件或文件夹删除。为了安全起见，通常将删除后的文件或文件夹放到“回收站”里，而不直接从磁盘中清除。

(1) 文件或文件夹的删除：选定要删除的对象，然后使用以下两种方法进行删除。

方法 1：按 Delete 键，或选择快捷菜单中的“删除”命令。

方法 2：将要删除的对象拖动到“回收站”图标上。

使用这两种方式删除对象时，选定的对象将被放到回收站里。

(2) 文件或文件夹的恢复：被删除的对象，如果存在于“回收站”中，可将其恢复到原来的位置。恢复方法通常有以下 3 种。

方法 1：打开“回收站”，在要恢复的对象上右击，从弹出的快捷菜单中选择“还原”命令，所选对象将恢复到删除前的位置。

方法 2：打开“回收站”，选定要恢复的对象，单击窗口左上角的“还原选定的项目”按钮，所选对象将恢复到被删除前的位置。

方法 3：打开“回收站”，选定要恢复的对象，将其拖动到其他位置，则所选对象恢复到该位置。

(3) 彻底删除文件或文件夹

删除通常是指将对象放入“回收站”，没有被真正删除，还占据磁盘空间；而彻底删除是指将对象从磁盘中清除、不能用通常办法恢复。彻底删除文件或文件夹有如下两种方法。

方法 1：打开“回收站”，单击左侧任务窗格中的“清空回收站”按钮，或在“回收站”图标上右击，从弹出的快捷菜单中选择“清空回收站”命令，“回收站”中的所有内容将被彻底删除。若只清空“回收站”中的部分对象，则先选定这些对象，然后再次执行删除操作，则所选对象将被彻底删除。

方法 2：选定要删除的对象，按 Delete+Shift 组合键，彻底删除选定的对象。

(4) 设置回收站的属性

在“回收站”图标上右击，从弹出的快捷菜单中选择“属性”命令，打开“回收站 属性”对话框，如图 3.34 所示。在此对话框中可设置“回收站”所在的磁盘位置；若选中“不将文件移到回收站中，移除文件后立即将其删除”单选按钮，则在删除时，不将对象放入“回收站”而是彻底删除；若选中“自定义大小”单选按钮，则可设置回收站的大小，可根据需要设置其余项。

6. 设置文件或文件夹的属性

每个文件或文件夹都有自己的属性，要正确地使用这些对象，就需要了解它们的属性。在要设置属性的对象上右击，从弹出的快捷菜单中选择“属性”命令，打开“属性”对话框，如图 3.35 所示(所选对象类型不同，打开的“属性”对话框也会有所不同)。在此对话框中，可查看或更改对象的各种属性信息，如“隐藏”或“只读”等。

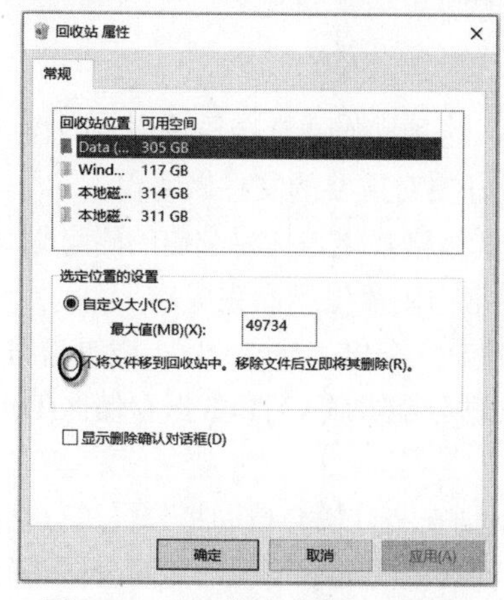

图 3.34　“回收站 属性”对话框

图 3.35　“属性”对话框

7. 搜索文件或文件夹

利用 Windows 10 的搜索功能，可快速找到所需的文件或文件夹。常用方法有如下两种。

方法 1：单击任务栏中的“搜索”图标，“在这里输入你要搜索的内容”文本框中输入要搜索文件的全名或部分名称。在文件名中也可以使用通配符“*”和“?”，“*”代表所在位置的任意多个字符，“?”代表任意一个字符。如“Y*.docx”，表示主文件名以“Y”开头，扩展名为“.docx”的所有文件；“Y??.docx”表示以“Y”开头的、其后两个字符为任意字符而扩展名为“.docx”的文件。输入完毕后，系统将按照输入的内容进行搜索，搜索结果显示在搜索框的上方，如图 3.36 所示。

方法 2：双击“此电脑”图标，在打开的窗口中，在“搜索框”内输入要搜索文件的全名或部分名称，在“地址栏”中输入搜索范围，搜索结果将显示在右侧窗格中，如图 3.37 所示。

图 3.36　利用“搜索”图标搜索文件或文件夹

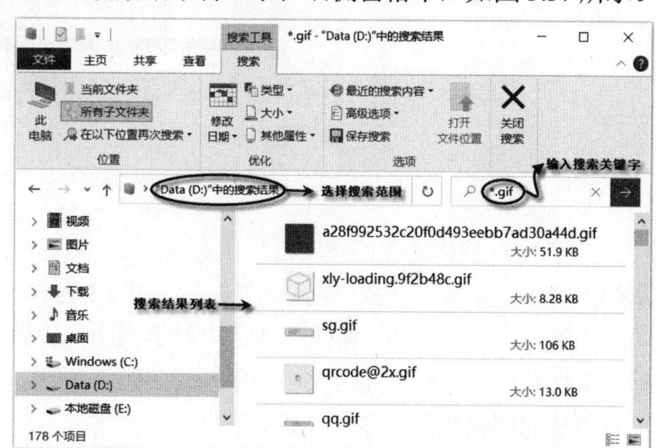

图 3.37　通过“此电脑”窗口搜索文件或文件夹

3.3.4　磁盘管理

磁盘是指利用磁记录技术存储数据的存储器，它是计算机主要的存储介质，大部分的操作系统文件和用户文件都存储在磁盘中，常用的磁盘是硬磁盘(hard disk，简称硬盘)。计算机中通常只有一个硬盘，为了方便管理，将一个硬盘逻辑上分成C盘、D盘、E盘等几个磁盘分区，可以对每一个磁盘分区进行格式化、碎片整理、查错等操作。

1. 磁盘格式化

格式化是指对磁盘或磁盘中的分区进行初始化操作，这种操作通常会导致现有磁盘或分区中所有的文件被清除。因此在分区和格式化的时候，最好要对重要的文件做备份。

通常，格式化分为低级格式化和高级格式化两种。低级格式化是指将空白的磁盘划分出可供使用的扇区和磁道并标记有问题的扇区，这些工作通常由硬盘生产商完成。

经过低级格式化之后的硬盘，根据物理硬盘的容量建立主分区、扩展分区、逻辑盘符之后，再通过高级格式化来为硬盘分别建立引导区(BOOT)、文件分配表(FAT)和数据存储区(DATA)，只有经过这样的处理，硬盘才能在计算机中正常使用。

安装Windows 10 操作系统时，若分区没有格式化，则安装过程会自动将分区进行格式化。当Windows 10操作系统安装之后，也可以通过计算机管理中的磁盘管理功能对分区进行格式化。具体步骤如下。

步骤1：在“此电脑”图标上右击，从弹出的快捷菜单中选择“管理”命令，之后从弹出的窗口中选择左侧列表中“存储”|“磁盘管理”选项，如图3.38所示。在此窗口中可以查看硬盘的分区情况、采用的文件系统等信息。

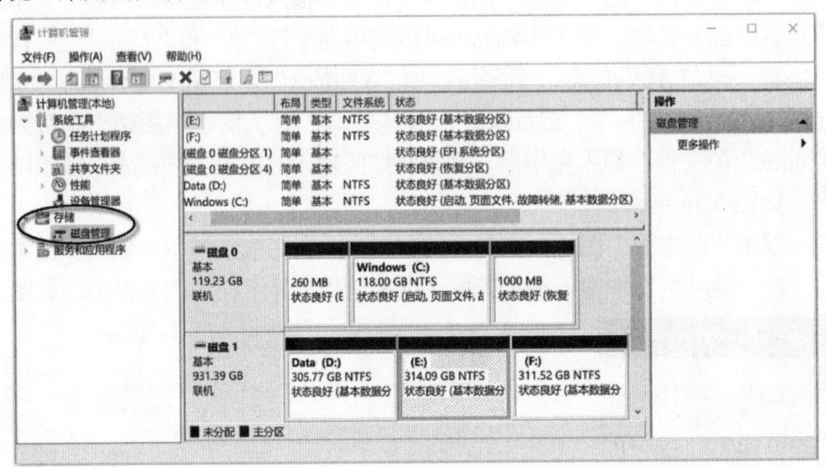

图3.38　磁盘管理窗口

步骤2：在要格式化的逻辑盘符上右击，如逻辑盘(E:)，从弹出的快捷菜单中选择“格式化”命令，如图3.39所示。

步骤3：在弹出的“格式化 E：”对话框中，设置卷标、文件系统、分配单元格大小，单击“确定”按钮，即可对所选的逻辑盘进行格式化操作。

磁盘格式化的另一种方法如下。

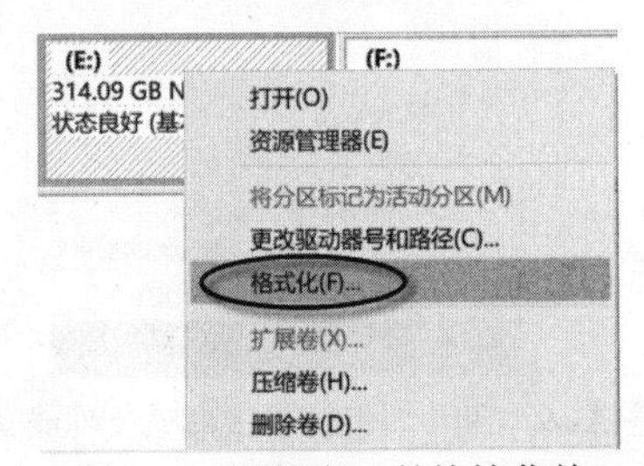

图3.39　逻辑盘E的快捷菜单

步骤 1：在要格式化的磁盘或移动存储设备上右击，选择快捷菜单中的“格式化”命令，弹出“格式化 本地磁盘(E:)”对话框。

步骤 2：在此对话框中根据需要设置文件系统、卷标等。对于已格式化过且没有损坏的磁盘，选择“快速格式化”选项，单击“开始”按钮，磁盘开始格式化。

步骤 3：底部进度条显示格式化的进度，达到最右端时系统会弹出格式化完成对话框，提示用户格式化操作已完成。

2. 磁盘属性设置

双击桌面上的“此电脑”图标，在打开的窗口中右击某一磁盘图标，例如本地磁盘(E:)，从弹出的快捷菜单中选择“属性”命令，打开“磁盘属性”对话框。在此对话框中，可以查看磁盘的类型、使用的文件系统、磁盘使用空间和剩余空间等，也可对磁盘进行清理、查错、碎片整理、备份或设置共享等操作。

3.4 Windows 10 设置

Windows 设置是 Windows 10 全新的设置系统，功能比控制面板更强大。打开 Windows 设置的方法为：单击“开始”按钮，在打开的菜单中单击“设置”按钮，如图 3.40 所示，所弹出的“Windows 设置”窗口如图 3.41 所示。“Windows 设置”窗口中包含 13 个组，分别是系统、设备、手机、网络和 Internet、个性化、应用、账户、时间和语言、游戏、轻松使用、搜索、隐私、更新和安全。利用这 13 个组，用户可根据自己的喜好对系统的外观、语言、时间、网络、硬件等进行设置和管理。

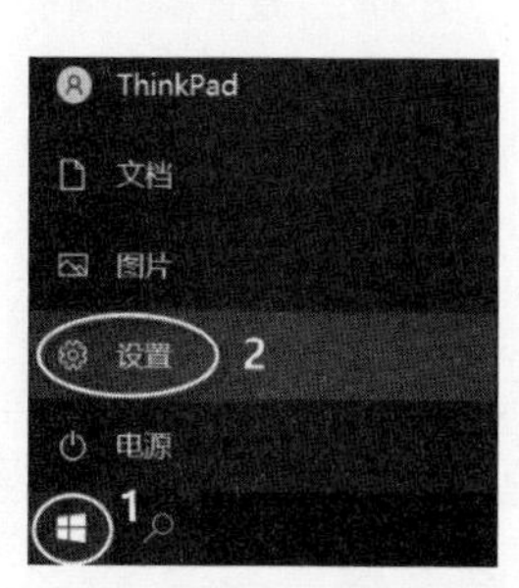

图 3.40　单击“设置”按钮

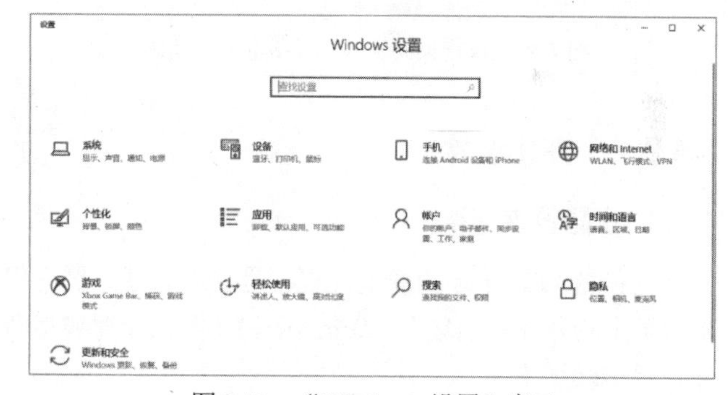

图 3.41　“Windows 设置”窗口

3.4.1　显示设置

Windows 10 操作系统在显示上有了很大的改进，为计算机带来了全新的外观，提供了更加流畅、更加稳定的桌面体验，让用户能够享受具有视觉冲击力的效果和外观，方便浏览和处理信息。

1. 设置桌面字体大小和屏幕分辨率

桌面图标文字、窗口标题及菜单文字、任务栏提示文字随分辨率的增大而减小，用户可根据需要设置桌面字体的大小和屏幕分辨率，具体的设置步骤如下。

步骤 1：单击图 3.41 所示“Windows 设置”窗口中的“系统”选项，或者在桌面的空白处右击，从弹出的快捷菜单中选择“显示设置”命令，打开“设置”窗口。

步骤 2：单击左侧窗格中的“显示”选项，再单击右侧窗格中的“更改文本、应用等项目的大小”下拉列表框，选择适合的比例来改变桌面字体的大小。单击“显示分辨率”下拉列表框，选择需要的值改变屏幕分辨率，如图 3.42 所示，在弹出的界面中单击“保留更改”按钮。

2. 设置刷新频率

在图 3.42 中单击窗口底部的“高级显示设置”链接，在打开的窗口中先选择一个显示器以查看或更改设置，再单击“刷新率”下拉列表框，选择适合的刷新频率，如图 3.43 所示。

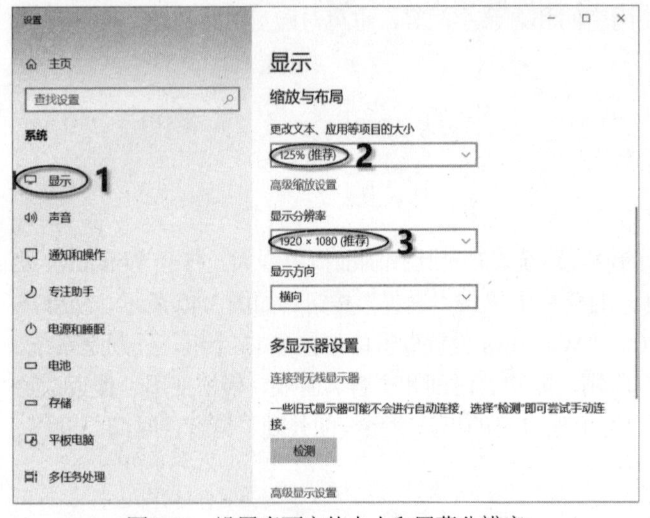

图 3.42　设置桌面字体大小和屏幕分辨率

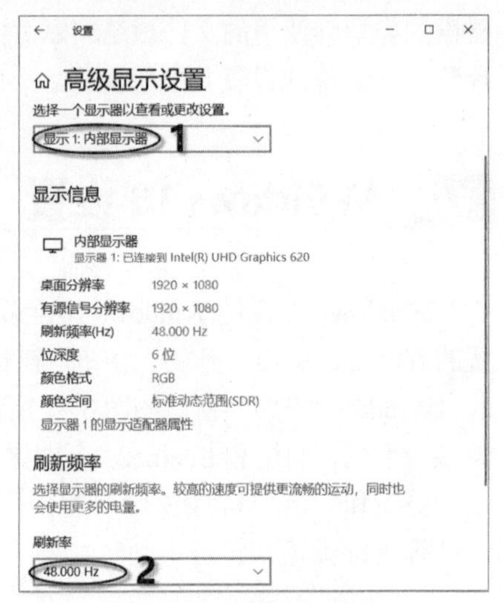

图 3.43　设置刷新频率

3.4.2　个性化设置

1. 主题设置

主题指 Windows 的视觉外观，是桌面背景、屏幕保护、鼠标光标、窗口颜色、声音等显示于屏幕上的各元素的集合。Windows 10 主题设置包括背景、颜色、声音和鼠标光标的设置，具体设置步骤如下。

步骤 1：在桌面空白处右击，从弹出的快捷菜单中选择“个性化”命令，打开“设置”窗口。

步骤 2：单击左侧窗格中的“主题”选项，在右侧窗格中会显示已有的主题，如图 3.44 所示。单击“背景”选项，可以更改桌面背景；单击“颜色”选项，可以更改主题颜色，例如，在“选择颜色”下拉列表框中选择“深色”，在“Windows 颜色”区域中选择“铁锈色”，如图 3.45 所示，如果对 Windows 自带的颜色不满意，单击“自定义颜色”按钮，可以自己定义颜色，通过拖动“颜色浓度 ”滑块可调整颜色的深浅；单击“声音”选项可更改声音方案；单击“鼠标光标”可更改鼠标光标的形状。

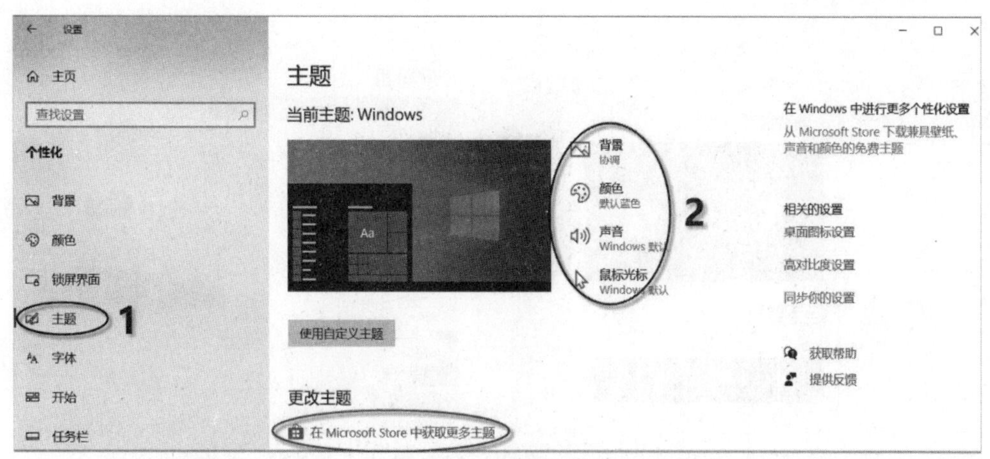

图 3.44　“设置”窗口

步骤 3：设置结束后，单击“保存主题”按钮，输入主题名称，再单击“保存”按钮保存设置，如图 3.46 所示，保存的主题显示在窗口顶端主题的下方。

另外，Windows 10 应用商店提供了多种主题，在图 3.44 中单击“在 Microsoft Store 中获取更多主题”链接，打开 Windows 10 应用商店，选择所需的主题下载安装即可。

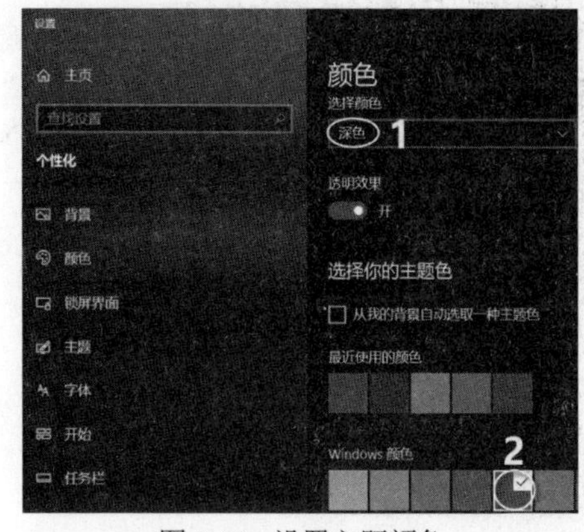

图 3.45　设置主题颜色

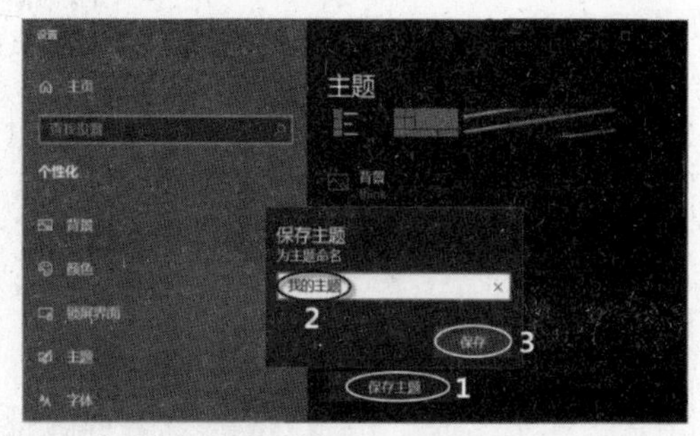

图 3.46　保存主题

2. 锁屏界面设置

使用计算机时，若暂时离开计算机，关机觉得麻烦，不关机又担心其他人使用自己的计算机或查看计算机上的一些东西，这时选择锁屏界面无疑是最好的方法。设置锁屏界面的步骤如下。

步骤 1：在桌面空白处右击，从弹出的快捷菜单中选择“个性化”命令，打开“设置”窗口。

步骤 2：单击左侧窗格中的“锁屏界面”选项，右侧窗格中会显示关于锁屏界面的预览图以及相关的配置信息。在“背景”下拉列表框中选择锁屏的类型，Windows 10 锁屏界面有三种类型：Windows 聚焦、图片、幻灯片放映。通常选择图片作为锁屏界面，如图 3.47 所示。

步骤 3：单击“浏览”按钮，从打开的窗口中选择需要的图片，再单击“选择图片”按钮，如图 3.48 所示。在预览里可以查看效果。

图 3.47　选择锁屏界面的类型

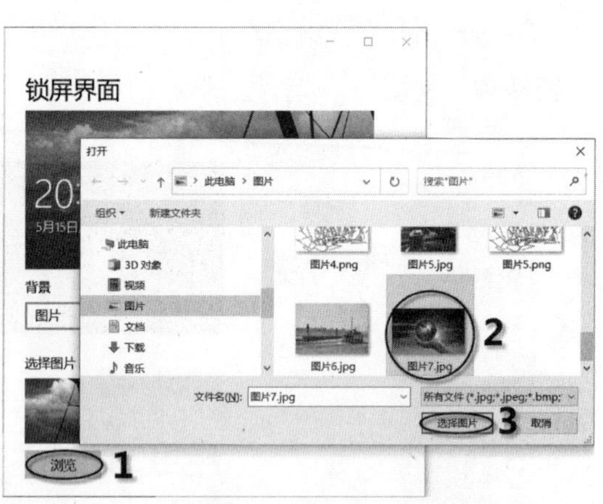

图 3.48　选择锁屏图片

3. 屏幕保护程序设置

若长时间不使用屏幕，应该设置屏幕保护。一方面保护显示器，避免显像管长时间工作，以减少损耗；另一方面用于屏蔽计算机桌面，防止他人查看用户的工作内容。设置屏幕保护的步骤如下。

步骤 1：在图 3.47 窗口中，将鼠标指针指向右侧的滚动条，按住鼠标左键向下拖动至窗口底部，单击“屏幕保护程序设置”链接，如图 3.49 所示，打开“屏幕保护程序设置”对话框，如图 3.50 所示。

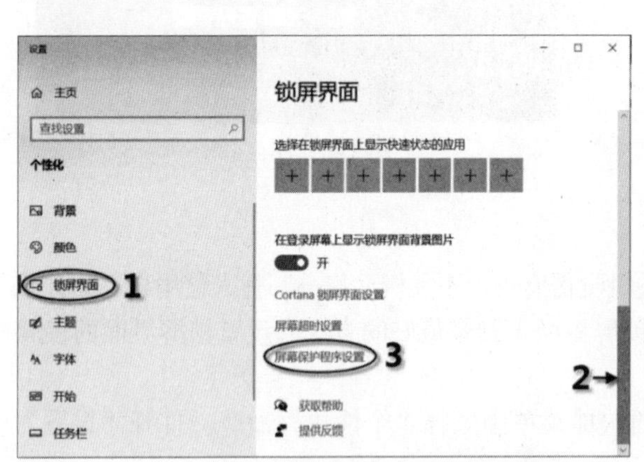

图 3.49　单击“屏幕保护程序设置”链接

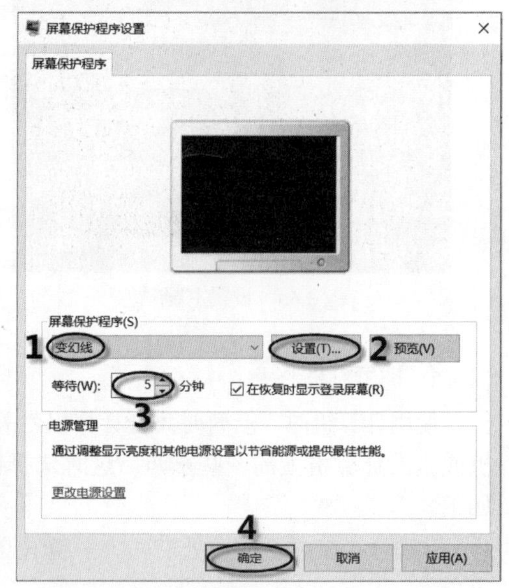

图 3.50　“屏幕保护程序设置”对话框

步骤 2：在“屏幕保护程序”下拉列表框中选择一种屏幕保护程序，其运行效果显示在上方的显示器预览框中，若不满意，可重新选择，直到满意为止。单击“设置”按钮，在弹出的对话框中可进一步设置屏幕保护程序的参数。

步骤 3：在“等待”数值框中可输入或调节微调按钮，设置屏幕保护程序启动的时间。

步骤 4：若选中"在恢复时显示登录屏幕"复选框，则从屏幕保护返回到离开前的状态时需要输入密码。

步骤 5：单击"确定"按钮，保存设置。这样，若离开计算机的时间超过了启动屏幕保护的时间，就会自动启动屏幕保护程序，以动态的画面显示屏幕。

3.4.3　系统日期和时间设置

系统日期和时间位于任务栏的通知区域，当鼠标指向"日期和时间"按钮时，会弹出一个包含日期和星期的浮动界面。根据需要可对系统日期和时间进行更改。

1. 更改系统日期和时间

步骤 1：单击"开始"按钮，选择"设置"命令，在"Windows 设置"窗口中，单击"时间和语言"选项，打开"日期和时间"窗口。

步骤 2：单击右侧窗格中的"自动设置时间"开关，将自动设置时间关闭，再单击"更改"按钮，如图 3.51 所示，弹出"更改日期和时间"对话框，如图 3.52 所示。

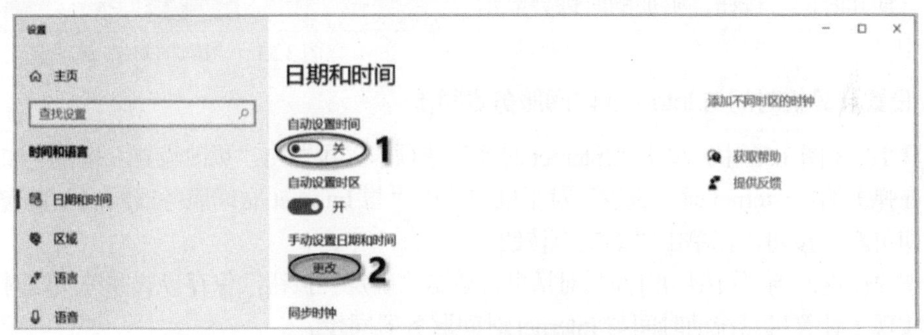

图 3.51　关闭自动设置时间开关

步骤 3：在"日期"区域中设置年、月、日，在时间栏中设置时、分，设置完毕后，单击"更改"按钮即可。

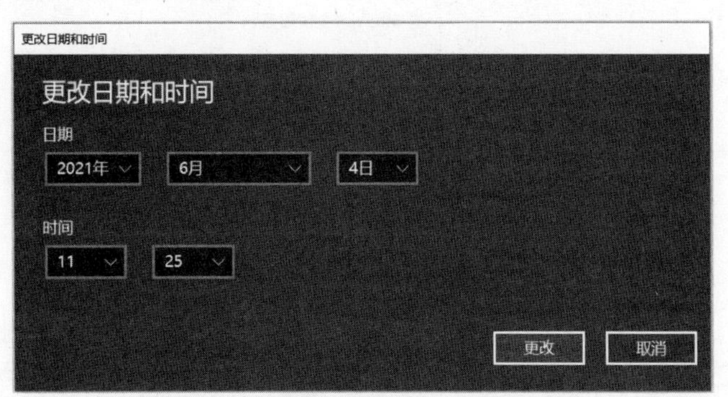

图 3.52　"更改日期和时间"对话框

另外，在任务栏的"日期和时间"图标上右击，在弹出的快捷菜单中选择"调整时间/日期"命令，也可以打开"日期和时间"窗口，按照上述方法同样可以对系统日期和时间进行设置。

2. 添加附加时钟

Windows 10 系统默认只有一个时钟，为了便于了解其他时区的时间，可以添加附加时钟，具体步骤如下。

步骤 1：在图 3.51 中，单击窗口右上角的“添加不同时区的时钟”按钮，打开“日期和时间”对话框。

步骤 2：单击“附加时钟”选项卡，如图 3.53 所示，在此选项卡中可以添加不超过两个附加时钟。选中“显示此时钟”复选框，在“选择时区”下拉列表框中选择所需的时区，在“输入显示名称”文本框中输入名称，单击“确定”按钮，即可添加附加时钟。此时，单击任务栏中的“日期和时间”按钮，附加的时钟会显示在界面中。

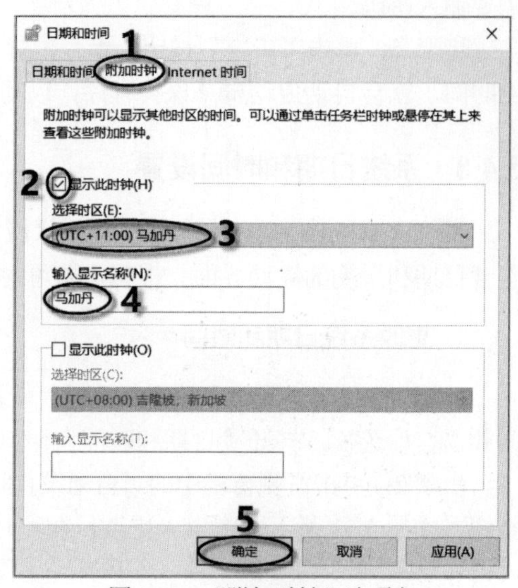

图 3.53　“附加时钟”选项卡

3. 设置计算机时间与 Internet 时间服务器同步

步骤 1：在图 3.53 中，单击“Internet 时间”选项卡，再单击“更改设置”按钮，如图 3.54 所示。在弹出的“Internet 时间设置”对话框中选中“与 Internet 时间服务器同步”复选框，单击“立即更新”按钮，再单击“确定”按钮。

步骤 2：返回到“日期和时间”对话框，单击“确定”按钮，保存设置并关闭该对话框。这样就实现了计算机系统的时间与 Internet 时间服务器同步。

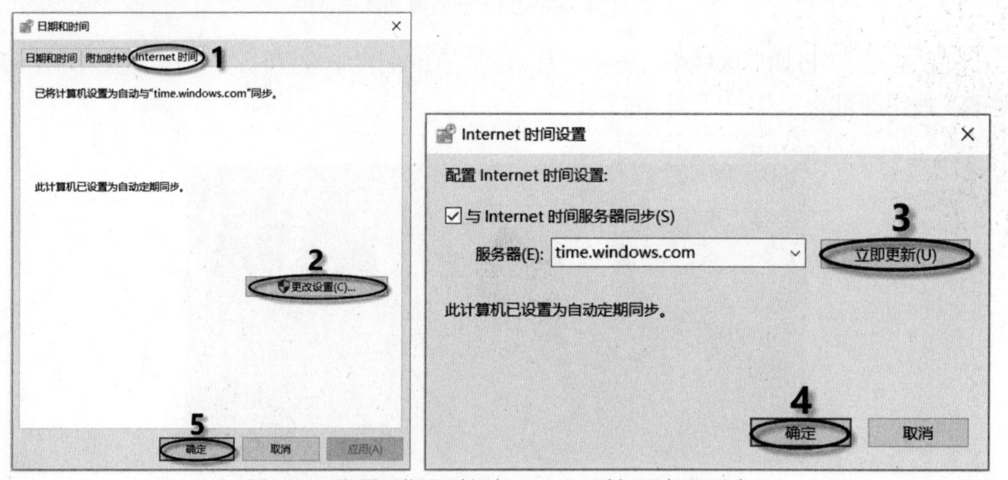

图 3.54　设置日期和时间与 Internet 时间服务器同步

4. 隐藏任务栏中的日期和时间

步骤 1：在任务栏的“日期和时间”图标上右击，从弹出的快捷菜单中选择“属性”命令，在打开的窗口中单击“通知区域”中的“打开或关闭系统图标”链接，如图 3.55 所示。

步骤 2：在打开的窗口中单击“时钟”开关，将 “时钟”系统图标关闭，如图 3.56 所示，则任务栏中不再显示“日期和时间”图标。

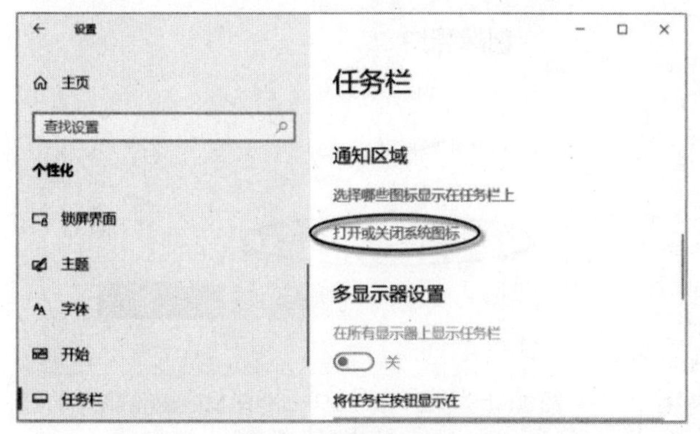

图 3.55　单击“打开或关闭系统图标”链接

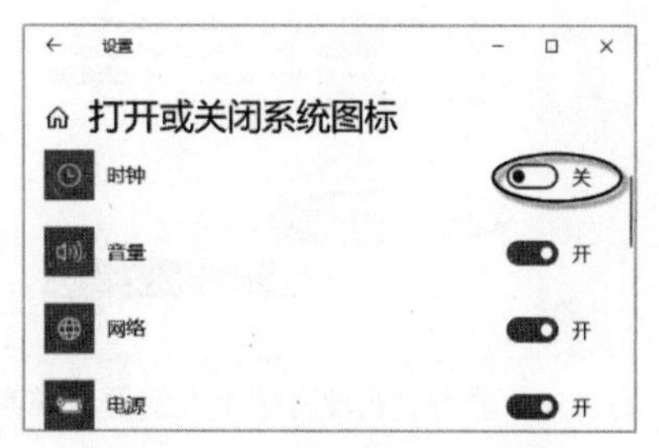

图 3.56　关闭“时钟”系统图标

3.4.4　创建用户账户

Windows 10 是一个多用户操作系统，允许一台计算机由多个用户共同使用，为了保证各自文件的安全，可在计算机中创建多个用户账户，各用户分别在自己的账户下进行操作，方便用户的使用和管理。

1. 创建新账户

步骤 1：单击“开始”按钮，在打开的菜单中选择“设置”命令，打开“Windows 设置”窗口，单击“账户”选项，如图 3.57 所示，打开“账户”窗口。

步骤 2：在“账户”窗口中，单击左侧窗格中的“家庭和其他用户”选项，在右侧窗格中可以添加家庭成员，让每个人都能有自己的登录信息和桌面，或者添加其他用户，允许不是家庭成员的用户登录，这样不会将其添加到家庭用户中。本例中添加的是其他用户，因此单击“将其他人添加到这台电脑”，如图 3.58 所示，打开“Microsoft 账户”窗口。

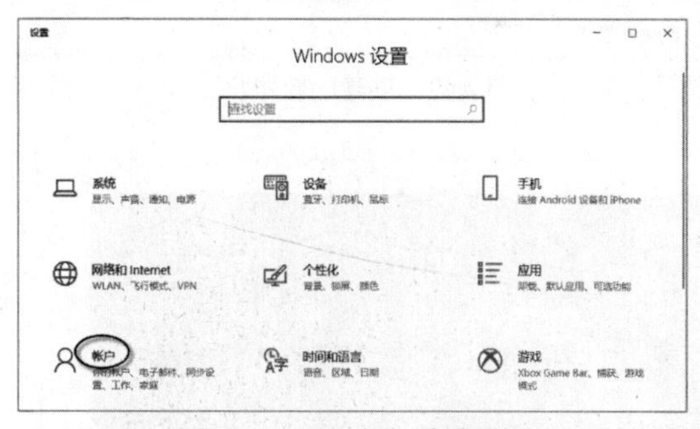

图 3.57　“账户”系统图标

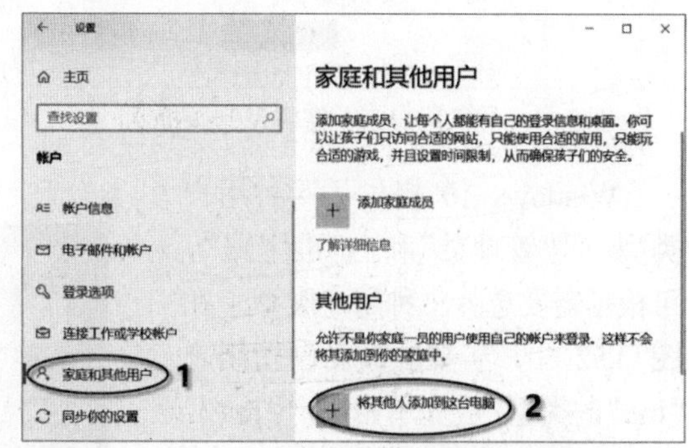

图 3.58　将其他人添加到这台电脑

步骤 3：在“Microsoft 账户”窗口中，单击“我没有这个人的登录信息”链接，如图 3.59 所示，在打开的窗口中单击 “添加一个没有 Microsoft 账户的用户”链接，如图 3.60 所示。

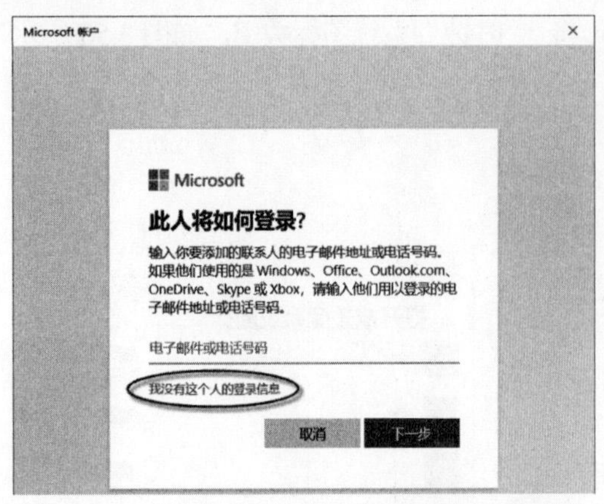

图 3.59 单击“我没有这个人的登录信息”链接

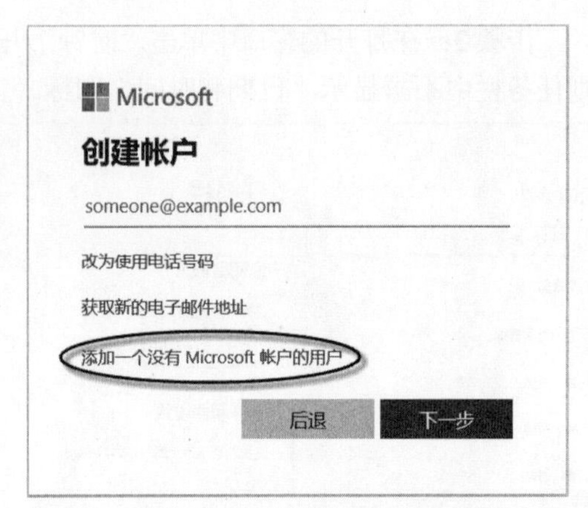

图 3.60 单击“添加一个没有 Microsoft 账户的用户”链接

步骤 4：输入用户名、密码和密码提示，或选择安全问题，然后单击“下一步”按钮，如图 3.61 所示。完成新账户的创建后，返回到“账户”窗口，新的账户图标将显示在该窗口中，如图 3.62 所示。

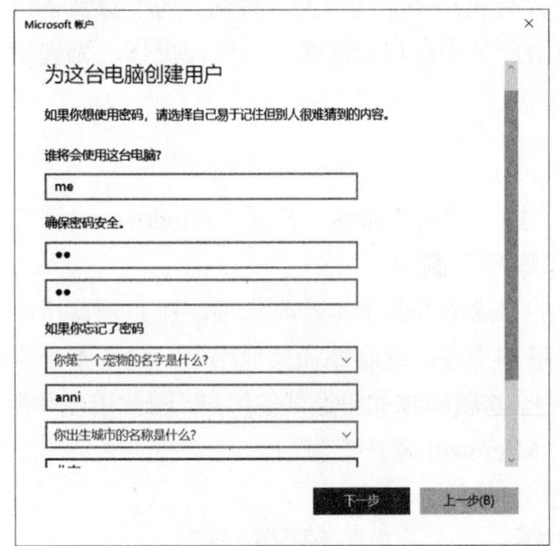

图 3.61 输入用户名、密码及密码提示

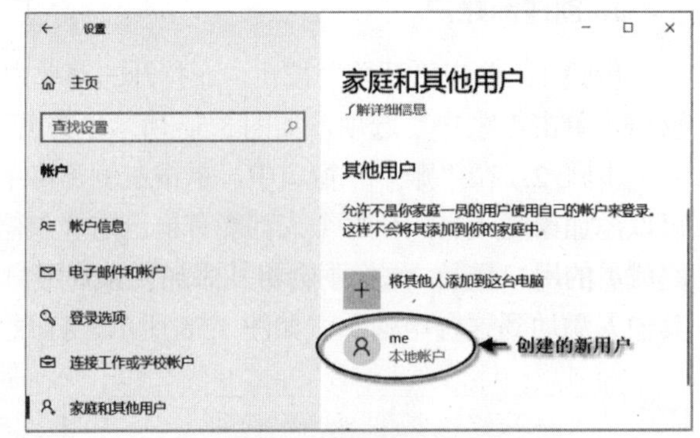

图 3.62 创建的新账户

Windows 10 提供了两种用户类型，即“管理员”和“标准用户”，可根据需要选择一种用户类型。在图 3.62 中，若要更改新创建用户“me”的类型，应先单击用户“me”，然后单击“更改账户类型”按钮，在“账户类型”下拉列表框中选择“管理员”，单击“确定”按钮，如图 3.63 所示，完成新账户类型的更改。

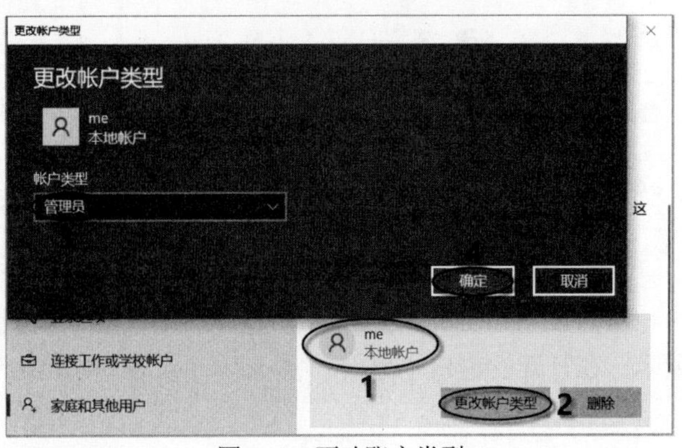

图 3.63 更改账户类型

2. 创建账户头像

账户创建后，根据需要可以创建自己喜爱的头像，具体步骤如下。

步骤 1：单击“开始”按钮，在打开的菜单中选择“设置”命令，在“Windows 设置”窗口中单击“账户”选项。

步骤 2：在打开的窗口中，单击左侧窗格中的“账户信息”选项，在右侧窗格“创建头像”区域中可以从“相机”或者从现有图片中选择图片作为头像。本例中单击“从现有图片中选择”按钮，如图 3.64 所示，在打开的对话框中选择作为头像的图片，再单击“选择图片”按钮。

步骤 3：返回账户信息窗口，可以看到账户头像已更改为新创建的头像。

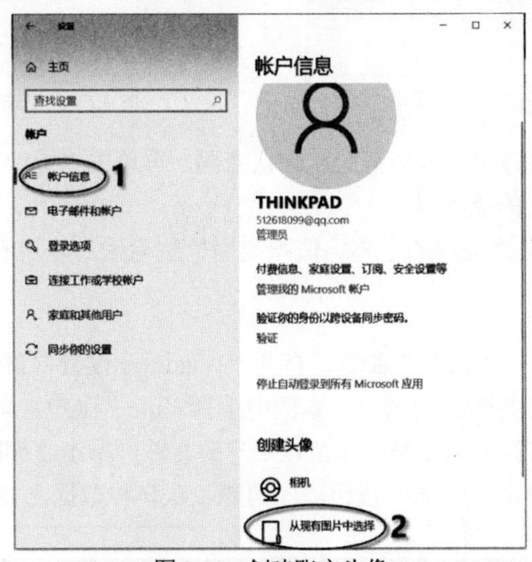

图 3.64　创建账户头像

3. 更改账户密码

单击任务栏中的“搜索”图标，输入文字“控制面板”，搜索结果显示在搜索框的上方，如图 3.65 所示。单击搜索到的“控制面板”，打开“控制面板”窗口，单击“用户账户”选项中的“更改账户类型”链接，如图 3.66 所示，打开“管理账户”窗口。

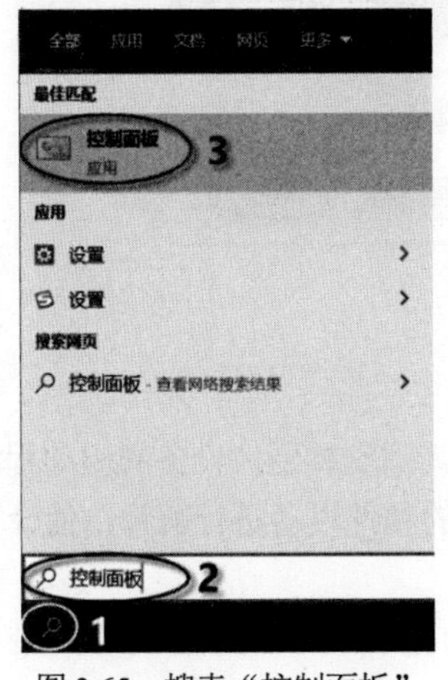

图 3.65　搜索“控制面板”

图 3.66　单击“更改账户类型”链接

步骤 1：单击要更改密码的账户，例如“me”账户，如图 3.67 所示，打开“更改账户”窗口，单击“更改密码”链接，如图 3.68 所示。

图 3.67　选择要更改密码的账户

图 3.68　单击“更改密码”链接

步骤 2：在打开的窗口中输入新密码、确认密码，再单击“更改密码”按钮，返回到“更改账户”窗口，完成密码的更改。

在图 3.68 中也可以更改账户的名称、账户类型、删除账户以及管理其他账户。

4. 删除账户

步骤 1：单击“开始”|“设置”命令，打开“Windows 设置”窗口，单击“账户”选项，打开“账户”窗口，单击要删除的账户，本例中选择“me”账户，再单击“删除”按钮。

步骤 2：在弹出的窗口中确定是否保留该账户的文件，单击“删除账户和数据”按钮，删除该账户的所有文件；单击“取消”按钮，取消删除账户和数据，如图 3.69 所示。

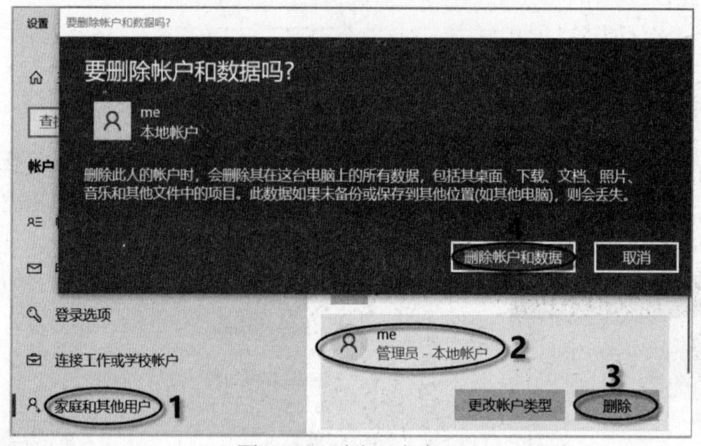

图 3.69　删除账户窗口

3.4.5　添加硬件

添加硬件一般分为两步，首先将硬件连接到计算机中，其次安装硬件设备的驱动程序。驱动程序是指用来驱动硬件工作的程序，即对 BIOS 不能支持的硬件设备进行解释，使计算机能够识别这些硬件设备，保证它们能够正常工作。

添加硬件的驱动程序既可以来自 Windows 10 自带的驱动程序库(Windows 10 系统带有上千种设备的驱动程序)，也可以来自随硬件设备配套的安装盘。通常情况下，将硬件连接到计算机之后，Windows 10 会自动检测连接的新设备，如果 Windows 10 能够识别该设备，则自动安装其驱动程序。如果不能识别该设备，或无法找到该设备的驱动程序，则会弹出对话框提示用户插入设备所带的安装盘，这时需要插入安装盘，手动安装设备的驱动程序。

设备驱动程序安装完成后，Windows 10 将为设备配置属性和设置，这一工作最好让 Windows 10 自动完成，以便将来发生问题或设备之间发生冲突时，Windows 能自动修改这些设置；否则，无法自动修改。

目前，大多数硬件都支持即插即用，即自动检测硬件设备，自动对其进行设置并分配资源，使其与机器中已有的部件协调工作。即插即用使硬件的安装过程大大简化。

【例 3-1】 在 Windows 10 系统中添加打印机，并设置打印机的驱动程序。

操作步骤如下。

步骤 1：将打印机连接到计算机，选择“开始”|“设置”命令，打开“Windows 设置”窗口，单击“设备”选项。

步骤 2：在打开的窗口中，在左侧窗格中单击“打印机和扫描仪”选项，在右侧窗格中单击“添加打印机或扫描仪”选项，如图 3.70 所示。系统会自动搜索已连接的打印机，若长时间未找到，则单击“我需要的打印机不在列表中”链接，如图 3.71 所示。

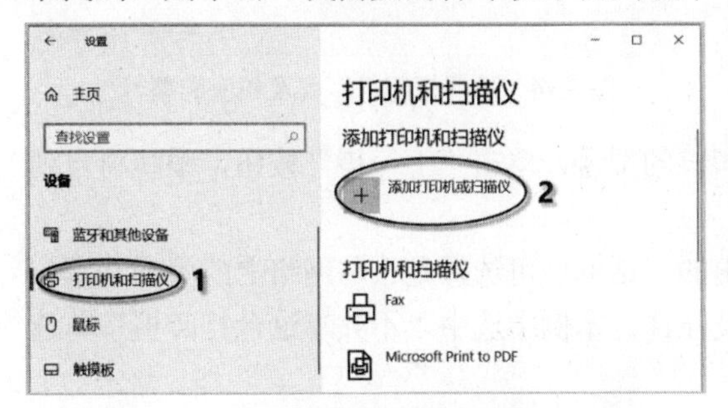

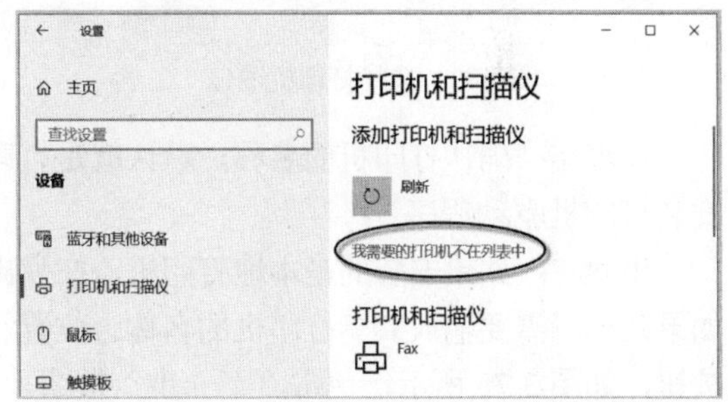

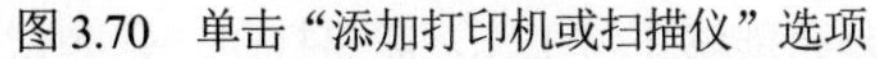
图 3.70　单击“添加打印机或扫描仪”选项　　图 3.71　单击“我需要的打印机不在列表中”链接

步骤 3：在打开的对话框中选中“通过手动设置添加本地打印机或网络打印机”单选按钮，单击“下一步”按钮，如图 3.72 所示。

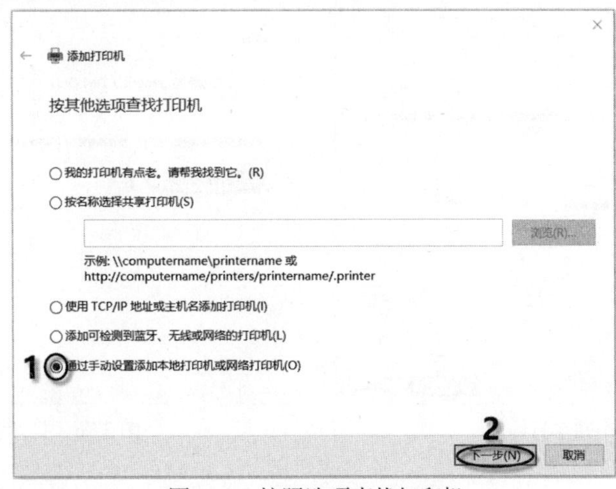

图 3.72　按照选项查找打印机

步骤 4：在打开的对话框中选择打印机端口，默认的现有端口是 LPT1，单击下拉列表框选择需要的端口，如图 3.73 所示，单击“下一步”按钮。如果使用的是 USB 接口的打印机，则需要先连接电缆。

步骤 5：选择打印机厂商及相应的型号，如图 3.74 所示。单击“Windows 更新”按钮，可查看更多型号的打印机。若打印机自带安装盘，则单击“从磁盘安装”按钮；否则，单击“下一步”按钮。

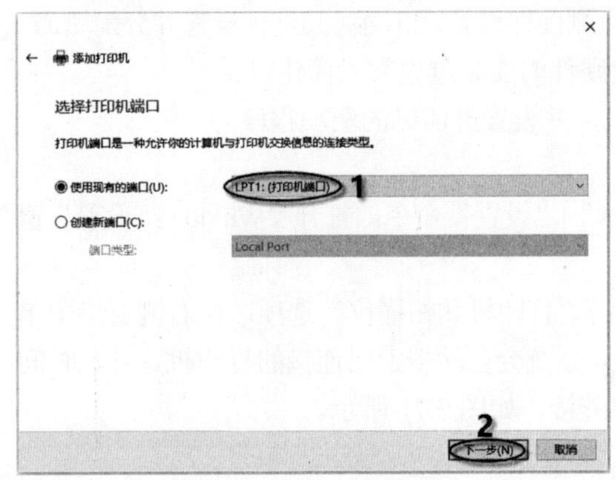

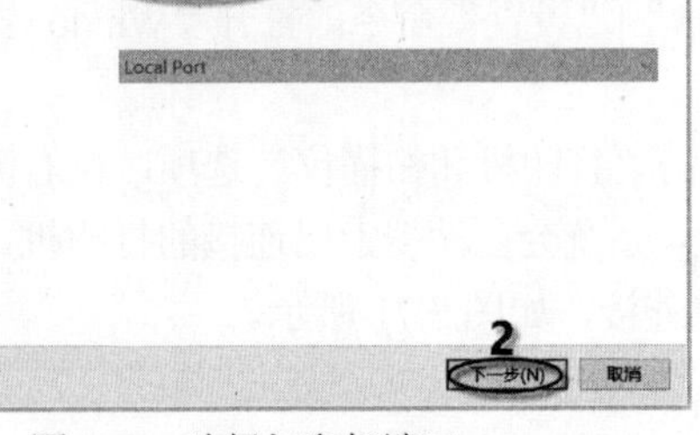

图 3.73　选择打印机端口

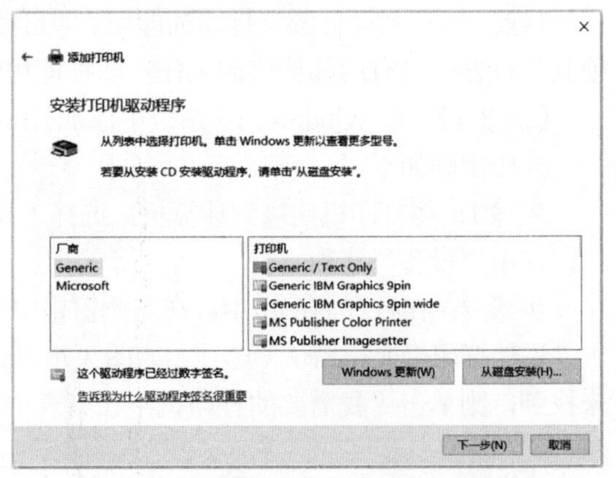

图 3.74　选择打印机厂商及相应的型号

步骤 6：确认打印机的名称，默认就是打印机的型号，单击“下一步”按钮，系统将自动安装打印机驱动程序。

步骤 7：如果安装的是本地打印机，在弹出的对话框中可选择是否与网络上的用户共享。如果共享，需要输入共享打印机的名称、位置及注释，本例中选中“不共享这台打印机”单选按钮，如图 3.75 所示，单击“下一步”按钮。

步骤 8：已成功添加打印机后，若要检查打印机是否能够正常工作，需要打印一张测试页。单击“打印测试页”按钮，如图 3.76 所示，系统会自动打印一张测试页，检验安装是否正确。若安装正确，则单击“完成”按钮，完成安装。

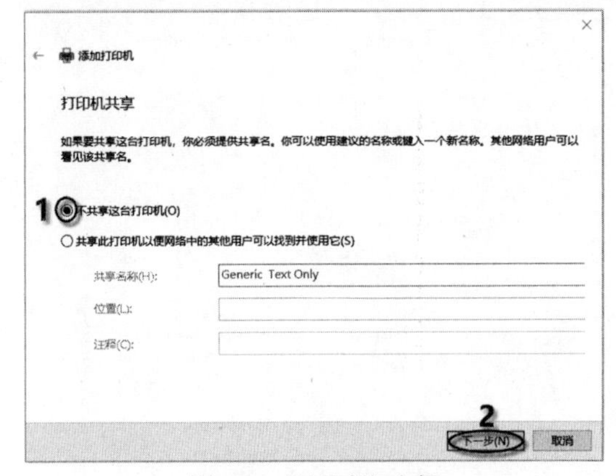

图 3.75　不共享打印机

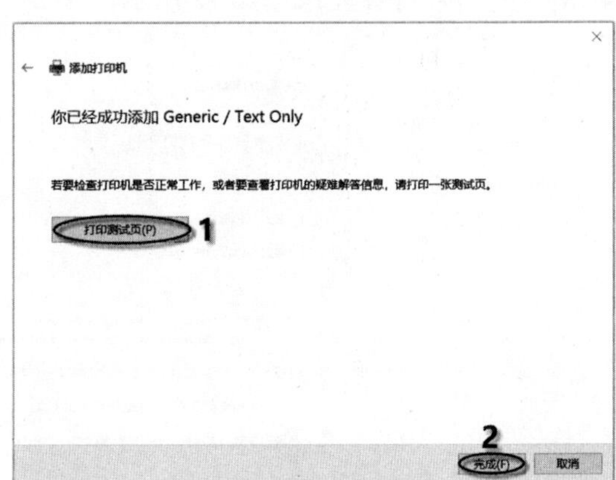

图 3.76　打印测试页

ꕥ 第4章 ꕥ

文字处理软件Word 2016

相对于 Word 2010，新版的 Word 2016 进行了极大的改进，全新的现代外观和内置的协作工具在使用上更加人性化，操作起来更加方便、快捷。利用其增强后的功能能够更高效地创建专业水准的文档，更轻松地与他人协作并可以在任何位置访问和共享文档。因其出色的功能，Word 2016 深受广大办公人员的青睐。

4.1 Word 2016 全接触

4.1.1 Word 2016 的新增功能

Word 2016 与之前的所有版本相比，有了很多重要变化，下面介绍其改进之处和新增的主要功能。

1. 便利的进入界面

默认情况下，启动 Word 2016 后首先看到的是“开始”屏幕，如图 4.1 所示。“开始”屏幕上显示的是一些常用操作，如新建空白文档、打开最近访问的文档，设置账户、进行选项设置等，这种界面设计更符合用户的使用习惯。

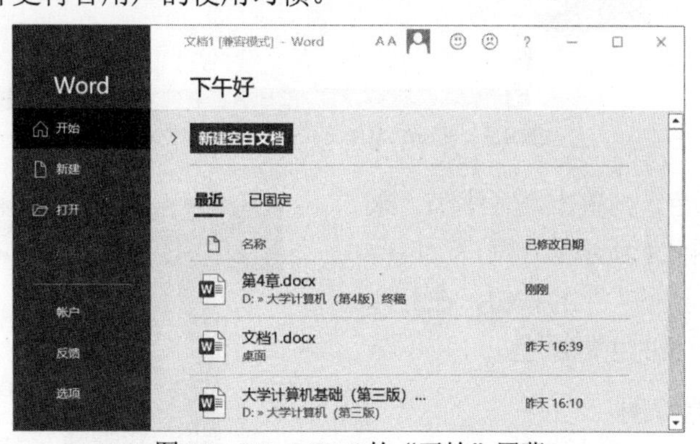

图 4.1　Word 2016 的“开始”屏幕

如果希望启动时不出现“开始”屏幕而是直接进入 Word 2016 窗口，可进行如下设置。

步骤 1：在 Word 2016 窗口中单击“文件”|“选项”命令，打开“Word 选项”对话框。

步骤 2：单击“轻松访问”选项，在“应用程序显示选项”组中，取消“此应用程序启动时显示开始屏幕”复选框的选中状态，如图 4.2 所示，单击“确定”按钮。

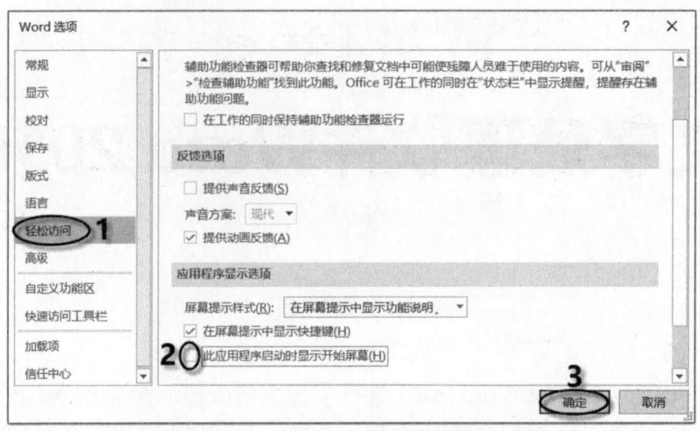

图 4.2　启动时不显示开始屏幕的设置

2. 多彩的新主题

Word 2016 的主题色彩包括 3 种，分别是彩色、深灰色、白色，如图 4.3 所示。其中彩色和深灰色是新增加的，而彩色是默认的主题颜色。

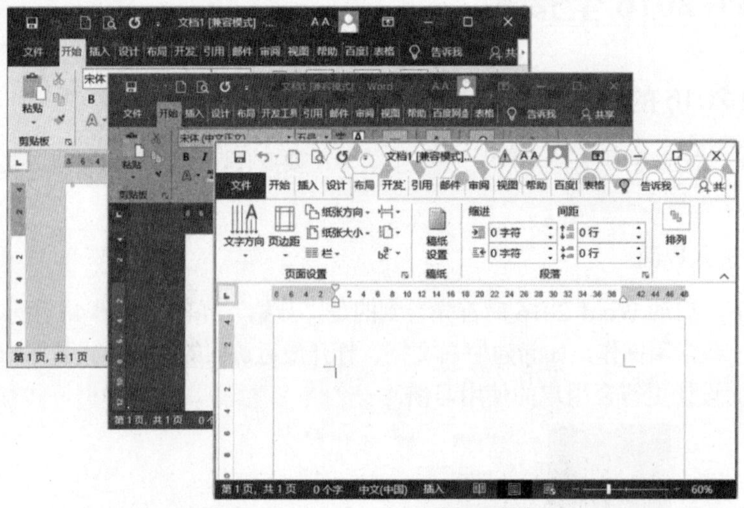
图 4.3　Word 2016 的 3 种主题颜色

若要更改主题颜色，则单击“文件”|“账户”命令，打开如图 4.4 所示的“账户”后台视图，单击“Office 主题”下拉按钮，在打开的下拉列表中选择所需的主题颜色。

3. 多功能的后台视图

在 Word 2016 窗口中，单击“文件”选项卡，即可看到 Word 后台视图，如图 4.5 所示。Word 2016 在后台视图中增加了许多功能，例如共享功能、浏览功能、导出功能、反馈功能等。功能的增加和视图的改良，让操作变得更加简便。

图 4.4　设置主题颜色

图 4.5　Word 后台视图

4. 搜索框功能

打开 Word 2016，在选项卡的右侧有一个“操作说明搜索”框，当窗口缩小时该框会变成“告诉我”。单击该框，打开的下拉列表框中会显示最近使用过的操作及有可能使用的操作。

在该框中输入某一命令，即可轻松利用搜索功能获得帮助。例如，输入“脚注”，在下拉列表框中可以看到脚注的相关命令，如图 4.6 所示。单击下拉列表框中的“脚注”选项，在页面的底端会插入脚注；单击“脚注和尾注”选项，会打开“脚注和尾注”对话框。对于不熟悉 Word 2016 操作的使用者来说，此功能十分方便。

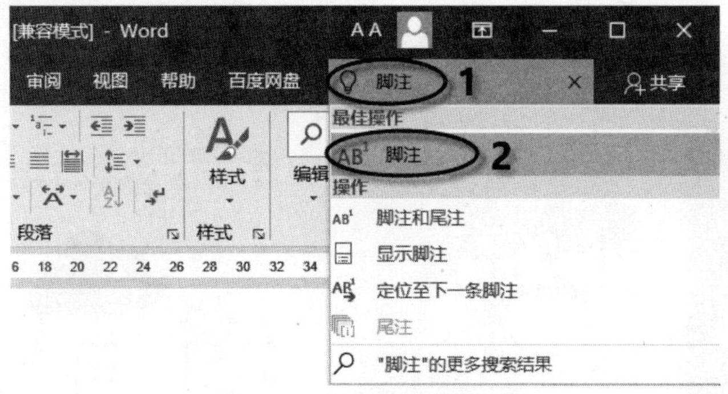

图 4.6　“操作说明搜索”框

5. 协作功能

Word 2016 新增了协作功能，若要与他人协作编辑文档，通过“共享”功能，将文档保存到云，如图 4.7 所示，就可以与其他使用者共同编辑文档。每个使用者编辑过的地方，都会出现提示，所有使用者都可以看到被编辑过的地方。对于需要合作编辑的文档，“共享”功能非常方便。

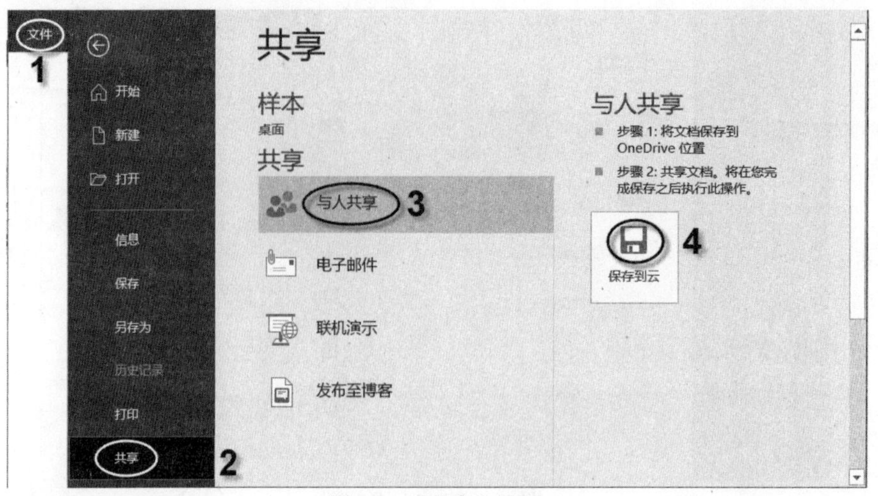

图 4.7 “共享”界面

6. Word 与云模块融为一体

Word 2016 已经很好地与 Word 中的云模块(OneDrive，即个人网络空间)融为一体。选择“文件”|“另存为”|“OneDrive”选项，如图 4.8 所示，用户可以指定默认的存储路径，也可以使用本地硬盘进行存储。将个人文档保存到 OneDrive 云模块后可以与他人共享和协作，也可从任何位置(计算机、平板电脑或手机)访问文档。将文件存储在 OneDrive 文件夹中，不仅可以联机工作，还可以在重新连接到 Internet 时同步所做的更改。因此 Word 2016 实际上是为用户打造了一个开放的文档处理平台，通过手机、iPad 或其他客户端，用户可随时浏览或编辑存放到云端的文件。

图 4.8 选择“OneDrive”作为存储路径

7. 手写公式

Word 2016 中增加了一个功能强大而又实用的墨迹公式，使用墨迹公式可以快速地在编辑区域手写数学公式，并能够将这些公式转换成系统可识别的文本格式。

4.1.2　Word 2016 的工作界面

启动 Word 2016 后，进入 Word 2016 的工作界面，如图 4.9 所示。它主要由快速访问工具栏、标题栏、选项卡、功能区、编辑区、视图按钮、显示比例等部分组成。下面介绍该界面组成中的部分操作。

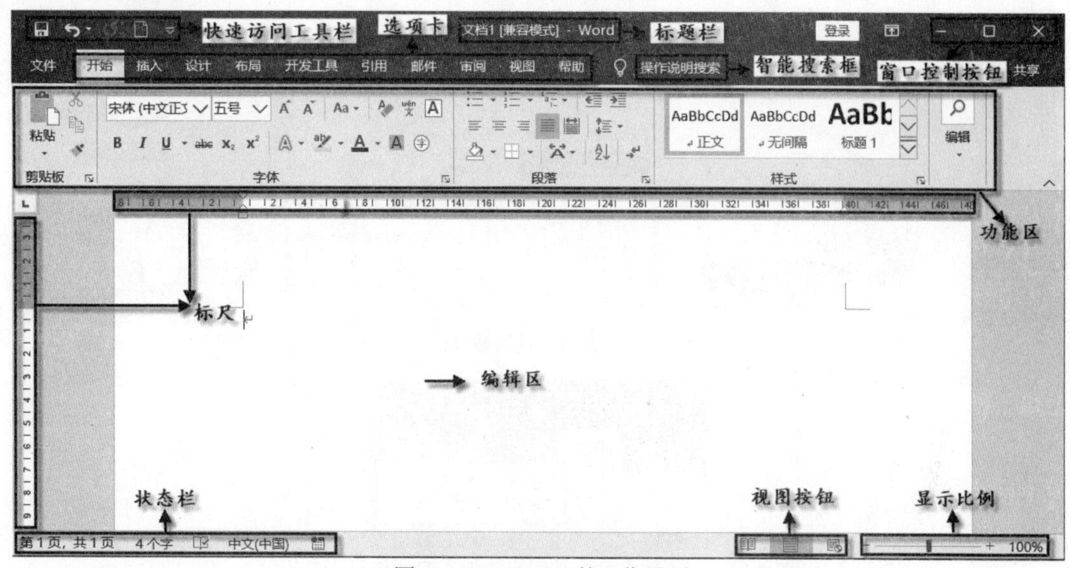

图 4.9　Word 2016 的工作界面

1. 快速访问工具栏命令按钮的添加和删除

快速访问工具栏位于 Word 窗口的左上角，该栏包含了常用命令的快捷按钮，如保存、撤销等命令按钮，方便用户使用。用户可根据需要增加或删除该工具栏中的命令按钮。

(1) 快速访问工具栏命令按钮的添加

单击快速访问工具栏右侧的“自定义快速访问工具栏”按钮，打开如图 4.10 所示的下拉列表，列表中命令前有“√”的表示此命令显示在该工具栏中，例如“新建”“保存”等。单击列表中的某个命令可将该命令添加到快速访问工具栏，或者单击带有“√”的命令，例如“√ 保存”，可取消其在快速访问工具栏中的显示。

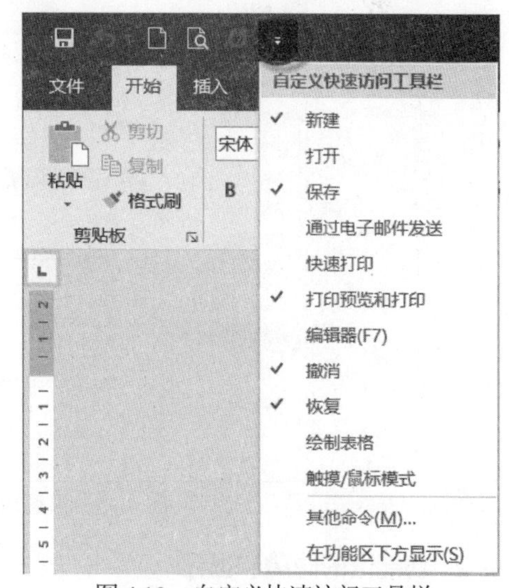

图 4.10　自定义快速访问工具栏

如果要添加的命令不在图 4.10 所示的列表中，那么单击列表中的“其他命令”，弹出“Word 选项”对话框，如图 4.11 所示。单击“快速访问工具栏”选项，在右侧“从下列位置选择命令”下拉列表框中单击要添加到快速访问工具栏中的命令，例如“查找”命令，再单击“添加”按钮，此时“查找”命令便添加到了“自定义快速访问工具栏”列表框中，单击“确定”按钮，返回到

Word 窗口，可以看到快速访问工具栏中新增了一个“查找”命令按钮，如图 4.12 所示。

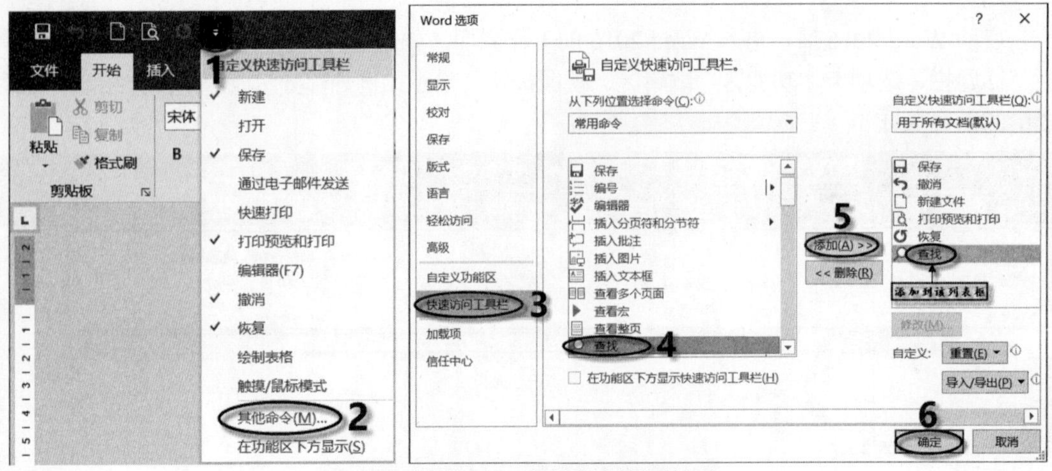

图 4.11　快速访问工具栏命令按钮的添加

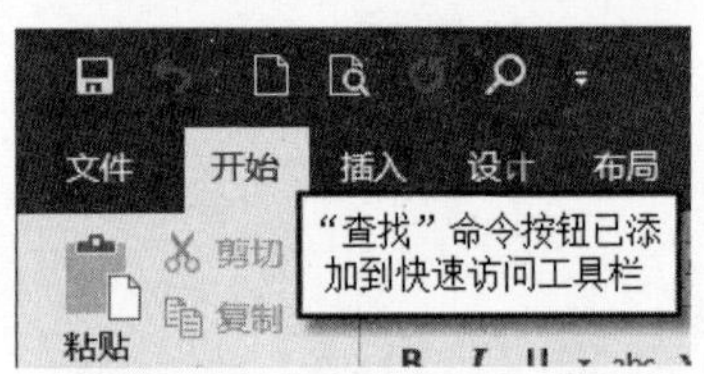

图 4.12　“查找”命令按钮已添加到快速访问工具栏

(2) 快速访问工具栏命令按钮的删除

若将“查找”命令按钮从快速访问工具栏删除，则单击工具栏右侧的按钮，在打开的下拉列表中选择“其他命令”，弹出“Word 选项”对话框，在该对话框中进行如图 4.13 所示的设置。

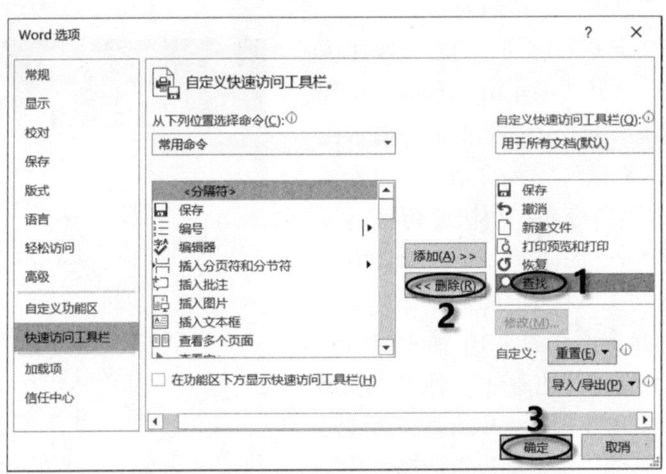

图 4.13　快速访问工具栏命令按钮的删除

2. 功能区的隐藏和显示

功能区的隐藏： 单击窗口右上角的“折叠功能区”按钮，如图 4.14 所示，将功能区隐藏。此时只显示选项卡的名称，增大了编辑区的区域。

功能区的显示：单击窗口右上角的“功能区显示选项”按钮，在打开的列表中单击“显示选项卡和命令”选项，如图 4.15 所示，将功能区进行显示。

图 4.14　单击“折叠功能区”按钮

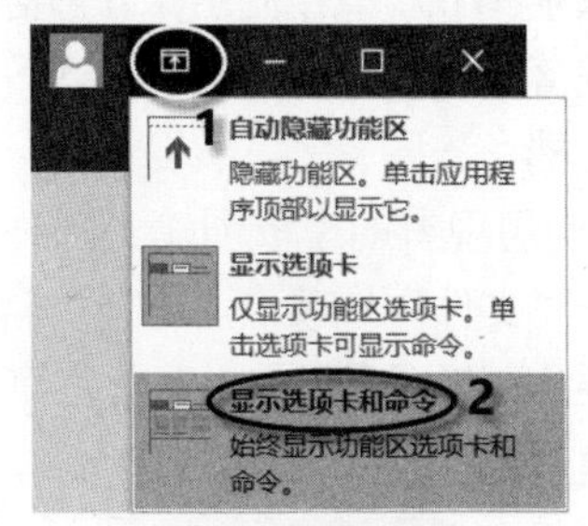

图 4.15　功能区的显示

4.2 创建并编辑文档

4.2.1　创建文档

文档是文本、表格、图片等各种对象的载体。用户在编辑或处理文字之前，首先要创建文档。创建文档包括创建空白文档和利用模板创建文档两种方式。

1. 创建空白文档

(1) 利用启动程序

单击“开始”按钮，在程序列表中选择“Word”命令，打开“Word”窗口，单击窗口右侧的“新建空白文档”按钮，系统将自动创建一个名为“文档 1”的空白文档，默认扩展名为docx。

(2) 利用选项卡

在 Word 2016 窗口中，单击“文件”选项卡，选择“新建”命令，在“新建”区域中单击“空白文档”按钮，即可创建一个空白文档，如图 4.16 所示。

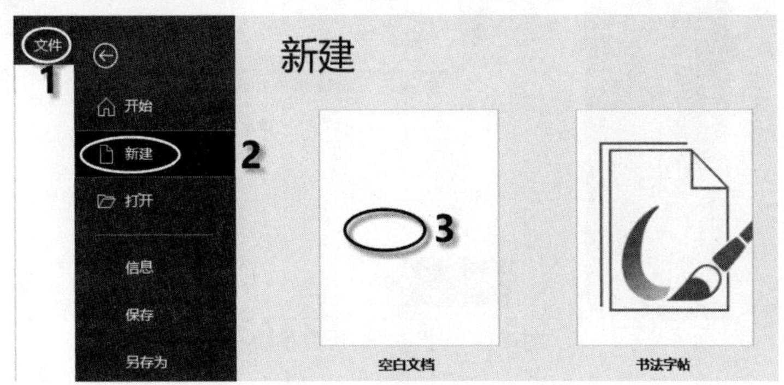

图 4.16　创建空白文档

(3) 利用快捷键

按快捷键 Ctrl+N，也可创建一个空白文档。

(4) 利用快速访问工具栏

单击快速访问工具栏中的“新建空白文档”按钮，即可创建一个空白文档。

2. 利用模板创建新文档

模板是 Word 中预先定义好内容格式的文档，它决定了文档的基本结构和设置，包括字体格式、段落格式、页面格式、样式等。Word 2016 提供了多种模板，用户可根据需要选择模板创建新文档。

(1) 利用现有的模板创建文档

单击“文件”选项卡，选择“新建”命令，在“搜索联机模板”区域中有很多模板类型，单击需要的模板类型，如“蓝灰色简历”，如图 4.17 所示。在打开的窗口中单击“创建”按钮，即可创建所选模板的文档。

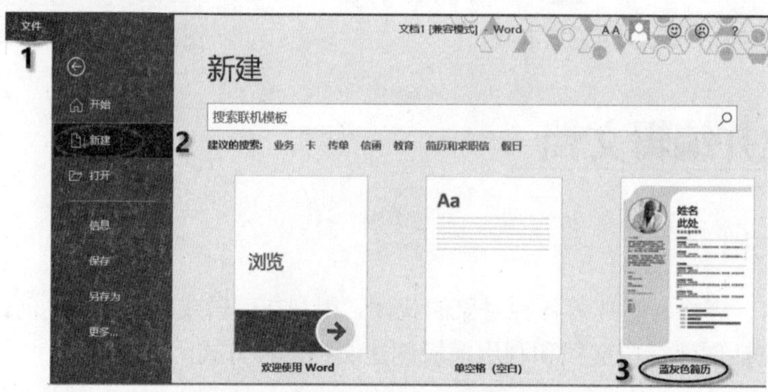

图 4.17 利用现有的模板创建新文档

(2) 利用网络模板创建文档

利用网络模板创建一个“时尚简历”文档，创建步骤如下。

步骤 1：选择“文件”|“新建”命令，在“搜索联机模板”框中输入要搜索的模板类型名字，如输入“简历”，单击“开始搜索”按钮，如图 4.18 所示，系统会自动在联机模板中搜索该模板。

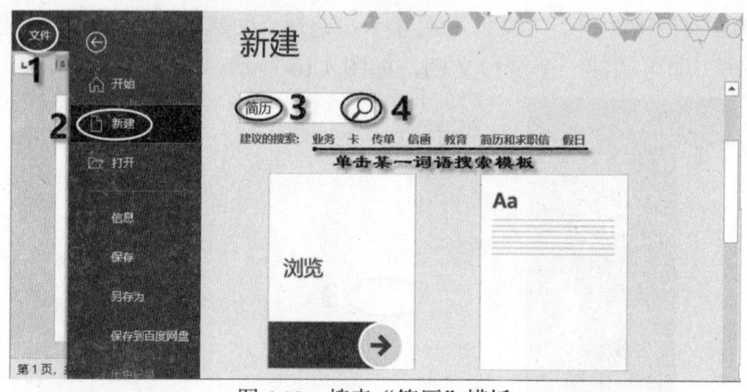

图 4.18 搜索“简历”模板

步骤 2：在搜索后的模板区域，单击“时尚简历”按钮，在打开的窗口中单击“创建”按钮，即可创建一个“时尚简历”文档。

4.2.2 输入文本

在 Word 2016 中输入文本，首先在编辑区中确定插入点的位置。插入点是编辑区中闪烁的

垂直线“|”，表示在当前位置插入文本；其次，选择一种合适的输入法输入文本。

1. 输入文本

通常使用即点即输的功能输入文本。即点即输是 Microsoft Office 中 Word 的一项功能，是指鼠标指针指向需编辑的文本位置，单击鼠标即可进行文本输入(如果在空白处，要双击鼠标才有效)。

启用“即点即输”功能的方法：打开 Word 2016 文档窗口，单击“文件”|“选项”命令。在弹出的“Word 选项”对话框中单击“高级”选项卡，选中“编辑选项”区域中的“启用‘即点即输’”复选框，并单击“确定”按钮，如图 4.19 所示。返回到 Word 2016 文档窗口，在页面内任意位置双击鼠标左键，即可将插入点移到当前位置。

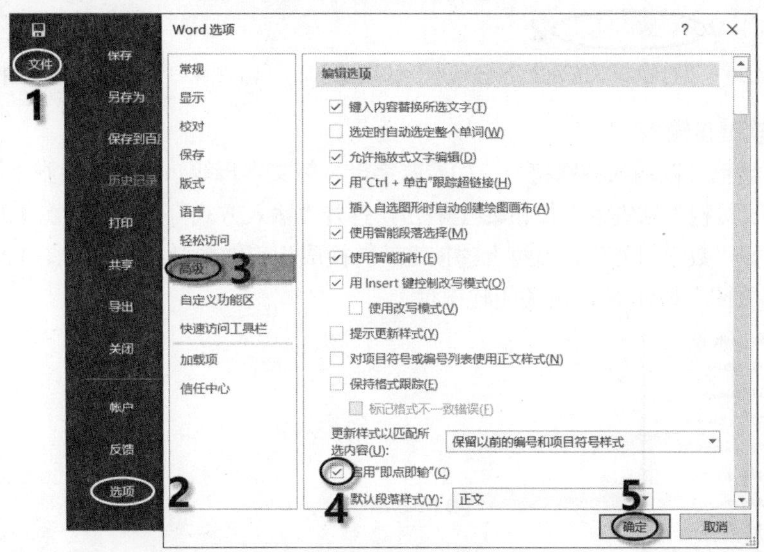

图 4.19　启用“即点即输”功能

在输入文本过程中要注意判断状态栏中的 Word 是处于“插入”还是“改写”状态，Word 2016 默认情况下处于“插入”状态，在此状态下输入的文本内容将按顺序后延；“改写”状态下输入文本，其后的文本将顺序被替代。按键盘上的 Insert 键可将“插入”和“改写”状态进行切换，或单击状态栏中的“插入”或“改写”按钮在“改写”和“插入”状态之间相互切换。

2. 输入特殊符号

常用的基本符号可通过键盘直接输入，而有一些符号，如☾、◇、✦等符号通过键盘无法输入，可利用功能区或者软键盘输入。

(1) 利用功能区输入

步骤 1：将光标定位在插入符号的位置，打开“插入”选项卡，单击“符号”组中的“符号”按钮，如图 4.20 所示，从下拉列表中选择需要的符号。

步骤 2：如果不能满足需要，单击下拉列表中的“其他符号(M)…”命令或在插入点右击，选择快捷菜单中的“插入符号”命令，打开“符号”对话框。

步骤 3：单击“符号”选项卡，选择不同的“字体”，在中间的列表框中选中需插入的符号，单击“插入”按钮，如图 4.21 所示，即可在当前插入点的位置插入所选符号。单击“特殊符号”选项卡，可输入版权所有、注册、商标等符号。

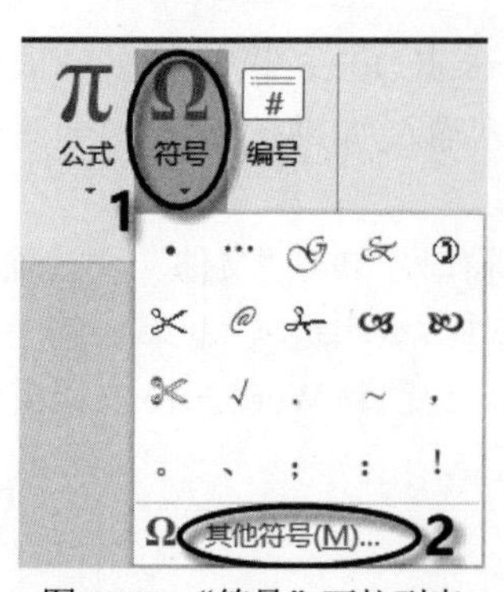

图 4.20　“符号”下拉列表

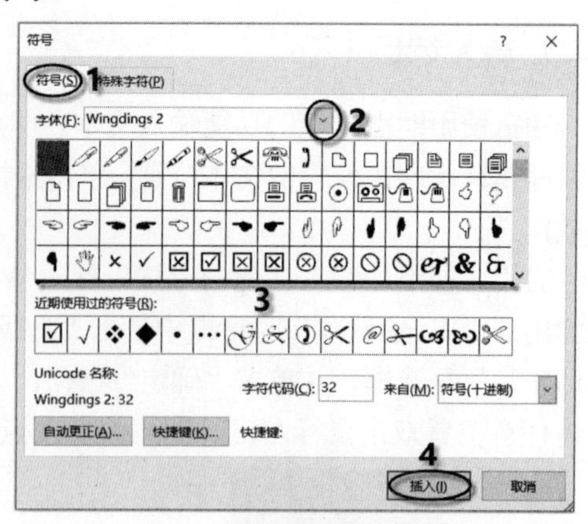

图 4.21　“符号”对话框

(2) 利用软键盘输入

利用软键盘也可以输入特殊符号，如希腊字母、俄文字母等。首先切换到“搜狗拼音输入法”，在语言工具栏“软键盘”按钮上右击，打开“输入方式”列表，如图 4.22 所示，选择其中的某项，如“数学符号”，键盘上的按键就转换成相应的数学符号，如图 4.23 所示。单击软键盘中的“关闭”按钮 ×，可关闭软键盘。

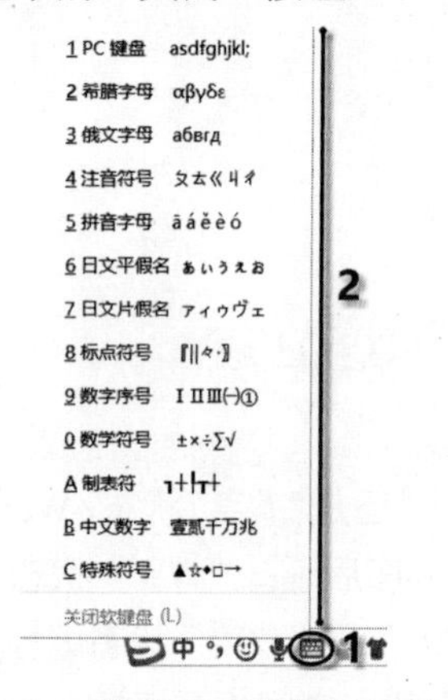

图 4.22　软键盘及特殊符号列表

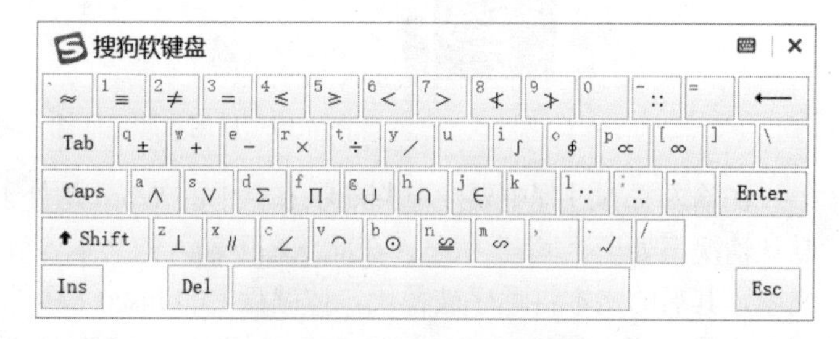

图 4.23　数学符号软键盘

3. 输入公式

利用 Word 2016 提供的公式编辑器，可输入各种具有专业水准的数学公式，可以按照用户需求对这些数学公式进行编辑操作。

(1) 输入内置公式

Word 2016 提供了多种内置公式，用户可根据需要选择所需的公式直接插入文档中。例如，在文档中输入公式(勾股定理)“$a^2+b^2=c^2$”。方法：打开“插入”选项卡，单击“符号”组中的“公式”下拉按钮，在下拉列表中选择“$a^2+b^2=c^2$”公式，如图 4.24 所示。

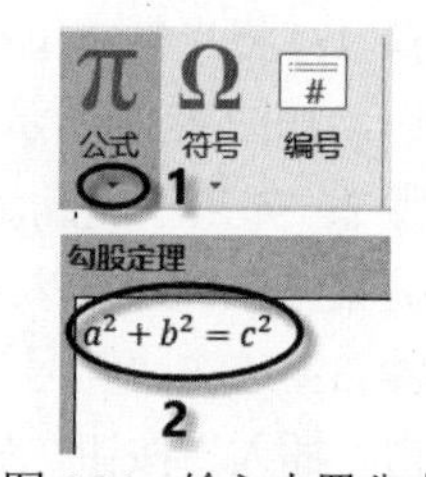

图 4.24　输入内置公式

(2) 输入新公式

如果用户在内置公式中找不到需要的公式，可通过“插入新公式”命令灵活创建公式。例如，输入下列公式：

$$\sin\frac{A}{2}=\sqrt{1-x^2}$$

具体操作步骤如下。

步骤 1：打开“插入”选项卡，单击“符号”组中的“公式”下拉按钮，在下拉列表中选择“插入新公式”命令，所出现的“公式输入框”和“公式工具”的“设计”选项卡如图 4.25 所示。

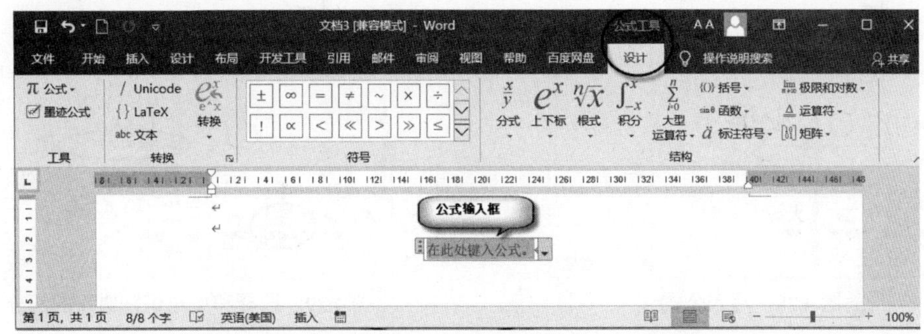

图 4.25　“公式输入框”和“公式工具”的选项卡

步骤 2：选定公式输入框，打开“公式工具”的“设计”选项卡，单击“结构”组中的“函数”下拉按钮，在“三角函数”区域选择sin□，如图 4.26 所示。单击 sin 后的虚线框，再单击“结构”组中的“分式”下拉按钮，在“分式”区域选择“分式(竖式)”，如图 4.27 所示。然后单击每个虚线框，分别输入对应的内容“A”“2”。此时，注意光标位置，应位于分数线旁，输入=。

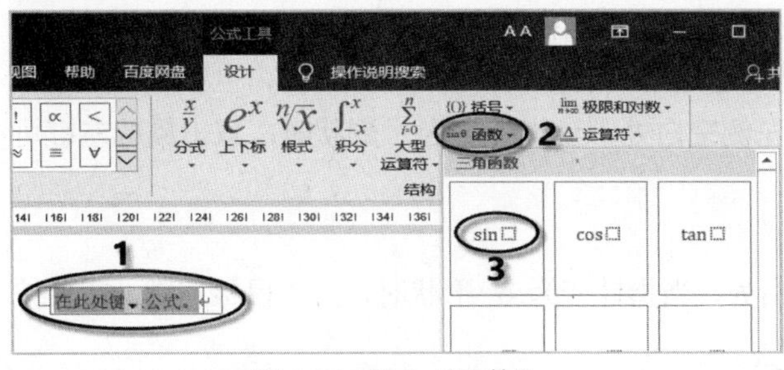

图 4.26　插入“函数”

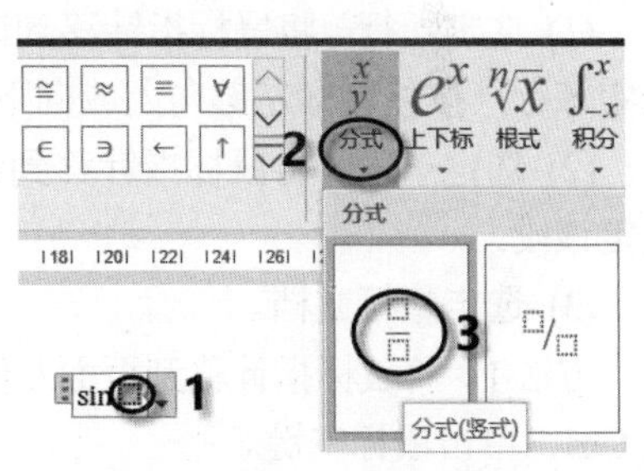

图 4.27　插入“分式(竖式)”

步骤 3：单击“结构”组中的“根式”下拉按钮，在“根式”区域选择“平方根”$\sqrt{\square}$，单击根号中的虚线框，输入“1”和“−”，再单击“结构”组中的“上下标”按钮，选择“上标和下标”区域的“上标”，然后单击两个虚线框，分别输入“*x*”和“2”。

步骤 4：单击公式输入框外的任意位置，结束公式的输入。

(3) 墨迹公式

墨迹公式是 Word 2016 中新增的功能，该功能是通过手写数学公式，然后将墨迹转换为数学公式。用这种方式输入公式更加方便快捷，把墨迹转换为数学公式的操作步骤如下。

步骤 1：启动 Word 2016，将鼠标定位到需要插入公式的位置。

步骤 2：打开“插入”选项卡，单击“符号”组中的“公式”下拉按钮，在打开的下拉列表中单击“墨迹公式(K)”命令，打开“数学输入控件”对话框。

步骤 3：单击“写入”按钮，利用鼠标在黄色区域内书写公式。如果计算机支持触屏，可以使用手或笔触书写。公式书写完成后，系统会自动进行识别，并显示在上方的一行中，如图 4.28 所示。检查是否识别正确，如果正确，单击“插入”按钮，完成公式的输入。

步骤 4：如果发生了识别错误，则单击“选择和更正”按钮，然后右击识别错误的部分，系统会自动识别相近的元素，在列表中单击正确的内容，如图 4.29 所示，即可更正识别错误的部分。

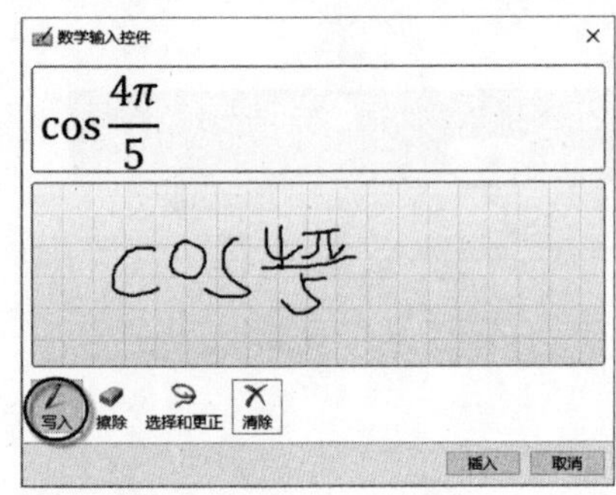

图 4.28　写入公式

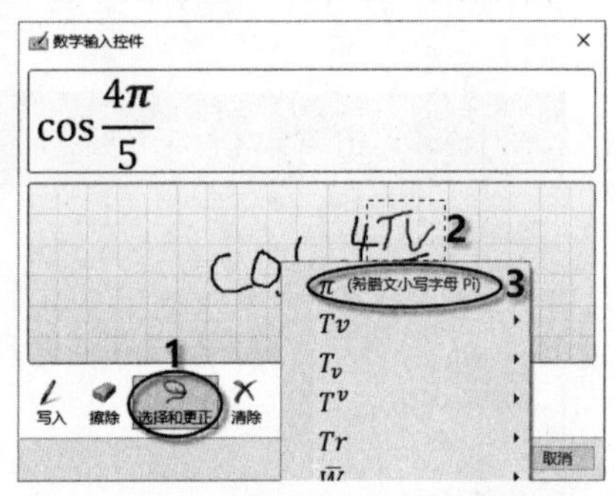

图 4.29　选择和更正识别错误的部分

4.2.3　编辑文本

1. 选定文本

对文本进行编辑前，需要先选定文本。选定文本一般通过鼠标拖动来实现，即将光标定位在文本的开始处，按住鼠标左键进行拖动，在文本的结尾处释放鼠标键，被选定的文本以反相(黑底白字)显示。此外，还可使用一些操作技巧对某些特定的文本实现快速选定。

(1) 选定一行：将鼠标指针移到该行左侧空白处，当指针变为 ↗ 形状时，单击鼠标左键可选定该行，按住鼠标左键向上或向下拖动可选定连续的多行。

(2) 选定一段：将鼠标指针移到该段左侧空白处，当指针变为 ↗ 形状时，双击鼠标左键可选定该段。

(3) 选定整篇文档。

方法 1：将鼠标指针移到页面左侧空白处，当指针变为 ↗ 形状时，三击鼠标左键，或者按住 Ctrl，单击鼠标左键。

方法 2：使用快捷键 Ctrl+A。

(4) 选定不连续的文本：选定第一个文本后，按住 Ctrl 键，再分别选定其他需选定的文本，最后释放 Ctrl 键。

2. 复制文本

在文档中若要重复使用某些相同的内容，可使用复制操作以简化数据的重复输入。复制文本分为鼠标复制和命令复制两种方式。

(1) 鼠标复制文本

选定要复制的文本，将鼠标指针移到被选定的文本上，按住 Ctrl 键，同时按住鼠标左键进行拖动，在目标位置释放鼠标键，选定的文本将被复制到目标位置。

(2) 命令复制文本

步骤 1：选定要复制的文本，打开“开始”选项卡，单击“剪贴板”组中的“复制”按钮“复制”，或按 Ctrl+C 快捷键。

步骤 2：将光标定位在目标位置，打开“开始”选项卡，单击“剪贴板”组中的“粘贴”按钮，或按 Ctrl+V 快捷键，所选定的内容被复制到目标位置。

(3) 粘贴选项

粘贴选项主要是对粘贴文本的格式进行设置。执行“粘贴”操作时，在粘贴文本的右下角会出现“粘贴选项”按钮。单击该按钮，可打开“粘贴选项”列表，如图 4.30 所示，或者单击“开始”选项卡“剪贴板”组中的“粘贴”下拉按钮，打开如图 4.31 所示的下拉列表。通过这两个列表都可以对粘贴文本进行多种格式的设置，列表中各项的含义如下。

- “保留源格式”按钮：表示粘贴文本的格式不变，将保留原有格式。
- “合并格式”按钮：表示粘贴文本的格式将与目标格式一致。
- 图片(U)按钮：表示将粘贴的内容转换为图片格式。
- “只保留文本”按钮：表示若原始文本中有图片或表格，粘贴文本时，图片将被忽略，表格转换为一系列段落，只保留文本。
- “选择性粘贴(S)…”命令：若执行此命令，则打开“选择性粘贴”对话框，在“形式(A):”列表框中选择粘贴对象的格式，此列表框中的内容随复制、剪切对象的变化而变化。例如，复制网页上的内容时，通常情况下要取消网页中的格式，此时需要用到选择性粘贴。
- “设置默认粘贴(A)…”命令：将经常使用的粘贴选项设置为默认粘贴，可避免每次粘贴时都使用粘贴选项的麻烦。选择此命令，将弹出“Word 选项”对话框，在此对话框中可以修改默认设置。

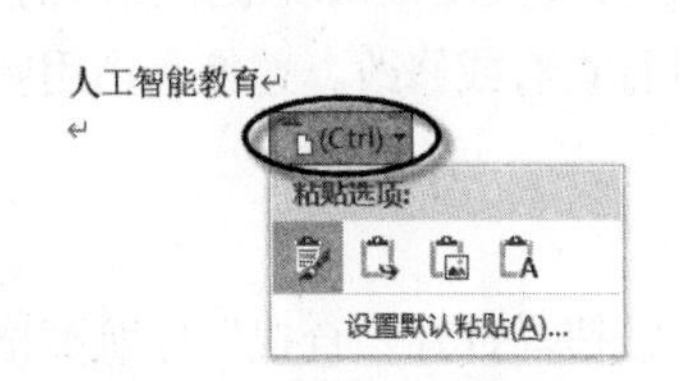

图 4.30　“粘贴选项”列表

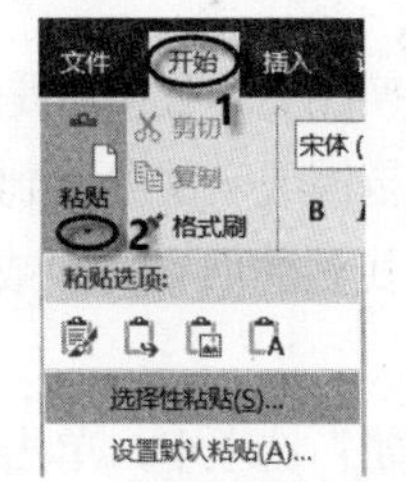

图 4.31　“粘贴”下拉列表

(4) 复制格式

复制格式是将某一文本的字体、段落等格式复制到其他文本中，使不同的文本具有相同的格式。使用“格式刷”按钮格式刷可以快速复制格式，操作步骤如下。

步骤 1：选定已设置好格式的内容，打开“开始”选项卡，单击“剪贴板”组中的“格式刷”按钮格式刷(单击“格式刷”进行一次复制，双击“格式刷”进行多次复制)。

步骤 2：选定要应用该格式的文本，即完成格式的复制。

3. 移动文本

移动文本是指将文本从文档的一处移到另一处，分为鼠标移动文本和命令移动文本。

(1) 鼠标移动文本

选定要移动的文本，将鼠标指针移到被选定文本上，按住鼠标左键拖动，在目标位置释放鼠标键，选定的文本就会从原来的位置移到目标位置。

(2) 命令移动文本

步骤 1：选定要移动的文本，打开“开始”选项卡，单击“剪贴板”组中的“剪切”按钮“剪切”，或右击，选择快捷菜单中的“剪切”命令，将所选定的文本从当前位置剪切掉。

步骤 2：将光标定位在目标位置，打开“开始”选项卡，单击“剪贴板”组中的“粘贴”按钮，所选文本将被移到指定的位置。

另外“剪切”“粘贴”命令也可以分别通过快捷键 Ctrl+X、Ctrl+V 来实现。

4. 删除文本

选定要删除的文本，按 Delete 键或 Backspace 键即可。如果删除一个字符，按 Delete 键表示删除光标后的字符，按 BackSpace 键表示删除光标前的字符。

5. 撤销和恢复

在文档的编辑过程中，若操作失误需要进行撤销时，单击“快速访问工具栏”上的右侧的下拉按钮，弹出最近执行的可撤销操作，单击或拖动鼠标选定要撤销的操作即可。也可以通过快捷键 Ctrl+Z，对误操作进行撤销。两者的区别是：按钮可以同时撤销多步操作，而快捷键 Ctrl+Z，每按一次只能撤销最近的一次操作，如果撤销的不是一步，而是多步，需重复使用快捷键 Ctrl+Z。

若将撤销的操作进行恢复，可单击“快速访问工具栏”中的“恢复”按钮或者使用快捷键 Ctrl+Y 恢复操作。

6. 查找与替换

查找和替换在文本处理中是经常使用的高效率编辑命令。查找是指系统根据输入的关键字，在文档规定的范围或全文内找到相匹配的字符串，以便进行查看或修改。替换是指用新字符串代替文档中查找到的旧字符串或其他操作。

(1) 查找

打开“开始”选项卡，单击“编辑”组中的“查找”按钮，打开“查找”导航窗格。在搜索框中输入要查找的文本，如“撤销”， 系统会自动在全文档中查找“撤销”词语，找到后的“撤销”词语以黄色底纹突出显示，如图 4.32 所示。

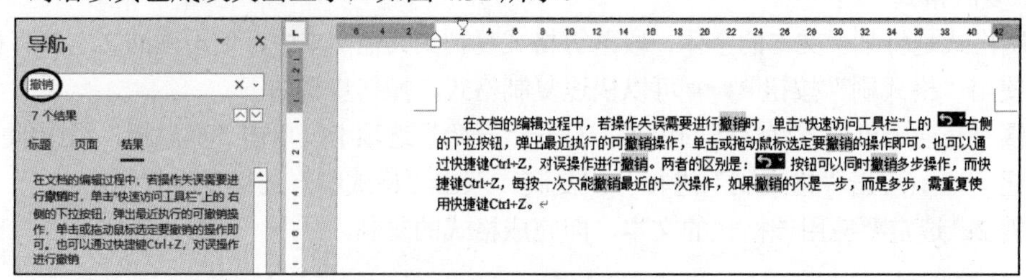

图 4.32　查找“撤销”词语

(2) 替换

【例 4-1】 打开“人工智能应用与发展趋势”文档，如图 4.33 所示，将词语“AI”替换为“人工智能”，操作步骤如下。

人工智能应用与发展趋势

中国人工智能学会名誉理事长表示：“人工智能已经被广泛应用到社会生产和大众生活的方方面面，新媒体和社交娱乐领域也不例外。”此外，市场研究报告，也能有力地反映 AI 时代媒体产业的状况。

根据中国传媒大学新媒体研究院、新浪 AI 媒体研究院联合发布《中国智能媒体发展报告（2019-2020）》显示，智能媒体产业正在不断完善。目前已落地的应用分别是信息采集、内容生产、内容分发、媒资管理、内容风控、效果追踪、媒体经营、舆情监测、版权保护等。

什么是智能媒体呢？一方面，AI 使媒体的内容制作更迅速、更简便；另一方面，AI 在计算机新闻写作方面已经取得相应成果；更值得注意的是，借助 AI 工具新闻行业从业者可以对语音、文字、图片等进行处理、整合和编辑，实现智能语言分析、翻译和语音转文本功能，而 AI 在相关场景所能达成的效果，也受到广泛认可。

图 4.33　“人工智能应用与发展趋势”文档

步骤 1：打开“人工智能应用与发展趋势”文档，单击“开始”选项卡“编辑”组中的“替换”按钮，弹出“查找和替换”对话框。

步骤 2：单击“替换”选项卡，在“查找内容”文本框中输入“AI”；在“替换为”文本框中输入“人工智能”，如图 4.34 所示。

步骤 3：单击“全部替换”按钮，所有符合条件的内容将全部被替换。若要有选择性地替换，则单击“查找下一处”按钮，找到符合条件的内容后需要替换的，单击“替换”按钮，不需要替换的，继续单击“查找下一处”按钮，重复执行直至查找和替换结束。

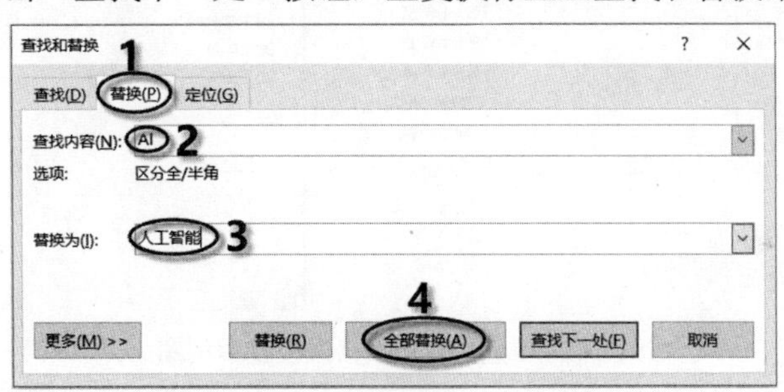

图 4.34　将“AI”替换为“人工智能”

步骤 4：当替换到文档的末尾时，会弹出如图 4.35 所示的提示框，单击“确定”按钮，结束查找和替换操作。

步骤 5：关闭“查找和替换”对话框，返回到文档窗口，完成文档的查找和替换，替换后的效果如图 4.36 所示。

图 4.35　“替换”结束提示框

人工智能应用与发展趋势

中国人工智能学会名誉理事长表示：“人工智能已经被广泛应用到社会生产和大众生活的方方面面，新媒体和社交娱乐领域也不例外。”此外，市场研究报告，也能有力地反映人工智能时代媒体产业的状况。

根据中国传媒大学新媒体研究院、新浪人工智能媒体研究院联合发布《中国智能媒体发展报告（2019-2020）》显示，智能媒体产业正在不断完善。目前已落地的应用分别是信息采集、内容生产、内容分发、媒资管理、内容风控、效果追踪、媒体经营、舆情监测、版权保护等。

什么是智能媒体呢？一方面，人工智能使媒体的内容制作更迅速、更简便；另一方面，人工智能在计算机新闻写作方面已经取得相应成果；更值得注意的是，借助人工智能工具新闻行业从业者可以对语音、文字、图片等进行处理、整合和编辑，实现智能语言分析、翻译和语音转文本功能，而人工智能在相关场景所能达成的效果，也受到广泛认可。

图 4.36　替换后的效果

除了将查找到的内容替换为新内容外，也可将其删除。操作步骤为：在图4.34中的“查找内容”文本框中输入要查找的内容，在“替换为”文本框中不输入内容，单击“全部替换”按钮，查找到的内容将被全部删除。

(3) 查找和替换格式

【例4-2】 在图4.33的文档中查找“AI”一词，并将其格式替换为加粗、倾斜、字体为红色。操作步骤如下。

步骤1：在图4.34中，单击“替换”选项卡，在“查找内容”和“替换为”文本框中分别输入“AI”，单击“更多(M) >>”按钮，在展开的选项中，单击“格式”按钮，选择“字体”命令，如图4.37所示。

步骤2：在“字体”对话框中设定替换的格式为加粗、倾斜，字体为红色，如图4.37所示，再单击“确定”按钮，返回到“查找和替换”对话框。

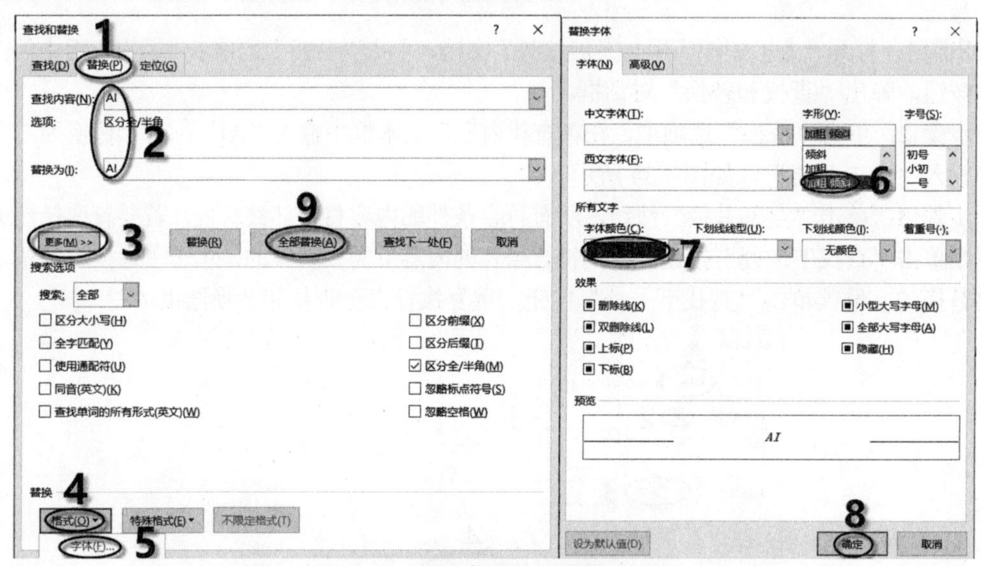

图4.37　查找和替换格式设置示例图

步骤3：单击“全部替换”按钮，所有的“AI”一词将被替换为设定的格式，其效果如图4.38所示。若要取消设定的格式，在步骤1中，单击“不限定格式(T)”按钮。

人工智能应用与发展趋势

中国人工智能学会名誉理事长表示：“人工智能已经被广泛应用到社会生产和大众生活的方方面面，新媒体和社交娱乐领域也不例外。”此外，市场研究报告，也能有力地反映***AI***时代媒体产业的状况。

根据中国传媒大学新媒体研究院、新浪***AI***媒体研究院联合发布《中国智能媒体发展报告（2019-2020）》显示，智能媒体产业正在不断完善。目前已落地的应用分别是信息采集、内容生产、内容分发、媒资管理、内容风控、效果追踪、媒体经营、舆情监测、版权保护等。

什么是智能媒体呢？一方面，***AI***使媒体的内容制作更迅速、更简便；另一方面，***AI***在计算机新闻写作方面已经取得相应成果；更值得注意的是，借助***AI***工具新闻行业从业者可以对语音、文字、图片等进行处理、整合和编辑，实现智能语言分析、翻译和语音转文本功能，而***AI***在相关场景所能达成的效果，也受到广泛认可。

图4.38　替换格式后的效果图

4.2.4　保存与打印文档

完成对文档的编辑后，需要对文档进行保存，以保留编辑后的工作。若将文档输出为印刷材料，需要对文档进行打印输出。

1. 保存新建文档

单击“文件”按钮，选择“保存”命令，然后在右侧窗格中选择文档的保存位置，如图 4.39 所示。选择“OneDrive-个人”，将文档保存到云网盘，可以随时随地从任何设备进行访问；选择“这台电脑”，将文档保存到电脑中，这是基本的保存方式；选择“添加位置”，用户可以添加位置以便更轻松地将 Office 文档保存到云；“浏览”显示最近浏览的文件夹。通常会将文件保存在电脑中，双击“这台电脑”按钮或单击“浏览”按钮，弹出“另存为”对话框，如图 4.40 所示，在左窗格中选择文件的保存位置，在“文件名”和“保存类型”中设置文件名称和保存类型。默认保存类型是“Word 文档(*.docx)”。若使 Word 2016 文档在较低版本的 Word 中可用，则选择兼容性较高的“Word 97-2003 文档(*.doc)”类型。

图 4.39　“保存”设置

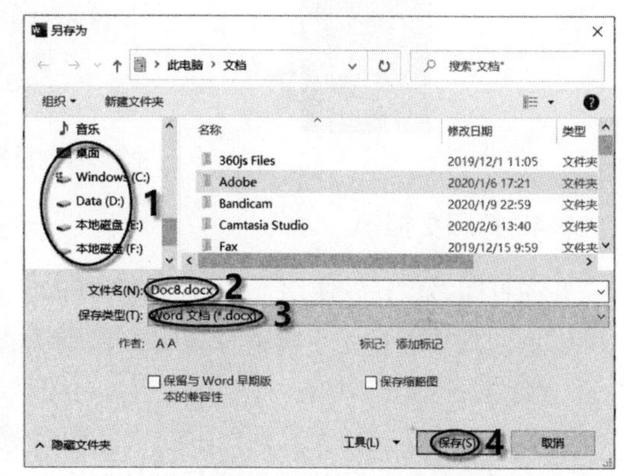

图 4.40　“另存为”对话框

2. 保存已有文档

将已有文档保存在原始位置，可按以下 3 种方法进行。

方法 1：单击“文件”选项卡，选择“保存”命令。

方法 2：单击“快速访问工具栏”中的“保存”按钮。

方法 3：按快捷键 Ctrl+S。

若要将已有文档保存到其他位置，或改变文档的保存类型，则单击“文件”|“另存为”命令，在“另存为”对话框中按照需要重新设置保存位置、文件名和文件类型。

3. 自动保存文档

为尽可能地减少突发事件如死机、断电等造成的文件丢失，可设定 Word 自动保存功能，让 Word 按照指定的时间自动保存文档。设置自动保存文档的步骤如下。

步骤 1：单击“文件”|“选项”命令，打开“Word 选项”对话框，如图 4.41 所示。

步骤 2：单击“保存”选项，在“保存文档”区域中，选中“保存自动恢复信息时间间隔”复选框，并设定一个时间间隔(默认为 10 分钟，时间也可以缩短或延长)，一般设置为 5～15 分钟较为适合。单击“确定”按钮，Word 将按照设定的时间自动保存文档。

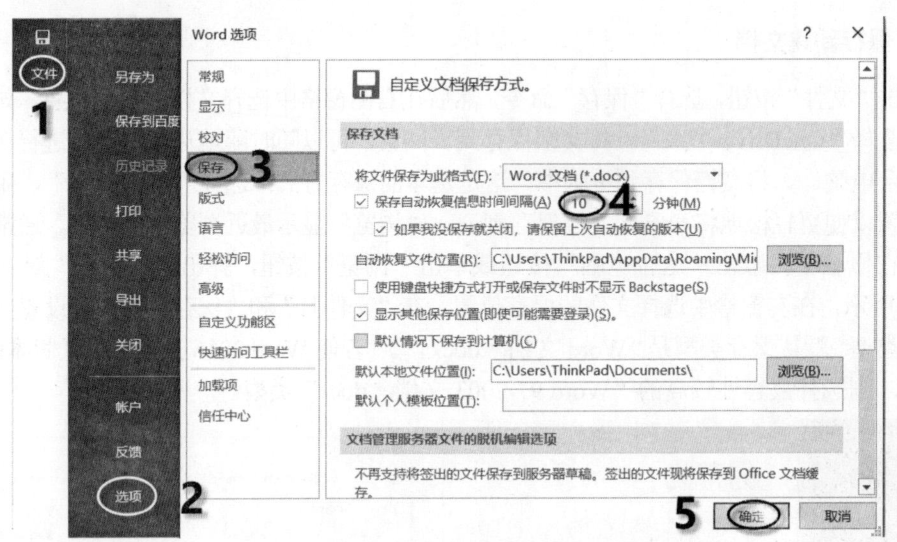

图 4.41　设置自动保存文档

4. 打印文档

在打印之前，先使用“打印预览”功能，观察整个文档打印的实际效果。若对效果不满意，可以返回到页面视图下再进行编辑，直到满意后再打印。

(1) 打印预览

单击“快速访问工具栏”中的“打印预览和打印”按钮，或者单击“文件”|“打印”选项，打开“打印”窗格，预览打印的真实效果。

(2) 打印文档

单击“打印”窗格中的“打印”按钮直接进行打印。也可以设置打印参数，进行个性化的打印。

例如，打印文档“云计算下的计算机实验室网络安全技术”中的第 1、3、4 页，纸张大小为 B5(JIS)，打印 2 份，每版打印 2 页，设置步骤如下。

步骤 1：打开文档“云计算下的计算机实验室网络安全技术”，单击“文件”|“打印”命令，在“打印”窗格“打印”栏的“份数”微调框中输入 2。

步骤 2：在“设置”区域“页数”文本框中输入“1，3，4”；单击“A4”按钮，选择“B5(JIS)”；单击“每版打印 1 页”按钮，选择“每版打印 2 页”，如图 4.42 所示。

步骤 3：单击窗格右上角的“打印”按钮，按照设置打印文档。

若要双面打印，单击“设置”栏中的“单面打印”按钮，选择“手动双面打印”，打印一面后，将纸背面向上放进送纸器，执行打印命令进行双面打印。

默认情况下，Word 2016 并不打印页面背景色，预览中也无法看到。若要打印页面背景色，需要进行设置。方法：单击“文件”|“选项”命令，打开“Word 选项”对话框，单击“显示”选项，在“打印选项”区域中选中“打印背景色和图像”复选框，如图 4.43 所示，再单击“确定”按钮，即可预览或打印页面背景色。

图 4.42　设置打印参数

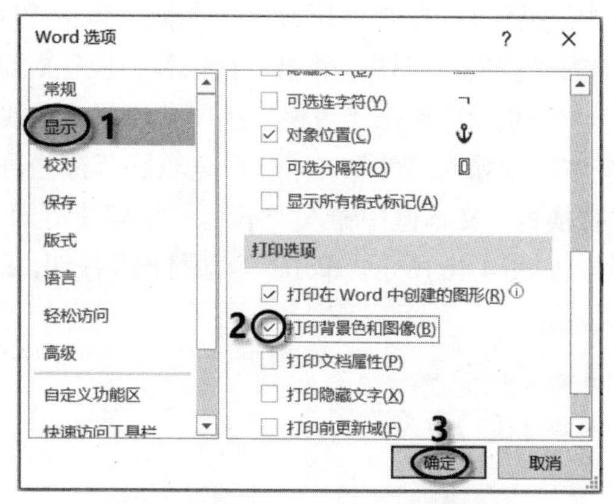

图 4.43　设置“打印背景色和图像”

4.2.5　实用操作技巧

1. 同时保存打开的所有文档

如果对多个文档进行编辑，可以使用“全部保存”命令对所有打开的 Word 文档同时进行保存，具体的设置步骤如下。

步骤 1：单击快速访问工具栏右侧的■按钮，在打开的下拉列表中单击“其他命令(M)…”。

步骤 2：打开“Word 选项”对话框，单击“从下列位置选择命令”下拉列表框，选择“不在功能区中的命令”选项，在其下方的列表框中单击“全部保存”命令，再单击“添加”按钮，如图 4.44 所示。

步骤 3：单击“确定”按钮，“全部保存”命令将显示在快速访问工具栏中。单击“全部保存”按钮，则可以同时保存所有打开的文档。

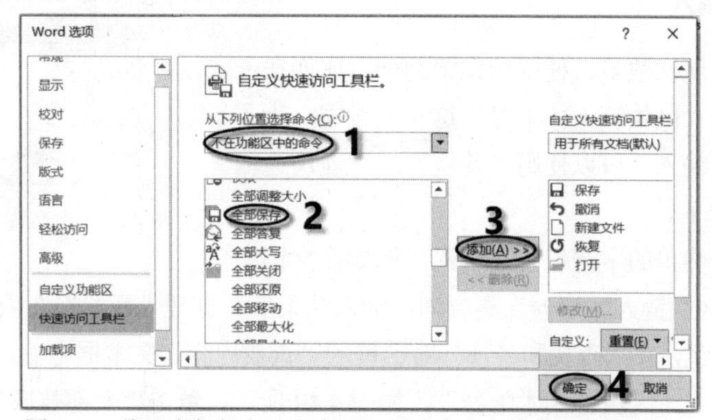

图 4.44　将“全部保存”命令添加到“自定义快速访问工具栏”

2. 更改换行符

在网上下载文字资料时，经常会看到换行符变成了向下的小箭头(称为软回车符)，如图 4.45 所示，这给用户的使用造成了一定的困难。利用“查找和替换”功能，可以快速地将 Word 中变为向下箭头(软回车符)的换行符更改为回车符，操作步骤如下。

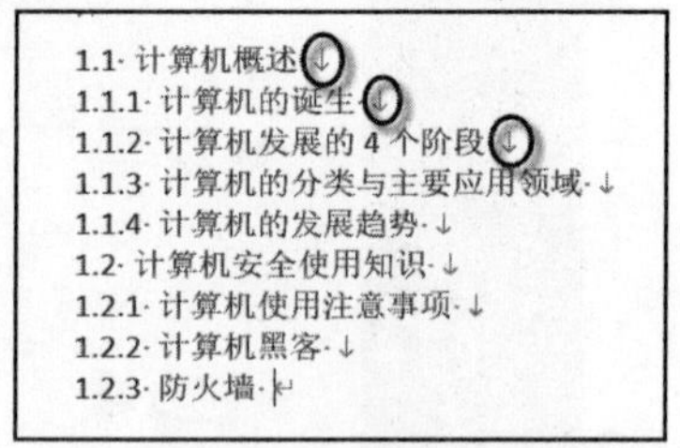

图 4.45　下载的文档的换行符为小箭头

步骤 1：打开“开始”选项卡，单击“编辑”组中的“替换”按钮，弹出“查找和替换”对话框。

步骤 2：单击“替换”选项卡，在“查找内容”文本框中输入“^l”，“^l”是软回车符的符号，在“替换为”文本框中输入“^p”，“^p”是回车符的符号，如图 4.46 所示。单击“全部替换”按钮，即可将小箭头全部替换为回车符，如图 4.47 所示。

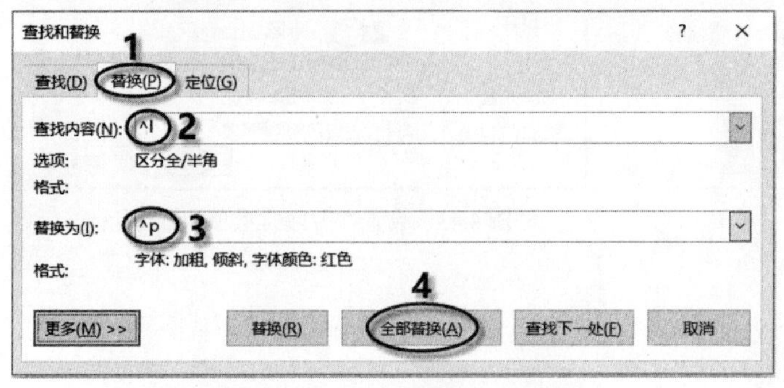

图 4.46　将软回车符替换为回车符

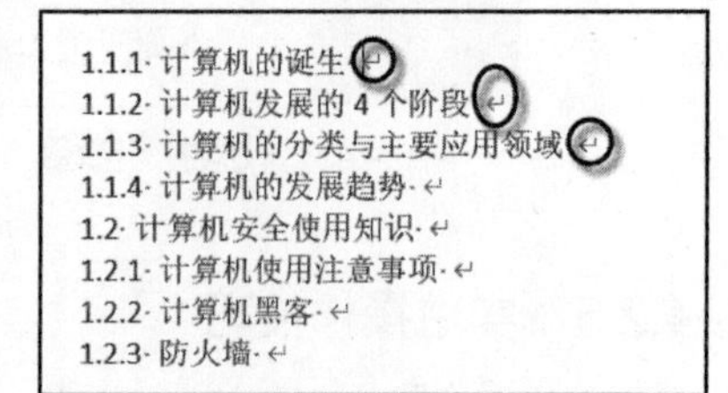

图 4.47　将换行符更改为回车符

3. 将小写数字转换为大写数字

将小写的数字转换为大写的数字，可以减少输入大写数字的麻烦，操作步骤如下。

先输入小写数字，例如“567”。选定这组数字，打开“插入”选项卡，单击“符号”组中的“编号”按钮，弹出“编号”对话框，在“编号类型”列表框中选择“壹，贰，叁…”，如图 4.48 所示，单击“确定”按钮，数字“567”将转换成“伍佰陆拾柒”。

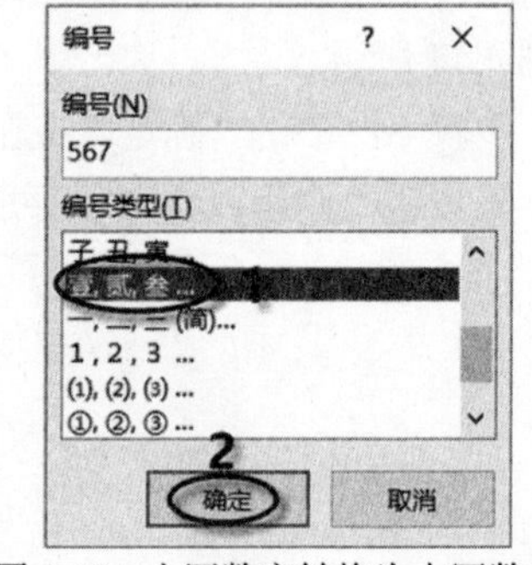

图 4.48　小写数字转换为大写数字

4. 高频词的输入

高频词是指出现次数多，使用较频繁的词。比如在一篇文档中多次使用“区块链人才培养”这一高频词，为了简化高频词的重复输入，可以使用“替换”的功能快速输入高频词，方法如下。

首先使用一个简单的字符代替高频词，例如在文档中输入“q”代替“区块链人才培养”高频词，输入结束后，打开“开始”选项卡，单击“编辑”组中的“替换”按钮，在“查找和替换”对话框的“查找内容”文本框中输入“q”，在“替换内容”文本框中输入“区块链人才培养”，如图 4.49 所示，单击“全部替换”按钮，即可完成高频词的输入。

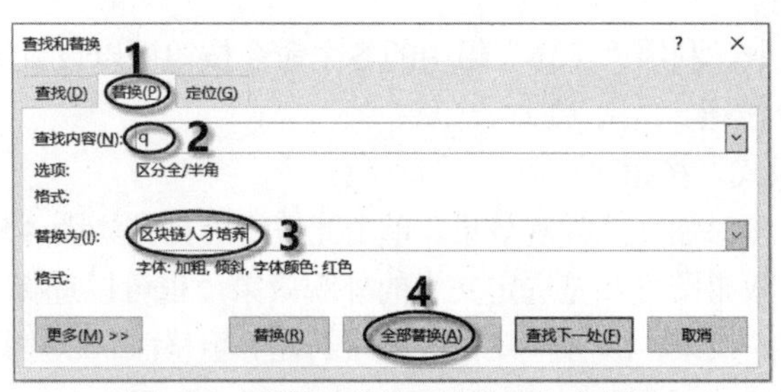

图 4.49　利用“替换”功能输入高频词

4.3 设置文档格式

4.3.1　设置字符格式

字符格式也称字符格式化，主要设置字符的字体、字号、颜色、间距、文字效果等，以达到美观的效果。

字符格式的设置可在创建文档时采用先设置后输入的方式，也可引用系统的默认格式(字体宋体，字号五号)，采用先输入后设置的方式。通常采用后一种方式对字符格式进行设置。在 Word 2016 中字符格式的设置主要有 3 种途径：浮动工具栏、功能区和“字体”对话框。

1. 利用浮动工具栏设置

选定文本时，在选定文本的右侧会出现一个浮动工具栏，如图 4.50 所示。该工具栏中包含了设置文字格式常用的命令，如字体、字号、颜色等命令，单击所需命令可以快速地设置文本格式。

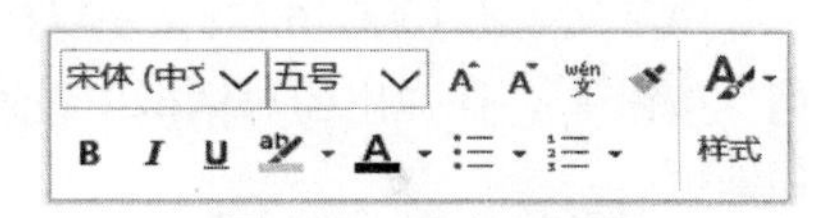

图 4.50　浮动工具栏

如果不希望在文档窗口中显示浮动工具栏，可将其关闭，操作步骤如下。

步骤 1：打开 Word 2016 文档窗口，依次单击“文件”|“选项”命令。

步骤 2：在弹出的“Word 选项”对话框中，取消选中“常规”选项卡中的“选择时显示浮动工具栏”复选框，单击“确定”按钮，如图 4.51 所示。

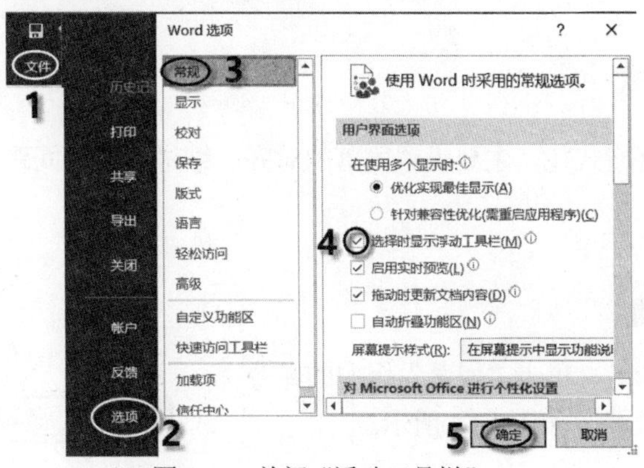

图 4.51　关闭“浮动工具栏”

2. 利用功能区设置

打开“开始”选项卡，利用“字体”组中的各个命令按钮可以设置字符格式，如图4.52所示。下面介绍几个命令按钮。

(1)“文本效果和版式”按钮

该按钮主要是为文本添加一些外观效果。单击此按钮可打开如图4.53所示的下拉列表，将鼠标指向列表中的某一效果即可预览选定文本的外观效果，也可以选择“轮廓”“阴影”“映像”“发光”等选项中的效果，或者打开相应选项的任务窗格(如“阴影”中的“阴影选项”)，设置具体参数来自定义文本效果。

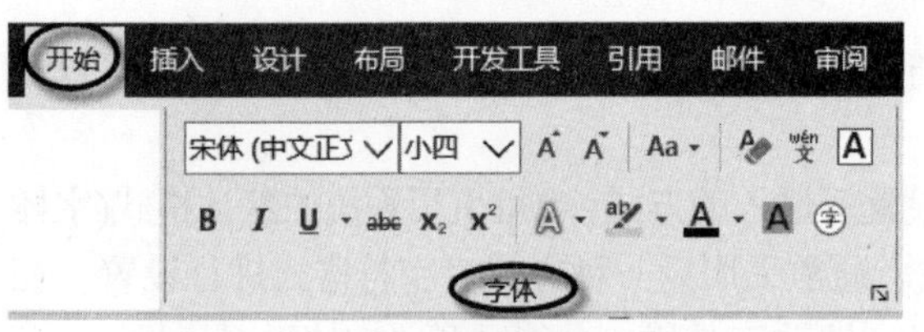

图4.52　功能区中的“字体”组

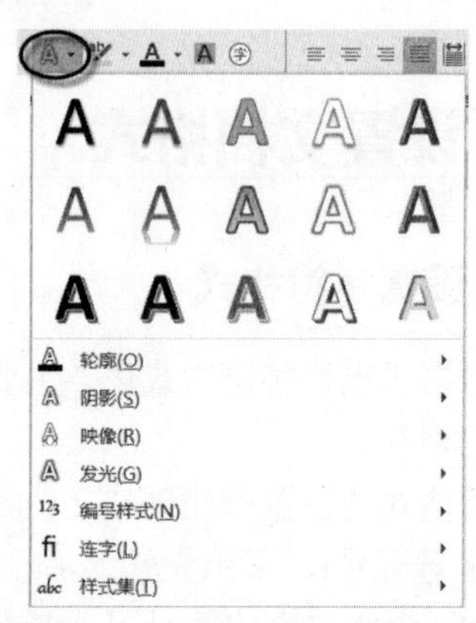

图4.53　“文本效果”下拉列表

(2)“拼音指南”按钮

在所选文字上方添加拼写文字以标明其确切的发音。选定要添加拼音的文字，单击“拼音指南”按钮，在弹出的对话框中设置对齐方式、偏移量、字体等相关参数，再单击“确定”按钮即可。

3. 利用“字体”对话框设置

单击“开始”选项卡“字体”组右下角的对话框启动按钮，或在选定的文本上右击，从弹出的快捷菜单中选择“字体”命令，弹出“字体”对话框。在“字体”选项卡中设置字体、字形、字号、颜色、下画线等常用选项。在“高级”选项卡中主要设置字符间距和OpenType功能。

4.3.2　设置段落格式

段落格式也称段落格式化，主要设置段落的对齐、缩进、段落间距和行间距等，设置方法主要有以下两种。

1. 利用功能区设置

打开“开始”选项卡，单击“段落”组中的命令可实现对段落格式的设置，如图4.54所示。

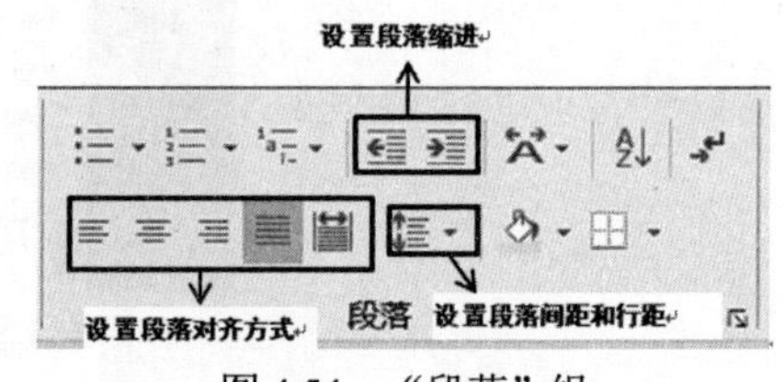

图4.54　“段落”组

2. 利用“段落”对话框设置

(1) 设置段落对齐、缩进、间距

单击“开始”选项卡“段落”组右下角的对话框启动按钮，或在选定的段落上右击，从弹出的快捷菜单中选择“段落”命令，打开“段落”对话框，在“缩进和间距”选项卡中可设置段落对齐、缩进和间距等格式，例如，将段落“悬挂”缩进 4 字符，行距设为“固定值” 20 磅，如图 4.55 所示。

(2) 换行和分页设置

单击“段落”对话框中的“换行和分页”选项卡，如图 4.56 所示，可对段落进行特殊格式的设置。

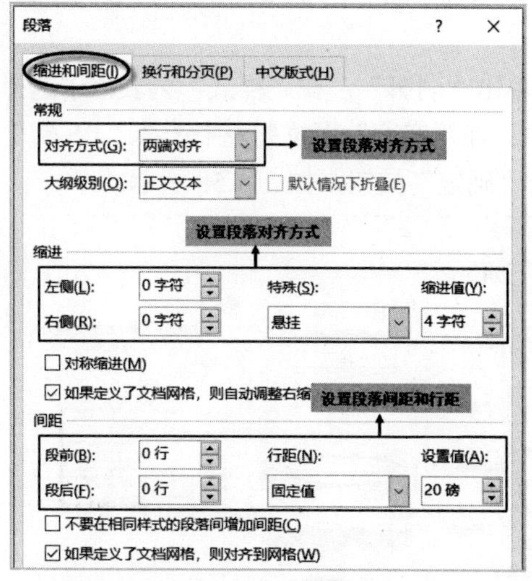

图 4.55　在“段落”对话框中进行设置

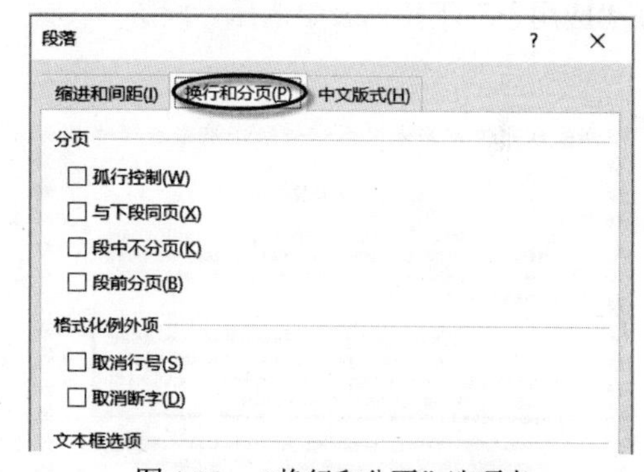

图 4.56　“换行和分页”选项卡

- 孤行控制。孤行是指在页面顶端只显示段落的最后一行，或者在页面的底部只显示段落的第一行。选中该复选框，可避免在文档中出现孤行。在文档排版中，这一功能非常有用。
- 与下段同页。即上下两段保持在同一页中。例如，如果希望表格和表注、图片和图注在同一页，选定该项，可实现这一效果。
- 段中不分页。即一个段落的内容保持在同一页上，不会被分开显示在两页上。
- 段前分页。即从当前段落开始自动显示在下一页，相当于在当前段落的前面插入了一个分页符。

4.3.3　设置边框和底纹

为了增加文档的生动性和美观性，在进行文档编辑时，可为文本添加边框和底纹。

1. 设置字符边框和底纹

选定字符，打开“开始”选项卡，单击“字体”组中的“字符边框”按钮A和“字符底纹”按钮A，即可为选定的字符添加边框和底纹。

2. 设置段落边框和底纹

选定需设置边框的段落，打开“开始”选项卡，单击“段落”组中的“边框”右侧的下拉按钮(此名称随选取的框线而变化)，在打开的下拉列表中选择需要添加的边框即可。

单击“边框”下拉列表中的“边框和底纹”命令，弹出“边框和底纹”对话框。利用此对话框中的“边框”“底纹”和“页面边框”3 个选项卡，可为选定的内容添加边框、底纹或为整个页面添加边框，添加的效果会在“预览”框中显示供用户浏览。

【例 4-3】 为“云计算”文档添加页面边框、段落边框和底纹，将其设置成如图 4.57 所示的格式，操作步骤如下。

步骤 1：打开“云计算”文档，选定第二段文本，单击“开始”选项卡“段落”组中的“边框”右侧的下拉按钮，在打开的下拉列表中选择“边框和底纹”命令，弹出“边框和底纹”对话框。

步骤 2：在“边框”选项卡的“设置”列中，单击“阴影”；在“样式”列表框中选择单波浪线；在“颜色”下拉列表中选择“蓝色”；在“宽度”下拉列表中选择“1.5 磅”；在“应用于”下拉列表中选择“段落”，之后单击“确定”按钮，如图 4.58 所示。

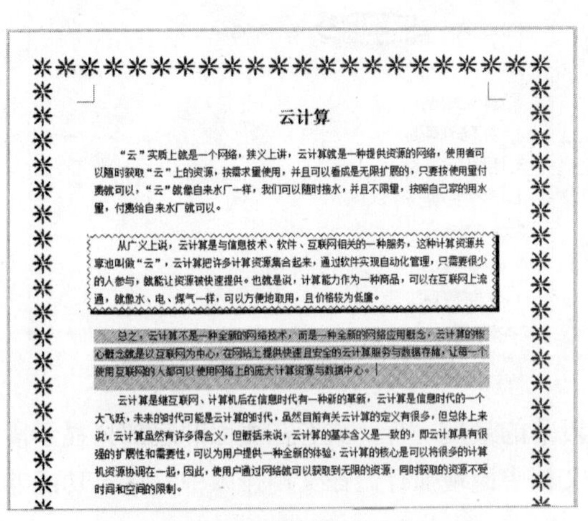

云计算

“云”实质上就是一个网络，狭义上讲，云计算就是一种提供资源的网络，使用者可以随时获取“云”上的资源，按需求量使用，并且可以看成是无限扩展的，只要按使用量付费就可以，“云”就像自来水厂一样，我们可以随时接水，并且不限量，按照自己家的用水量，付费给自来水厂就可以。

从广义上说，云计算是与信息技术、软件、互联网相关的一种服务，这种计算资源共享池叫做“云”，云计算把许多计算资源集合起来，通过软件实现自动化管理，只需要很少的人参与，就能让资源被快速提供。也就是说，计算能力作为一种商品，可以在互联网上流通，就像水、电、煤气一样，可以方便地取用，且价格较为低廉。

总之，云计算不是一种全新的网络技术，而是一种全新的网络应用概念，云计算的核心概念就是以互联网为中心，在网站上提供快速且安全的云计算服务与数据存储，让每一个使用互联网的人都可以使用网络上的庞大计算资源与数据中心。

云计算是继互联网、计算机后在信息时代有一种新的革新，云计算是信息时代的一个大飞跃，未来的时代可能是云计算的时代，虽然目前有关云计算的定义有很多，但总体上来说，云计算虽然有许多得含义，但概括来说，云计算的基本含义是一致的，即云计算具有很强的扩展性和需要性，可以为用户提供一种全新的体验，云计算的核心是可以将很多的计算机资源协调在一起，因此，使用户通过网络就可以获取到无限的资源，同时获取的资源不受时间和空间的限制。

图 4.57　设置后的文本

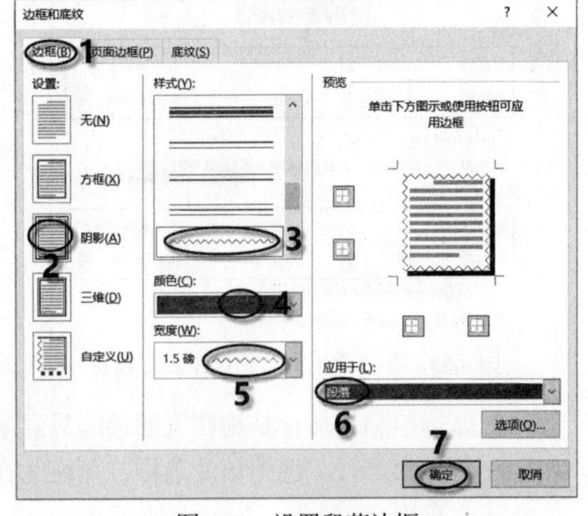

图 4.58　设置段落边框

步骤 3：选定第三段，单击图 4.58 中的“底纹”选项卡，在“填充”区域选择“黄色”，在“图案”区域的“样式”下拉列表中选择“浅色上斜线”；在“颜色”下拉列表中选择“白色，背景 1，深色 25%”；在“应用于”下拉列表中选择“段落”，之后单击“确定”按钮，如图 4.59 所示。

步骤 4：单击图 4.59 中的“页面边框”选项卡，在“艺术型”下拉列表中选择一种艺术样式；在“宽度”微调框中输入“24 磅”，在“颜色”下拉列表中选择“红色”，如图 4.60 所示，再单击“确定”按钮，最终效果如图 4.57 所示。

添加段落边框时，默认是对所选定对象的 4 个边缘添加了边框。若只对某些边缘添加边框，而其他边缘不设置边框，可通过单击图 4.58“预览”框中图示的边缘取消已添加的边框，或单击其中的“上”“下”“左”“右”4 个按钮对指定边缘应用边框。

若要删除所添加的段落边框，只需选定已添加边框的段落，在图 4.58 所示的“设置”列中选择“无”，单击“确定”按钮即可。

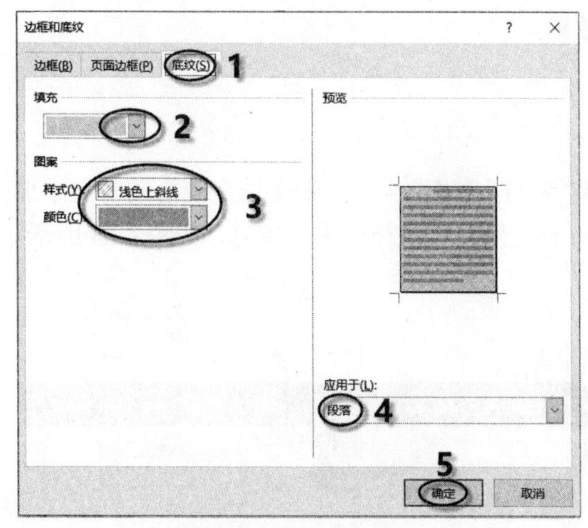

图 4.59　设置段落底纹

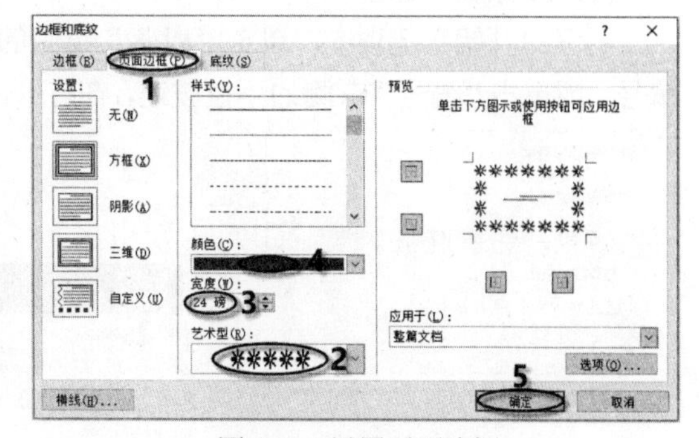

图 4.60　设置页面边框

若要取消段落底纹，选定已添加底纹的段落，在图 4.59 中单击“填充”下拉列表中的“无颜色”和“样式”下拉列表中的“清除”即可。

4.3.4　设置项目符号和编号

项目符号和编号的主要作用是使相关的内容醒目且有序。项目符号和编号可以在已有的文本上添加，也可以先添加项目符号和编号，再编辑内容，按 Enter 键后项目符号和编号会自动出现在下一行。

1. 设置项目符号

(1) 自动添加项目符号

打开“开始”选项卡，单击“段落”组中的“项目符号”按钮☷ ▾，即可在选定的段落前面添加项目符号，或者单击“项目符号”右侧的下拉按钮，打开如图 4.61 所示的列表，从列表中选择所需的项目符号。

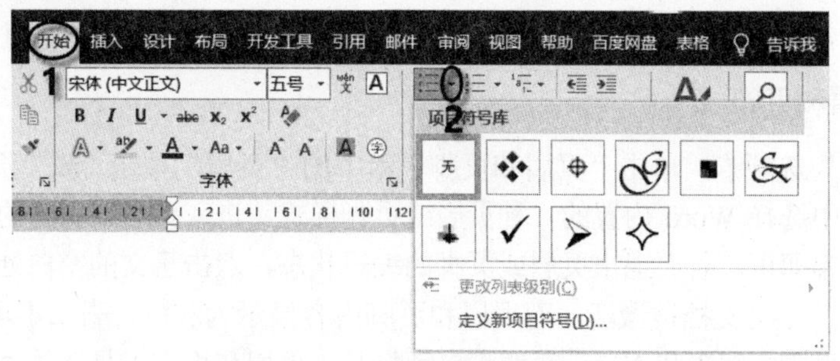

图 4.61　“项目符号”下拉列表

(2) 自定义新项目符号

单击图 4.61“项目符号”下拉列表中的“定义新项目符号(D)…”命令，打开“定义新项目符号”对话框，如图 4.62 所示。单击“项目符号字符”栏中的“字符”或“图片”按钮改变项目符号的样式；单击“字体”按钮设置项目符号的格式；在“对齐方式”下拉列表中设置项目符号的对齐方式；在“预览”框中查看设置的效果。

2. 设置编号

(1) 自动添加编号

打开“开始”选项卡，单击“段落”组中的“编号”按钮，则在选定段落的前面添加编号，或单击“编号”右侧的下拉按钮，在打开的下拉列表中选择所需的编号，如图4.63所示。

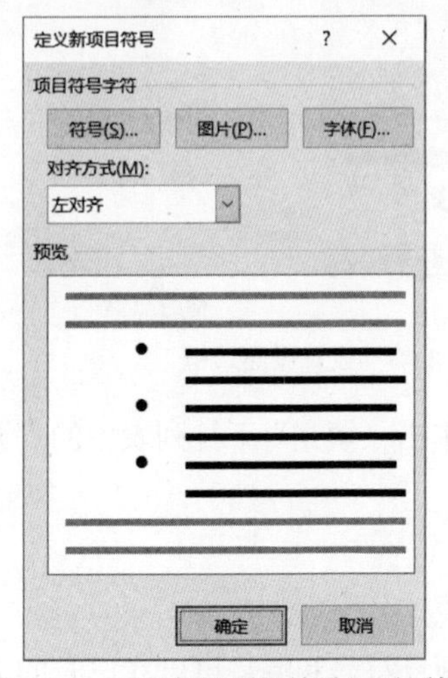

图4.62 “定义新项目符号”对话框

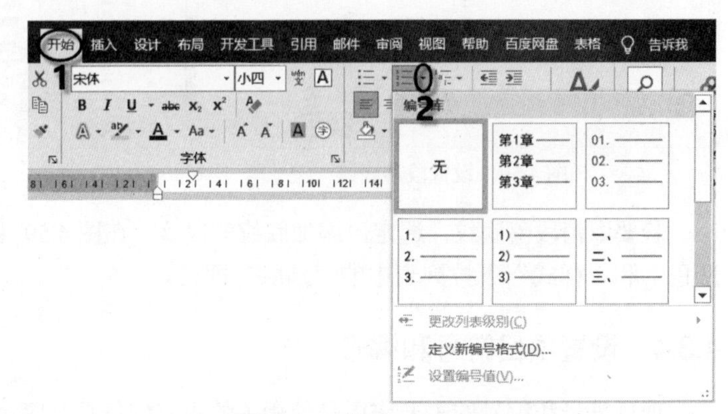

图4.63 “编号”下拉列表

(2) 定义新编号格式

单击图4.63“编号”下拉列表中的“定义新编号格式(D)···”命令，打开“定义新编号格式”对话框，在“编号样式”“对齐方式”下拉列表中分别设置编号的样式和对齐方式，“字体”按钮用于设置编号的格式。

4.3.5 设置页眉和页脚

页眉和页脚位于文档每个页面页边距的顶部或底部区域中。在这些区域中可以添加文件的一些标志性信息，如文件名、单位名、单位徽标、页码和标题等，以对文件进行说明。

1. 插入页眉和页脚

打开“插入”选项卡，单击“页眉和页脚”组中的“页眉”按钮或“页脚”按钮，在打开的下拉列表中选择Word内置的一种页眉或页脚样式，进入页眉或页脚的编辑状态，输入页眉或页脚的内容即可。若要退出页眉或页脚的编辑状态，双击正文的空白处，返回到文档的编辑状态。此时，正文文档被激活，而页眉和页脚内容显示为灰色，表示不可编辑。

进入页眉或页脚的编辑状态后，系统将自动打开“页眉和页脚工具”的“设计”选项卡，如图4.64所示，该选项卡包含6个组，各组的含义如下。

- “页眉和页脚”组：设置页眉、页脚、页码的样式或编辑格式。
- “插入”组：在页面和页脚中插入日期和时间、文本、图片、剪贴画。

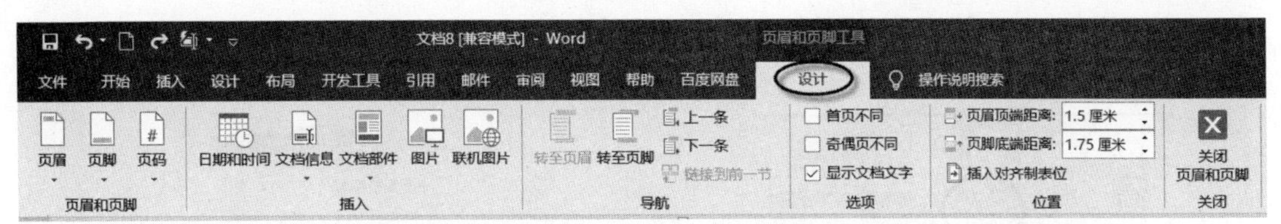

图 4.64　“页眉和页脚工具”的“设计”选项卡

- “导航”组：单击“转至页眉”或“转至页脚”按钮，将编辑界面在页眉和页脚间进行切换。
- “选项”组：设置不同方式的页眉和页脚，如“首页不同”“奇偶页不同”等。
- “位置”组：设置“页眉顶端距离”或“页脚底端距离”及其对齐方式。
- “关闭”组：单击“关闭页眉和页脚”按钮，退出页眉或页脚的编辑状态，返回到正文。

2. 创建首页页眉和页脚不同

首页页眉和页脚不同是指文档首页的页眉和页脚不同于其他页的页眉和页脚，创建步骤如下。

步骤 1：双击页眉或页脚区域，进入页眉或页脚的编辑状态，功能区中会出现“页眉和页脚工具”的“设计”选项卡。

步骤 2：在“设计”选项卡的“选项”组中，选中“首页不同”复选框☑ 首页不同，输入首页页眉的内容。单击“导航”组中的“转至页脚”按钮，输入首页页脚内容。

步骤 3：单击“关闭”组中的“关闭页眉和页脚”按钮，完成设置。

3. 创建奇偶页页眉和页脚不同

在长文档中，为了使文档富有个性，常创建奇偶页页眉和页脚不同。双击页眉或页脚区域，打开“页眉和页脚工具”的“设计”选项卡，选中“选项”组中的“奇偶页不同”复选框☑ 奇偶页不同，分别设置奇数页、偶数页的页眉和页脚即可。单击“导航”组中的“上一条”或“下一条”按钮，可在奇数页和偶数页间进行切换。

4. 删除页眉和页脚

步骤 1：将光标定位在文档中的任意位置，打开“插入”选项卡。

步骤 2：单击“页眉和页脚”组中的“页眉”或“页脚”按钮，在弹出的下拉列表中选择“删除页眉”或“删除页脚”命令，即可删除当前页眉或页脚。

5. 插入页码

页码是文档每页标明次序的号码或其他数字，用于统计文档的页数，便于读者阅读和检索，页码一般位于页脚或页眉中。插入页码的操作步骤如下。

步骤 1：打开“插入”选项卡，单击“页眉和页脚”组中的“页码”按钮，在打开的下拉列表中选择页码的位置和样式，如图 4.65 所示。

步骤 2：插入页码后，会自动出现“页眉和页脚工具”的“设计”选项卡，单击“页眉和页脚”组中的“页码”按钮，选择下拉列表中的“设置页码格式”命令，弹出如图 4.66 所示的“页码格式”对话框。

步骤 3：在“编号格式”下拉列表中选择页码的格式；在“页码编号”区域设置页码的起

始值；若选中“包含章节号”复选框，页码中将出现章节号。

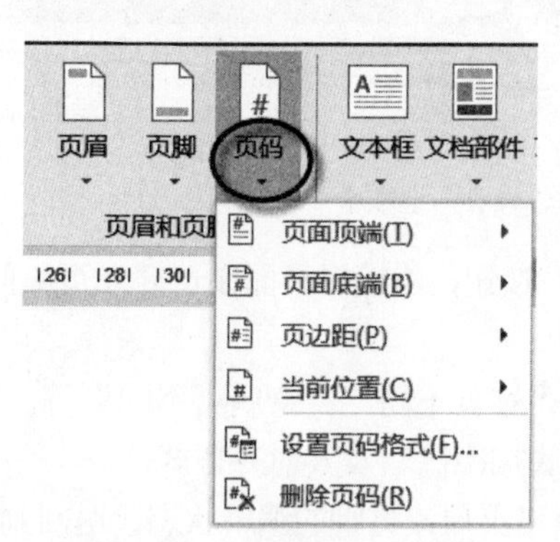

图 4.65 “页码”下拉列表

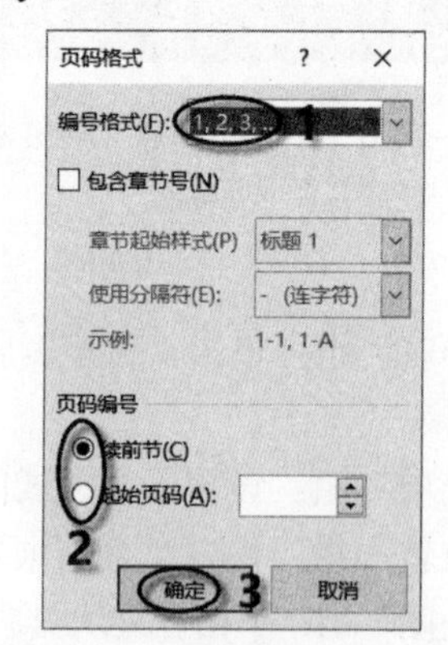

图 4.66 “页码格式”对话框

4.3.6 设置页面布局

设置页面布局主要是设置页边距、纸张方向、纸张大小、文字排列等。设置页面布局有如下两种方法。

1. 利用功能区

打开“布局”选项卡，在“页面设置”组中，利用“页边距”“纸张方向”“纸张大小”等按钮进行设置，如图 4.67 所示。

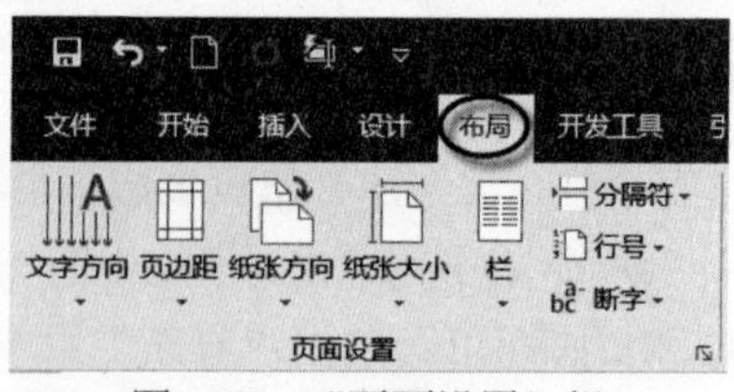

图 4.67 “页面设置”组

2. 利用对话框

在图 4.67 中，单击“页面设置”组右侧的对话框启动按钮，打开“页面设置”对话框，如图 4.68 所示。利用“页边距”“纸张”“布局”“文档网格”4 个选项卡进行设置。

- “页边距”选项卡：页边距是指页面四周的空白区域。在“页边距”选项卡中可以设置上、下、左、右页边距，装订线的位置，打印的方向。图中给出的是系统默认值，可通过微调按钮改变默认值，或在相应的文本框内直接输入数值，在“预览”区域中浏览设置效果。
- “纸张”选项卡：在“纸张大小”下拉列表中，选择纸张的型号，如 A4、B5 等。也可以自定义纸张大小，在“宽度”和“高度”文本框中输入自定义的纸张宽度值和高度值。
- “布局”选项卡：主要设置页眉和页脚的显示方式、距边界的位置、页面垂直对齐方式、行号、边框等。
- “文档网格”选项卡：设置文档中文字的排列方向、有无网格、每行的字符数、每页的行数等。例如，在图 4.69 所示的设置中，表示每行显示 35 个字符，每页显示 40 行。

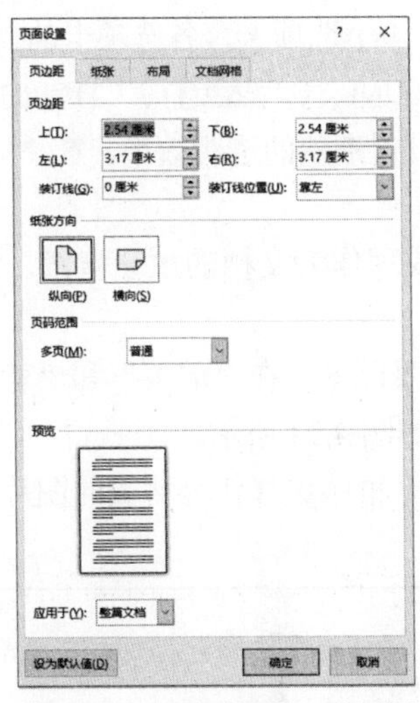
图 4.68　“页面设置”对话框

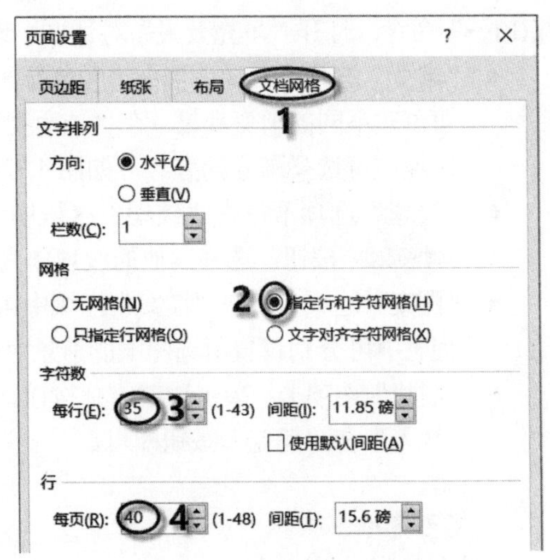

图 4.69　设置“文档网格”

4.3.7　设置文档背景

Word 文档默认的背景是白色，用户可通过 Word 2016 提供的强大的背景功能，重新设置背景颜色。

1. 设置纯色背景

Word 2016 提供了多种颜色作为背景色。打开“设计”选项卡，单击“页面背景”组中的“页面颜色”按钮，打开如图 4.70 所示的下拉列表，单击“主题颜色”中的任意一个色块，即可作为文档背景。

若图 4.70 下拉列表中的色块不能满足用户需求，可单击下拉列表中的“其他颜色”命令，打开“颜色”对话框的“自定义”选项卡，单击“颜色”区域中的某一颜色，再拖动滑块调整背景颜色，如图 4.71 所示。

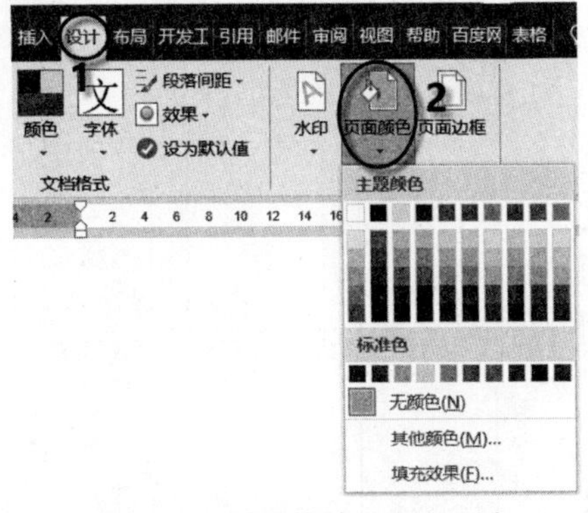

图 4.70　“页面颜色”下拉列表

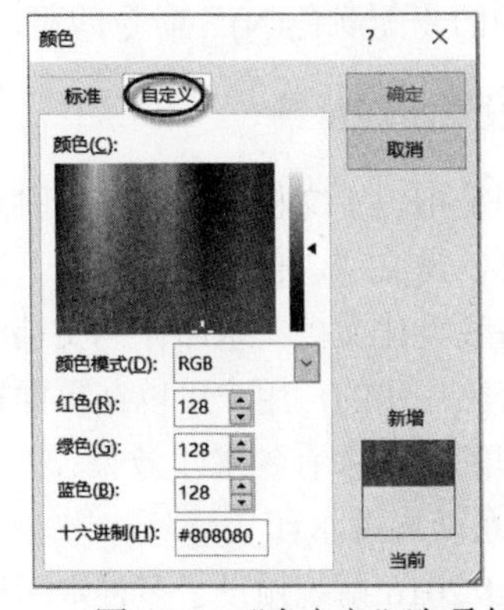

图 4.71　“自定义”选项卡

2. 设置填充背景

Word 2016 提供了多种填充方式作为背景效果，如渐变填充、纹理填充、图案填充及图片填充，使文档背景丰富多变，更具有吸引力。单击图 4.70“页面颜色”下拉列表中的“填充效果(F)···”命令，打开“填充效果”对话框。该对话框包含 4 个选项卡，各选项卡的含义如下。

- “渐变”选项卡：通过选中“颜色”区域中的○ 单色(N)、○ 双色(T)、○ 预设(S)单选按钮可创建不同的渐变效果，在“透明度”区域中可设置渐变的透明效果，在“底纹样式”区域中可选择渐变的方式，如图 4.72 所示。
- “纹理”选项卡：在“纹理”区域中可选择一种纹理作为文档的填充背景，也可单击其他纹理(O)...按钮，选择其他的纹理作为文档背景。
- “图案”选项卡：在“图案”区域中可选择一种背景图案，在“前景”和“背景”下拉列表中可分别设置所选图案的前景色和背景色，如图 4.73 所示。
- “图片”选项卡：单击选择图片(L)...按钮，在弹出的对话框中选择作为背景的图片，再单击“插入”和“确定”按钮即可。

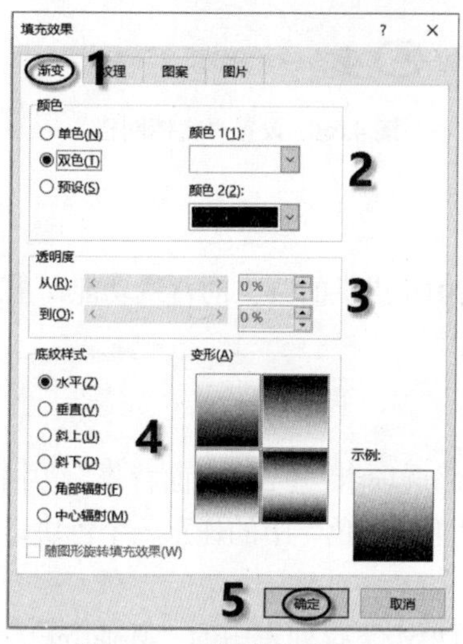

图 4.72 “渐变”选项卡

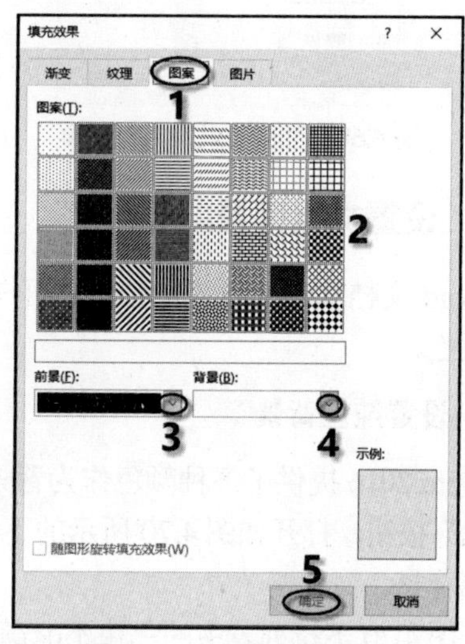

图 4.73 “图案”选项卡

若要删除文档的填充背景，在“设计”选项卡的“页面背景”组中，单击“页面颜色”下拉列表中的“无颜色(N)”命令即可。

3. 设置水印背景

水印是指位于文档背景中的一种透明的花纹，这种花纹可以是文字，也可以是图片，主要用来标识文档的状态或美化文档。水印作为文档的背景，在页面中是以灰色显示的，用户可以在页面视图、阅读视图或在打印的文档中看到水印效果。

(1) 系统内置水印

Word 2016 系统预设了多种水印样式，用户可根据文档的特点，设置不同的水印效果。打开“设计”选项卡，单击“页面背景”组中的“水印”按钮，打开如图 4.74 所示的下拉列表，在此列表中系统提供了“机密”“紧急”“免责声明”3 种类型共 12 种水

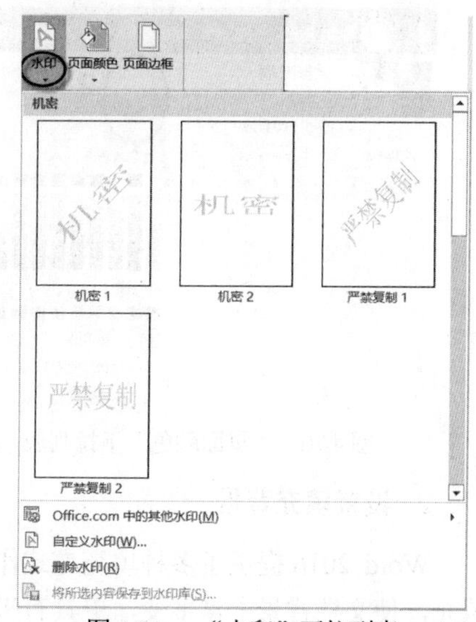

图 4.74 “水印”下拉列表

印样式，从中选择所需的样式即可。

(2) 自定义水印

除了使用系统预设的水印样式外，还可以自定义水印样式。单击图 4.74“水印”下拉列表中的“自定义水印”命令，弹出“水印”对话框。在此对话框中可以设置“图片水印”和“文字水印”两种水印效果。

- “图片水印”：选中“图片水印”单选按钮，单击“选择图片”按钮，在打开的对话框中选择作为水印的图片，单击“插入”按钮，返回到“水印”对话框，在“缩放”列表框中设置图片的缩放比例，选中“冲蚀”复选框，保持图片水印的不透明度，单击“确定”按钮。
- “文字水印”：选中“文字水印”单选按钮，输入文字，然后设置水印的文字、字体、字号、颜色及版式。如将“文字”设置为“大学计算机”，字体为“隶书”，颜色为“红色”，版式为“斜式”，如图 4.75 所示。
- “无水印”：选中“无水印”单选按钮，可删除文档中的水印效果。

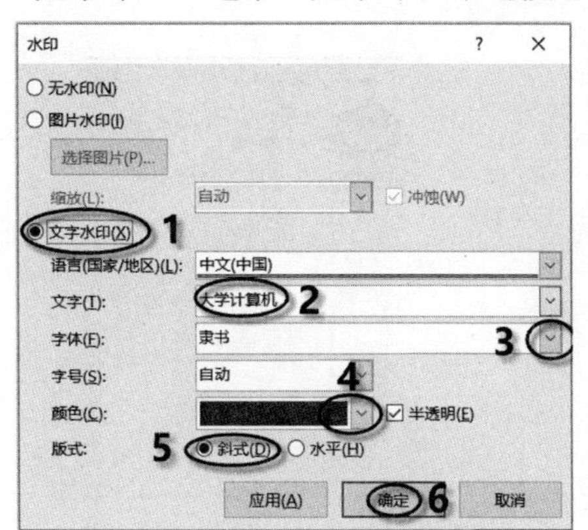

图 4.75　设置“文字水印”示例图和效果图

4.3.8　使用主题设置文档外观

主题是使用一组独特的颜色、字体和效果来打造一致的外观，使用主题可以协调文档的颜色、字体和图形格式效果，让文档立即具有样式与合适的个人风格。

1. 使用系统内置的主题

在 Word 2016 中内置了很多类型的主题，使用这些主题可以快速地格式化文档。具体步骤如下。

步骤 1：输入文字。打开 Word 文档输入文字，默认模板下，格式是以“正文”显示的。

步骤 2：选择一种主题。打开“设计”选项卡，单击“文档格式”组中的“主题”按钮，在打开的下拉列表中选择所需的主题，如图 4.76 所示。

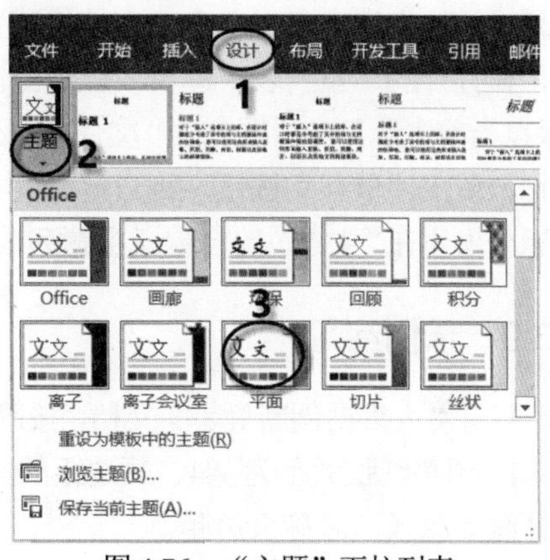

图 4.76　“主题”下拉列表

步骤 3：在“文档格式”组中选择一种与文档相适应的样式集。主题被选定后，“文档格式”组中的样式集就会更新。单击“文档格式”列表框右侧的“其他”按钮，在打开的下拉列表框中选择所需的样式。

2. 更改主题和样式集的颜色及字体

使用系统内置的主题后，可以对主题和样式集的颜色及字体进行更改，使其更富有特色，方法如下。

(1) 更改主题和样式集的颜色

单击“文档格式”组中的“颜色”按钮，在打开的下拉列表中选择不同的调色板更改主题和样式集的颜色，如图 4.77 所示。或者单击下拉列表中的“自定义颜色”选项，新建主题颜色。

(2) 更改主题和样式集的字体

单击“文档格式”组中的“字体”按钮，在打开的下拉列表中选择新字体集，更改主题和样式集的字体格式，如图 4.78 所示。或者单击下拉列表中的“自定义字体”选项，新建主题字体。

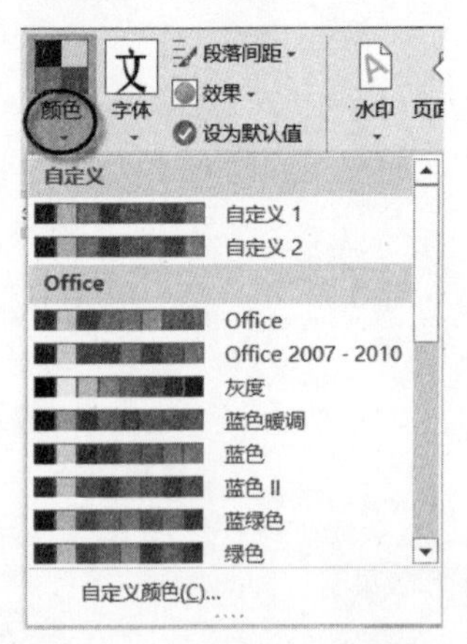

图 4.77 “颜色”下拉列表

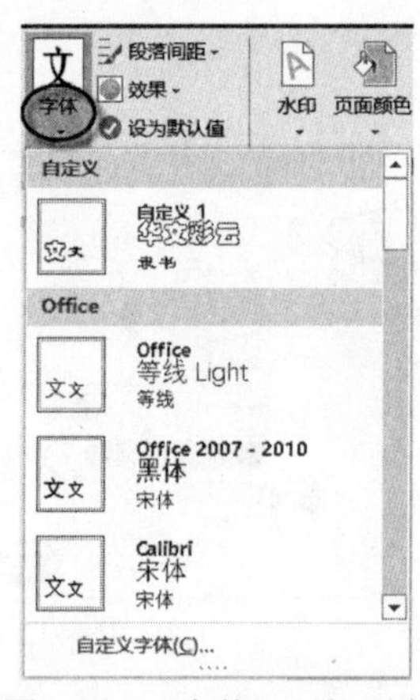

图 4.78 “字体”下拉列表

3. 保存自定义主题以重复使用

对主题进行更改后可以进行保存以便再次使用。方法：打开“设计”选项卡，单击“文档格式”组中的“主题”按钮，在打开的下拉列表中单击“保存当前主题”选项，弹出“保存当前主题”对话框，在“文件名”列表框中输入主题的名称，单击“保存”按钮，将自定义的主题保存。新定义的主题会出现在“主题”的自定义主题列表中，如图 4.79 所示。

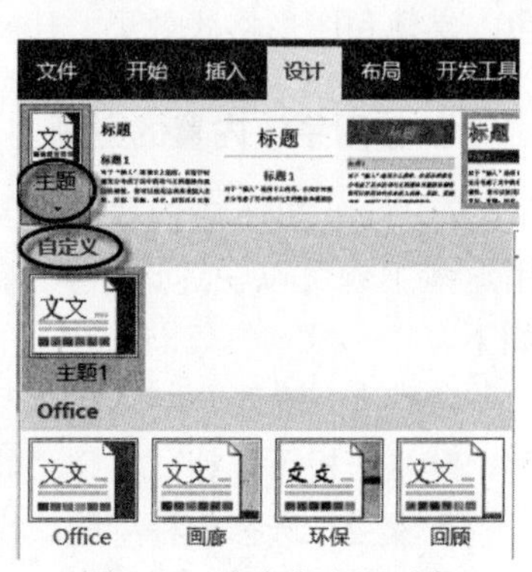

图 4.79 自定义主题列表

4.3.9 示例练习

打开“大数据创新世界”文档，按照下列要求进行排版。

1. 调整纸张大小为 A4，页边距的上下边距为 3 厘米，装订线 1 厘米，对称页边距。

2. 设置文字水印页面背景，文字为“大数据技术”，水印版式为斜式。

3. 将文档第一行“大数据技术创新世界”设置为如下格式。

● 字体：微软雅黑；字号为小初；对齐方式为居中。
● 文本效果：渐变填充为水绿色，主题色 5；映像。
● 字符间距：加宽，3 磅；段落间距为段前 1 行，段后 1.5 行。

4. 将文档中黑体字的段落设为 1 级标题。

5. 将正文内容(除 2 级标题外)设为四号字，每个段落设为 1.2 倍行距且首行缩进 2 字符。

6. 将正文最后段落分栏，分成 2 栏，添加分隔线。

7. 对大数据的 4 个特点“数据体量巨大”至 “处理速度快”4 处添加“菱形”项目符号，颜色为标准色红色。

8. 为文档添加页眉和页码，奇数页页眉没有内容，在偶数页页眉输入“大数据技术”，奇数页码显示在文档的底部靠右，偶数页码显示在文档的底部靠左。

具体操作步骤如下。

第 1 题

步骤 1：打开“布局”选项卡，单击“页面设置”组中的“纸张大小”按钮，在弹出的下拉列表中单击“A4”，如图 4.80 所示。

步骤 2：单击“页面设置”组右侧的对话框启动按钮，打开“页面设置”对话框，在其中设置页边距、装订线及对称页边距，如图 4.81 所示。

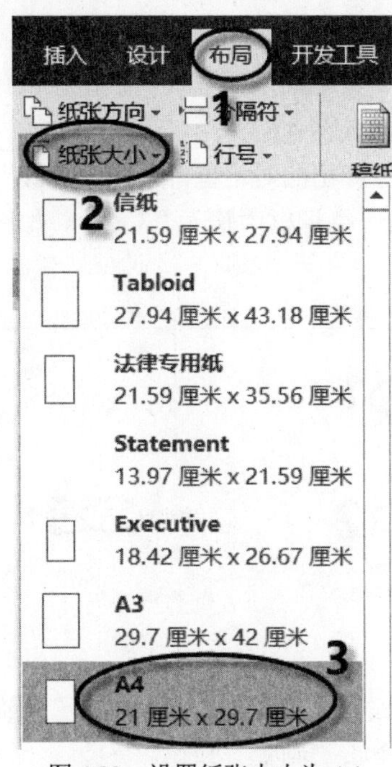

图 4.80　设置纸张大小为 A4

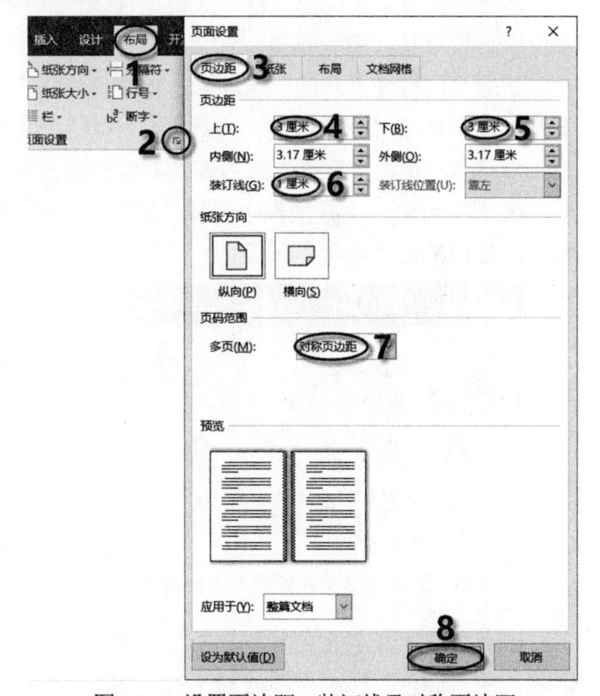

图 4.81　设置页边距、装订线及对称页边距

第 2 题

步骤 1：打开“设计”选项卡，单击“页面背景”组中的“水印”按钮，在打开的下拉列表中单击“自定义水印”命令。

步骤 2：打开“水印”对话框，选中“文字水印(X)”单选按钮，在“文字(T):”框中输入“大数据技术”，在“版式”中选中“斜式(D)”单选按钮，如图 4.82 所示，再单击“确定”按钮。

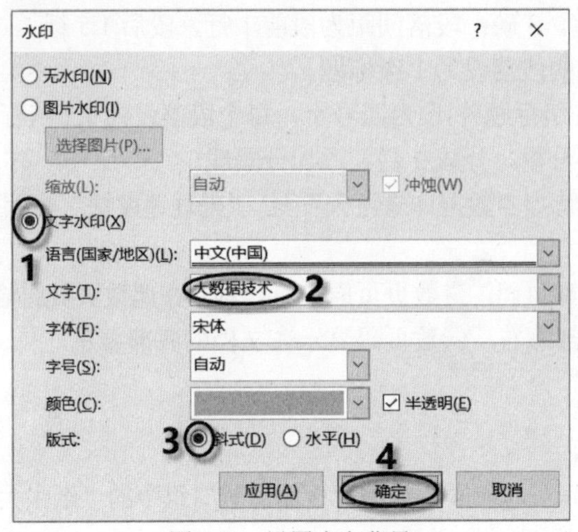

图 4.82　设置水印背景

第 3 题

步骤 1：选定文档第一行“大数据技术创新世界”，打开“开始”选项卡，在“字体”组中分别设置字体：微软雅黑；加粗；字号：一号。在“段落”组中单击“居中”按钮。

步骤 2：打开“开始”选项卡，单击“字体”组中的“文本效果和版式”按钮，在打开的下拉列表中单击“渐变填充：水绿色，主题色 5；映像”，如图 4.83 所示。

步骤 3：单击“字体”组右侧的对话框启动按钮，在弹出的对话框中单击“高级”选项卡，在“间距(S):”下拉列表中选择“加宽”，在“磅值(B):”微调框中输入“3 磅”，如图 4.84 所示。最后单击“确定”按钮。

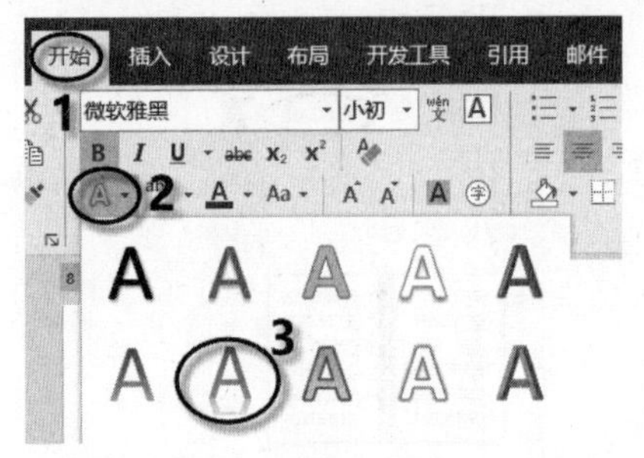

图 4.83　“文本效果和版式”下拉列表

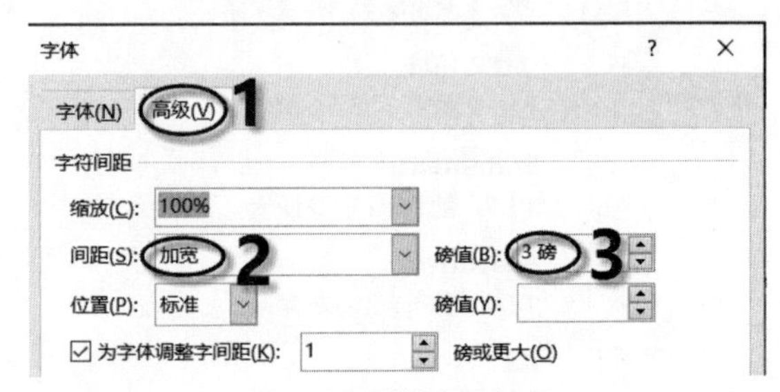

图 4.84　设置字符间距

步骤 4：在选定的文本上右击，在弹出的快捷菜单中选择“段落”命令，打开“段落”对话框，在“间距”栏中设置段前 1 行，段后 1.5 行，之后单击“确定”按钮。

第 4 题

按住 Ctrl 键，选定文档中的黑体字“一、大数据技术概念”到“四、大数据深刻改变着世界”。打开“开始”选项卡，单击“样式”组列表框中的“标题 1”，如图 4.85 所示。

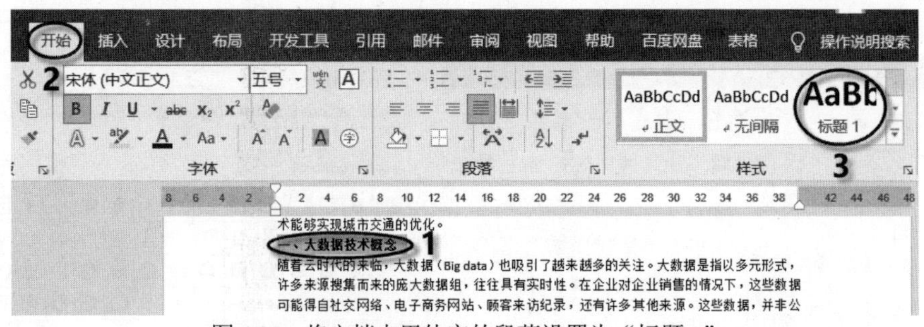

图 4.85　将文档中黑体字的段落设置为“标题 1”

第 5 题

选定正文内容(除 1 级标题外)，打开“开始”选项卡，在“字体”组中将字号设置为四号。单击“段落”组右侧的对话框启动按钮，打开“段落”对话框，在“特殊”下拉列表中选择“首行”，将缩进值设为“2 字符”，在“行距”下拉列表中选择“多倍行距”，在“设置值”微调框中输入 1.2，如图 4.86 所示，单击“确定”按钮。

第 6 题

选定最后一段，打开“布局”选项卡，单击“页面设置”组中的“栏”按钮，在弹出的下拉列表中单击“更多栏(C)…”命令，打开“栏”对话框，在“预设”区域单击“两栏”按钮，然后选中“分隔线”复选框，如图 4.87 所示，单击“确定”按钮。

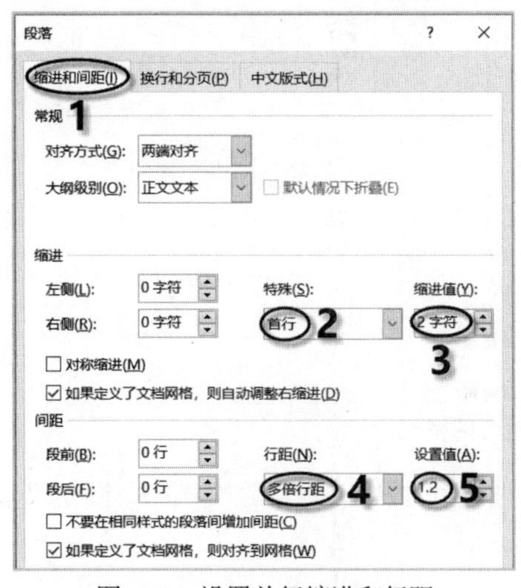

图 4.86　设置首行缩进和行距

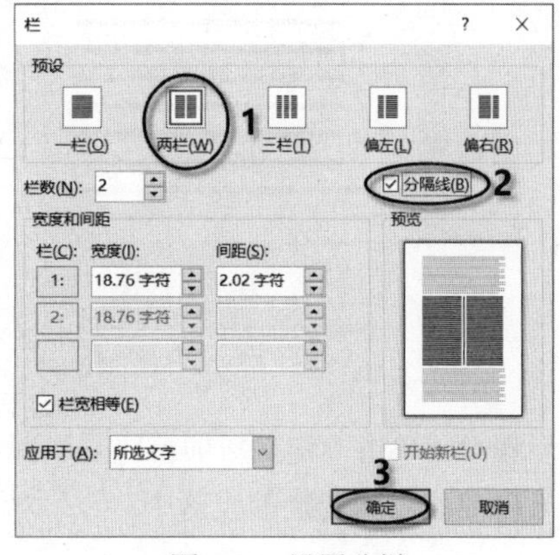

图 4.87　设置分栏

第 7 题

步骤 1：选定“数据体量巨大”至 “处理速度快”4 段文本，打开“开始”选项卡，单击“段落”组中的“项目符号”按钮，在弹出的下拉列表中单击“定义新项目符号(D)…”命令，如图 4.88 所示。

步骤 2：在弹出的“定义新项目符号”对话框中单击“符号”按钮，在弹出的对话框中单击“❖”符号，如图 4.89 所示，单击“确定”按钮。

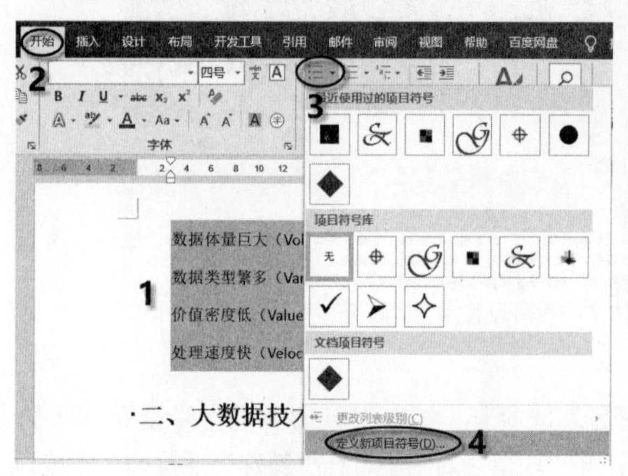

图 4.88 “项目符号”下拉列表

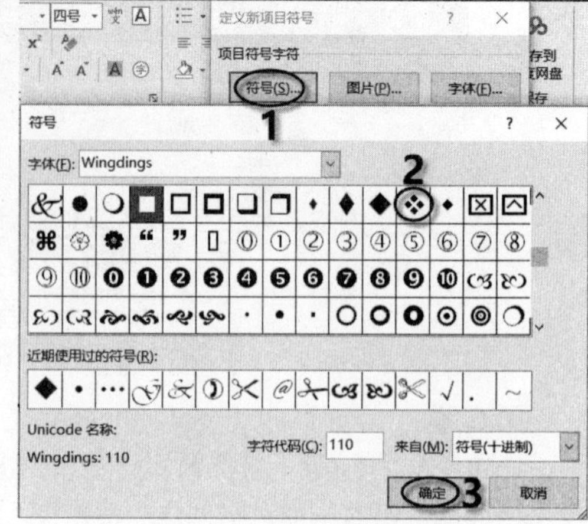

图 4.89 定义新项目符号

步骤 3：在“定义新项目符号”对话框中，单击“字体”按钮，打开“字体”对话框，单击“字体颜色(C):”下拉按钮，在弹出的下拉列表中选择标准色红色，如图 4.90 所示。

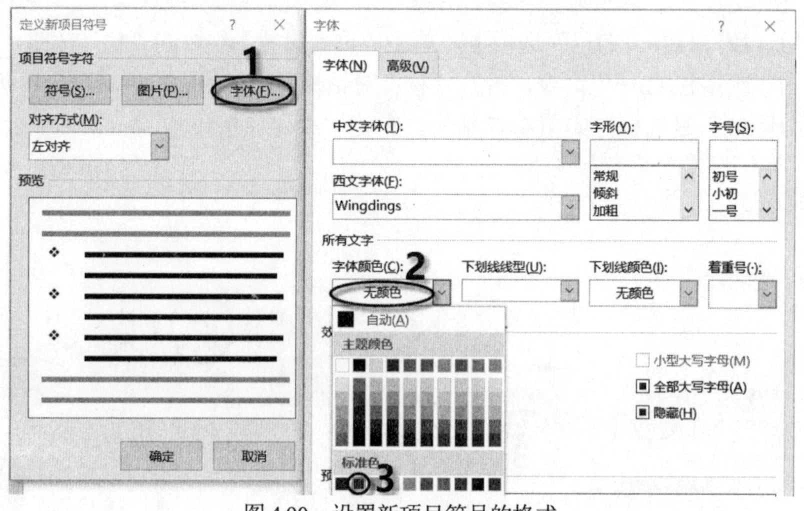

图 4.90 设置新项目符号的格式

步骤 4：单击“定义新项目符号”对话框中的“确定”按钮，返回到文档中。新定义的项目符号将被应用到选定的段落中。

第 8 题

步骤 1：打开“插入”选项卡，单击“页眉和页脚”组中的“页眉”按钮，在弹出的下拉列表中选择“编辑页眉(E)”命令，进入页眉和页脚的编辑状态，此时会出现“页眉和页脚工具”的“设计”选项卡。

步骤 2：在“页眉和页脚工具”的“设计”选项卡中，选中“选项”组中的“奇偶页不同”复选框，如图 4.91 所示。

步骤 3：奇数页页眉中不输入内容。单击“导航”组中的“下一条”按钮，切换到偶数页，在偶数页页眉中输入“大数据技术”，如图 4.92 所示。

图 4.91　选中“奇偶页不同”复选框

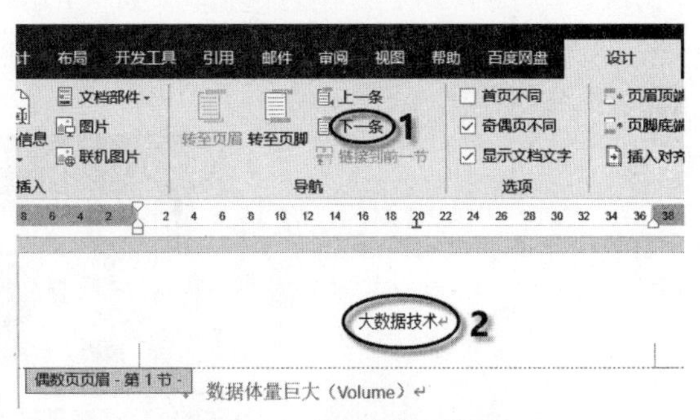

图 4.92　设置偶数页页眉

步骤 4：将光标定位在奇数页页脚区域，单击“页眉和页脚”组中的“页码”按钮，在弹出的下拉列表中单击“页面底端”|“普通数字 3”，如图 4.93 所示，奇数页的页码将在文档的底部靠右显示。按照上述方法，将光标定位在偶数页页脚区域，所设置偶数页的页码将在文档底部靠左显示。

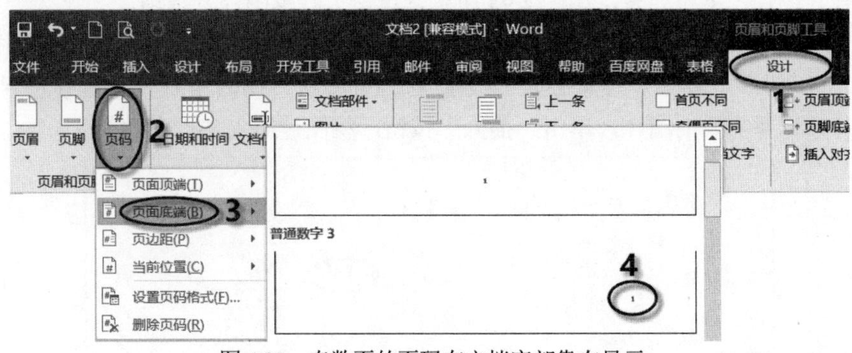

图 4.93　奇数页的页码在文档底部靠右显示

单击功能区中的“关闭页眉和页脚”按钮，或双击正文的任意处，退出页眉和页脚的编辑状态，单击“保存”按钮，保存文档。

4.4 在文档中插入图片与图形

图片与图形是 Word 文档内容中不可缺少的元素，它们不仅增强了文档的美观性，更增加了文档的易读性。在文档中可以插入各类图片和形状，与文本形成了图文混排的特殊效果，丰富了文档的表现力。

4.4.1　插入图片

插入的图片可以是来自此设备中的图片，也可以是联机图片，或利用屏幕截图功能截取的图片。

1. 插入此设备中的图片

步骤 1：将光标定位在插入点的位置，打开“插入”选项卡，单击“插图”组中的“图片”按钮，打开“图片”下拉列表，如图 4.94 所示，单击“此设备”选项。

步骤 2：在打开的对话框中找到图片的保存位置，选择所需图片，单击“插入”按钮，将图片插入文档中。

图 4.94 “图片”下拉列表

2. 插入联机图片

步骤 1：将光标定位在插入点的位置，打开“插入”选项卡，单击“插图”组中的“图片”按钮，打开“图片”下拉列表，如图 4.94 所示，单击“联机图片”选项。

步骤 2：打开 “插入图片”对话框，在“必应图像搜索”文本框中输入要搜索的图片类型，例如，输入“动画”，单击“搜索必应”按钮或按 Enter 键，如图 4.95 所示，会搜索出很多动画类的图片，选择需要的图片，单击“插入”按钮，将图片插入文档中。

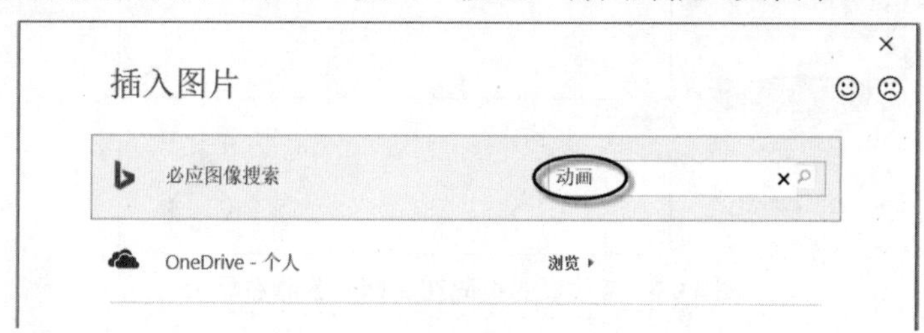

图 4.95 “插入图片”对话框

3. 插入屏幕截图

利用 Word 2016 屏幕截图功能，可将需要的内容截取为图片插入文档中。将光标定位在插入图片的位置，打开“插入”选项卡，单击“插图”组中的“屏幕截图”按钮，打开如图 4.96 所示的下拉列表。

(1) 截取整个窗口

在“可用的视窗”列表中显示了当前正在运行的应用程序屏幕缩略图，单击某一缩略图即可将其作为图片插入文档中。

(2) 截取部分窗口

单击下拉列表中的“屏幕剪辑”命令，然后在屏幕上拖动鼠标可截取屏幕的部分区域作为图片插入文档中。例如，利用屏幕截图功能将“文档 1”的部分内容截取到“文档 2”中。截取方法为：先打开两个文档，在“文档 2”中，打开“插入”选项卡，单击“屏幕截图”|“屏幕剪辑”命令，在“文档 1”中按住鼠标左键拖动截取所需的区域，松开鼠标左键，所截取的内容将以图片的形式插入“文档 2”中。

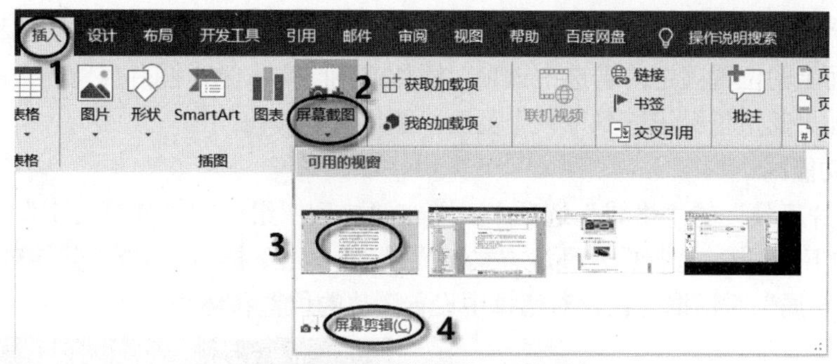

图 4.96　“屏幕截图”下拉列表

4. 编辑图片

插入图片后，功能区中会自动出现“图片工具”的“格式”选项卡。通过该选项卡可对图片进行大小调整、移动、裁剪、调整对比度/亮度等操作，如图 4.97 所示。

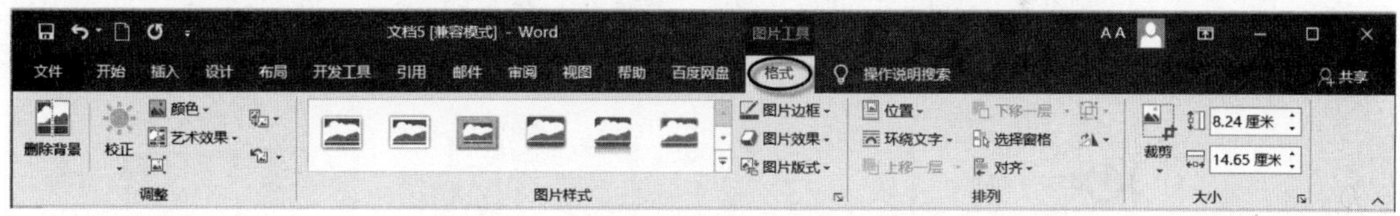

图 4.97　“图片工具”的“格式”选项卡

(1) 大小调整

精确调整：选定图片，打开“图片工具”的“格式”选项卡，在“大小”组中输入高度值和宽度值，对图片大小进行高度、宽度定量调整。

粗略调整：选定图片，图片的四周会出现 8 个控制点，将鼠标指针指向任意一个控制点，当指针变为双向箭头时，按住鼠标左键进行拖动，粗略地调整图片的大小。

(2) 移动图片：选定图片，将鼠标指针移到图片上，当鼠标指针变成✥形状时，按住鼠标左键进行拖动，在目标位置释放即可。

(3) 裁剪图片：利用裁剪功能，可以在不改变图片形状的前提下，裁剪掉图片的部分内容。选定图片，打开“图片工具”的“格式”选项卡，单击“大小”组中的“裁剪”按钮，然后将鼠标指针移到图片的任意一个控制点上，按住鼠标左键向图片内拖动，在适当的位置释放即可。

(4) 设置图片的颜色、亮度和对比度：打开 “图片工具”的“格式”选项卡，单击“调整”组中的“颜色”和“校正”两个按钮可分别设置图片的颜色、亮度和对比度，或者在图片上右击，选择快捷菜单中的“设置图片格式”命令，在打开的任务窗格中进行设置。

5. 设置图片在页面中的位置

当图片的环绕方式为非嵌入型时，可设置图片在文档中的相对位置，实现图文的合理布局。其设置有两种方法：一是利用“布局选项”按钮，二是利用功能区。

(1) 利用“布局选项”按钮

在文档中插入图片时，图片的右上方会出现“布局选项”按钮，单击该按钮，在打开的下拉列表中选择一种非嵌入型的环绕方式，如“紧密型环绕”，再设置图片在页面中的位置为“随文字移动(M)”，如图 4.98 所示，下拉列表中两个单选按钮的含义如下。

- 随文字移动：若选中该项，添加或删除文本时，图片会随文本的移动而移动。
- 在页面上的位置固定：若选中该项，添加或删除文本时，图片保留在页面上的相同位置。如果其定位标记移到下一个页面，图片也会移动。

(2) 利用功能区

打开“图片工具”的“格式”选项卡，单击“排列”组中的“环绕文字”按钮，打开如图 4.99 所示的下拉列表，选择图片环绕方式和位置；或单击下拉列表中的“其他布局选项(L)…”命令，打开“布局”对话框，在该对话框中设置图片的位置和环绕方式。

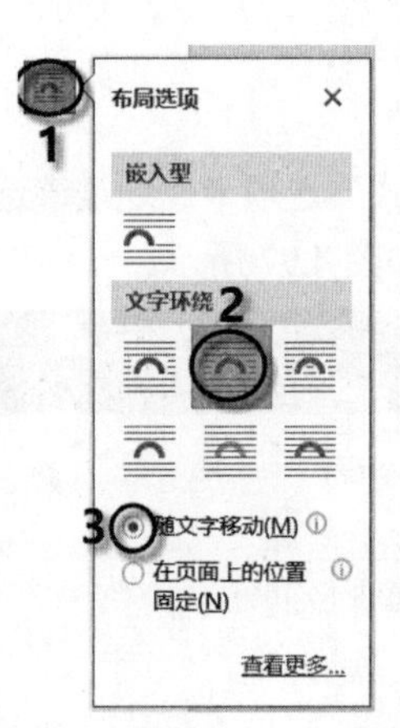

图 4.98　设置图在页面中的位置

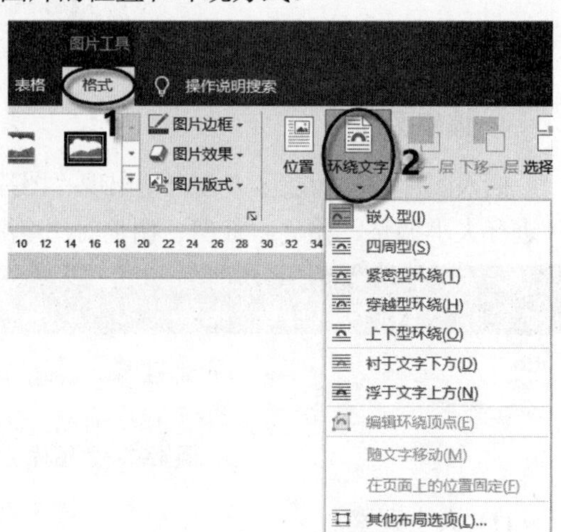

图 4.99　“环绕文字”下拉列表

4.4.2　插入形状

Word 2016 提供了一套现成的形状，如矩形、圆形、箭头等，用户可以在文档中绘制这些形状，使文档的内容更加丰富生动。

1. 插入形状

打开“插入”选项卡，单击“插图”组中的“形状”按钮，在下拉列表中选择要绘制的图形，将鼠标指针移到文档的编辑区，鼠标指针变为“+”形状时，按住鼠标左键进行拖动绘制所选的图形，松开鼠标键停止绘制，如图 4.100 所示。

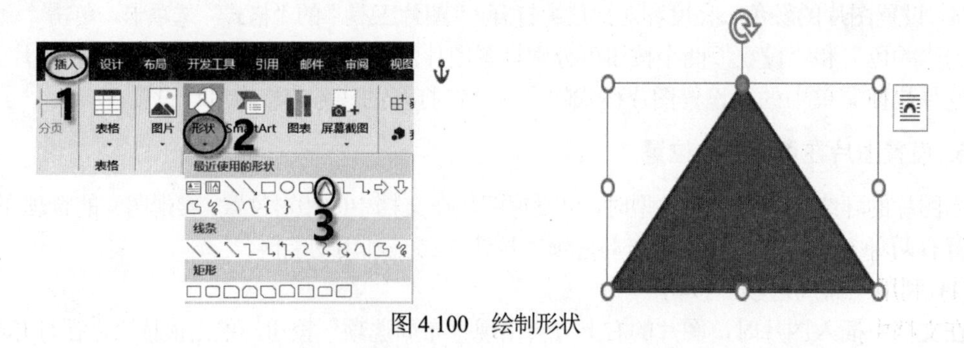

图 4.100　绘制形状

2. 编辑形状

形状绘制结束后，系统会自动打开“绘图工具”的“格式”选项卡。通过该选项卡可改变形状的大小、对齐、组合和形状样式等。

【例 4-4】 打开 Word 文档，绘制并编辑如图 4.101 所示的形状。

图 4.101　绘制并编辑形状效果

步骤 1：选择形状。启动 Word 2016 程序，打开“插入”选项卡，单击“插图”组中的“形状”按钮，选择“箭头总汇”中的“燕尾形”选项。

步骤 2：绘制并改变形状。将鼠标指针移到文档的编辑区，当鼠标指针变为“+”形状时，按住鼠标左键拖动绘制所选的形状。当鼠标指向图形右上角的黄色圆形控点时按住鼠标左键进行拖动，改变“燕尾形”形状，如图 4.102 所示。

步骤 3：设置形状的颜色和大小。选定“燕尾形”，打开“绘图工具”的“格式”选项卡，单击“形状样式”组中的“形状填充”按钮，选择颜色面板中的标准色“红色”，在“大小”组中的“高度”和“宽度”微调框中分别输入“1.4 厘米”和“4 厘米”，如图 4.103 所示。

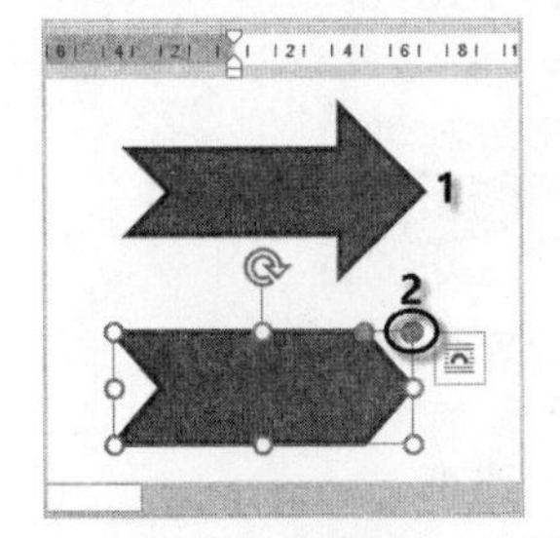

图 4.102　改变“燕尾形”形状

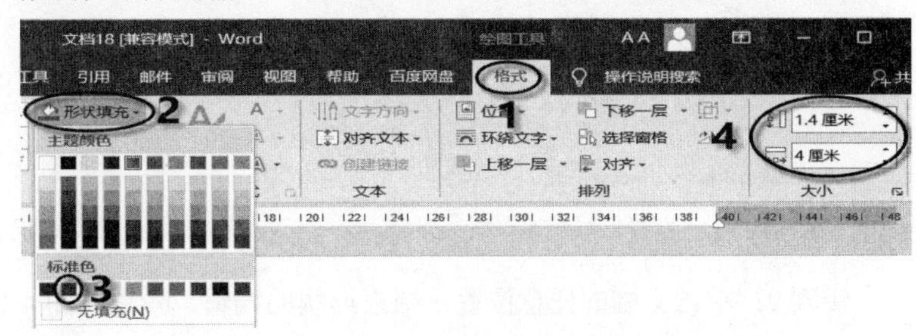

图 4.103　设置形状的颜色和大小

步骤 4：设置形状轮廓和形状效果。单击“形状样式”组中的“形状轮廓”按钮，在打开的下拉列表中选择“无轮廓”，如图 4.104 所示。单击“形状效果”按钮，选择“映像”中的“紧密映像，接触”，如图 4.105 所示。

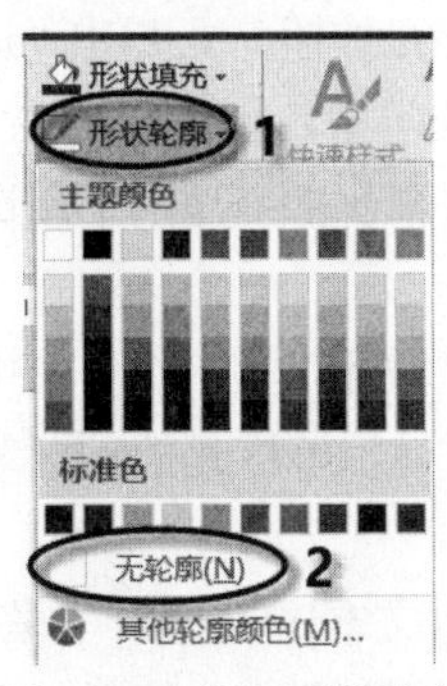

图 4.104　设置形状轮廓

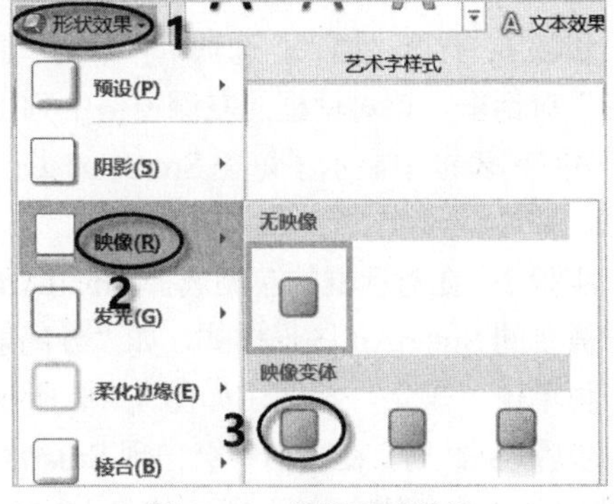

图 4.105　设置形状效果

步骤 5：向形状中添加文字并设置格式。在图形上右击，从弹出的快捷菜单中选择“添加文字”命令，输入文字“Step 1”，并设置字体为“微软雅黑”，字号为“四号”。

步骤 6：设置框线和文字的距离。在图形上右击，从弹出的快捷菜单中选择“设置形状格式”命令，打开“设置形状格式”任务窗格，在“形状选项”中单击“布局属性”，设置“左边距”“右边距”“上边距”“下边距”全部为“0 厘米”，如图 4.106 所示。

步骤 7：创建其他“燕尾形”形状。选定已绘制的形状，按 Ctrl+C 快捷键，再按三次 Ctrl+V 快捷键，复制 3 个“燕尾形”形状，将复制的形状拖动到如图 4.101 所示的位置，并分别设置形状颜色为标准色“绿色”“橙色”“紫色”，分别输入“Step 2”“Step 3”“Step 4”。

步骤 8：设置形状的对齐和组合。按住 Ctrl 键单击 4 个“燕尾形”形状，打开“绘图工具”的“格式”选项卡，单击“排列”组中的“对齐”按钮，选择“顶端对齐”，如图 4.107 所示。单击“组合”按钮，选择“组合”选项，4 个图形将组合为一个图形。

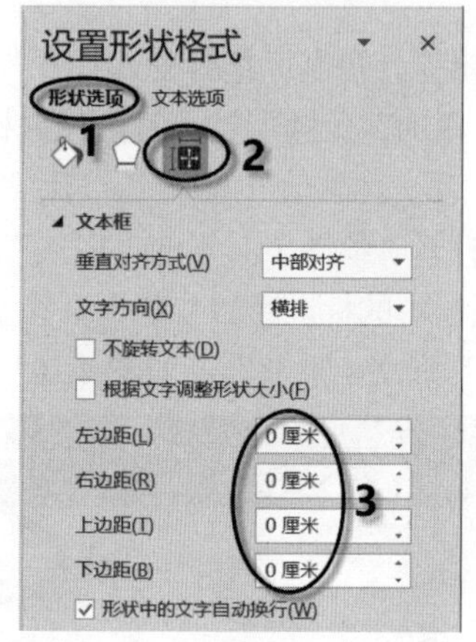

图 4.106　“设置形状格式”任务窗格

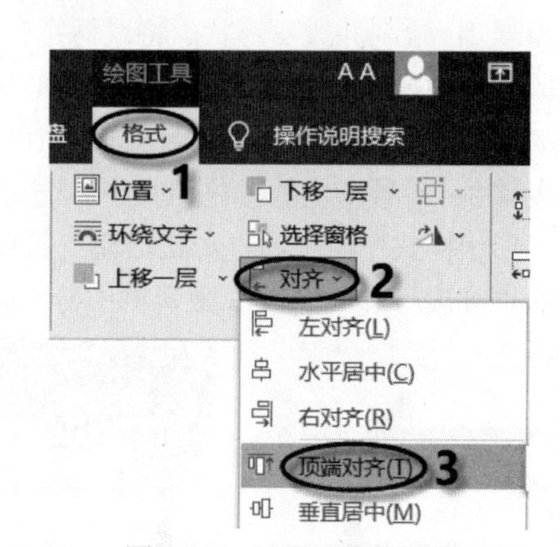

图 4.107　设置形状的对齐

步骤 9：单击文档的任意位置，结束形状的编辑，效果如图 4.101 所示。

4.4.3　插入 SmartArt 图形

SmartArt 图形是信息和观点的视觉表示形式，可以通过选择适合消息的版式进行创建。使用 SmartArt 图形能更直观、更专业地表达自己的观点和信息。插入 SmartArt 图形的具体操作步骤如下。

步骤 1：打开“插入”选项卡，单击“插图”组中的 SmartArt 按钮，弹出“选择 SmartArt 图形”对话框。该对话框的左侧窗格中列出了 SmartArt 图形的类型，如“列表”“流程”等 8 类；中间列表框中显示了每类 SmartArt 图形所包含的样式；右侧窗格中显示了所选样式及说明信息。

步骤 2：在对话框的左侧选择 SmartArt 图形的类型，如“循环”类，然后在中间列表框中单击需要的 SmartArt 图形样式，如“分离射线”，右侧窗格将显示该样式的预览效果及说明信息，再单击“确定”按钮，如图 4.108 所示。

步骤 3：此时，在文档中会出现 SmartArt 图形占位符文本([文本])的框架，如图 4.109 所示，在图形的[文本]编辑区输入所需信息，或单击“文本”窗格控件按钮，打开“文本”窗格，在“文本”窗格中输入所需信息。在“文本”窗格中输入信息时，SmartArt 图形会根据输入的信息自动添加形状。

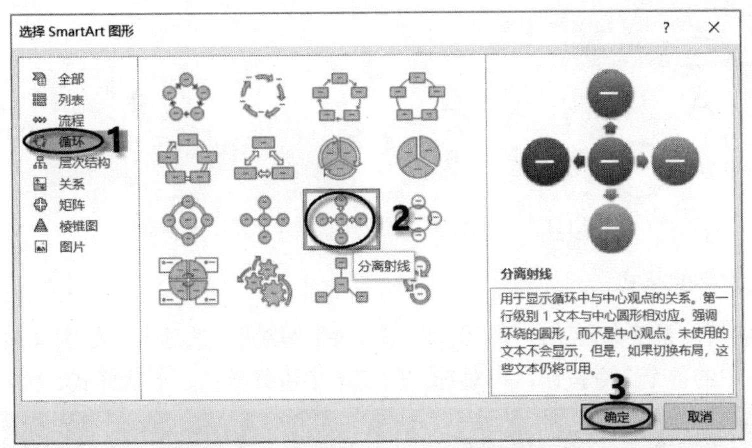

图 4.108　“选择 SmartArt 图形”对话框

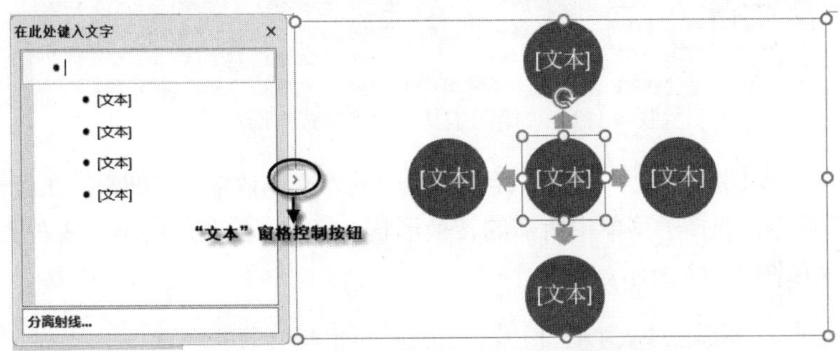

图 4.109　插入文档中的 SmartArt 图形框架

步骤 4：插入 SmartArt 图形后，系统会自动打开“SmartArt 工具”的“设计”和“格式”两个选项卡，如图 4.110 所示。

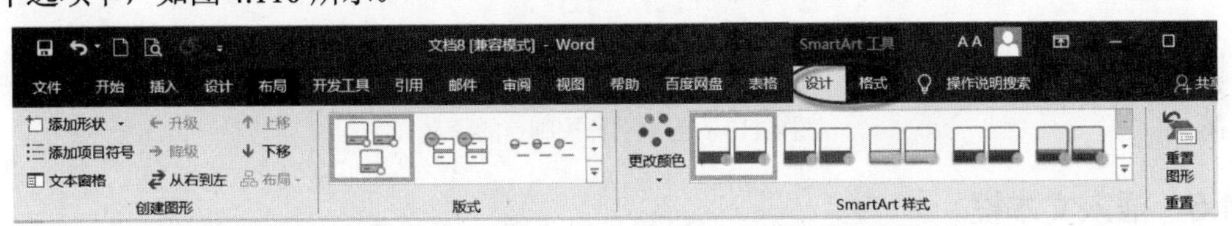

图 4.110　“SmartArt 工具”的“设计”和“格式”两个选项卡

步骤 5：“设计”选项卡主要设置 SmartArt 图形的样式、形状等。

步骤 6：“格式”选项卡主要设置 SmartArt 图形的格式。

4.4.4　插入艺术字

在文档的编辑中，常常将一些文字以艺术字的形式来表示，以增强文字的视觉效果。

1. 插入艺术字

打开“插入”选项卡，单击“文本”组中的“艺术字”按钮，在打开的下拉列表框中选择所需要的艺术字样式，在文档的编辑区会出现如图 4.111 所示的艺术字文本框，在其中输入文字即可。

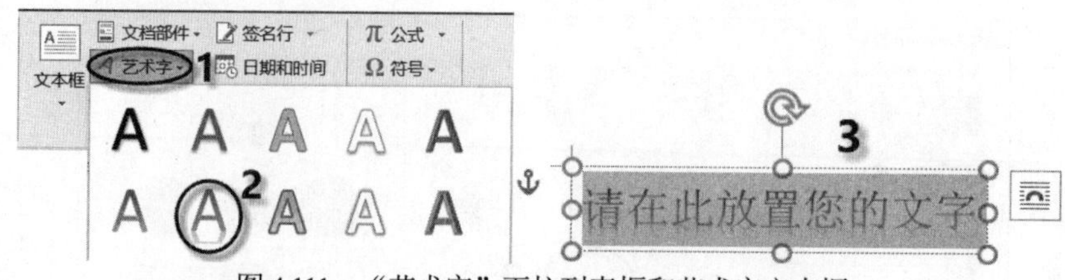

图 4.111 “艺术字”下拉列表框和艺术字文本框

2. 设置艺术字的格式

插入艺术字后，系统会自动打开“绘图工具”的“格式”选项卡，如图 4.112 所示。利用“格式”选项卡中的各个命令按钮，可对选定的艺术字进行颜色、形状样式、大小等格式设置。

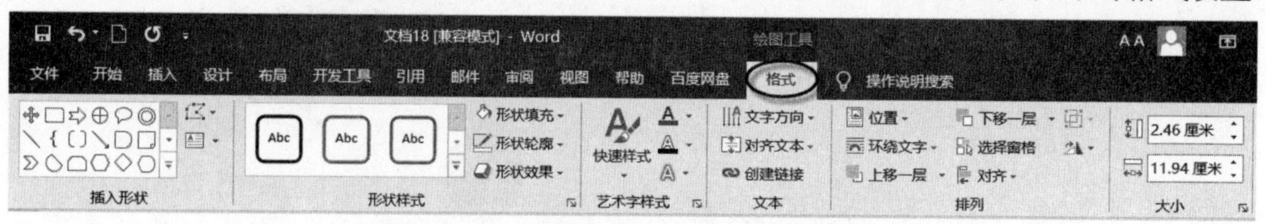

图 4.112 “绘图工具”的“格式”选项卡

选定艺术字，单击图 4.112“艺术字样式”组中的“文本效果”按钮，在打开的下拉列表中选择“转换”命令，选择子菜单中所需的转换形状，艺术字的四周会出现 3 种类型的控制点，各控制点的含义如图 4.113 所示。

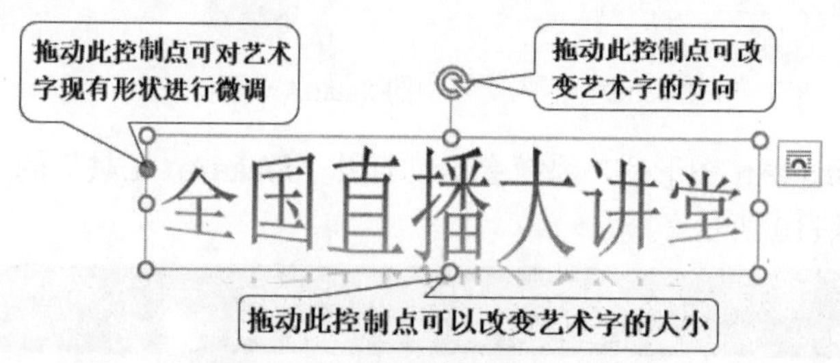

图 4.113 艺术字各控制点的含义

4.4.5 插入文本框

文本框是一种包含文字、表格等的图形对象，利用文本框可以将文字、表格等放置在文档中的任意位置，从而实现灵活的版面设置。

1. 插入内置文本框

打开“插入”选项卡，单击“文本”组中的“文本框”按钮，打开内置的文本框列表，如图 4.114 所示，从中选择所需的一种样式，例如，选择“简单文本框”，所选的文本框将被插入文档的指定位置，如图 4.115 所示。之后，在其中输入文本即可。

2. 绘制文本框

在图 4.114 所示的列表中，单击“绘制横排文本框(H)”或“绘制竖排文本框(V)”命令，鼠标指针将变为“+”形状，按住鼠标左键进行拖动即可绘制“横排”或“竖排”文本框，然后在文本框中输入内容并进行编辑。

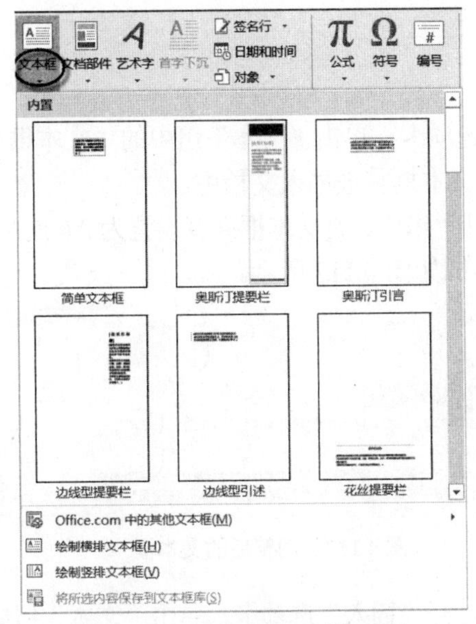

图 4.114　“文本框”下拉列表

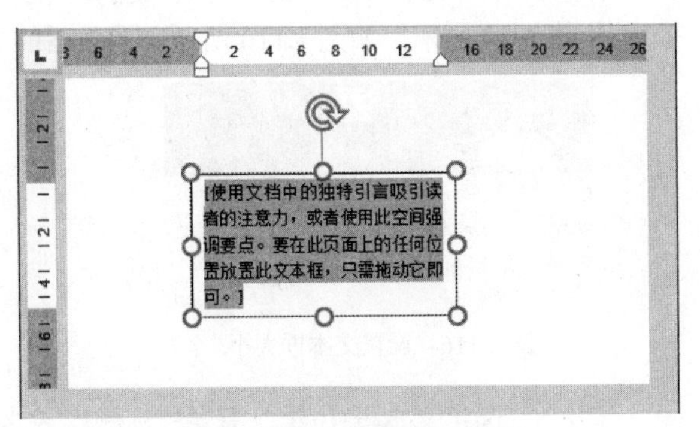

图 4.115　插入“简单文本框”

3. 文本框格式的设置

利用“绘图工具”的“格式”选项卡，可对文本框进行格式设置。其中，单击“文本”组中的“创建链接”按钮，可在两个或多个文本框之间建立链接关系，使得文本能够在文本框之间自动传递。

4.4.6　示例练习

打开“4.4.6 示例练习素材”文档，按照下列要求进行操作。

1. 在页面顶端插入“边线型提要栏”文本框，将其大小设置为 2.6 厘米和 14 厘米，在该文本的最前面插入类别为“文档信息”，名称为“基本介绍”的域。

将第一段文本“超级计算机……重要标志。”移入文本框内，设置字号为五号，字体颜色为蓝色；文本框内部边距分别为左右上下 0.1 厘米。

2. 将第二段中的文字“超级计算机”设置为宋体、小二，居中，段前段后距离为 0.5 行，孤行控制。

3. 在第三段“随着……保证”中插入图片“超级计算机.jpg”，为其应用恰当的图片样式、艺术效果，并改变其颜色，环绕方式为“四周型”。

4. 将文档中的蓝色文本转换成布局为“分段流程”的 SmartArt 图形，适当改变其颜色和样式，加大图形的高度和宽度，将第 2 级文本的字号统一设置为 9，将图形中所有文本的字体设置为“微软雅黑”。

5. 为文中红色标出的文字“超级计算机”添加超链接，链接地址为 https://baike.so.com/doc/2972614-3135706.html。

6. 将完成排版的文档先以原 Word 格式及文件名“高性能计算机.docx”进行保存，再另生成一份同名的 PDF 文档进行保存。

具体操作步骤如下。

第 1 题

步骤 1：将光标定位在文档开头，打开“插入”选项卡，单击“文本”组中的“文本框”按钮，在下拉列表框中选择“边线型提要栏”，所选文本框将被插入文档中。

步骤 2：在“绘图工具”的“格式”选项卡的“大小”组中，将文本框高度设置为 2.6 厘米，宽度设置为 14 厘米，如图 4.116 所示。调整后的文本框如图 4.117 所示。

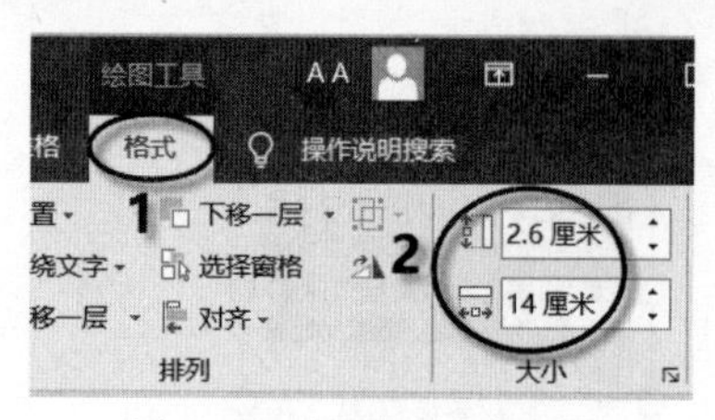

图 4.116　设置文本框大小

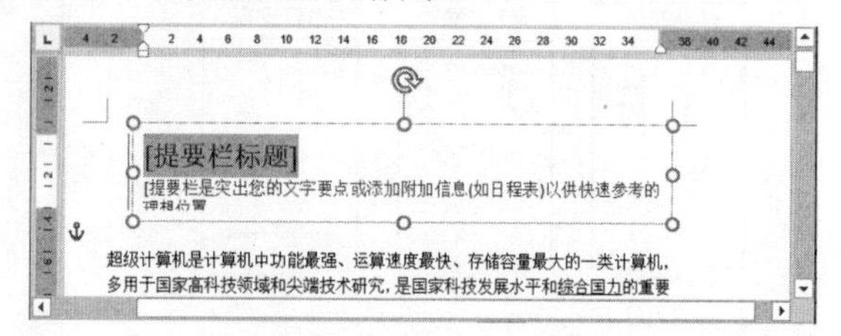

图 4.117　调整后的文本框

步骤 3：选定文本框中的“[提要栏标题]”文本，打开“插入”选项卡，单击“文本”组中的“文档部件”按钮，在弹出的下拉列表中选择“域”，如图 4.118 所示。在打开的“域”对话框中，单击“类别”下拉按钮，选择“文档信息”，在“新名称”文本框中输入“基本介绍”，如图 4.119 所示，单击“确定”按钮，并按空格键在输入的文字后空出一格。

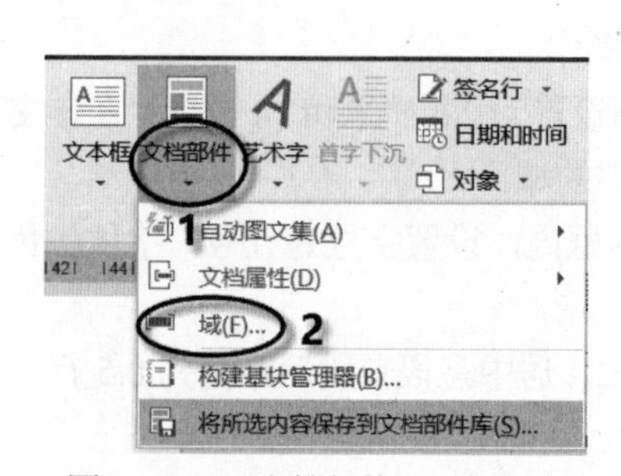

图 4.118　“文档部件”下拉列表

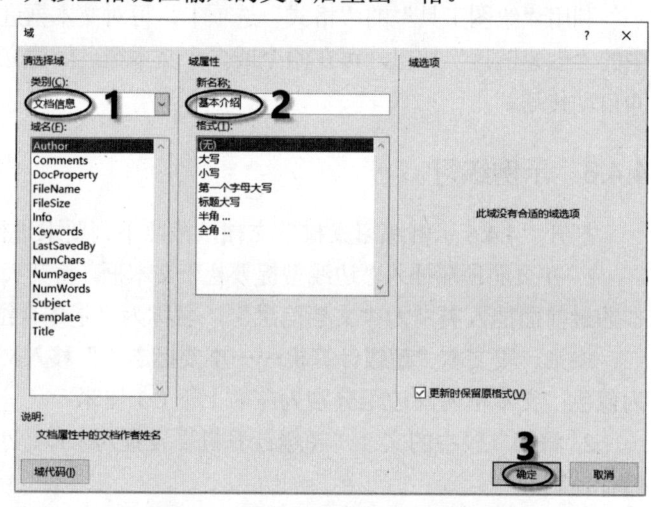

图 4.119　设置“域”的类别和新名称

步骤 4：将第一段文本“超级计算机……重要标志。”剪切并粘贴到文本框中“基本介绍”的下方，选定文本框中粘贴的文本，将文字设置为宋体、五号、蓝色。

步骤 5：在文本框中右击，在弹出的快捷菜单中选择“设置形状格式”命令，打开“设置形状格式”任务窗格，将文本框的左右上下的边距都设置为 0.1 厘米，如图 4.120 所示。

步骤 6：将光标定位到第 2 行文本“超级”前，按 Backspace 键，将第 2 行文本上移一行，效果如图 4.121 所示。

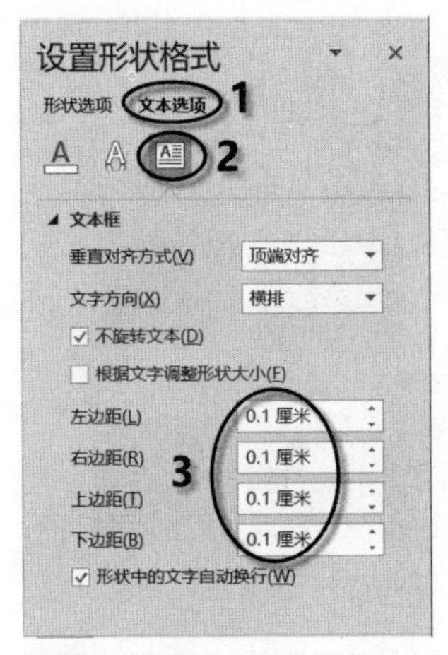

图 4.120　设置文本框内部边距

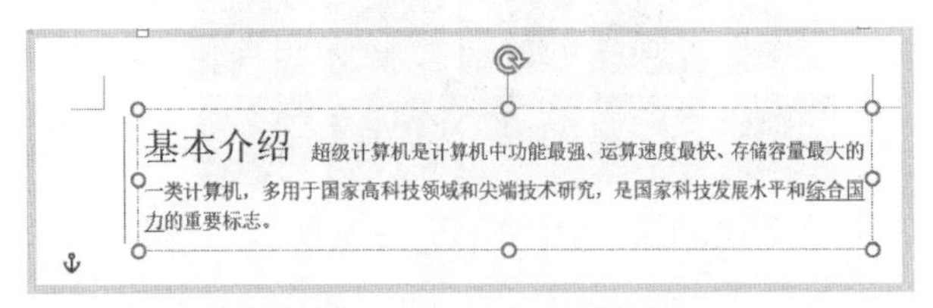

图 4.121　插入文本框后的效果

第 2 题

将光标定位在第二段文本“超级计算机”的前面，按 Backspace 键，将该文本上移一行。选定该文本，将文本设置为黑体、小二、居中。在文本上右击，从弹出的快捷菜单中选择“段落”命令，打开“段落”对话框，设置段前段后距离为 0.5 行，孤行控制，如图 4.122 所示，再单击“确定”按钮。

第 3 题

步骤 1：将光标定位在第三段中，打开“插入”选项卡，单击“插图”中的“图片”按钮，在打开的下拉列表中选择“此设备”命令，弹出“插入图片”对话框，找到要插入的图片，单击“插入”按钮。

步骤 2：选中图片，在“图片工具”的“格式”选项卡的“大小”组中，将“高度”“宽度”分别设置为 4 厘米、5 厘米。

步骤 3：在“图片样式”组中，单击列表框中的“其他”按钮，在打开的列表框中单击“剪去对角，白色”样式，如图 4.123 所示。

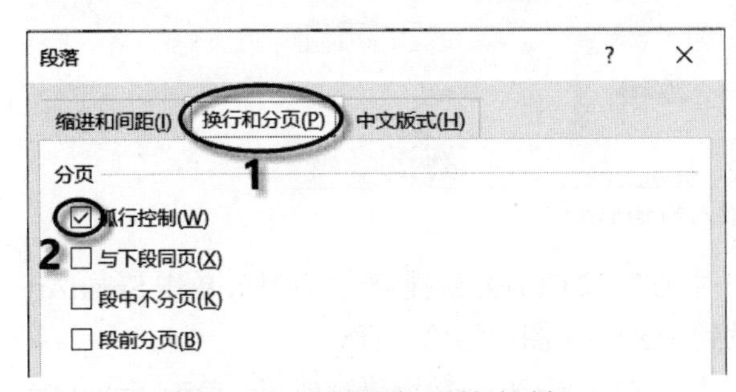

图 4.122　设置段落“孤行控制”

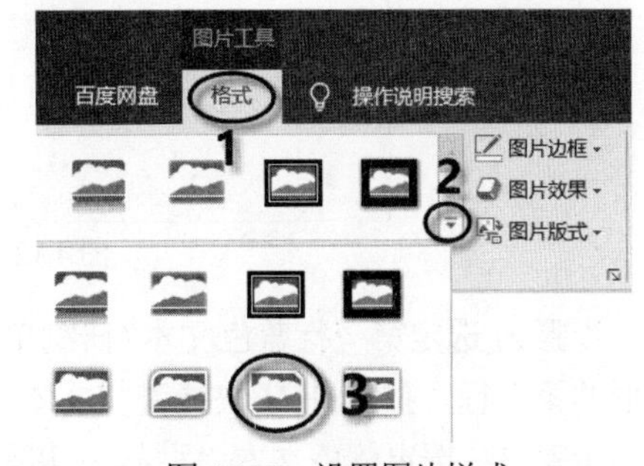

图 4.123　设置图片样式

步骤 4：单击“调整”组中的“艺术效果”按钮，选择“十字图案蚀刻”效果，如图 4.124 所示。

步骤 5：单击“调整”组中的“颜色”按钮，选择“色调”中的“色温：4700K”，如图 4.125 所示。

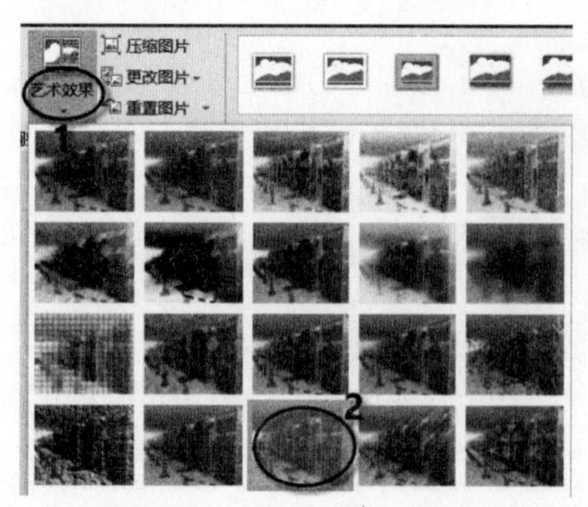

图 4.124　设置图片的艺术效果

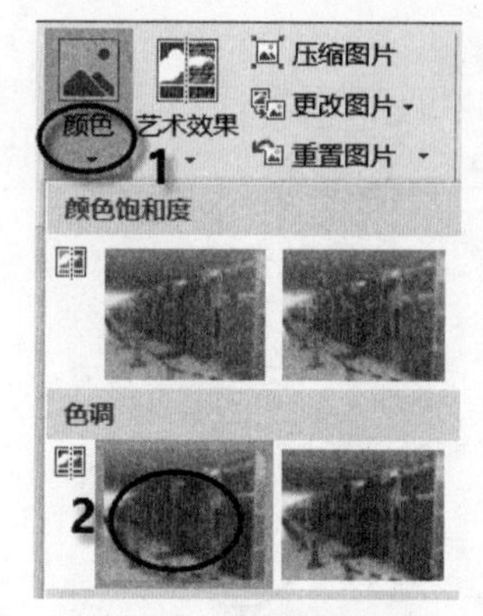

图 4.125　设置图片颜色

步骤 6：单击“排列”组中的“环绕文字”按钮，在弹出的下拉列表中选择“四周型”，并将图片移到该段的左侧位置。

第 4 题

步骤 1：将光标定位到蓝色文字首行左侧，按 Enter 键， 打开“插入”选项卡，单击“插图”组中的“SmartArt”按钮，从打开的对话框中选择“流程”选项中的“分段流程”，单击“确定”按钮，如图 4.126 所示。

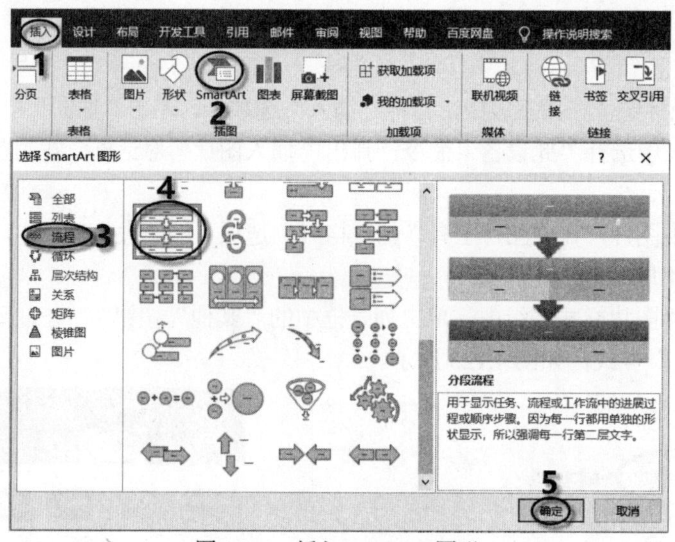

图 4.126　插入 SmartArt 图形

步骤 2：选定第一行蓝色文本“研制单位…中心”，按 Ctrl+X 快捷键进行剪切，单击 SmartArt 图形的第一行，按 Ctrl+V 快捷键将文本粘贴到 SmartArt 图形的第一行。

步骤 3：选定蓝色文本“型号…超算中心”，按 Ctrl+X 快捷键进行剪切，单击 SmartArt 图形的第二行，按 Ctrl+V 快捷键将文本粘贴到 SmartArt 图形的第二行，删除第二行中多余的[文本]形状。按照此方法，将蓝色文本依次添加到 SmartArt 图形对应的位置，并调高 SmartArt 图形。

步骤 4：选定 SmartArt 图形，打开“SmartArt 工具”的“设计”选项卡，单击“创建图形”组中的“添加形状”按钮，在打开的下拉列表中选择“在后面添加形状”，如图 4.127 所示，添加一个同级别的 SmartArt 形状。

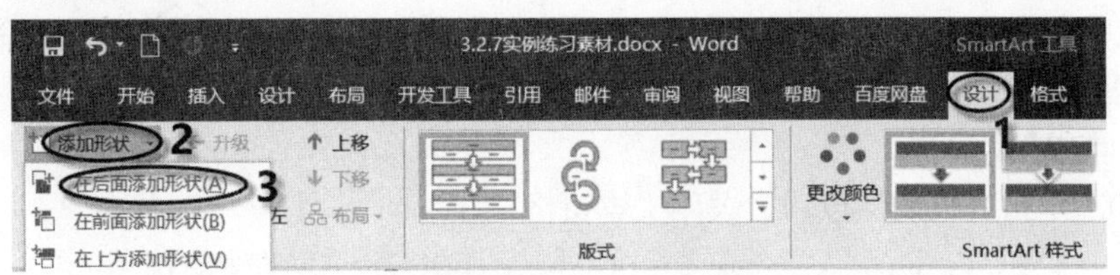

图 4.127 添加 SmartArt 形状

步骤 5：选定剩余的蓝色文本，按 Ctrl+X 快捷键进行剪切，单击 SmartArt 图形中添加的形状，按 Ctrl+V 快捷键将文本粘贴到所添加的形状中，如图 4.128 所示。删除 SmartArt 图形中多余的形状。

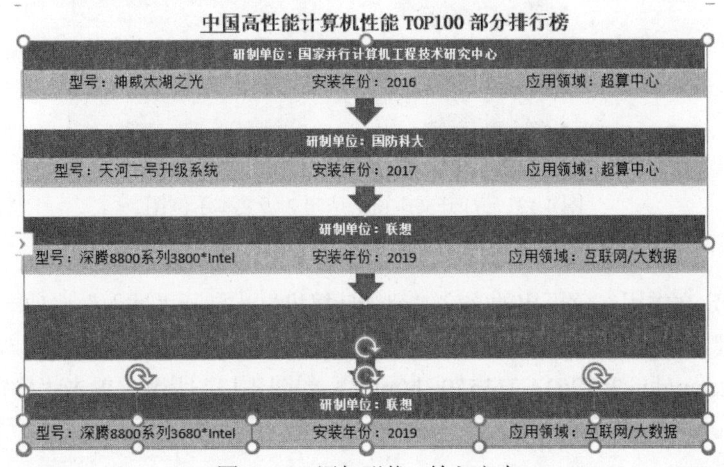

图 4.128 添加形状、输入文本

步骤 6：选定整个 SmartArt 图形，打开“SmartArt 工具”的“设计”选项卡，单击“SmartArt 样式”组中的“更改颜色”按钮，选择“彩色-个性色”，如图 4.129 所示。单击“SmartArt 样式”组中的“其他”按钮，选择“三维”选项下的“粉末”，如图 4.130 所示。

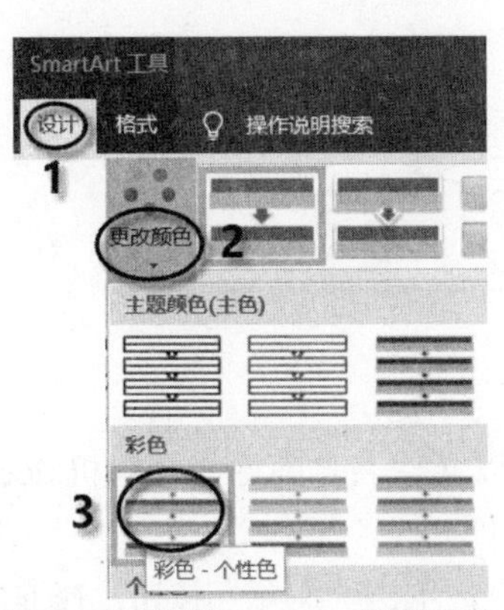

图 4.129 设置 SmartArt 图形颜色

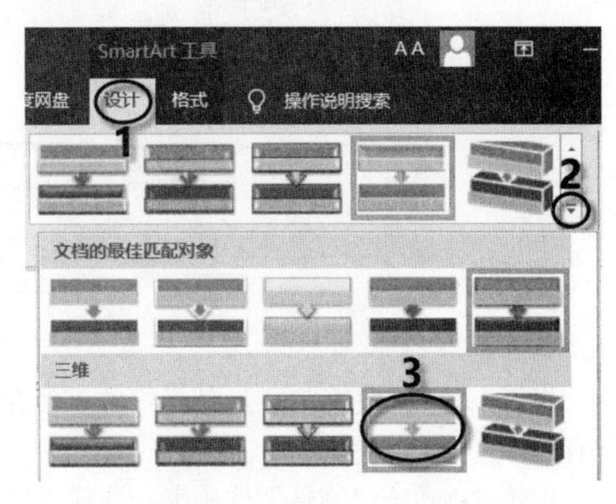

图 4.130 设置 SmartArt 图形样式

步骤 7：选定整个 SmartArt 图形，打开“SmartArt 工具”的“格式”选项卡，在“大小”组中，将高度、宽度分别设置为 11 厘米、13 厘米。

步骤 8：打开文本窗格，按住 Ctrl 键，选中所有 2 级文本，如图 4.131 所示，右击，在弹出的快捷菜单中选择“字体”命令，打开“字体”对话框，在“大小”文本框中输入 9，单击“确定”按钮。选中文本窗格内的所有文字内容，在“开始”选项卡的“字体”组中，将字体设置为“微软雅黑”。

步骤 10：单击“关闭”按钮，关闭文本窗格。

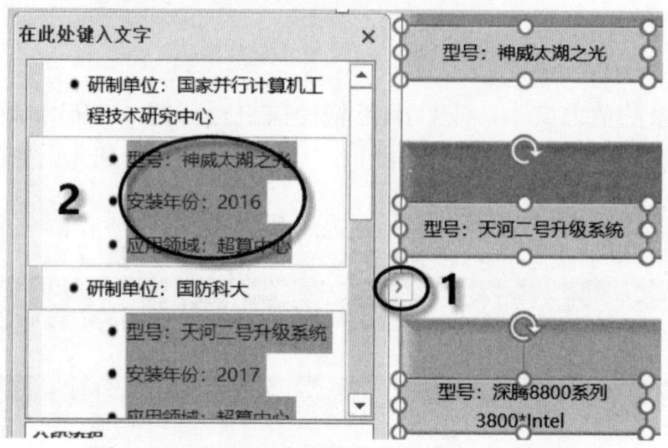

图 4.131　打开文本窗格选定 2 级文本示例图

第 5 题

步骤 1：选定文中用红色标出的文字“超级计算机”，打开“插入”选项卡，单击“链接”组中的“链接”按钮，打开“插入超链接”对话框，在“地址”文本框中输入“https://baike.so.com/doc/2972614-3135706.html”，如图 4.132 所示，单击“确定”按钮。

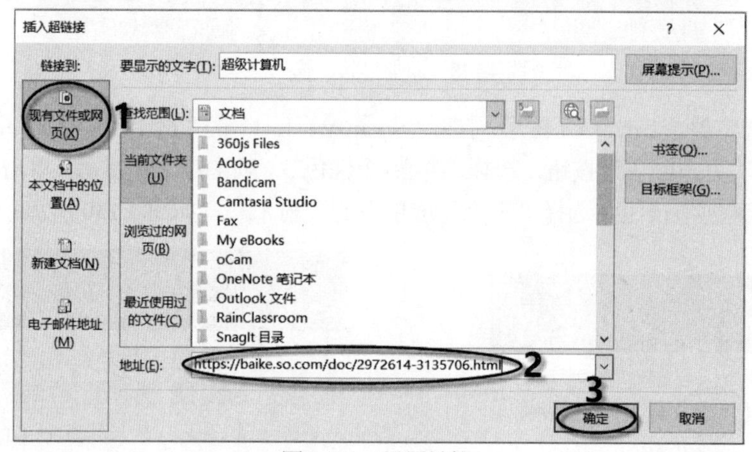

图 4.132　设置链接

第 6 题

步骤 1：单击快速访问工具栏中的“保存”按钮，以文件名“高性能计算机.docx”进行保存。

步骤 2：单击“文件”选项卡，选择“另存为”命令，单击“浏览”按钮，在弹出的对话框中保持文件名不变，设置“保存类型”为“PDF”，如图 4.133 所示，单击“保存”按钮。

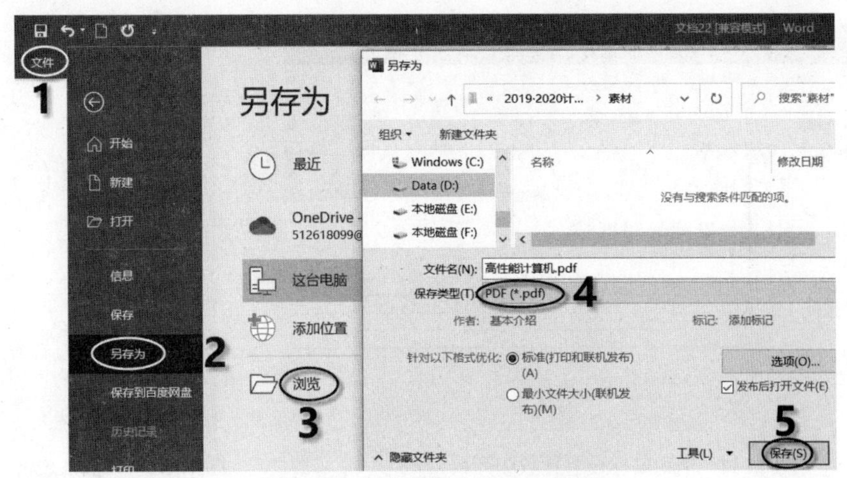

图 4.133　将文档保存为 PDF 类型

4.5　在文档中应用表格

4.5.1　插入表格

表格分为规则表格和不规则表格，其插入方法有所不同。

1. 插入规则表格

(1) 利用功能区中的命令按钮插入表格

步骤 1：将光标定位在要插入表格的位置，打开“插入”选项卡，单击“表格”组中的“表格”按钮，打开其下拉列表。

步骤 2：将鼠标指针指向空白表的第一个单元格并按住鼠标左键进行移动，选定的行数和列数显示在空白表格的顶部，同时在文档中可随时预览表格大小的变化，如图 4.134 所示。观察空白表格顶部显示的行数和列数，达到满意的行数和列数后，单击鼠标，在插入点处会自动创建一个选定行数和列数的表格。

(2) 利用对话框创建表格

步骤 1：将光标定位在要插入表格的位置。单击图 4.134 下拉列表中的“插入表格”命令，打开“插入表格”对话框，如图 4.135 所示。

步骤 2：在“表格尺寸”栏中设置插入表格的行数和列数；在“‘自动调整’操作”栏中选择一个调整表格大小的选项。例如，选中“固定列宽”单选按钮，在其后的微调框中输入具体的数值，创建指定列宽的表格。

步骤 3：单击“确定”按钮，则在当前的插入点处会按上述设置自动创建一个表格。

(3) 利用“快速表格”命令创建表格

若要创建带有一定格式的表格，可利用 Word 2016 提供的内置表格样式快速地创建表格。单击图 4.134 下拉列表中的“快速表格”命令，在“内置”列表框中选择合适的表格样式，即可快速创建带有一定格式的表格。

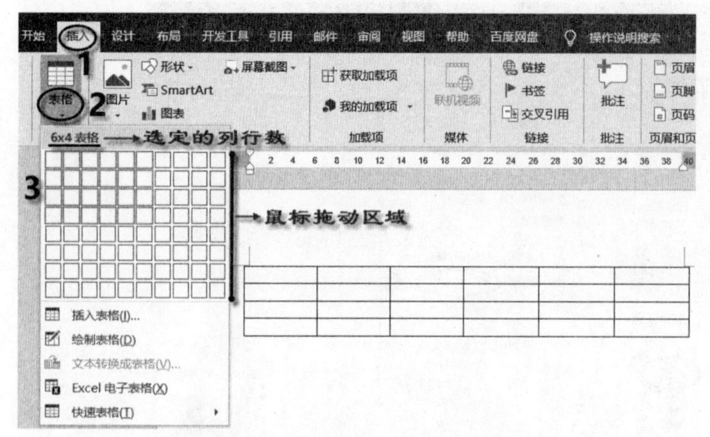

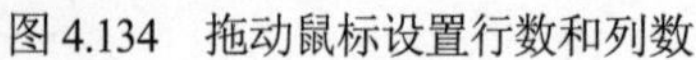

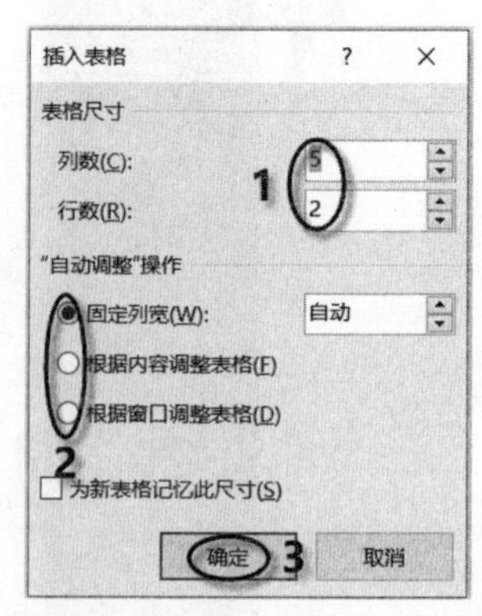

图 4.134　拖动鼠标设置行数和列数　　　　图 4.135　“插入表格”对话框

2. 创建不规则表格

使用“绘制表格”按钮进行绘制，操作步骤如下。

步骤 1：打开“插入”选项卡，单击“表格”组中的“表格”按钮，选择“绘制表格”命令。

步骤 2：当鼠标指针变成铅笔形状时，按住鼠标左键进行拖动，绘制表格的边框和表格内的垂直、水平、斜线等线条。

步骤 3：若要删除线条，只需打开“表格工具”的“布局”选项卡，单击“绘图”组中的“橡皮擦”按钮，如图 4.136 所示，单击所要删除的线条，或在要删除的表格线上拖动擦除。

步骤 4：绘制结束后，打开“表格工具”的“布局”选项卡，单击“绘图”组中的“绘制表格”按钮，或按 Esc 键退出绘制状态。所绘制的不规则表格如图 4.137 所示。

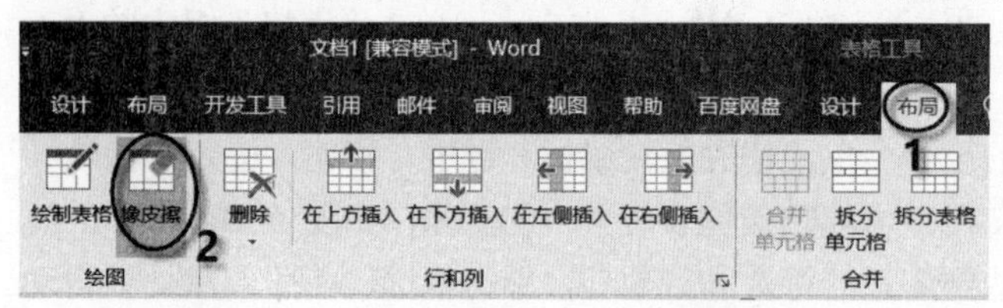

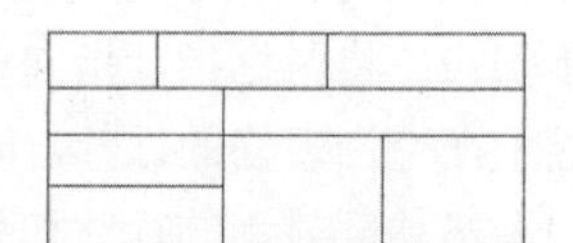

图 4.136　“绘图”组中的“橡皮擦”按钮　　　　图 4.137　绘制的不规则表格

4.5.2　编辑表格

1. 移动表格

创建表格后，在表格的左上角和右下角会各出现一个符号⊞和□，如图 4.138 所示。⊞为移动控制点，□为缩放控制点。拖动移动控制点⊞可移动整个表格。

图 4.138　表格控制点

2. 缩放表格

(1) 整体缩放：将鼠标指针放在缩放控制点□上，当指针变为⇘形状时，按住鼠标左键进行拖动，可将表格按比例进行整体缩放。

(2) 局部缩放：主要是更改表格的行高和列宽。

利用鼠标缩放：将鼠标指针指向需缩放的行或列边框线上，当指针变为 ÷ 和 ⫲ 形状时，按住鼠标左键进行拖动，上下拖动改变当前行的行高，左右拖动改变当前列的列宽。

利用命令缩放：选定需缩放的行或列，打开“表格工具”的“布局”选项卡，在“单元格大小”组的“高度”和“宽度”微调框中输入具体的数值，或者单击“自动调整”按钮，从打开的下拉列表中选择自动调整的方式。

利用对话框缩放：选定需缩放的行或列，打开“表格工具”的“布局”选项卡，单击“单元格大小”组右侧的对话框启动按钮⧅，在弹出的对话框中打开“行”或“列”选项卡，输入具体的数值，可对选定的行或列进行定量缩放。

3. 表格、行、列及单元格的选定

(1) 利用功能区中的命令按钮选定：打开“表格工具”的“布局”选项卡，单击“表”组中的“选择”按钮，可选定表格、行、列及单元格。

(2) 利用鼠标选定：将鼠标置于各对应元素的选定区中，单击即可选定对应元素。各元素的选定区如图 4.139 所示。

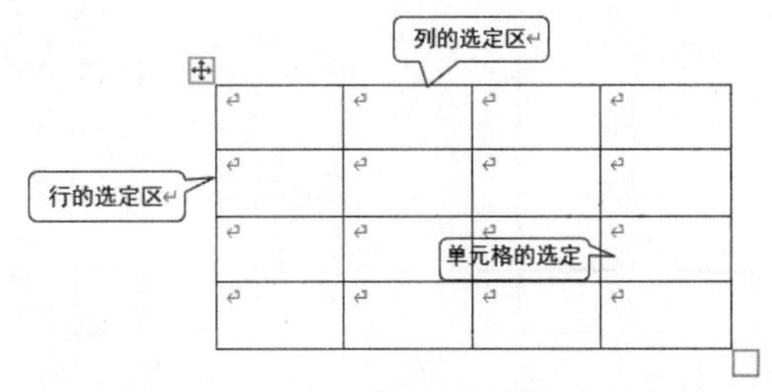

图 4.139　行、列及单元格的选定区

选定表格：单击表格的左上角的移动控制点⊞，可选定整个表格；或者选定首行/首列，按住鼠标左键向下/向右拖动，也可以选定整个表格。

选定行：将鼠标指针移至该行的选定区(行的左侧)，当指针变为 ⬀ 形状时，单击选定该行。按住鼠标左键向下/上拖动，选定多行。

选定列：将鼠标指针指向该列的选定区(列顶端边框线)，当指针变为⬇形状时，单击选定该列。按住鼠标左键向左/右拖动，选定多列。

选定单元格：将鼠标指针指向该单元格的选定区(单元格的左侧)，当指针变为⬈形状时，单击选定该单元格。按住鼠标左键拖动，选定连续的多个单元格。

选定不相邻的行、列及单元格：选定第一个需选定的行、列及单元格，然后按住 Ctrl 键，分别单击要选定的行、列及单元格。

4. 行或列的删除

(1) 利用功能区中的命令按钮

选定需删除的行或列，打开“表格工具”的“布局”选项卡，单击“行和列”组中的“删

除”按钮，在下拉列表中选择删除的方式，即可按所选定的方式进行删除。

(2) 利用快捷菜单

选定需删除的行或列，在选定的行或列上右击，从弹出的快捷菜单中选择所需的删除命令进行删除。

5. 删除表格或表格数据

(1) 删除表格

方法 1：选定整个表格，按 Backspace 键。

方法 2：选定表格，打开“表格工具”的“布局”选项卡，单击“行和列”组中的“删除”按钮，在下拉列表中选择“删除表格”命令。

(2) 删除表格数据

选定表格中要删除的数据，按 Delete 键，即可删除选定的数据。

6. 行或列的插入

(1) 利用符号

当鼠标指向表格左侧边框线时，会出现带有⊕符号的直线，如图 4.140 所示。单击⊕，在该符号的上方将插入一行。

当鼠标指向行列相交点的最上端时，会出现带有⊕符号的直线，如图 4.141 所示。单击⊕，在该符号的左侧将插入一列。

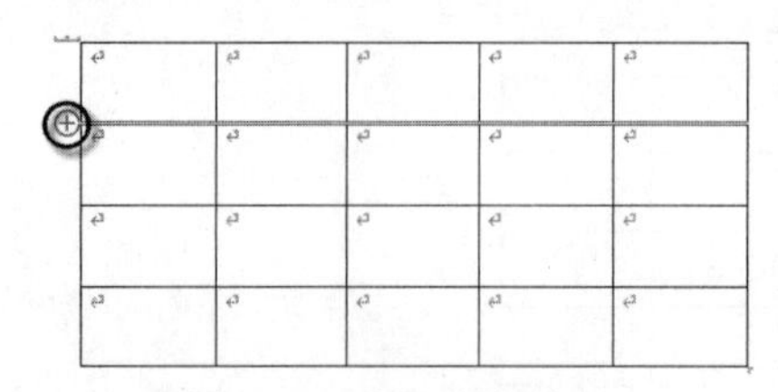

图 4.140　插入行的符号

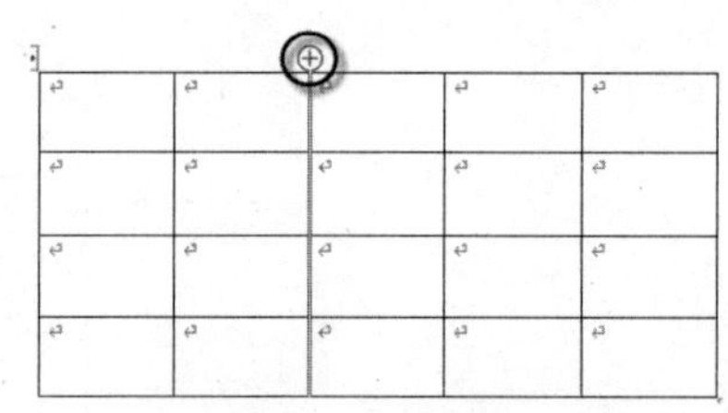

图 4.141　插入列的符号

(2) 利用功能区中的命令按钮

将光标置于行或列中，打开“表格工具”的“布局”选项卡，单击“行和列”组中相应的按钮插入行或列。

(3) 利用快捷菜单

步骤 1：选定表格中的一行(或一列)，要插入几行就选定几行(或几列)。

步骤 2：在选定的行或列上右击，从弹出的快捷菜单中选择“插入”命令，在其子菜单中选择相应的命令插入行(或列)。

(4) 在表格底部插入空白行

若要在表格底部插入一行，则将鼠标定位在最后一行的最后一个单元格中，按 Tab 键。

7. 单元格的拆分与合并

(1) 单元格的拆分

选定要拆分的单元格，打开“表格工具”的“布局”选项卡，单击“合并”组中的“拆分单元格”按钮。在弹出的对话框中，在“列数”和“行数”文本框中分别输入要拆分的列数和行数，若选中“拆分前合并单元格”复选框，则先合并再拆分为指定的单元格。

(2) 单元格的合并

选定要合并的单元格，打开“表格工具”的“布局”选项卡，单击“合并”组中的“合并单元格”按钮，或者单击快捷菜单中的“合并单元格”命令，将选定的单元格合并为一个单元格。

8. 绘制斜线表头

为了说明行与列的字段信息，需在表格中绘制斜线表头。打开“插入”选项卡，单击“表格”组中的“表格”按钮，在下拉列表中选择“绘制表格”命令，或打开“表格工具”的“布局”选项卡，单击“绘图”组中的“绘制表格”按钮，直接在单元格中绘制即可。

9. 跨页重复标题行

当表格内容较多，一页不能完全显示而需要多页显示时，为了便于对内容的理解，需要在每一页的表格上方自动添加表格的标题行，即跨页重复标题行。具体的设置步骤如下。

步骤 1：选定需要跨页重复的标题行。

步骤 2：打开“表格工具”的“布局”选项卡，单击“数据”组中的“重复标题行”按钮。

4.5.3　表格格式化

表格格式化主要是指设置表格的边框、底纹，设置内容对齐方式等，以美化表格，增强表格的视觉效果。

1. 设置表格的边框

(1) 利用功能区中的命令按钮

步骤 1：选定表格，打开“表格工具”的“设计”选项卡，在“边框”组中分别设置“线型”“粗细”“颜色”。

步骤 2：单击“边框”组中的“边框”按钮，在弹出的下拉列表中选择需要添加格式的边框位置，或者单击“边框刷”按钮，如图 4.142 所示，在需要添加格式的边框线上按住鼠标左键进行拖动复制格式。若要取消“边框刷”，再次单击“边框刷”按钮即可。

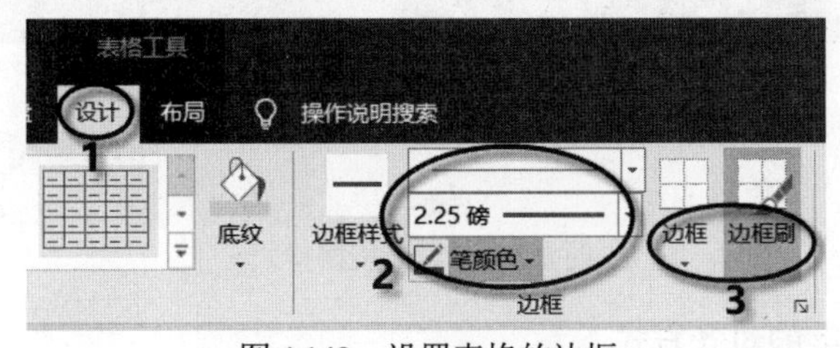

图 4.142　设置表格的边框

(2) 利用对话框

步骤 1：选定表格，打开“表格工具”的“设计”选项卡，单击“边框”组中的对话框启动按钮，打开“边框和底纹”对话框，如图 4.143 所示。

步骤 2：在“设置”区域选择边框的格式，如“方框”；在“样式”“颜色”“宽度”中分别选择边框的线型、颜色、粗细，在“预览”区域选择所要应用的边框。

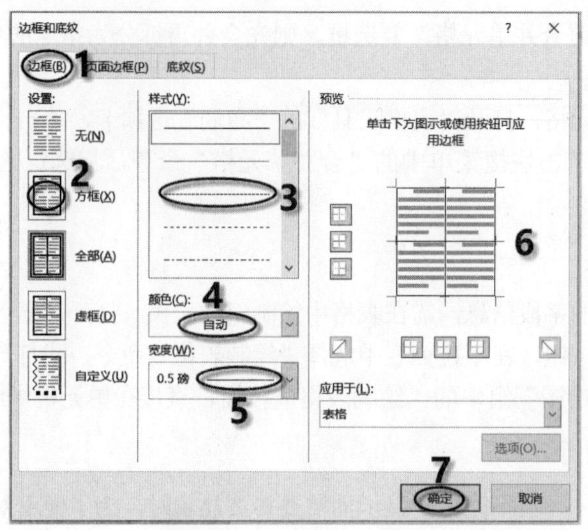

图 4.143 “边框”选项卡

2. 设置表格底纹

(1) 利用功能区中的命令按钮设置

打开“表格工具”的“设计”选项卡，单击“表格样式”组中的“底纹”按钮，从其下拉列表中选择所需的颜色。

(2) 利用对话框设置

选定表格，在图 4.143 所示的对话框中，单击“底纹”选项卡，依次设置填充、图案样式、图案颜色即可。

3. 套用表格内置样式

选定表格，打开“表格工具”的“设计”选项卡，单击“表格样式”组中的“其他”按钮，如图 4.144 所示，在下拉列表中选择需要的样式即可。

若要取消已应用的表格样式，在“其他”下拉列表中选择“清除”命令。

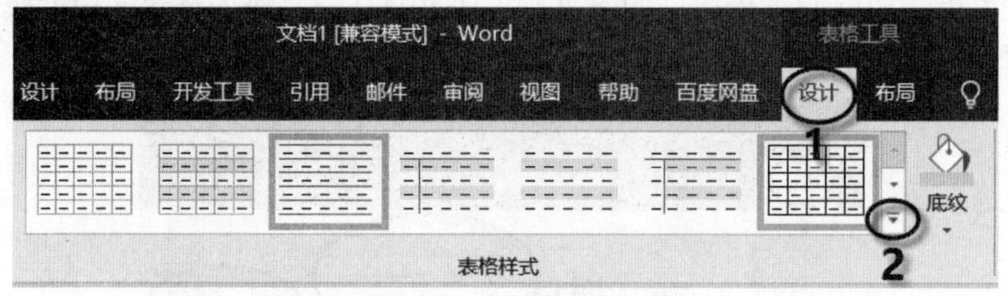

图 4.144 设置表格样式

4. 设置表格内文字的对齐方式

方法 1：选定要设置对齐方式的单元格，在图 4.144 中打开“表格工具”的“布局”选项卡，在“对齐方式”组中有 9 种对齐方式，单击所需的方式即可。

方法 2：在选定的单元格上右击，从弹出的快捷菜单中选择“单元格对齐方式”命令，从中选择一种方式即可。

4.5.4　表格与文本的相互转换

1. 将文本转化为表格

将文本转换为表格，转换关键是使用分隔符将文本进行分隔。常见的分隔符主要有：段落标记、制表符、逗号、空格。例如，将下列所示的文本(各文本间以空格分隔)转换为表格。

姓名　计算机　法律　高数
王立杨　85　80　87
潘奇　89　85　90
尹丽丽　76　90　89
常华　85　82　80
吴存金　85　80　82

操作步骤如下。

步骤 1：选定要转换为表格的文本，打开“插入”选项卡，单击“表格”组中的“表格”按钮，在弹出的下拉列表中选择“文本转换成表格”命令，如图 4.145 所示。

步骤 2：打开的“将文字转换成表格”对话框如图 4.146 所示，在该对话框中，“列数”默认为 4，行数由 Word 按列数自动计算，文字分隔符位置设置为“空格”，单击“确定”按钮，得到如表 4.1 所示的表格。

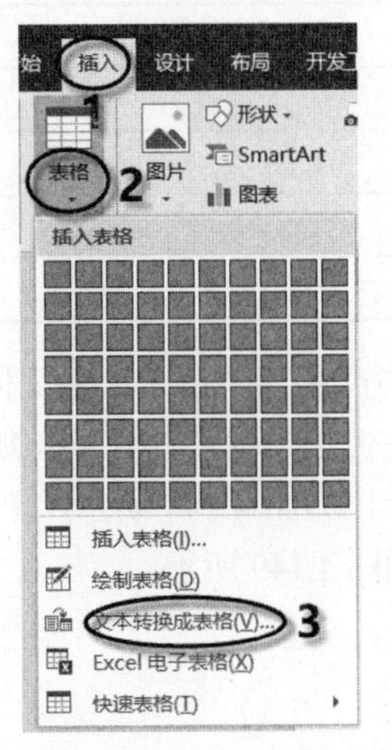

图 4.145　“表格”下拉列表

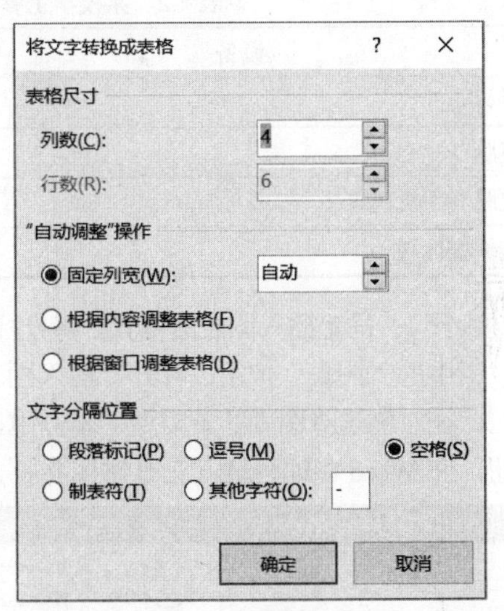

图 4.146　“将文字转换成表格”对话框

表 4.1　转换后的表格

姓名	计算机	法律	高数
王立杨	85	80	87
潘奇	89	85	90
尹丽丽	76	90	89
常华	85	82	80
吴存金	85	80	82

2. 将表格转换成文本

将表 4.1 所示的表格转换为文本，操作步骤如下。

步骤 1：选定要转换成文本的表格，打开“表格工具”的“布局”选项卡，单击“数据”组中的“转换为文本”按钮，如图 4.147 所示。

图 4.147　将表格转换为文本

步骤 2：在打开的“表格转换成文本”对话框中，选择一种文字分隔符，这里选择默认“制表符”，单击“确定”按钮，即可将表格转换为文本。

4.5.5　将表格数据转换成图表

图表功能是 Excel 的重要功能，在 Office 2016 所有的组件(Word、PowerPoint 等)中都可以使用，其中，嵌入 Word、PowerPoint 等文档中的图表都是通过 Excel 进行编辑的，因此在非 Excel 的 Office 组件中，图表的功能都可以实现。

例如，下列表 4.2 中的数据是某校学生参与在线学习使用设备情况的统计结果，将该表中的数据以图表(三维饼图)进行表示，操作步骤如下。

表 4.2　某校学生参与在线学习使用设备情况统计表

设备	所占百分比
手机	50%
电脑	16%
电脑和手机	28%
其他媒体端	6%

步骤 1：确定插入图表的位置。将光标定位到表格的下方，打开“插入”选项卡，单击“插图”组中的“图表”按钮，打开“插入图表”对话框。在左侧选择图表类型，本例中选择“饼图”，在右侧选择图表的子类型，本例中选择“三维饼图”，如图 4.148 所示，单击“确定”按钮，在 Word 中即可插入三维饼图并打开 Excel 窗口，如图 4.149 所示。

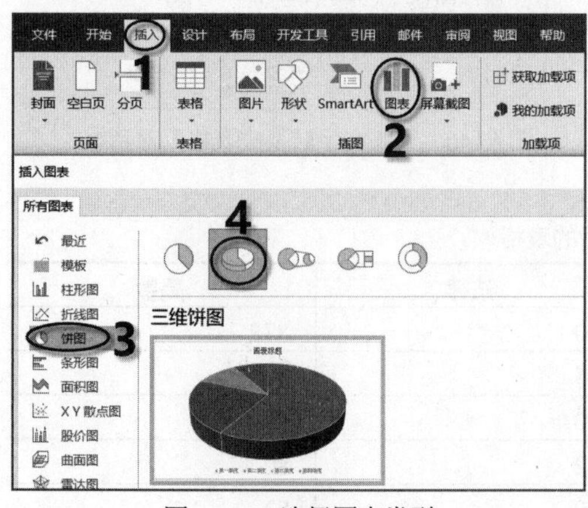

图 4.148　选择图表类型

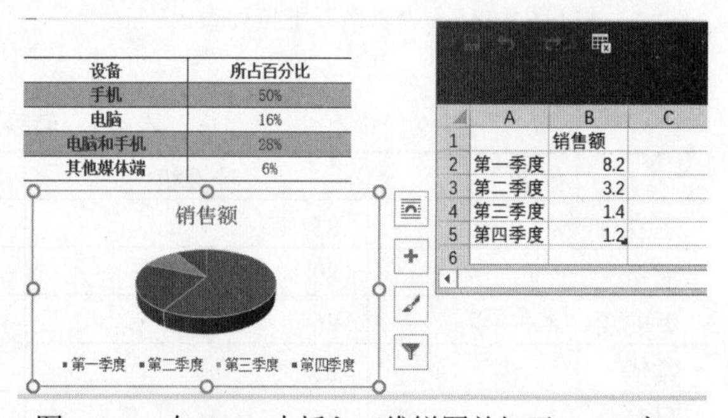

图 4.149　在 Word 中插入三维饼图并打开 Excel 窗口

步骤 2：将 Word 表格中的数据复制到 Excel 窗口。将 Word 窗口中的表格数据分别复制到 Excel 窗口的 A 列、B 列，在 Excel 窗口中编辑图表数据，图表变化将同步显示在 Word 窗口中，如图 4.150 所示。

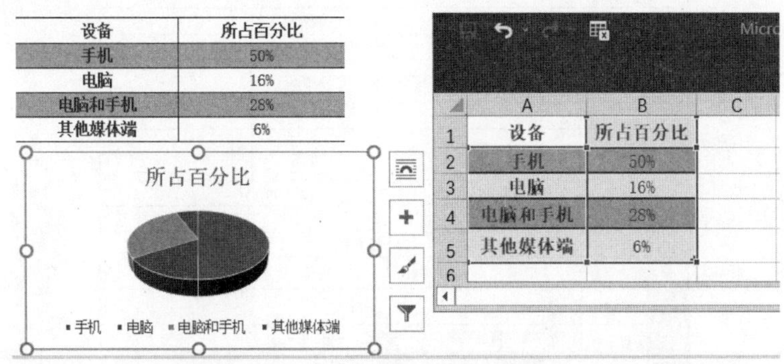

图 4.150　在 Excel 窗口中编辑图表数据，图表变化同步显示在 Word 窗口中

步骤 3：编辑图表。选定图表，单击图表右侧的“图表元素”按钮，在打开的列表中选中“数据标签”复选框，如图 4.151 所示。单击“图表样式”按钮，在打开的列表中单击“颜色”按钮，选择“彩色”区域中的“彩色调色板 4”，如图 4.152 所示。

步骤 4：关闭 Excel 窗口。图表编辑结束后，关闭 Excel 窗口，创建的图表便会显示在 Word 窗口中。

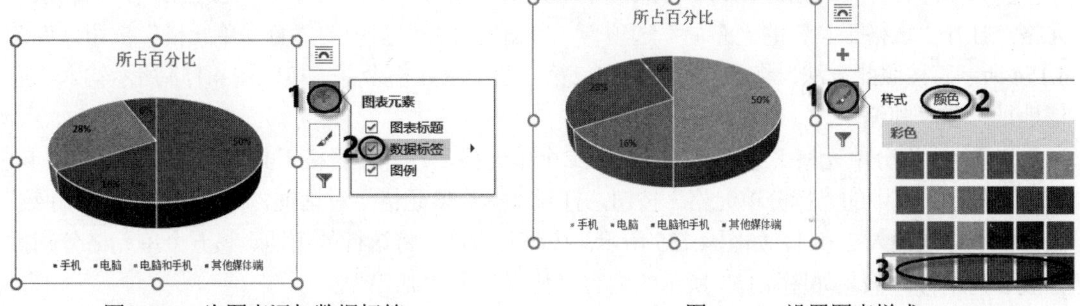

图 4.151　为图表添加数据标签　　　　图 4.152　设置图表样式

4.5.6　示例练习

为进一步促进程序设计课程的教学发展，掌握微信小程序开发的基本流程，某高校计划举办微信小程序系列课程教学研讨会。请使用表格制作如图 4.153 所示的报名回执表。

操作步骤如下。

步骤 1：输入表格标题。打开 Word 文档，输入标题“全国高校微信小程序开发与实训高级研修班”，字体为宋体、字号三号、加粗、居中。按 Enter 键，输入“报名回执表”，设置为宋体、三号、居中，段前 0.5 行。按 Enter 键，另起一行，插入表格。

步骤 2：插入表格。将光标定位在插入点的位置，打开“插入”选项卡，单击“表格”组中的“表格”按钮，在下拉列表中单击“插入表格”命令，打开“插入表格”对话框，在“列数”和“行数”列表框中分别输入 5 和 18，单击“确定”按钮，插入一个 5 列 18 行的表格。

全国高校微信小程序开发与实训高级研修班

报名回执表

单位名称				
通讯地址			邮编	
联系人	电话		传真	邮箱
参加培训人员	性别	联系方式	职称/职务	身份证号码（为避免重名请填写此栏）
住宿安排	是否需要安排住宿：□ 是　□ 否			
住宿方式	□ 合住　□ 单位			
付款方式	□ 汇款缴费　□ 现场缴费			
是否酒店用餐	□ 否　□ 午餐　□ 晚餐			
发票信息	发票抬头：			
	发票类型：	□ **增值税普通发票**（需提供发票抬头、税号） □ **增值税专用发票**（需提供发票抬头、税号、地址、电话、开户行及账号）		
单位税号：				
单位地址：			电话：	
单位开户银行：				
账号：				
对本次培训内容的其他需求：				

图 4.153　报名回执表

步骤 3：合并单元格。在第一行第一个单元格中输入“单位名称”，选定第一行的剩余单元格，打开“表格工具”的“布局”选项卡，单击“合并”组中的“合并单元格”按钮，如图 4.154 所示。按照此方法，将第二行的第二、第三两个单元格合并，按照图 4.153 所示输入“通信地址”和“邮编”。

步骤 4：拆分单元格。选定第三行的第二个单元格，打开“表格工具”的“布局”选项卡，单击“合并”组中的“拆分单元格”按钮，打开“拆分单元格”对话框，在“列数”和“行数”微调框中分别输入 2 和 1，如图 4.155 所示。按照此方法，将该行的第四、第五个单元格分别拆分成 2 列 1 行，输入如图 4.153 所示的内容“传真”和“邮箱”。

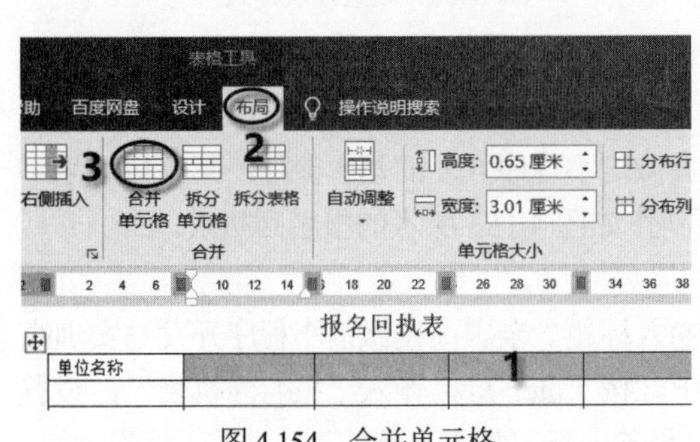

图 4.154　合并单元格

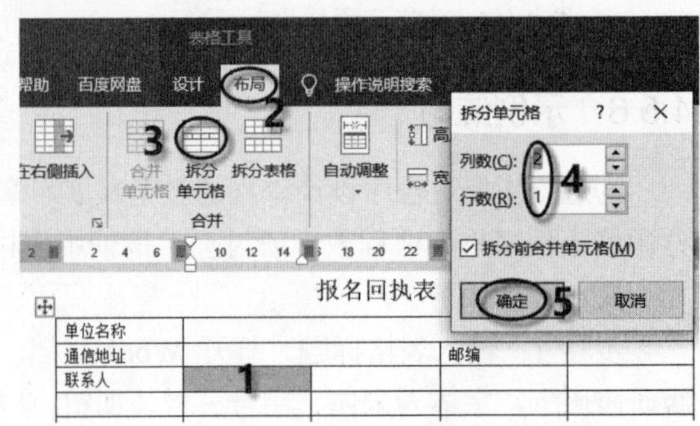

图 4.155　拆分单元格

步骤 5：输入表格内容。在第四行输入如图 4.153 所示的内容。

步骤 6：在表格中插入复选框内容控件。在第八行的第一个单元格中输入“住宿安排”，选定该行其余单元格将其合并，输入“是否需要安排住宿：”。按几次空格键。

打开“开发工具”选项卡，如果 Word 中没有显示“开发工具”选项卡，单击“文件”|“选

项”命令，打开“Word 选项”对话框，进行如图 4.156 所示的设置，将“开发工具”添加到功能区。

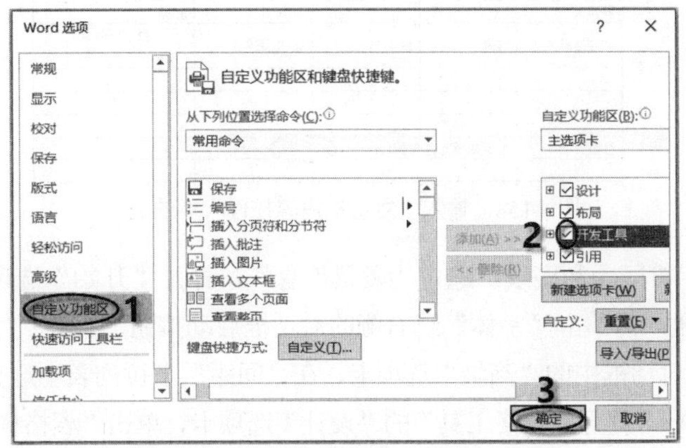

图 4.156　将“开发工具”添加到功能区

在“开发工具”选项卡的“控件”组中单击“复选框内容控件”按钮☑，如图 4.157 所示，此时在文档中插入小方格“□”，单击小方框，方格中默认显示的是“×”符号，需要将其改为“√”符号。单击“控件”组中的“属性”按钮，弹出“内容控件属性”对话框，单击该对话框中的“更改”按钮，打开“符号”对话框，在“字体”下拉列表中选择“Wingdings 2”，在列表框中单击☑按钮，再依次单击“确定”按钮，将小方框中的“×”符号改为“√”符号。单击小方格外的任意位置，此时光标显示在小方格后，按 1 次空格，输入“是”，如图 4.158 所示。按照此方法插入该行的另一个“复选框内容控件”并输入文字“否”，如图 4.153 所示。

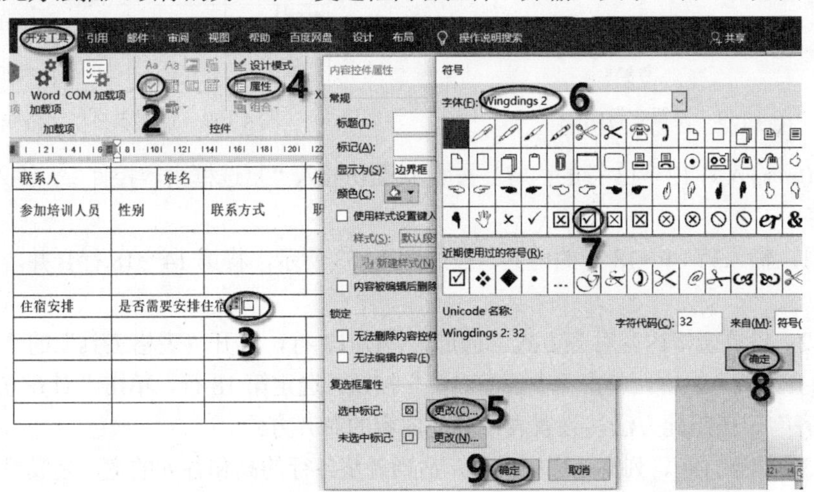

图 4.157　插入“复选框内容控件”并将复选框的中的符号更改为√

步骤 7：输入表格第 9～11 行的内容。按照步骤(6)，输入如图 4.153 所示的第 9～11 行的内容。

步骤 8：绘制直线并合并单元格。打开“表格工具”的“布局”选项卡，单击“绘图”组中的“绘制表格”按钮，此时鼠标变成了铅笔形状，按住鼠标左键在第 12～13 行的第一个单元格中绘制直线，按照图 4.153 所示合并单元格，输入“发票信息”。单击“布局”选项卡“对齐方式”组中的“文字方向”按钮，将“发票信息”设为纵向显示。

报名回执表

单位名称				
通信地址			邮编	
联系人		姓名	传真	邮箱
参加培训人员	性别	联系方式	职称/职务	身份证号码（为避免重名请填写此栏）
住宿安排	是否需要安排住宿:	☐ 是		

图 4.158　输入“复选框内容控件”后的文字

步骤 9：设置字符间距和底纹。选定“发票信息”，打开“开始”选项卡，单击“字体”组中的“加粗”按钮，再单击“字体”组右侧的对话框启动按钮，打开“字体”对话框，如图 4.159 所示。单击该对话框中的“高级”选项卡，在“间距”下拉列表中选择“加宽”，在“磅值”微调框中输入 0.5。打开“表格工具”的“设计”选项卡，单击“表格样式”组中的“底纹”按钮，在打开的列表中选择“橙色，个性色 6，深色 25%”，如图 4.160 所示。

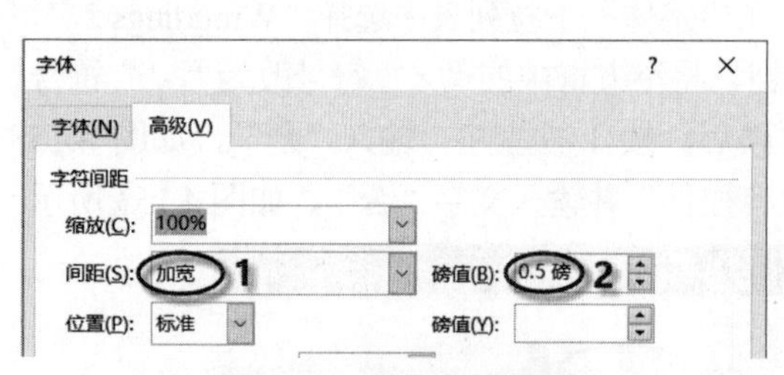

图 4.159　设置字符间距

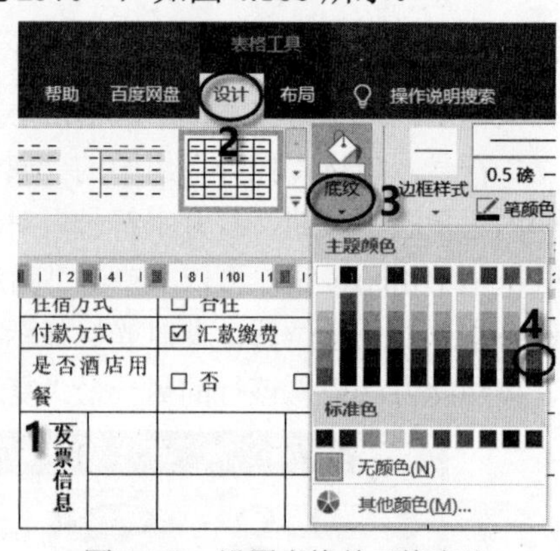

图 4.160　设置表格单元格底纹

步骤 10：输入第 12～13 行的内容。按照步骤(6)插入“复选框内容控件”，输入如图 4.153 所示的内容。

步骤 11：输入第 14～18 行的内容。按照图 4.153 所示，将第 14～18 行合并，并输入对应的内容。

步骤 12：设置表格内容对齐方式。选定第 14～17 行，打开“表格工具”的“布局”选项卡，在“对齐方式”组中，单击“中部左对齐”按钮。选定第 18 行，单击“对齐方式”组中的“靠上左对齐”。按照此方法，设置表格其他内容的对齐方式。

步骤 13：调整行高、列宽。根据内容，适当调整各行的高和各列的宽，完成报名回执表的制作。最终效果如图 4.153 所示。

4.6 长文档的编辑

4.6.1 样式的使用和创建

样式是指以一定名称保存的字符格式和段落格式的集合，这样在编排重复格式时，就可以先创建一个该格式的样式，然后在需要的地方套用这种样式，而无须一次次地对它们进行重复的格式化操作。

1. 创建新样式

当 Word 2016 内置的样式不能满足用户需求时，可创建新样式进行格式编辑。创建新样式的步骤如下。

步骤 1：打开“开始”选项卡，单击“样式”组中右下角的对话框启动按钮，打开“样式”任务窗格，单击任务窗格左下角的“新建样式”按钮，如图 4.161 所示，打开“根据格式化创建新样式”对话框，如图 4.162 所示。

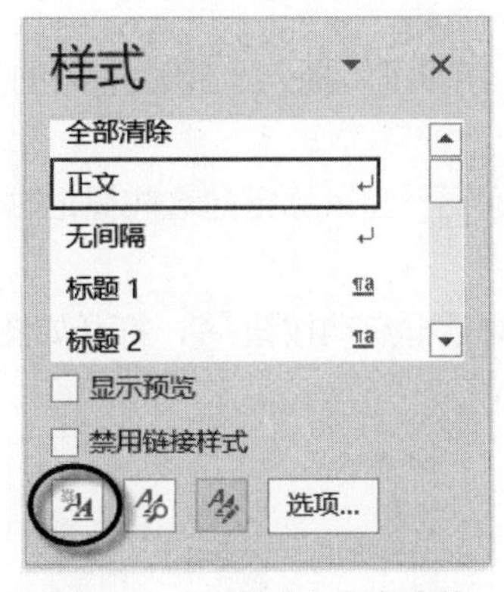

图 4.161　“样式”任务窗格

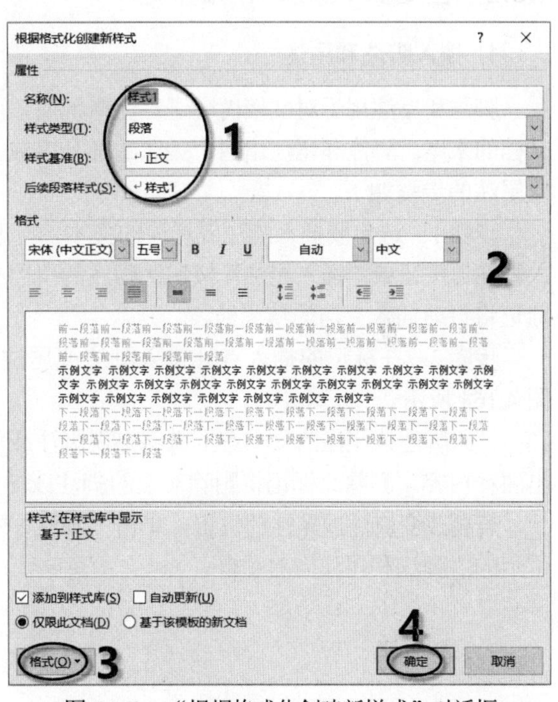

图 4.162　“根据格式化创建新样式”对话框

步骤 2：在“名称”框中输入新建样式的名称，单击“样式类型”下拉按钮，在打开的下拉列表中选择一种类型，如“段落”，新建的样式将应用于段落。

步骤 3：单击“样式基准”下拉按钮，在下拉列表中选择某一种内置样式作为新建样式的基准样式。

步骤 4：单击“格式”栏中的相应按钮，或单击“格式”按钮，在弹出的下拉列表中选择相应的命令设置新建样式的格式。如果希望该样式应用于所有文档，选中对话框左下角的“基于该模板的新文档”单选按钮。设置完毕后单击“确定”按钮。

创建的新样式显示在内置样式库中，使用时单击该样式即可。

2. 修改样式

根据需要可以对样式进行修改，修改后的样式将会应用到所有使用该样式的文本段落中。修改样式的步骤如下。

步骤 1：打开“开始”选项卡，单击“样式”组中右下角的对话框启动按钮，打开“样式”任务窗格。

步骤2：在要修改的样式名称上右击(或者单击要修改的样式名称右侧的下拉按钮)，从弹出的快捷菜单中选择“修改”命令，如图4.163所示，打开“修改样式”对话框，按需求进行修改即可。

步骤3：修改完毕后，单击“确定”按钮，修改后的样式即可应用到使用该样式的文本段落。

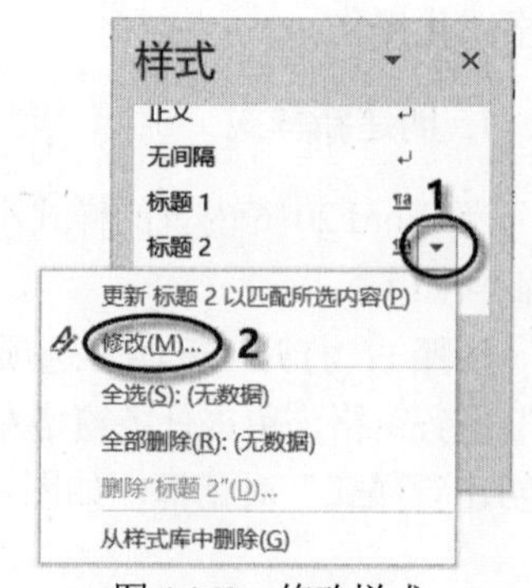

图4.163　修改样式

4.6.2　在文档中添加引用的内容

1. 插入脚注和尾注

脚注和尾注用于对文档内容进行注释说明，脚注一般位于当前页面的底部，尾注一般位于文档的末尾。脚注和尾注由两个关联的部分组成，即引用标记和注释文本。在文档中插入脚注或尾注的步骤如下。

步骤1：选定要插入脚注或尾注的文本，打开“引用”选项卡，单击“脚注”组中的“插入脚注”按钮或“插入尾注”按钮，脚注的引用标记将自动插入当前页面的底部，尾注的引用标记将自动插入文档的结尾处。

步骤2：在标记的插入点处输入脚注或尾注的注释内容即可。插入“脚注”后的效果如图4.164所示。

插入脚注或尾注的文本右上方将出现脚注或尾注引用标记，当鼠标指向这些标记时，会弹出注释内容。删除此标记将删除对应的脚注或尾注内容。

若要改变脚注或尾注的位置，单击“脚注”右下角的对话框启动按钮，打开如图4.165所示的“脚注和尾注”对话框。

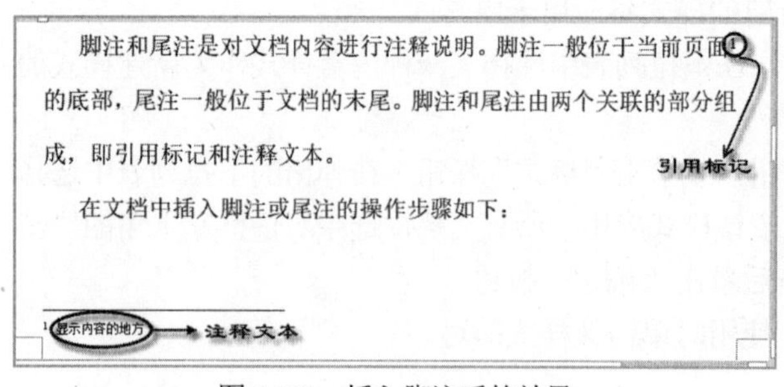

图4.164　插入脚注后的效果

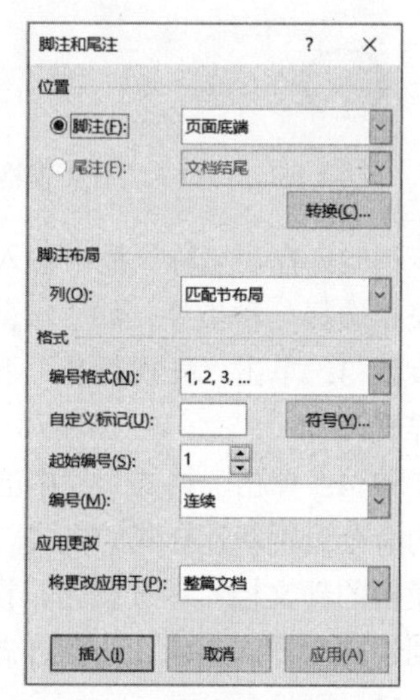

图4.165　“脚注和尾注”对话框

- 在“位置”栏中选择是插入“脚注”还是“尾注”，在其后的下拉列表中改变插入的位置。
- 在“格式”栏中可设置编号的格式、起始编号、编号方式等。

2. 插入题注

题注就是给图片、表格、图表等项目添加的名称和编号。例如，在本书的图片下方标注的“图 4.1”和“图 4.2”等带有编号的说明段落就是题注。简单而言，题注就是插图的编号。

使用题注功能可以使长文档中图片、表格或图表等项目按照顺序自动编号。如果移动、插入或删除带题注的项目，Word 可以自动更新题注的编号，提高工作效率。通常，表格的题注位于表格的上方，图片的题注位于图片的下方。下面以给图片添加题注为例，说明在文档中插入题注的方法。

步骤 1：在要添加题注的图片上右击，从弹出的快捷菜单中选择“插入题注”命令，或者打开“引用”选项卡，在“题注”组中单击“插入题注”按钮，打开“题注”对话框，如图 4.166 所示。

步骤 2：在“标签”下拉列表中选择需要的标签形式。若默认的标签中没有我们需要的标签形式，则单击“新建标签”按钮。

步骤 3：在打开的“新建标签”对话框中输入新的标签，标签的内容根据需要设定。如输入“图”，表示图 1、图 2……等，本例中输入“图 4.”表示第 4 章的图片，如图 4.167 所示。单击“确定”按钮，新的标签将自动出现在“标签”的下拉列表中。

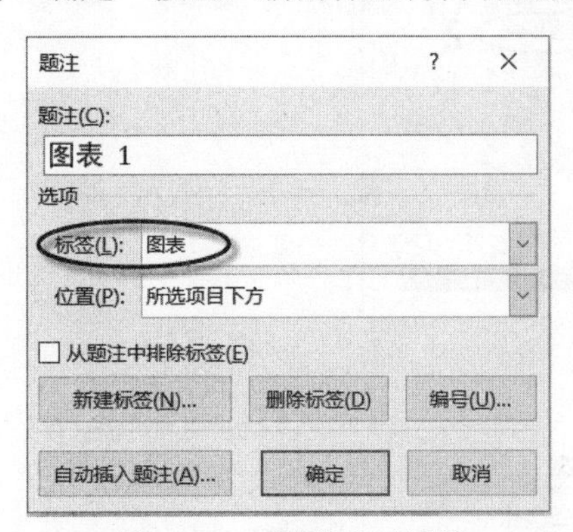

图 4.166　“题注”对话框

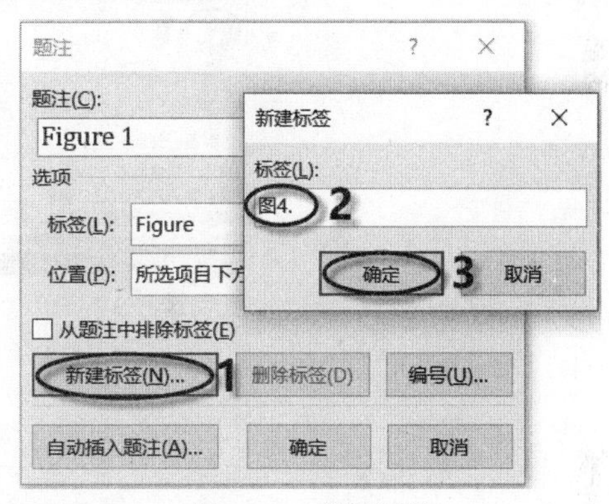

图 4.167　新建标签

步骤 4：单击图 4.167 中的“编号”按钮，设置标签的编号样式。单击“位置”下拉按钮，设置标签的位置，本例中选择“所选项目下方”。

步骤 5：设置结束后，单击“确定”按钮，将自动为当前图片添加题注，如图 4.168 所示。

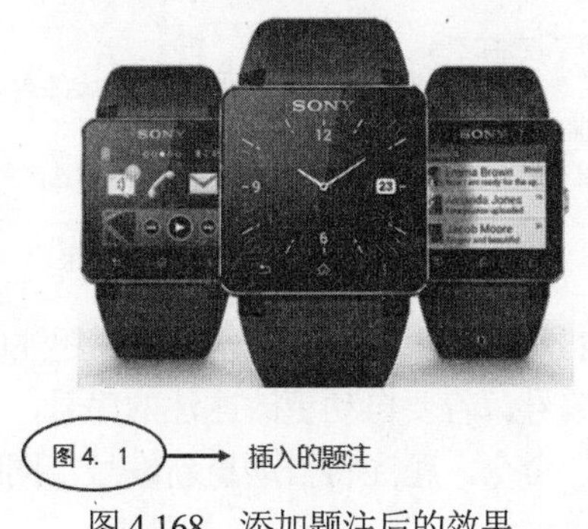

图 4.168　添加题注后的效果

步骤 6：再为本章其他图片添加题注时，只需在图 4.166 中单击“标签”下拉按钮，在下拉列表中选择“图 4.”，单击“确定”按钮，系统将自动插入“图 4.2”“图 4.3”等题注。

3. 插入交叉引用

交叉引用是指在文档的一个位置上引用文档中另一个位置的内容。在文档中我们经常看到“如图 X-Y 所示”，就是为图片创建的交叉引用。交叉引用可以使读者尽快找到想要的内容，也可以使整个文档的内容更有条理。交叉引用随引用的图、表格等对象顺序的变化而变化，会自动进行更新。

例如，对“图 4.5 修改样式”设置“交叉引用”，具体步骤如下。

步骤 1：将光标定位在需要插入交叉引用的位置，打开“引用”选项卡，在“题注”组中单击“交叉引用”按钮。

步骤 2：打开“交叉引用”对话框，如图 4.169 所示。在“引用类型”下拉列表中选择引用的类型，这里选择“图 4.”；在“引用内容”下拉列表中选择引用的内容，本例中选择“仅标签和编号”；在“引用哪一个题注”列表框中选择引用的对象，本例中选择“图 4.5 修改样式”。然后单击“插入”按钮，引用的内容将自动插入当前光标的位置。

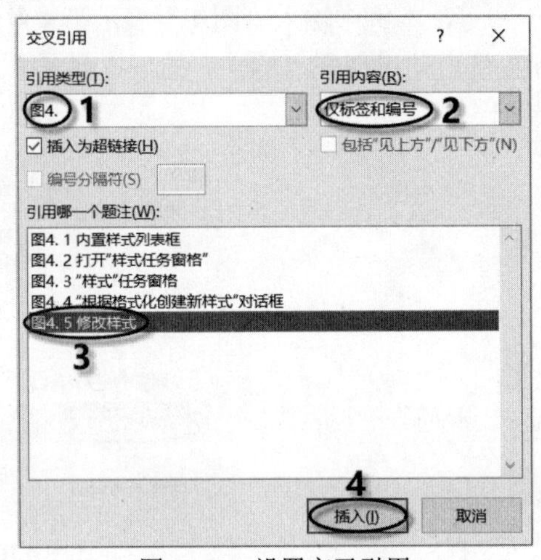

图 4.169　设置交叉引用

步骤 3：按住 Ctrl 键并单击该引用，即可跳转到引用的目标位置，如图 4.170 所示，这为快速浏览内容提供了方便。

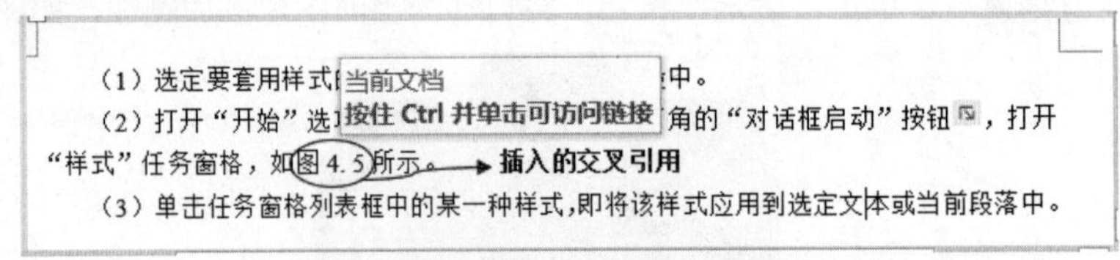

图 4.170　建立交叉引用后的效果

当文档中的图片、表格等对象因插入、删除等操作，导致题注的序号发生变化时，Word 2016 中的题注序号并不会自动重新编号。若要自动更改题注的序号，先选定整个文档，右击，在弹出的快捷菜单中选择“更新域”命令，题注将自动重新编号。同时，引用的内容也会随着题注的变化而变化。

4.6.3　分页与分节

1. 分页

在 Word 文档中当输入的内容到达文档的底部时，Word 就会自动分页。如果在一页未完成时希望从新的一页开始，则需要手工插入分页符进行强制分页。插入分页符的步骤如下。

步骤 1：将光标定位在文档中需要分页的位置。

步骤 2：打开“布局”选项卡，单击“页面设置”组中的“分隔符”按钮，打开“分隔符”下拉列表，如图 4.171 所示，选择“分页符”选项栏中的“分页符”，即可将光标后的内容分布到新的页面。

使用 Ctrl+Enter 快捷键也可以插入分页符。方法：将光标定位在需要分页的位置，按 Ctrl+Enter 快捷键，此时，插入点之后的内容将被放在新的一页。

文档插入分页符后，在编辑区可以看到分页符是一条带有“分页符”3 个字的水平虚线，如图 4.172 所示。如果要删除分页符，选定分页符水平虚线，然后按 Delete 键即可。

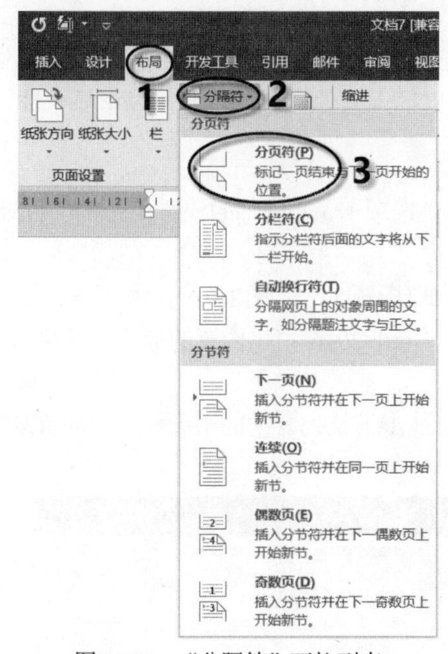

图 4.171　“分隔符”下拉列表

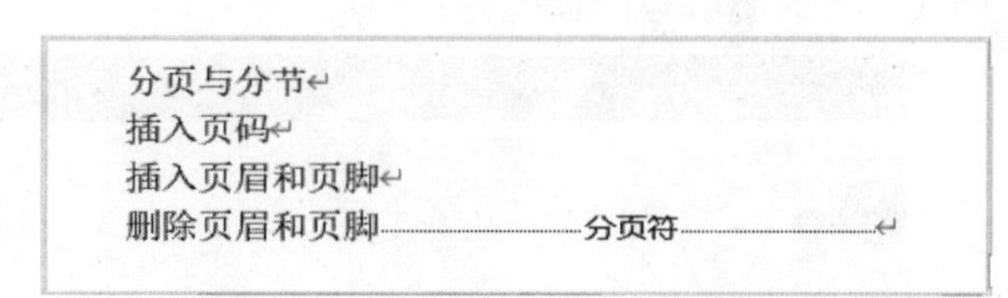

图 4.172　编辑区中的“分页符”符号

2. 分节

一篇文档默认是一节，有时需要分成很多节，分开的每个节都可以进行不同的页眉、页脚、页码等设置，所以如果需要在一页之内或两页之间改变文档的版式或格式，需要使用分节符。插入分节符的步骤如下。

步骤 1：将光标定位于文档中需要插入分节的位置。

步骤 2：打开“布局”选项卡，单击“页面设置”组中的“分隔符”按钮，在下拉列表中选择“分节符”选项栏中的选项即可，如图 4.171 所示，其中，各选项的含义如下。

- 下一页：插入一个分节符，新节从下一页开始，分节的同时又分页，如图 4.173(a)所示。
- 连续：插入一个分节符，新节从同一页开始，分节不分页，如图 4.173(b)所示。

- 奇数页或偶数页：插入一个分节符，新节从下一个奇数页或偶数页开始，如图 4.173(c)所示。

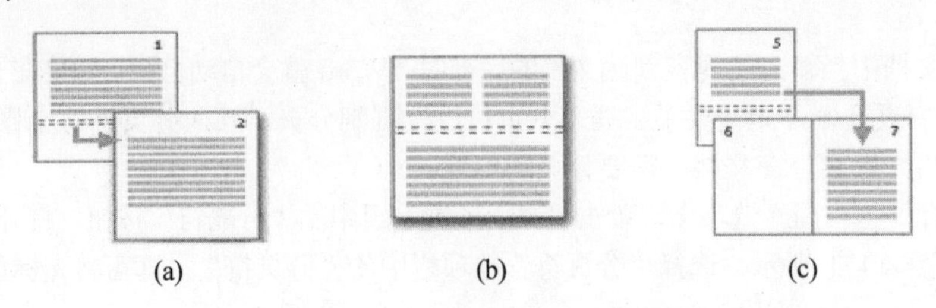

图 4.173 “分节符”各选项的含义

插入分节符后，在草稿视图下可以看到分节符是一条带有“分节符”3 个字的水平双虚线。若要删除分节符，在草稿视图下单击分节符的水平虚线，然后按 Delete 键即可。

4.6.4 创建文档目录

目录作为一个导读，通常位于文档的前面，为用户阅读和查阅文档提供方便。使用 Word 2016 内置目录功能，可以快速为文档添加目录，也可以插入其他样式的目录，以彰显个性。

1. 利用内置目录样式创建目录

步骤 1：将鼠标定位到文档的最前面，打开“引用”选项卡，单击“目录”组中的“目录”按钮，打开“目录”下拉列表。

步骤 2：如果文档的标题已经设置了内置的标题样式(标题 1、标题 2……)，则单击下拉列表中的某一种“自动目录”样式，如“自动目录 2”，Word 2016 根据内置的标题样式将自动在指定位置创建目录，如图 4.174 所示。

步骤 3：如果文档的标题未设置内置的标题样式，单击下拉列表中的某一种“手动目录”样式，再手动填写目录内容。

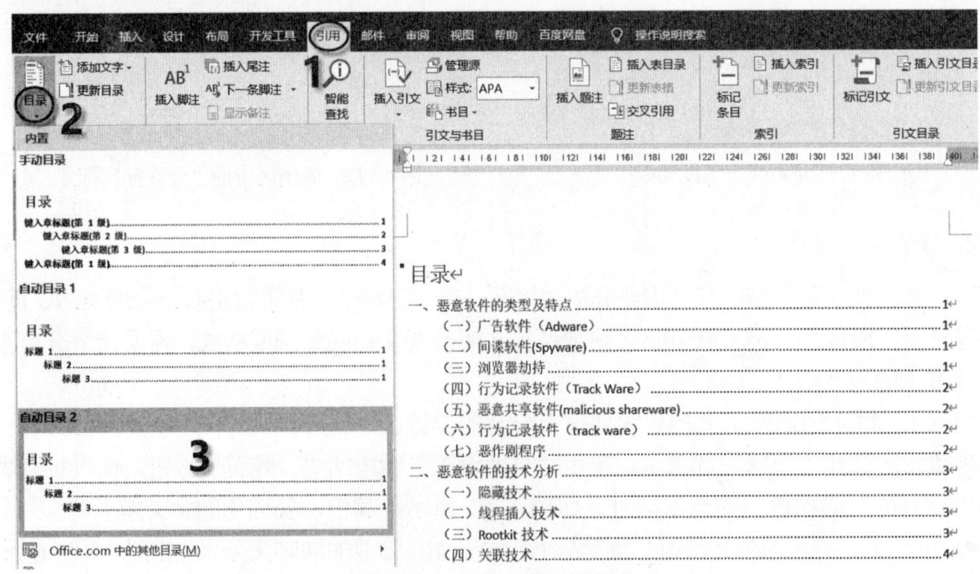

图 4.174 插入内置目录样式

2. 通过自定义目录样式创建目录

【例 4-5】 创建如图 4.175 所示的 2 级目录。

要创建如图 4.175 所示的目录，分三步进行。第一步，利用“样式”组中的“标题 1”和“标题 2”分别设置对应各级目录的格式；第二步，利用“引用”选项卡“目录”组中的“目录”按钮创建目录；第三步，插入页码，正文页码从第 1 页开始。具体操作步骤如下。

步骤 1：插入一个空白页。将光标定位在文档的最前面，打开“布局”选项卡，单击“页面设置”组中的“分隔符”按钮，选择“分节符”|“下一页”，如图 4.176 所示。

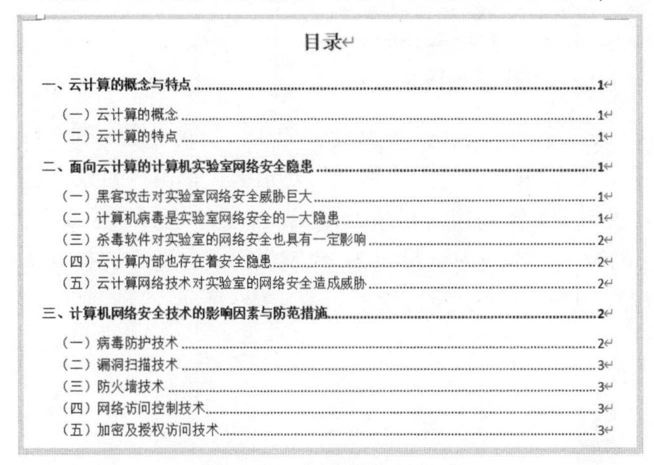

目录

一、云计算的概念与特点……1
（一）云计算的概念……1
（二）云计算的特点……1
二、面向云计算的计算机实验室网络安全隐患……1
（一）黑客攻击对实验室网络安全威胁巨大……1
（二）计算机病毒是实验室网络安全的一大隐患……1
（三）杀毒软件对实验室的网络安全也具有一定影响……2
（四）云计算内部也存在着安全隐患……2
（五）云计算网络技术对实验室的网络安全造成威胁……2
三、计算机网络安全技术的影响因素与防范措施……2
（一）病毒防护技术……2
（二）漏洞扫描技术……3
（三）防火墙技术……3
（四）网络访问控制技术……3
（五）加密及授权访问技术……3

图 4.175　创建的 2 级目录

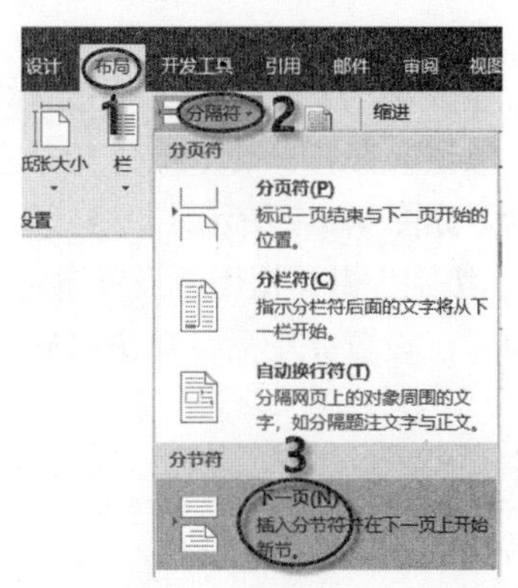

图 4.176　“分隔符”下拉列表

步骤 2：设置 1 级目录格式。选中作为 1 级目录的文本“一、云计算的概念与特点”，打开“开始”选项卡，单击“样式”组样式库中的“标题 1”样式，如图 4.177 所示，将第一个 1 级目录设置为“标题 1”格式。利用同样的方法，将其他两个 1 级目录文本“二、面向云计算的计算机实验室网络安全隐患”和“三、计算机网络安全技术的影响因素与防范措施”分别设置为“标题 1”格式。

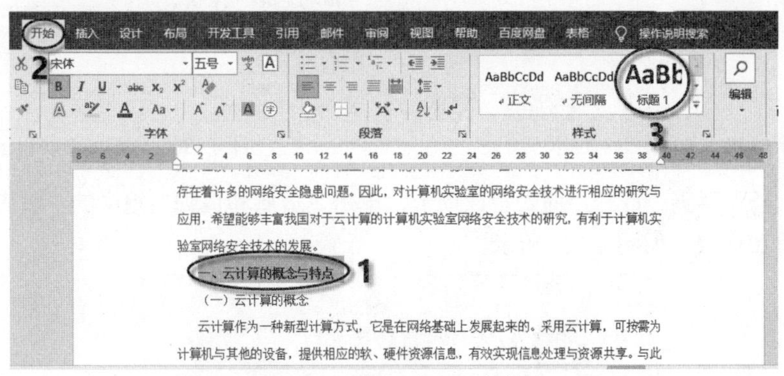

图 4.177　设置 1 级目录的格式

步骤 3：设置 2 级目录格式。选中作为 2 级目录的文本“(一) 云计算的概念”，单击“样式”组样式库中的“标题 2”样式，将第 1 个二级目录设置为“标题 2”格式，如图 4.178 所示。利用相同的方法，将其他 2 级目录文本分别设置为 2 级格式。

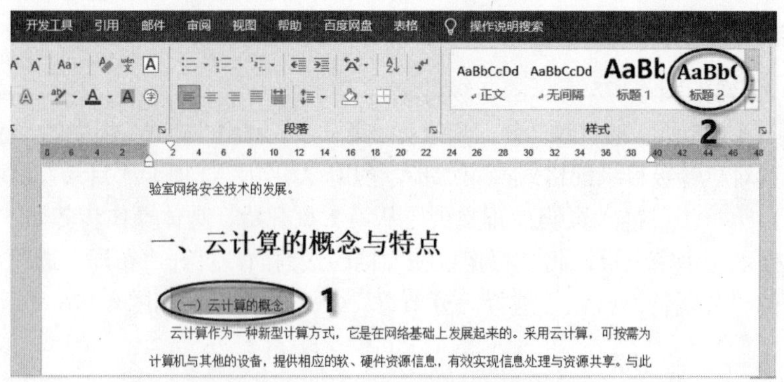

图 4.178　设置 2 级目录的格式

步骤 4：自定义目录。将光标定位在首页，打开“引用”选项卡，单击“目录”组中的“目录”按钮，在打开的下拉列表中选择“自定义目录”，打开“目录”对话框。单击“目录”选项卡，如图 4.179 所示，“格式”下拉列表用于设置自定义目录的格式，本例中选择“正式”；“显示级别”微调框用于设置自定义目录的级别，本例中设置为 2；“制表符前导符”选择默认的符号，设置完毕后，单击“确定”按钮，创建一个 2 级目录，如图 4.180 所示。

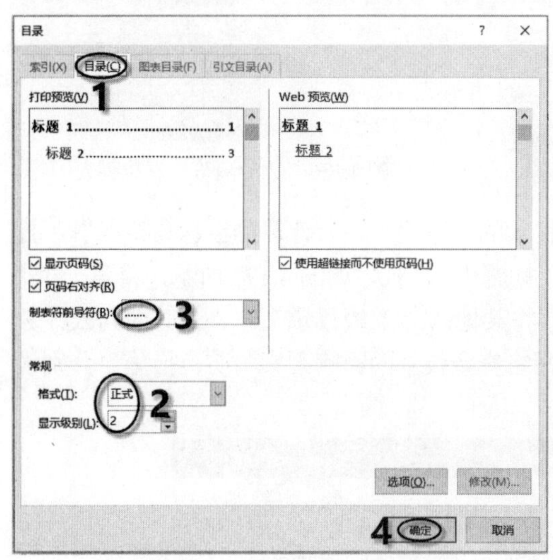

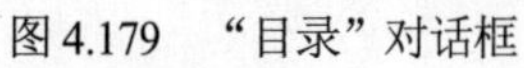

图 4.179　“目录”对话框

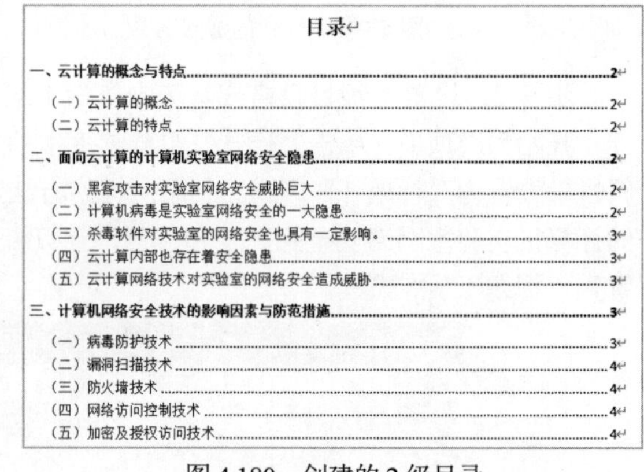

目录

一、云计算的概念与特点........2
(一) 云计算的概念........2
(二) 云计算的特点........2
二、面向云计算的计算机实验室网络安全隐患........2
(一) 黑客攻击对实验室网络安全威胁巨大........2
(二) 计算机病毒是实验室网络安全的一大隐患........2
(三) 杀毒软件对实验室的网络安全也具有一定影响。........3
(四) 云计算内部也存在着安全隐患........3
(五) 云计算网络技术对实验室的网络安全造成威胁........3
三、计算机网络安全技术的影响因素与防范措施........3
(一) 病毒防护技术........3
(二) 漏洞扫描技术........4
(三) 防火墙技术........4
(四) 网络访问控制技术........4
(五) 加密及授权访问技术........4

图 4.180　创建的 2 级目录

步骤 5：插入页码。打开“插入”选项卡，单击“页眉和页脚”组中的“页码”按钮，选择页码的位置和样式，如图 4.181 所示。

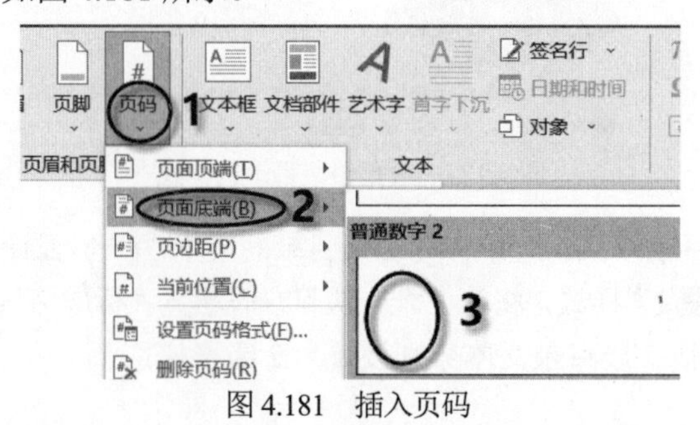

图 4.181　插入页码

步骤 6：取消“链接到前一节”。单击正文第 1 页页脚区的页码，打开“页眉和页脚工具”的“设计”选项卡，单击“导航”组中的“链接到前一节”按钮，如图 4.182 所示，取消当前节和上一节的关联。

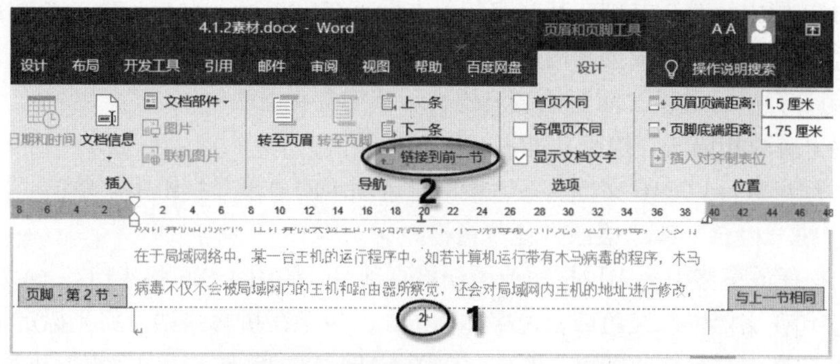

图 4.182　取消当前节和上一节的链接

步骤 7：设置页码格式和起始页码。在“页眉和页脚工具”的“设计”选项卡中，单击“页眉和页脚”组中的“页码”按钮，在打开的下拉列表中选择“设置页码格式”命令，如图 4.183 所示。打开“页码格式”对话框，单击“编号格式”右侧的下拉按钮，在下拉列表中选择所需的页码格式；在“页码编号”栏中选中“起始页码”单选按钮，单击“确定”按钮，如图 4.184 所示。

步骤 8：关闭“页眉和页脚”工具栏。单击“关闭页眉和页脚”按钮，结束页眉和页脚的编辑。

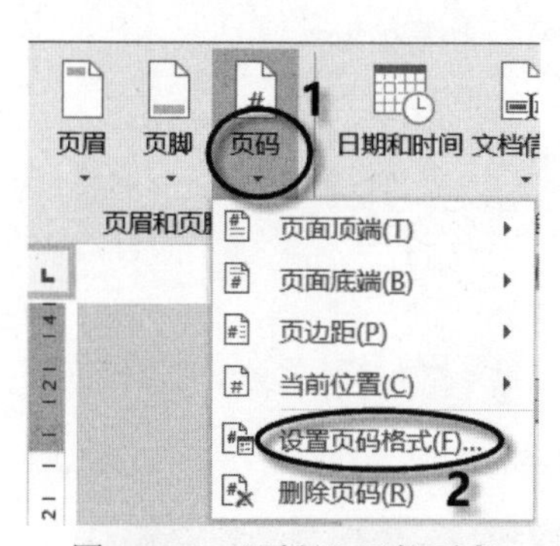

图 4.183　“页码”下拉列表

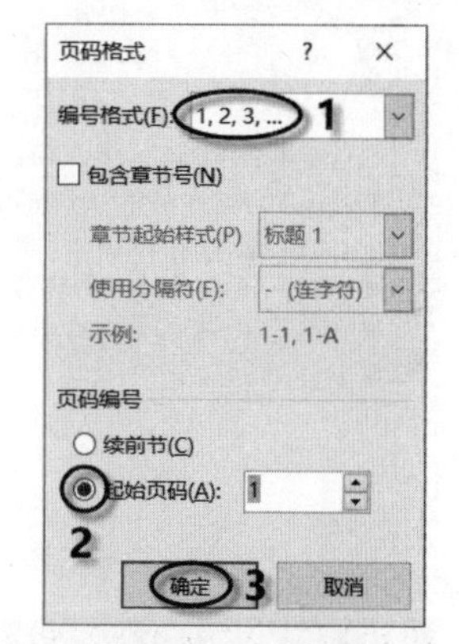

图 4.184　设置页码

步骤 9：因页码变化更改目录。将鼠标移到目录页，在目录上右击，从弹出的快捷菜单中选择“更新域”命令，打开如图 4.185 所示的对话框。在此对话框中选中“只更新页码”单选按钮，便可创建如图 4.175 所示的目录。

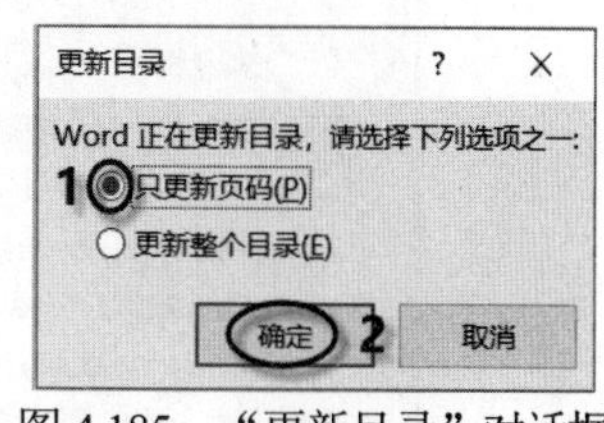

图 4.185　“更新目录”对话框

3. 更新目录

在创建目录后，若因源文档标题或其他目录项而要更改目录，只需在目录上右击，从弹出的快捷菜单中选择“更新域”命令，即可更新目录，或者打开“引用”选项卡，单击“目录”组中的“更新目录”按钮，也可以更新整个目录。

4.6.5 文档的修订

1. 拼写和语法检查

在 Word 文档中经常会看到在某些字句下方标有红色或蓝色的波浪线，这是由 Word 提供的“拼写和语法”检查工具根据其内置字典标示出的含有拼写或语法错误的字句，其中红色波浪线表示字句含有拼写错误，而蓝色波浪线表示字句含有语法错误。

(1) 使用“拼写和语法”检查功能

步骤 1：打开 Word 2016 文档，在“审阅”选项卡的“校对”组中，单击“拼写和语法”按钮，弹出“拼写检查”或“语法”任务窗格。

步骤 2：在任务窗格中会出现拼写或语法检查项目，如图 4.186 和 4.187 所示，存在拼写或语法错误的字句在文档中以红色或蓝色字体标出。如果存在拼写错误，将光标定位在文档的错误处，在任务窗格中进行修改即可。例如，在图 4.186 中，单击文档中错误的拼写“pxy”，在任务窗格中单击正确的拼写“pxe”，然后再单击“更改”按钮，或者直接双击“pxe”进行更改。如果标示出的字句没有错误，如图 4.187 所示，可以单击“忽略”按钮或“忽略规则”按钮。两者的区别在于：忽略仅仅是忽略这一次拼写检查错误(该处不再提示)，而“忽略规则”则是整个文档都不显示该规则类型的错误。如果标示出的字句有语法错误，在文档中删除标有语法错误的字句，输入正确的字句即可。

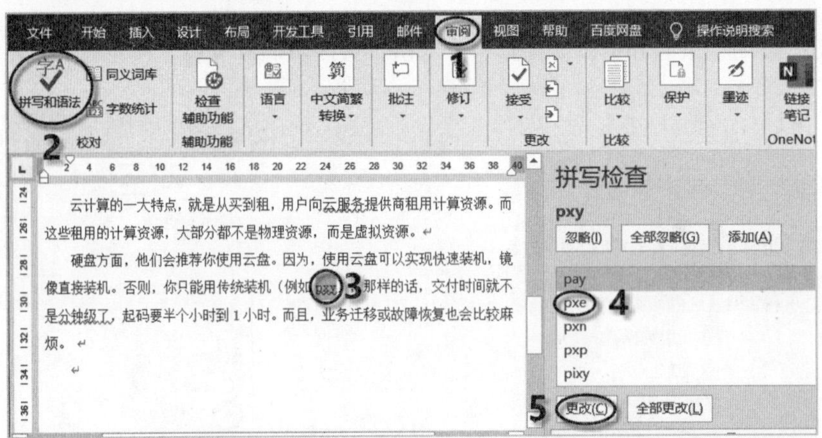

图 4.186 “拼写检查”任务窗格

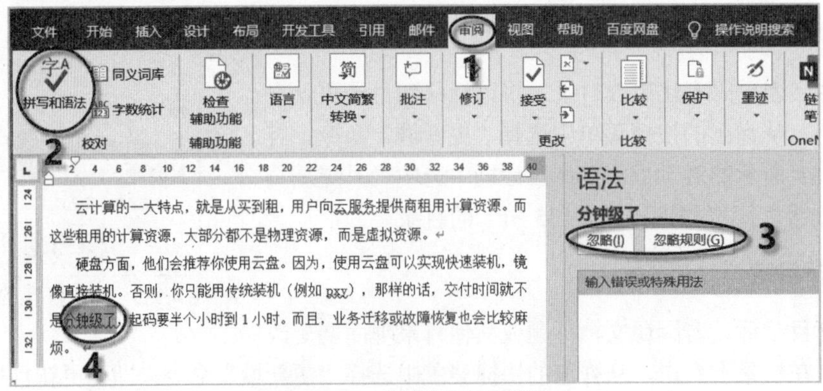

图 4.187 “语法”任务窗格

步骤 3：单击任务窗格中的“忽略”“忽略规则”“更改”等按钮，继续查找下一处错误，直至检查结束。最后会弹出“Microsoft Word”提示对话框，提示错误检查完毕。

(2) 关闭“拼写和语法”检查功能

若要取消文档中某些字句下方标有的红色或蓝色波浪线，可关闭“拼写和语法”检查功能。方法：单击“文件”|“选项”命令，打开“Word 选项”对话框，如图 4.188 所示。在该对话框中单击“校对”选项，在“在 Word 中更正拼写和语法时”栏中，取消所有复选框的选中状态，再单击“确定”按钮。

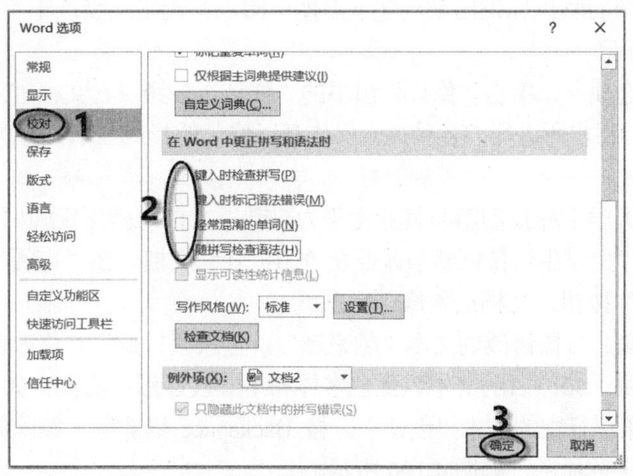

图 4.188　关闭“拼写和语法”检查功能

2. 使用批注

当审阅者要对文档提出修改意见，而不直接对文档内容进行修改时，可使用批注功能进行注解或说明。

(1) 插入批注

选定建议修改的文本，打开“审阅”选项卡，单击“批注”组中的“新建批注”按钮，选定的内容将以红色的底纹加括号的形式突出显示，同时在右侧显示批注框，在框中输入建议或修改意见即可，如图 4.189 所示。

如果文档中插入了多个批注，用户可以通过单击“批注”组中的“上一条”按钮或“下一条”按钮，在各个批注之间进行切换。

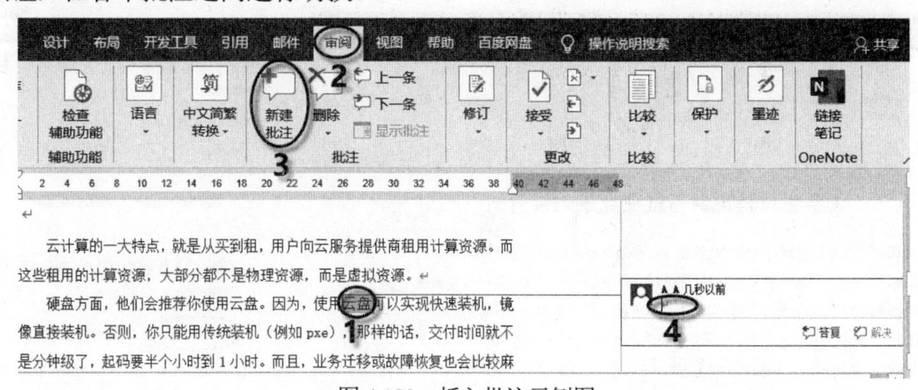

图 4.189　插入批注示例图

(2) 删除批注

单击要删除的批注框，打开“审阅”选项卡，单击“批注”组中的“删除”按钮，在下拉列表中选择“删除”命令，删除指定的批注；若选择“删除文档中的所有批注”命令，则删除文档中的所有批注。

3. 修订内容

Word 2016 提供了修订功能，利用修订功能可记录用户对原文进行的移动、删除或插入等修改操作，并以不同的颜色标识出来，便于后期审阅，并确定接受或拒绝这些修订。

(1) 插入修订标记

打开“审阅”选项卡，单击“修订”组中的“修订”按钮，文档进入修订状态，可对文档进行修改。此时，用户所进行的各种编辑操作都以修订的形式显示。再次单击“修订”按钮，退出修订状态。

例如，修订“大学生科技创新与就业竞争力提升”文档，操作步骤如下。

步骤 1：打开“大学生科技创新与就业竞争力提升”文档，在“审阅”选项卡的“修订”组中，单击“修订”按钮，文档进入修订状态。

步骤 2：选定第二行需修改的文本“越来越”，输入“日益”。修改前的文本以红色字体和删除线显示在左侧，修改后的文本以红色字体和下画线显示在右侧，如图 4.190 所示。

步骤 3：选定第三行中的文本“创建”，按 Backspace 键删除，删除的文本会添加红色的删除线，并以红色字体显示，如图 4.190 所示。

步骤 4：将光标定位在第四行中的词语“重点”后，插入文本“关注”，添加的文本以红色字体和下画线突出显示，如图 4.190 所示。

步骤 5：使用同样的方法修订其他错误文档，修订结束后，保存修改后的文档。

(2) 设置修订标记选项

默认情况下，Word 用单下画线标记添加的部分，用删除线标记删除的部分。用户可根据需要自定义修订标记。如果是多位审阅者在审阅一篇文档，则需要使用不同的标记颜色以互相区分。单击“修订”组右侧的对话框启动按钮，打开“修订选项”对话框，如图 4.191 所示，单击“高级选项”按钮，打开“高级修订选项”对话框，在此对话框中，可以对修订状态的标记进行设置。

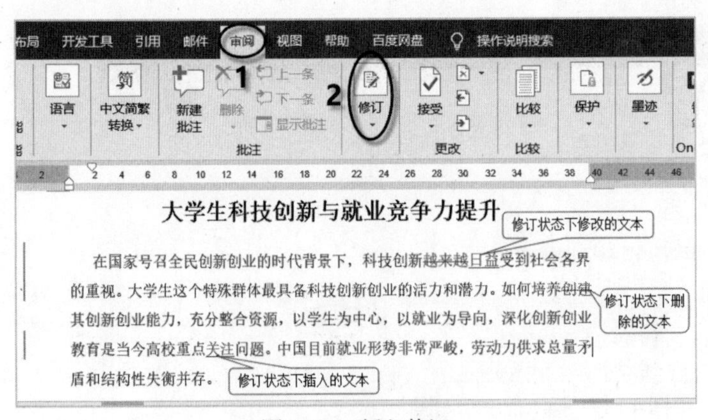

图 4.190　插入修订

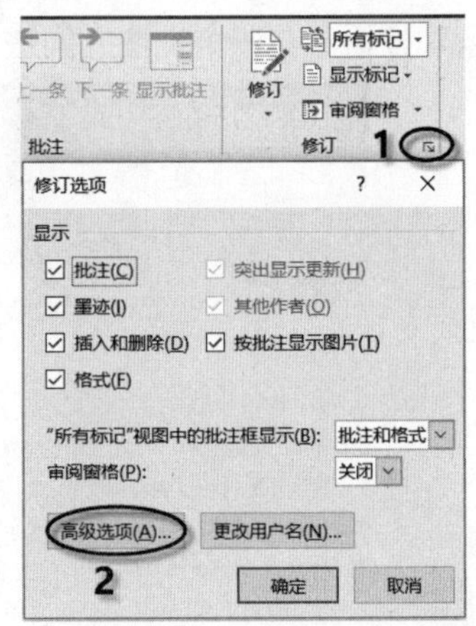

图 4.191　打开“修订选项”对话框

(3) 接受或者拒绝修订

文档进入修订状态后，可以在审阅窗格中浏览文档中修订的内容，以决定是否接受这些修订。

例如，在“大学生科技创新与就业竞争力提升”文档中进行接受或拒绝修订，具体操作步骤如下。

步骤 1：打开“大学生科技创新与就业竞争力提升”文档，在“审阅”选项卡的“修订”组中，单击“审阅窗格”下拉按钮，在打开的下拉列表中选择“垂直审阅窗格”选项，打开垂直审阅窗格，如图 4.192 所示。

步骤 2：双击审阅窗格中的修订内容，如双击第一个修订内容“删除了”，可切换到文档中相对应的修订文本位置进行查看。

步骤 3：如果接受当前的修订，单击“更改”组中的“接受”按钮，接受当前的修订；否则，单击“拒绝”按钮，拒绝修订。

步骤 4：使用同样的方法，查看和修订文档中的其他修订。修订结束后，保存文档。

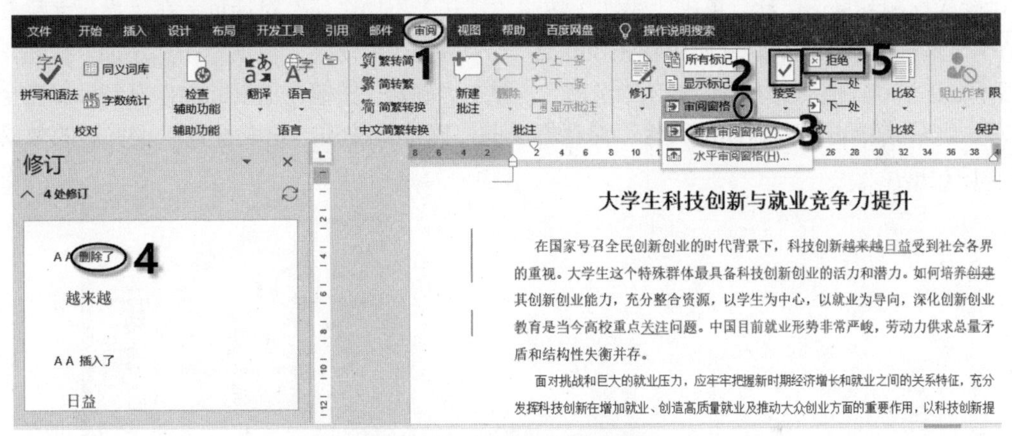

图 4.192　打开垂直审阅窗格

(4) 比较审阅后的文档

如果审阅者直接修改了文档，而没有让 Word 加上修订标记，此时可以用原来的文档与修改后的文档进行比较，以查看哪些地方进行了修改，具体操作步骤如下。

步骤 1：打开“审阅”选项卡，单击“比较”组中的“比较”按钮，选择“比较”命令。

步骤 2：在打开的“比较文档”对话框中选择比较的原文档和修订的文档。

步骤 3：如果 Word 发现两个文档有差异，会在原文档中做出修订标记，用户可以根据需要接受或拒绝这些修订。

4.6.6　将控件用作交互式文档

Word 2016 包含 3 种类型的控件，分别是内容控件、旧式控件和 ActiveX 控件。在 Word 文档中插入控件可实现无纸化填写。例如，若在多个选项中进行单选，可使用 ActiveX 控件中的“选项按钮”控件◉，如图 4.193 所示；若在下拉列表中进行单项选择，可使用“组合框内容控件”或“下拉列表内容控件”，如图 4.194 所示。此外，还包括其他内容控件。下面介绍控件的使用方法。

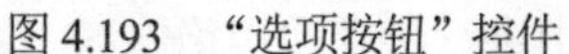

图 4.193 “选项按钮”控件

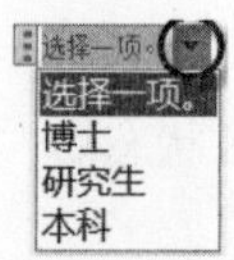

图 4.194 “下拉列表内容控件”

1. 插入控件

控件主要位于“开发工具”选项卡的“控件”组中，如果 Word 2016 中没有显示“开发工具”选项卡，应首先将“开发工具”添加到功能区，添加方法见 4.5 节中的“示例练习”部分。下面以插入“下拉列表内容控件”和 ActiveX 控件中的“选项按钮”控件为例介绍插入控件的方法。

(1) 插入“下拉列表内容控件”

步骤 1：打开“开发工具”选项卡，单击“控件”组中的“下拉列表内容控件”按钮，如图 4.195 所示，插入控件。

步骤 2：单击“控件”组中的“属性”按钮，打开“内容控件属性”对话框，在“常规”栏中输入标题和标记名称，单击“添加”按钮，打开“添加选项”对话框，在“显示名称”和“值”文本框中添加内容，本例中输入“北京”，如图 4.196 所示。再次单击“添加”按钮，在“显示名称”和“值”文本框中输入“上海”，单击“确定”按钮，重复此操作直到添加完全部选项。之后，单击“内容控件属性”对话框中的“确定”按钮，完成设置。设置后的效果如图 4.197 所示。

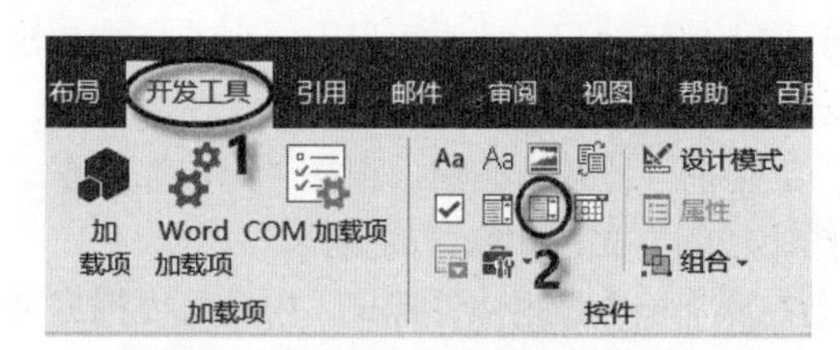

图 4.195 单击“下拉列表内容控件”按钮

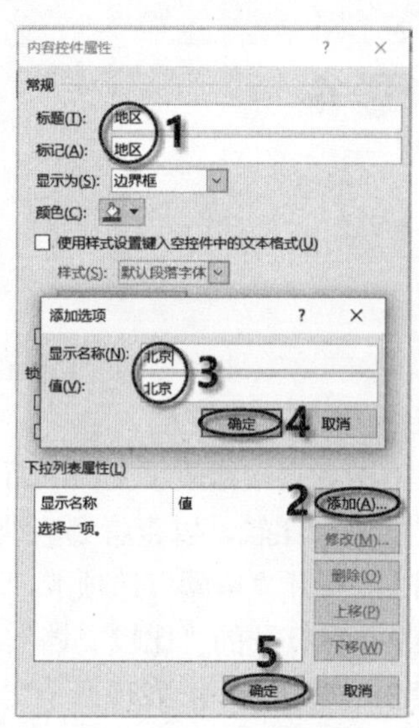

图 4.196 添加选项

(2) 插入“选项按钮”控件

步骤 1：打开“开发工具”选项卡，单击“控件”组中的“旧式工具”按钮，在打开的下拉列表中单击“选项按钮”，插入控件，如图 4.198 所示。

步骤 2：单击“控件”组中的“属性”按钮，打开“属性”任务窗格，在“Caption”选项右侧的文本框中输入“网络”；在“GroupName”选项右侧的文本框设置群组的名称，本例是为第 1 问题添加控件，所以将群组名称设置为“1”，如图 4.199 所示。单击文档的空白处，结束控件的编辑并在当前控件后按几次空格键，确定第 2 个选项按钮插入点的位置。

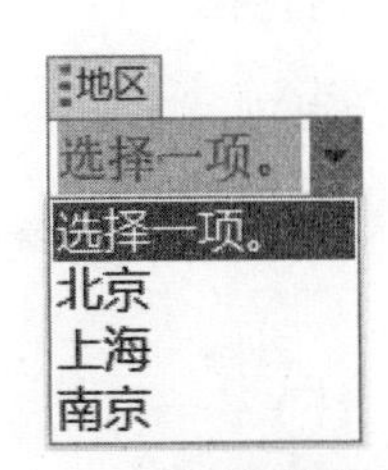

图 4.197 添加选项后的控件

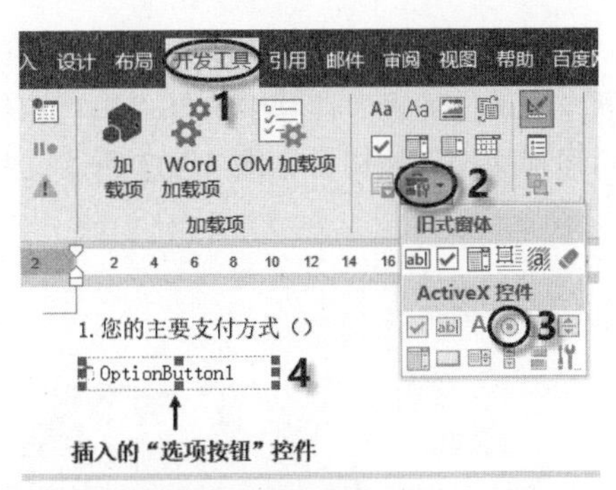

图 4.198 插入“选项按钮”控件

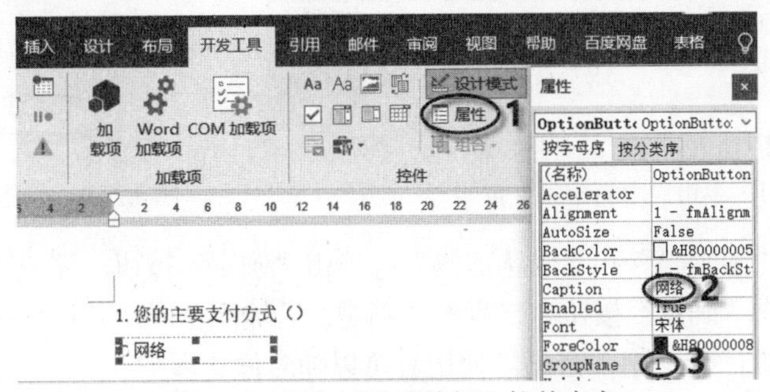

图 4.199 添加“选项按钮”控件内容

步骤 3：参照步骤 1 和 2，插入第 2 个选项按钮控件，控件内容为“现金”，群组的名称为“1”如图 4.200 所示。

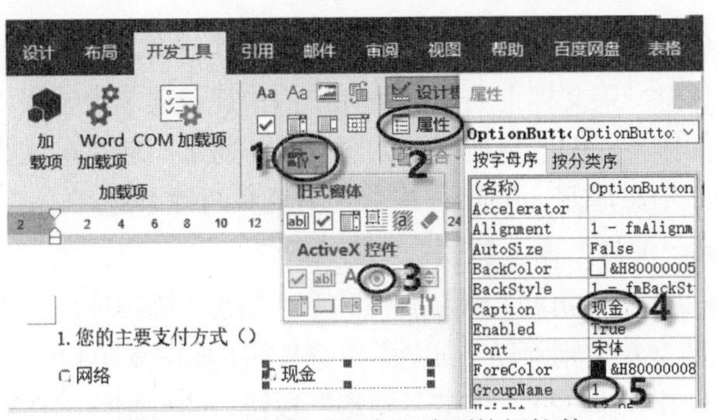

图 4.200 添加“现金”选项按钮控件

步骤 4：若要设置控件的长度和宽度，在 “属性”任务窗格中，分别在“Height”和“Width”选项右侧的文本框中输入要设置的数值即可。

2. 设置控件的编辑权限

在文档中插入控件后，有时需要设置使用者的编辑权限，例如只允许填写控件内容，不能修改文档的其他内容和格式。这类编辑权限的设置步骤如下。

步骤 1：打开“开发工具”选项卡，单击“保护”组中的“限制编辑”按钮，如图 4.201 所示，打开“限制编辑”任务窗格。

步骤 2：在“2. 编辑限制”栏中，选中“仅允许在文档中进行此类型的编辑”复选框，打开下方的下拉列表，在其中选择“填写窗体”选项；在“3. 启动强制保护”栏中，单击“是，启动强制保护”按钮，如图 4.202 所示，打开“启动强制保护”对话框。

图 4.201　单击“限制编辑”按钮

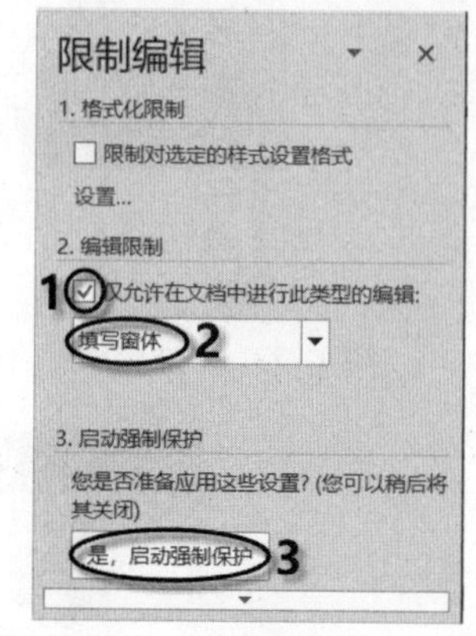

图 4.202　“限制编辑”任务窗格

步骤 3：输入“新密码”和“确认密码”，单击“确定”按钮，完成限制编辑。也可以不输入密码，直接单击“确定”按钮。二者的区别是：若输入密码，其他使用者在不知道密码的情况下不能停止保护；若不输入密码，使用者可以随时停止保护。

4.6.7　文档的管理与共享

1. 删除文档中的个人信息

文档的最终版本确定后，如果要把电子文档发送给其他人，需要先检查一下文档里是否有个人信息。例如，在任意一篇文档上右击，从弹出的快捷键菜单中选择“属性”命令，会出现文档的相应信息，比如作者、创建日期等，如图 4.203 所示。通常，这些个人信息不希望被他人看到，以免个人隐私信息泄露。删除这些个人信息有两种方法。

方法 1：利用文档“属性”命令删除

步骤 1：单击图 4.203 左下角的“删除属性和个人信息”链接项，打开“删除属性”对话框。

步骤 2：选中“从此文件中删除以下属性”单选按钮，如图 4.204 所示，选中列表框中的“作者”和“最后一次保存者”复选框，单击“确定”按钮，即可删除“作者”和“最后一次保存者”属性。

方法 2：　利用“文档检查器”工具删除

步骤 1：打开 Word 文档，单击“文件”|“信息”命令，在“信息”窗口中单击“检查问题”，在弹出的下拉列表中单击“检查文档”命令，如图 4.205 所示，打开“文档检查器”对话框，单击“检查”按钮。

步骤 2：检查完毕后弹出如图 4.206 所示的对话框，单击“全部删除”按钮，即可将文档属性和个人信息删除。

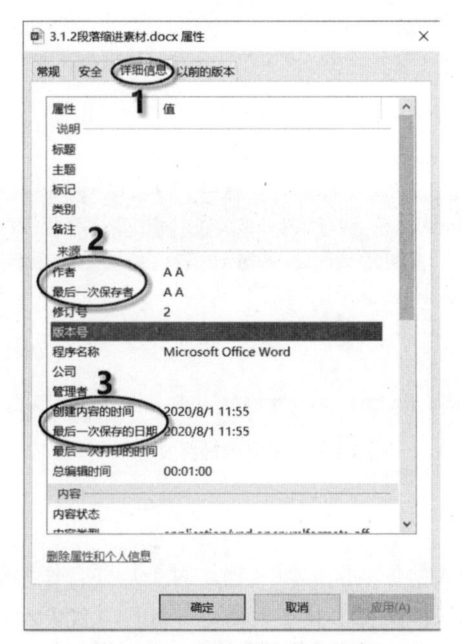
图 4.203　文档中的个人信息

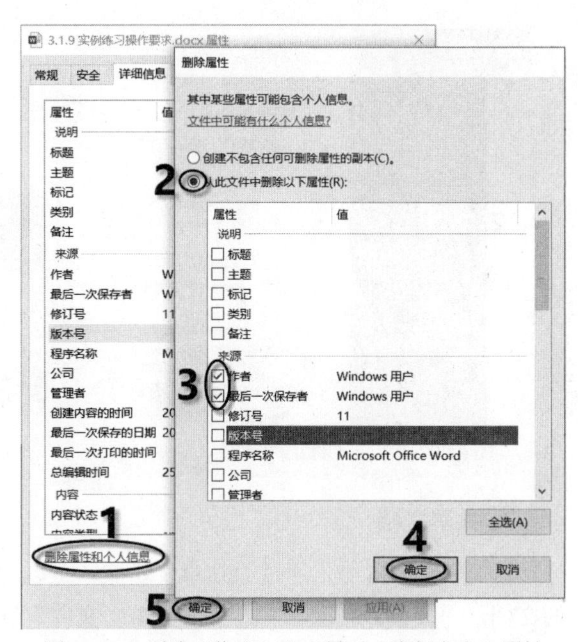
图 4.204　删除“作者”和“最后一次保存者”属性

图 4.205　单击“检查文档”命令

图 4.206　删除文档属性和个人信息

2. 标记文档的最终状态

标记文档最终状态的目的是让读者知晓该文档是最终版本，并将其设为只读以防被编辑，相关设置步骤如下。

步骤 1：打开 Word 文档，单击“文件”|“信息”命令，在“信息”窗口中单击“保护文档”，在打开的下拉列表中单击“标记为最终”命令，如图 4.207 所示。

步骤 2：所打开的“Microsoft Word”对话框会提示用户“此文档已标记为最终”，单击“确定”按钮。此时文档的标题栏上会显示“只读”字样，如果要继续编辑文档，单击“仍然编辑”按钮，如图 4.208 所示。

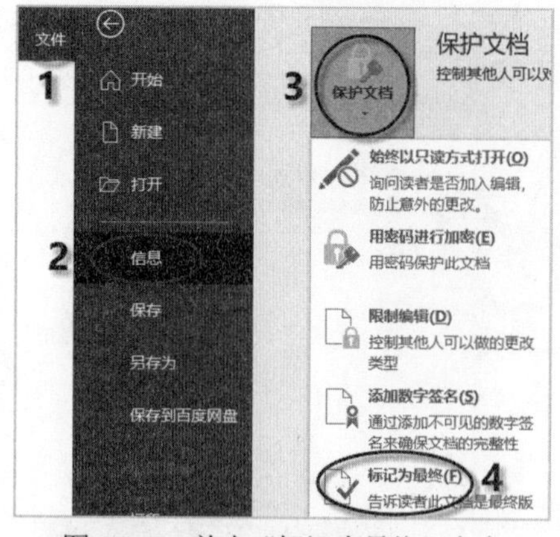

图 4.207　单击“标记为最终”命令

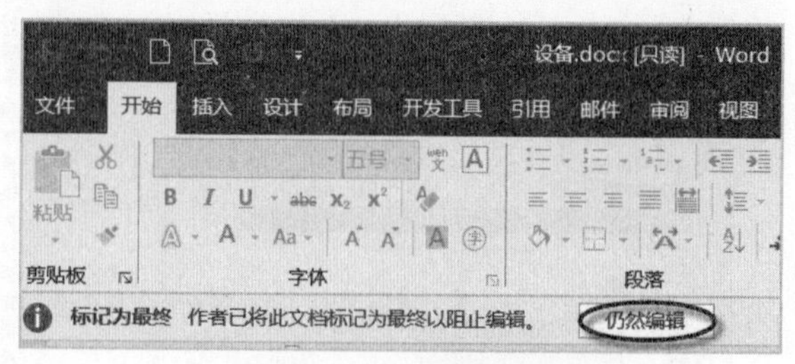

图 4.208　标记为最终文档

3. 共享文档

在 Word 2016 中，通过“共享”功能，可以与他人协作共同编辑文档，对于需要合作编辑的文档，“共享”功能非常方便。单击“文件”选项卡，选择“共享”命令，如图 4.209 所示.可以以 4 种方式与人共享文档，这 4 种方式分别是：与人共享、电子邮件、联机演示、发布至博客。下面介绍两种共享方式的设置方法。

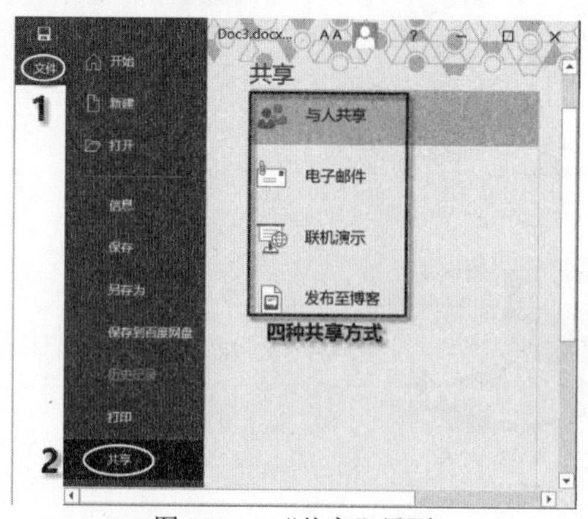

图 4.209　“共享”界面

(1) 与人共享

步骤 1：登录 Microsoft 账户。启动 Word 2016，单击“文件”选项卡，选择“账户”命令，用自己的 Microsoft 账户登录。

步骤 2：将需要共享的文档保存。选择“文件”|“另存为”命令，将文件保存到 OneDrive 云存储网盘中，如图 4.210 所示。

步骤 3：将文件共享给他人。单击文档窗口右上角的“共享”按钮，打开“共享”任务窗格。在“邀请人员”文本框中输入邀请人的电子邮件(登录 Microsoft 网盘的账号)，或者单击其右侧的▤按钮，在通讯录中搜索联系人，并设置好编辑的权限。然后单击“共享”按钮，如图 4.211 所示，出现“正在发送电子邮件并与您邀请的人共享”提示后不久，邀请人员将显示在“共享”任务窗格当前账户的下方。

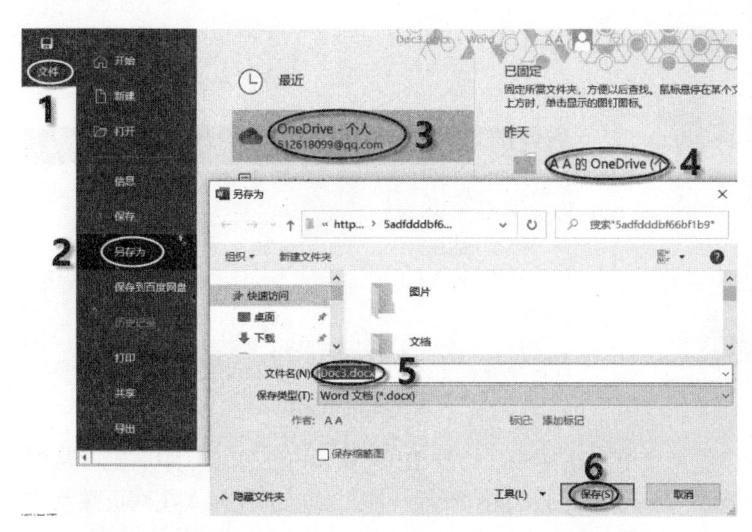

图 4.210　将需要共享的文档保存到 OneDrive 云存储网盘

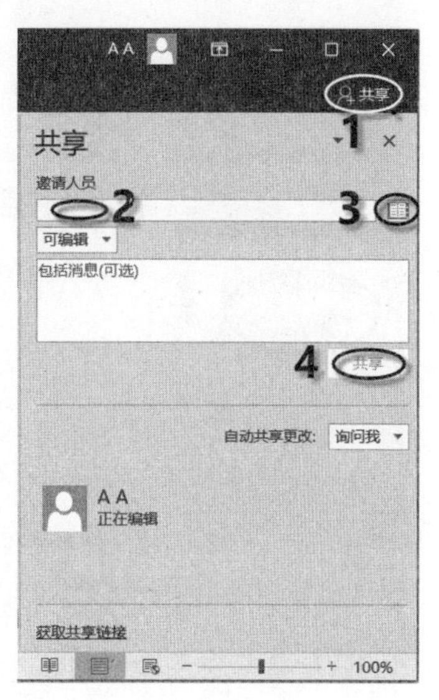

图 4.211　“共享”任务窗格

(2) 联机演示

步骤 1：登录 Microsoft 账户。启动 Word 2016，单击“文件”选项卡，选择“账户”命令，用自己的 Microsoft 账户登录。

步骤 2：启动“联机演示”。单击“文件”|“共享”|“联机演示”，打开的“联机演示”窗口如图 4.212 所示。打开“联机演示”提示框，如图 4.213 所示，稍后将打开“联机演示”对话框。

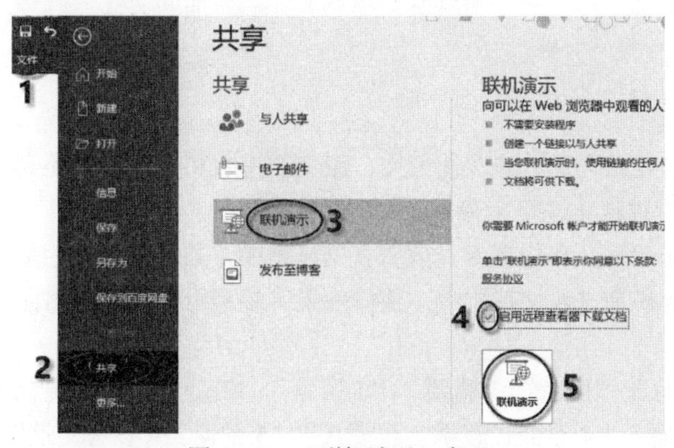

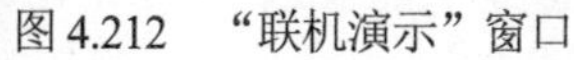
图 4.212　“联机演示”窗口

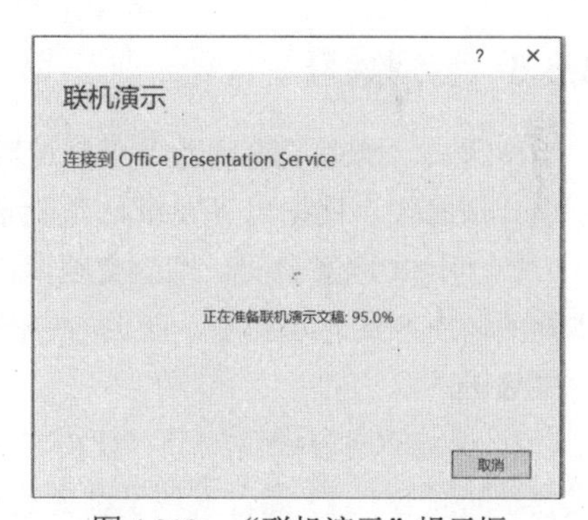

图 4.213　“联机演示”提示框

步骤 3：创建一个与人共享的链接。在打开的对话框中单击“复制链接”或“通过电子邮件发送…”选项可与远程查看者共享此链接，对方通过这个链接可看到共享文档，如图 4.214 所示。本例中单击“复制链接”，再单击“开始演示”按钮，返回到联机演示文档，如图 4.215 所示。

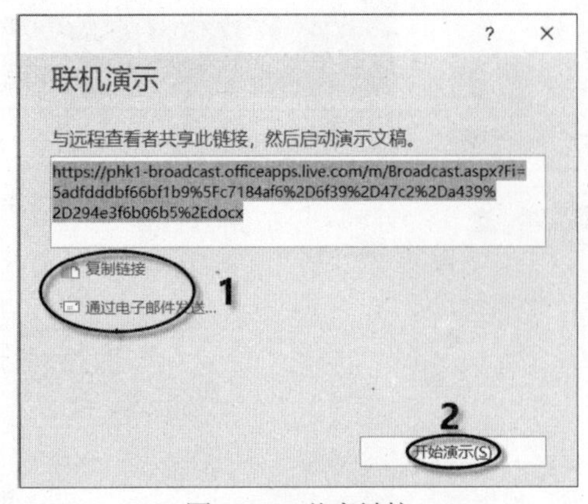

图 4.214 共享链接

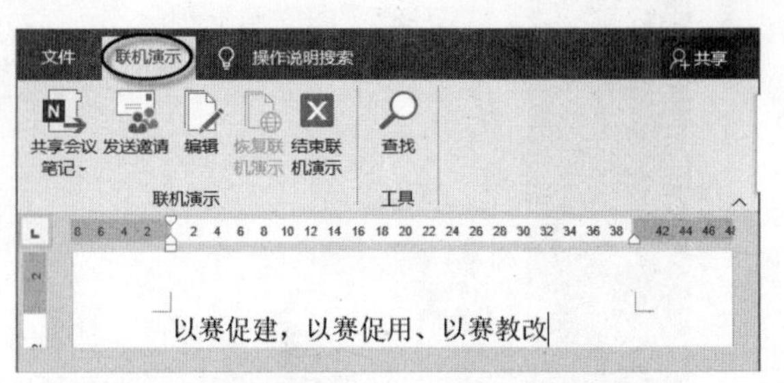

图 4.215 “联机演示”文档

步骤 4：在 Web 浏览器中向观看者演示该文档。打开 IE 浏览器，在地址栏中右击，从弹出的快捷菜单中选择“粘贴并转到”命令，如图 4.216 所示。使用链接的任何人在网页端都可以看到联机文档，如图 4.217 所示，该联机文档可供下载。

图 4.216 在 IE 浏览器中复制链接的地址

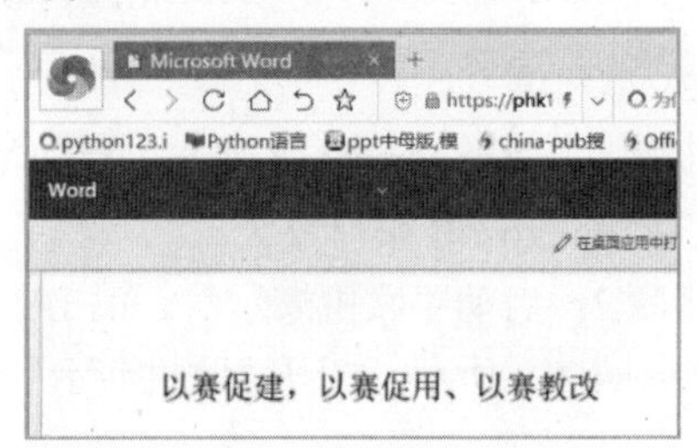

图 4.217 在网页端看到的联机文档

4.6.8 示例练习

李四同学撰写了题目为“混合式教学实践研究”的课程论文，论文的排版和参考文献还需要进一步修改，根据以下要求，帮助李四对论文进行完善。

1. 为论文创建封面，将论文题目、作者姓名和作者专业放置在文本框中，并居中对齐；文本框的环绕方式为四周型，在页面中的对齐方式为左右居中。整体效果可参考示例文件“封面效果.docx”。

2. 对文档内容进行分节，使得“封面”“目录”“摘要”“1.引言”“2.基于雨课堂混合式教学的优势”“3.混合式教学存在的问题”“4.混合式教学实践模式”“5.结论”“参考文献”各部分的内容都位于独立的节中，且每节都从新的一页开始。

3. 修改文档中的样式为“正文文字”的文本，使其首行缩进 2 字符，段前和段后的间距为 0.5 行；修改“标题 1”样式，将其自动编号的样式修改为“第 1 章，第 2 章，第 3 章……”；修改标题 2.1.2 下方的编号列表，使用自动编号，其样式为“1)、2)、3)......”。

4. 将文档中的所有脚注转换为尾注，并使其位于每节的末尾；在“目录”节中插入“流行”格式的目录，目录中需包含各级标题和“摘要”“参考文献”，其中“摘要”“参考文献”在目录中需和标题 1 同级别。

5. 使用题注功能，修改图片下方的标题编号，以便其编号可以自动排序和更新，在“图表目录”节中插入格式为“正式”的图表目录；使用交叉引用功能，修改图表上方正文中对于图表标题编号的引用(已经用黄色底纹标记)，以便这些引用能够在图表标题的编号发生变化时可以自动更新。

6. 在文档的页脚正中插入页码，要求封面无页码，目录和图表目录部分使用“1、2、3……”格式，正文及参考书目和专业词汇索引部分使用“1、2、3……”格式。

7. 删除文档中的所有空行。

第 1 题

步骤 1：将光标定位在文档开头，打开“布局”选项卡，单击“页面设置”组中的“分隔符”下拉按钮，在弹出的下拉列表中选择“下一页”选项，如图 4.218 所示。

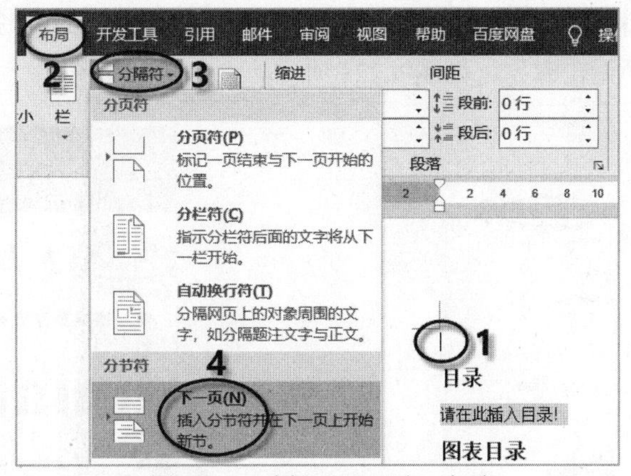

图 4.218　选择“下一页”选项

步骤 2：将光标定位在空白页开头，打开“插入”选项卡，单击“文本”组中的“文本框”按钮，选择“简单文本框”，如图 4.219 所示。打开“绘图工具”的“格式”选项卡，单击“排列”组中的“环绕文字”按钮，选择“四周型”环绕，如图 4.220 所示。

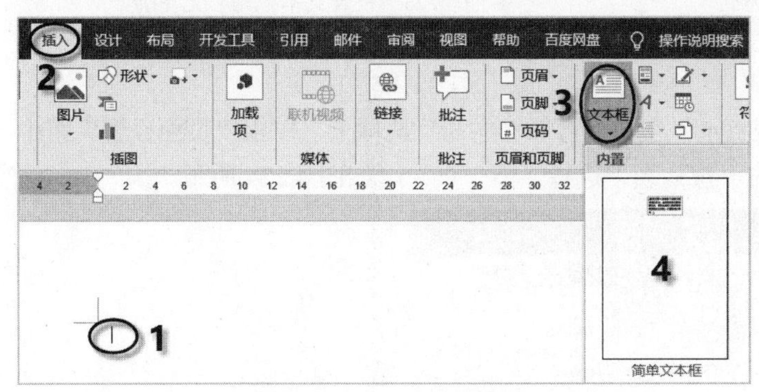

图 4.219　插入简单文本框

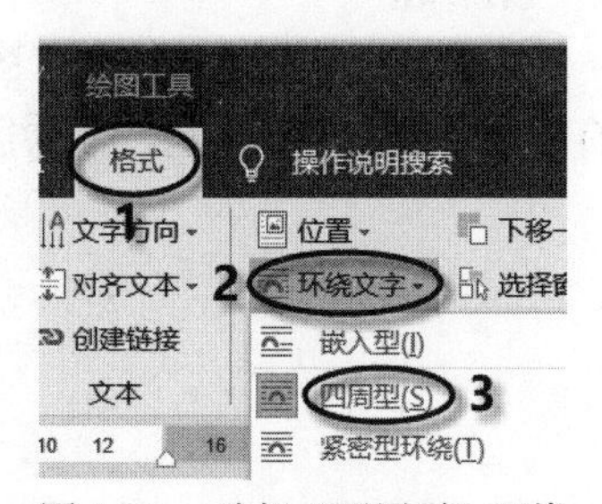

图 4.220　选择“四周型”环绕

步骤 3：适当调整文本框的大小和位置，按照示例文件“封面效果.docx”，在文本框中输入对应的文字。选中“混合式教学实践研究”，打开“开始”选项卡，在“字体”组中设置字体为“微软雅黑”，字号为“小初”，在“段落”组中设置对齐方式为“居中”。按照同样的方法设置“李四”“企业管理专业”字体为“微软雅黑”，字号为“小二”，对齐方式为“居中”，效果如图 4.221 所示。

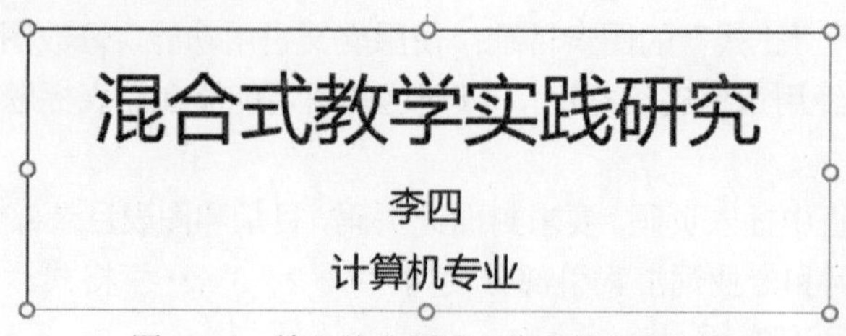

图 4.221　输入论文题目、作者姓名和专业

步骤 4：选定文本框，在文本框上右击，在弹出的快捷菜单中选择“其他布局选项”命令，打开“布局”对话框，在“位置”选项卡中设置水平对齐方式为“居中”，相对于“页面”，单击“确定”按钮，如图 4.222 所示。

步骤 5：选定文本框，打开“绘图工具”的“格式”选项卡，单击“形状样式”组中的“形状轮廓”按钮，选择“无轮廓”，如图 4.223 所示。

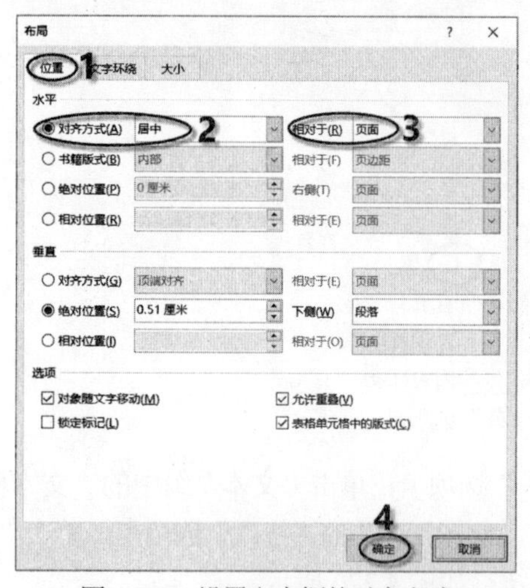

图 4.222　设置文本框的对齐方式

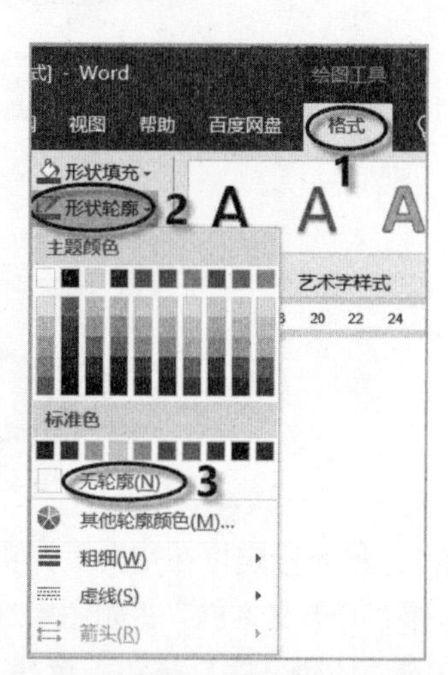

图 4.223　设置文本框为“无轮廓”

第 2 题

步骤 1：将光标定位在“图表目录”左侧，打开“布局”选项卡，单击“页面设置”组中的“分隔符”下拉按钮，在弹出的下拉列表中选择“下一页”，如图 4.224 所示。

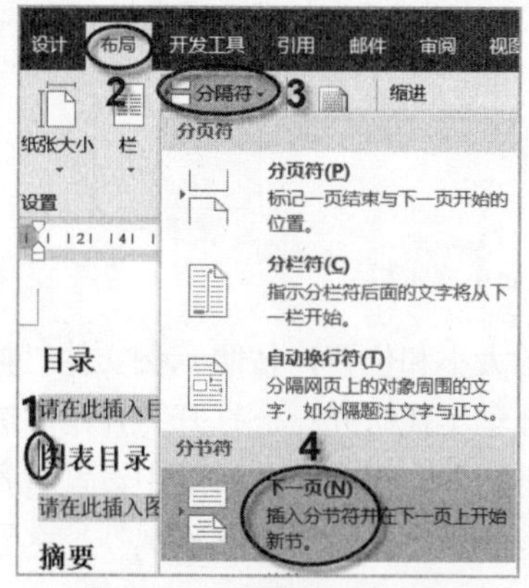

图 4.224　将图表目录分节

步骤 2：按照同样的方法设置“摘要”“1.引言”“2.基于雨课堂混合式教学的优势”“3.混合式教学存在的问题”“4.混合式教学实践模式”“5.结论”“参考文献”各部分的内容分节。各部分的内容都位于独立的节中，且每节都从新的一页开始。

第 3 题

步骤 1：打开“开始”选项卡，在“样式”组中右击“样式库”中的“正文”文字，在弹出的快捷菜单中选择“修改”命令，打开“修改样式”对话框。在该对话框中单击“格式”下拉按钮，在弹出的下拉菜单中选择“段落”命令，弹出“段落”对话框，如图 4.225 所示，在“特殊”下拉列表中选择“首行缩进”，磅值默认为“2 字符”。在“间距”栏中设置“段前”为“0.5 行”，“段后”为“0.5 行”。单击“确定”按钮，返回“修改样式”对话框，再单击“确定”按钮。

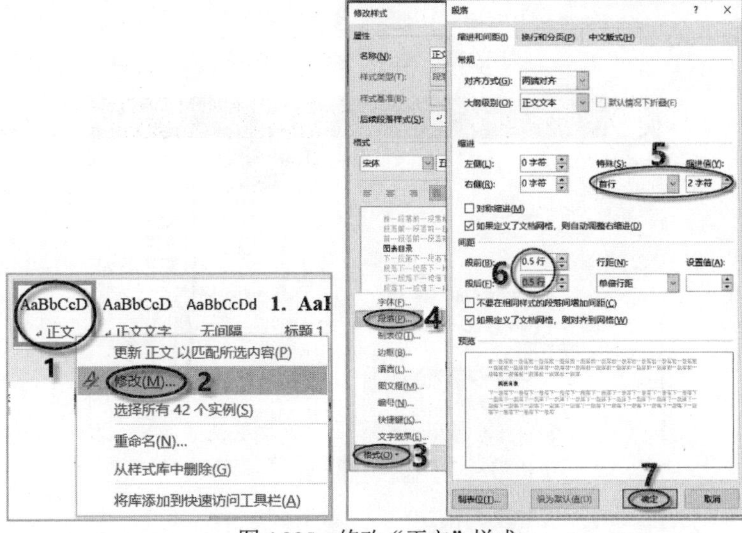

图 4.225　修改“正文”样式

步骤 2：在“标题 1”样式上右击，从弹出的快捷菜单中选择“修改”命令，打开“修改样式”对话框。在该对话框中单击“格式”下拉按钮，从弹出的下拉菜单中选择“编号”命令，打开“编号和项目符号”对话框。单击该对话框中的“定义新编号格式...”按钮，打开“定义新编号格式”对话框，将“编号格式”文本框中的内容修改为“第 1 章”（“1”前输入“第”，“1”后删除“.”，输入“章”），单击三次“确定”按钮，关闭对话框，如图 4.226 所示。

步骤 3：选定标题 2.1.2 下方的编号列表，打开“开始”选项卡，单击“段落”组中的“编号”按钮，选择样式为“1)、2)、3)......”的编号，如图 4.227 所示。

第 4 题

步骤 1：选定“摘要”，打开“开始”选项卡，单击“段落”组中右下角的对话框启动按钮，弹出“段落”对话框。在“常规”栏中，单击“大纲级别”右侧的下拉按钮，在弹出的下拉列表中选择“1 级”，单击“确定”按钮，如图 4.228 所示。按照同样的方法设置“参考文献”。

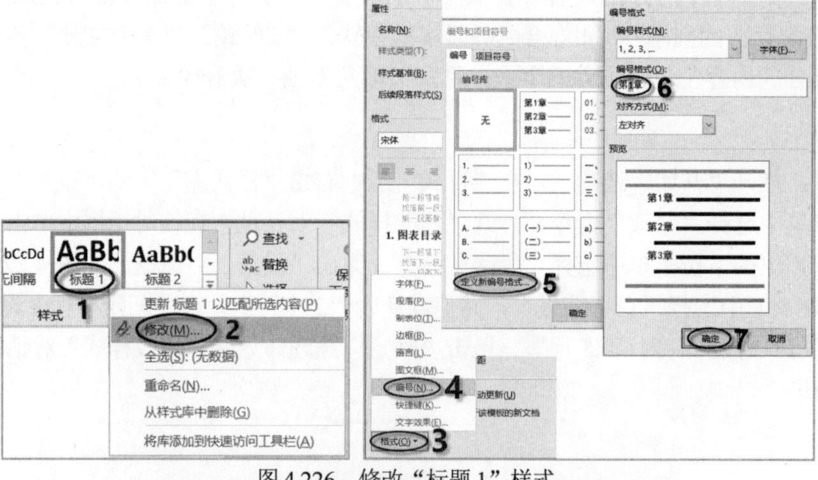

图 4.226　修改“标题 1”样式

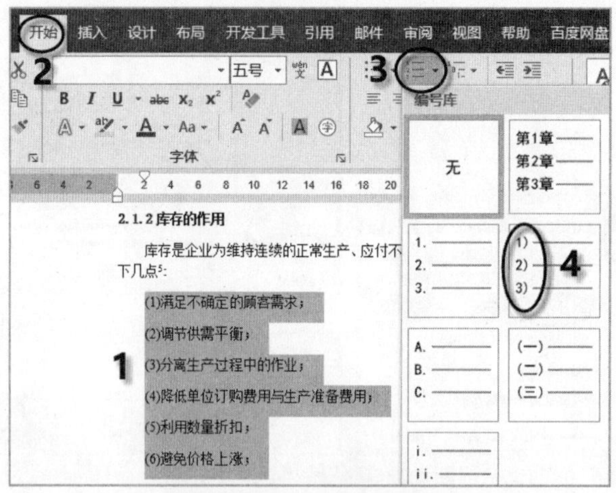

图 4.227　设置段落的编号

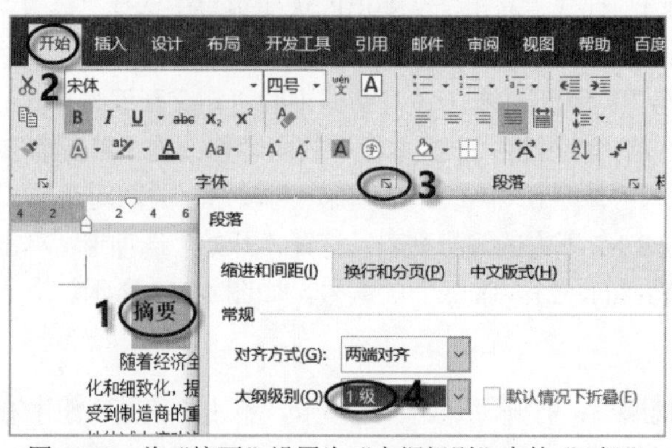

图 4.228　将“摘要”设置为“大纲级别”中的“1 级”

步骤 4：选定“请在此插入目录！”，打开“引用”选项卡，单击“目录”组中的“目录”下拉按钮，在弹出的下拉列表中选择“自定义目录”，打开“目录”对话框。在“常规”栏中单击“格式”右侧的下拉按钮，从弹出的下拉列表中选择“流行”，单击“确定”按钮，如图

4.229 所示。

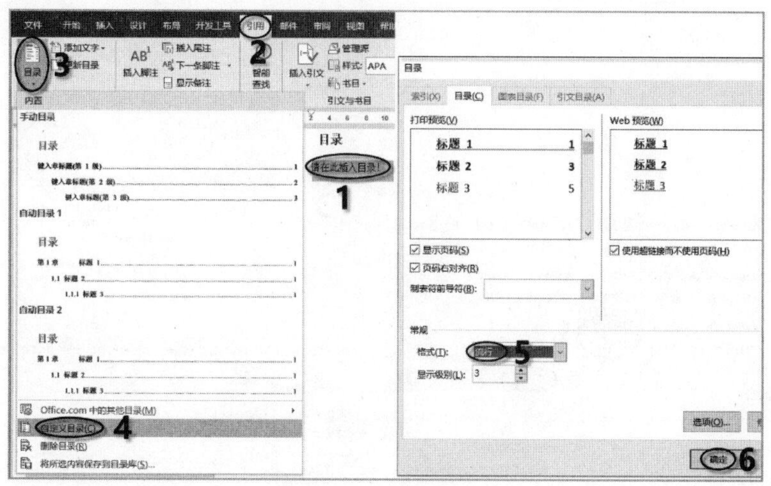

图 4.229　自定义目录

第 5 题

步骤 1：删除正文中第 1 张图片下方的“图 1”字样，将光标定位在说明文字“线上资源”左侧，打开“引用”选项卡，单击“题注”组中的“插入题注”按钮。在弹出的对话框中单击“新建标签”按钮，弹出“新建标签”对话框，在“标签”文本框中输入标签名为“图”，单击“确定”按钮，返回“题注”对话框，再次单击“确定”按钮，如图 4.230 所示。

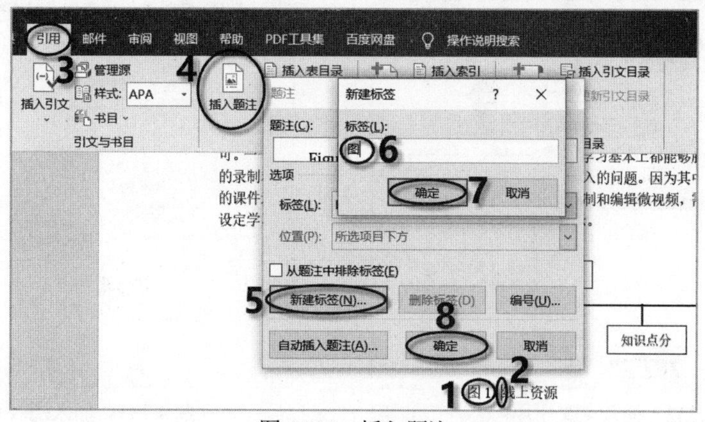

图 4.230　插入题注

步骤 2：打开“开始”选项卡，在“样式”组的样式库中右击“题注”，从弹出的快捷菜单中选择“修改”命令，打开“修改样式”对话框，单击“居中”按钮，单击“确定”按钮，如图 4.231 所示。

步骤 3：选定第 1 张图片上方的黄色底纹文字“图 1”，打开“引用”选项卡，单击“题注”组中的“交叉引用”按钮。在弹出的“交叉引用”对话框中单击“引用类型”下拉按钮，在打开的下拉列表中选择“图”，单击“引用内容”下拉按钮，在打开的下拉列表中选择“仅标签和编号”，单击“插入”按钮，如图 4.232 所示，再单击“关闭”按钮。

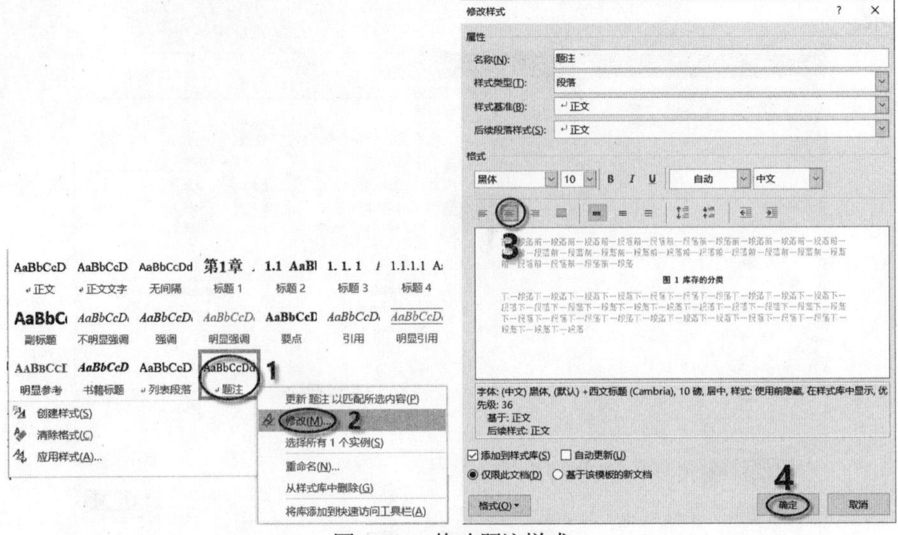

图 4.231　修改题注样式

步骤 4：以同样的方法设置其余 2 张图片的题注及交叉引用。

步骤 5：选定“请在此插入图表目录！”，打开“引用”选项卡，单击“题注”组中的“插入表目录”按钮。在弹出的“图表目录”对话框中单击“格式”下拉按钮，在打开的下拉列表中选择“正式”，单击“确定”按钮，如图 4.233 所示。

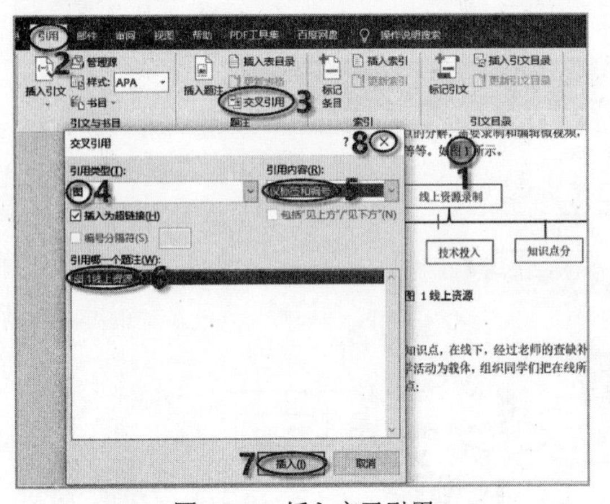

图 4.232　插入交叉引用

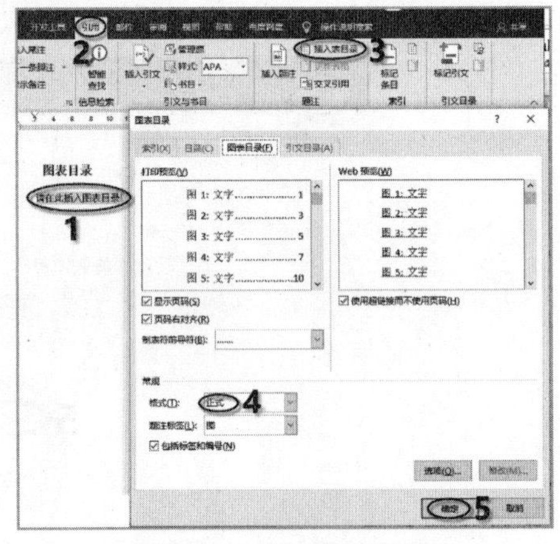

图 4.233　插入图表目录

第 6 题

步骤 1：将光标定位到目录的第 1 页，打开“插入”选项卡，单击“页眉和页脚”组中的“页码”下拉按钮，在弹出的下拉列表中选择“页面底端”中的“普通数字 2”，如图 4.234 所示。打开“页眉和页脚工具”的“设计”选项卡，单击“导航”组中的“链接到前一节”按钮，取消与前一条页眉的链接，再单击“页眉和页脚”组中的“页码”下拉按钮，在打开的下拉列表中选择“设置页码格式”命令，如图 4.235 所示。在弹出的“页码格式”对话框中，单击“编号格式”右侧的下拉按钮，选择“1,2,3,…”。选中“起始页码”单选按钮，单击“确定”按钮，如图 4.236 所示。

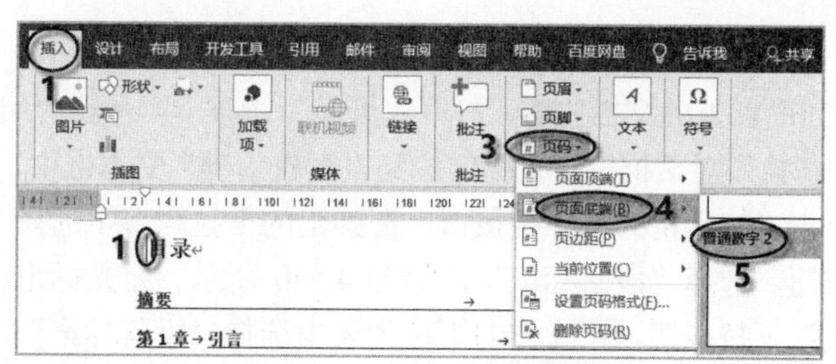

图 4.234　设置页码的位置

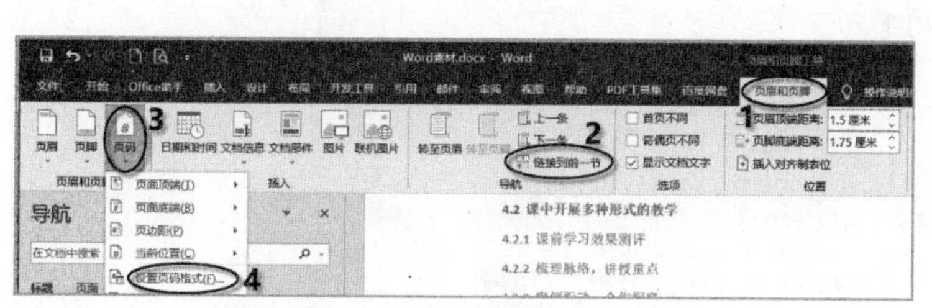

图 4.235　选择“设置页码格式”命令

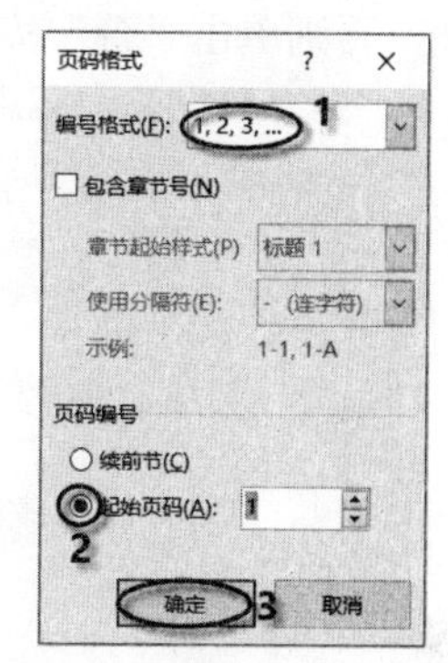

图 4.236　页码为“1,2,3,…”格式

步骤 2：将光标定位到图表目录页码，单击“页码”下拉按钮，在打开的下拉列表中选择“设置页码格式”命令，弹出“页码格式”对话框，单击“编号格式”右侧的下拉按钮，从下拉列表中选择“1,2,3,…”。选中“续前节”单选按钮，单击“确定”按钮，如图 4.237 所示。

步骤 3：将光标定位到摘要的页码，单击“页码”下拉按钮，从弹出的下拉列表中选择“设置页码格式”命令。在打开的“页码格式”对话框中选中“起始页码”单选按钮，单击“确定”按钮，如图 4.238 所示。

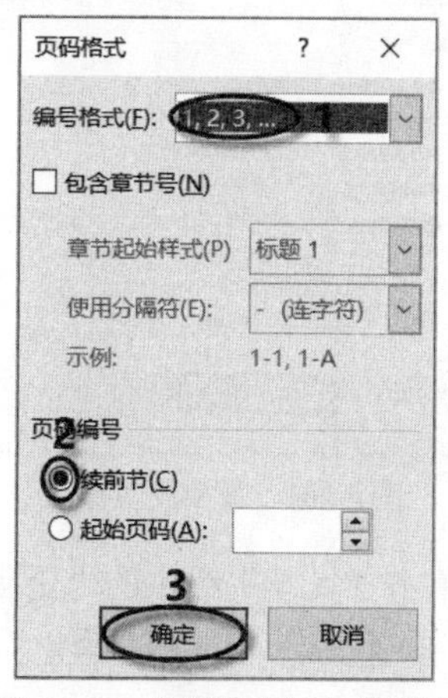

图 4.237　设置图表目录的页码

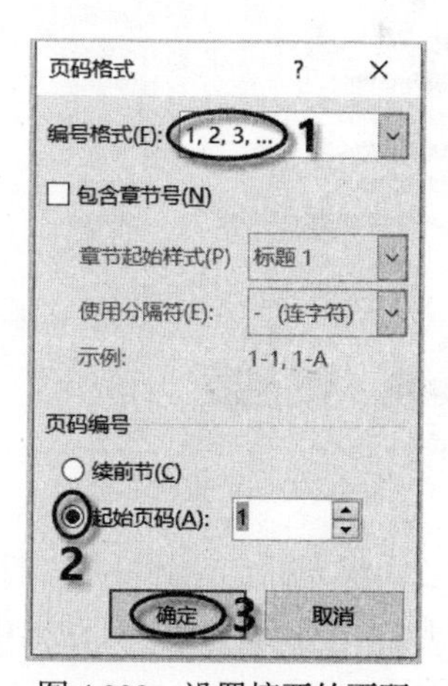

图 4.238　设置摘要的页码

步骤 4：将光标定位到封面的页码，按 Backspace 键删除页码，单击“关闭页眉和页脚”按钮。

第 7 题

步骤 1：选中除封面以外的文档内容，打开“开始”选项卡，单击“编辑”组中的“替换”按钮，弹出“查找和替换”对话框。将光标定位到“查找内容”文本框中，单击“更多”按钮，如图 4.239 所示，单击“特殊格式”下拉按钮，在弹出的下拉列表中选择“段落标记”，再次单击“特殊格式”按钮，选择“段落标记”，如图 4.240 所示。将光标定位到“替换为”文本框，单击“特殊格式”下拉按钮，在弹出的下拉列表中选择“段落标记”，单击“全部替换”按钮，如图 4.241 所示。替换后将弹出提示框，若要继续搜索文档的其余部分，则单击“是”按钮，否则单击“否”按钮。完成替换后，单击“关闭”按钮。

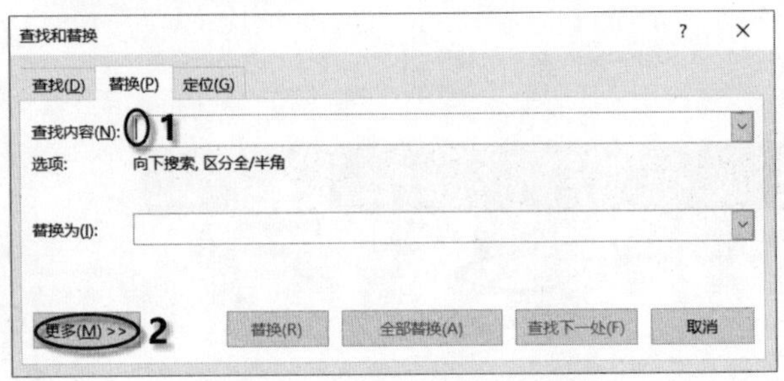

图 4.239　“查找和替换”对话框

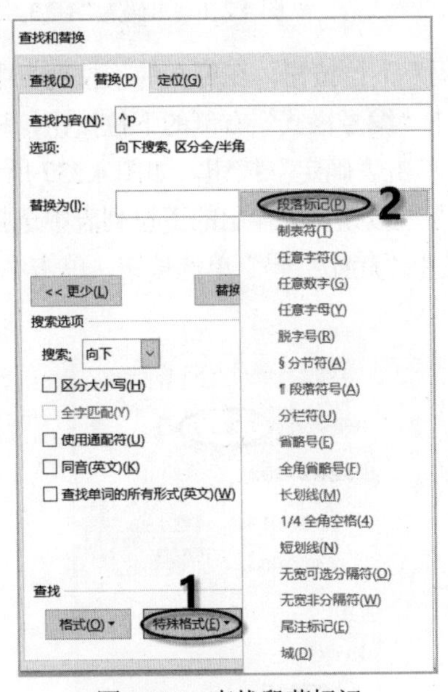

图 4.240　查找段落标记

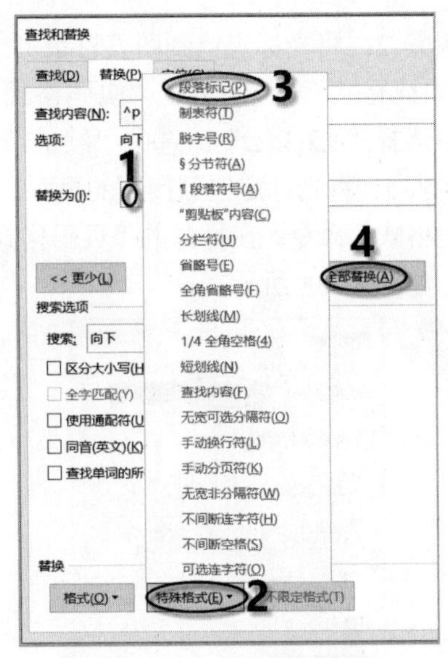

图 4.241　替换段落标记

步骤 2：将光标定位到目录，打开“引用”选项卡，单击“目录”组中的“更新目录”按钮。在打开的“更新目录”对话框中选中“只更新页码”单选按钮，单击“确定”按钮，如图 4.242 所示。

步骤 3：将光标定位到图表目录，选定图表目录，打开“引用”选项卡，单击“题注”组中的“更新表格”按钮。在弹出的“更新图表目录”对话框中选中“只更新页码”单选按钮，单击“确定”按钮，如图 4.243 所示。

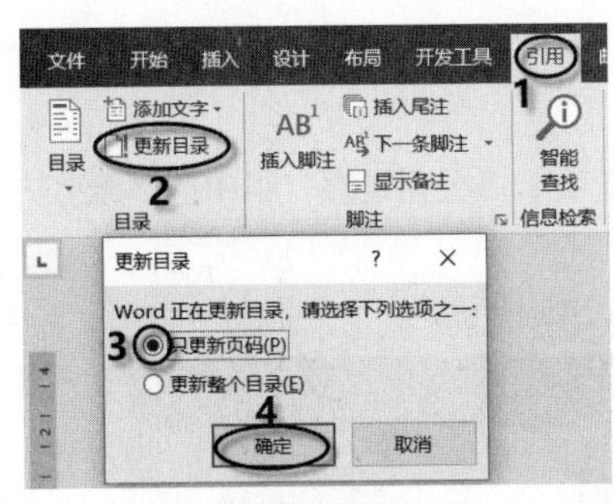

图 4.242　更新页码

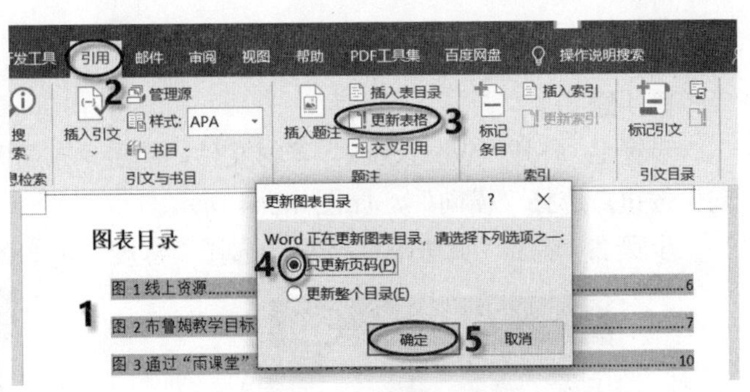

图 4.243　更新图表目录

4.7　通过邮件合并批量处理文档

邮件合并是 Office Word 组件中一种可以批量处理文档的功能。在实际工作中我们会遇到这样一种情形：要编辑大量版式一致而内容不同的文档，如成绩单、工资条、信函、邀请函等。当需要编辑的份数比较多时，可以借助 Word 的“邮件合并”功能轻松满足我们的需求。例如，某公司年会时要向顾客和合作伙伴发送邀请函，在所有的邀请函中除了“姓名”存在差异外，其余套用邀请的内容完全相同，类似这样的文档编辑工作，我们可以应用“邮件合并”功能进行批量处理。

“邮件合并”是将两个相关文件的内容合并在一起，以解决大量重复性工作。其中，一个是“主文档”，用来存放共有内容的文档，一个是“数据源”，用于存放需要变化的内容，例如，姓名、性别等。合并时 Word 会将数据源中的内容插入主文档的合并域中，产生以主文档为模板的不同内容的文本。

【例 4-6】 公司将于今年举办答谢盛典活动，市场部助理小祁需要制作活动邀请函，并寄送给相关人员。请按照如下需求，在 Word.docx 文档中完成邀请函的制作工作。

1. 调整文档版面，纸张方向设置为横向，设置文档页边距为常规。

2. 将素材文件夹下的图片“背景图.jpg”设置为邀请函的背景。

3. 在邀请函的适当位置插入一幅“图片 1.jpg”，调整其大小、位置及样式，不影响文字排列、不遮挡文字内容。

4. 将文档末尾处的日期调整为可以根据邀请函生成日期而自动更新的格式，日期格式显示为“××××年×月×日”。

5. 在“尊敬的”文字后面，插入拟邀请的客户姓名和称谓。拟邀请的客户姓名在“邀请的嘉宾名单.xlsx”文件中，客户称谓则根据客户性别自动显示为“先生”或“女士”，例如“刘洋(先生)”“李晶(女士)”。

6. 先将合并主文档以“邀请函.docx”为文件名进行保存，之后进行效果预览，生成可以单独编辑的单个文档“邀请函 1.docx”。每个客户的邀请函占 1 页内容，且每页邀请函中只能包含 1 位客户姓名，所有的邀请函页面另存在一个名为“邀请函 1.docx”的文件中。

具体操作步骤如下。

第1题

步骤1：打开“Word.docx”素材文件，单击“布局”选项卡“页面设置”组中的“纸张方向”按钮，选择“横向”，如图4.244所示。

步骤2：单击“页边距”按钮，选择“常规”，如图4.245所示。

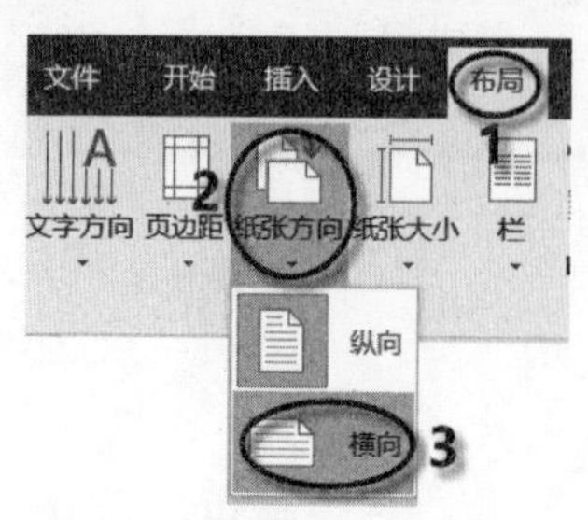

图4.244　设置纸张方向为横向

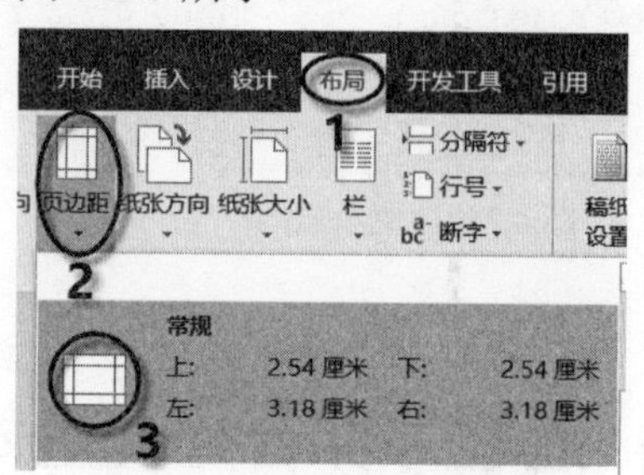

图4.245　设置页边距为常规

第2题

步骤1：打开“设计”选项卡，单击“页面背景”组中的“页面颜色”按钮，在弹出的下拉列表中选择“填充效果”。

步骤2：在打开的对话框中切换到“图片”选项卡，再单击“选择图片”按钮，如图4.246所示，找到“背景图.jpg”的保存位置，单击“插入”按钮，再单击“确定”按钮。

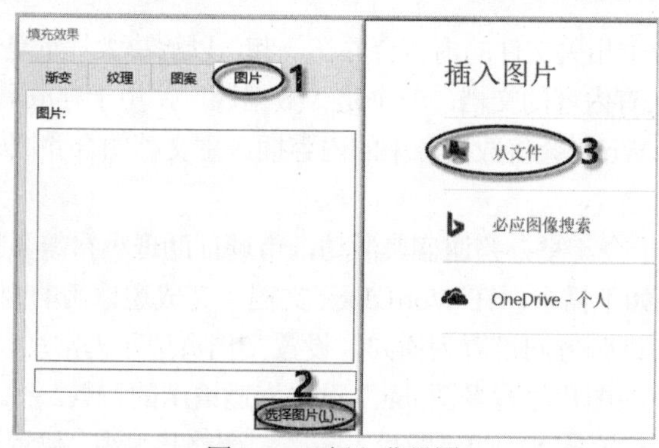

图4.246　插入背景图

第3题

步骤1：将光标定位到合适的位置，打开“插入”选项卡，单击“插图”组中的“图片”按钮，在下拉列表中选择“此设备”命令。在打开的对话框中选择“图片1.jpg”，单击“插入”按钮，再单击“确定”按钮。

步骤2：选定图片，打开“图片工具”的“格式”选项卡，单击“排列”组中的“环绕文字”按钮。在打开的下拉列表中选择“浮于文字上方”，适当调整其大小和位置。

步骤3：单击“图片样式”组中的“其他”按钮▾，在打开的列表框中单击“柔化边缘椭圆”，如图4.247所示。

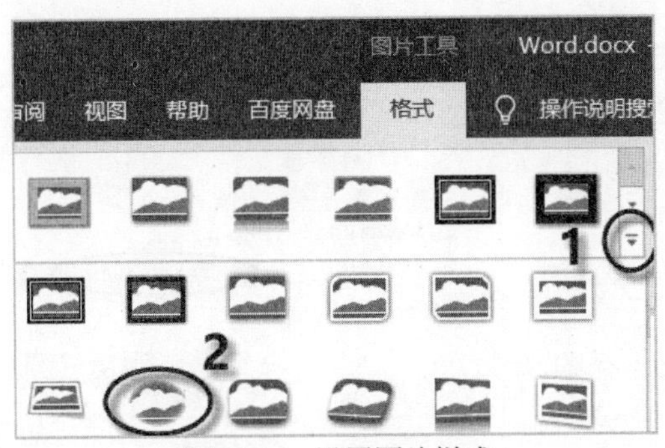

图 4.247　设置图片样式

第 4 题

选中尾处的日期“2021 年 1 月 16 日”，打开“插入”选项卡，单击“文本”组中的“日期和时间”按钮。在打开的对话框中将“语言(国家/地区)”设置为“中文(中国)”，在“可用格式”中选择与“2021 年 1 月 16 日”相同的格式，选中“自动更新”复选框，再单击“确定”按钮，如图 4.248 所示。

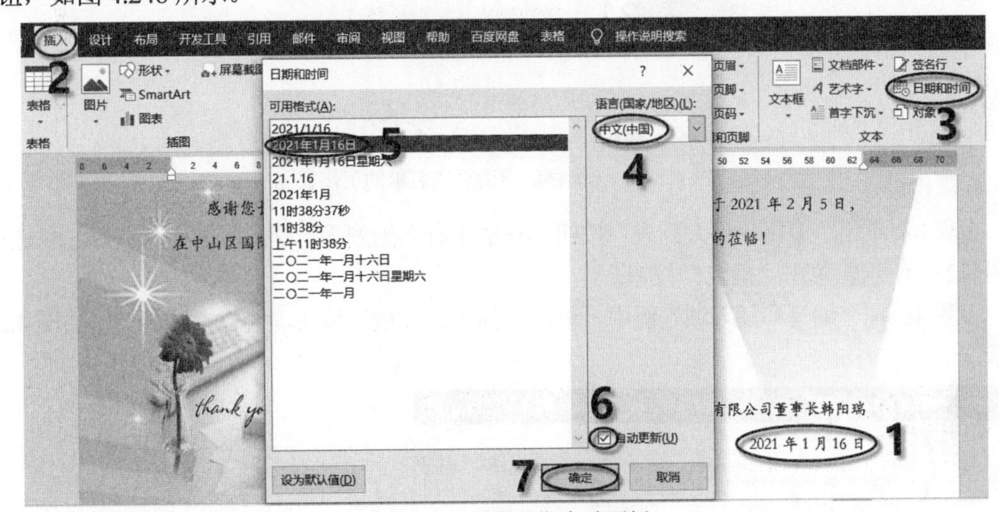

图 4.248　设置日期自动更新

第 5 题

步骤 1：将光标定位在“尊敬的”文字后，删除多余文字。打开“邮件”选项卡，单击“开始邮件合并”组中的“选择收件人”按钮，在打开的下拉列表中选择“使用现有列表”命令，如图 4.249 所示。在弹出的“选取数据源”对话框中，找到“邀请的嘉宾名单.xlsx”的保存位置，单击“打开”按钮，如图 4.250 所示。

步骤 2：在弹出的“选择表格”对话框中单击“邀请的嘉宾名单$”，单击“确定”按钮，如图 4.251 所示。

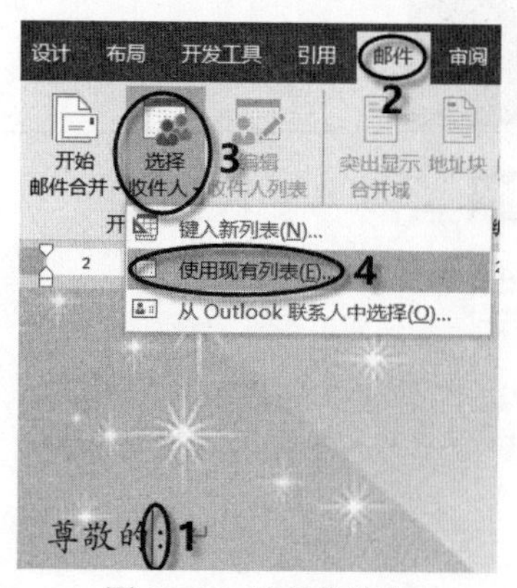

图 4.249　选择收件人

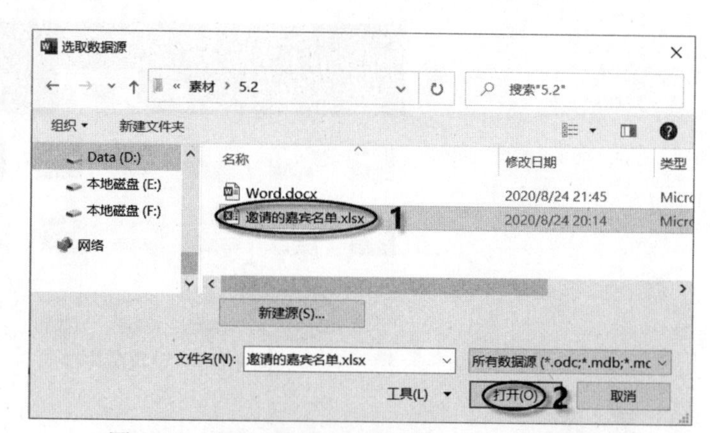

图 4.250　选择“邀请的嘉宾名单.xlsx”文件并打开

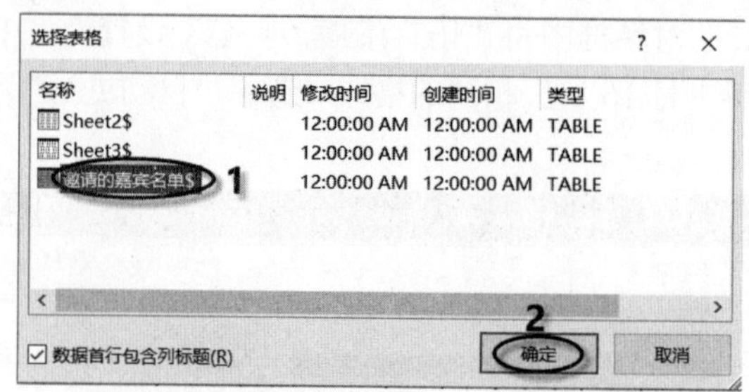

图 4.251　选择存放邀请嘉宾名单的工作表

步骤 3：单击“编辑收件人列表”按钮，只选中姓名为刘洋、李晶、苏安、王丹的复选框，如图 4.252 所示，单击“确定”按钮。

步骤 4：在“编写和插入域”组中，单击“插入合并域”按钮，选择“姓名”，如图 4.253 所示。

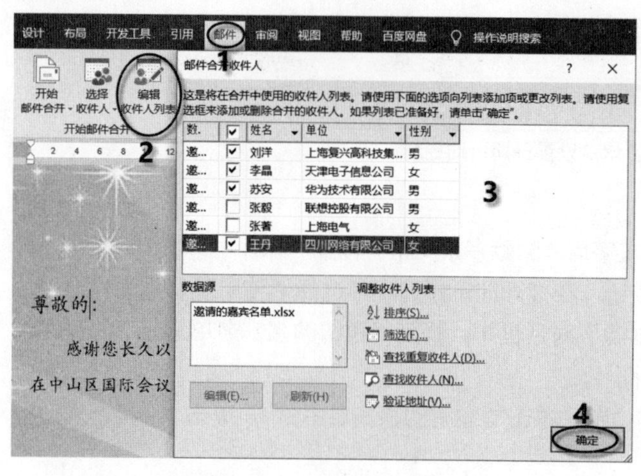

图 4.252　编辑收件人列表

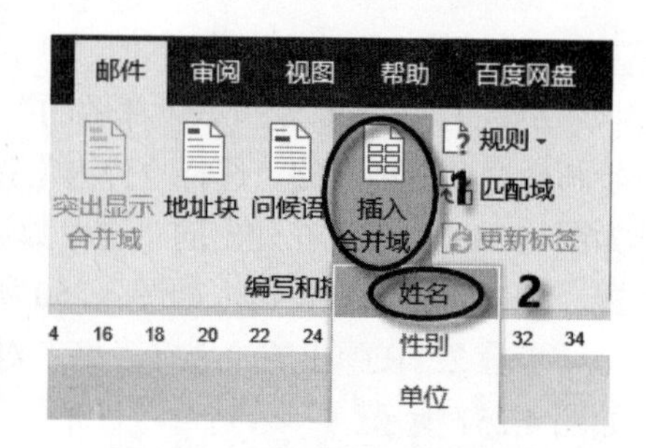

图 4.253　插入合并域“姓名”

步骤 5：在“编写和插入域”组中，单击“规则”下拉按钮，从打开的下拉列表中选择“如果...那么...否则...”，如图 4.254 所示。在打开的对话框中，进行如图 4.255 所示的设置。

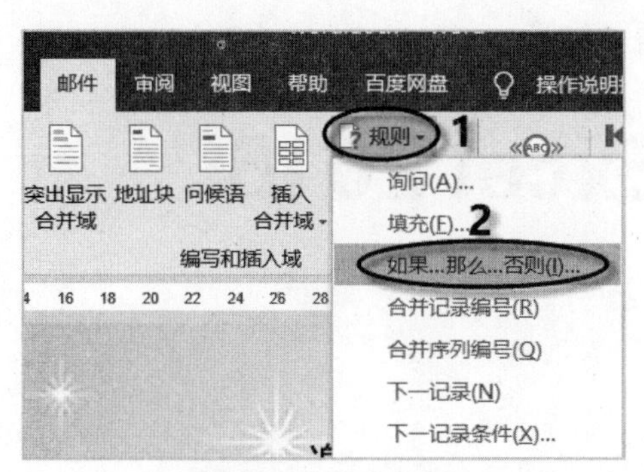

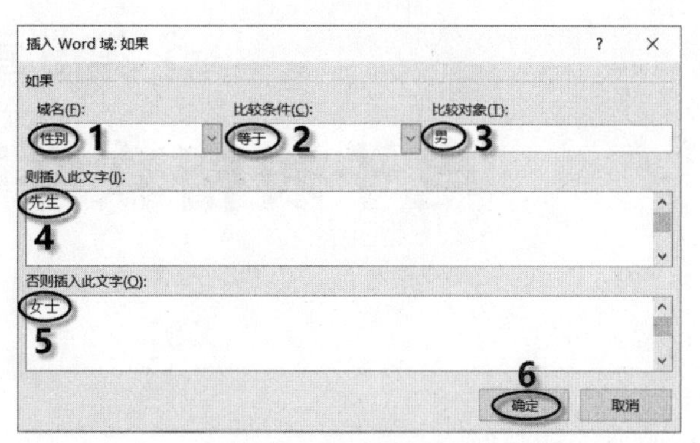

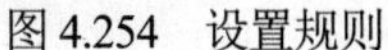
图 4.254　设置规则　　图 4.255　编写和插入域

第 6 题

步骤 1：打开“邮件”选项卡，单击“完成”组中的“完成并合并”下拉按钮，在打开的下拉列表中选择“编辑单个文档”命令，如图 4.256 所示。在打开的“合并到新文档”对话框中选中“全部”单选按钮，单击“确定”按钮，如图 4.257 所示。

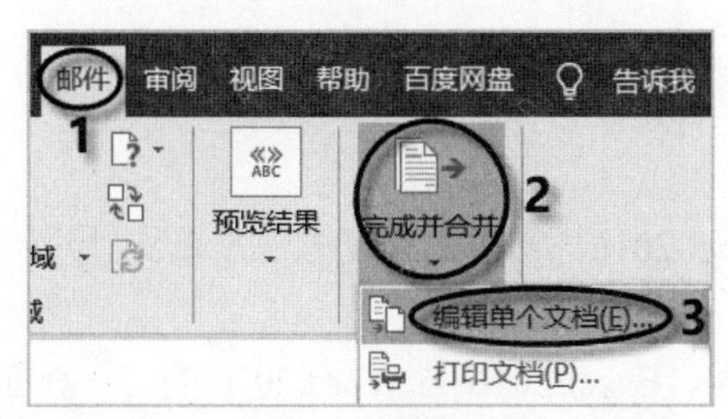

图 4.256　选择“编辑单个文档“命令

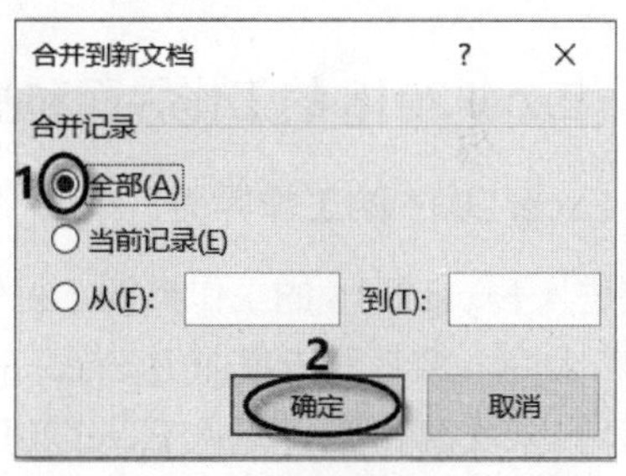

图 4.257　“合并到新文档”对话框

步骤 2：参照第 2 题的步骤，将新生成的邀请函文档的页面背景设置为“背景图.jpg”。

步骤 3：单击快速访问工具栏中的“保存”按钮，以文件名“邀请函 1.docx”为名进行保存，并将 Word.docx 文档另存为“邀请函.docx”。

第5章

电子表格软件Excel 2016

Excel 是 Microsoft 公司 Office 办公自动化软件中的一个组件，专门用于数据处理和报表制作。它具有强大的数据组织、计算、统计和分析功能，并能把相关的数据以图表的形式直观地呈现出来。由于 Excel 能够快捷、准确地处理数据，因此在数据的处理中得到了广泛的应用。

5.1 工作簿和工作表

5.1.1 Excel 2016 的工作界面和基本概念

1. Excel 2016 的工作界面

要进入 Excel 2016 的工作界面，首先需启动 Excel 2016。常用的启动方法是单击“开始”|“Excel”命令，或是双击桌面上 Excel 的快捷图标、Excel 文档图标。

启动 Excel 2016 后，进入 Excel 2016 的工作界面。Excel 2016 与 Word 2016 的工作界面有很多相似之处，都包括快速访问工具栏、标题栏、选项卡、功能区等。除此之外，Excel 2016 工作界面还有自己特有的组成元素，如图 5.1 所示。

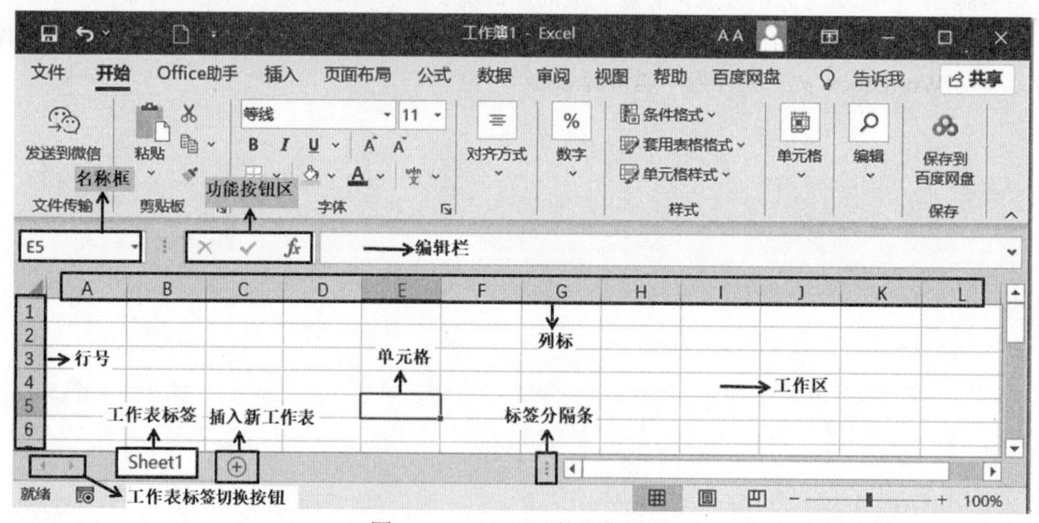

图 5.1　Excel 2016 的工作界面

2. Excel 2016 的基本概念

Excel 2016 主要包括工作簿、工作表、单元格。工作簿包含工作表，工作表包含单元格。

(1) 工作簿

Excel 工作簿由一个或若干个工作表组成，一个 Excel 文件就是一个工作簿，其扩展名为.xlsx。启动 Excel 后，将自动产生一个新的工作簿，默认名称为“工作簿 1”。

(2) 工作表

工作簿中的每一个表格为一个工作表。工作表又称为电子表格，每个工作表由 1 048 576 行和 16 384 列组成。初始启动时，每一个工作簿中默认有一个工作表，以 Sheet1 命名。根据需要可增加或删除工作表，也可对工作表重命名。

(3) 单元格

行和列的交叉区域即为单元格，单元格是工作簿中存储数据的最小单位，用于存放输入的数据、文本、公式等。

活动单元格：指当前正在使用的单元格。单击某个单元格，其四周呈现绿色边框且右下角有一个绿色的填充柄，如图 5.2 所示，该单元格即为当前活动单元格，可在活动单元格中输入或编辑数据。

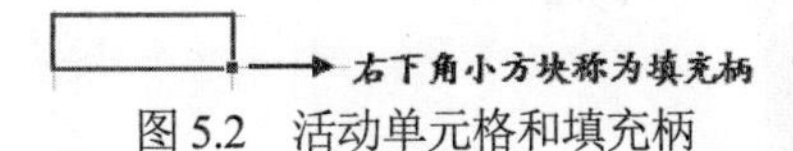

图 5.2　活动单元格和填充柄

单元格地址：用列标和行号来表示，列标用英文大写字母 A、B、C、…表示，行号用数字 1、2、3、…依次顺序表示。例如，E7 表示位于第 E 列和第 7 行交叉处的单元格。若在单元格地址前面加上工作表名称，则表示该工作表中的单元格。例如，Sheet1!E7 表示 Sheet1 工作表中的 E7 单元格。

单元格区域地址：若表示一个连续的单元格区域地址，可用该区域“左上角单元格地址:右下角单元格地址”来表示。例如，D5:F9 表示从单元格 D5 到 F9 的区域。

5.1.2　工作簿的基本操作

1. 工作簿的创建

除了启动 Excel 时创建新的工作簿，在 Excel 的编辑过程中也可以创建新的工作簿，创建方法有如下两种。

方法 1：单击“快速访问工具栏”中的“新建”按钮或按 Ctrl+N 快捷键，即可创建新的工作簿。

方法 2：单击“文件”|“新建”命令。在右侧窗格中可新建空白工作簿或带有一定格式的工作簿。

(1) 在“新建”区域单击“空白工作簿”，如图 5.3 所示，新建一个空白工作簿。

(2) 在“搜索联机模板”区域可以搜索很多模板类型，单击需要的模板类型，如“个人月度预算”，在弹出的窗口中单击“创建”按钮，如图 5.4 所示，可创建所选模板的文档。

(3) 若计算机已联网，在“搜索联机模板”文本框中输入要搜索的模板类型名称，如输入“发票”，单击“开始搜索”按钮，如图 5.5 所示，系统会自动在联机模板中搜索该模板。在搜索后的模板区域单击“服务发票”按钮，在打开的窗口中单击“创建”按钮，就创建了一个名为“服务发票 1”的工作簿。

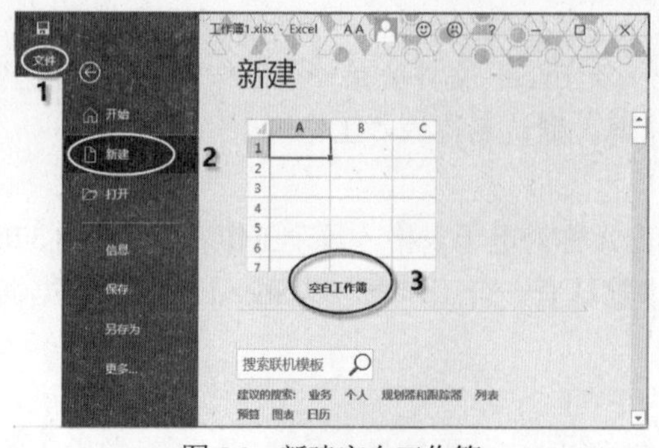

图 5.3　新建空白工作簿

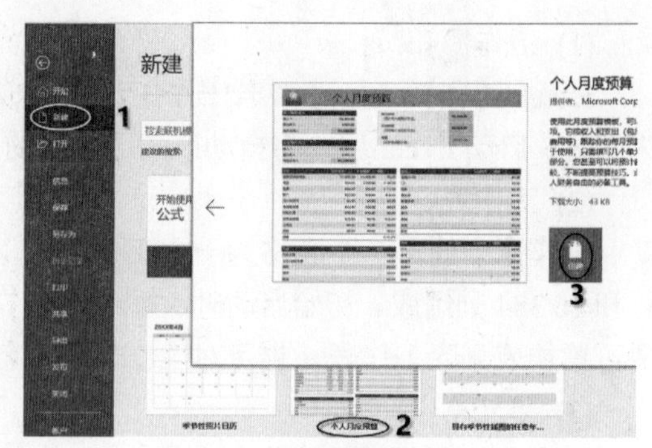

图 5.4　利用模板创建工作簿

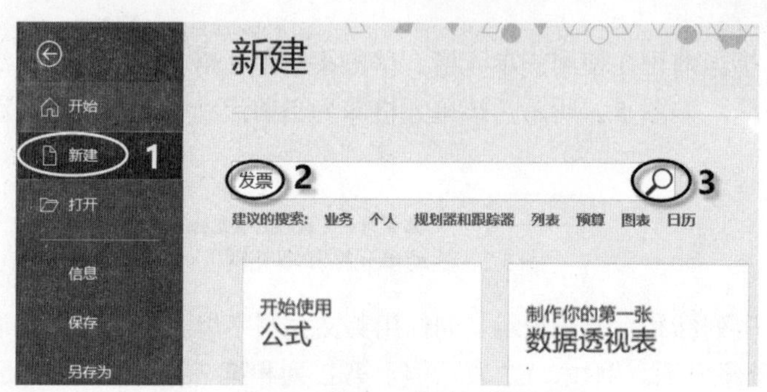

图 5.5　搜索“发票”模板

2. 工作簿的保存

步骤 1：单击“快速访问工具栏”中的“保存”按钮，或者单击“文件”|“保存”命令，保存工作簿。如果是第一次保存，则会弹出“另存为”窗格，如图 5.6 所示。

步骤 2：在“另存为”窗格中选择工作簿的保存方式。通常将文件保存在计算机中，单击“浏览”按钮，弹出“另存为”对话框，设置文件的保存位置、文件名、文件类型。若在较低版本的 Excel 中使用 Excel 2016 文档，则选择兼容性较高的“Excel 97-2003 工作簿(*.xls)”类型，再单击“保存”按钮。

3. 工作簿的打开

方法 1：在欲打开的工作簿文件(以.xlsx 为扩展名)图标上双击，即可打开该工作簿。

方法 2：单击“文件”|“打开”命令，或者单击“快速访问工具栏”中的“打开”按钮，在“打开”窗格中，单击“这台电脑”或“浏览”等按钮找到工作簿的保存位置，选定工作簿并单击“打开”按钮。

方法 3：如果要打开最近使用过的工作簿，可以采用更快捷的方式。在 Excel 窗口中单击“文件”按钮，右侧窗格中列出了最近打开过的工作簿文件，单击需要打开的文件名，即可将其打开，如图 5.7 所示。

4. 工作簿的关闭

单击工作簿窗口中的“关闭”按钮，或者单击“文件”|“关闭”命令，即可关闭工作簿。

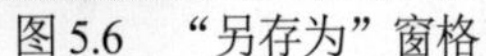
图 5.6　“另存为”窗格

图 5.7　选择最近打开过的文件

5. 工作簿的加密

打开要加密的 Excel 文件，单击“文件”|“信息”命令，在“信息”窗格中单击“保护工作簿”按钮，从弹出的下拉列表中选择“用密码进行加密”，打开“加密文档”对话框，在“密码”文本框中输入密码，单击“确定”按钮，如图 5.8 所示。在弹出“确认密码”对话框后，再次输入密码，单击“确定”按钮。若关闭文件，再次打开该文件时，则需要输入密码。

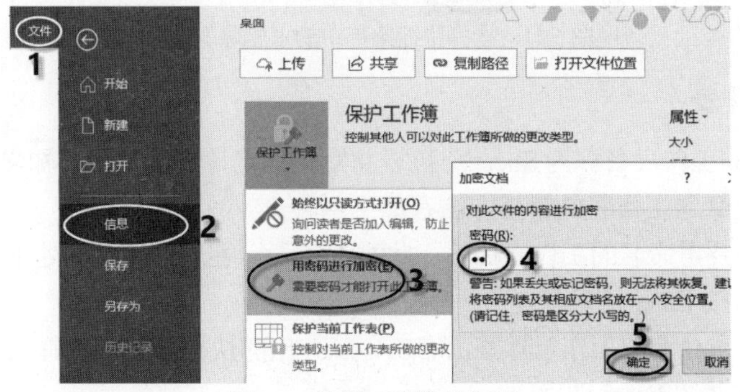

图 5.8　设置工作簿的密码

5.1.3　工作表的基本操作

1. 插入工作表

方法 1：在工作表标签区域，单击右侧的“插入新工作表”按钮⊕，如图 5.9 所示，可在 Sheet1 工作表的右侧插入一个新工作表。

方法 2：打开“开始”选项卡，单击“单元格”组中的“插入”下拉按钮，在弹出的下拉列表中选择“插入工作表”选项，如图 5.10 所示，可在当前工作表的左侧插入新工作表。

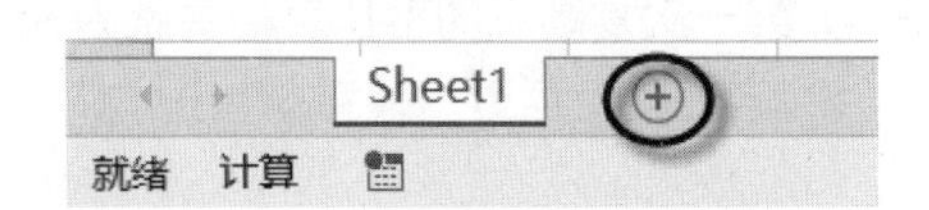

图 5.9　单击工作表标签区域中的“插入新工作表”按钮

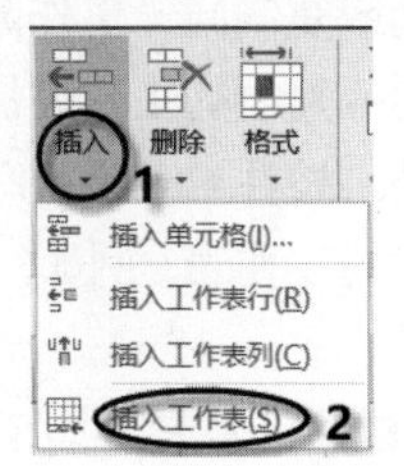

图 5.10　“插入”下拉列表

方法 3：在某一工作表的标签上右击，在弹出的快捷菜单中选择“插入”命令，打开“插入”对话框，根据需要选择要插入的工作表类型并确定，则在当前工作的左侧插入新的工作表。若选择“电子方案表格”选项卡，可插入带有一定格式的工作表。

2. 删除工作表

在要删除的工作表标签上右击，从弹出的快捷菜单中选择“删除”命令，如图 5.11 所示，或者选定要删除的工作表标签，单击“开始”选项卡“单元格”组中的“删除”下拉按钮，在弹出的下拉列表中选择“删除工作表”命令。

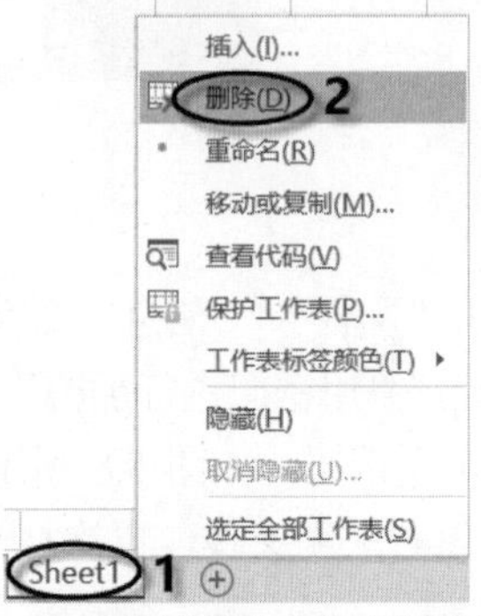

图 5.11　选择快捷菜单中的“删除”命令

3. 重命名工作表

Excel 中默认的工作表名称为 Sheet1，可以将默认的名称更改为见名知义的名称，以方便对内容进行查看。重命名工作表的常用方法有如下两种。

方法 1：双击要重命名的工作表标签，此时工作表标签反色显示，处于可编辑状态，输入新的工作表名称并按 Enter 键确认。

方法 2：在要重命名的工作表标签上右击，从弹出的快捷菜单中选择“重命名”命令，输入新的工作表名称并按 Enter 键确认。

4. 设置工作表标签颜色

为突出显示某个工作表，可为该工作表标签设置颜色。操作方法：在要设置颜色的工作表标签上右击，在弹出的快捷菜单中选择“工作表标签颜色”命令，在颜色列表中单击选择所需的颜色。

5. 移动或复制工作表

(1) 移动或复制同一工作簿中的工作表

移动或复制同一工作簿中的工作表，最简单的方法是利用鼠标进行拖动，即将鼠标指针指向要移动或复制的工作表标签，按住鼠标左键进行拖动，在目标位置释放鼠标左键，实现工作表的移动。按住 Ctrl 键拖动，实现工作表的复制。复制的新工作表标签后附带有括号的数字，表示不同的工作表。例如，源工作表标签为 Sheet1，第一次复制后的工作表标签就为 Sheet1(2)，以此类推。

(2) 移动或复制不同工作簿之间的工作表

利用快捷菜单中的“移动或复制工作表”命令，或者单击“开始”选项卡“单元格”组中的“格式”下拉按钮，在弹出的下拉列表中选择“移动或复制工作表”命令。

例如，将“销售”工作簿中的“图书”工作表移动到“库存统计”工作簿“Sheet2”工作表前，操作步骤如下。

步骤 1：分别打开“销售”和“库存统计”两个工作簿。在“图书”工作表标签上右击，从弹出的快捷菜单中选择“移动或复制工作表”命令，打开“移动或复制工作表”对话框。

步骤 2：单击“工作簿”右侧的下拉按钮，在下拉列表中选择用于接收的工作簿名称，即“库存统计.xlsx”；在“下列选定工作表之前”列表框中，选择移动的工作表在新工作簿中的位置。本例中选择的是“Sheet2”，如图 5.12 所示。

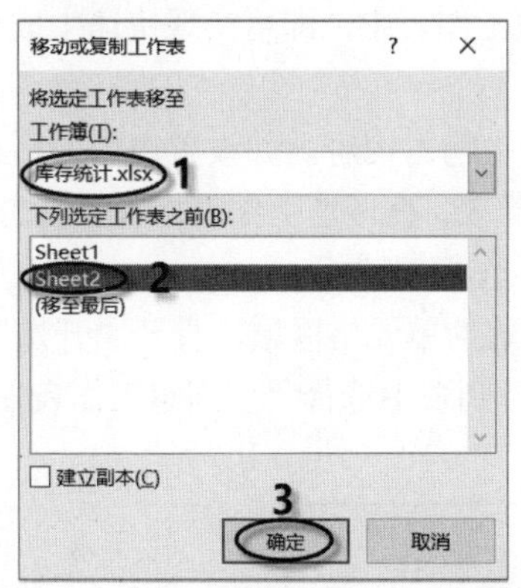

图 5.12 “移动或复制工作表”对话框

步骤 3：单击“确定”按钮，完成不同工作簿之间工作表的移动。

若选中图 5.12 中的“建立副本”复选框，可实现不同工作簿之间工作表的复制。

5.1.4 对多个工作表同时进行操作

在 Excel 2016 中，可以对多个工作表同时进行操作，如输入数据、设置格式等，极大地提高了对相同或相似表格的工作效率。

1. 选定多个工作表

选定所有工作表：在某个工作表标签上右击，从弹出的快捷菜单中选择“选定全部工作表”命令，即可选定当前工作簿中的所有工作表，此时工作簿标题栏的文件名后会出现“[组]”字样，如图 5.13 所示，表示对多个工作表进行组合。若取消组合，在某个工作表标签上右击，从弹出的快捷菜单中选择“取消组合工作表”命令，可取消工作表的组合。

图 5.13 选定多个工作表后标题栏出现“[组]”字样

选定连续的多个工作表：先单击要选定的起始工作表标签，然后按住 Shift 键，再单击要选定的最后工作表标签。

选定不连续的多个工作表：先单击某个工作表标签，然后按住 Ctrl 键，再分别单击要选定的工作表标签。

2. 同时对多个工作表进行操作

当选定多个工作表并组成工作组后，在其中某个工作表中所进行的任何操作都会同时显示在工作组的其他工作表中。例如，在工作组的一个工作表中输入数据或进行格式设置等操作，这些操作将同时显示在工作组的其他工作表中。取消工作组的组合后，可以对每个工作表进行单独设置，如输入不同的数据，设置不同的格式等。

3. 填充至同组工作表

先设置一个工作表中的内容或格式，再将该工作表与其他工作表组成一个组，将该工作表中的内容或格式填充到组的其他工作表中，即可实现快速生成相同内容或格式的多个工作表。具体操作步骤如下。

步骤 1：在任意一个工作表中输入内容，并设置内容的格式。

步骤 2：插入多个空白的工作表，在任意工作表标签上右击，从弹出的快捷菜单中选择“选定全部工作表”命令，将多个工作表组成组。

步骤 3：选定含有内容或格式的单元格区域，打开“开始”选项卡，单击“编辑”组中的“填充”下拉按钮，从弹出的下拉列表中选择“至同组工作表”命令，打开“填充成组工作表”对话框，如图 5.14 所示。

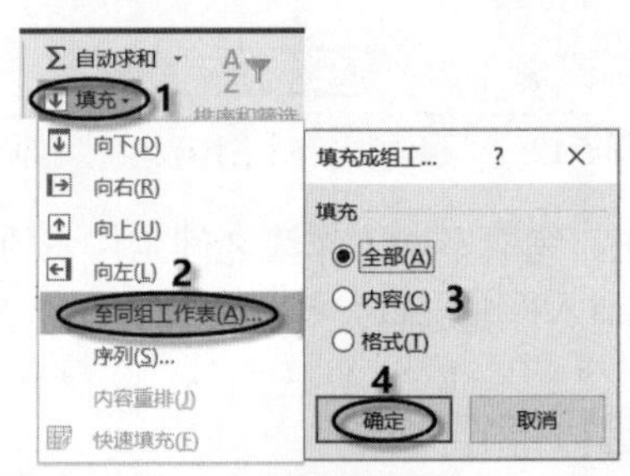

图 5.14　打开“填充成组工作表”对话框

步骤 4：在“填充”区域中选择要填充的选项。本例选中“全部”单选按钮，再单击“确定”按钮，选定区域的所有内容和格式会同时显示在工作组的其他工作表中，生成多个相同的工作表。

步骤 5：单击工作组中的任意一个工作表标签，退出工作组状态，查看各个工作表是否具有相同的内容和格式。

5.1.5　实用操作技巧

1. 隐藏和显示单元格内容

隐藏单元格内容：单元格数字的自定义格式由正数、负数、零和文本 4 个部分组成。这 4 个部分由 3 个分号(；；；)分隔，将这 4 个部分都设置为空，则所选的单元格内容不显示。因此，可使用 3 个分号(；；；)将这 4 个部分的内容设置为空，设置步骤如下。

步骤 1：选定要隐藏的单元格内容，在选定的单元格上右击，从弹出的快捷菜单中选择“设置单元格格式”选项，弹出“设置单元格格式”对话框，如图 5.15 所示。

步骤 2：在“数字”选项卡“分类”列表框中单击“自定义”，将“类型”列表框里的默认字符“G/通用格式”改为“；；；”，单击“确定”按钮，这样，所选定单元格的内容就被隐藏。

显示已隐藏的单元格内容：选定已隐藏内容的单元格，在选定区域上右击，从弹出的快捷菜单中选择“设置单元格格式”命令，在弹出的对话框中，将“类型”框里的“；；；”改为原来的字符“G/通用格式”，单击“确定”按钮，如图 5.16 所示。

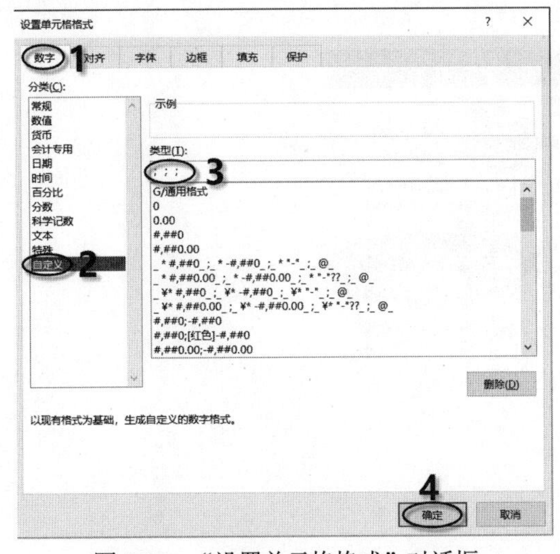

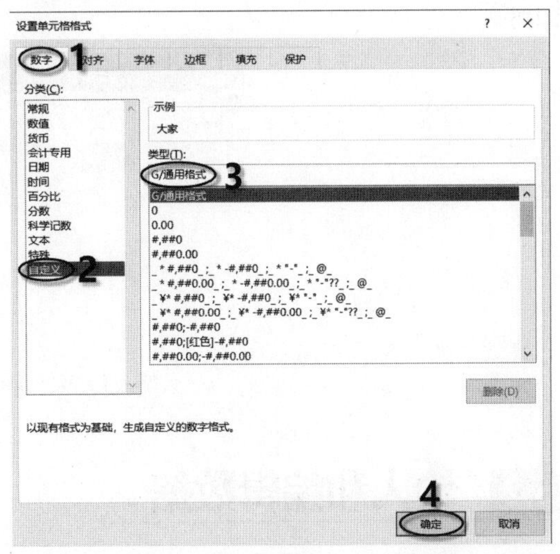

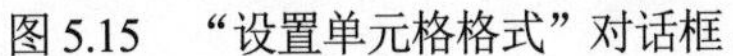
图 5.15　“设置单元格格式”对话框

图 5.16　显示已隐藏的单元格内容

2. 窗口的隐藏与显示

在 Excel 2016 中，可以隐藏当前窗口，使其不可见，也可以将隐藏的窗口进行显示。

隐藏窗口：打开需要隐藏的窗口，单击“视图”选项卡“窗口”组中的“隐藏”按钮，将当前窗口隐藏。

显示隐藏的窗口：打开“视图”选项卡，单击“窗口”组中的“取消隐藏”按钮，弹出“取消隐藏”对话框，选定取消隐藏的工作簿，再单击“确定”按钮，隐藏窗口将重新显示。

3. 窗口的拆分

将一个窗口拆分成几个独立的窗格，每个窗格显示的是同一个工作表的内容，拖动每个窗格中的滚动条，该工作表的不同内容同时显示在不同的窗格中。窗口拆分方法如下。

将窗口拆分成 4 个窗格：选定作为拆分点的单元格，打开“视图”选项卡，单击“窗口”组中的“拆分”按钮，从选定的单元格处将工作表窗口拆分为 4 个独立的窗格，移动窗格间的拆分线可调节窗格大小。

将窗口拆分成上下 2 个窗格：选定一行，单击“视图”选项卡“窗口”组中的“拆分”按钮， 以选定行为界，将窗口拆分成上下 2 个窗格。

将窗口拆分成左右 2 个窗格：选定一列，打开“视图”选项卡，单击“窗口”组中的“拆分”按钮，以选定列为界，将窗口拆分成左右 2 个窗格。

若取消拆分，双击拆分线，或者单击“视图”选项卡“窗口”组中的“拆分”按钮。

4. 窗口的冻结

窗口的冻结是指在浏览工作表数据时，窗口内容滚动而标题行/列不动，固定在窗口的上部或左部，即冻结标题行/列。冻结标题行/列后，当上下移动垂直滚动条时，标题行/列始终保持在屏幕的原位置。

窗口冻结的方法：如果要冻结列标题所在的行，单击“视图”选项卡“窗口”组中的“冻结窗格”下拉按钮，在弹出的下拉列表中选择“冻结首行”，如图5.17所示；若选择“冻结首列”，则冻结行标题所在的列。若要取消冻结窗格，单击下拉列表中的“取消冻结窗格”命令即可。

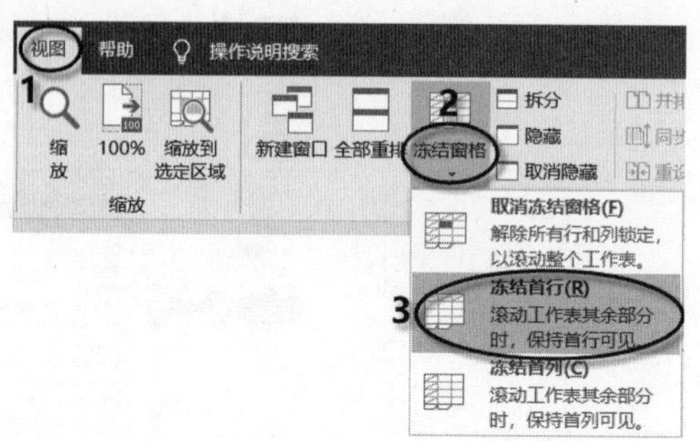

图5.17 “冻结窗格”下拉列表

5.2 输入和编辑数据

在Excel中可以输入多种类型的数据，如数值型数据、文本型数据和日期型数据。输入数据有2种方法：直接输入或利用Excel提供的数据“填充”功能，输入有规律的数据。

5.2.1 直接输入数据

1. 数值型数据

Excel除了将数字0～9组成的字符串识别为数值型数据，也可将某些特殊字符组成的字符串识别为数值型数据。这些特殊字符包括：“.(小数点)”“E(用于科学记数法)”“,(千分位符号)”“$”和“%”等字符。例如，输入139、3%、4.5和$35等字符串，Excel均认为是数值型数据，会自动按照数值型数据默认的右对齐方式显示。

当输入的数值较长时，Excel会自动用科学记数法表示。如输入1357829457008，则显示为1.35783E+12，代表1.35783×10^{12}。若输入的小数超过预先设置的小数位数，超过的部分自动四舍五入显示，但在计算时以输入数而不是显示数进行。

若输入分数，如4/5，应先输入“0”和“一个空格”，如“0 4/5”，这样输入可以避免与日期格式相混淆(将4/5识别为4月5日)。

若输入负数，应在数值前加负号或将数值置于括号中，如输入“-33”和“(33)”，在单元格中显示的都是“-33”。

2. 文本型数据

文本型数据由字母、数字或其他字符组成。默认情况下，文本型数据在单元格中靠左对齐。对于纯数字的文本数据，如电话号码、学号、身份证号码等，在输入该数据前加单引号(’)，可以与一般数字相区分。例如输入'12345，确认后以12345左对齐显示。

当输入的文本长度大于单元格宽度时，若右边单元格无内容，则延伸到右边单元格显示，否则将截断显示，虽然被截断的内容在单元格中没有完全显示出来，但实际上仍然在本单元格中完整保存。若将输入的数据在一个单元格中以多行方式显示，在换行时按 Alt+Enter 组合键即可。

3. 日期型数据

Excel 将日期型数据作为数字处理，默认右对齐显示。输入日期时，用斜线“/”或连字符“-”分隔年、月、日。如输入 2021/12/11 或 2021-12-11，在单元格中均以 2021-12-11 右对齐格式显示。按 Ctrl+；组合键，可输入当前系统日期。

输入时间时用“：”分隔时、分、秒，如输入 11:30:15，在单元格中以 11:30:15 右对齐显示。Excel 一般把输入的时间用 24 小时制来表示。如果要按 12 小时制输入时间，应在时间数字后留一空格，并输入 A 或 P(或 AM、PM)，表示上午或下午。例如，7:20 A(或 AM)表示上午 7 时 20 分；7:20 P(PM)表示下午 7 时 20 分。如果不输入 AM 或 PM，Excel 认为使用 24 小时制表示时间。按 Ctrl+：组合键，可输入系统的当前时间。

在一个单元格中同时输入日期和时间时，两者之间要使用空格分隔。

5.2.2　填充有规律的数据

利用 Excel 提供的“填充”功能，可向工作表若干连续的单元格中快速地输入有规律的数据，如重复的数据、等差、等比及预先定义的数据序列等。

1. 填充相同数据

在 A1:F1 区域中输入相同数据“30”，输入方法如下。

步骤 1：单击单元格 A1 并输入数据“30”。

步骤 2：将鼠标指针指向该单元格右下角的填充柄，当鼠标指针变成“+”形状时，按住鼠标左键拖动至 F1 单元格，释放鼠标左键，此时在 A1:F1 区域填充了相同的数据“30”。同时，在 F1 的右下角会出现“自动填充选项”下拉按钮，单击该按钮，就可以从弹出的下拉列表中选择所需的选项，如图 5.18 所示。

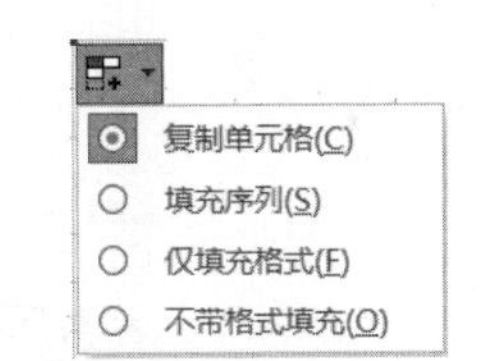

图 5.18　“自动填充选项”下拉列表

2. 填充递增序列

表 5.1 列出了一些递增序列，这些序列均有明显的规律，可使用自动填充功能输入这些序列，其操作过程略有不同。

表 5.1　数据序列表

序列类型	示例
等差序列	1，2，3，4，5，6… 3，5，7，9，11，13…
等比序列	1，3，9，27，81…
日期	星期一，星期二，星期三，星期四… 2000，2001，2002，2003…

(1) 填充增量为 1 的等差序列

选定某个单元格，输入第一个数据，例如“5”，按住 Ctrl 键和鼠标左键拖动填充柄，在目标位置释放鼠标键和 Ctrl 键，可实现增量为 1 的连续数据的填充。

(2) 填充自定义增量的等差序列。

先输入序列的前两个数据，如“10”“15”，然后选定这 2 个单元格，拖动填充柄，即可输入增量值为“5”的等差序列，如图 5.19 所示。

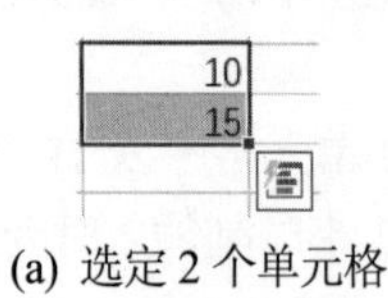

(a) 选定 2 个单元格

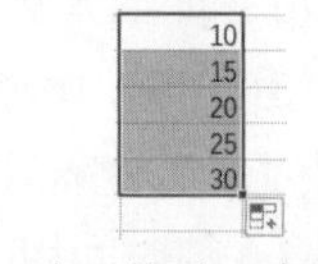

(b) 向下拖动三个单元格

图 5.19 填充自定义增量的等差序列

(3) 等比序列

输入等比序列“1、3、9、27、81”，输入方法如下：

步骤 1：选定某个单元格并输入第一个数值“1”，按 Enter 键确认。打开“开始”选项卡，单击“编辑”组中的“填充”下拉按钮，从弹出的下拉列表中选择“序列”选项，打开“序列”对话框。

步骤 2：在“序列产生在”区域中，选中序列产生在“行”或“列”单选按钮；在“类型”区域中选中“等比序列”单选按钮；步长值设置为“3”，终止值设置为 81，单击“确定”按钮，如图 5.20 所示，即可实现比值为 3 的等比序列的填充。

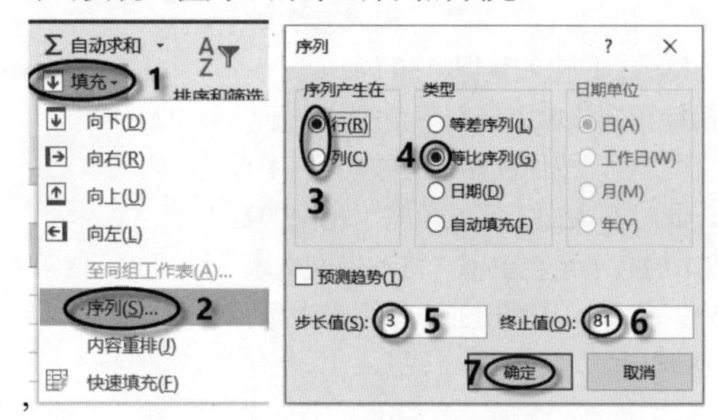

图 5.20 填充等比序列

(4) 预定义序列

Excel 预先定义了一些常用的序列，如一月到十二月、星期日到星期六等，供用户按需选用。此类数据的填充，先输入第一个数据，然后按住鼠标左键拖动填充柄至目标位置释放鼠标键即可。

3. 自定义填充序列

通过自定义序列，可以把经常使用的一些数据自定义为填充序列，以便随时调用。例如，将字段“姓名”“班级”“机考成绩”“平时成绩”“总成绩”自定义为填充序列，步骤如下。

步骤 1：如图 5.21 所示，单击“文件”|“选项”命令，在打开的对话框中单击“高级”选项，在右侧的“常规”栏中单击“编辑自定义列表”按钮，打开“自定义序列”对话框。

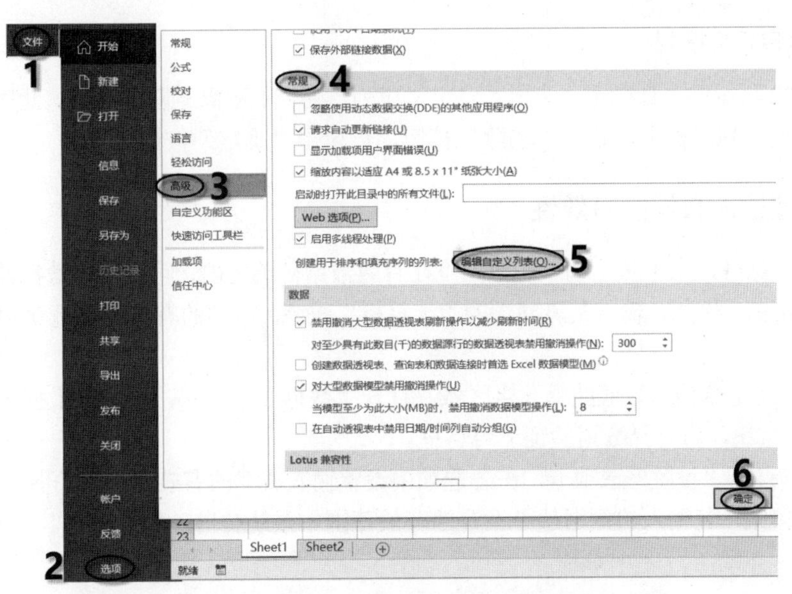

图 5.21　单击“常规”区域中的“编辑自定义列表”按钮

步骤 2：在打开的对话框的“自定义序列”列表框中选择“新序列”，将光标定位在“输入序列”列表框中，输入自定义序列项，在每项末尾按 Enter 键分隔，如图 5.22 所示。新序列输入完成后，单击“添加”按钮，输入的序列显示在“自定义序列”列表框中，单击“确定”按钮，完成自定义序列。

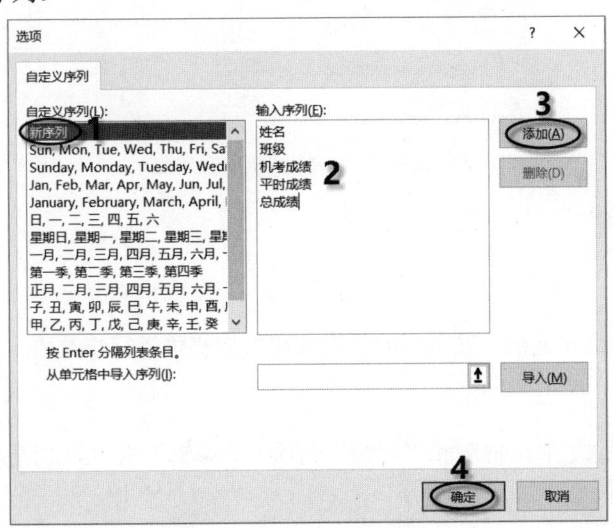

图 5.22　添加“自定义序列”

步骤 3：在任意单元格输入“姓名”，按住鼠标左键拖动右下角的填充柄，即可填充新定义的序列。

若将表中某一区域的数据添加到自定义序列中，应先选定该区域中的数据，然后打开如图 5.22 所示的对话框，单击“导入”按钮，将选定区域的数据导入“输入序列”列表框中，再单击“添加”和“确定”按钮即可。

4. 删除自定义序列

在图 5.22 所示的对话框中，选定“自定义序列”列表框中欲删除的序列，此序列显示在右侧“输入序列”列表框中，单击“删除”按钮，再单击“确定”按钮即可。

5.2.3 设置输入数据的有效性

在输入数据时，为了防止输入的数据不在有效数据范围之内，可在输入数据前，设置输入有效数据的范围。例如，输入某班同学的“计算机”成绩，成绩的有效范围是 0～100，具体的设置步骤如下。

步骤 1：选定欲输入数值的单元格区域。打开“数据”选项卡，单击“数据工具”组中的“数据验证”按钮，打开“数据验证”对话框。

步骤 2：打开“设置”选项卡，在各选项中设置输入成绩的有效范围，如图 5.23 所示。单击“确定”按钮，若输入的数据超出设置的有效范围，系统会自动禁止输入。

图 5.23　设置输入数据的有效性

5.2.4 数据的编辑

1. 数据的修改

选定要修改数据的单元格，输入新的数据或在编辑栏中进行修改。

2. 数据的删除

数据的删除主要通过 Delete 键和“开始”选项卡“编辑”组中的“清除”命令来实现，两种删除功能有所不同。

(1) Delete 键

只删除选定区域中的数据，区域的位置及其格式并不删除。例如，某单元格区域中的内容是“成绩”，底纹是“黄色”。选定该区域，按 Delete 键后，可将区域中的内容“成绩”删除，位置及底纹颜色并不会删除。

(2) “清除”命令

打开“开始”选项卡，单击“编辑”组中的“清除”下列按钮，所弹出的下拉列表中各子命令的含义如图 5.24 所示。

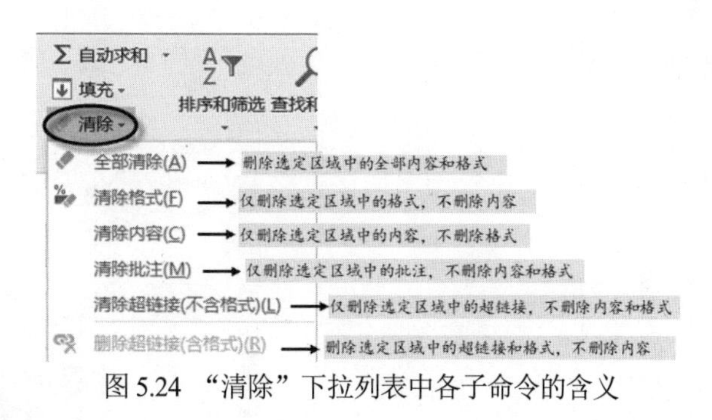

图 5.24 “清除”下拉列表中各子命令的含义

3. 数据的复制和移动

数据的复制：选定要复制的数据区域，打开“开始”选项卡，单击“剪贴板”组中的“复制”按钮或按 Ctrl+C 组合键，单击目标位置的起始单元格，再单击“剪贴板”组中的“粘贴”按钮或按 Ctrl+V 组合键。

数据的移动：移动与复制操作相似，单击“剪贴板”组中的“剪切”按钮或按 Ctrl+X 组合键，在目标位置进行粘贴。

5.2.5 实用操作技巧

1. 在不连续的多个单元格中同时输入相同的内容

例如，在 A1、B2、C5、D3 不连续的 4 个单元格中同时输入相同内容“78”。方法为：按住 Ctrl 键，单击 A1、B2、C5、D3 选定这 4 个单元格，在最后一个单元格 D3 中输入“78”，输入结束后，按 Ctrl+Enter 组合键，选定的 4 个单元格中同时输入了相同内容“78”。

2. 查找与替换数据

在大量的数据中找到所需的资料或替换为需要的数据，如果手动查找或修改将会浪费大量时间和精力，利用 Excel 提供的替换和查找功能可实现数据的快速查找和替换。

(1) 查找数据

步骤 1：按 Ctrl+F 组合键打开“查找和替换”对话框，或者单击“开始”选项卡“编辑”组中的“查找和替换”下拉按钮，在弹出的下拉列表中单击“查找”命令，打开“查找和替换”对话框。

步骤 2：在“查找内容”列表框中输入要查找的内容，例如“620”，单击“查找全部”按钮，找到的内容全部显示在下方的列表框中，如图 5.25 所示，单击“查找下一个”按钮，在工作表中逐一进行查找。

(2) 替换数据

步骤 1：按 Ctrl+F 组合键打开“查找和替换”对话框。

步骤 2：单击“替换”选项卡，在“查找内容”列表框中输入要查找的内容，例如“620”；在“替换为”列表框中输入要替换的内容，例如“580”，单击“全部替换”按钮，弹出一个提示框，如图 5.26 所示，单击“确定”按钮，完成全部替换。

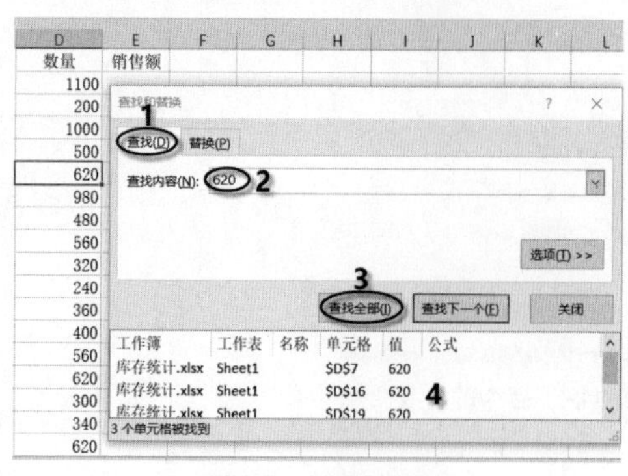

图 5.25 查找数据

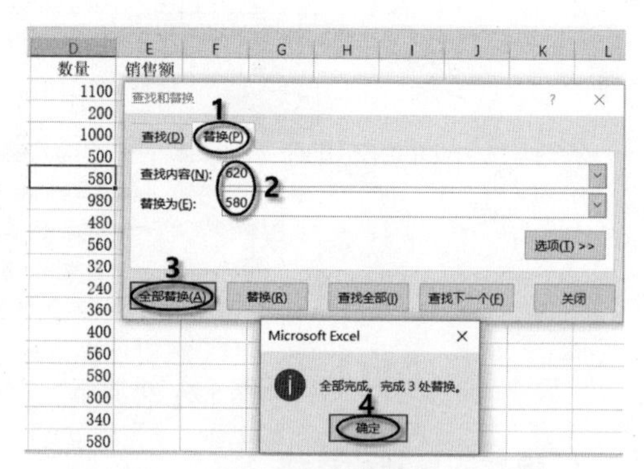

图 5.26 替换数据

步骤 3：单击“查找下一个”按钮，如果需要替换数据，则单击“替换”按钮；如果不需要替换数据，则继续单击“查找下一个”按钮，循环进行直到替换结束，单击“关闭”按钮，完成替换。

5.3 表格的编辑和格式化

5.3.1 行/列操作

1. 行/列的选定

(1) 一行或一列的选定：单击工作表中的行号或列标，即可选定相应的一行或一列。

(2) 相邻多行或多列的选定：先选定一行或一列，按住鼠标左键沿行号或列标拖动，即可选定相邻的多行或多列。

(3) 不相邻多行或多列的选定：按住 Ctrl 键后分别单击要选定的行号或列标，即可选定不相邻的多行或多列。

(4) 单元格区域的选定：若选定连续的单元格区域，单击欲选定单元格区域左上角的第一个单元格，按下鼠标左键拖动至该区域右下角最后一个单元格，释放鼠标左键，则选定了该区域。若选定不相邻单元格区域，则先选定第一个单元格区域，按住 Ctrl 键，再分别单击要选定的其他单元格区域。

2. 行/列的插入

方法 1：先单击某个单元格确定插入点的位置，然后打开“开始”选项卡，单击“单元格”组中的“插入”下拉按钮，在弹出的下拉列表中选择“插入工作表行”或“插入工作表列”命令，在当前单元格的上方插入一行或单元格左侧插入一列。

方法 2：先选定一行或一列，在选定行或列上右击，从弹出的快捷菜单中选择“插入”命令，则在选定行的上方插入一行或选定列的左侧插入一列。若要同时插入多行和多列，则先选定多行或多列，再执行插入操作。

3. 行/列的删除

选定要删除的行或列，打开“开始”选项卡，单击“单元格”组中的“删除”按钮，选择

“删除工作表的行”或“列”命令，或者在选定的行或列上右击，从弹出的快捷菜单中选择“删除”命令。

4. 行高和列宽的调整

在默认情况下，工作表的单元格具有相同的行高和列宽，根据需要可更改单元格的行高和列宽。行高、列宽的调整可通过鼠标操作或利用功能区的命令实现。

(1) 鼠标操作

将鼠标指针指向需要调整行的行号或列的列标分界线上，当鼠标指针变为双向箭头↕或↔时，按住鼠标左键拖动至需要的行高或列宽后释放鼠标键。

(2) 命令操作

选定需要调整的行或列，打开“开始”选项卡，单击“单元格”组中的“格式”下拉按钮，打开如图 5.27 所示的下拉列表，其中部分命令的功能如下。

单击“行高”或“列宽”命令，在弹出的对话框中输入具体的行高值或列宽值。

单击“自动调整行高”或“自动调整列宽”命令，根据选定区域各行中最大字号的高度自动改变行的高度值，或者根据选定区域各列中全部数据的宽度自动改变列宽值。

单击“默认列宽”命令，设置列宽的默认值，该设置将影响所有采用默认列宽的列。

单击“可见性”区域的“隐藏和取消隐藏”命令，将隐藏的行、列、工作表重新显示。

用户可根据需要选择相应的子命令来调整行高和列宽。

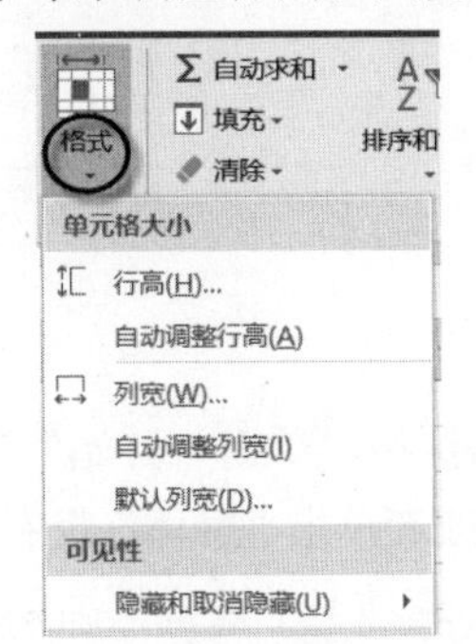

图 5.27 “格式”的部分下拉列表

5.3.2　设置单元格格式

设置单元格格式主要利用“开始”选项卡中的对应命令按钮，或者“设置单元格格式”对话框来实现。

1. 设置数字格式

输入单元格中的数字是以默认格式显示的，根据需要可将其设置为其他格式。Excel 2016 提供了多种数字格式，如货币格式、百分比格式、会计专用格式等。

(1) 利用功能区设置

选定需设置格式的数字区域，单击“开始”选项卡“数字”组中的对应命令按钮，如图 5.28 所示，可将数字设置为货币样式、百分比样式、千位分隔样式等。其中，“数字格式”下拉列表框常规显示的是当前单元格的数字格式，单击下拉按钮，打开的下拉列表框中包含了多种数字格式，如图 5.29 所示，可根据需要选择对应的格式。

(2) 利用对话框设置

选定需设置格式的数字区域，单击“数字”组右下角的对话框启动按钮，弹出“设置单元格格式”对话框，在“数字”选项卡中可对数字进行多种格式设置，如图 5.30 所示。

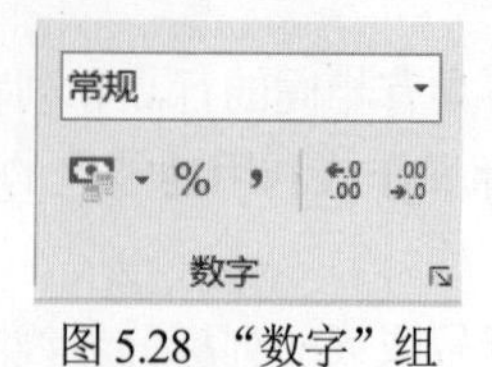

图 5.28 “数字”组

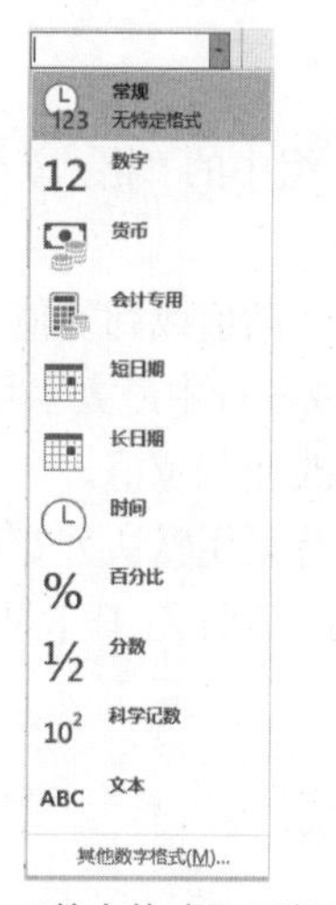

图 5.29 “数字格式”下拉列表框

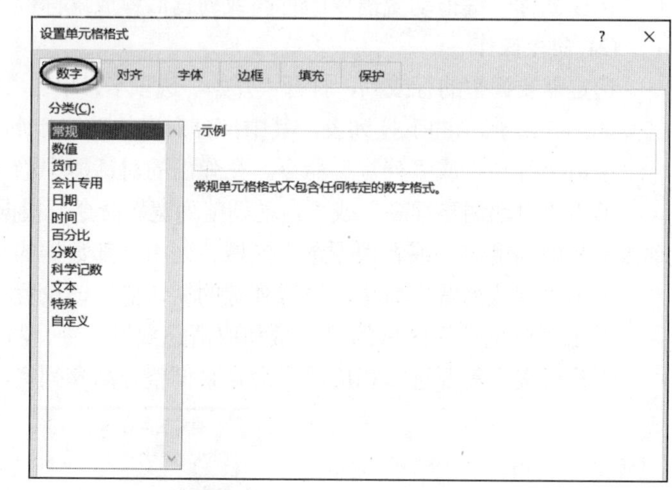

图 5.30 “设置单元格格式”对话框

2. 设置字体格式

选定需要设置字体格式的单元格区域，单击“开始”选项卡“字体”组中的相应按钮，可快速设置字体、字号、颜色等格式，或者单击“字体”组右下角的对话框启动按钮，打开“设置单元格格式”对话框，在“字体”选项卡中设置更高要求的字体格式。

3. 设置对齐方式

选定需要设置对齐方式的单元格区域，单击“开始”选项卡“对齐方式”组中的相应按钮，或者单击“对齐方式”组右下角的对话框启动按钮，在打开的“设置单元格格式”对话框的“对齐”选项卡中设置所需的对齐方式。

4. 设置边框和底纹

在默认情况下，工作表无边框无底纹，工作表中的网格线是为了方便输入、编辑而预设的，打印时网格线并不显示。为使工作表美观和易读，可通过设置工作表的边框和底纹来改变其视觉效果，使数据的显示更加清晰直观。

(1) 设置边框

① 利用功能区设置：选定需设置边框的单元格区域，打开“开始”选项卡，单击“字体”组中的“框线”下拉按钮，打开如图 5.31 所示的下拉列表。在“绘制边框”区域中先选择“线条颜色”和“线型”，然后在“边框”区域中选择框线位置。

另外，单击“框线”下拉列表中的“绘制边框”命令，按住鼠标拖动可直接绘制边框线；单击“擦除边框”命令，依次单击要擦除的边框线，即可清除边框线。

② 利用对话框设置：选定需设置边框的单元格区域，选择图 5.31 所示的“框线”下拉列表中的“其他边框”选项，弹出“设置单元格格式”对话框，如图 5.32 所示。在“边框”选项卡的“直线”区域中设置线条的“样式”和“颜色”，在右侧区域中选择线条应用的位置及预览效果。

图 5.31　“框线”下拉列表

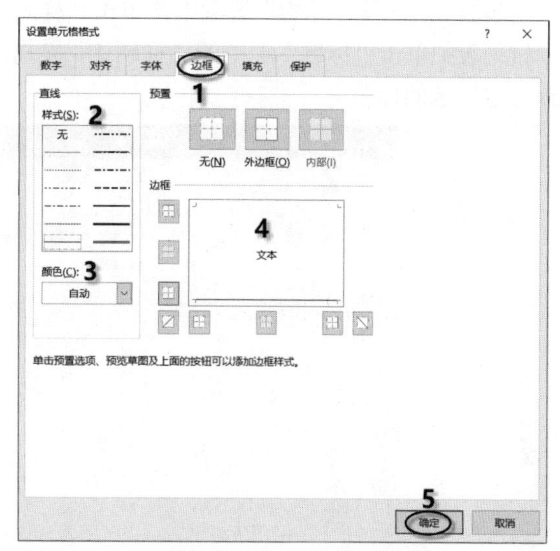

图 5.32　“边框”选项卡

(2) 设置底纹

① 利用功能区设置：选定需设置底纹的单元格区域，打开“开始”选项卡，单击“字体”组中的“填充颜色”下拉按钮，在弹出的下拉列表中选择某种色块，如图 5.33 所示，即可为选定区域设置该色块的底纹。若要底纹中带有图案，需使用下面的方法进行设置。

② 利用对话框设置：选定需设置底纹的单元格区域，在选定的区域上右击，从弹出的快捷菜单中选择“设置单元格格式”命令，打开“设置单元格格式”对话框，在“填充”选项卡中设置“背景色”“图案颜色”和“图案样式”，如图 5.34 所示。

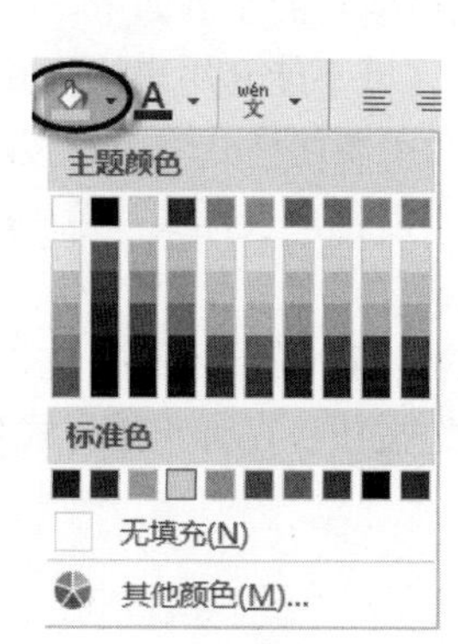

图 5.33　“填充颜色”下拉列表

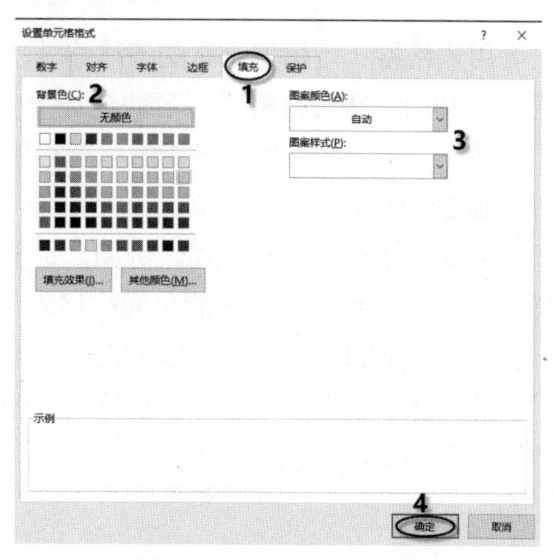

图 5.34　“填充”选项卡

5.3.3 套用单元格样式

套用单元格样式，就是将 Excel 2016 提供的单元格样式方案运用到选定的区域。例如，在“统计”工作表中利用 Excel 2016 提供的单元格样式将工作表的标题设置为“标题 1”样式，设置步骤如下。

步骤 1：选定要套用单元格样式的区域，本例中选定 A1:E1。

步骤 2：打开“开始”选项卡，单击“样式”组中的“单元格样式”下拉按钮，在弹出的下拉列表中单击“标题”栏中的“标题 1”样式，如图 5.35 所示，则将“标题 1”的样式应用到选定区域的标题上。

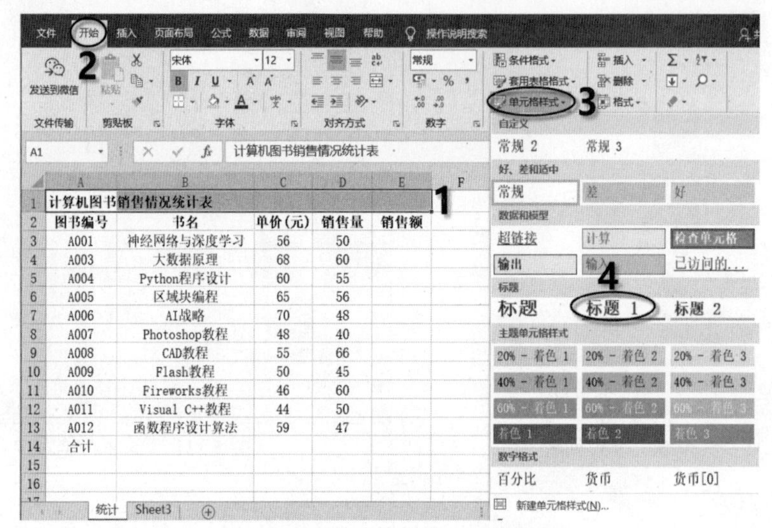

图 5.35 “单元格样式”下拉列表

Excel 2016 提供了 5 种不同类型的方案样式，如图 5.35 所示，分别是“好、差和适中”“数据和模型”“标题”“主题单元格样式”和“数字格式”。用户根据需要可选择不同方案中的不同样式。

5.3.4 套用表格格式

套用表格格式是指把已有的表格格式套用到选定的区域。Excel 2016 提供了大量常用的表格格式，利用这些表格格式，可快速地美化工作表。套用表格格式的步骤如下。

步骤 1：选定需要套用格式的单元格区域(合并的单元格区域不能套用表格格式)。

步骤 2：打开“开始”选项卡，单击“样式”组中的“套用表格格式”下拉按钮，在弹出的下拉列表中选择所需的样式。例如，选择“浅色”栏中的“橙色，表样式浅色 10”选项后，该样式即可应用到当前选定的单元格区域，如图 5.36 所示。

步骤 3：若要取消套用的表格格式，单击套用格式区域的任意一个单元格，在“表格工具”的“设计”选项卡中，单击“表格样式”组右下角的“其他”按钮，在弹出的样式列表中，单击“清除”命令，如图 5.37 所示。

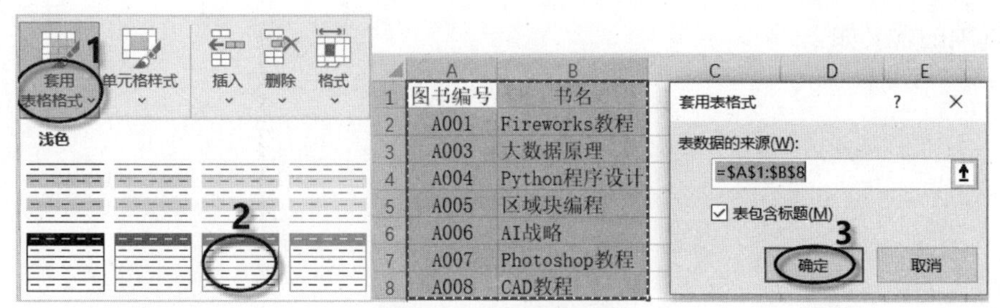

图 5.36　套用表格格式

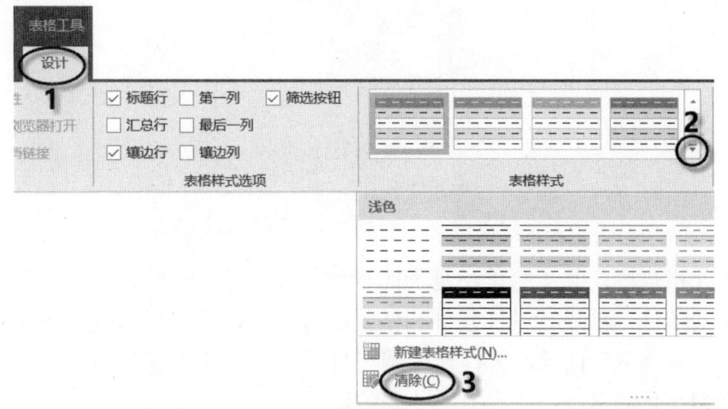

图 5.37　清除套用的表格格式

当工作表中的某个区域套用表格格式后，所选区域的第一行会自动出现带有“筛选”标识的下拉按钮，如图 5.38 所示。这是因为所选区域被定义为一个“表”，可将“表”转换为普通单元格区域，并保留所套用的格式。将“表”转换为普通单元格区域的方法如下。

单击“表”中的任意一个单元格，打开“表格工具”的“设计”选项卡，单击“工具”组中的“转换为区域”按钮，如图 5.39 所示，在弹出的对话框中单击“是”按钮，将“表”转换为普通单元格区域。

图书编号	书名
A001	Fireworks教程
A003	大数据原理
A004	Python程序设计
A005	区域块编程
A006	AI战略
A007	Photoshop教程
A008	CAD教程

图 5.38　带有“筛选”标识的“表”

图 5.39　“表”转换为普通单元格区域

5.3.5　条件格式

条件格式设置是指将满足指定条件的数据设定为特殊的格式，以突出显示；不满足条件的数据保持原有格式，从而方便用户直观地查看和分析数据。

1. 添加条件格式

选定要设置条件格式的单元格区域，打开“开始”选项卡，单击“样式”组中的“条件格式”下拉按钮，弹出如图 5.40 所示的下拉列表，可以从中选择所需的命令，设置对应的格式。

其中各选项的含义如下。

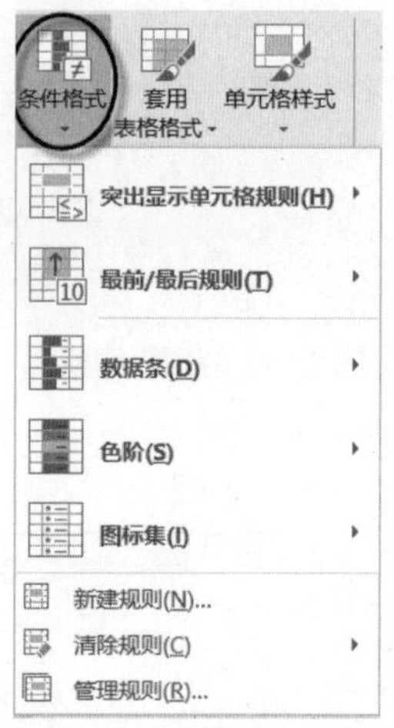

图 5.40 “条件格式”下拉列表

突出显示单元格规则：其子菜单是基于比较运算符大于、小于、等于、介于等常用的条件选项，选择所需的条件选项进行具体条件和格式的设置，以突出显示满足条件的数据。例如，选择子菜单中的“重复值”选项，会打开如图 5.41 所示的“重复值”对话框，在此对话框中可设置选定区域重复值的格式。

最前/最后规则：其子菜单包含了“前 10 项…”“前 10%项…”“最后 10 项…”等 6 个选项。当选择某一选项时，会自动打开相应的对话框，在此对话框中进行设置即可。例如，选择“最后 10 项…”选项会打开如图 5.42 所示的“最后 10 项”对话框，在左侧的微调框中输入数字“5”，在右侧下拉列表中选择“红色文本”，单击“确定”按钮，将所选区域的前 5 个最小值以红色字体突出显示。

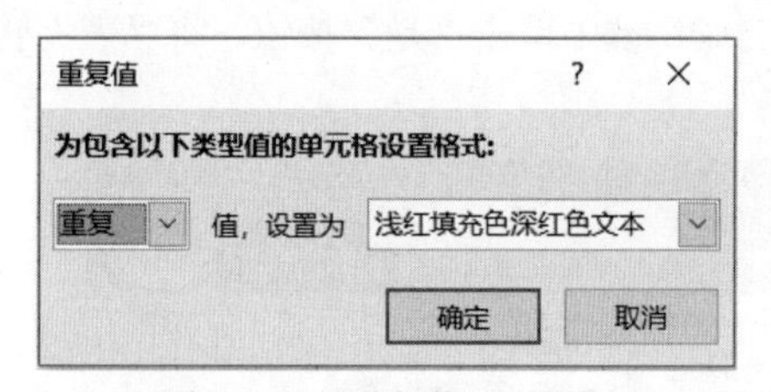

图 5.41 “重复值”对话框

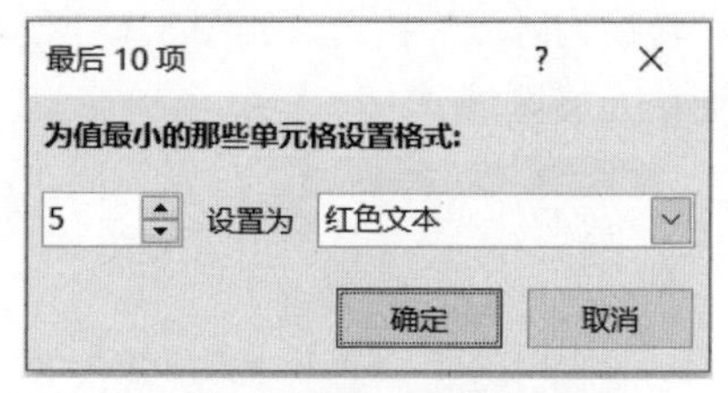

图 5.42 “最后 10 项”对话框

数据条：根据单元格数值的大小，填充长度不等的数据条，以便直观地显示所选区域数据间的相对关系。数据条的长度代表了单元格中数值的大小，数据条越长，值就越大。

色阶：为单元格区域添加颜色渐变，颜色指明每个单元格值在该区域内的位置。根据单元格数值的大小，填充不同的底纹颜色以反映数值的大小。例如，“红-白-绿”色阶的 3 种颜色分别代表数值的大(红色)、中(白色)、小(绿色)，每一部分又以颜色的深浅进一步区分数值的大小。

图标集：选择一组图标以代表所选单元格内的值，根据单元格数值的大小，自动在每个单元格之前显示不同的图标，以反映各单元格数据在所选区域中所处的区段。例如，在“三色交通灯”形状图标中，绿色代表较大值，黄色代表中间值，粉色代表较小值。

新建规则：用于创建自定义的条件格式规则。

清除规则：删除已设置的条件规则。

管理规则：用于创建、删除、编辑和查看工作簿中的条件格式规则。

【例 5-1】利用“条件格式”功能，将“期末成绩”工作表中的“计算机”分数大于 95 的数据以浅红色填充突出显示，同时将“总成绩”的前 5 名用橙色填充。

步骤 1：打开“期末成绩”工作表，选定 E2:E13 区域，打开“开始”选项卡，单击“样式”组中的“条件格式”下拉按钮，在弹出的下拉列表中选择“突出显示单元格规则”|“大于”命令，如图 5.43 所示，弹出“大于”对话框。

步骤 2：在“为大于以下值的单元格设置格式”文本框中输入“95”，单击“设置为”下拉按钮，在弹出的下拉列表中选择“浅红色填充”，单击“确定”按钮，如图 5.44 所示。

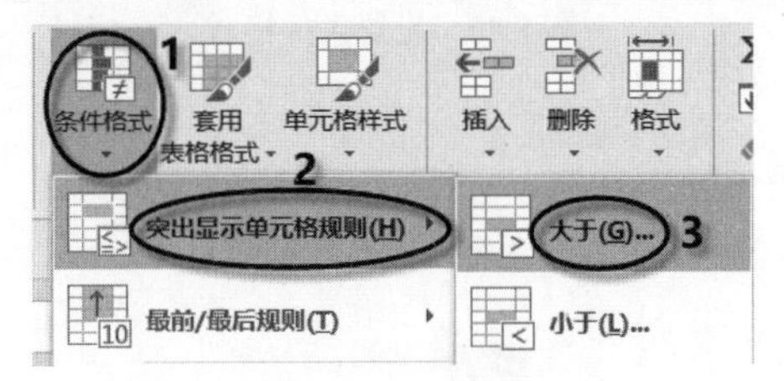

图 5.43　选择条件

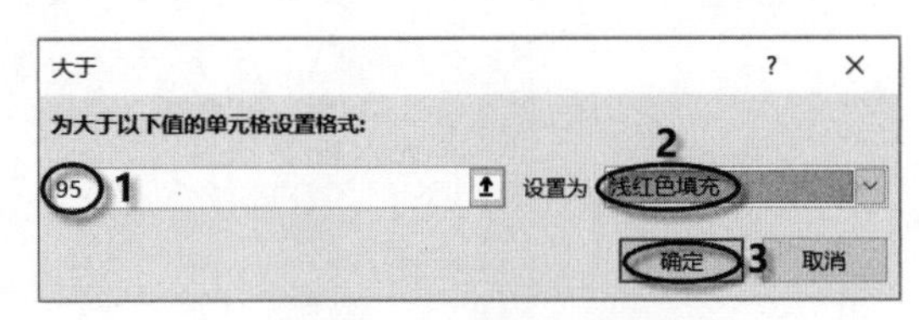

图 5.44　设置条件和格式

步骤 3：选定 H2:H13 区域，打开“开始”选项卡，单击“样式”组中的“条件格式”下拉按钮，在弹出的下拉列表中选择“最前/最后规则”|“其他规则”命令，如图 5.45 所示，弹出“新建格式规则”对话框。

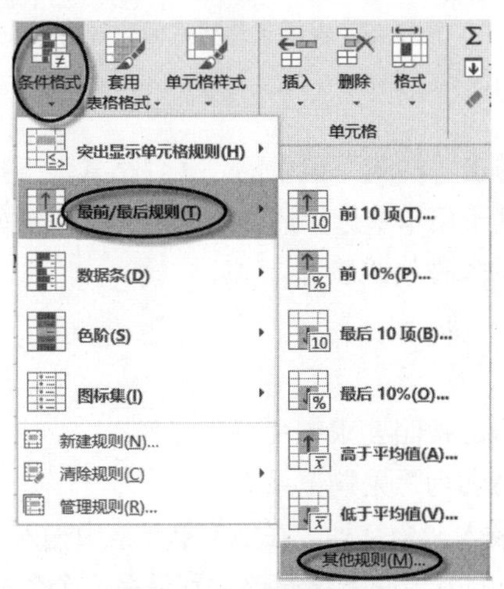

图 5.45　选择条件规则

步骤 4：在“新建格式规则”对话框中将“选择规则类型”设置为“仅对排名靠前或靠后的数值设置格式”；将“对以下排名的数值设置格式”设置为：最高，5，单击“格式”按钮，如图 5.46 所示，弹出“设置单元格格式”对话框，单击“填充”选项卡，选择“橙色”，如图 5.47 所示，单击两次“确定”按钮，完成条件格式的设置，效果如图 5.48 所示。

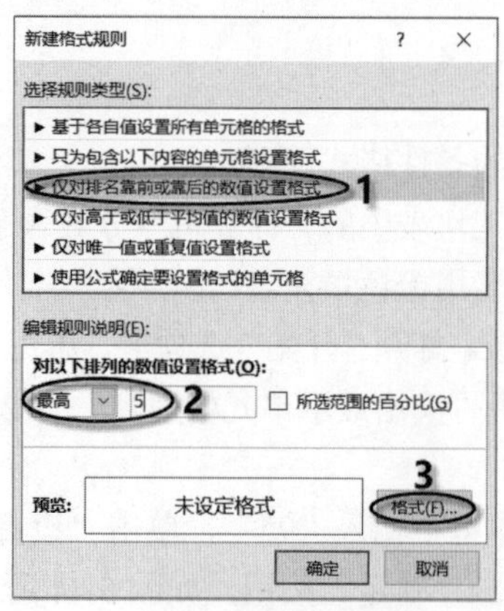

图 5.46　设置条件规则

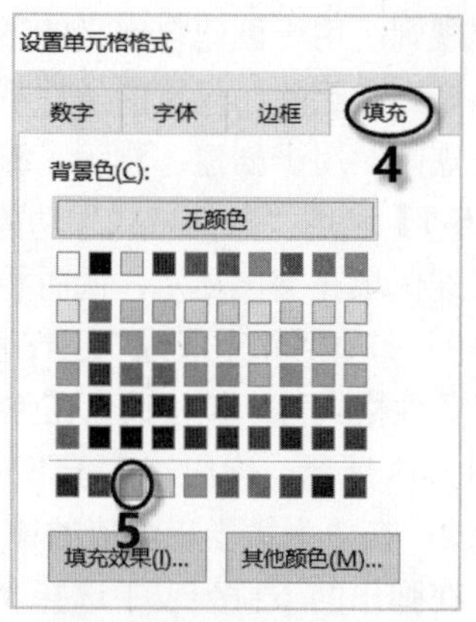

图 5.47　设置条件格式

	A	B	C	D	E	F	G	H
1	学号	姓名	法律	思政	计算机	专业1	专业2	总成绩
2	120302	李娜娜	78	95	94	90	85	442
3	120204	刘康锋	96	92	96	95	95	474
4	120201	刘鹏举	94	90	96	82	75	437
5	120304	倪冬声	95	97	95	80	70	437
6	120103	齐飞扬	95	85	99	79	80	438
7	120105	苏解放	88	98	80	86	81	433
8	120202	孙玉敏	86	93	89	81	78	427
9	120205	王清华	90	98	78	80	90	436
10	120102	谢如康	91	95	98	79	92	455
11	120303	闫朝霞	84	87	97	78	88	434
12	120101	曾令煊	98	80	83	75	90	426
13	120106	张桂花	90	90	89	90	83	442

期末成绩　Sheet2　Sheet3

图 5.48　设置条件格式后的效果

2. 清除条件格式

打开“开始”选项卡，单击“样式”组中的“条件格式”下拉按钮，在弹出的下拉列表中单击“清除规则”命令，在其子菜单中选择清除规则的方式，例如，选择“清除整个工作表的规则”命令，将整个工作表的条件格式删除。

5.3.6　示例练习

打开“采购数据”工作簿，按照要求完成以下操作。

1. 将“Sheet1”工作表命名为“采购记录”。

2. 在“采购日期”左侧插入一个空列，在 A3 单元格中输入文字“序号”，从 A4 单元格开始，以 001、002、003……的方式向下填充该列到最后一个数据行；将 B 列(采购日期)中数据的数字格式修改为只包含月和日的格式(3/14)。

3. 将工作表标题跨列合并后居中并适当调整其字体、加大字号，并改变字体颜色。

4. 对标题行区域 A3:E3 应用单元格的上框线和下框线，对数据区域的最后一行 A28:E28 应用单元格的下框线；其他单元格无边框线，不显示工作表的网格线。

5. 适当加大数据表的行高和列宽，设置对齐方式为“居中”，“单价”数据列设为货币格式，并保留零位小数。

具体操作步骤如下。

第 1 题

打开“采购数据.xlsx”文件，双击“Sheet1”工作表标签名，此时标签名以灰色底纹显示，输入“采购记录”。

第 2 题

步骤 1：选定“采购日期”所在的列，在该列上右击，从弹出的快捷菜单中选择“插入”命令，在“采购日期”的左侧插入一个新列。

步骤 2：单击 A3 单元格，输入“序号”二字，选中“序号”所在的列，在该列上右击，从弹出的快捷菜单中选择“设置单元格格式”命令，打开“设置单元格格式”对话框，在“数字”选项卡的“分类”列表框中选择“文本”，如图 5.49 所示，单击“确定”按钮。

步骤 3：在 A4 单元格中输入“001”，将鼠标指针移至 A4 单元格右下角的填充柄，按住鼠标左键拖动填充柄向下填充该列，直到最后一个数据行。

步骤 4：选中 B 列，单击“开始”选项卡“数字”组右下角的对话框启动按钮，打开“设置单元格格式”对话框，在“数字”选项卡的“分类”列表框中选择“日期”，在“类型”列表框中选择“3/14”，如图 5.50 所示，单击“确定”按钮。

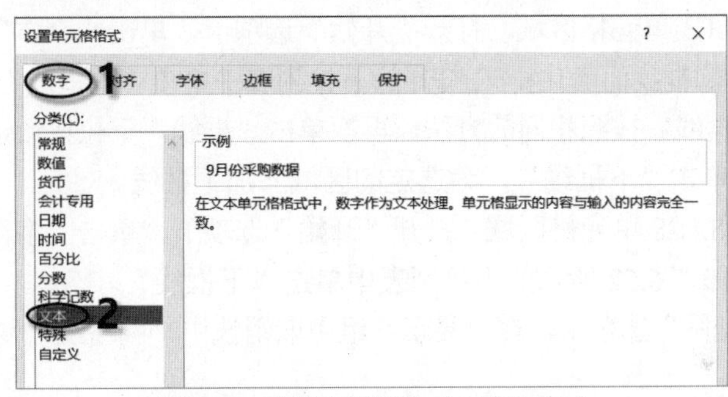

图 5.49　将数字设置为“文本”格式

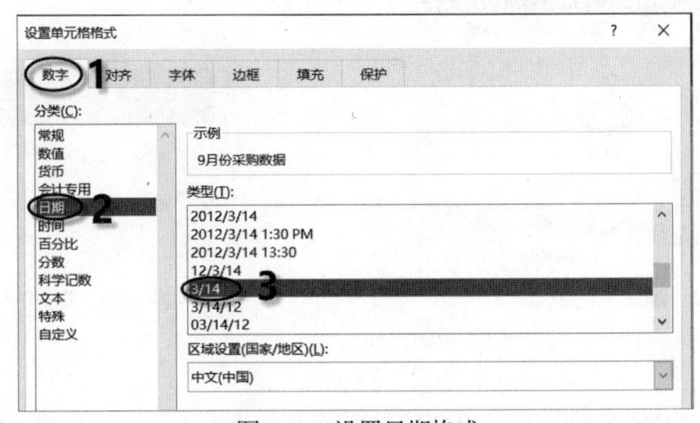

图 5.50　设置日期格式

第 3 题

步骤 1：选定 A1:E2 单元格区域，在选定的区域上右击，从弹出的快捷菜单中选择“设置单元格格式”命令，打开“设置单元格格式”对话框，切换至“对齐”选项卡，在“文本控制”区域选中“合并单元格”复选框，在“文本对齐方式”区域的“水平对齐”下拉列表中选择“居中”选项，如图 5.51 所示。

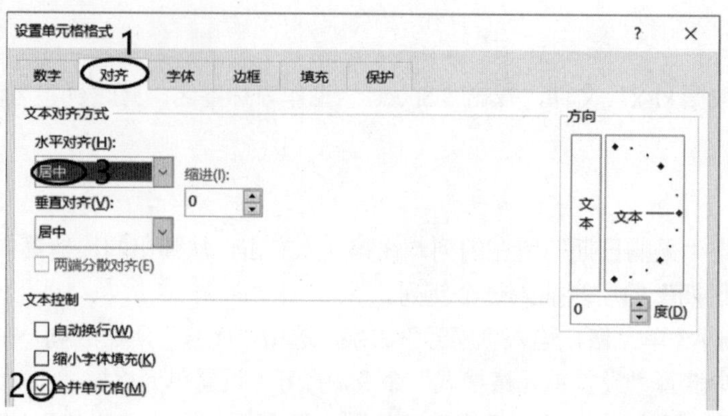

图 5.51　设置对齐方式

步骤 2：切换至“字体”选项卡，在“字体”下拉列表中选择合适的字体，本例中选择“黑体”；在“字号”下拉列表中选择合适的字号，本例中选择“14”；在“颜色”下拉列表中选择合适的颜色，本例中选择“蓝色”。之后，单击“确定”按钮。

第 4 题

步骤 1：选定 A3:E3 单元格区域，打开“开始”选项卡，单击“字体”组中的“框线”下拉按钮(名称随着选择的框线而变化)，在打开的下拉列表中单击“上框线”，如图 5.52 所示，为选定的区域添加上框线。按照相同的方法，再次单击“框线”下拉按钮，在打开的如图 5.52 所示的下拉列表中，单击“下框线”，为选定的区域添加下框线。

步骤 2：选定 A28:E28 单元格区域，打开“开始”选项卡，单击“字体”组中的“框线”下拉按钮，在打开的如图 5.52 所示的下拉列表中单击“下框线”。

步骤 3：打开“视图”选项卡，在“显示”组中取消选中“网格线”复选框，如图 5.53 所示，即可取消网格线。

图 5.52　添加上边框

图 5.53　取消网格线

第 5 题

步骤 1：选定 A1:E28 区域，打开“开始”选项卡，单击“单元格”组中的“格式”下拉按钮，在弹出的下拉列表中单击“行高”命令，在打开的对话框中输入合适的数值即可(题干要求加大行高，故此处设置需比原来的行高值大)，本例中输入“18”，输入结束后单击“确定”按钮。

步骤 2：按照同样的方式单击“列宽”命令，因为题干要求加大列宽，故此处设置需比原来的列宽值大，本例中输入“12”，输入结束后单击“确定”按钮。

步骤 3：选定 A3:E28 区域，打开“开始”选项卡，单击“对齐方式”下拉列表中的“居中”选项。

步骤 4：选定 E4:E28 区域，单击“开始”选项卡“数字”组右下角的对话框启动按钮，打开“设置单元格格式”对话框，在“数字”选项卡“分类”列表框中选择“货币”，在“小数位数”微调框中输入“0”，如图 5.54 所示，单击“确定”按钮。

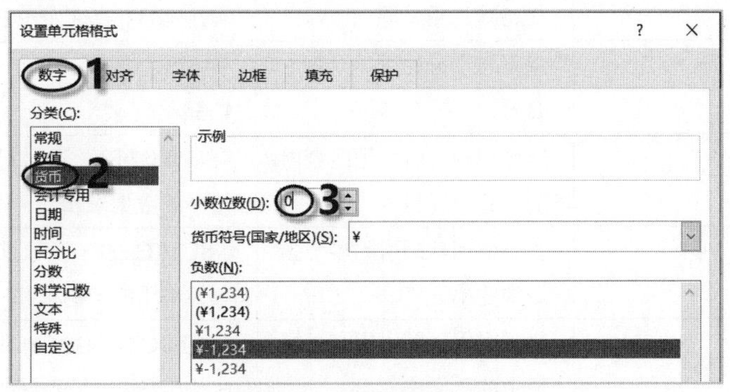

图 5.54　设置货币格式

5.4 使用公式与函数计算数据

公式是一个等式，也称表达式，是引用单元格地址对存放在其中的数据进行计算的等式(或表达式)。引用的单元格可以是同一工作簿中同一工作表或不同工作表的单元格，也可以是其他工作簿工作表中的单元格。为了区别一般数据，输入公式时，应先输入等号“=”作为公式标记，如“=B2+F5”。

5.4.1　公式的使用

1. 公式的组成

公式由运算数和运算符两部分组成。公式的结构如图 5.55 所示。通过此公式结构可以看出：公式以等号“=”开头，公式中的运算数可以是具体的数字，如“0.3”，也可以是单元格地址(C2)，或单元格区域地址(B5:F5)等。“AVERAGE(B5:F5)”表示对单元格区域(B5:F5)中的所有数据求平均值。“*”和“+”都是运算符。

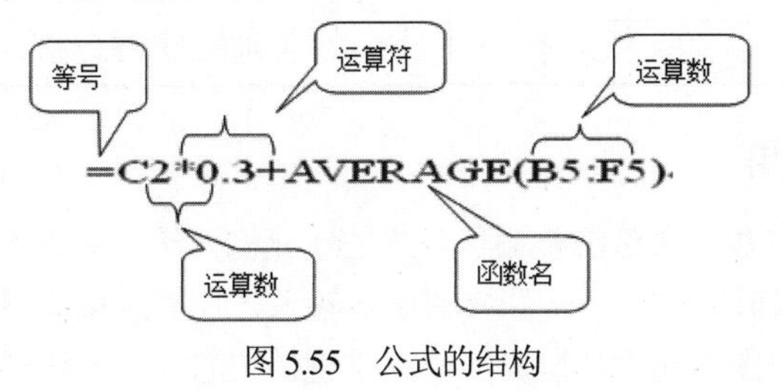

图 5.55　公式的结构

2. 公式中的运算符

Excel 公式中的运算符主要包括：算术运算符、引用运算符、关系运算符和文本运算符，如表 5.2 所示。

表 5.2　Excel 运算符及公式应用

运算符的类型	运算符	含义	公式引用示例
算术运算符	+、−、*、/	加、减、乘、除	=A1+C1、=9−3、=B2*6、=D3/2
	^ 和 %	乘方和百分比	=A3^2、=F5%
	−	负号	=−50
引用运算符	:	区域引用，即引用区域内的所有单元格	=SUM(C2:E6) 表示对该区域所有单元格中的数据求和
	,	联合引用，即引用多个区域中的单元格	= SUM(C2,E6) 表示只对 C2、E6 这两个单元格中的数据求和
	空格	交叉引用，即引用交叉区域中的单元格	=SUM(C2:F5 B3:E6)表示只计算 C2:F5 和 B3:E6 交叉区域数据的和
关系运算符	=、>、<	等于、大于、小于	=C2=E2、=C2>E2、=C2<E2
	>=、<=、<>	大于或等于、小于或等于、不等于	=A1>=7、=A1<=7、=A1<>7
文本运算符	&	连接文本	=C2 & C4 表示将 C2 单元格和 C4 单元格中的内容连接在一起

一个公式中可以包含多个运算符，当多个运算符出现在同一个公式中时，Excel 规定了运算符运算的优先顺序，如表 5.3 所示。

表 5.3　运算符优先级别

运算符的类型	运算符	优先级别	说明
算术运算符	−(负号)	↑ 高	1. 运算符优先级别按此表从上到下的顺序依次降低 2. 这三类运算符的优先级别为：算术运算符最高，其次是文本运算符，最后是比较运算符 3. 同一公式中包含同一优先级运算符时，按从左到右的顺序计算
	%(百分比)和^(乘方)		
	*(乘)和/(除)		
	+(加)和−(减)		
文本运算符	&		
比较运算符	=、>、<、>=、<=、<>	低	

3. 公式的输入和使用

公式的输入和使用方法：先单击要输入公式的单元格，然后依次输入“=”和公式的内容，最后按 Enter 键或单击编辑栏中的“√”按钮确认输入，计算结果会自动显示在该单元格中。

例如，使用公式计算图 5.56“游世界”第三季度销售总计，并将结果显示在 F3 单元格中。具体操作步骤如下。

步骤 1：单击 F3 单元格，输入公式“=C3+D3+E3”，如图 5.56 所示。对于公式中的单元格引用地址(C3、D3、E3)，可以直接用鼠标依次单击源数据单元格或手工进行输入。

步骤 2：按 Enter 键确认，计算结果会自动显示在 F3 单元格中。

步骤 3：若计算各类图书的销售总计，先选定 F3 单元格，拖动填充柄至 F13 释放即可。

E3　=C3+D3+E3

	A	B	C	D	E	F
1	第三季度图书销售情况统计表（册）					
2	图书编号	书名	7月	8月	9月	总计（册）
3	A001	游世界	56	50	81	=C3+D3+E3
4	A003	国家宝藏	68	60	76	
5	A004	大宇宙	60	55	70	
6	A005	植物百科	65	56	66	
7	A006	海底两万里	70	48	69	
8	A007	一千零一夜	48	40	56	
9	A008	山海经	55	66	61	
10	A009	汉字描红	50	45	60	
11	A010	格列佛游记	46	60	63	
12	A011	傲慢与偏见	44	50	56	
13	A012	资治通鉴	59	47	65	

Sheet1

图 5.56　第二季度计算机图书销售情况统计表

使用公式时要注意以下几点：

(1) 在一个运算符或单元格地址中不能含有空格，例如运算符“<=”不能写成“< =”，再如单元格“C2”不能写成“C 2”。

(2) 公式中参与计算的数据尽量不使用纯数字，而是使用单元格地址代替相应的数字。例如在上例计算“游世界”销售总计时，使用公式“=C3+D3+E3”来计算，而不是使用纯数字“=56+50+81”计算。其好处是：当原始数据改变时，不必再修改计算公式，进而降低了计算结果的错误率。

(3) 默认情况下，单元格中只显示计算的结果，不显示公式。为了检查公式的正确性，可在单元格中设置显示公式。单击“公式”选项卡“公式审核”组中的“显示公式”按钮，即可在单元格中显示公式。若取消所显示的公式，则再次单击“显示公式”按钮即可。

4. 更正公式中的错误

为了保证计算的准确性，对公式进行审核是非常必要的，利用 Excel 2016 所提供的错误检查功能，可以快速查询公式的错误原因，方便用户进行更正。

若公式中存在错误，单击“公式”选项卡“公式审核”组中的“错误检查”按钮，弹出如图 5.57 所示的“错误检查”对话框，其中会显示错误的公式和出现错误的原因。单击右侧的“从上部复制公式”“忽略错误”“在编辑栏中编辑”等按钮，可进行相应的更正。

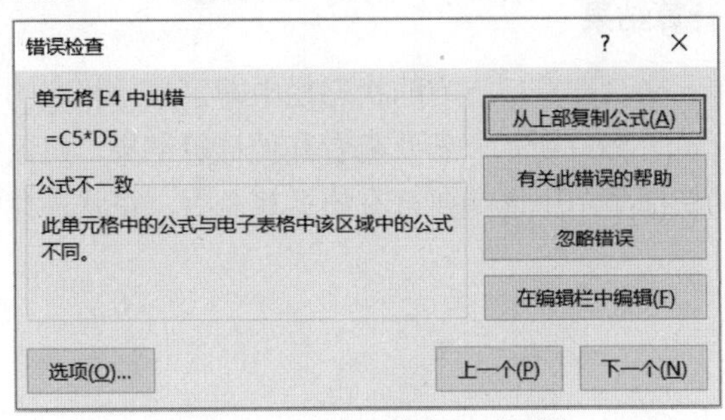

图 5.57　“错误检查”对话框

5.4.2 公式操作技巧

1. 编辑栏不显示公式

默认情况下，选定包含公式的单元格后该公式会显示在编辑栏中，如果不希望其他用户看到该公式，可将编辑栏中的公式隐藏。隐藏编辑栏中公式的具体步骤如下。

步骤 1：选定要隐藏公式的单元格区域，在选定的区域上右击，从弹出的快捷菜单中选择“设置单元格格式”命令，在打开的对话框中切换到“保护”选项卡，选中“锁定”和“隐藏”复选框，单击“确定”按钮，如图 5.58 所示。

步骤 2：打开“审阅”选项卡，单击“保护”组中的“保护工作表”按钮，弹出“保护工作表”对话框，选中“保护工作表及锁定的单元格内容”复选框，单击“确定”按钮，如图 5.59 所示。

图 5.58　选中“锁定”和“隐藏”复选框

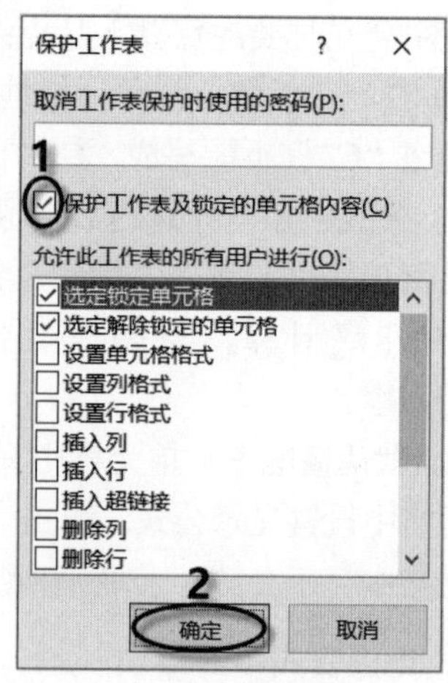

图 5.59　保护工作表及锁定的单元格内容

2. 快速查看工作表中的所有公式

按“Ctrl+`”组合键可显示工作表中的所有公式，也可将工作表中的所有公式切换为单元格中的数值，即按“Ctrl+`”组合键可在单元格数值和公式之间进行切换。

3. 不输入公式查看计算结果

选定要计算结果的单元格，在窗口下方的状态栏中即可显示相应的计算结果。默认计算包括平均值、计数、求和，如图 5.60 所示。若要查看其他计算结果，将鼠标指针指向状态栏的任意区域并右击，从弹出的快捷菜单中选择要查看的运算命令，在状态栏中即可显示相应的计算结果。

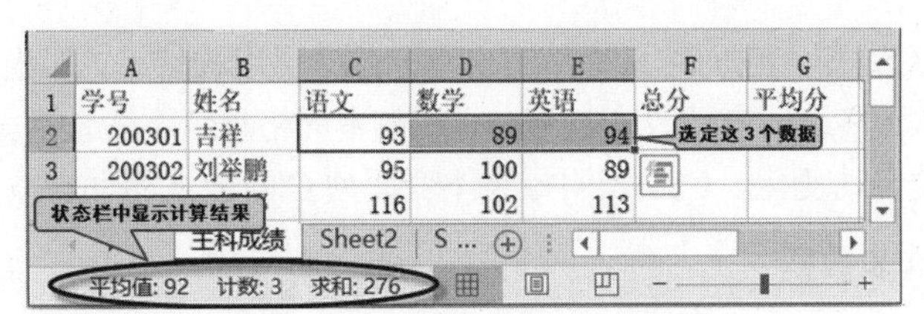

图 5.60　不输入公式查看计算结果

5.4.3　单元格引用

在 Excel 的公式中，往往引用单元格地址代替对应单元格中的数据，其目的在于当单元格引用位置发生变化时，运算结果自动进行更新。根据引用地址是否随之改变，可将单元格引用分为相对引用、绝对引用和混合引用。引用方式不同，处理方式也不同。

1. 相对引用

相对引用是对引用数据的相对位置而言的。多数情况下，公式中引用的单元格地址都是相对引用。如 B2、C3、A1:E5 等。使用相对引用的好处在于：确保公式在复制、移动后，公式中的单元格地址将自动变为目标位置的地址。例如，在图 5.61 所示的工作表中，将 F3 单元格中的数据“=SUM(C3:E3)”复制到 F4 后，F4 单元格中的数据自动变为“=SUM(C4:E4)”。

F3　=SUM(C3:E3)

第三季度图书销售情况统计表（册）

图书编号	书名	7月	8月	9月	总计（册）
A001	游世界	56	50	81	=SUM(C3:E3)
A003	国家宝藏	68	60	76	=SUM(C4:E4)
A004	大宇宙	60	55	70	
A005	植物百科	65	56	66	
A006	海底两万里	70	48	69	

图 5.61　公式复制示例

2. 绝对引用

在行号和列标前均加上“$”符号，如$C$2、$E$3:$G$6 等都是绝对引用。含绝对引用的公式，在复制和移动后，公式中引用的单元格地址不会改变。例如，在图 5.62 中 F3 单元格中的公式“=SUM($C$3:$E$3)”复制到 F4 后，F4 中的公式也为“=SUM($C$3:$E$3)”。

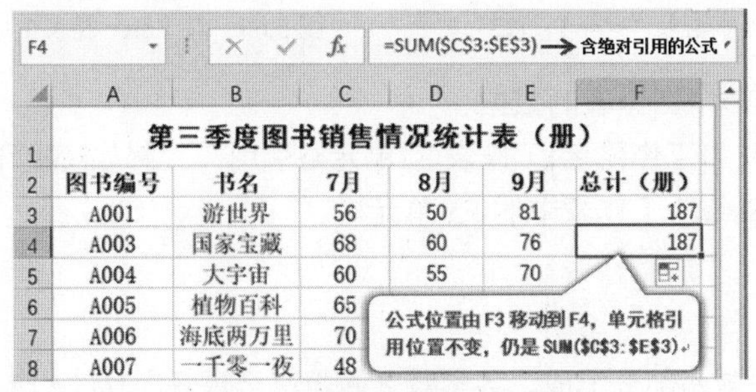

图 5.62　含绝对引用的公式复制后

3. 混合引用

混合引用是指在单元格引用时，既有相对引用又有绝对引用，其引用形式是在行号或列标前加“$”，如$C3、C$3 等。它同时具备相对引用和绝对引用的特点，即当公式复制或移动后，公式中相对引用的单元格地址自动改变，绝对引用的单元格地址不变。例如，$C3 表明列 C 不变而行 3 随公式移动自动变化，C$3 表明行 3 不变而列 C 随公式移动自动变化。

4. 引用其他工作表数据

(1) 引用同一工作簿的其他工作表数据

在引用位置输入引用的“工作表名!单元格引用”。例如，打开 Excel 工作簿，新建 2 个工作表：表 1 和表 2，并在表 1 的 A2 单元格中输入内容“使用公式”，如图 5.63 所示，在表 2 的 B4 单元格中引用表 1 中 A2 单元格的内容。具体的操作步骤如下。

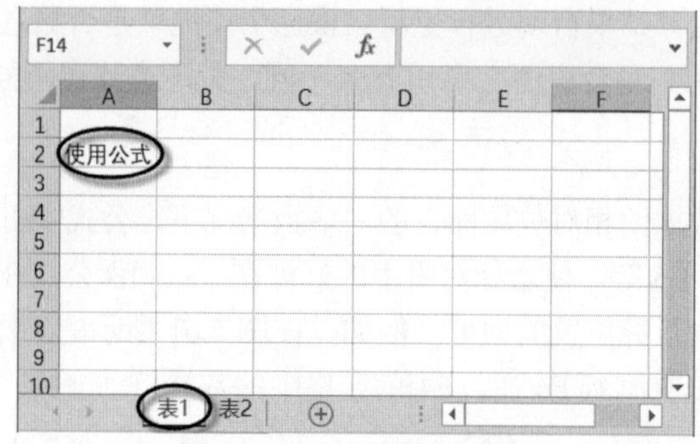

图 5.63　在表 1 中输入内容

步骤 1：单击表 2 中的 B4 单元格，输入“=表 1！A2”，如图 5.64 所示。其中“表 1”是引用的工作表名，“！”表示从属关系，即 A2 属于表 1，A2 是引用 A2 这个位置的数据。

步骤 2：按 Enter 键，表 1 的数据将被引用到表 2 中，如图 5.65 所示。

步骤 3：若更改表 1 中的数据，表 2 中的数据也随之而改变。

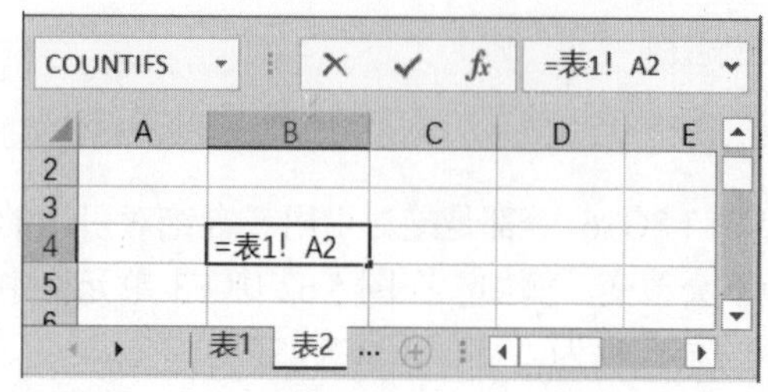

图 5.64　在 B4 单元格中输入“=表 1！A2”

图 5.65　按 Enter 键表 1 中的数据被引用到表 2

(2) 引用不同工作簿中工作表的数据

在引用的位置输入“[工作簿名]工作表名!单元格引用”。例如[成绩]Sheet3!F5，表示引用的是“成绩”工作簿 Sheet3 工作表中的 F5 单元格。

5.4.4　函数的使用

函数由函数名和参数两部分组成，各参数之间用逗号隔开，其结构为：函数名(参数 1，参数 2，……)。其中，参数可以是常量、单元格引用或其他函数等，括号前后不能有空格。

例如，函数 COUNT(E12:H12)，其中 COUNT 是函数名，E12:H12 是参数，该函数表示对 E12:H12 区域中的数据进行计数。

1. 插入函数

函数是 Excel 自带的预定义公式，其使用方法和公式的使用方法相同，直接在单元格中输入函数和参数值，或者插入系统函数，即可得到相应函数的结果。下面举例说明 Excel 中插入函数的方法。

【例 5-2】利用函数求如图 5.66 所示的学生总分，其操作步骤如下。

	A	B	C	D	E	F	G
1	考试成绩单						
2	科目 姓名	语文	数学	物理	化学	英语	总分
3	刘越	68	89	95	38	85	
4	赵东	62	59	68	85	56	
5	欧阳树	75	65	65	56	89	
6	杨磊	88	38	84	63	86	
7	李国强	86	0	95	95	65	
8	王倩	95	45	54	96	95	
9	陈宏	60	68	95	75	90	
10	赵淑敏	65	85	65	58	86	
11	邓林	0	64	96	0	36	

成绩单 / Sheet2 / Sheet3

图 5.66　考试成绩单

步骤 1：单击显示函数结果的单元格，本例中为 G3 单元格。

步骤 2：选择函数。打开“公式”选项卡，单击“函数库”组中的“插入函数”按钮 f_x 或编辑栏中的 f_x 按钮，弹出“插入函数”对话框，如图 5.67 所示。在此对话框中选择函数的类别及引用的函数。因为本例是求和，所以在“或选择类别”下拉列表中选择“常用函数”；在“选择函数”列表框中选择求和函数“SUM”，再单击“确定”按钮，弹出“函数参数”对话框，如图 5.68 所示。

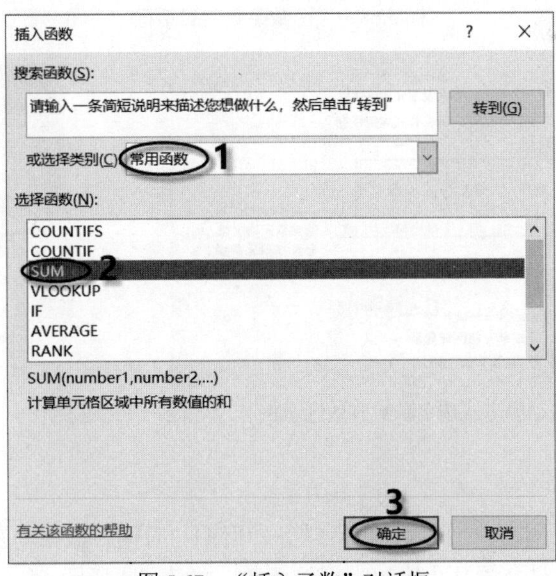

图 5.67　“插入函数”对话框

步骤 3：输入参数。由图 5.68 可以看出，在 Number1 文本框中已经给出了求和函数参数的范围 B3:F3，并在下方给出了计算结果“375”。若求和的参数取值范围不正确，可将 Number1 文本框中的参数删除，然后在工作表中用鼠标拖动的方式选定参数中引用的单元格区域，这样所选定区域的四周会呈现闪动的虚线框，同时会在编辑栏、单元格及“函数参数”文本框中显示选定的单元格区域地址，如图 5.69 所示。

步骤 4：确认并显示结果。参数输入结束后，单击“函数参数”对话框中的“确定”按钮，计算结果自动显示在 G3 单元格中。拖动 G3 单元格填充柄至 G11 单元格后释放，自动求出其他学生的总分。

另外，也可以直接单击“公式”选项卡“函数库”组中的“自动求和”下拉按钮，弹出如图 5.70 所示的下拉列表。在此下拉列表中选择所需的函数，再输入函数参数的取值范围，按 Enter 键确认，也可自动求出对应函数的计算结果。

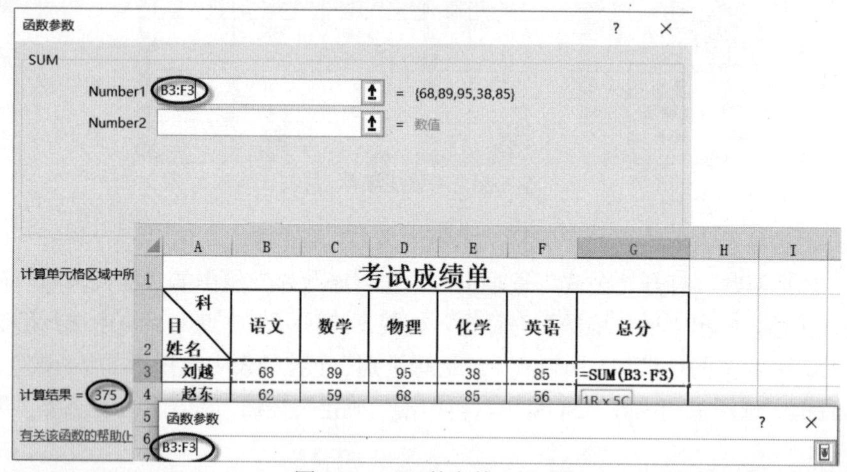

图 5.68 “函数参数”对话框

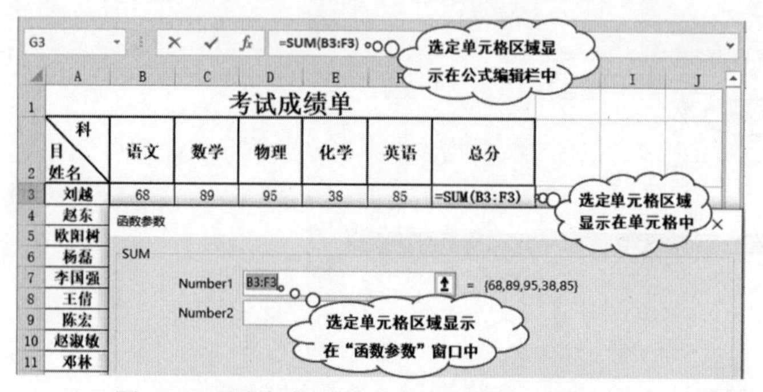

图 5.69 用鼠标拖动的方式选定参数有效区示例

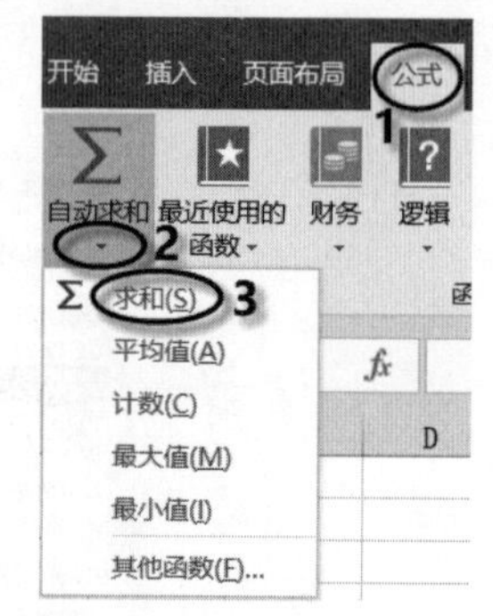

图 5.70 “自动求和”下拉列表

2. 常用函数的应用

Excel 为我们提供了几百种函数，包括财务、日期与时间、数据与三角函数、统计、查找与应用等函数。在这里只介绍几个比较常用的函数，如表 5.4 所示。

表 5.4　Excel 常用函数

函数名	含义	函数形式	功能
SUM	求和函数	SUM(参数 1，参数 2，…参数 n)(n<=30)	计算指定单元格区域中所有数据的和
AVERAGE	平均值函数	AVERAGE(参数 1，参数 2，…参数 n)(n<=30)	对指定单元格区域中所有数据求平均值
COUNT	计数函数	COUNT(参数 1，参数 2，…参数 n)(n<=30)	求出指定单元格区域内包含的数据个数
IF	条件函数	IF (指定条件，值 1，值 2)	当“指定条件”的值为真时，取“值 1”作为函数值，否则取“值 2”作为函数值
MAX	最大值函数	MAX(参数 1，参数 2，…参数 n)(n<=30)	求出指定单元格区域中最大的数
MIN	最小值函数	MIN(参数 1,参数 2,…参数 n)(n<=30)	求出指定单元格区域中最小的数
COUNTIF	条件计数函数	COUNTIF(rang，criteria)	计算某个区域中满足给定条件的单元格个数
SUMIF	条件求和函数	SUMIF(rang，criteria，sum_range)	根据指定条件对若干单元格求和
VLOOKUP	查找和引用函数	VLOOKUP(lookup_value,table_array,col_index_num,Range_lookup)	按列查找，最终返回该列所需查询列所对应的值
RANK	排名函数	RANK(number, ref, order)	求某个数值在某一区域的排名
MID	字符串函数	MID(text, start_num, num_chars)	从一个字符串中截取出指定数量的字符
CONCATENATE	合并函数	CONCATENATE(text1,text2…)	将多个字符串合并成一个

(1) IF 函数

利用 IF 函数，对图 5.71 所示的“学期成绩”进行“期末总评”。当“学期成绩”>=85 时，在其后的“期末总评”单元格中显示为“优秀”；当“学期成绩”>=75 时，“期末总评”为“良好”；当“学期成绩”>=60，“期末总评”为“及格”；否则为“不及格”。操作步骤如下。

	A	B	C	D	E	F	G
1	学号	姓名	平时成绩	期末成绩	学期成绩	期末总评	班级名次
2	20190101	周克乐	97	80	85		
3	20190102	王朦胧	75	72	73		
4	20190103	张琪琪	70	90	84		
5	20190104	王航	87	90	89		
6	20190105	周乐乐	86	96	93		
7	20190106	张会芳	65	70	69		
8	20190107	田宁	75	80	79		
9	20190108	向红丽	60	55	57		
10	20190109	李佳旭	85	80	82		
11	20190110	胡长城	95	89	91		
12	20190111	叶自力	90	93	92		

1班

图 5.71　“1 班”工作表

步骤 1：单击显示函数结果的单元格 F2，在编辑栏中输入公式：=IF(E2>=85,"优秀

",IF(E2>=75,"良好",IF(E2>=60,"及格","不及格"))), 按 Enter 键, "期末总评"的结果将自动显示在 F2 单元格中, 如图 5.72 所示。

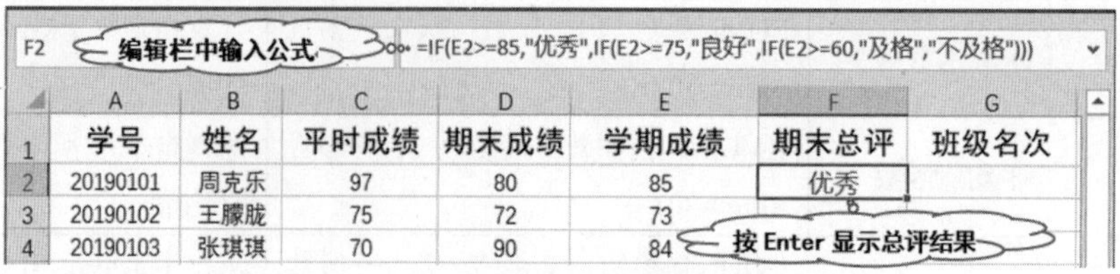

F2　编辑栏中输入公式　=IF(E2>=85,"优秀",IF(E2>=75,"良好",IF(E2>=60,"及格","不及格")))

	A	B	C	D	E	F	G
1	学号	姓名	平时成绩	期末成绩	学期成绩	期末总评	班级名次
2	20190101	周克乐	97	80	85	优秀	
3	20190102	王朦胧	75	72	73		
4	20190103	张琪琪	70	90	84		

按 Enter 显示总评结果

图 5.72　在编辑栏中输入公式

步骤 2: 鼠标指针指向 F2 单元格右下角的填充柄, 按住鼠标左键向下拖动, 实现对其他学生"学期成绩"的评定。"期末总评"结果如图 5.73 所示。

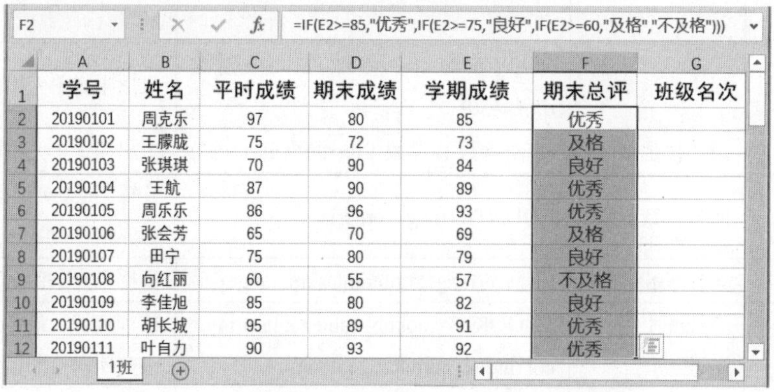

F2　=IF(E2>=85,"优秀",IF(E2>=75,"良好",IF(E2>=60,"及格","不及格")))

	A	B	C	D	E	F	G
1	学号	姓名	平时成绩	期末成绩	学期成绩	期末总评	班级名次
2	20190101	周克乐	97	80	85	优秀	
3	20190102	王朦胧	75	72	73	及格	
4	20190103	张琪琪	70	90	84	良好	
5	20190104	王航	87	90	89	优秀	
6	20190105	周乐乐	86	96	93	优秀	
7	20190106	张会芳	65	70	69	及格	
8	20190107	田宁	75	80	79	良好	
9	20190108	向红丽	60	55	57	不及格	
10	20190109	李佳旭	85	80	82	良好	
11	20190110	胡长城	95	89	91	优秀	
12	20190111	叶自力	90	93	92	优秀	

1班

图 5.73　"期末总评"结果

函数 IF(E2>=85,"优秀",IF(E2>=75,"良好",IF(E2>=60,"及格","不及格")))是嵌套函数, 该函数按等级来判断某个变量, 函数从左向右执行。首先计算 E2>=85, 如果该表达式成立, 则显示"优秀", 如果不成立就继续计算 E2>=75, 如果该表达式成立, 则显示"良好", 否则继续计算 E2>=60, 如果该表达式成立, 则显示"及格", 否则显示"不及格"。

(2) RANK 函数

在图 5.73 中, 按"学期成绩"由高到低的顺序统计每个学生的班级名次, 以 1、2、3、…的形式标识名次并填入"班级名次"列中。操作步骤如下。

步骤 1: 选定 G2 单元格, 单击编辑栏中的"插入函数"按钮, 打开"插入函数"对话框, 在"搜索函数"文本框中输入"RANK", 单击"转到"按钮, 在"选择函数"列表框中选择"RANK"函数, 如图 5.74 所示, 再单击"确定"按钮, 打开"函数参数"对话框。

步骤 2: 在 Number 文本框中设置要排名的单元格。因要对"学期成绩"排名, 所以单击工作表中第一个"学期成绩"地址 E2 单元格。

步骤 3: 在 Ref 文本框中设置排名的参照数值区域。本例要对 E2:E12 区域的数据排名, 因此将光标定位在该文本框中, 用鼠标拖动的方式选定工作表中的 E2:E12 区域。由于 E2:E12 区域中的每一个数据都是相对该区域的数据整体排名的, 因此在行号和列标前面需加上绝对引用符号$, 如图 5.75 所示。

步骤 4: 在 Order 文本框中设置降序或升序。从大到小排序为降序, 用 0 表示或省略不写, 默认为降序; 从小到大排序为升序, 用 1 表示。本例省略不写, 降序排名, 如图 5.75 所示。

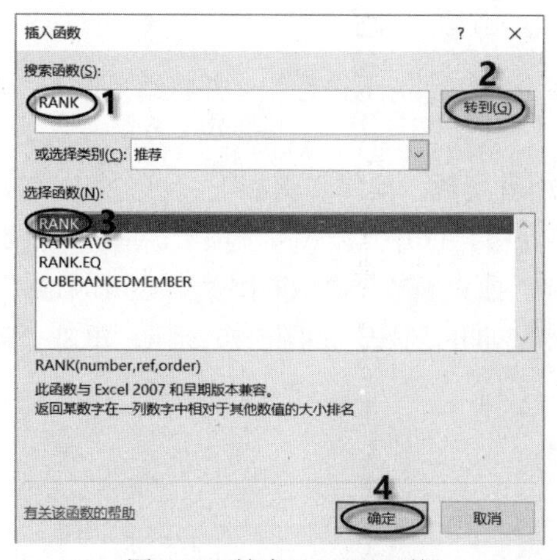

图 5.74　搜索 RANK 函数

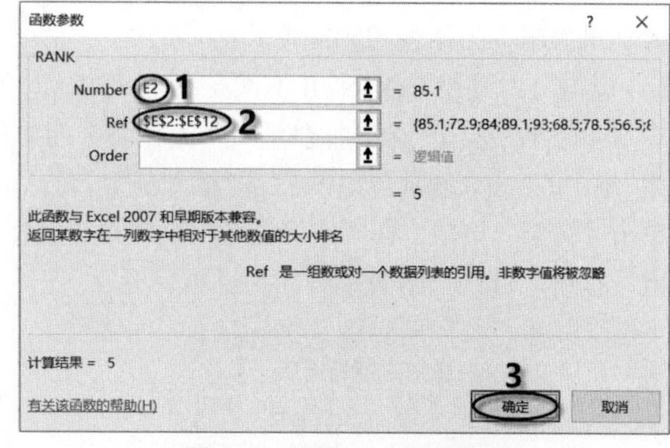

图 5.75　设置 RANK 参数值

步骤 5：设置完成后，单击“确定”按钮，第一个“总分”排名显示在 G2 单元格中。

步骤 6：将鼠标指向 G2 单元格的填充柄，按住鼠标左键向下拖动，将按照“学期成绩”自动排名，如图 5.76 所示。

G2　　=RANK(E2,$E$2:$E$12)

	A	B	C	D	E	F	G
1	学号	姓名	平时成绩	期末成绩	学期成绩	期末总评	班级名次
2	20190101	周克乐	97	80	85	优秀	5
3	20190102	王朦胧	75	72	73	及格	9
4	20190103	张琪琪	70	90	84	良好	6
5	20190104	王航	87	90	89	优秀	4
6	20190105	周乐乐	86	96	93	优秀	1
7	20190106	张会芳	65	70	69	及格	10
8	20190107	田宁	75	80	79	良好	8
9	20190108	向红丽	60	55	57	不及格	11
10	20190109	李佳旭	85	80	82	良好	7
11	20190110	胡长城	95	89	91	优秀	3
12	20190111	叶自力	90	93	92	优秀	2

计算机

图 5.76　使用 RANK 函数的排名效果

如果将每个学生的“学期成绩”排名按“第 *n* 名”的形式填入“班级名次”列，只需单击 G2 单元格，在编辑栏中输入公式：="第"&RANK(E2,$E$2:$E$12)&"名"，然后利用自动填充功能对其他单元格进行填充，如图 5.77 所示。在上述公式中，&是连接符号，将“第”“RANK(E2,$E$2:$E$12)”“名”三者联系起来。

G2　　="第"&RANK(E2,$E$2:$E$12)&"名"　　在编辑栏输入公式

	A	B	C	D	E	F	G
1	学号	姓名	平时成绩	期末成绩	学期成绩	期末总评	班级名次
2	20190101	周克乐	97	80	85	优秀	第5名
3	20190102	王朦胧	75	72	73	及格	第9名
4	20190103	张琪琪	70	90	84	良好	第6名
5	20190104	王航	87	90	89	优秀	第4名
6	20190105	周乐乐	86	96	[illegible]	优秀	第1名
7	20190106	张会芳	65	70	[illegible]	[illegible]	第10名
8	20190107	田宁	75	80	79	良好	第8名
9	20190108	向红丽	60	55	57	不及格	第11名
10	20190109	李佳旭	85	80	82	良好	第7名
11	20190110	胡长城	95	89	91	优秀	第3名
12	20190111	叶自力	90	93	92	优秀	第2名

拖动填充柄自动排名

计算机

图 5.77　以“第 *n* 名”的形式排名

(3) COUNTIF 函数

如图 5.78 所示，在“加班统计”工作表中对每位员工的加班情况进行统计并将结果填入“个人加班情况”工作表的相应单元格。

方法 1：利用 COUNTIF 函数，求出每位员工的加班次数。操作步骤如下。

步骤 1：单击“个人加班情况”工作表中的 B2 单元格。打开“公式”选项卡，单击“函数库”组中的“插入函数”按钮，打开“插入函数”对话框。在“搜索函数”文本框中输入“COUNTIF”，单击“转到”按钮，在“选择函数”列表框中选择 COUNTIF 函数，如图 5.79 所示，单击“确定”按钮，打开“函数参数”对话框。

8月份加班情况统计

序号	部门	职务	姓名	加班日期
1	管理	总经理	高小丹	8月2日
2	人事	员工	石明砚	8月2日
3	研发	员工	王铬争	8月2日
4	行政	文秘	刘君赢	8月2日
5	管理	部门经理	杨晓柯	8月9日
6	人事	员工	石明砚	8月9日
7	研发	员工	王铬争	8月9日
8	行政	文秘	刘君赢	8月9日
9	管理	总经理	高小丹	8月16日
10	管理	部门经理	杨晓柯	8月16日
11	行政	文秘	刘君赢	8月16日
12	人事	员工	石明砚	8月16日
13	研发	员工	王铬争	8月16日
14	人事	员工	石明砚	8月23
15	行政	文秘	刘君赢	8月23
16	管理	部门经理	杨晓柯	8月23
17	管理	总经理	高小丹	8月23
18	研发	员工	王铬争	8月23
19	管理	部门经理	杨晓柯	8月30
20	行政	文秘	刘君赢	8月30
21	研发	员工	王铬争	8月30
22	人事	员工	石明砚	8月30
23	管理	总经理	高小丹	8月30

加班统计　个人加班情况

图 5.78　“加班统计”工作表

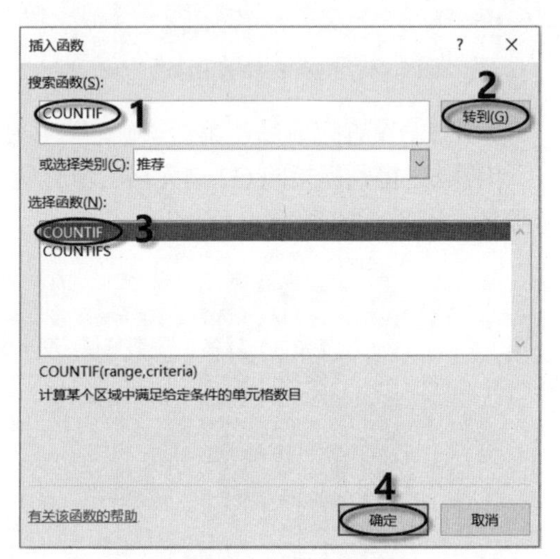

图 5.79　搜索并选择“COUNTIF”函数

步骤 2：将光标定位在“函数参数”对话框的 Range 文本框中，单击“加班统计”工作表标签，用鼠标拖动的方式选定工作表 D3:D25 区域；单击 Criteria 文本框，再单击 A2 单元格，如图 5.80 所示，单击“确定”按钮，求出每位员工的加班次数，如图 5.81 所示。

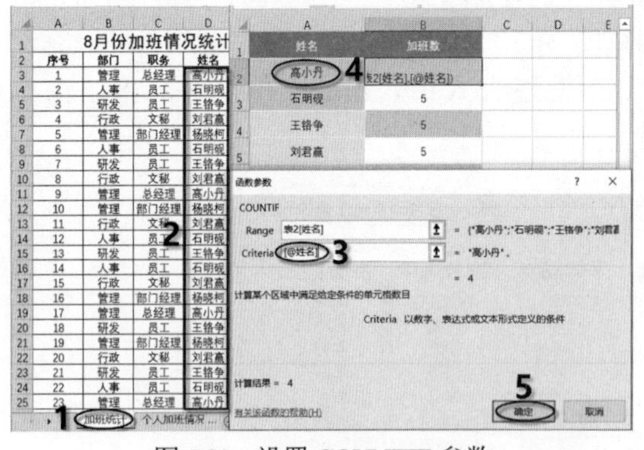

图 5.80　设置 COUNTIF 参数

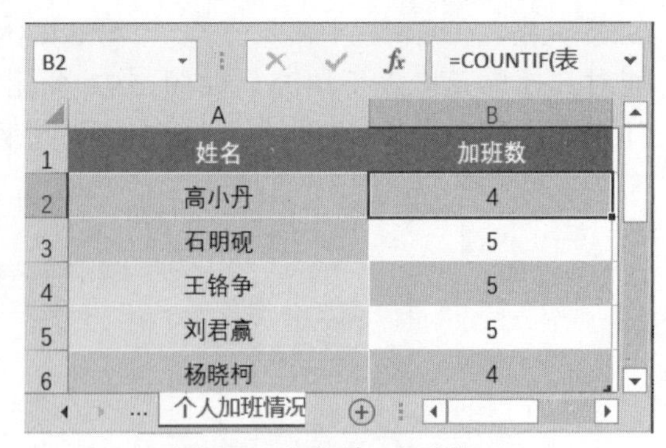

图 5.81　每位员工加班情况

方法 2：利用 COUNTIF 函数，求出每位员工的加班次数。操作步骤如下。

步骤 1：单击“个人加班情况”工作表中的 B2 单元格。

步骤 2：在编辑栏中输入公式：=COUNTIF(加班统计!$D$3:$D$25,A2)，按 Enter 键，求出第一位员工的加班次数。

步骤 3：将鼠标指针指向 B2 单元格填充柄，按住鼠标左键进行拖动，自动求出其他员工的加班次数。

(4) VLOOKUP 函数

在图 5.82 所示的“销售”工作表中，在“2 月销售量”列中，根据“品牌”使用 VLOOKUP 函数完成“2 月销售量”的自动填充。操作步骤如下。

	A	B	C	D	E	F	G	H
1	第一季度销售汇总							
2	品牌	1月	2月	3月				
3	三星	100	91	62			品牌	2月销售量
4	OPPO	50	61	52			三星	
5	iPhone 6	100	59	65			iPhone 6	
6	三星iPad	50	69	52			iPad air3	
7	iPad air3	50	81	96			小米5	
8	华为	50	83	64			魅族	
9	小米5	100	52	86			iPad mini4	
10	vivo	30	84	79				
11	魅族	20	64	71				
12	中兴	50	50	56				
13	联想	45	67	50				
14	iPad air2	30	45	30				
15	iPad mini4	30	65	60				

销售　Sheet2　Sheet3

图 5.82 “销售”工作表

步骤 1：选定 H4 单元格。

步骤 2：单击编辑栏中的“插入函数”按钮 fx，打开“插入函数”对话框，在“选择函数”下拉列表框中选择“VLOOKUP”函数，再单击“确定”按钮，打开“函数参数”对话框。

步骤 3：在 Lookup_value 文本框中设置查找值。因为要查找“品牌”的 2 月销售量，所以单击工作表中的第一个“品牌”地址 G4 单元格。

步骤 4：在 Table_array 文本框中设置查找范围。本例要在 A2:D15 区域查找，因此将光标定位在该文本框中，用鼠标拖动的方式选定工作表中的 A2:D15 区域。由于要在固定的 A2:D15 区域查找，因此要在行号和列标前面加上绝对引用符号$，如图 5.83 所示。

步骤 5：在 Col_index_num 文本框中设置查找列数。这里的列数以引用范围的第一列作为 1，我们要查询的“2 月销售量”在引用的第一列(“品牌”列)后面的第 3 列，所以在该文本框中输入 3，表示“2 月销售量”是查找区域 A2:D15 的第 3 列。

步骤 6：在 Range_lookup 文本框中设置精确匹配。该项几乎都设置为精确匹配，因此参数设置为 0(即 false)。

步骤 7：设置完成后，如图 5.83 所示，单击“确定”按钮，第一个品牌“三星”的“2 月销售量”显示在 H4 单元格。

步骤 8：将鼠标指针指向 H4 单元格的填充柄，按住鼠标左键向下拖动，自动填充其他品牌的“2 月销售量”，如图 5.84 所示。

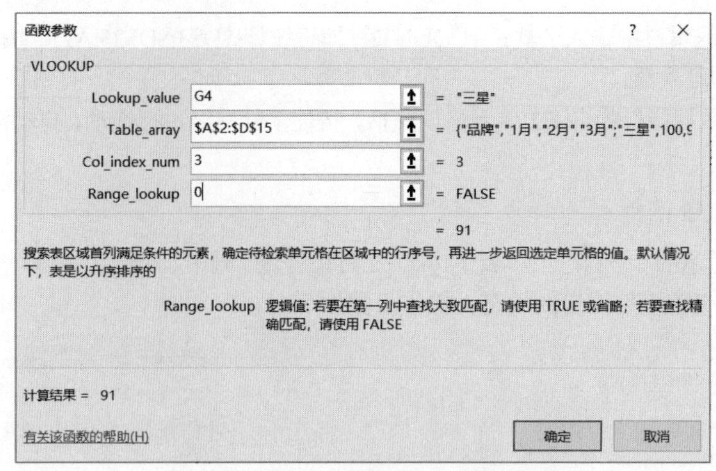

图 5.83 设置“VLOOKUP”函数的参数

H4 =VLOOKUP(G4,$A$2:$D$15,3,0)

	A	B	C	D	E	F	G	H
1	第一季度销售汇总							
2	品牌	1月	2月	3月				
3	三星	100	91	62			品牌	2月销售量
4	OPPO	50	61	52			三星	91
5	iPhone 6	100	59	65			iPhone 6	59
6	三星iPad	50	69	52			iPad air3	81
7	iPad air3	50	81	96			小米5	52
8	华为	50	83	64			魅族	64
9	小米5	100	52	86			iPad mini4	65
10	vivo	30	84	79				
11	魅族	20	64	71				
12	中兴	50	50	56				
13	联想	45	67	50				
14	iPad air2	30	45	30				
15	iPad mini4	30	65	60				

销售 Sheet2 Sheet3

图 5.84 自动填充“2 月销售量”

5.4.5 示例练习

打开“年终奖金”工作簿，按照下列要求完成个人奖金和部门奖金的计算。

1. 在“职工基本信息”工作表中，利用公式及函数依次输入每个职工的性别“男”或“女”，其中，身份证号的倒数第 2 位用于判断性别，奇数为男性，偶数为女性。

2. 按照年基本工资总额的 15%计算每个职工的应发年终奖金(应发年终奖金=月基本工资*15%*12)。

3. 根据“税率标准”工作表中的对应关系计算每个职工年终奖金应交的个人所得税、实发奖金，并填入 I 列和 J 列。

年终奖金计税方法如下：

应发年终奖金>=50000，应交个税=应发年终奖金*10%

应发年终奖金<50000，应交个税=应发年终奖金*5%

实发奖金=应发年终奖金-应交个税

4. 在“奖金分析报告”工作表中，使用 SUMIFS 函数分别统计各部门实发奖金的总金额，并填入 B 列对应的单元格。

具体操作步骤如下。

第 1 题

步骤 1：打开“年终奖金.xlsx”文件，在“职工基本信息”工作表中单击 E3 单元格。

步骤 2：在编辑栏中输入公式：=IF(MOD(MID(D3,17,1),2)=1,"男","女")，如图 5.85 所示。其中，MID 是字符串函数，MOD 是求余函数，其含义分别如下。

MID(D3,17,1)表示在 D3 单元格的 18 位字符中，提取第 17 位的字符。

MOD(MID(D3,17,1),2)表示用第 17 位提取到的字符除以 2 取余数。

IF(MOD(MID(D3,17,1),2)=1,"男","女") 表示如果余数=1，是“男”，否则是“女”。

步骤 3：在编辑栏输入公式后，按 Enter 键确认，然后向下拖动填充柄对其他单元格进行填充。

图 5.85　输入求性别的公式

第 2 题

单击 H3 单元格，输入公式：=G3*15%*12，按 Enter 键确认，然后向下拖动填充柄对其他单元格进行填充，求出每位职工的应发年终奖金。

第 3 题

步骤 1：单击 I3 单元格，在编辑栏中输入公式：=IF(H3>=50000,H3*10%,IF (H3<50000, H3* 5%))，表示如果 H3>=50000，应交个税为应发年终奖金的 10%；如果 H3<50000，应交个税为应发年终奖金的 5%。

步骤 2：按 Enter 键确认，然后向下拖动填充柄对其他单元格进行填充。

步骤 3：单击 J3 单元格，输入公式：=H3-I3，按 Enter 键确认，然后拖动填充柄向下对其他单元格进行填充。

第 4 题

步骤 1：打开“奖金分析报告”工作表，单击 B3 单元格，在编辑栏中输入公式：=SUMIFS(职工基本信息!J3:J70,职工基本信息!C3:C70,"管理")，表示对“职工基本信息”工作表中 C3:C70 区域中的“管理”部门的实发奖金求和，如图 5.86 所示，按 Enter 键确认。

步骤 2：单击 B4 单元格，在编辑栏中输入公式：=SUMIFS(职工基本信息!J3:J70,职工基本信息!C3:C70,"行政")，按 Enter 键确认。

步骤 3：单击 B5 单元格，在编辑栏中输入公式：=SUMIFS(职工基本信息!J3:J70,职工基本信息!C3:C70,"研发")，按 Enter 键确认。

步骤 4：按上述方法，利用 SUMIFS 函数分别求出“销售”“外联”和“人事”3 个部门实发奖金总金额，并填入 B 列对应的单元格中。各部门实发奖金总金额如图 5.87 所示。

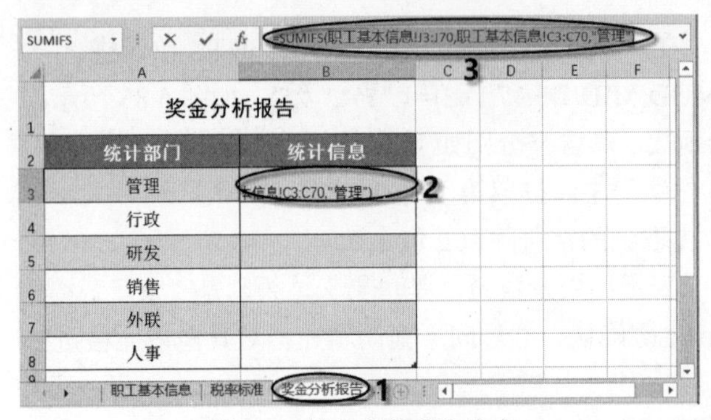

图 5.86　输入条件求和公式

奖金分析报告	
统计部门	统计信息
管理	112595.4
行政	142836.3
研发	379397.7
销售	175685.4
外联	45964.8
人事	64073.7

图 5.87　各部门实发奖金总金额

5.5 图表在数据分析中的应用

图表是将工作表中的数据用图形的形式进行表示。图表可以使数据更加易读，便于用户分析和比较数据。Excel 2016 新增了六种图表功能，分别是树状图、旭日图、直方图、箱形图、瀑布图、组合图。新增的图表类型在数据分析中得到了广泛的应用。利用 Excel 2016 提供的图表类型，可以快速地创建各种类型的图表。

5.5.1　迷你图

迷你图是单元格中的一个微型图表，可以显示一系列数值的趋势，并能突出显示最大值和最小值。

1. 插入迷你图

在图 5.88 所示的“销售分析”工作表的 H4:H11 单元格中，插入“销售趋势”的折线型迷你图，各单元格中的迷你图数据范围为所对应图书 1 月到 6 月的销售数据，并为各迷你折线图标记销量的最高点和最低点。操作步骤如下。

上半年图书销售分析

单位：本

图书名称	1月	2月	3月	4月	5月	6月	销售趋势
《大学计算机基础》	320	210	420	215	360	500	
《Office2010应用案例》	180	160	120	220	134	155	
《网页制作教程》	90	56	88	109	100	120	
《网页设计与制作》	116	110	143	189	106	136	
《计算机应用教程》	149	60	200	50	102	86	
《Aoto CAD实用教程》	104	146	93	36	90	60	
《Excel实例应用》	141	95	193	36	90	60	
《Photoshop教程》	88	70	12	21	146	73	

图 5.88　“销售分析”工作表

步骤 1：单击存放迷你图的单元格 H4，打开“插入”选项卡，单击“迷你图”组中的“折线”按钮，如图 5.89 所示。

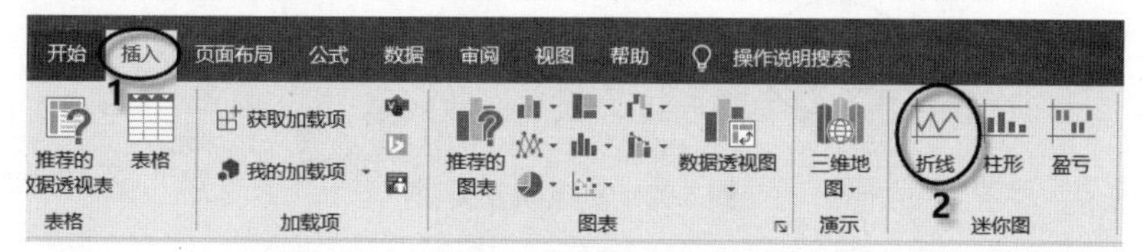

图 5.89　“插入”选项卡的“迷你图”组

步骤 2：打开“创建迷你图”对话框，将光标定位在“数据范围”文本框中，然后用鼠标拖动的方式选定工作表中的 B4:G4 区域，如图 5.90 所示，单击“确定”按钮。

	A	B	C	D	E	F	G	H
1	上半年图书销售分析							
2	单位：本							
3	图书名称	1月	2月	3月	4月	5月	6月	销售趋势
4	《大学计算机基础》	320	210	420	215	360	500	
5	《Office2010应用案例》	18					155	
6	《网页制作教程》	90					120	
7	《网页设计与制作》	11					136	
8	《计算机应用教程》	14					86	
9	《Aoto CAD实用教程》	10					60	
10	《Excel实例应用》	14					60	
11	《Photoshop教程》	88					73	
12								

创建迷你图　?　×
选择所需的数据
数据范围(D):　B4:G4
选择放置迷你图的位置
位置范围(L):　$H$4
确定　取消

销售分析　Sheet2

图 5.90　“创建迷你图”对话框

步骤 3：将鼠标指向 H4 单元格的填充柄，按住鼠标左键向下拖动至 H11，创建如图 5.91 所示的折线型迷你图。

	A	B	C	D	E	F	G	H
1	上半年图书销售分析							
2	单位：本							
3	图书名称	1月	2月	3月	4月	5月	6月	销售趋势
4	《大学计算机基础》	320	210	420	215	360	500	
5	《Office2010应用案例》	180	160	120	220	134	155	
6	《网页制作教程》	90	56	88	109	100	120	
7	《网页设计与制作》	116	110	143	189	106	136	
8	《计算机应用教程》	149	60	200	50	102	86	
9	《Aoto CAD实用教程》	104	146	93	36	90	60	
10	《Excel实例应用》	141	95	193	36	90	60	
11	《Photoshop教程》	88	70	12	21	146	7	

销售分析　Sheet2　Sheet3

图 5.91　创建折线型迷你图

步骤 4：选定迷你图区域 H4:H11，在“设计”选项卡的“显示”组中，选中“高点”和“低点”复选框，即可为各折线型迷你图标记销量的最高点和最低点。

2. 更改迷你图类型

迷你图有 3 种类型，单击要更改类型的迷你图所在单元格，打开“设计”选项卡，单击“类型”组中的“柱形”或“盈亏”按钮，如图 5.92 所示，即可将迷你图更改为对应的类型。

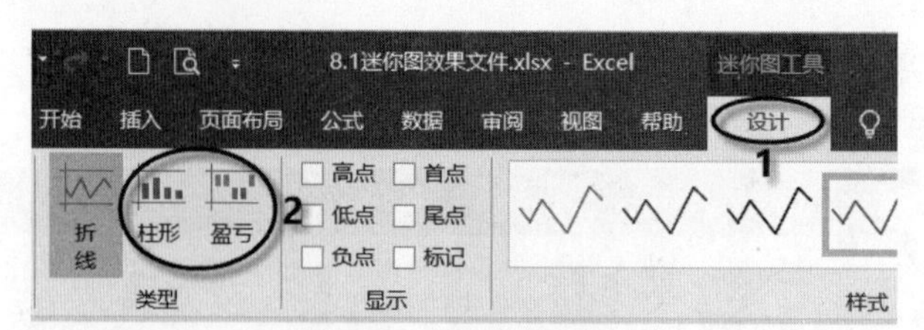

图 5.92　更改图表类型

3. 清除迷你图

单击迷你图所在的单元格，打开“设计”选项卡，单击“组合”组中“清除”选项右侧的下拉按钮，在弹出的下拉列表中选择“清除所选的迷你图”命令，如图 5.93 所示。

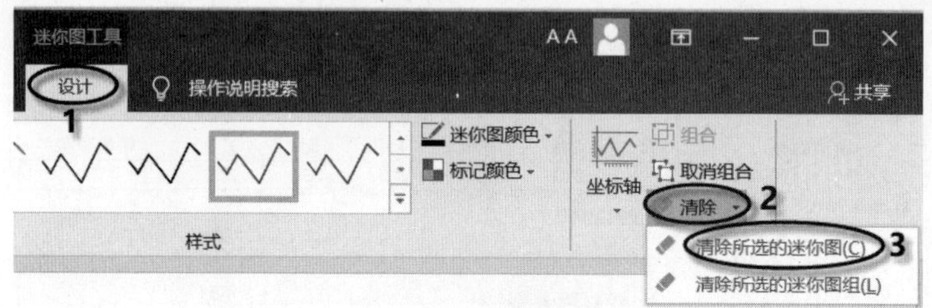

图 5.93　清除迷你图

5.5.2　图表

1. 图表类型

打开“插入”选项卡，单击“图表”组右侧的对话框启动按钮，弹出“插入图表”对话框，在“推荐的图表”选项卡下默认的图表是“簇状柱形图”，单击“所有图表”选项卡，在左侧窗格中可以看到“柱形图”“折线图”等类型的图表，如图 5.94 所示。

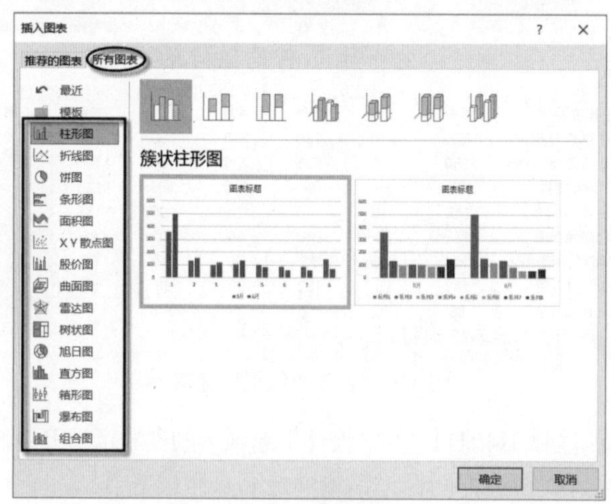

图 5.94　图表类型

2. 创建图表

创建图表有两种方式：一是选定要创建图表的数据区域，按 Ctrl+Q 组合键或单击“快速分析”按钮，如图 5.95 所示，在打开的列表中单击“图表”选项，创建所需的图表；二是使用“插入”选项卡“图表”组中的按钮或“插入图表”对话框，创建图表。

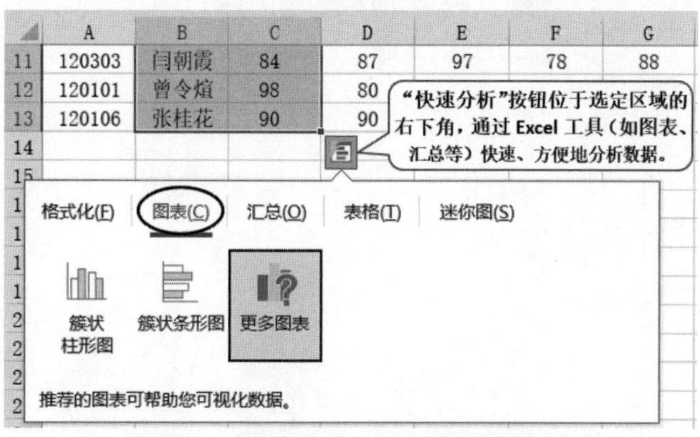

图 5.95　单击“快速分析”按钮创建图表

【例 5-3】 将如图 5.96 所示的“期末成绩”工作表中的“姓名”和“计算机”两列数据创建为一个“箱形图”图表。具体方法如下。

	A	B	C	D	E	F	G
1	学号	姓名	法律	思政	计算机	专业1	专业2
2	120302	李娜娜	78	95	94	90	84
3	120204	刘康锋	96	92	96	95	95
4	120201	刘鹏举	94	90	96	82	75
5	120304	倪冬声	95	97	95	80	70
6	120103	齐飞扬	95	85	99	79	80
7	120105	苏解放	88	98	80	86	81
8	120202	孙玉敏	86	93	89	81	78
9	120205	王清华	90	98	78	80	90
10	120102	谢如康	91	95	98	79	92
11	120303	闫朝霞	84	87	97	78	88
12	120101	曾令煊	98	80	83	75	90
13	120106	张桂花	90	90	89	90	83

期末成绩　Sheet2　S ...

图 5.96　“期末成绩”工作表

按住 Ctrl 键，选定要创建图表的数据区域 B1:B13 和 E1:E13。打开“插入”选项卡，单击“图表”组中的“插入统计图表”下拉按钮，在弹出的下拉列表中选择“箱形图”，如图 5.97 所示，即可在工作表中插入“箱形图”图表，如图 5.98 所示。

图 5.97　选择图表类型

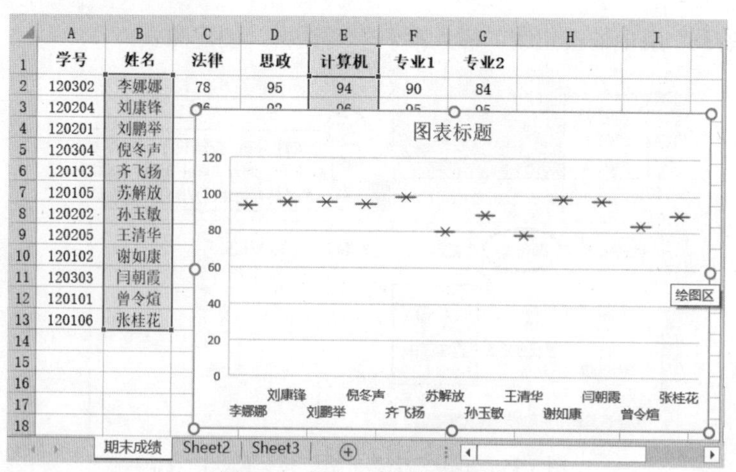

图 5.98　插入“箱形图”图表

另外，单击“插入”选项卡“图表”组右侧的对话框启动按钮，弹出“插入图表”对话框，打开“所有图表”选项卡，如图 5.94 所示，从左侧窗格中选择所需的图表类型，再单击“确定”按钮，也可创建相应的图表。

5.5.3　编辑图表

图表创建后，Excel 2016 会自动打开“图表工具”的“设计”和“格式”选项卡，如图 5.99 所示。利用“图表工具”的两个选项卡可对图表进行相应的编辑操作，如改变图表的位置、类型、样式、添加或删除图表数据等。

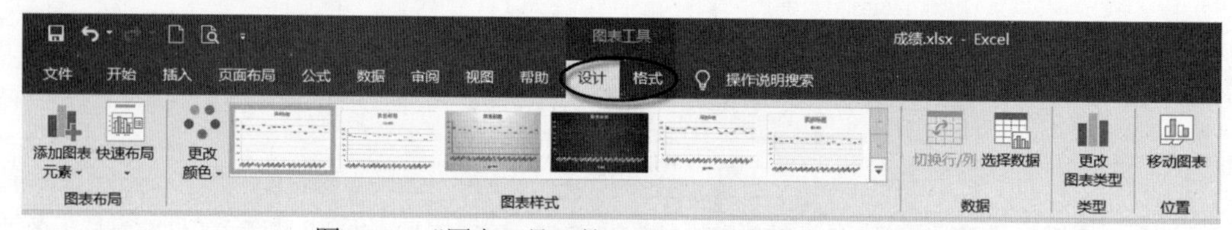

图 5.99　“图表工具”的“设计”和“格式”选项卡

1. 更改图表位置

(1) 在同一个工作表中更改图表位置

选定图表，将鼠标指针指向图表区，当鼠标指针变为移动符号时，按住鼠标左键进行拖动，在目标位置释放。

(2) 将图表移到其他工作表

步骤 1：选定图表，在“图表工具”的“设计”选项卡中，单击“位置”组的“移动图表”按钮，打开如图 5.100 所示的“移动图表”对话框。

步骤 2：若选中“新工作表”单选按钮，则将图表移到新工作表 Chart1 中；若选中“对象位于”单选按钮，单击列表框右侧的下拉按钮，选择工作簿中的其他工作表，则将图表移到选定的工作表中。

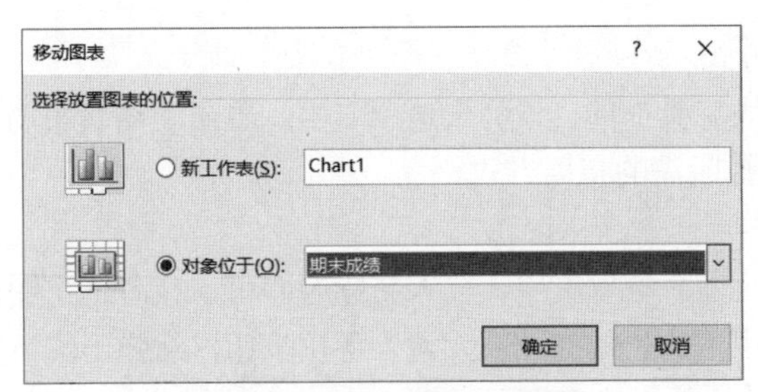

图 5.100　“移动图表”对话框

2. 更改图表类型

选定要更改类型的图表，在“图表工具”的“设计”选项卡中，单击“类型”组的“更改图表类型”按钮，在弹出的对话框中选择所需的图表样式即可。

3. 添加或删除数据系列

(1) 添加数据系列

步骤 1：选定需添加数据系列的图表，打开“图表工具”的“设计”选项卡，单击“数据”组中的“选择数据”按钮，打开“选择数据源”对话框，如图 5.101 所示。

步骤 2：在工作表中拖动鼠标，选定需添加的数据区域，例如添加“思政”数据系列，按 Ctrl 键并拖动鼠标选定 D1:D13 区域，单击“确定”按钮，即添加了“思政”数据系列。

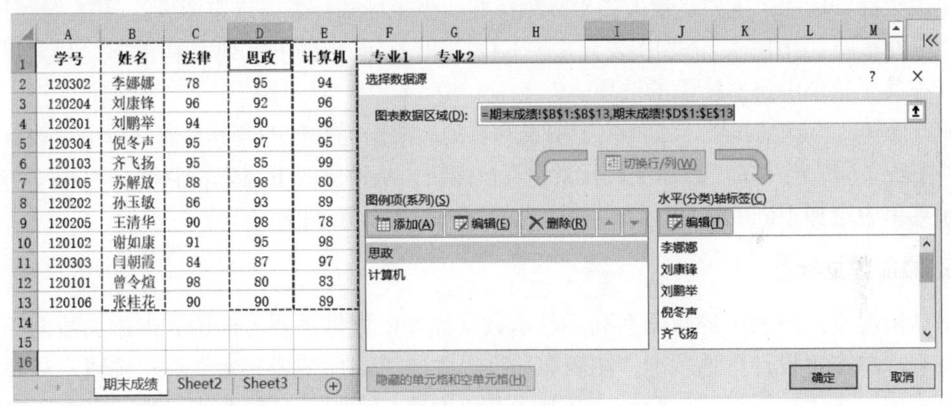

学号	姓名	法律	思政	计算机
120302	李娜娜	78	95	94
120204	刘康锋	96	92	96
120201	刘鹏举	94	90	96
120304	倪冬声	95	97	95
120103	齐飞扬	95	85	99
120105	苏解放	88	98	80
120202	孙玉敏	86	93	89
120205	王清华	90	98	78
120102	谢如康	91	95	98
120303	闫朝霞	84	87	97
120101	曾令煊	98	80	83
120106	张桂花	90	90	89

图 5.101　添加数据系列

(2) 删除数据系列

方法 1：选定图表中需删除的数据系列，按 Delete 键。

方法 2：在图 5.101 的“图例项(系列)”区域中，选定要删除的数据系列，如“思政”，再分别单击“删除”和“确定”按钮。

4. 更改图表布局

图表布局是指图表中标题、图例、坐标轴等元素的排列方式。Excel 2016 对每一种图表类型都提供了多种布局方式。当图表创建后，用户可利用系统内置的布局方式，更改图表布局，也可手动更改图表布局。

(1) 系统内置布局方式

选定图表，在“图表工具”的“设计”选项卡中，单击“图表布局”组中的“快速布局”按钮，从下拉列表中选择所需的布局方式。

(2) 手动更改图表布局

更改图表标题：选定图表标题文字，输入新标题即可。或者选定图表，打开“设计”选项卡，单击“图表布局”组中的“添加图表元素”下拉按钮，从弹出的下拉列表中选择所需的选项，如图 5.102 所示，输入标题文字即可。

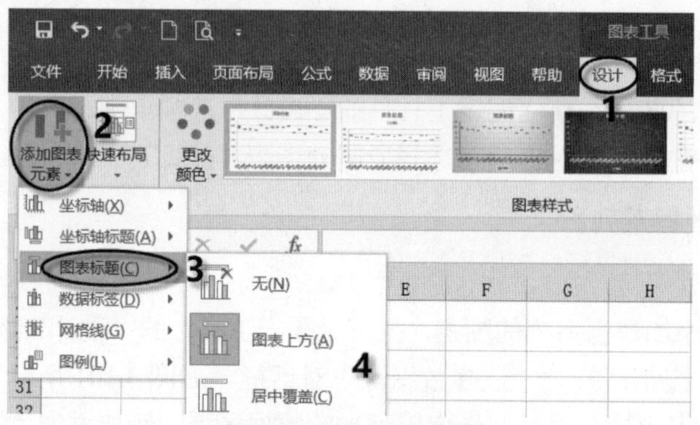

图 5.102　更改图表标题

更改坐标轴标题：主要是更改横坐标轴标题和纵坐标轴标题。选定图表，单击“设计”选项卡“图表布局”组中的“添加图表元素”下拉按钮，从弹出的下拉列表中单击“坐标轴标题”命令，在其子菜单中选择所需的选项。

更改图例：默认情况下，图例位于图表的右侧，根据需要可改变其位置。单击“设计”选项卡“图表布局”组中的“添加图表元素”下拉按钮，从弹出的下拉列表中单击“图例”命令，在其子菜单中选择不同的选项，即可在图表的不同位置显示图例。

5. 添加数据标签

默认情况下，图表中的数据系列不显示数据标签，根据需要可向图表中添加数据标签。选定图表，单击“设计”选项卡“图表布局”组中的“添加图表元素”下拉按钮，从弹出的下拉列表中单击“数据标签”命令，在其子菜单中选择所需的显示方式，为图表中所有数据系列添加数据标签。若选定某个数据系列，数据标签只添加到选定数据系列。

5.5.4　格式化图表

认识图表元素是对图表进行格式化的前提，若不能确定某个图表元素的名称，可按下述两种方法显示图表元素的名称。

方法 1：将鼠标指针放在某个图表元素上，稍后将显示该图表元素的名称。

方法 2：打开“图表工具”的“格式”选项卡，单击“当前所选内容”组中的“图表元素”下拉按钮，如图 5.103 所示，打开图表元素下拉列表框，单击此下拉列表框中的某个图表元素时，在图表中该元素即被选定。

图 5.103　“图表元素”下拉列表框

格式化图表主要是对图表元素的字体、填充颜色、边框样式、阴影等外观进行格式设置，以增强图表的美化效果。

最简单的设置方法是双击要进行格式设置的图表元素，如图例、标题、绘图区、图表区等，打开其格式设置任务窗格，根据需要进行相应格式的设置。

利用功能区也可以设置图表格式。单击“格式”选项卡“当前所选内容”组中的“图表元素”下拉按钮，从弹出的下拉列表中选择要设置格式的图表元素，如选择“绘图区”选项，然后单击“设置所选内容格式”按钮，如图 5.104 所示，打开“设置绘图区格式”任务窗格。单击该窗格中的“填充与线条”按钮和“效果”按钮，如图 5.105 所示，可设置绘图区的填充、边框、阴影、发光等效果。单击“绘图区选项”右侧的下拉按钮，如图 5.106 所示，在弹出的下拉列表中，可选择所需的图表元素进行格式设置。

图 5.104　设置图表元素格式

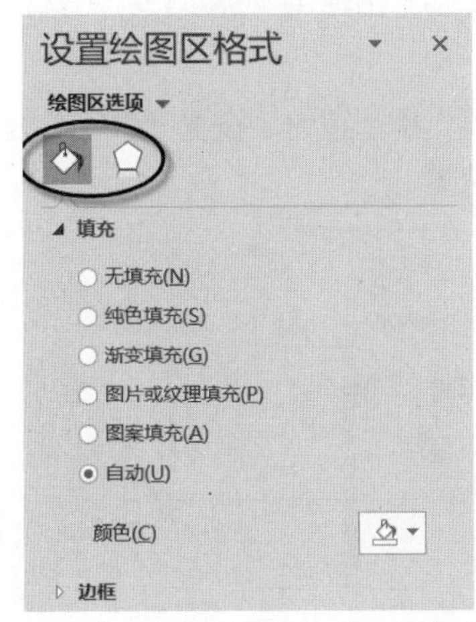

图 5.105　“设置绘图区格式”任务窗格

图 5.106　“绘图区选项”下拉列表

5.5.5 示例练习

如图 5.107 所示，在“评估”工作表中创建一个标题为“销售评估”的图表，借助此图表可以清晰反映每月“A 产品销售额”和“B 产品销售额”之和，与“计划销售额”的对比情况。按照下列要求插入图表，并对图表进行编辑。

(1) 将 A2:G5 区域中的数据创建为一个“堆积柱形图”。

(2) 将“计划销售额”系列数据的“次坐标轴”间隙宽度设置为 50%；填充与线条设置为无填充，实线，红色，宽度为 2 磅。

(3) 将“次要纵坐标轴”设置为“无”。

(4) 图例靠右显示。

(5) 图表标题为“销售评估”。

(6) 纵坐标轴单位最大值设置为 400 000。

	A	B	C	D	E	F	G
1	科技公司上半年销售评估						
2		一月份	二月份	三月份	四月份	五月份	六月份
3	A产品销售额	¥ 1,800,000.00	¥1,900,000.00	¥1,800,000.00	¥ 1,700,000.00	¥ 1,900,000.00	¥ 1,400,000.00
4	B产品销售额	¥ 2,150,000.00	¥2,400,000.00	¥1,200,000.00	¥ 1,500,000.00	¥ 2,200,000.00	¥ 2,500,000.00
5	计划销售额	¥ 3,500,000.00	¥3,700,000.00	¥4,000,000.00	¥ 3,200,000.00	¥ 4,700,000.00	¥ 3,200,000.00

评估

图 5.107 “评估”工作表

操作步骤如下。

(1) 插入图表。在“评估”工作表中，选定 A2:G5 数据区域，打开“插入”选项卡，单击“图表”组中的“插入柱形图或条形图”下拉按钮，从弹出的下拉列表中选择“堆积柱形图”，在当前工作表中即可插入一个“堆积柱形图”图表。

(2) 设置“计划销售额”系列数据。将鼠标指针指向图表数据系列，单击“计划销售额”系列，在选定的系列上右击，从弹出的快捷菜单中选择“设置数据系列格式”命令，如图 5.108 所示，打开“设置数据系列格式”任务窗格，在“系列选项”中选中“次坐标轴”单选按钮，将间隙宽度设置为 50%，如图 5.109 所示。

单击“填充与线条”选项卡，选中“无填充”“实线”单选按钮，设置“颜色”为红色，宽度为 2 磅，如图 5.110 所示，手动调整图表的大小和位置。

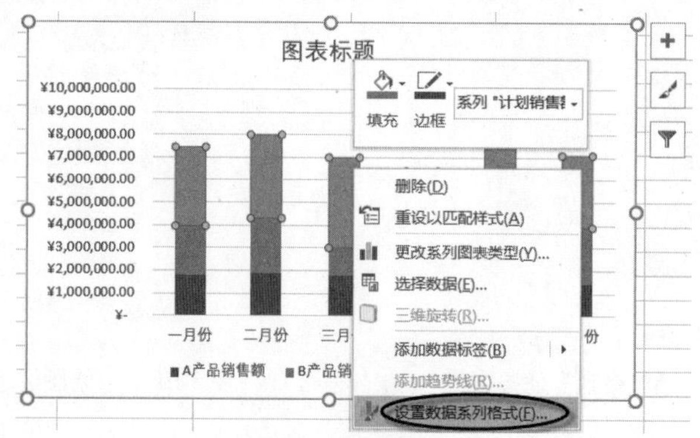

图 5.108 选择“设置数据系列格式”命令

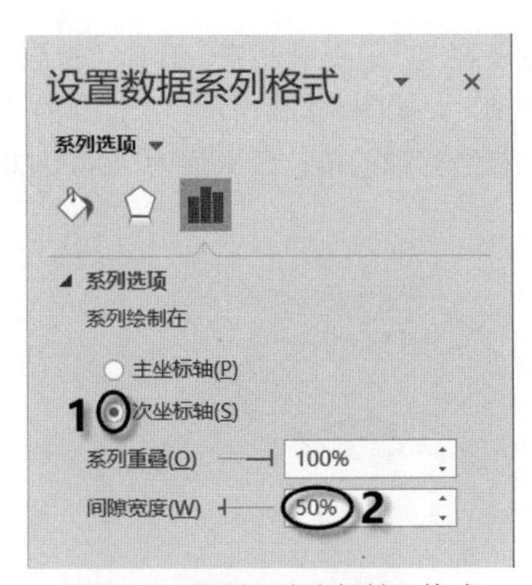

图 5.109　设置"次坐标轴"格式

图 5.110　设置填充与线条格式

(3) 设置"次要纵坐标轴"。在"设置数据系列格式"任务窗格中，单击"系列选项"右侧的下拉按钮，从弹出的下拉列表中选择"次坐标轴 垂直(值)轴"，如图 5.111 所示。在打开的"设置坐标轴格式"任务窗格中，单击"坐标轴选项"选项卡，将"标签位置"设置为"无"，如图 5.112 所示。

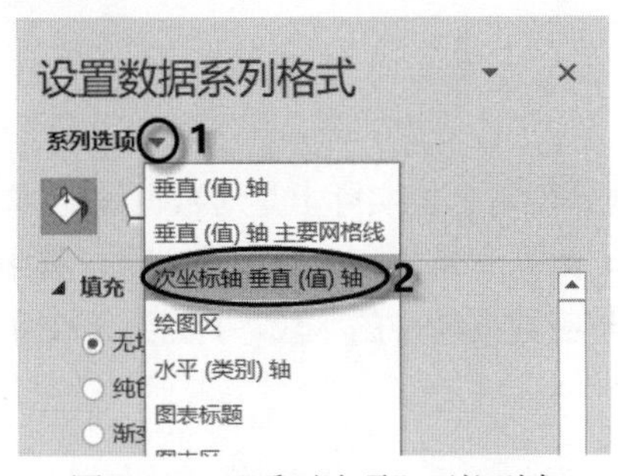

图 5.111　"系列选项"下拉列表

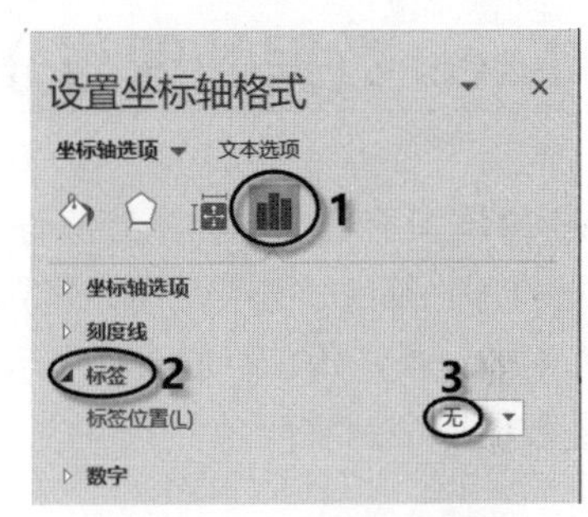

图 5.112　设置标签位置

(4) 设置图例位置。在图 5.112 所示的任务窗格中，单击"坐标轴选项"右侧的下拉按钮，从弹出的下拉列表中选择"图例"，如图 5.113 所示。在打开的"设置图例格式"任务窗格中，在"图例位置"列表框中选中"靠右"单选按钮，如图 5.114 所示。

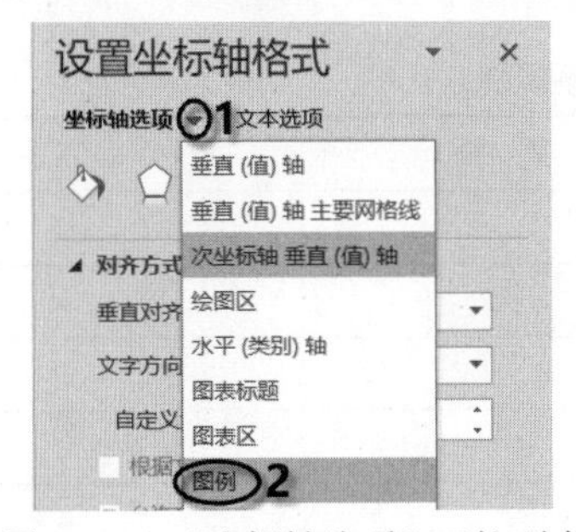

图 5.113　"坐标轴选项"下拉列表

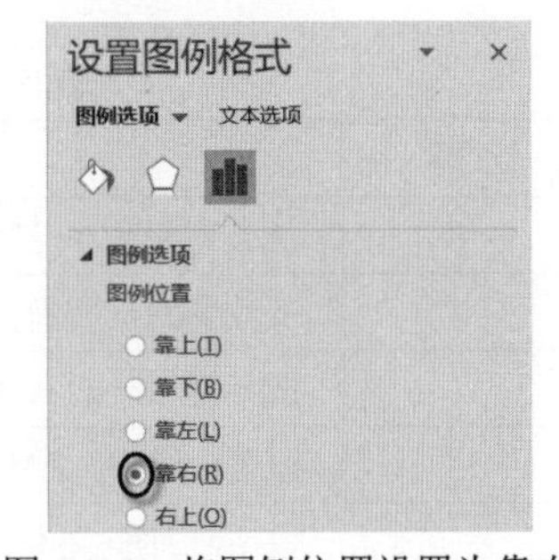

图 5.114　将图例位置设置为靠右

(5) 设置图表标题。打开“图表工具”的“设计”选项卡，单击“图表布局”组中的“添加图表元素”下拉按钮，从弹出的下拉列表中选择“图表标题”|“图表上方”，输入标题：销售评估。

(6) 设置纵坐标轴的单位最大值。在“设置图表标题格式”任务窗格中，单击“标题选项”右侧的下拉按钮，从弹出的下拉列表中单击“垂直(值)轴”，如图 5.115 所示。在打开的“设置坐标轴格式”任务窗格中，在“坐标轴选项”区域设置坐标轴的单位最大值为 400000.0，如图 5.116 所示。单击“关闭”按钮，关闭任务窗格。

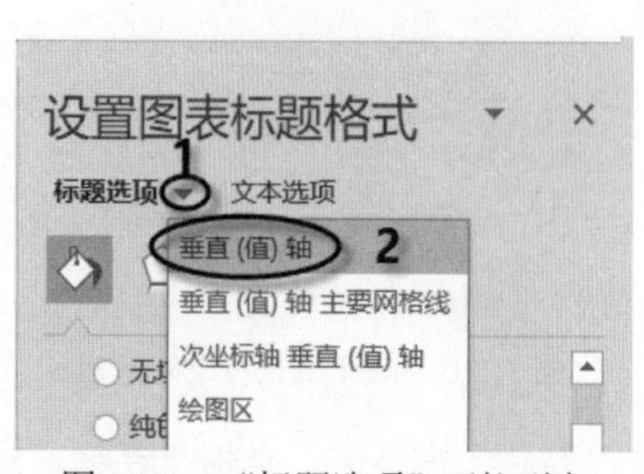

图 5.115　“标题选项”下拉列表

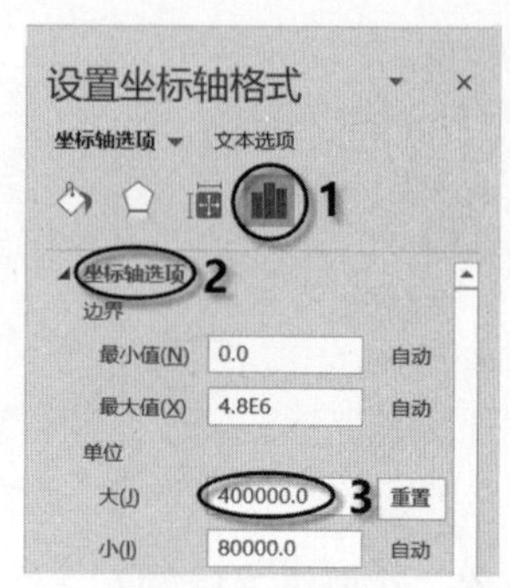

图 5.116　设置纵坐标轴的单位最大值

(7) 单击“保存”按钮，保存文件。

5.6 Excel 数据处理与分析

Excel 2016 具有强大的数据处理与分析功能，数据处理与分析实际上是对数据库(也称数据清单)进行排序、筛选、分类汇总、建立数据透视表等。数据库是行和列数据的集合，其中，行是数据库中的记录，每 1 行的数据表示 1 条记录；列对应数据库中的字段，1 列为 1 个字段，列标题是数据库中的字段名。

5.6.1 数据排序

排序是将工作表中的某个或某几个字段按一定顺序进行排列，使无序数据变成有序数据。排序的字段名通常称为关键字，排序有升序和降序两种方式。表 5.5 列出了各类数据的升序排序规则。

表 5.5　各类数据的升序排序规则

数 据 类 型	排 序 规 则
数字	从小到大顺序排序
日期	从较早的日期到较晚的日期排序
文本	按字符对应的 ASCII 码值从小到大排序
逻辑	在逻辑值中，FALSE 在 TRUE 前
混合数据	数字>日期>文本>逻辑
空白单元格	无论是按升序还是按降序排序，空白单元格总是放在最后

1. 单个字段排序

单个字段排序是对工作表中的某一列数据排序，排序方法有两种。

方法 1：选定该列数据中的任意一个单元格，单击“数据”选项卡“排序和筛选”组中的升序或降序按钮，该列数据自动完成升序或降序排序。

方法 2：选定该列数据中的任意一个单元格，单击“开始”选项卡“编辑”组中的“排序和筛选”下拉按钮，从打开的下拉列表中选择升序或降序，自动完成升序或降序排序。

2. 多个字段排序

多个字段排序是指对多列数据同时设置多个排序条件，当排序值相同时，参考下一个排序条件进行排序。

【例 5-4】 在图 5.117 所示的工资表中，将数据列表按“基本工资”升序排序，“基本工资”有相同数据时，按“岗位津贴”升序排序，若前两项数据都相同，再按“实发工资”升序排序。

	A	B	C	D	E	F	G	H	I
1	工资表（5月份）								
2	编号	姓名	基本工资	岗位津贴	工龄津贴	奖励工资	应发工资	扣税	实发工资
3	001	张东	540.00	210.00	68.00	244.00	1062.00	25.00	1037.00
4	002	王杭	480.00	200.00	64.00	300.00	1044.00	12.00	1032.00
5	003	李扬	500.00	230.00	52.00	310.00	1092.00	0.00	1092.00
6	004	钱明	520.00	200.00	42.00	250.00	1012.00	0.00	1012.00
7	005	程强	515.00	215.00	20.00	280.00	1030.00	15.00	1015.00
8	006	叶明明	540.00	240.00	16.00	280.00	1076.00	18.00	1058.00
9	007	周学军	550.00	220.00	42.00	180.00	992.00	20.00	972.00
10	008	赵军祥	520.00	250.00	40.00	248.00	1058.00	0.00	1058.00
11	009	黄永	540.00	210.00	34.00	380.00	1164.00	10.00	1154.00
12	010	梁水冉	500.00	210.00	12.00	220.00	942.00	18.00	924.00

工资表　Sheet2　Sheet3　题目

图 5.117　排序前的“工资表”

步骤 1：单击数据区域中的任意一个单元格，打开“数据”选项卡，单击“排序和筛选”组中的“排序”按钮，弹出“排序”对话框。

步骤 2：在“主要关键字”下拉列表框中选择“基本工资”，在“次序”下拉列表框中选择“升序”，单击“添加条件”按钮，添加新的排序条件。

步骤 3：在“次要关键字”下拉列表框中选择“岗位津贴”，在“次序”下拉列表框中选择“升序”。

步骤 4：同理，再次单击“添加条件”按钮，在新条件的“次要关键字”下拉列表框中选择“工龄津贴”，在“次序”下拉列表框中选择“升序”，如图 5.118 所示。

步骤 5：单击“确定”按钮，效果如图 5.119 所示。

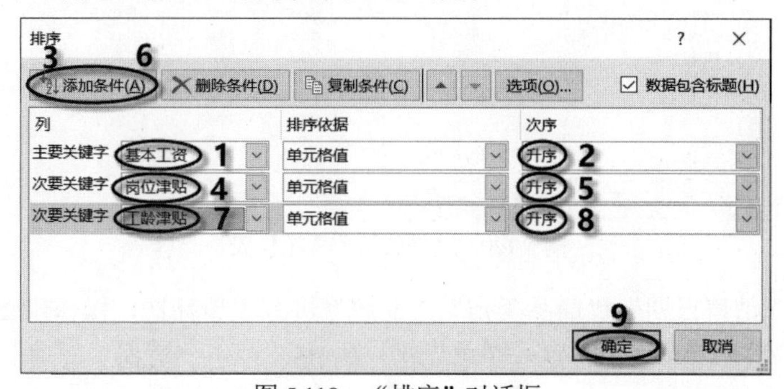

图 5.118　“排序”对话框

工资表（5月份）								
编号	姓名	基本工资	岗位津贴	工龄津贴	奖励工资	应发工资	扣税	实发工资
002	王杭	480.00	200.00	64.00	300.00	1044.00	12.00	1032.00
010	梁水冉	500.00	210.00	12.00	220.00	942.00	18.00	924.00
003	李扬	500.00	230.00	52.00	310.00	1092.00	0.00	1092.00
005	程强	515.00	215.00	20.00	280.00	1030.00	15.00	1015.00
004	钱明	520.00	200.00	42.00	250.00	1012.00	0.00	1012.00
008	赵军祥	520.00	250.00	40.00	248.00	1058.00	0.00	1058.00
009	黄永	540.00	210.00	34.00	380.00	1164.00	10.00	1154.00
001	张东	540.00	210.00	68.00	244.00	1062.00	25.00	1037.00
006	叶明明	540.00	240.00	16.00	280.00	1076.00	18.00	1058.00
007	周学军	550.00	220.00	42.00	180.00	992.00	20.00	972.00

图 5.119　排序后的数据

从图 5.119 排序后的结果可以看出，对多列数据进行排序时，先按照主要关键字升序排序，主要关键字中有相同的数据时，对相同的数据按第一次要关键字进行排序，若前两者的数据都相同，再按照第二次要关键字升序排序，以此类推。

若要撤销排序，将数据恢复到排序前的顺序，方法如下：

在排序前，先插入一个空列，输入该列的字段名“编号”，然后在每行输入 1、2、3、…编号，排序后，若要撤销排序，对“编号”字段升序排列即可。

5.6.2　数据筛选

数据筛选是从数据清单中查找和分析符合特定条件的数据记录。数据清单经过筛选后，只显示符合条件的记录(行)，而将不符合条件的记录(行)暂时隐藏起来。取消筛选后，隐藏的数据会显示出来。筛选分为“自动筛选”“自定义筛选”和“高级筛选”。

1. 自动筛选

对所选单元格进行筛选，通过单击列标题右侧的下拉按钮，来缩小数据范围。

【例 5-5】 在图 5.120 所示的工作表中，筛选出 5 月手机类商品华为品牌的销售记录。

手机销售统计						
商品编号	商品类别	品牌	数量	售价	金额	销售日期
PH-SX-001	手机	三星	2	6500	13000	4月30日
PH-HW-001	手机	华为	3	2800	8400	5月2日
PC-SX-001	电脑	三星	1	6299	6299	5月2日
PH-SX-003	手机	三星	2	4500	9000	5月11日
PH-HW-002	手机	华为	2	3499	6998	5月11日
PC-HW-001	电脑	华为	1	6990	6990	5月12日
PH-HW-003	手机	华为	3	2799	8397	5月13日
PH-MI-001	手机	小米	1	1499	1499	5月13日
PH-HW-004	手机	华为	1	5990	5990	5月13日
PC-MI-001	电脑	小米	1	4999	4999	5月14日
PH-MI-002	手机	小米	1	2499	2499	5月18日
PC-HW-002	电脑	华为	1	5699	5699	5月21日
PC-MI-002	电脑	小米	1	4399	4399	5月23日
PC-SX-002	电脑	三星	1	7299	7299	5月31日
PH-SX-002	手机	三星	1	4599	4599	6月1日
PH-HW-005	手机	华为	2	4499	8998	6月3日
PC-HW-003	电脑	华为	1	6990	6990	6月5日

图 5.120　“销售清单”工作表

本例需要对“销售日期”“商品类别”“品牌”进行 3 步筛选，操作步骤如下。

步骤 1：单击数据清单中的任意一个单元格，如 B5。单击“数据”选项卡“排序和筛选”组中的“筛选”按钮，此时在每一个列标题右侧都出现了一个下拉按钮，如图 5.121 所示。

	A	B	C	D	E	F	G
1	手机销售统计						
2	商品编号	商品类别	品牌	数量	售价	金额	销售日期
3	PH-SX-001	手机	三星	2	6500	13000	4月30日

图 5.121　列标题右侧的下拉按钮

步骤 2：单击“销售日期”右侧的下拉按钮，在弹出的下拉列表中分别单击“☑ 4月”“☑ 6月”复选框，取消选中“4 月”“6 月”复选框，再单击“确定”按钮，如图 5.122 所示，筛选出“销售日期”是 5 月的记录。

步骤 4：单击“商品类别”右侧的下拉按钮，在弹出的下拉列表中单击列表框中的“☑ 电脑”复选框，取消选中“电脑”复选框，再单击“确定”按钮，如图 5.123 所示，筛选出“商品类别”是“手机”的记录。

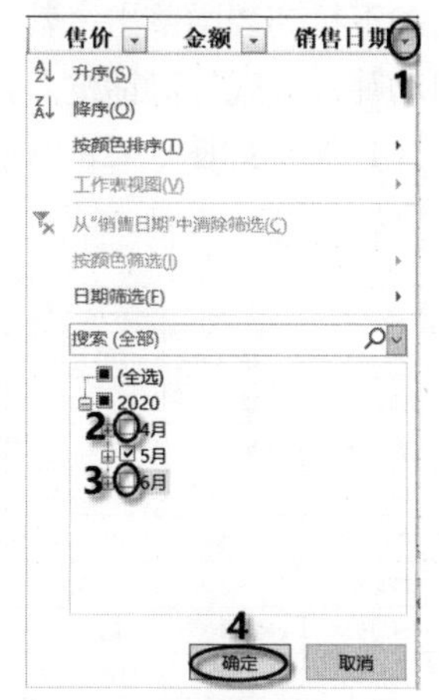

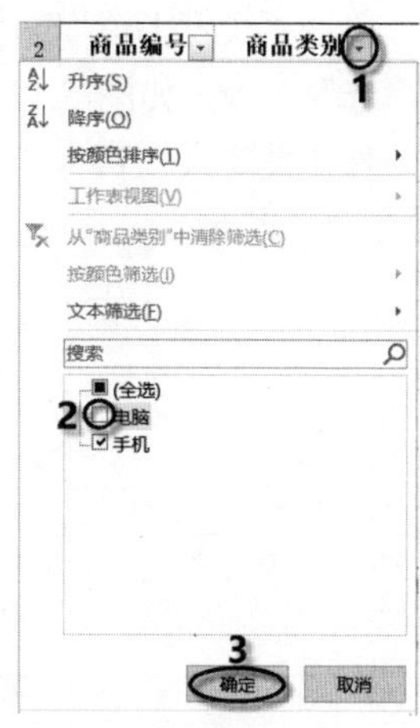

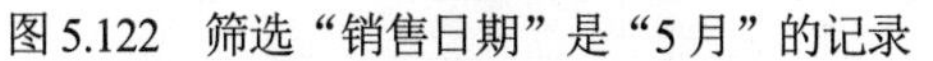

图 5.122　筛选“销售日期”是“5 月”的记录　　图 5.123　筛选“商品类别”是“手机”的记录

步骤 5：单击“品牌”右侧的下拉按钮，在弹出的下拉列表中，分别单击列表框中的“☑ 三星”“☑ 小米”复选框，取消选中“三星”“小米”复选框，再单击“确定”按钮，如图 5.124 所示，筛选“品牌”是“华为”的记录。

步骤 6：完成上述 3 步筛选后，得到了最终筛选的结果，如图 5.125 所示。被筛选列的字段名右侧下拉按钮变为，表示此列已被筛选。当光标指向此符号时，会即时显示应用于该列的筛选条件。

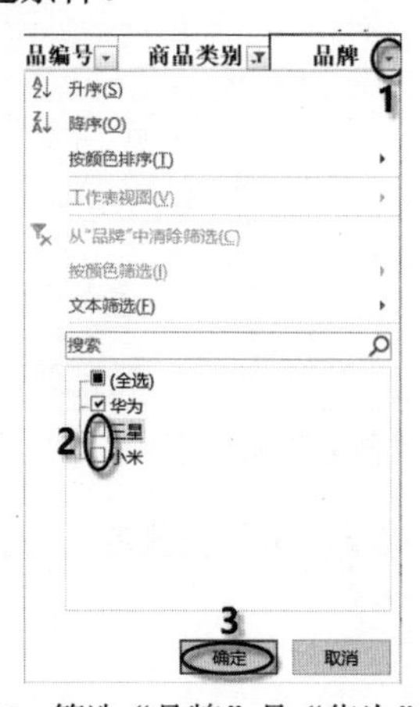

图 5.124　筛选“品牌”是“华为”的记录

1	手机销售统计						
2	商品编号	商品类别	品牌	数量	售价	金额	销售日期
4	PH-HW-001	手机	华为	3	2800	8400	5月2日
7	PH-HW-002	手机	华为	2	3499	6998	5月11日
9	PH-HW-003	手机	华为	3	2799	8397	5月13日
11	PH-HW-004	手机	华为	1	5990	5990	5月13日

销售清单　Sheet2　Sheet3

图 5.125　自动筛选“5 月、手机、华为”的销售记录

自动筛选每次只能对一列数据筛选，若要利用自动筛选对多列数据进行筛选，每个追加的筛选都基于之前的筛选结果，就可以逐次减少所显示的记录。

若要取消筛选，单击“数据”选项卡“排序和筛选”组中的“筛选”按钮即可。

2. 自定义筛选

如果筛选的条件比较复杂，可以使用自定义筛选功能筛选出所需的数据。

【例 5-6】 在图 5.126“工资表”中，筛选出“实发工资”在 1050～1200 的记录。操作步骤如下。

步骤 1：选定数据清单中的任意一个单元格，单击“数据”选项卡“排序和筛选”组中的“筛选”按钮，此时在每个列标题的右侧都会出现一个下拉按钮。

步骤 2：单击“实发工资”右侧的下拉按钮，在弹出的下拉列表中单击“数字筛选”中的“自定义筛选”命令，如图 5.127 所示，弹出“自定义自动筛选方式”对话框。在该对话框中填入筛选条件，使实发工资大于或等于 1050 且小于或等于 1200，如图 5.128 所示。

	A	B	C	D	E	F	G	H	I
1	工资表（5月份）								
2	编号	姓名	基本工资	岗位津贴	工龄津贴	奖励工资	应发工资	扣税	实发工资
3	001	张东	540.00	210.00	68.00	244.00	1062.00	25.00	1037.00
4	002	王杭	480.00	200.00	64.00	300.00	1044.00	12.00	1032.00
5	003	李扬	500.00	230.00	52.00	310.00	1092.00	0.00	1092.00
6	004	钱明	520.00	200.00	42.00	250.00	1012.00	0.00	1012.00
7	005	程强	515.00	215.00	20.00	280.00	1030.00	15.00	1015.00
8	006	叶明明	540.00	240.00	16.00	280.00	1076.00	18.00	1058.00
9	007	周学军	550.00	220.00	42.00	180.00	992.00	20.00	972.00
10	008	赵军祥	520.00	250.00	40.00	248.00	1058.00	0.00	1058.00
11	009	黄永	540.00	210.00	34.00	380.00	1164.00	10.00	1154.00
12	010	梁水冉	500.00	210.00	12.00	220.00	942.00	18.00	924.00

工资表 | Sheet2 | Sheet3 | 题目

图 5.126　工资表

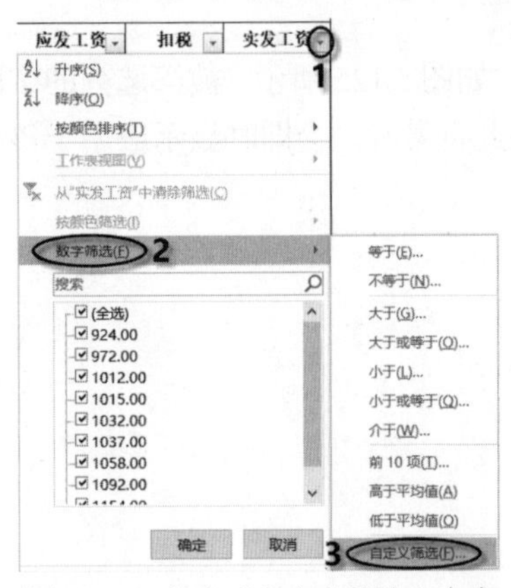

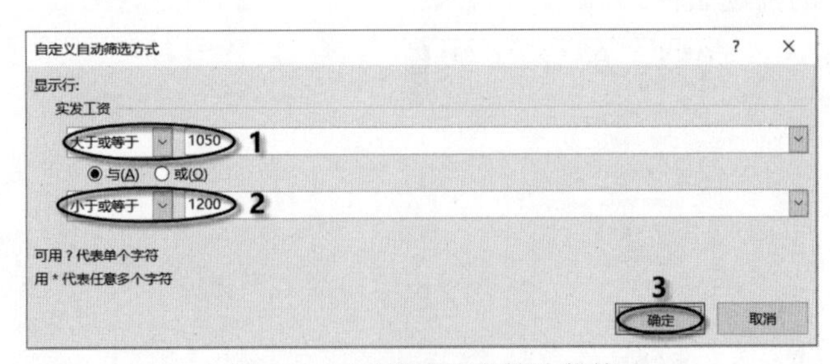

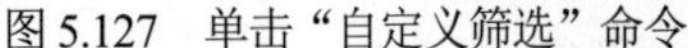

图 5.127　单击“自定义筛选”命令　　　　图 5.128　设置自定义筛选条件

步骤 3：单击“确定”按钮，筛选出满足条件的记录，此时“实发工资”右侧的下拉按钮变为，完成筛选后的最终结果如图 5.129 所示。

工资表（5月份）								
编号	姓名	基本工资	岗位津贴	工龄津贴	奖励工资	应发工资	扣税	实发工资
003	李扬	500.00	230.00	52.00	310.00	1092.00	0.00	1092.00
006	叶明明	540.00	240.00	16.00	280.00	1076.00	18.00	1058.00
008	赵军祥	520.00	250.00	40.00	248.00	1058.00	0.00	1058.00
009	黄永	540.00	210.00	34.00	380.00	1164.00	10.00	1154.00

图 5.129　筛选出满足条件的记录

3. 高级筛选

高级筛选是指筛选出满足多个字段条件的记录，既可实现字段条件之间“或”关系的筛选，又可实现“与”关系的筛选，是一种较复杂的筛选方式。通常分为 3 步进行：建立条件区域、确定筛选的数据区域和条件区域、设置存放筛选结果的区域。

【例 5-7】 在图 5.130 所示的“期末成绩单”中，筛选出“操作系统”分数大于 85 且“软件工程”分数不小于 80 的记录。

(1) 建立条件区域。

条件区域一般建立在数据清单的前后，但与数据清单最少要留出一个空列。在数据清单的任意空白处选择一个位置，输入筛选条件的字段名(条件的字段名要与数据清单的字段名一致)，在条件字段名的下方输入筛选条件，如图 5.130 所示。

(2) 确定筛选的数据区域和条件区域。

单击数据区域中的任意一个单元格，打开“数据”选项卡，单击“排序和筛选”组中的“高级”按钮 高级，弹出的“高级筛选”对话框如图 5.131 所示。在此对话框中将光标依次定位在“列表区域”和“条件区域”框中，用拖动鼠标的方式依次选定数据清单中的 A2:H27 和 J9:K10 这两个区域。

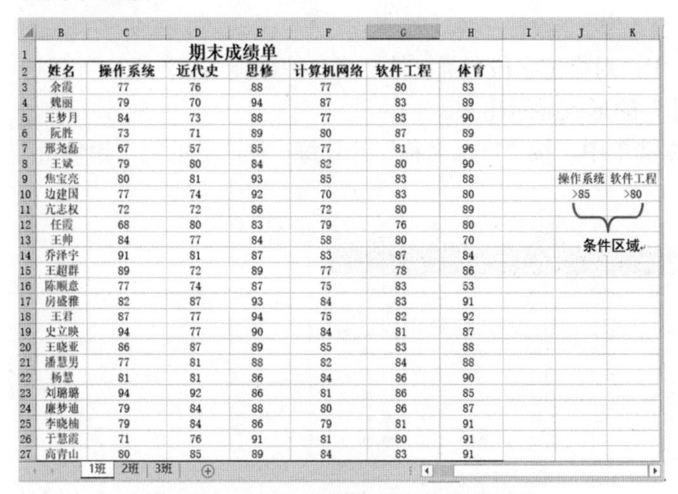

期末成绩单						
姓名	操作系统	近代史	思修	计算机网络	软件工程	体育
余霞	77	76	88	77	80	83
魏丽	79	70	94	87	83	89
王梦月	84	73	88	77	83	90
阮胜	73	71	89	80	87	89
邢尧磊	67	57	85	77	81	96
王斌	79	80	84	82	80	90
焦宝亮	80	81	93	85	83	88
边建国	77	74	92	70	83	80
亢志权	72	72	86	72	80	89
任霞	68	80	83	79	76	80
王帅	84	77	84	58	80	70
乔泽宇	91	81	87	83	87	84
王超群	89	72	89	77	78	86
陈顺意	77	74	87	75	83	53
房盛雅	82	87	93	84	83	91
王君	87	77	94	75	82	92
史立映	94	77	90	84	81	87
王晓亚	86	87	89	85	83	88
潘慧男	77	81	88	82	84	88
杨慧	81	81	86	84	86	90
刘璐璐	94	92	86	81	86	85
康梦迪	79	84	88	80	86	87
李晓楠	79	84	86	79	81	91
于慧霞	71	76	91	81	80	91
高青山	80	85	89	84	83	91

操作系统	软件工程
>85	>80

图 5.130　建立“高级筛选”的条件区域

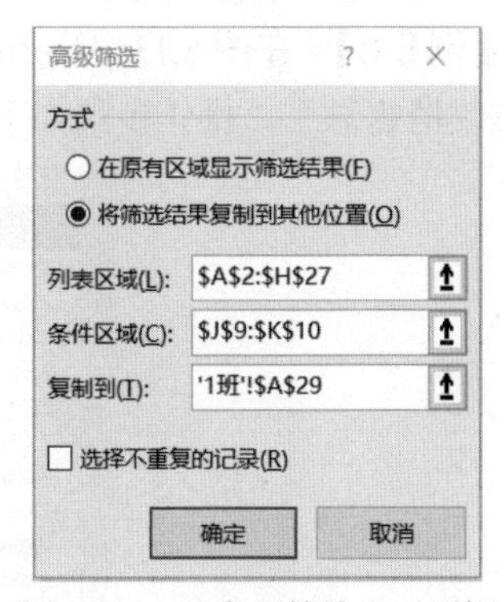

图 5.131　“高级筛选”对话框

(3) 设置存放筛选结果的区域。

在对话框的“方式”栏中选择筛选结果的保存方式，默认是“在原有区域显示筛选结果”。若选择“将筛选结果复制到其他位置”，则将光标定位在“复制到”框中，单击数据清单中存放筛选结果的单元格。本例将筛选结果存放到以$A$29 单元格开始的区域。

(4) 单击“确定”按钮，筛选结果如图 5.132 所示。

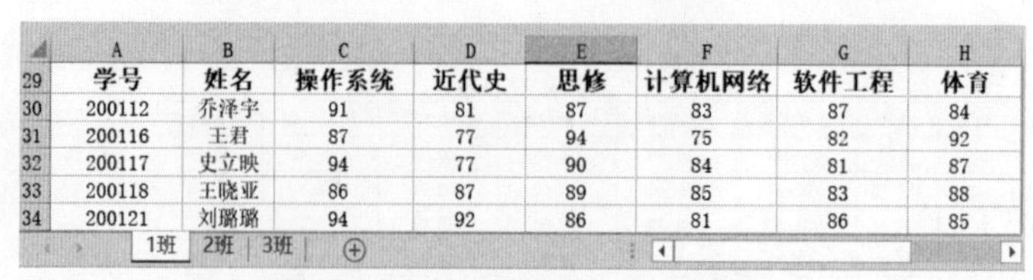

	A	B	C	D	E	F	G	H
29	学号	姓名	操作系统	近代史	思修	计算机网络	软件工程	体育
30	200112	乔泽宇	91	81	87	83	87	84
31	200116	王君	87	77	94	75	82	92
32	200117	史立映	94	77	90	84	81	87
33	200118	王晓亚	86	87	89	85	83	88
34	200121	刘璐璐	94	92	86	81	86	85

1班 2班 3班

图 5.132 经过高级筛选后的数据

高级筛选和自动筛选的区别在于：前者需要建立筛选的条件区域，后者是对单一字段建立筛选条件，不需要建立筛选的条件区域。

如果条件区域中的多个条件值在同一行上，表示条件之间是“与”的关系，筛选结果是几个条件同时成立时符合条件的记录；如果多个条件值在不同行上，表示条件之间是“或”的关系，筛选时只要某个记录满足其中任何一个条件，该记录就会出现在筛选结果中，如图 5.133 所示。

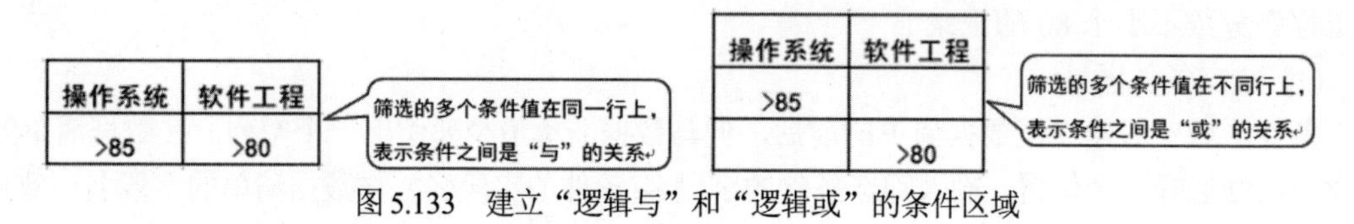

图 5.133 建立“逻辑与”和“逻辑或”的条件区域

5.6.3 数据分类汇总

分类汇总是指将数据清单先按某个字段进行分类(排序)，把字段值相同的记录归为一类，然后再对分类后的数据按类别进行求和、求平均值、计数等汇总运算。使用分类汇总功能，可快速有效地分析数据。

1. 创建分类汇总

创建分类汇总分两步进行：第 1 步，对指定字段分类；第 2 步，按分类结果汇总，并且把汇总的结果以“分类汇总”和“总计”的形式显示出来。

【例 5-8】 在图 5.134 所示的数据清单中，按“产品名称”计算每一种产品的总“销售量”和总“销售额”，操作步骤如下。

	A	B	C	D	E	F
1	产品编码	产品名称	地区	销售量	产品单价	销售额
2	ZX003	投影仪	南部	350	2699	¥ 944,650.00
3	ZX001	打印机	南部	210	2600	¥ 546,000.00
4	ZX002	扫描仪	南部	180	1700	¥ 306,000.00
5	ZX004	显示器	南部	450	1750	¥ 787,500.00
6	ZX003	投影仪	西部	110	2399	¥ 263,890.00
7	ZX001	打印机	西部	150	2200	¥ 330,000.00
8	ZX002	扫描仪	西部	100	980	¥ 98,000.00
9	ZX004	显示器	西部	280	1500	¥ 420,000.00
10	ZX003	投影仪	北部	390	2599	¥ 1,013,610.00
11	ZX001	打印机	北部	180	2300	¥ 414,000.00
12	ZX002	扫描仪	北部	160	1100	¥ 176,000.00
13	ZX004	显示器	北部	320	1650	¥ 528,000.00
14	ZX003	投影仪	东部	300	2899	¥ 869,700.00
15	ZX001	打印机	东部	200	2500	¥ 500,000.00
16	ZX002	扫描仪	东部	130	1600	¥ 208,000.00
17	ZX004	显示器	东部	500	1800	¥ 900,000.00
18	ZX003	投影仪	中南	380	2999	¥ 1,139,620.00
19	ZX001	打印机	中南	190	2400	¥ 456,000.00
20	ZX002	扫描仪	中南	140	1200	¥ 168,000.00

Sheet1 Sheet2 Sheet3

图 5.134 分类汇总前的数据

步骤 1：选定“产品名称”数据列的任意一个单元格，打开“数据”选项卡，单击“排序和筛选”组中的“升序”按钮或“降序”按钮，先对“产品名称”进行排序。本例以升序方式排序，结果如图 5.135 所示。

步骤 2：选定数据清单中的任意一个单元格，打开“数据”选项卡，单击“分级显示”组中的“分类汇总”按钮，弹出“分类汇总”对话框，如图 5.136 所示。

步骤 3：在此对话框的“分类字段”下拉列表中选择分类的字段名“产品名称”；在“汇总方式”下拉列表中选择汇总的方式“求和”；在“选定汇总项”列表框中选中“销售量”和“销售额”复选框；选中“替换当前分类汇总”和“汇总结果显示在数据下方”复选框。

步骤 4：单击“确定”按钮。分类汇总后的效果如图 5.137 所示。

	A	B	C	D	E	F
1	产品编码	产品名称	地区	销售量	产品单价	销售额
2	ZX001	打印机	南部	210	2600	¥ 546, 000. 00
3	ZX001	打印机	西部	150	2200	¥ 330, 000. 00
4	ZX001	打印机	北部	180	2300	¥ 414, 000. 00
5	ZX001	打印机	东部	200	2500	¥ 500, 000. 00
6	ZX001	打印机	中南	190	2400	¥ 456, 000. 00
7	ZX002	扫描仪	南部	180	1700	¥ 306, 000. 00
8	ZX002	扫描仪	西部	100	980	¥ 98, 000. 00
9	ZX002	扫描仪	北部	160	1100	¥ 176, 000. 00
10	ZX002	扫描仪	东部	130	1600	¥ 208, 000. 00
11	ZX002	扫描仪	中南	140	1200	¥ 168, 000. 00
12	ZX003	投影仪	南部	350	2699	¥ 944, 650. 00
13	ZX003	投影仪	西部	110	2399	¥ 263, 890. 00
14	ZX003	投影仪	北部	390	2599	¥ 1, 013, 610. 00
15	ZX003	投影仪	东部	300	2899	¥ 869, 700. 00
16	ZX003	投影仪	中南	380	2999	¥ 1, 139, 620. 00
17	ZX004	显示器	南部	450	1750	¥ 787, 500. 00
18	ZX004	显示器	西部	280	1500	¥ 420, 000. 00
19	ZX004	显示器	北部	320	1650	¥ 528, 000. 00
20	ZX004	显示器	东部	500	1800	¥ 900, 000. 00

Sheet1　Sheet2　Sheet3

图 5.135　对“产品名称”排序后的结果

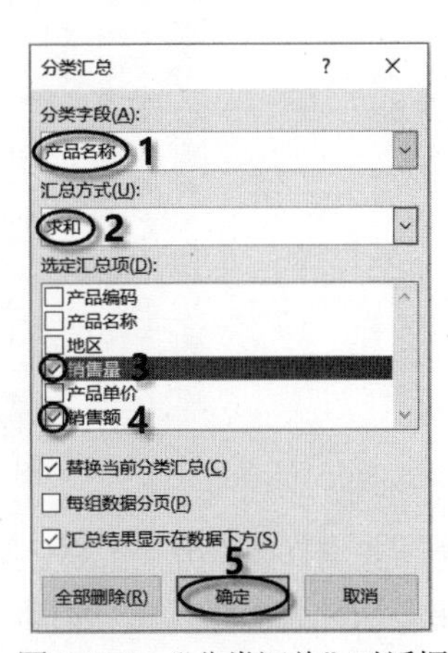

图 5.136　“分类汇总”对话框

	A	B	C	D	E	F
1	产品编码	产品名称	地区	销售量	产品单价	销售额
2	ZX001	打印机	南部	210	2600	¥ 546, 000. 00
3	ZX001	打印机	西部	150	2200	¥ 330, 000. 00
4	ZX001	打印机	北部	180	2300	¥ 414, 000. 00
5	ZX001	打印机	东部	200	2500	¥ 500, 000. 00
6	ZX001	打印机	中南	190	2400	¥ 456, 000. 00
7		**打印机 汇总**		930		¥ 2, 246, 000. 00
8	ZX002	扫描仪	南部	180	1700	¥ 306, 000. 00
9	ZX002	扫描仪	西部	100	980	¥ 98, 000. 00
10	ZX002	扫描仪	北部	160	1100	¥ 176, 000. 00
11	ZX002	扫描仪	东部	130	1600	¥ 208, 000. 00
12	ZX002	扫描仪	中南	140	1200	¥ 168, 000. 00
13		**扫描仪 汇总**		710		¥ 956, 000. 00
14	ZX003	投影仪	南部	350	2699	¥ 944, 650. 00
15	ZX003	投影仪	西部	110	2399	¥ 263, 890. 00
16	ZX003	投影仪	北部	390	2599	¥ 1, 013, 610. 00
17	ZX003	投影仪	东部	300	2899	¥ 869, 700. 00
18	ZX003	投影仪	中南	380	2999	¥ 1, 139, 620. 00
19		**投影仪 汇总**		1530		¥ 4, 231, 470. 00
20	ZX004	显示器	南部	450	1750	¥ 787, 500. 00
21	ZX004	显示器	西部	280	1500	¥ 420, 000. 00
22	ZX004	显示器	北部	320	1650	¥ 528, 000. 00
23	ZX004	显示器	东部	500	1800	¥ 900, 000. 00
24		**显示器 汇总**		1550		¥ 2, 635, 500. 00
25		**总计**		4720		¥10, 068, 970. 00

Sheet1　Sheet2　Sheet3

图 5.137　分类汇总后的效果

2. 创建嵌套分类汇总

嵌套分类汇总是指在已经建立的一个分类汇总工作表中再创建一个分类汇总，两次分类汇总的字段不同，其他项可以相同或不同。

在建立嵌套分类汇总前先对工作表中需要进行分类汇总的字段进行多关键字排序，排序的关键字按照多级分类汇总的级别分为主要关键字、次要关键字。

若嵌套 *n* 次分类汇总就需要进行 *n* 次分类汇总操作，第 2 次汇总操作在第 1 次汇总的结果上进行，第 3 次汇总操作在第 2 次汇总的结果上进行，依次类推。

【例 5-9】 在图 5.138 所示的工作表中，分别按“产品名称”和“销售方式”对“销售量”和“销售额”求和。

	A	B	C	D	E	F	G
1	产品编码	产品名称	地区	销售方式	销售量	产品单价	销售额
2	ZX003	投影仪	南部	线上	350	2699	¥ 944, 650. 00
3	ZX001	打印机	南部	线上	210	2600	¥ 546, 000. 00
4	ZX002	扫描仪	南部	线下	180	1700	¥ 306, 000. 00
5	ZX004	显示器	南部	线上	450	1750	¥ 787, 500. 00
6	ZX003	投影仪	西部	线上	110	2399	¥ 263, 890. 00
7	ZX001	打印机	西部	线下	150	2200	¥ 330, 000. 00
8	ZX002	扫描仪	西部	线上	100	980	¥ 98, 000. 00
9	ZX004	显示器	西部	线下	280	1500	¥ 420, 000. 00
10	ZX003	投影仪	北部	线下	390	2599	¥ 1, 013, 610. 00
11	ZX001	打印机	北部	线上	180	2300	¥ 414, 000. 00
12	ZX002	扫描仪	北部	线下	160	1100	¥ 176, 000. 00
13	ZX004	显示器	北部	线上	320	1650	¥ 528, 000. 00
14	ZX003	投影仪	东部	线下	300	2899	¥ 869, 700. 00
15	ZX001	打印机	东部	线下	200	2500	¥ 500, 000. 00
16	ZX002	扫描仪	东部	线上	130	1600	¥ 208, 000. 00
17	ZX004	显示器	东部	线下	500	1800	¥ 900, 000. 00
18	ZX003	投影仪	中南	线上	380	2999	¥ 1, 139, 620. 00
19	ZX001	打印机	中南	线下	190	2400	¥ 456, 000. 00
20	ZX002	扫描仪	中南	线下	140	1200	¥ 168, 000. 00

Sheet1 | Sheet2 | Sheet3

图 5.138　嵌套分类汇总前的数据

本例需要进行 2 次分类汇总，第 1 次分类汇总按照“产品名称”对“销售量”和“销售额”求和；第 2 次分类汇总按照“销售方式”对“销售量”和“销售额”求和。操作步骤如下。

步骤 1：首先对“产品名称”和“销售方式”两列数据进行排序。打开“数据”选项卡，单击“排序和筛选”组中的“排序”按钮，在弹出的对话框中按照主要关键字“产品名称”升序排序，次要关键字“销售方式”升序排序，如图 5.139 所示，单击“确定”按钮。

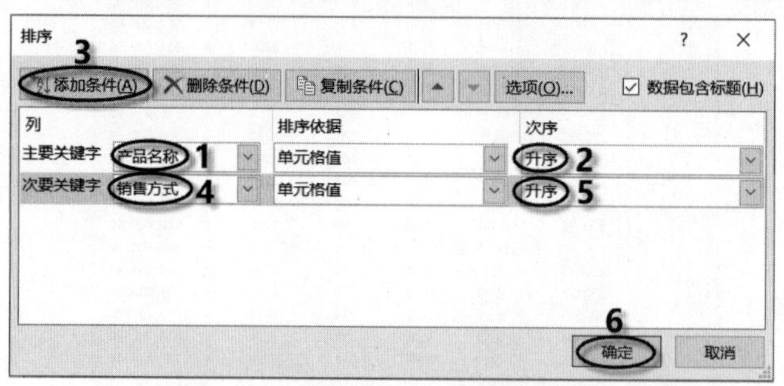

图 5.139　排序嵌套分类汇总的数据

步骤 2：按照“产品名称”对“销售量”和“销售额”进行汇总求和。打开“数据”选项卡，单击“分级显示”组中的“分类汇总”按钮，在弹出的“分类汇总”对话框中，将分类字段设置为“产品名称”，汇总方式设置为“求和”，汇总项设置为“销售量”和“销售额”，如图 5.140 所示。

步骤 3：按照“销售方式”对“销售量”和“销售额”进行汇总求和。单击“分级显示”

组中的“分类汇总”按钮，在“分类汇总”对话框中，从“分类字段”下拉列表中选择分类的字段名“产品名称”；在“汇总方式”下拉列表中选择汇总的方式“求和”；选定汇总项设置为“销售量”和“销售额”。如果想保留上一次分类汇总的结果，单击“替换当前分类汇总”前的复选框，将复选框☑变为□，本例保留上次的汇总结果，如图 5.140 所示。

步骤 4：单击“确定”按钮，嵌套分类汇总的效果如图 5.141 所示。

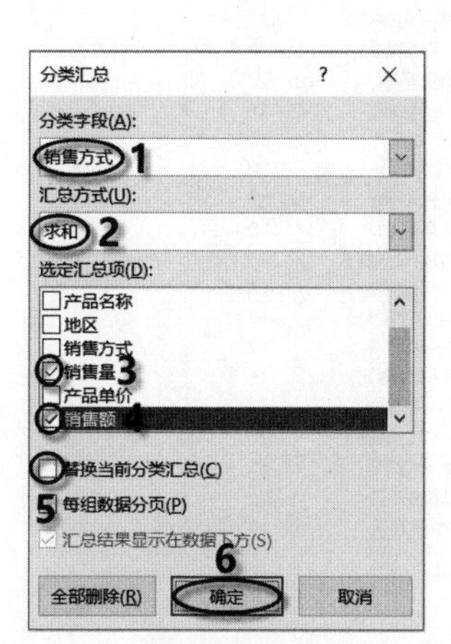

图 5.140　设置嵌套分类汇总的条件

	A	B	C	D	E	F	G
1	产品编码	产品名称	地区	销售方式	销售量	产品单价	销售额
2	ZX001	打印机	南部	线上	210	2600	¥ 546,000.00
3	ZX001	打印机	北部	线上	180	2300	¥ 414,000.00
4				线上 汇总	390		¥ 960,000.00
5	ZX001	打印机	西部	线下	150	2200	¥ 330,000.00
6	ZX001	打印机	东部	线下	200	2500	¥ 500,000.00
7	ZX001	打印机	中南	线下	190	2400	¥ 456,000.00
8				线下 汇总	540		¥ 1,286,000.00
9		打印机 汇总			930		¥ 2,246,000.00
10	ZX002	扫描仪	西部	线上	100	980	¥ 98,000.00
11	ZX002	扫描仪	东部	线上	130	1600	¥ 208,000.00
12				线上 汇总	230		¥ 306,000.00
13	ZX002	扫描仪	南部	线下	180	1700	¥ 306,000.00
14	ZX002	扫描仪	北部	线下	160	1100	¥ 176,000.00
15	ZX002	扫描仪	中南	线下	140	1200	¥ 168,000.00
16				线下 汇总	480		¥ 650,000.00
17		扫描仪 汇总			710		¥ 956,000.00
18	ZX003	投影仪	南部	线上	350	2699	¥ 944,650.00
19	ZX003	投影仪	西部	线上	110	2399	¥ 263,890.00
20	ZX003	投影仪	中南	线上	380	2999	¥ 1,139,620.00
21				线上 汇总	840		¥ 2,348,160.00
22	ZX003	投影仪	北部	线下	390	2599	¥ 1,013,610.00
23	ZX003	投影仪	东部	线下	300	2899	¥ 869,700.00
24				线下 汇总	690		¥ 1,883,310.00
25		投影仪 汇总			1530		¥ 4,231,470.00
26	ZX004	显示器	南部	线上	450	1750	¥ 787,500.00
27	ZX004	显示器	北部	线上	320	1650	¥ 528,000.00
28				线上 汇总	770		¥ 1,315,500.00
29	ZX004	显示器	西部	线下	280	1500	¥ 420,000.00
30	ZX004	显示器	东部	线下	500	1800	¥ 900,000.00
31				线下 汇总	780		¥ 1,320,000.00
32		显示器 汇总			1550		¥ 2,635,500.00
33		总计			4720		¥ 10,068,970.00

Sheet1　Sheet2　Sheet3

图 5.141　嵌套分类汇总后的效果

对于多级分类汇总，需要考虑“级别”。在上例中，“产品名称”这一级高于“销售方式”这一级，即“产品名称”是一个大类，而“销售方式”是一个小类。多级分类汇总进行嵌套时，应该是“先大类，再小类”。所以第 1 次分类汇总操作应该按“产品名称”汇总，第 2 次才按“销售方式”汇总。同时，在“分类汇总”对话框中取消选中“替换当前分类汇总”复选框，否则新创建的分类汇总将替换已存在的分类汇总。此外，选中“每组数据分页”复选框，可使每个分类汇总自动分页。

3. 删除分类汇总

若要删除分类汇总，单击已进行分类汇总数据区域中的任意一个单元格，打开“数据”选项卡，单击“分级显示”组中的“分类汇总”按钮，在弹出的对话框中单击“全部删除”按钮。

5.6.4　数据透视表

数据透视表是一种交互式的表格，可以动态地改变版面布局，以便按照不同方式分析数据，也可以重新排列行号、列标和页字段。每一次改变版面布局时，数据透视表都会按照新的布局重新组织和计算数据。利用数据透视表，可以进行某些计算，如求和与计数等，所进行的计算与数据透视表中数据的排列有关。下面通过示例说明如何创建数据透视表。

1. 创建数据透视表

【例 5-10】 根据图 5.142 所示的“图书销售表”内的数据创建数据透视表，设置“日期”字段为列标签，“书店名称”字段为行标签，“销量(本)”字段为求和汇总项，并在数据透视表中显示各书店第一季度各月的销量情况。将创建完成的数据透视表放置在新工作表中，将工作表重命名为“透视表”。操作步骤如下。

	A	B	C	D	E
1	图书销售表				
2	订单编号	日期	书店名称	图书名称	销量（本）
3	BY-08001	1月12日	新华书店	《大学计算机基础》	12
4	BY-08002	1月14日	万众书店	《Office2010应用案例》	5
5	BY-08003	1月14日	万众书店	《网页制作教程》	41
6	BY-08004	1月15日	世纪书店	《网页设计与制作》	21
7	BY-08005	1月16日	万众书店	《Office2010应用案例》	32
8	BY-08006	1月19日	万众书店	《网页设计与制作》	3
9	BY-08007	1月19日	万众书店	《大学计算机基础》	1
10	BY-08008	1月10日	新华书店	《Photoshop教程》	3
11	BY-08009	1月10日	万众书店	《网页制作教程》	43
12	BY-08010	1月11日	世纪书店	《网页制作教程》	22
13	BY-08039	2月10日	新华书店	《大学计算机基础》	3
14	BY-08040	2月10日	世纪书店	《大学计算机基础》	30
15	BY-08041	2月12日	新华书店	《Office2010应用案例》	25
16	BY-08042	2月13日	世纪书店	《网页设计与制作》	13
17	BY-08043	2月14日	新华书店	《Photoshop教程》	17
18	BY-08044	2月14日	新华书店	《Photoshop教程》	47
19	BY-08056	3月10日	新华书店	《大学计算机基础》	15
20	BY-08057	3月10日	新华书店	《Photoshop教程》	12
21	BY-08058	3月20日	万众书店	《Office2010应用案例》	23
22	BY-08059	3月20日	新华书店	《网页设计与制作》	41
23	BY-08060	3月20日	万众书店	《大学计算机基础》	29
24	BY-08061	3月16日	世纪书店	《网页制作教程》	14

图书销售表 | Sheet2 | Sheet3

图 5.142 图书销售表

步骤 1：单击图书销售表 A2:E24 区域中的任意一个单元格。打开“插入”选项卡，单击“表格”组中的“数据透视表”按钮，弹出“创建数据透视表”对话框，如图 5.143 所示。

步骤 2：选中“选择一个表或区域”单选按钮，在“表/区域”框中输入要分析的数据区域(如果系统给出的区域选择不正确，用户可拖动鼠标重新选择区域)。如果选中“使用外部数据源”单选按钮，单击“选择连接”按钮，可将外部的数据库、文件等作为创建透视表的源数据。

在“选择放置数据透视表的位置”区域选中“新工作表”单选按钮，如图 5.143 所示。单击“确定”按钮，进入如图 5.144 所示的数据透视表设计环境。

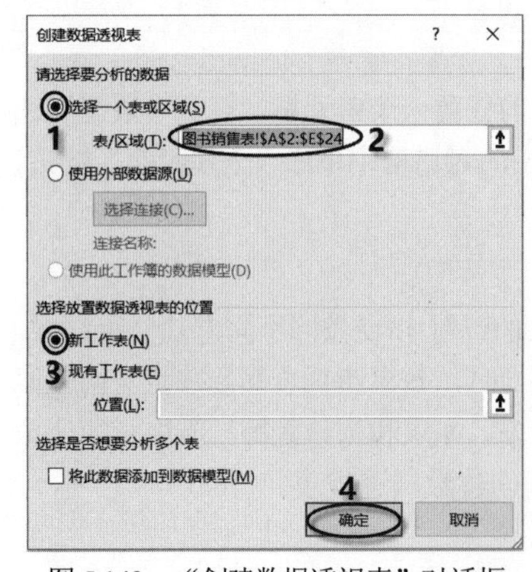

图 5.143 “创建数据透视表”对话框

图 5.144 数据透视表设计环境

步骤 3：在右侧“数据透视表字段”任务窗格中，拖动“日期”到“列”区域，拖动“书店名称”到“行”区域，拖动“销售(本)”到“∑值”区域，如图 5.145 所示。添加字段结束后，创建的数据透视表如图 5.146 所示。

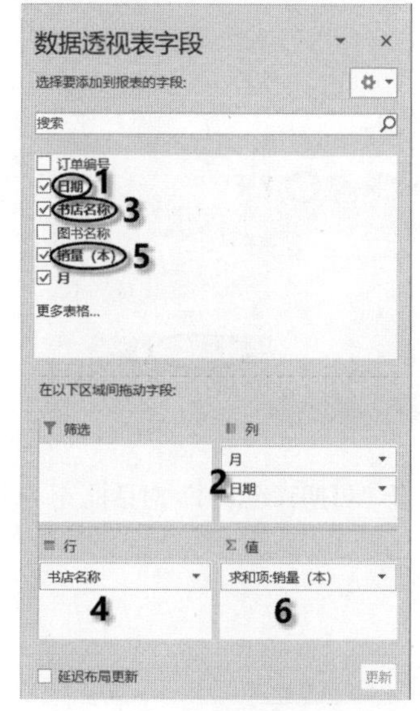

图 5.145 创建数据透视表

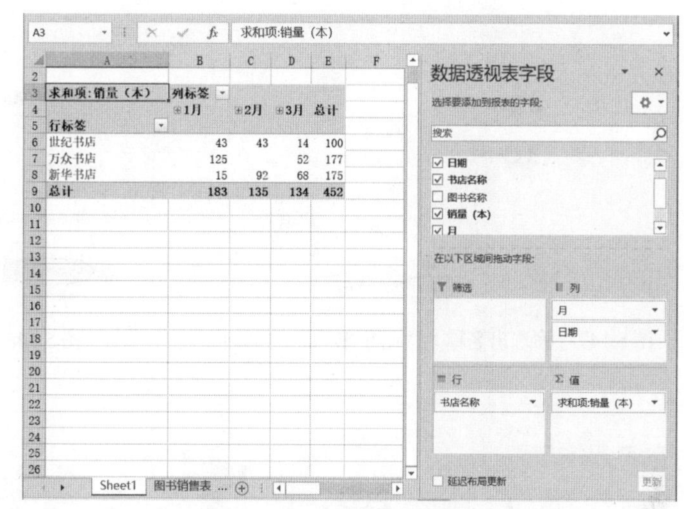

图 5.146 “图书销售表”的数据透视表

步骤 4：在工作表 Sheet1 标签名上右击，从弹出的快捷菜单中选择“重命名”命令，输入“透视表”，将 Sheet1 更名为“透视表”。

如果要删除某个数据透视表字段，在右侧的“数据透视表字段”任务窗格中单击相应的复选框，取消其前面的“√”即可。

Excel 2016 中的数据透视表综合了数据排序、筛选、分类汇总等数据分析的优点，可灵活地改变分类汇总的方式，以多种不同的方式展示数据的特征。创建数据透视表之后，通过鼠标拖动来调节字段的位置可以快速获取不同的统计结果。

2. 筛选数据透视表

与数据的筛选方式相似，在数据透视表中通过在“行标签”和“列标签”下拉列表中设置筛选条件，可对数据进行筛选。下面以“图书销售”工作簿为例，筛选出“新华书店”3 月 20 日的销量，操作步骤如下。

步骤 1：打开“图书销售”工作簿，单击“行标签”下拉按钮，在弹出的下拉列表中依次单击“全选”和“新华书店”前的复选框，如图 5.147 所示，单击“确定”按钮，筛选出名称为“新华书店”的书店。

步骤 2：单击“列标签”下拉按钮，在弹出的下拉列表中选择“日期筛选”|“等于”命令，如图 5.148 所示，打开“日期筛选(月)”对话框。

步骤 3：在“日期筛选(月)”对话框中，将日期设置为 3 月 20 日，如图 5.149 所示，单击“确定”按钮，即可筛选出“新华书店”3 月 20 日的销量，如图 5.150 所示。

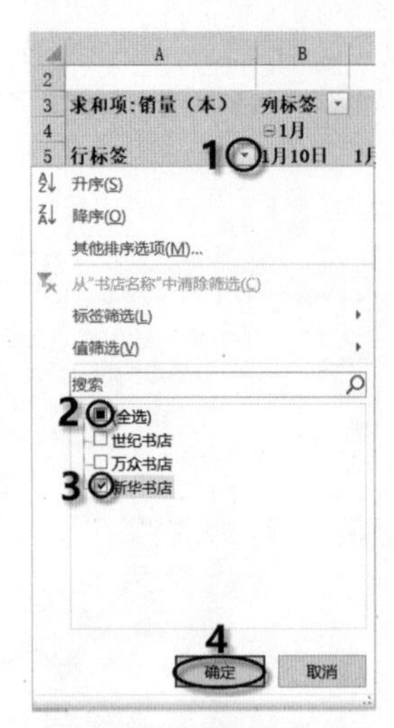

图 5.147　筛选出名称为“新华书店”的书店

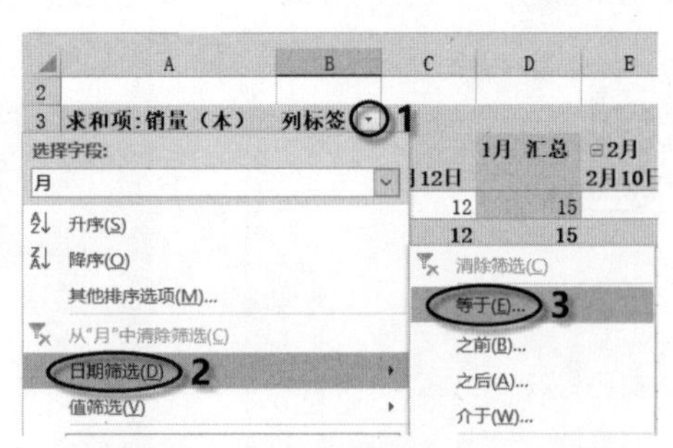

图 5.148　打开“日期筛选(月)”对话框

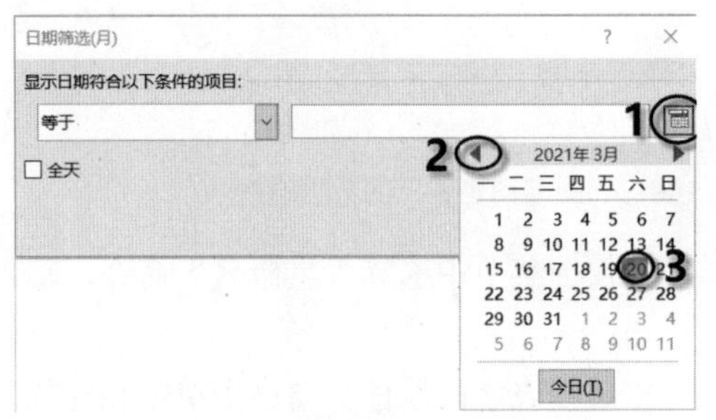

图 5.149　设置筛选日期值

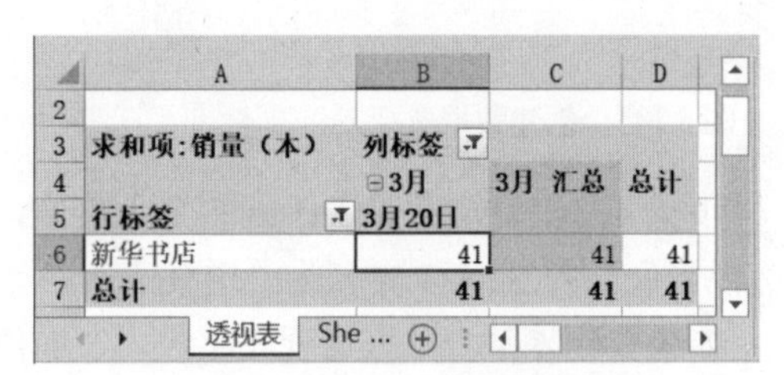

图 5.150　筛选出符合条件的数据

3. 使用切片器筛选数据

Excel 表格中的切片器是一个常用的筛选工具，可以帮助用户快速筛选数据。切片器不能在普通表格中使用，仅能在智能表格和数据透视表中使用。下面以数据透视表为例，说明使用切片器进行数据筛选的方法。

【例 5-11】 利用切片器对图 5.151 所示的透视表中的数据进行筛选，以便直观地显示各书店在不同日期的销售统计情况。操作步骤如下。

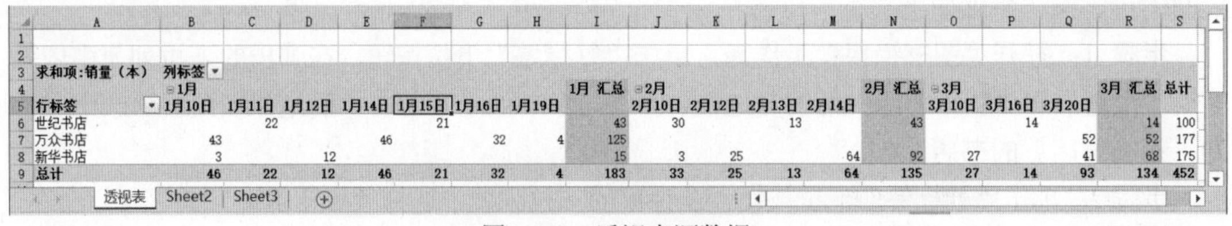

求和项:销量（本）	列标签																
	1月							1月 汇总	2月				2月 汇总	3月			3月 汇总	总计
行标签	1月10日	1月11日	1月12日	1月14日	1月15日	1月16日	1月19日		2月10日	2月12日	2月13日	2月14日		3月10日	3月16日	3月20日		
世纪书店		22			21			43	30		13		43		14		14	100
万众书店	43			46		32	4	125								52	52	177
新华书店	3		12					15	3	25		64	92	27		41	68	175
总计	46	22	12	46	21	32	4	183	33	25	13	64	135	27	14	93	134	452

图 5.151　透视表源数据

步骤 1：插入切片字段。单击透视表数据区域中的任意一个单元格，打开“数据透视表工具”的“分析”选项卡，单击“筛选”组中的“插入切片器”按钮，在弹出的“插入切片器”对话框中分别选中“日期”“书店名称”“销售(本)”复选框，如图 5.152 所示，单击“确定”按钮，生成 3 个筛选器，完成切片器的插入，如图 5.153 所示。

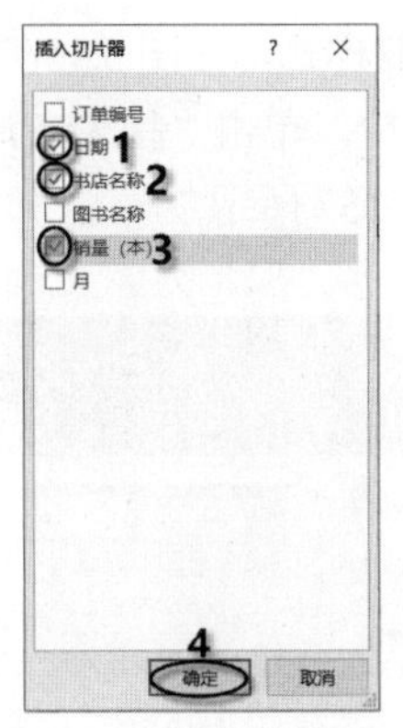

图 5.152　“插入切片器”对话框

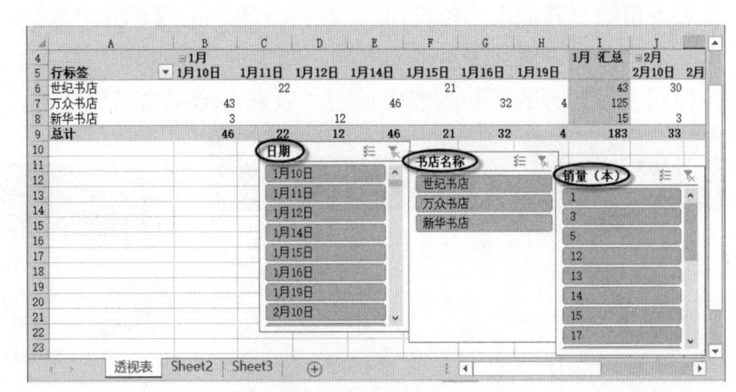

图 5.153　插入的 3 个切片器

步骤 2：筛选字段。在“日期”切片器中，选择“2 月 10 日”选项，在“书店名称”切片器中选择“世纪书店”选项，此时数据透视表中仅显示 2 月 10 日世纪书店的销量数据，如图 5.154 所示。

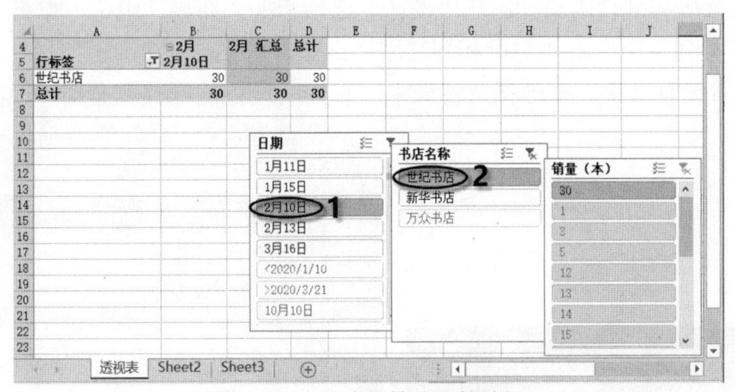

图 5.154　切片器筛选后的结果

若要清除筛选，单击切片器右上角的清除筛选器按钮，或者按 Alt+C 快捷键。

若要删除切片器，选定切片器按 Delete 键。

4. 设置透视表样式

创建数据透视表后，为了使数据透视表美观易读，可为其设置样式。下面以“减免税政”工作簿为例说明设置数据透视表样式及布局的方法。操作步骤如下。

步骤 1：设置数据透视表样式选项。打开“减免税政”工作簿，在“透视表”工作表中单击“设计”选项卡，在“数据透视表样式选项”组中选中“镶边行”复选框，如图 5.155 所示。

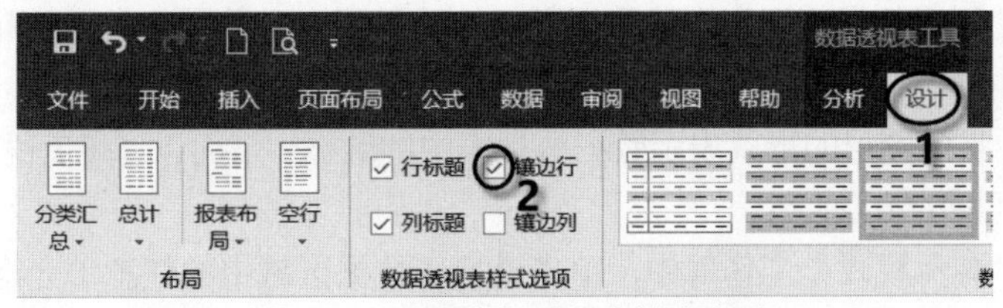

图 5.155　设置数据透视表样式选项

步骤 2：设置数据透视表样式。在“设计”选项卡的“数据透视表样式”组中，单击列表框右下角的“其他”下拉按钮，在打开的下拉列表框中选择所需要的样式，如图5.156所示。

步骤3：设置数据透视表布局。在“设计”选项卡的“布局”组中，单击“报表布局”下拉按钮，在打开的下拉列表中单击“以表格形式显示”选项，如图5.157所示。

图5.156　设置数据透视表样式

图5.157　设置报表布局

步骤4：设置行和列禁用总计。在“设计”选项卡的“布局”组中，单击“总计”下拉按钮，在打开的下拉列表中单击“对行和列禁用”选项，如图5.158所示。

步骤5：查看设置效果。在数据透视表中可看到所设置的样式和布局，如图5.159所示。

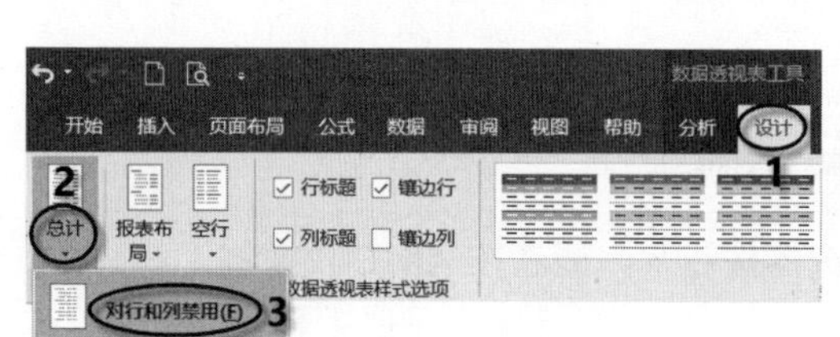

图5.158　对行和列禁用总计

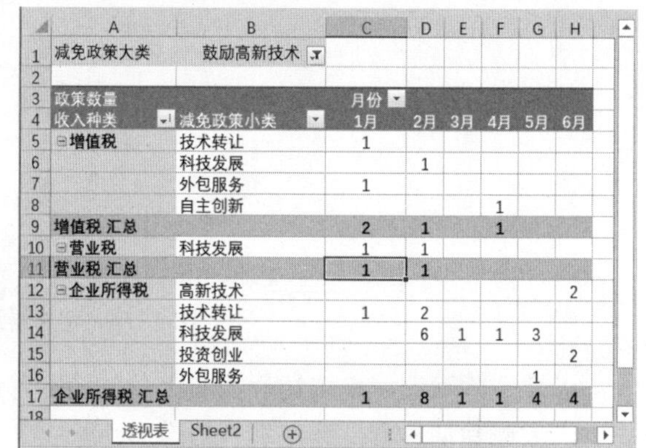

	A	B	C	D	E	F	G	H
1	减免政策大类	鼓励高新技术						
2								
3	政策数量		月份					
4	收入种类	减免政策小类	1月	2月	3月	4月	5月	6月
5	增值税	技术转让	1					
6		科技发展		1				
7		外包服务	1					
8		自主创新				1		
9	增值税 汇总		2	1		1		
10	营业税	科技发展	1	1				
11	营业税 汇总		1	1				
12	企业所得税	高新技术						2
13		技术转让	1	2				
14		科技发展		6	1	1	3	
15		投资创业						2
16		外包服务					1	
17	企业所得税 汇总		1	8	1	1	4	4

透视表　Sheet2

图5.159　设置样式和布局后的效果

若单击“布局”组中的“空行”按钮，在打开的下拉列表中选择“在每个项目后插入空行”选项，可在每个分组项之间添加一个空行，从而突出显示分组项。

5.6.5　创建数据透视图

数据透视图是利用数据透视表中的数据制作的动态图表，其图表类型与前面的一般图表类型相似，主要有柱形图、条形图、折线图、饼图、面积图等。数据透视图可以看作是数据透视表和图表的结合，它以图形的形式表示数据透视表中的数据。下面以“减免税政”工作簿为例，说明创建数据透视图的方法。

步骤1：在“减免税政”工作簿中，单击透视表数据区域中的任意单元格，在“分析”选项卡的“工具”组中，单击“数据透视图”按钮，如图5.160所示，弹出“插入图表”对话框。

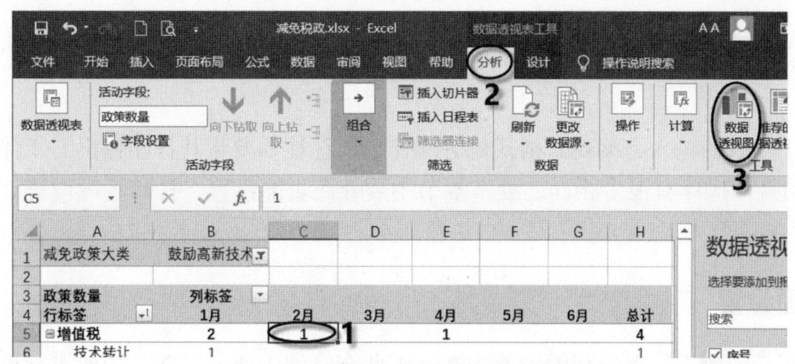

图 5.160　单击“数据透视图”按钮

步骤 2：在“插入图表”对话框中选择“柱形图”中的“簇状柱形图”，单击“确定”按钮，创建如图 5.161 所示的数据透视图。

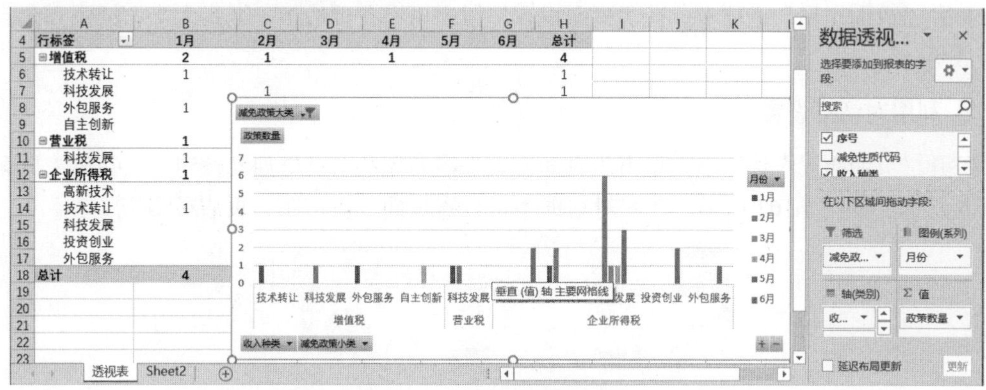

图 5.161　创建的数据透视图

步骤 3：在“数据透视表字段”任务窗格中，单击某一字段的复选框，可显示或取消在数据透视图中的字段，此时数据透视表和数据透视图的数据将同时变化。

创建数据透视图后，利用“数据透视图工具”的“分析”“设计”和“格式”3 个选项卡，可对透视图进行编辑和格式化操作。

5.6.6　删除数据透视表或数据透视图

1. 删除数据透视表

单击数据透视表数据区域中的任意一个单元格，打开“数据透视表工具”的“分析”选项卡，单击“操作”组中的“选择”下拉按钮，在打开的下拉列表中选择“整个数据透视表”命令后，按 Delete 键。

2. 删除数据透视图

单击数据透视图中的任意位置，按 Delete 键。删除数据透视图并不会删除与其相关联的数据透视表。

5.7 工作表的打印输出

完成对工作表的输入、编辑、格式化等操作后，往往需要将其打印输出。工作表的打印和 Word 文档的打印操作有很多相同之处，本节主要介绍页面设置、打印区域设置、打印预览和打印等操作。

5.7.1 页面设置

页面设置是影响工作表外观的主要因素，因此在打印工作表之前，先要进行页面设置，包括设置页边距、纸张大小、页面方向等。

1. 利用功能区设置

打开“页面布局”选项卡，在“页面设置”组中可设置页边距、纸张大小、纸张方向、打印区域等。

2. 利用对话框设置

打开“页面布局”选项卡，单击“页面设置”组右侧的对话框启动按钮，弹出“页面设置”对话框，如图 5.162 所示。在此对话框中可设置页面、页边距、页眉/页脚等。

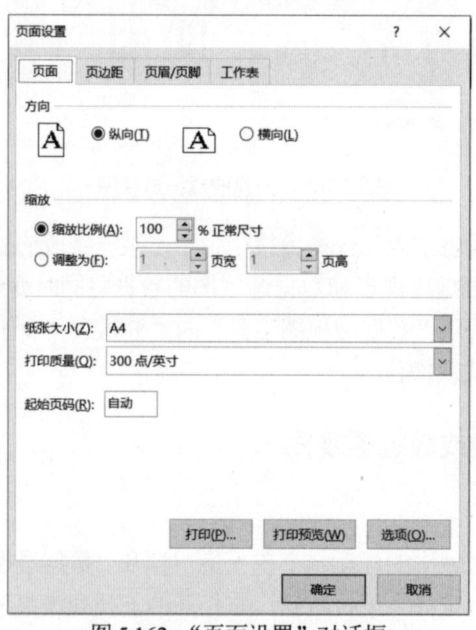

图 5.162 “页面设置”对话框

下面对“页面设置”对话框中的各选项卡进行介绍。

“页面”选项卡：用于设置打印方向、纸张大小及打印的缩放比例，如图 5.162 所示。例如，选中“缩放”栏中的“调整为”单选按钮，设置为 1 页宽 1 页高，则整个工作表在 1 页纸上输出。

“页边距”选项卡：用于设置纸张的“上”“下”“左”“右”页边距、居中对齐方式及页眉、页脚的位置。

“页眉/页脚”选项卡：打开“页眉”下拉列表或“页脚”下拉列表可选择系统定义的页眉、页脚，也可单击“自定义页眉”按钮或“自定义页脚”按钮自定义页眉、页脚。例如，单击“自定义页眉”按钮，在打开的对话框的“左部”列表框中输入“大数据技术”，单击“确定”按钮，效果如图 5.163 所示。

“工作表”选项卡：可设置打印区域、打印标题、打印顺序等。若所有页都需要打印行/列标题，则将光标分别定位在“顶端标题行”和“从左侧重复的列数”文本框中，输入每一页要重复打印的行/列标题所在的列或行，例如，在“顶端标题行”文本框输入$1:$1，如图 5.164 所示，或者将光标定位在该文本框中，然后选定工作表中的第 1 行，表示在每一页重复打印第 1 行标题。若在“顶端标题行”文本框中输入$1:$2，或者选定工作表中的第 1～2 行，表示在每一页重复打印第 1～2 行的标题。

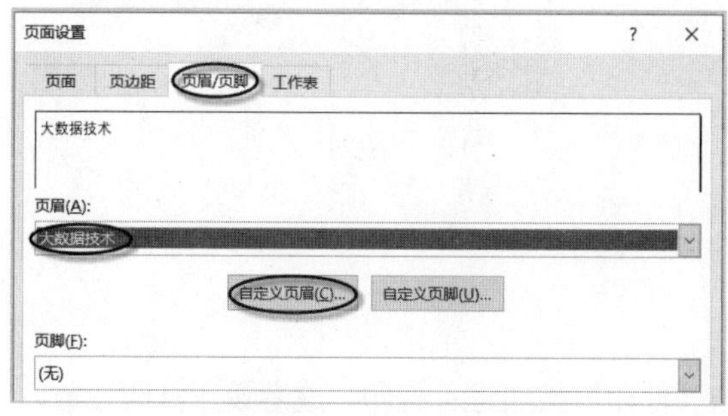

图 5.163　自定义页眉

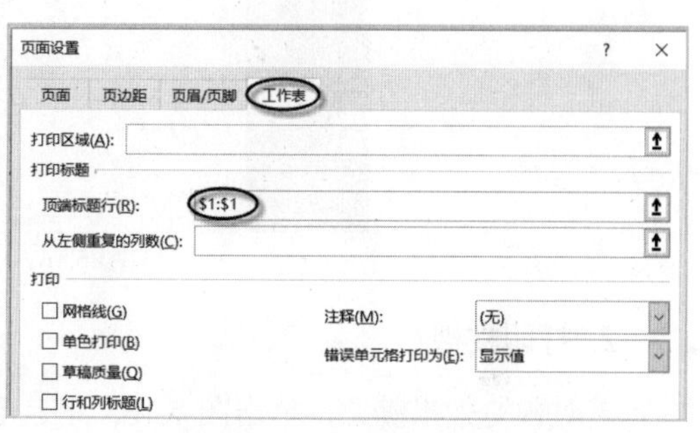

图 5.164　“工作表”选项卡

5.7.2　设置打印区域

打印区域是指 Excel 工作表中要打印的数据范围，默认是工作表的整个数据区域，若要打印部分数据，可通过设置打印区域的方法来实现。

选定要打印的数据区域，打开“页面布局”选项卡，单击“页面设置”组中的“打印区域”下拉按钮，在弹出的下拉列表中选择“设置打印区域”命令，如图 5.165 所示。若要继续添加打印区域，则选定要添加的打印区域，选择“打印区域”下拉列表中的“添加到打印区域”命令，如图 5.166 所示。

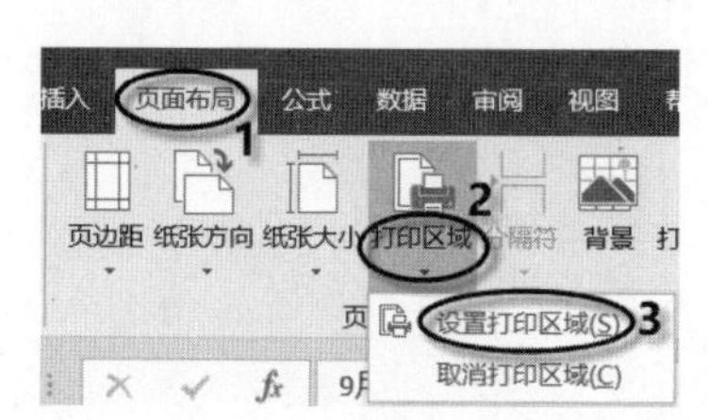

图 5.165　选择“设置打印区域”命令

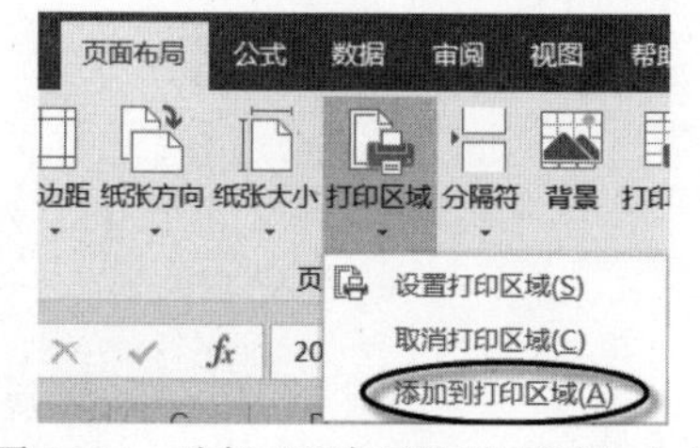

图 5.166　选择“添加到打印区域”命令

5.7.3　打印预览与打印

1. 打印预览

打印预览是查看最终打印出来的效果，若对效果满意，则进行打印输出；若不满意，则返回页面视图下再进行编辑，直到满意后再打印。

单击“快速访问工具栏”中的“打印预览和打印”按钮，或者单击“文件”|“打印”命令，打开“打印”窗格，预览打印的真实效果，如图 5.167 所示。

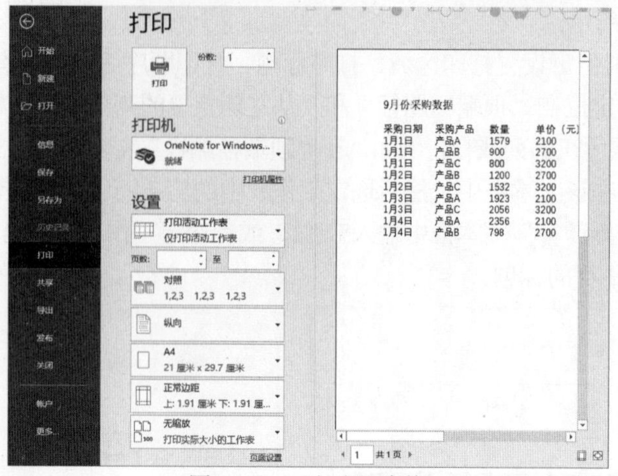

图 5.167 “打印”窗格

2. 打印文档

若对预览效果满意，单击图 5.167 左上角的“打印”按钮进行打印。或者设置打印参数，进行个性化的打印。例如单击“设置”区域中的“打印活动工作表”下拉按钮，可在打开的下拉列表中选择打印的范围，或者单击“正常边距”下拉按钮，在打开的下拉列表中选择“自定义页边距”命令，设置页边距。其他设置与 Word 中的设置相似，在此不再赘述。设置结束后，单击“打印”按钮，即可进行打印输出。

꒰ 第6章 ꒱

演示文稿软件PowerPoint 2016

PowerPoint 是微软公司推出的一款图形演示文稿软件，简称 PPT。利用 PowerPoint 2016 能够制作出生动活泼、图文并茂的集文字、图形、图像、声音、视频、动画于一体的多媒体演示文稿。演示文稿中的每一页称为幻灯片，每张幻灯片都是演示文稿中既相互独立又相互联系的内容。目前，PowerPoint 成为世界上使用最广泛的演示文稿软件。

6.1 初识 PowerPoint 2016

6.1.1 PowerPoint 2016 的启动与退出

1. PowerPoint 2016 的启动

PowerPoint 的启动与 Word 的启动相似，常用的方法如下。

方法 1：单击桌面左下角的“开始”按钮，在打开的菜单中选择“PowerPoint”命令。

方法 2：双击桌面上 PowerPoint 2016 的快捷图标 。

方法 3：右击桌面空白处，选择快捷菜单中的“新建”|“Microsoft PowerPoint 演示文稿”命令，在桌面创建该命令的图标，双击该图标。

2. PowerPoint 2016 的窗口

Office 2016 各组件的界面都相似，都有标题栏、快速访问工具栏、功能区及状态栏等，PowerPoint 2016 有着与其他各组件相似的窗口，也有自己的独特之处。PowerPoint 2016 窗口中特有的组成元素如图 6.1 所示，下面主要介绍该组件与其他组件的不同之处。

(1) 幻灯片缩略图窗格：位于窗口的左侧，以缩略图的形式显示幻灯片。在此窗格中每张幻灯片前有编号，用以显示幻灯片的顺序，可对幻灯片进行复制、移动、删除等操作。

(2) 幻灯片窗格：位于窗口的中部，是制作 PowerPoint 演示文稿的主体部分，用于显示、编辑当前幻灯片的内容。

(3) 占位符：位于幻灯片窗格中，单击占位符，即可在该区域中输入或插入内容。

(4) 备注窗格：位于窗口的中下部，可输入该幻灯片的说明或注释等备注信息。备注页的内容在幻灯片放映时不显示，只出现在备注窗格里，以供参考。

(5) 视图按钮：位于窗口的右下部，分别是“普通视图”“幻灯片浏览”“阅读视图”和“幻灯片放映”。单击某一按钮，即可切换到相应的视图。

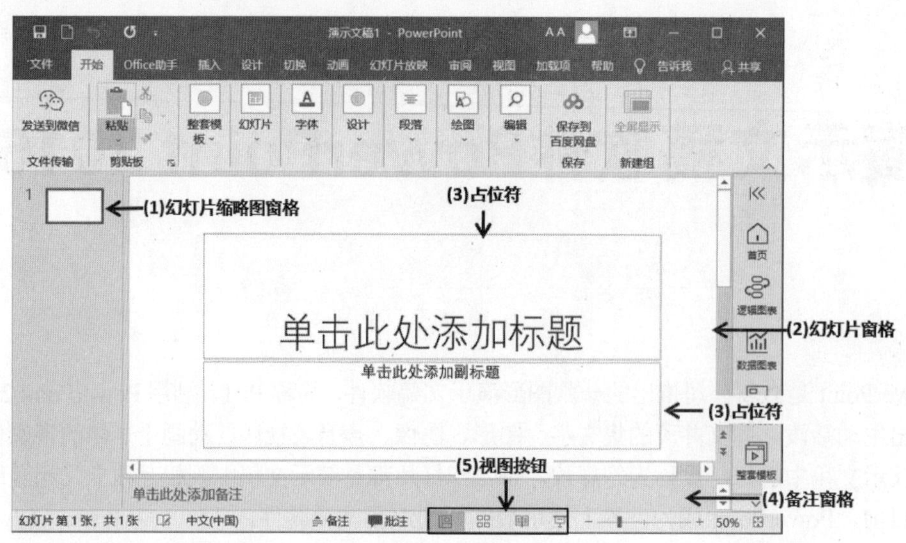

图 6.1　PowerPoint 2016 窗口

3. 退出 PowerPoint 2016

方法 1：单击 PowerPoint 窗口右上角的“关闭”按钮 。

方法 2：在 PowerPoint 窗口中选择菜单“文件”|“关闭”命令。

方法 3：双击“快速访问工具栏”中的最左侧区域，或者单击该区域，选择快捷菜单中的“关闭”命令。

6.1.2　创建演示文稿

1. 创建空白演示文稿

空白演示文稿是一种最简单的演示文稿，其幻灯片中不包含任何背景和内容，用户可自由地添加对象，应用主题、配色方案及动画方案。创建空白演示文稿的方法有如下 3 种。

方法 1：启动 PowerPoint 2016 后，自动创建一个空白演示文稿，默认名称为“演示文稿 1”。

方法 2：在 PowerPoint 2016 窗口中，按 Ctrl+N 快捷键。

方法 3：在 PowerPoint 2016 窗口中，单击“文件”选项卡，选择“新建”命令，在“新建”区域中单击“空白演示文稿”按钮，如图 6.2 所示。

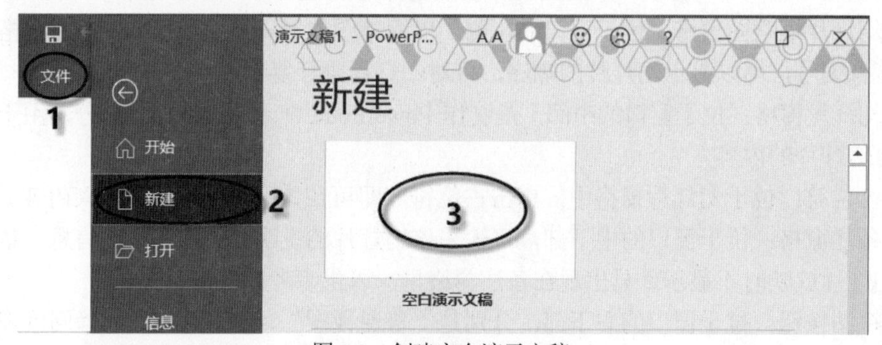

图 6.2　创建空白演示文稿

2. 利用模板创建演示文稿

模板是 PowerPoint 中预先定义好内容和格式的一种演示文稿，它决定了演示文稿的基本结构和设置，PowerPoint 2016 提供了许多精美的模板供选用。利用模板创建演示文稿的方法如下。

(1) 利用内置模板创建演示文稿

步骤 1：单击“文件”选项卡，选择“新建”命令。在“搜索联机模板和主题”文本框的下方有很多模板，单击某一模板，如“地图集”模板，如图 6.3 所示。

图 6.3　选择现有模板

步骤 2：在打开的窗口中，单击“创建”按钮，则创建了基于模板“地图集”的演示文稿。

(2) 利用联机模板创建演示文稿

除了使用内置的模板创建演示文稿外，还可以从网上下载模板来创建演示文稿。

【例 6-1】 利用联机模板，创建一个名为“工作总结”的演示文稿。

步骤 1：单击“文件”选项卡，选择“新建”命令。

步骤 2：在“搜索联机模板和主题”文本框中输入要创建的演示文稿的名称“工作总结”，然后单击文本框右侧的“开始搜索”按钮，此时系统将按照文本框中的内容自动搜索联机模板和主题，如图 6.4 所示。

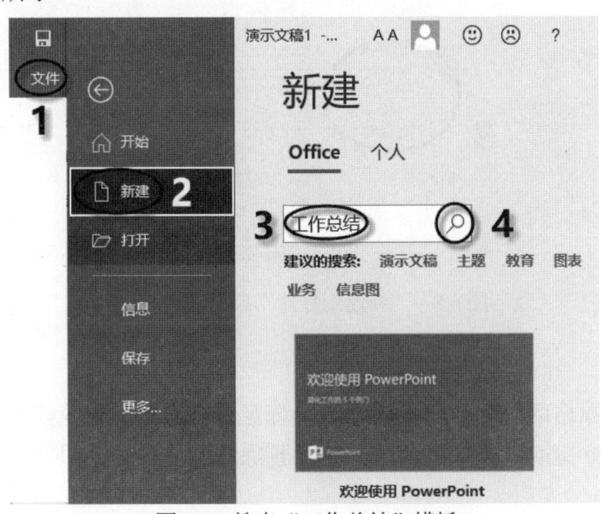

图 6.4　搜索“工作总结”模板

步骤 3：搜索结果显示在“新建”窗口中。单击要使用的模板按钮，在弹出的窗口中单击“创建”按钮，则创建了基于该模板的演示文稿。

6.2 幻灯片的基本操作

6.2.1 插入和删除幻灯片

新建的演示文稿默认情况下只包含一张幻灯片，如果要增加新的幻灯片或删除多余的幻灯片，需要通过插入和删除操作来实现。

1. 插入幻灯片

要在演示文稿中插入幻灯片，首先需确定插入的位置，一般是在幻灯片之间的空白区域或者是当前幻灯片之后。其次，选择版式。具体步骤如下。

步骤 1：在幻灯片缩略图窗格或幻灯片浏览视图中，单击某张幻灯片的缩略图或在两张幻灯片的空白处单击，确定插入幻灯片的位置。

步骤 2：打开“开始”选项卡，单击“幻灯片”组中的“新建幻灯片”按钮，或按 Ctrl+M 快捷键，在当前幻灯片之后或两张幻灯片之间插入一张与原版式相同的幻灯片。

若要插入不同版式的幻灯片，单击“新建幻灯片”下拉按钮，在弹出的下拉列表中选择一种版式，例如选择“两栏内容”版式，如图 6.5 所示，即在选定幻灯片之后或两张幻灯片之间插入该版式的幻灯片。

图 6.5 “新建幻灯片”部分下拉列表

2. 删除幻灯片

在幻灯片缩略图窗格或幻灯片浏览视图中，选定要删除的一张或多张幻灯片的缩略图，按 Delete 键或 BackSpace 键或选择快捷菜单中的“删除幻灯片”命令即可。若撤销删除操作，按 Ctrl+Z 快捷键。

6.2.2　复制或移动幻灯片

在幻灯片缩略图窗格或幻灯片浏览视图中，选定要复制或移动的一张或多张幻灯片的缩略图，执行“复制”或“剪切”操作，在目标位置再执行“粘贴”操作即可。

移动幻灯片更快捷的方法是通过鼠标拖动来实现：选定要移动幻灯片的缩略图，按住鼠标左键进行拖动，此时，有一条长横线或竖线出现，在目标位置释放鼠标左键，即可将幻灯片移到新位置。

6.2.3　幻灯片的隐藏和显示

在演示文稿的播放过程中，若不播放某些幻灯片，可将这些幻灯片隐藏。隐藏后的幻灯片并没有被删除，只是在播放时不显示。

1. 幻灯片的隐藏

步骤 1：在幻灯片缩略图窗格中，选定要隐藏的幻灯片缩略图。

步骤 2：打开“幻灯片放映”选项卡，单击“设置”组中的“隐藏幻灯片”按钮，如图 6.6 所示，选定的幻灯片序号上会出现一条灰色的对角线，如图 6.7 所示，表示被隐藏。隐藏的幻灯片在演示文稿播放时，禁止播放，但仍然存在于此演示文稿中。

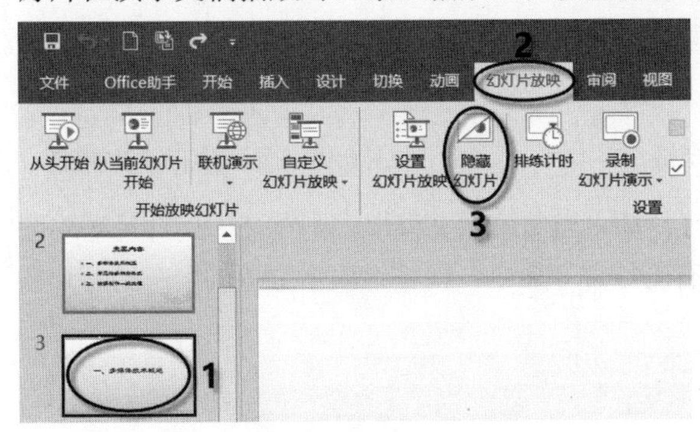

图 6.6　隐藏幻灯片

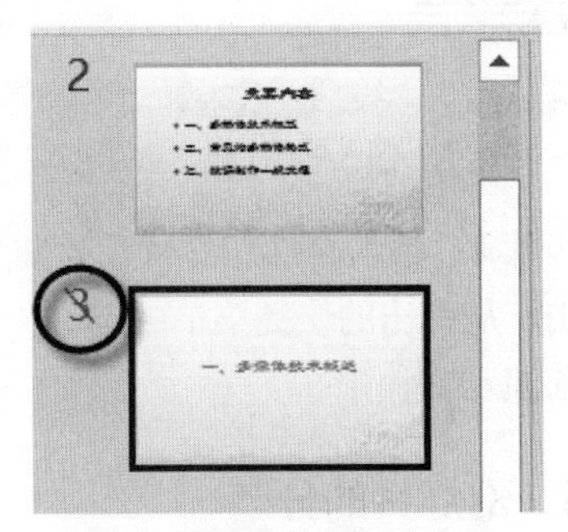

图 6.7　隐藏的幻灯片序号

2. 幻灯片的显示

在需要显示的幻灯片上右击，从弹出的快捷菜单中选择“隐藏幻灯片”命令，如图 6.8 所示，所隐藏的幻灯片将被显示。

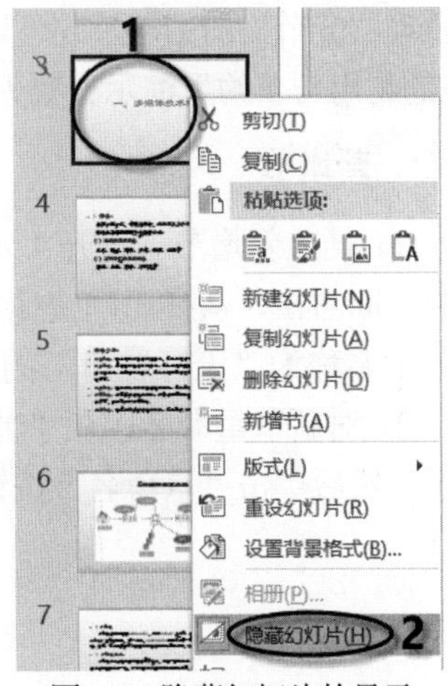

图 6.8　隐藏幻灯片的显示

6.2.4　重用幻灯片

重用幻灯片是将其他演示文稿中的部分幻灯片或全部幻灯片插入当前演示文稿中。重用幻灯片的设置步骤如下。

步骤 1：确定插入点的位置。在当前演示文稿幻灯片缩略图窗格中，单击某张幻灯片，表示在该幻灯片的后面插入其他演示文稿的幻灯片。

步骤 2：打开“重用幻灯片”窗格。单击“开始”选项卡“幻灯片”组中的“新建幻灯片”下拉按钮，在下拉列表中选择“重用幻灯片”选项，打开“重用幻灯片”窗格，在此窗格中单击“打开 PowerPoint 文件”链接，如图 6.9 所示。

步骤 3：插入某张幻灯片。在弹出的对话框中，找到需要插入的演示文稿，单击“打开”按钮，该演示文稿的幻灯片以缩略图的形式显示在“重用幻灯片”任务窗格中。如图 6.10 所示。单击某张幻灯片缩略图，即可将该幻灯片插入当前演示文稿插入点的位置。

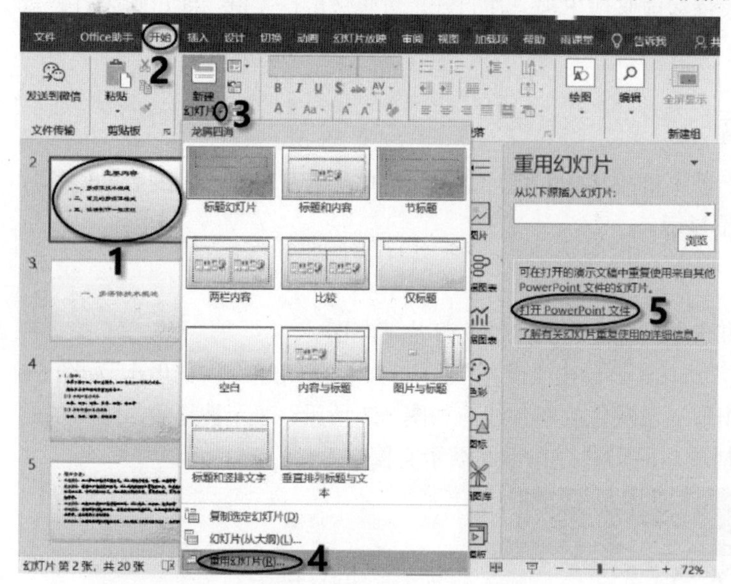

图 6.9　打开“重用幻灯片”任务窗格

图 6.10　插入幻灯片的缩略图

步骤 4：插入全部幻灯片。若将所有幻灯片插入当前演示文稿中，则在任一幻灯片缩略图上右击，从弹出的快捷菜单中选择“插入所有幻灯片”命令，则将该演示文稿的所有幻灯片插入当前演示文稿中。

6.2.5　幻灯片的分节

幻灯片的分节是根据幻灯片内容按照类别分组进行的，以便对不同类型的幻灯片进行组织和管理。分节后的幻灯片既可以在普通视图中查看，又可以在幻灯片浏览视图中查看。下面以“水的利用与节约”演示文稿为例，介绍幻灯片分节的使用方法。

1. 新增节

(1) 插入新增节。打开“水的利用与节约”演示文稿，在幻灯片缩略图窗格第 2、3 页幻灯片之间右击，从弹出的快捷菜单中选择“新增节”命令，如图 6.11 所示。则在指定位置插入一个名称为“无标题节”的节，同时弹出“重命名节”对话框，如图 6.12 所示。

(2) 对新节重命名。在“节名称”文本框中输入新节的名称“一. 水的知识”，如图 6.13 所示，然后单击“重命名”按钮，对现有的节进行重命名。

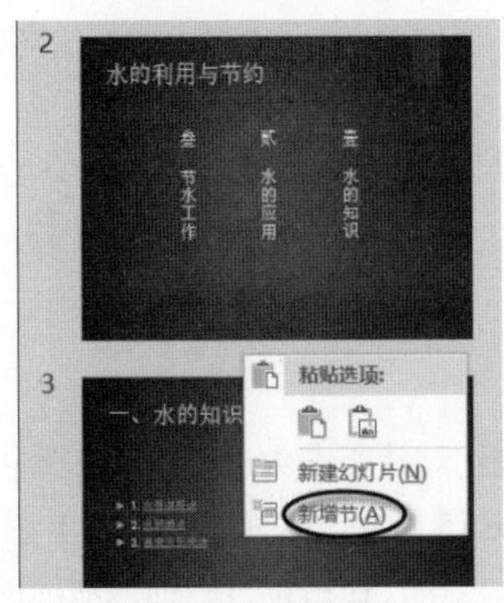

图 6.11　选择“新增节”命令

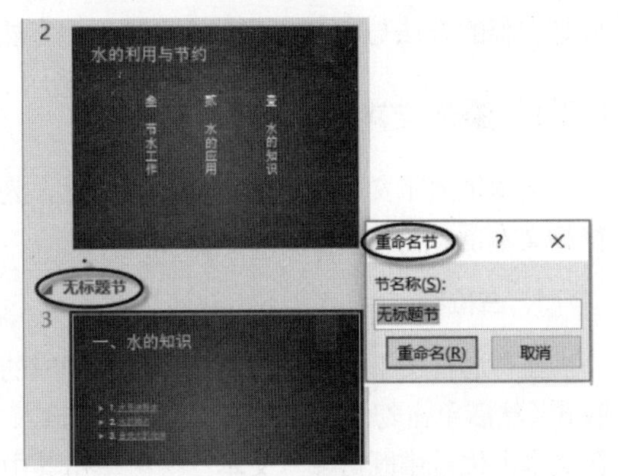

图 6.12　插入新节

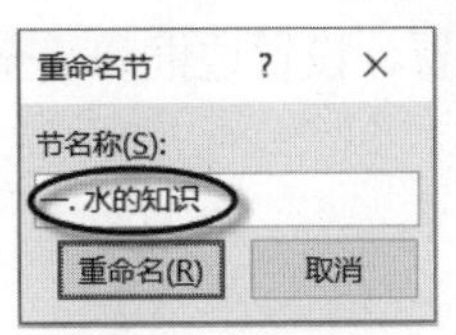

图 6.13　重命名节

(3) 再次插入新节。按照上述方法在第 6、7 页之间新增“二. 水的应用”，在第 10、11 页之间新增“三. 节水工作”两个节。

(4) 对默认节重命名。在第 1 页幻灯片前的“默认节”上右击，从弹出的快捷菜单中选择“重命名节”命令，打开“重命名节”对话框，在“节名称”文本框中输入“水的利用与节约”文本，单击“重命名”按钮，完成对默认节的命名。

2. 节的基本操作

折叠/展开节：单击节名称左侧的三角号按钮◢，如图 6.14 所示，幻灯片被折叠，以节的名称显示。单击节名称左侧的三角号按钮▷，展开节中所包含的幻灯片。

选定节：单击选定节的名称，则选定该节中的所有幻灯片。

删除节：在要删除的节名称上右击，从弹出的快捷菜单中选择“删除节”命令。

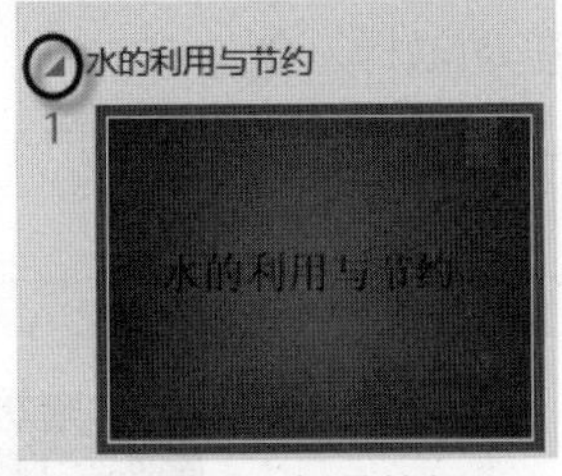

图 6.14　折叠按钮

6.3 为幻灯片添加内容

演示文稿的内容主要由幻灯片中的文本、图形、声音、视频等内容组成，因此插入幻灯片后，需要向幻灯片中添加文本、图形、声音、视频等内容。在 PowerPoint 2016 中添加文本、图形等内容的方法与在 Word 2016 中的添加方法基本相同，下面介绍一些常用对象的添加方法。

6.3.1 添加文本

文本是演示文稿中最基本的内容要素。为幻灯片添加文本主要通过两种途径实现，即占位符和文本框。添加方法如下。

1. 占位符

在普通视图下，占位符是指由虚线构成的长方形。在幻灯片版式中选择含有文本占位符的版式，然后单击幻灯片中的占位符，便可输入文本，如图 6.15 所示。标题占位符用于输入标题，在文本占位符中既可输入文本，又可单击其中的 8 个插入按钮，在占位符中插入对应的表格、图表、SmartArt 图形、图片、剪贴画和多媒体等不同类型的内容。

占位符也可以调整大小、移动位置、设置边框和填充颜色、添加阴影、三维效果等，操作方法与图形的操作相同。

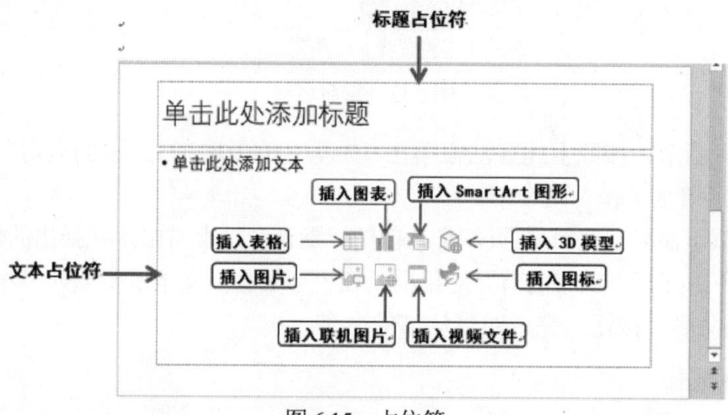

图 6.15 占位符

2. 文本框

若在占位符之外添加文本，可利用“文本框”命令实现。方法为：打开“插入”选项卡，单击“文本”组中的“文本框”下拉按钮，在下拉列表中选择“绘制横排文本框”或“竖排文本框”命令，在幻灯片的任意位置拖动鼠标，创建文本框，在其中输入文本即可。

【6-1】 利用文本框，在目录页幻灯片中输入如图 6.16 所示的内容，并进行相应的格式设置。操作步骤如下。

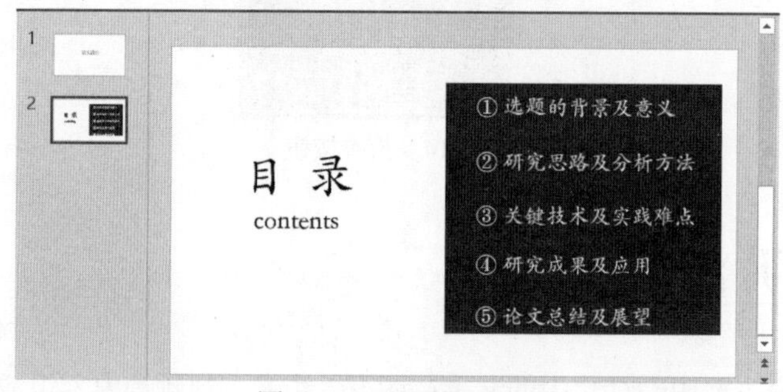

图 6.16 目录页幻灯片

步骤 1：插入“空白”版式幻灯片。双击桌面上的 PowerPoint 图标，在打开的窗口中单击“空白演示文稿”按钮，创建一个新的演示文稿。在该演示文稿中打开“开始”选项卡，单击“幻灯片”组中的“新建幻灯片”按钮，在打开的下拉列表中单击“空白”版式，如图 6.17 所示，插入一张空白幻灯片。

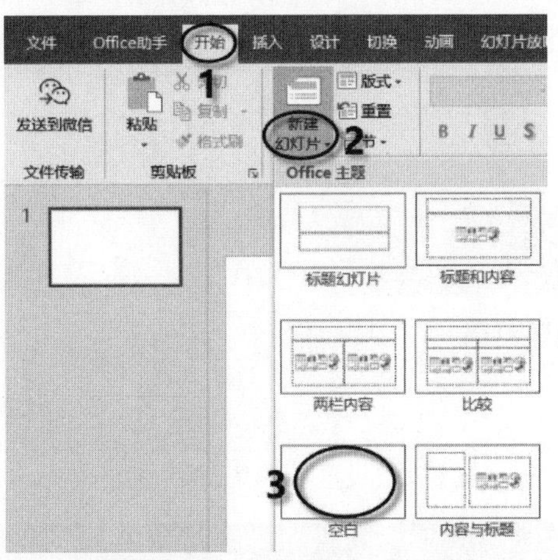

图 6.17　插入“空白”版式幻灯片

步骤 2：插入文本框，输入内容并设置格式。打开“插入”选项卡，单击“文本”组中的“文本框”按钮，在打开的下拉列表中选择“绘制横排文本框”命令，如图 6.18 所示。然后在幻灯片上按住鼠标左键进行拖动，绘制文本框，输入“目录 contents”，如图 6.19 所示。选定字符“contents”，将其设置为华文楷体、字号 44。选定字符“目录”，将其设置为华文楷体、字号 80，字符间距为加宽，30 磅，如图 6.20 所示。

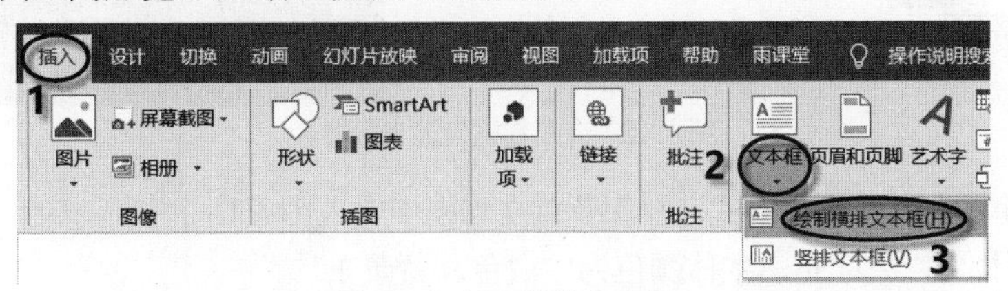

图 6.18　插入横排文本框

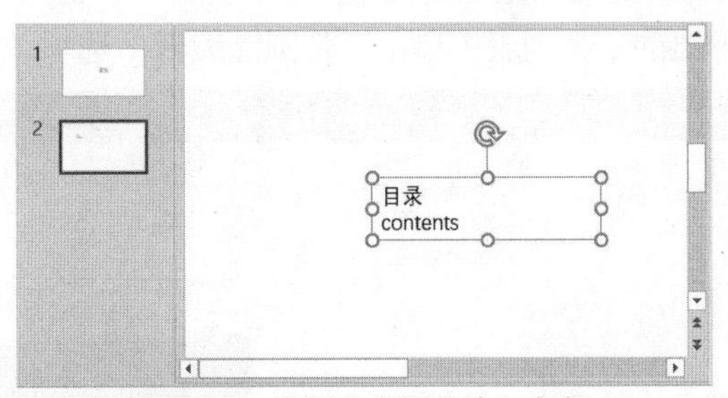

图 6.19　绘制文本框并输入内容

步骤 3：插入文本框并设置格式。单击“文本”组中的文本框按钮，在打开的下拉列表中选择“绘制横排文本框”命令，将鼠标移到幻灯片的右侧按住鼠标左键进行拖动，绘制文本框。绘制结束后，设置文本框的格式。打开“绘图工具”的“格式”选项卡，单击“形状样式”组中的“形状填充”按钮，在弹出的下拉列表中单击“深蓝”按钮，将文本框填充为深蓝色，如

图 6.21 所示。

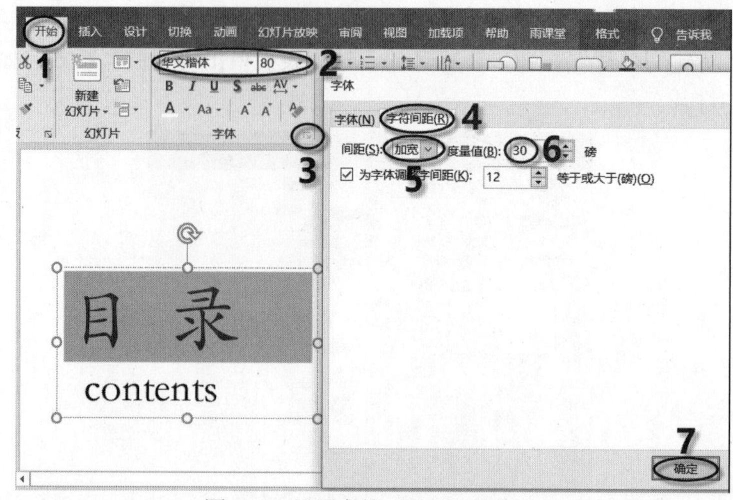

图 6.20　设置字符“目录”的格式

图 6.21　将文本框设置为深蓝色

步骤 4：输入内容并设置格式。在深蓝色文本框中输入图 6.16 右侧所示的文本内容，并设置其字体为楷体、字号为 36、字体颜色为“白色，背景 1”。

步骤 5：插入项目符号。选定所输入的文本内容，打开“开始”选项卡，单击“段落”组中的“编号”按钮，在弹出的下拉列表中单击“带圆圈编号”选项，如图 6.22 所示。

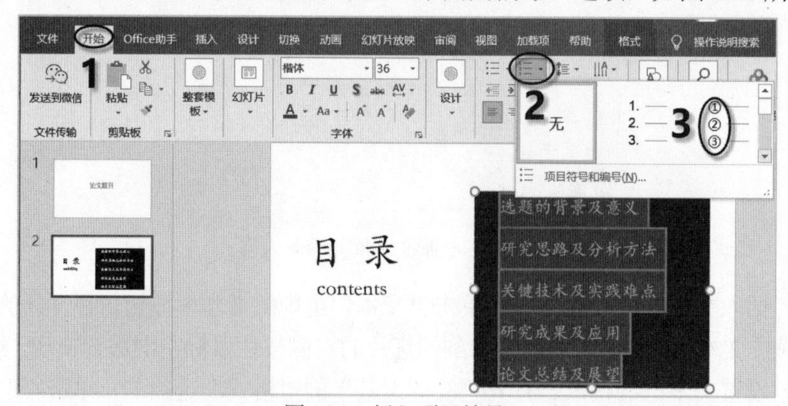

图 6.22　插入项目符号

步骤 6：设置段落缩进和间距。在选定的文本上右击，从弹出的快捷菜单中选择“段落”命令，打开“段落”对话框，进行如图 6.23 所示的设置。

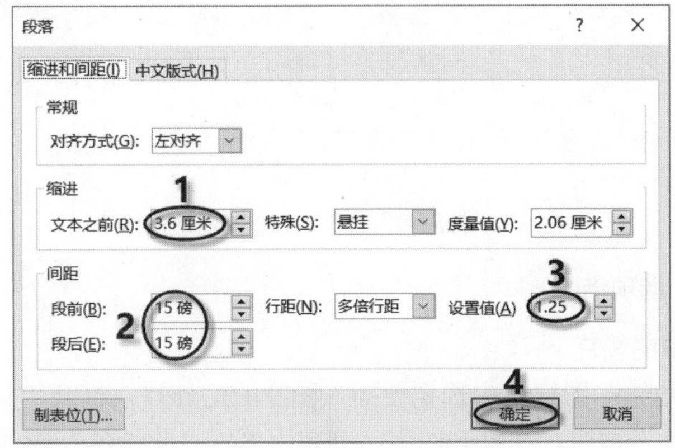

图 6.23　设置段落缩进和间距

步骤 7：设置文本框的大小。选定深蓝色文本框，打开“绘图工具”的“格式”选项卡，在“大小”组中，将高度、宽度分别设置为 16 厘米、17 厘米，如图 6.24 所示。

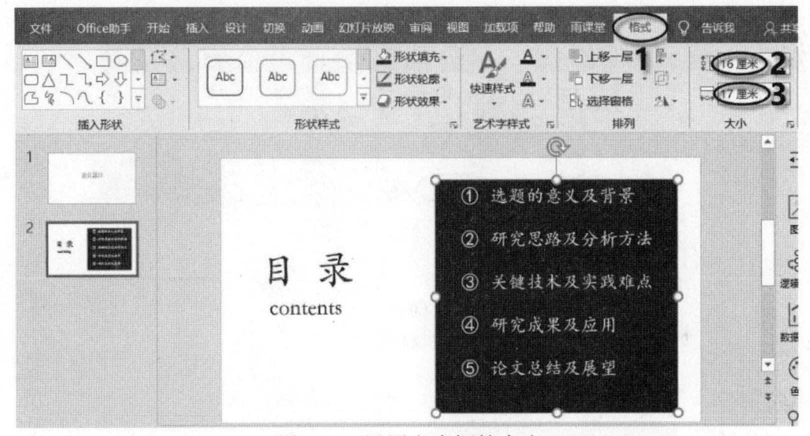

图 6.24　设置文本框的大小

步骤 8：完成上述设置后，就制作了如图 6.16 所示的目录页幻灯片。

6.3.2　插入图片

在幻灯片中插入图片不仅可以增强文字的易读性，还可以起到美化幻灯片的效果。在 PowerPoint 2016 中插入图片主要有两种方法：一是利用图形占位符，二是利用“插入”功能区中的对应命令按钮。

1. 利用图形占位符

打开“开始”选项卡，单击“幻灯片”组中的“新建幻灯片”按钮，从弹出的下拉列表中选择一种带有图形占位符的主题并单击，这里选择“标题和内容”主题，该主题被应用到当前幻灯片中，如图 6.25 所示。单击其中的“图片”或“联机图片”图标，即可在占位符中插入此设备中的图片或者是联机图片。

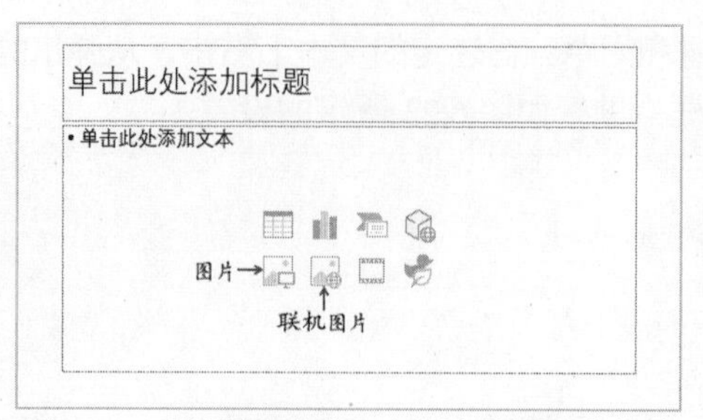

图 6.25 “标题和内容”主题中的图形占位符

2. 利用“插入”选项卡

(1) 插入此设备中的图片

步骤 1：在幻灯片缩略图窗格中选定要插入图片的幻灯片，打开“插入”选项卡，单击“图像”组中的“图片”按钮，在打开的下拉列表中单击“此设备”选项，如图 6.26 所示。

步骤 2：打开“插入图片”对话框，在该对话框中找到插入图片的保存位置，在右侧窗口中选择要插入的图片，这里选择“图片 1.jpg”，单击“插入”按钮，如图 6.27 所示。

步骤 3：将图片插入选定的幻灯片中，调整图片的位置，效果如图 6.28 所示。

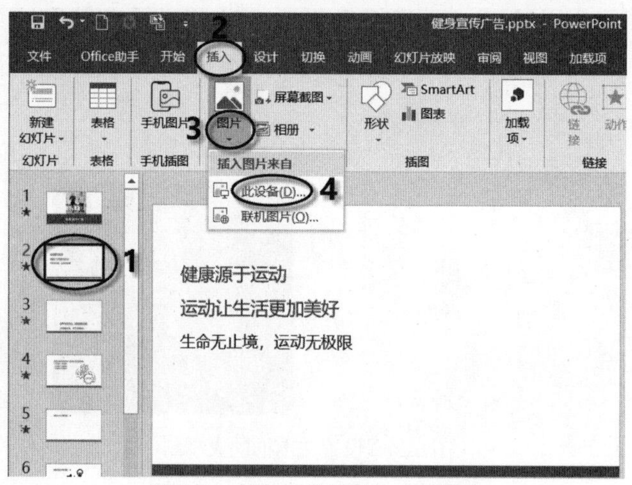

图 6.26 插入“此设备”中的图片

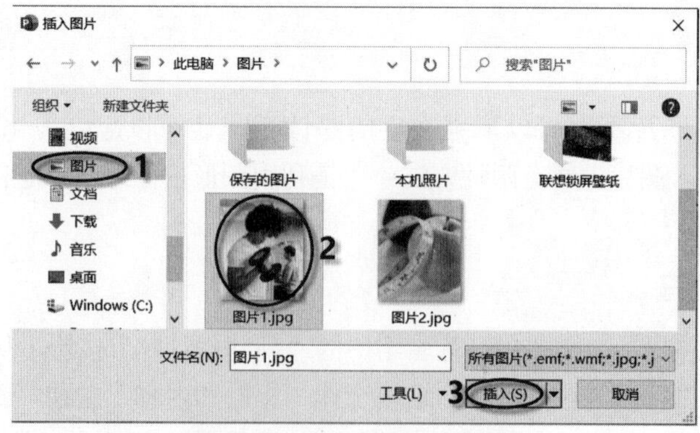

图 6.27 “插入图片”对话框

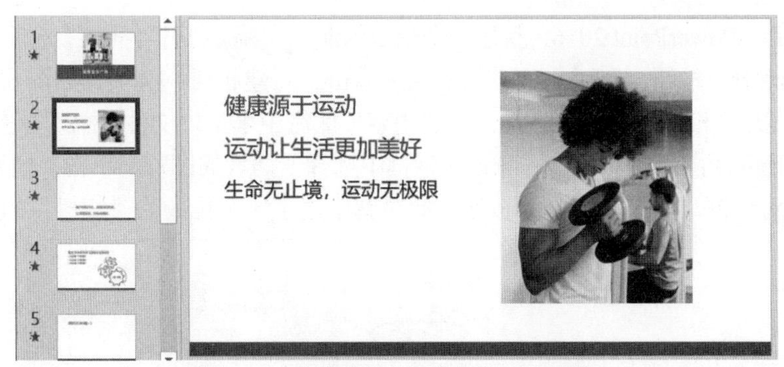

图 6.28　在幻灯片中插入图片后的效果

(2) 插入联机图片

步骤 1：在幻灯片缩略图窗格中选定要插入图片的幻灯片(第 4 张幻灯片)，打开“插入”选项卡，单击“图像”组中的“图片”按钮，在打开的下拉列表中单击“联机图片”选项。

步骤 2：打开“插入图片”界面，在“必应图像搜索”栏的搜索框中输入要搜索的内容，如输入“运动”，单击右侧的“搜索”按钮，如图 6.29 所示。

图 6.29　“插入图片”界面

步骤 3：打开“联机图片”对话框，单击“仅限 Creative Commons”前的复选框，使复选框处于非选中状态，选择需要插入的联机图片，单击“插入”按钮，如图 6.30 所示，插入联机图片。

步骤 4：调整插入联机图片的大小和位置，效果如图 6.31 所示。

图 6.30　“联机图片”对话框

图 6.31　插入联机图片后的效果

(3) 创建相册

利用 PowerPoint 2016 提供的相册功能，可将用户喜爱的照片集制作成演示文稿，通过电子相册主题和图片排版方式，可使制作的演示文稿美观且富有个性化。创建相册的步骤如下。

步骤 1：启动 PowerPoint 2016，新建一个空白的演示文稿。打开“插入”选项卡，单击“图像”组中的“相册”按钮，在弹出的下拉列表中单击“新建相册”选项，如图 6.32 所示。

步骤 2：打开“相册”对话框，在“相册内容”区域中单击“文件/磁盘”按钮，如图 6.33 所示，打开“插入新图片”对话框，在该对话框中选择要插入的图片，单击“插入”按钮，返回到“相册”对话框，单击“创建”按钮，此时就创建了一个标题为“相册”的演示文稿。

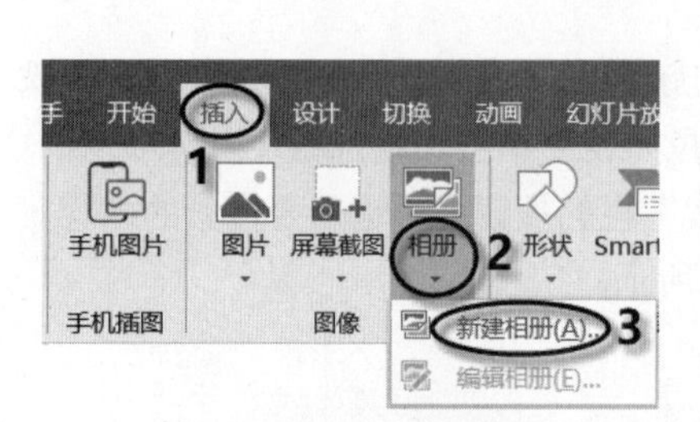

图 6.32 插入新建相册

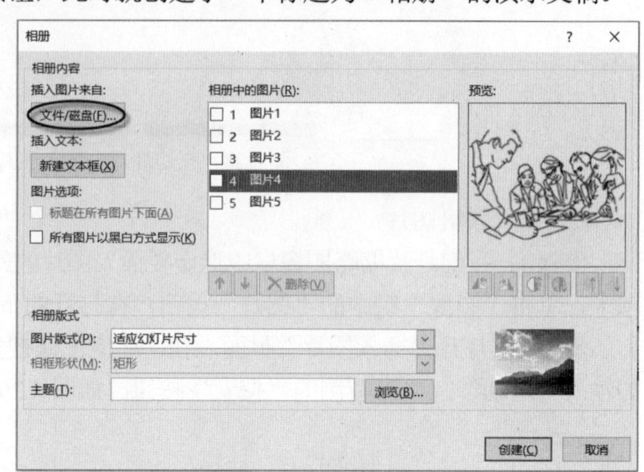

图 6.33 “相册”对话框

步骤 3：在创建的相册演示文稿中，打开“插入”选项卡，单击“图像”组中的“相册”按钮，在打开的下拉列表中单击“编辑相册”选项，打开“编辑相册”对话框，在“相册版式”区域中设置相册的图片版式、相框形状和主题，在右侧预览区中预览效果，如图 6.34 所示。

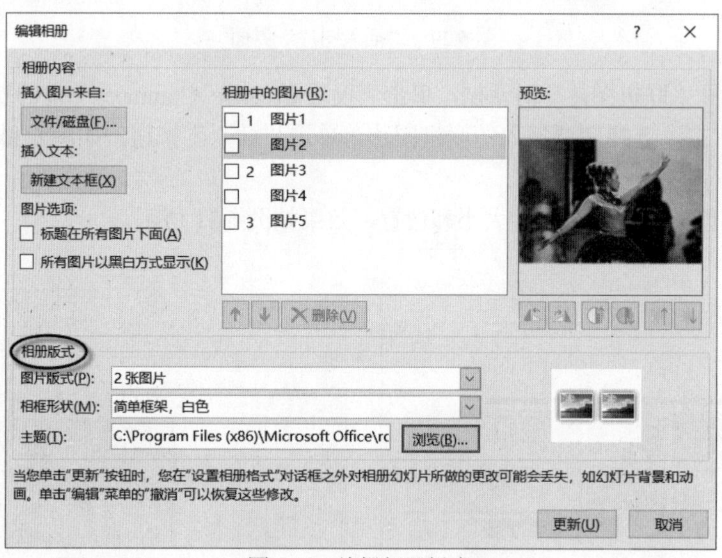

图 6.34 编辑相册版式

步骤 4：在“编辑相册”对话框中，若选中“相册中的图片”列表框中的图片复选框，如图 6.35 所示，就可在列表框的下方对图片进行移动和删除。

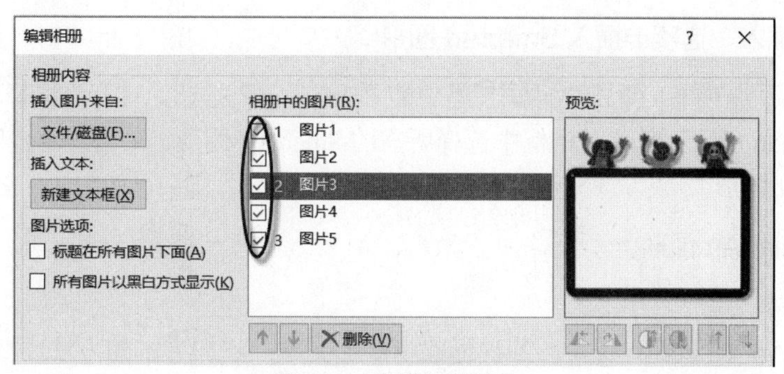

图 6.35　编辑相册图片

3. 编辑图片

选定幻灯片中插入的图片后，会自动出现“图片工具”的“格式”选项卡，可对选定图片的颜色、艺术效果等进行调整，或设置图片的样式、排列方式、大小等。其设置方法与 Word 中的方法相同，可仿照 Word 中图片的编辑方法对幻灯片中的图片进行编辑。

6.3.3　插入 SmartArt 图形

SmartArt 图形是信息和观点的视觉表现形式，它可以演示一个循环过程、一个操作流程或一种层次关系，用简单、直观的方式表现复杂的内容，使幻灯片内容更加生动形象。在幻灯片中插入 SmartArt 图形有两种方法，一是利用幻灯片中的 SmartArt 图形占位符，二是利用“插入”选项卡。

1. 利用占位符插入 SmartArt 图形

单击幻灯片占位符中的“插入 SmartArt 图形”按钮，打开“选择 SmartArt 图形”对话框，如图 6.36 所示。在该对话框的左侧窗格中选择 SmartArt 图形的类型；在中间列表框中选择所需的 SmartArt 图形样式；在右侧窗格中显示所选样式预览效果及其说明信息；单击“确定”按钮，完成 SmartArt 图形的插入。

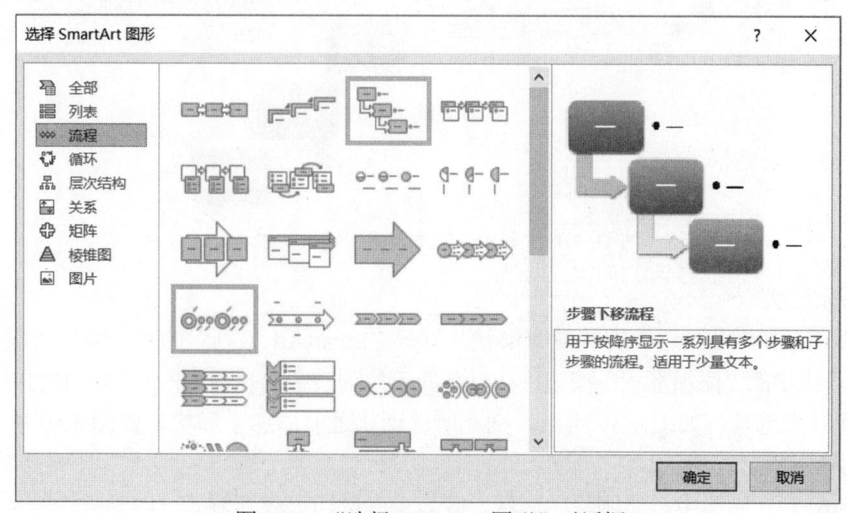

图 6.36　“选择 SmartArt 图形”对话框

2. 利用“插入”选项卡插入 SmartArt 图形

打开“插入”选项卡，单击“插图”组中的“SmartArt”按钮，打开“选择 SmartArt 图形”对话框，如图 6.36 所示，在该对话框中选择所需的 SmartArt 图形，单击“确定”按钮，即可插入一个 SmartArt 图形。

3. 编辑 SmartArt 图形

(1) 输入文本

插入 SmartArt 图形后，需要在各种形状中添加文本。添加文本的方法主要有以下两种。

直接输入：单击 SmartArt 图形中的任意一个形状，此时在该形状中会出现文本插入点，直接输入文本即可，如图 6.37 所示。

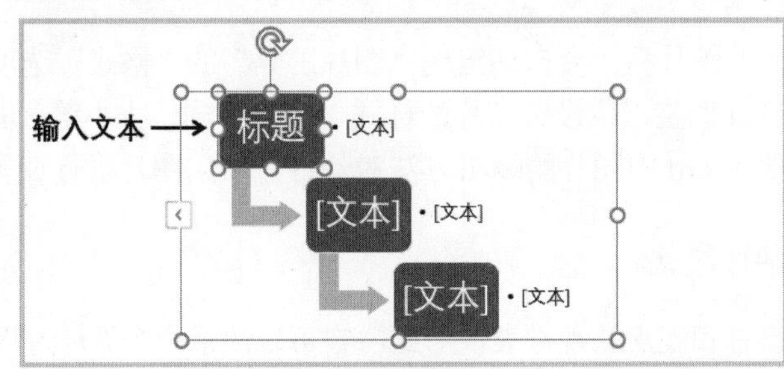

图 6.37　利用 SmartArt 形状输入文本

利用“文本窗格”输入：选定 SmartArt 图形，单击“文本窗格”控件按钮，打开“文本窗格”，或者单击“设计”选项卡“创建图形”组中的“文本窗格”按钮，打开“文本窗格”，如图 6.38 所示。在打开的“在此处键入文字”窗格中输入所需的文本。

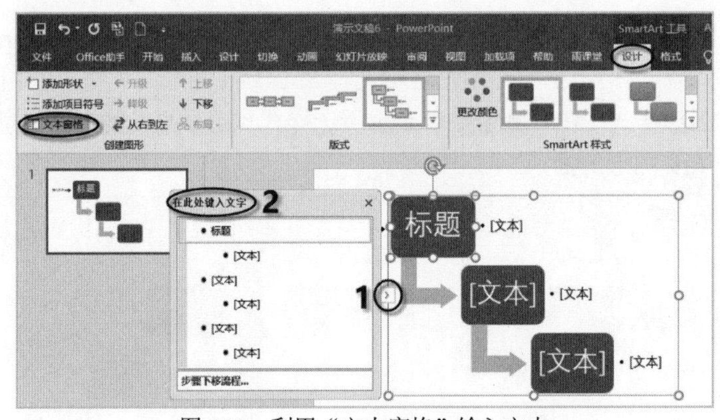

图 6.38　利用“文本窗格”输入文本

(2) 添加形状

选定需要添加形状最近位置的现有形状，打开“SmartArt 工具”的“设计”选项卡，单击“创建图形”组中的“添加形状”按钮，在打开的下拉列表中选择需要的选项，本例中选择“在前面添加形状”选项，如图 6.39 所示。则在所选形状之前添加了形状，如图 6.40 所示。

(3) 删除形状

选定 SmartArt 图形中需要删除的形状，按 Delete 键即可将其删除。如果删除的是 SmartArt 图形中的 1 级形状，则第一个 2 级形状会自动提升为 1 级。

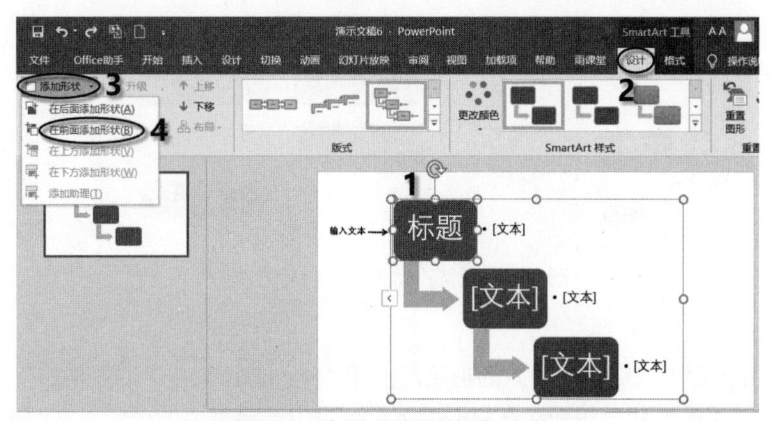

图 6.39　在所选形状前添加形状

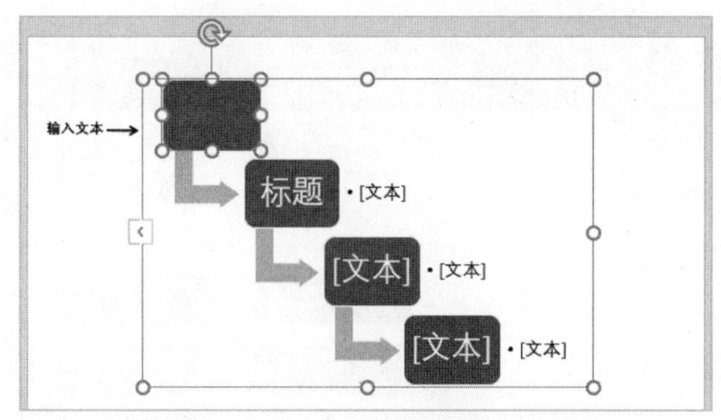

图 6.40　在所选形状前添加形状后的效果

(4) 调整形状级别

上升或下降一级：选定需要上升一级或下降一级的形状，打开“SmartArt 工具”的“设计”选项卡，单击“创建图形”组中的“升级”或“降级”按钮，如图 6.41 所示，将选定的形状上升一级或下降一级。本例中单击“升级”按钮，效果如图 6.42 所示。

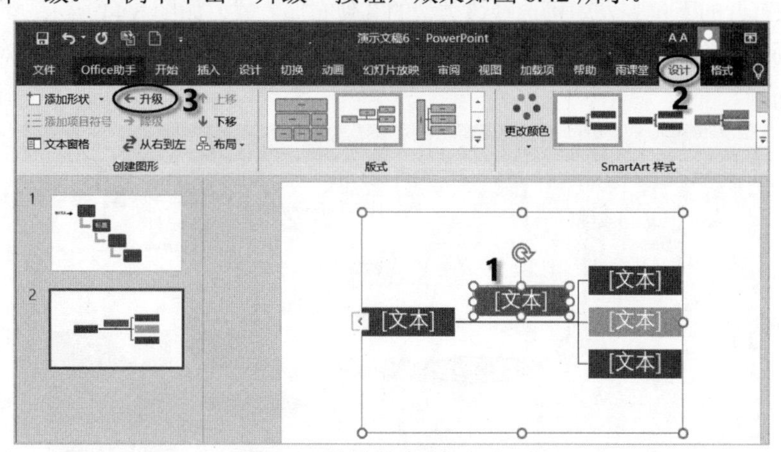

图 6.41　设置所选形状上升一级

上移或下移一级：选定需上移或下移一级的形状，打开“SmartArt 工具”的“设计”选项卡，单击“创建图形”组中的“上移”或“下移”按钮，即可将选定形状上移一级或下移一级。

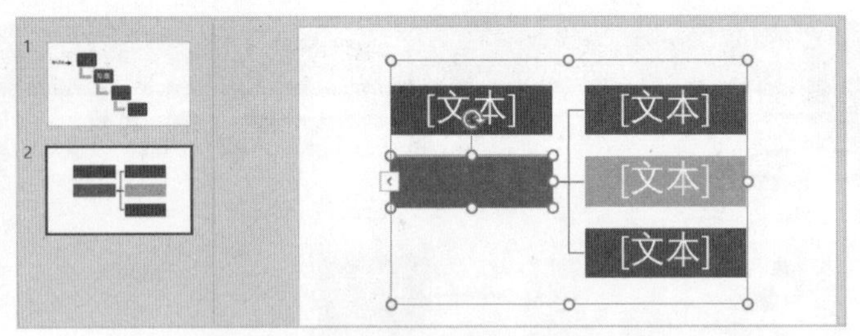

图 6.42　所选形状上升一级后的效果

(5) 更改形状

在 SmartArt 图形中选定需要更改的形状，打开“SmartArt 工具”的“格式”选项卡，单击“形状”组中的“更改形状”按钮，在打开的下拉列表中选择需要的形状，本例选择“流程图”中的“决策”选项，如图 6.43 所示。

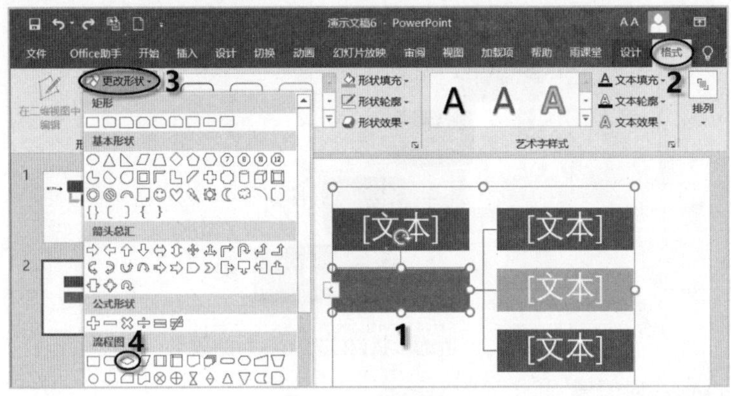

图 6.43　更改形状

(6) 调整布局

选定 SmartArt 图形，打开“SmartArt 工具”的“设计”选项卡，单击“版式”组中的“其他”按钮，在打开的下拉列表中可选择该类型的其他布局方式，如图 6.44 所示。若要更改为其他类型的布局，则单击列表中的“其他布局”选项，打开“选择 SmartArt 图形”对话框，选择其他类型的布局。

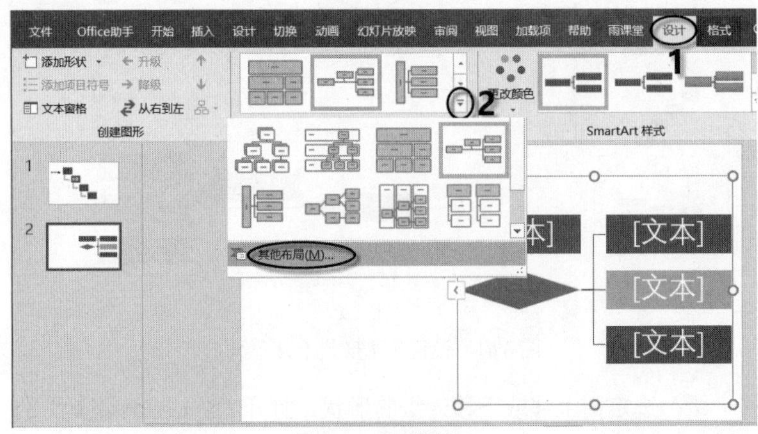

图 6.44　调整布局

(7) 调整位置和大小

调整 SmartArt 图形的位置：选定 SmartArt 图形，将鼠标指针移到 SmartArt 图形四周的边框线上，当鼠标指针变为形状时，按住鼠标左键进行拖动，在目标位置释放鼠标左键，即可将其移到新的位置。

调整 SmartArt 图形的大小：选定 SmartArt 图形，图形的周围会出现 8 个控点，将鼠标指向任意一个控点，按住鼠标左键进行拖动，即可调整 SmartArt 图形的大小。

精确调整 SmartArt 图形的大小：选定 SmartArt 图形，打开“SmartArt 工具”的“格式”选项卡，在“大小”组的“高度”和“宽度”数值框中输入具体的数值，即可精确调整其大小。

调整形状的大小：选定 SmartArt 图形中需要调整大小的形状，将鼠标指向任意一个控点，按住鼠标左键进行拖动，即可调整其大小。

调整形状的位置：选定要调整的形状，将鼠标指针移到形状上，当鼠标指针变为形状时，按住鼠标左键进行拖动，即可将其在 SmartArt 图形边框内进行移动。

4. 美化 SmartArt 图形

(1) 更改颜色

选定要更改颜色的 SmartArt 图形，打开“SmartArt 工具”的“设计”选项卡，单击“SmartArt 样式”组中的“更改颜色”按钮，在打开的下拉列表框中选择要更改的颜色，本例中选择“彩色填充-个性色 2”，如图 6.45 所示。

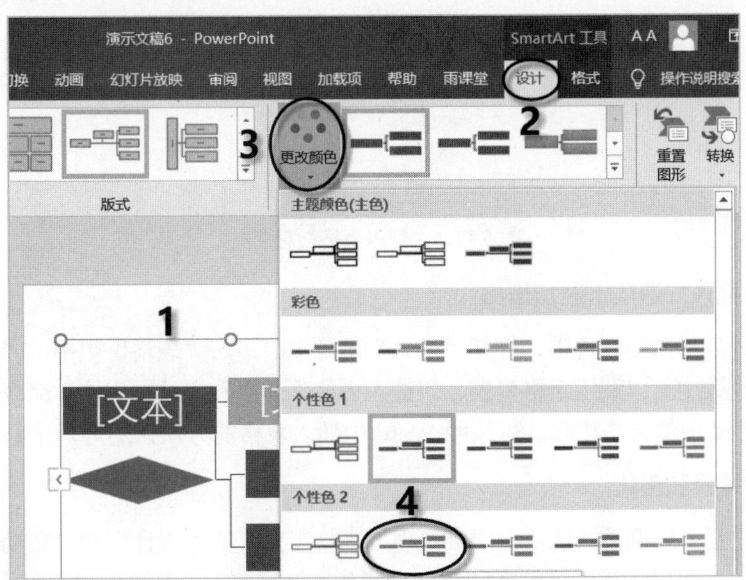

图 6.45　更改 SmartArt 图形的颜色

(2) 设置样式

选定要设置样式的 SmartArt 图形，单击“SmartArt 样式”组中的“其他”按钮，在打开的下拉列表框中选择要更改的样式，本例选择“三维”区域中的“优雅”样式，如图 6.46 所示。

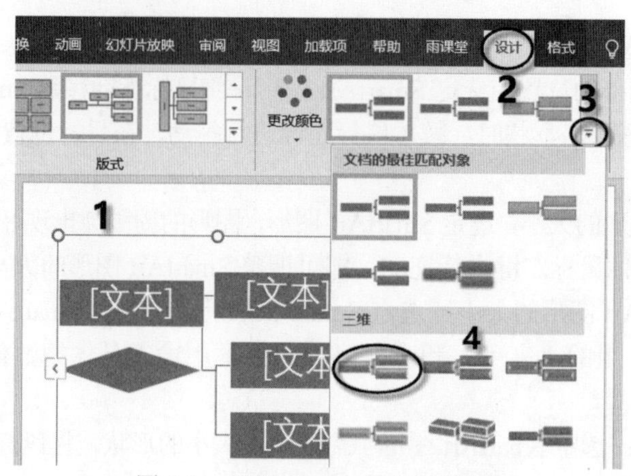

图 6.46 设置 SmartArt 图形的样式

6.3.4 添加表格

在 PowerPoint 2016 中添加表格主要有两种方法，一是利用“表格”占位符，二是利用“插入”选项卡。

1. 利用占位符添加表格

在幻灯片的内容框中，单击占位符中的“插入表格”按钮，打开“插入表格”对话框。在该对话框的列数和行数数值框中分别输入表格的列数和行数，如图 6.47 所示，单击“确定”按钮，即可在当前幻灯片中插入一个 6 列 4 行的表格。

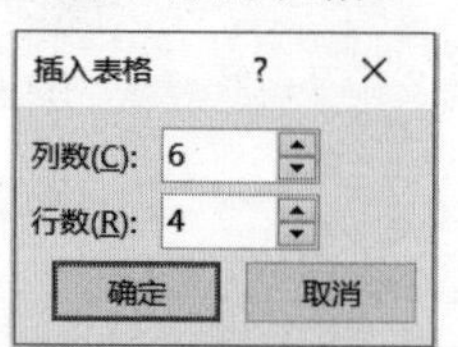

图 6.47 “插入表格”对话框

2. 利用“插入”选项卡添加表格

在需要插入表格的幻灯片中，打开“插入”选项卡，单击“表格”组中的“表格”按钮，在打开的下拉列表中可以利用表格列表、“插入表格”命令和“绘制表格”命令插入表格，其插入方法和 Word 中的方法相同，可按照 Word 中插入表格的方法在幻灯片中添加表格。

3. 表格的编辑和美化

在幻灯片中插入表格后，选项卡中会出现“表格工具”的“设计”和“布局”选项卡，利用这两个选项卡，可对表格进行编辑和美化，操作方法与 Word 中的相同，在此不再赘述。

6.3.5 添加音频

在幻灯片中添加音频，可以丰富演示文稿的内容，使演示文稿更加生动形象且富有感染力。

1. 插入音频

步骤 1：在“幻灯片缩略图”窗格中，单击选定要添加音频的幻灯片。

步骤 2：打开“插入”选项卡，单击“媒体”组中的“音频”按钮，在打开的下拉列表中选择音频的来源，插入“PC 上的音频”或“录制音频”，如图 6.48 所示。例如，选择“PC 上的音频”命令，弹出“插入音频”对话框，从中可以选择要插入的音频文件，单击“插入”按钮，此时幻灯片中会出现小喇叭图标和“声音”工具栏，如图 6.49 所示，表明已插入音频文件。

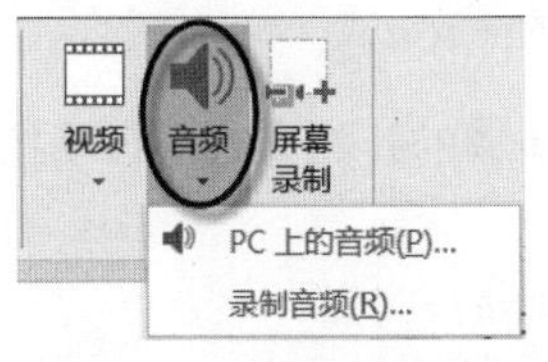

图 6.48　“音频”下拉列表

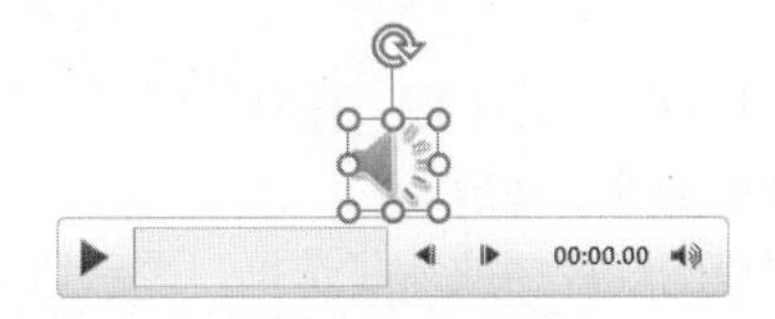

图 6.49　小喇叭图标和“声音”工具栏

步骤 3：若要删除插入的音频，只需在幻灯片中选定，按 Delete 键或 Backspace 键，将其删除即可。

2. 编辑音频

(1) 剪裁音频

为了获取所需的音频文件，有时需要对音频文件进行剪裁。选定小喇叭，打开“音频工具”的“播放”选项卡，单击“编辑”组中的“剪裁音频”按钮，如图 6.50 所示。在弹出的“剪裁音频”对话框中，拖动中间滚动条两端的绿色或红色滑块剪裁音频文件的开头或结尾处，或者在“开始时间”数值框中输入音频播放开始的时间，在“结束时间”数值框中输入音频播放结束的时间，如图 6.51 所示。

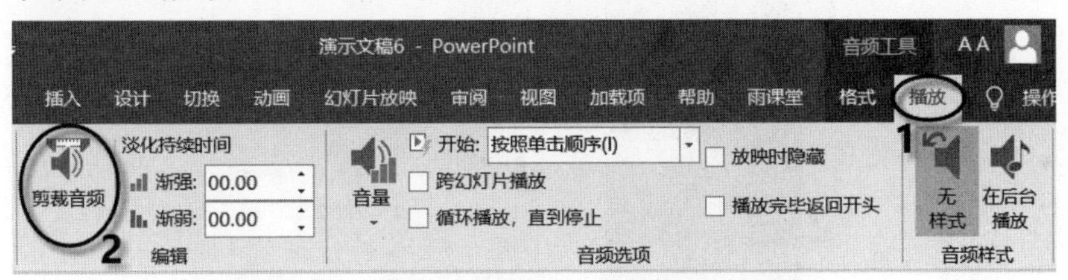

图 6.50　“播放”工具栏中“剪裁音频”按钮

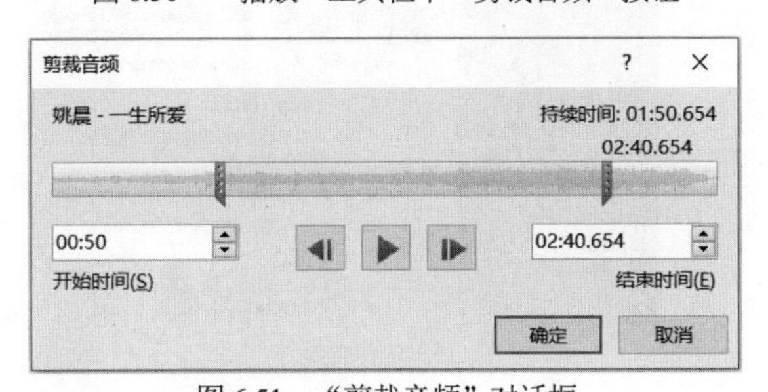

图 6.51　“剪裁音频”对话框

(2) 设置音频选项

打开“音频工具”的“播放”选项卡，在“音频选项”组中可设置音频播放的不同方式，如图 6.52 所示，各项含义如下。

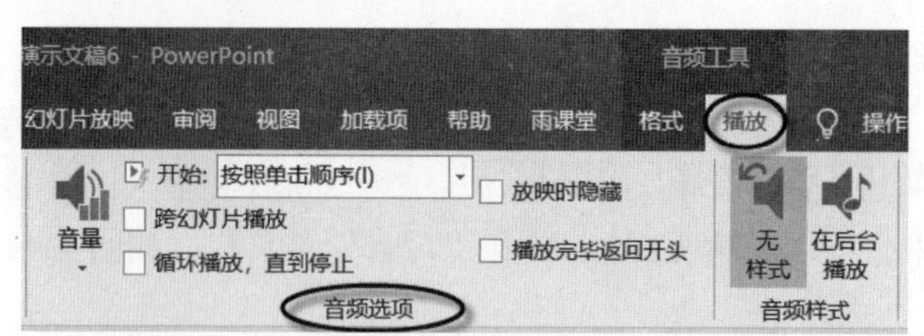

图 6.52 在“音频选项”组中可设置音频的播放方式

单击“开始”下拉按钮，在打开的下拉列表中选择音频播放的开始方式：自动播放、单击播放或按照单击顺序播放。

选中“跨幻灯片播放”复选框，表示切换幻灯片后继续播放音频。

选中“循环播放，直到停止”复选框，表示循环播放音频直到放映结束。

选中“放映时隐藏”复选框，表示放映时隐藏小喇叭图标。

选中“播放完毕返回开头”复选框，表示音频播放结束后返回到开头位置。

(3) 压缩音频

插入音频文件后，通过压缩音频能够减小演示文稿文件的大小，节省存储空间。压缩音频的步骤如下。

步骤 1：在演示文稿窗口中，选择“文件”|“信息”命令，在打开的界面中单击“压缩媒体”按钮，在其下拉列表中选择“演示文稿质量”选项，本例中选择“标准(480p)”选项，如图 6.53 所示。

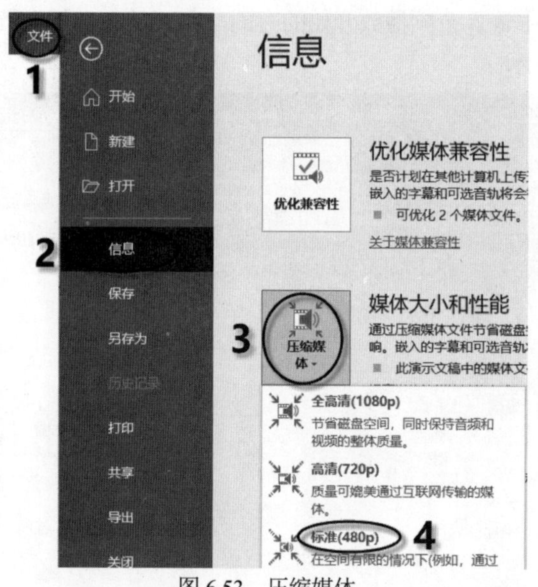

图 6.53 压缩媒体

步骤 2：打开“压缩媒体”对话框，在该对话框中显示了压缩的音频名称及压缩进度，压缩结束后，单击“关闭”按钮。

步骤 3：单击“文件”列表中的“保存”选项，将压缩后的音频进行保存。

6.3.6　添加视频

在 PowerPoint 2016 中可以插入 MP4 格式、AVI 格式、WMV 格式、ASF 等格式的视频文件，插入视频的方法与插入音频的方法类似，分为插入 PC 上的视频和联机视频。

1. 插入 PC 上的视频

在幻灯片中插入 PC 上的视频有两种方法，一是利用“插入”选项卡，二是利用幻灯片中的“插入视频文件”占位符。

(1) 利用“插入”选项卡插入视频

打开“插入”选项卡，单击“媒体”组中“视频”按钮，在打开的下拉列表中单击“PC 上的视频”选项，如图 6.54 所示。在打开的“插入视频文件”对话框中选择要插入的视频文件，再单击“插入”按钮，此时幻灯片中会出现一张默认的视频缩略图和视频播放工具栏，如图 6.55 所示，表明已插入视频文件。

图 6.54　插入 PC 上的视频

图 6.55　插入的视频文件

(2) 利用“插入视频文件”占位符插入视频

单击幻灯片占位符中的“插入视频文件”按钮，如图 6.56 所示，打开“插入视频文件”对话框，在该对话框中选择要插入的视频文件，再单击“插入”按钮。

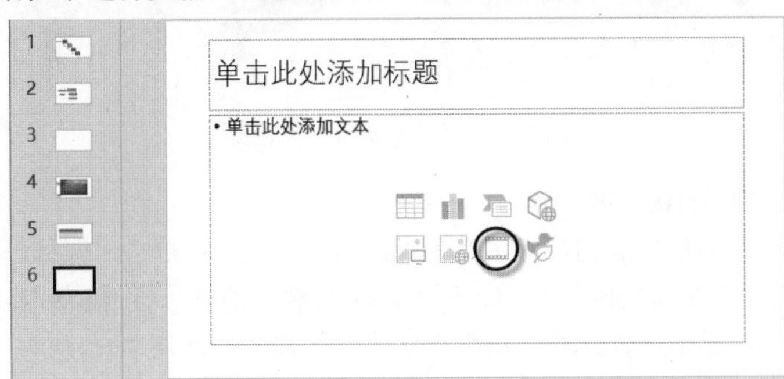

图 6.56　单击幻灯片占位符中的“插入视频文件”按钮

2. 插入联机视频

插入联机视频是指插入网络中的视频资源。在 PowerPoint 2016 中，可以使用嵌入代码插入联机视频，或者按名称搜索视频，在演示过程中播放视频。因为视频位于网站上而不是在演示文稿中，所以为了顺利播放需要连接到互联网上。

(1) 使用“嵌入”代码插入联机视频

步骤 1：在 YouTube 或 Vimeo 中，找到要插入的视频。在视频帧下方，单击“共享”按钮和“嵌入”按钮，如图 6.57 所示。

步骤 2：右击 iframe 嵌入代码，在弹出的快捷菜单中选择“复制”命令，如图 6.58 所示。复制的文本是以 <iframe 开头的文本部分。

图 6.57 “共享”和“嵌入”按钮

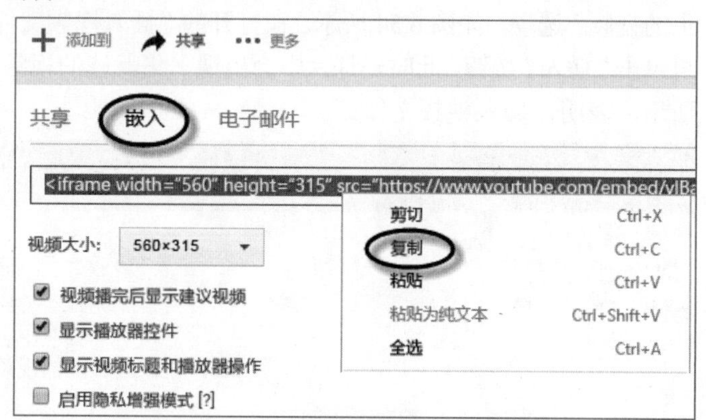

图 6.58 复制 iframe 嵌入代码

步骤 3：在 PowerPoint 中，单击要添加视频的幻灯片。打开“插入”选项卡，单击“媒体”组中的“视频”按钮，在打开的下拉列表中选择“联机视频”选项，打开“插入视频”对话框，在“来自视频嵌入代码”框中，粘贴嵌入代码，再单击右侧的箭头按钮进行搜索，如图 6.59 所示。幻灯片上会出现一个视频框，可移动或设置其大小。若要在幻灯片上预览视频，右击视频框，在弹出的快捷菜单中选择“预览”命令，再单击视频上的“播放”按钮。

图 6.59 “插入视频”对话框

(2) 按地址搜索 YouTube 视频

步骤 1：单击要添加视频的幻灯片，打开“插入”选项卡，单击“媒体”组中的“视频”|“联机视频”选项，在“YouTube”框中，输入联机视频的地址，按 Enter 键。

步骤 2：从搜索结果中选择视频，单击“插入”按钮，幻灯片中会出现一个视频框。右击视频框，在弹出的快捷菜单中选择“预览”命令，再单击视频上的“播放”按钮，可在幻灯片上预览视频。

3. 编辑视频

在幻灯片中插入视频后，会出现“视频工具”的“格式”和“播放”选项卡，利用这两个选项卡可对插入的视频进行编辑。

(1) 设置视频样式

打开“视频工具”的“格式”选项卡，在“视频样式”组中，单击“其他”按钮，如图 6.60 所示，在打开的下拉列表框中选择所需的视频样式。

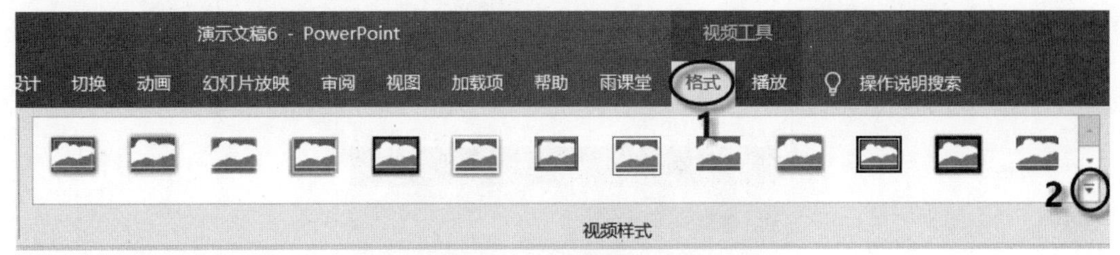

图 6.60 “视频样式”组

(2) 设置海报框架

插入视频后，幻灯片中将出现一张默认的视频缩略图。为了增加吸引力，可将默认的缩略图更改为视频中最精彩的一幕。方法：单击视频播放工具栏中的“播放”按钮播放视频，在精彩的一幕单击“暂停”按钮，打开“视频工具”的“格式”选项卡，单击“调整”组中的“海报框架”按钮，在打开的下拉列表中单击“当前帧”选项，此时视频播放工具栏中会出现“标牌框架已设定”字样，如图 6.61 所示，将“当前框架”设置为插入视频的缩略图。

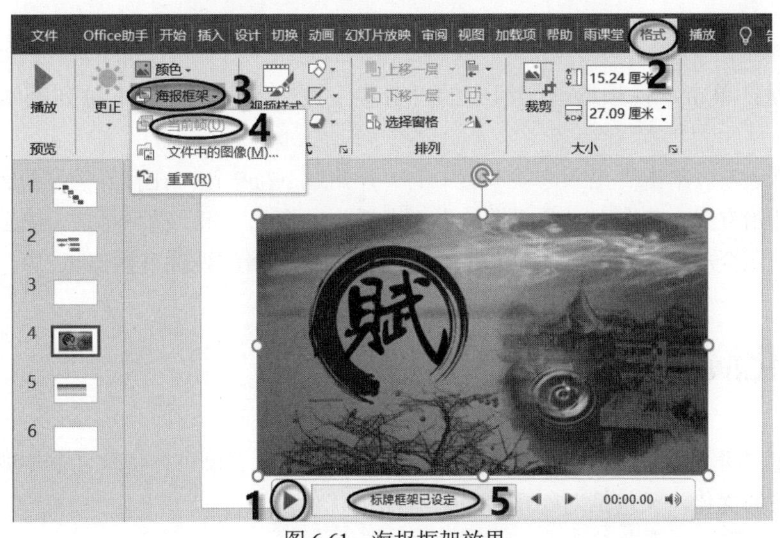

图 6.61　海报框架效果

(3) 设置视频的播放

剪裁视频：打开“视图工具”的“播放”选项卡，单击“编辑”组中的“剪裁视频”按钮，如图 6.62 所示，打开“剪裁视频”对话框，拖动中间滚动条两端的绿色或红色滑块剪裁视频文件的开头或结尾处，或者在“开始时间”数值框中输入视频播放开始的时间，在“结束时间”数值框中输入视频播放结束的时间，本例中在“开始时间”数值框中输入 01:13:047，如图 6.63 所示，单击“确定”按钮。

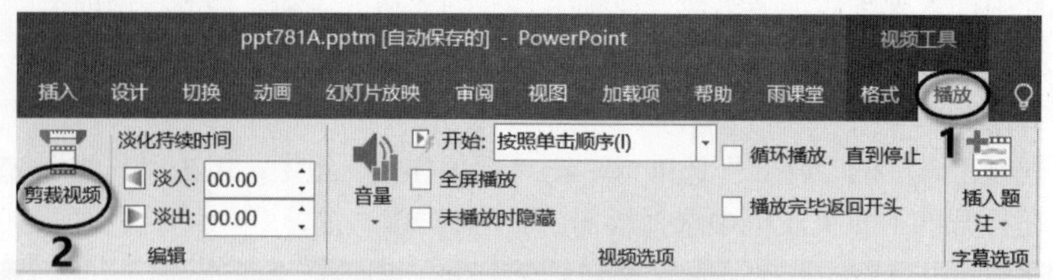

图 6.62　单击“剪裁视频”按钮

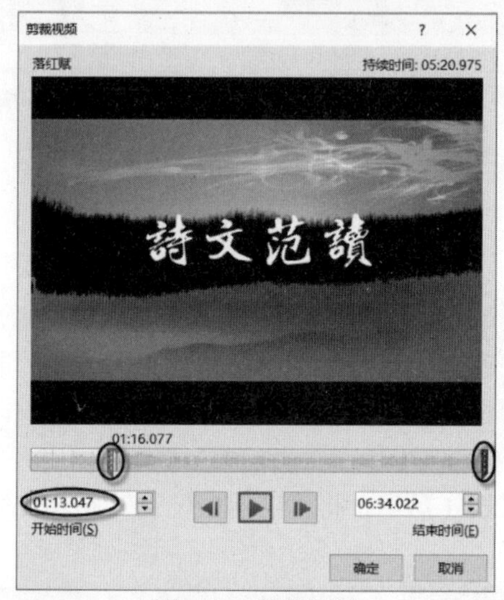

图 6.63　剪裁视频

设置音量：单击“视频选项”组中的“音量”按钮，在打开的下拉列表中可调整音量的大小。

设置视频选项：单击“视频选项”组中的“开始”下拉按钮，在打开的下拉列表框中选择视频播放的开始方式。若选中“全屏播放”“未播放时隐藏”和“循环播放，直到停止”复选框，则分别表示全屏播放视频、不播放时隐藏视频和重复播放视频直到停止。

6.4 优化演示文稿

若使创建的演示文稿具有良好的视觉体验，需要对演示文稿进行优化，其中既包括对幻灯片中各种对象的优化，又包括对幻灯片外观效果的优化。

6.4.1 幻灯片中各种对象的优化

幻灯片中的文本、图片、表格等对象的优化主要通过对其进行格式设置实现，与 Word 中的优化操作基本相同，用户可仿照 Word 中各对象的格式设置对幻灯片中的各对象进行优化。

6.4.2　利用主题优化演示文稿

主题旨在用一组颜色、字体和效果来创建幻灯片的整体外观，PowerPoint 2016 提供了多种主题，可适应不同任务的需要。利用主题优化演示文稿的方法如下。

1. 选择主题样式

(1) 选定要使用主题的幻灯片，单击“设计”选项卡“主题”组中的“其他”按钮，如图 6.64 所示，在打开的下拉列表框中单击所需的主题样式，可将该主题应用到整个演示文稿的所有幻灯片中。

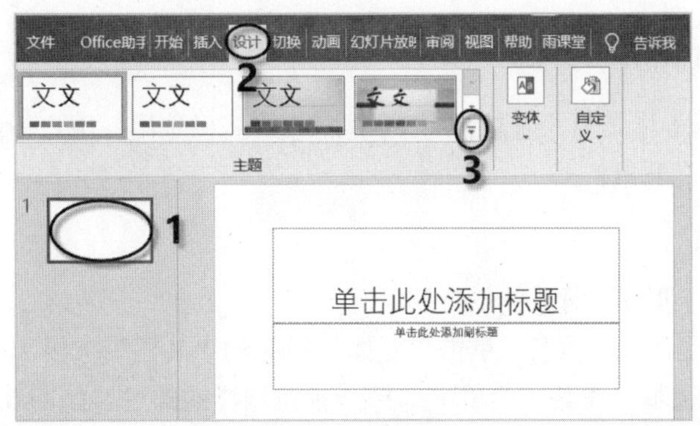

图 6.64　主题列表

(2) 若希望主题只应用于当前幻灯片，右击某一主题样式，在弹出的快捷菜单中选择“应用于选定幻灯片”命令即可，如图 6.65 所示。按照此方法可在一个演示文稿中应用多个主题，图 6.66 应用了 3 个主题效果。添加幻灯片时，所添加的幻灯片会自动应用于其相邻的前一张幻灯片的主题。

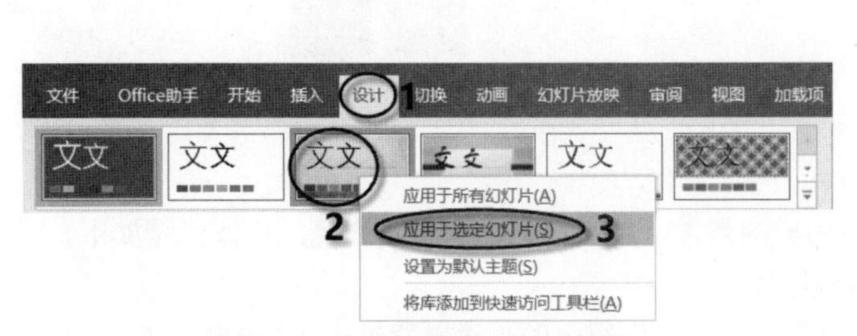

图 6.65　将主题应用于选定幻灯片

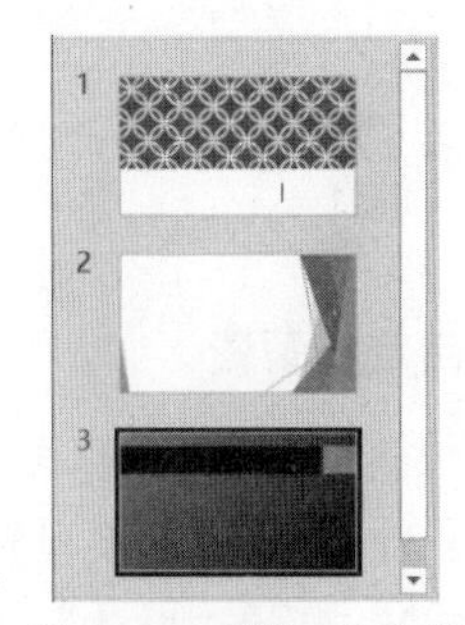

图 6.66　应用 3 个主题

2. 设置主题颜色

为幻灯片添加某一主题后，若配色方案不能满足用户需求，可通过“变体”组自定义当前主题的颜色。方法：打开“设计”选项卡，单击“变体”组中的“其他”按钮，在打开的下拉列表框中单击“颜色”选项，在其子列表中选择所需的颜色，本例中选择“黄色”选项，如图 6.67 所示。

3. 设置主题字体

在图 6.67 中，单击下拉列表框中的“字体”选项，在其子列表中选择所需的字体即可。

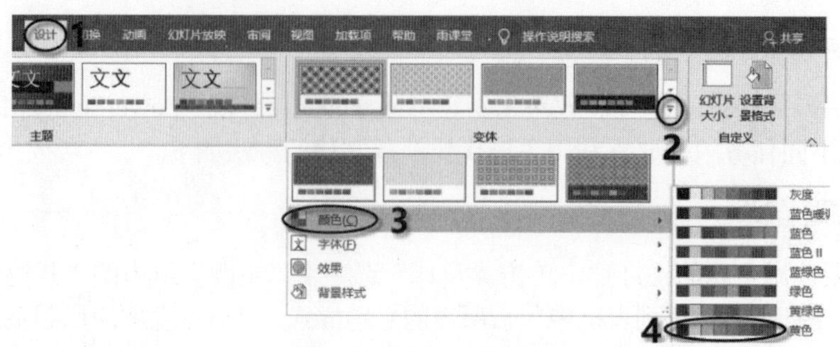

图 6.67 设置主题颜色

6.4.3 利用背景优化演示文稿

在 PowerPoint 2016 中，每个主题都有 12 种背景样式供选用。用户不仅可以使用内置的背景样式，还可以自定义背景样式。

1. 使用内置背景

步骤 1：单击选定要设置背景的幻灯片。

步骤 2：打开“设计”选项卡，单击“变体”组中的“其他”按钮，在打开的下拉列表框中选择“背景样式”选项，在其子菜单中选择一种背景样式即可，如图 6.68 所示。

图 6.68 设置背景样式

2. 自定义背景

若系统内置的背景样式不能满足用户的需求，用户可自定义背景样式，具体步骤如下。

步骤 1：单击选定要设置背景的幻灯片。

步骤 2：打开“设计”选项卡，单击“自定义”组中的“设置背景格式”按钮，打开“设置背景格式”任务窗格，在“填充”区域通过选中不同的单选按钮，如“纯色填充”“渐变填充”“图片或纹理填充”“图案填充”，并进行相应的设置，即可为幻灯片设置不同的背景效果。本例中选择“图片或纹理填充”选项，如图 6.69 所示。

步骤 3：在“设置背景格式”任务窗格中选择“效果”选项，在“艺术效果栏”中单击“艺术效果”按钮，从打开的下拉列表中选择所需的效果选项，例如选择“水彩海绵”效果，如图 6.70 所示。

步骤 4：单击“设置背景格式”任务窗格下方的“应用到全部”按钮，将设置的背景格式应用到所有幻灯片。

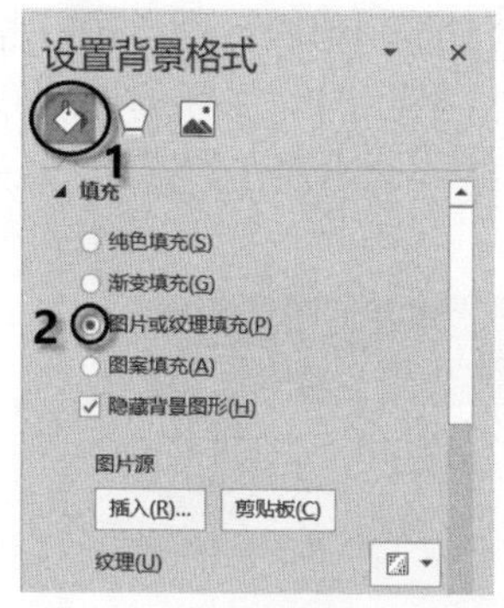

图 6.69　设置背景填充效果

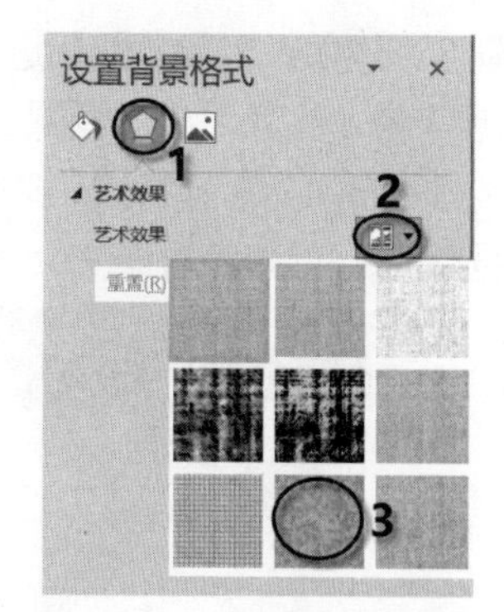

图 6.70　设置背景艺术效果

6.4.4　利用母版优化演示文稿

母版幻灯片控制整个演示文稿的外观，包括颜色、字体、背景、效果等内容。通常在编辑演示文稿前，应先设计好幻灯片母版，之后添加的所有幻灯片都会应用该母版的格式，从而快速地实现全局设置，提高工作效率。

PowerPoint 2016 提供了 3 种类型的母版：“幻灯片母版”“讲义母版”及“备注母版”，分别用于控制幻灯片、讲义、备注的外观整体格式，使创建的演示文稿有较统一的外观。由于讲义母版和备注母版的操作方法比较简单，且不常用，因此本节主要介绍“幻灯片母版”的使用方法。

打开“视图”选项卡，单击“母版视图”组中的“幻灯片母版”，进入幻灯片母版的编辑状态，如图 6.71 所示，左上角有数字标识的幻灯片就是母版，下面是与母版相关的幻灯片版式。一个演示文稿可以包括多个幻灯片母版，对于新插入的幻灯片母版，系统会根据母版的个数自动以数字进行命名，如 1、2、3、4 等，如图 6.72 所示。

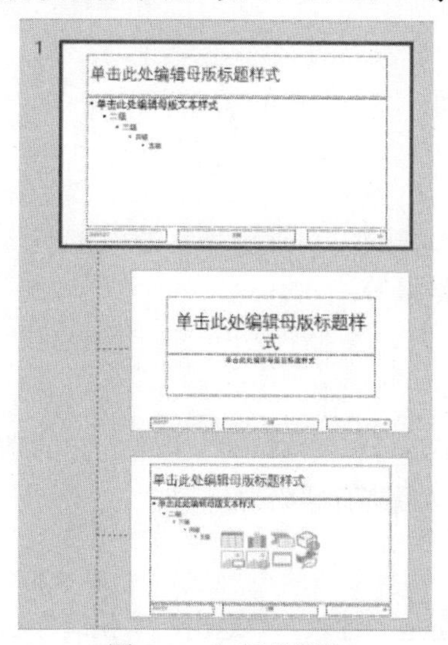

图 6.71　幻灯片母版

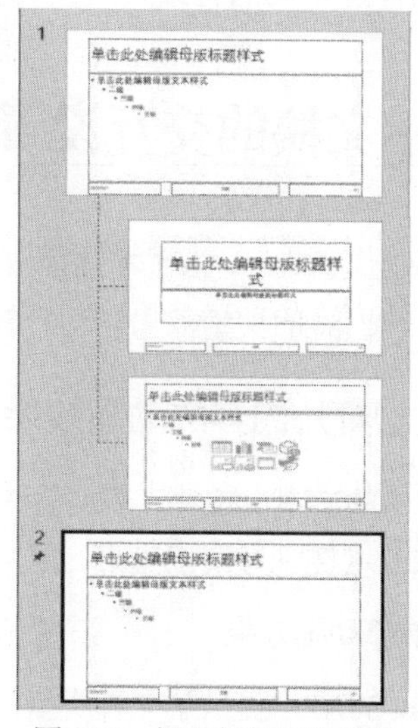

图 6.72　插入新幻灯片母版

在幻灯片母版中，可以设置幻灯片的主题、字体、颜色、效果、背景样式等格式，如图 6.73 所示。每个区域中的文字只起提示作用并不真正显示，不必在各区域中输入具体文字，只需设置其格式即可。例如，若要设置标题格式，则选定“单击此处编辑母版标题样式”占位符，在“开始”选项卡的“字体”组中设置标题格式为隶书、红色、字号 28，关闭幻灯片母版后，幻灯片中的标题将自动应用该格式。即使在母版上输入了文字也不会出现在幻灯片上，只有图形、图片、日期/时间、页脚等对象才会出现在幻灯片上。

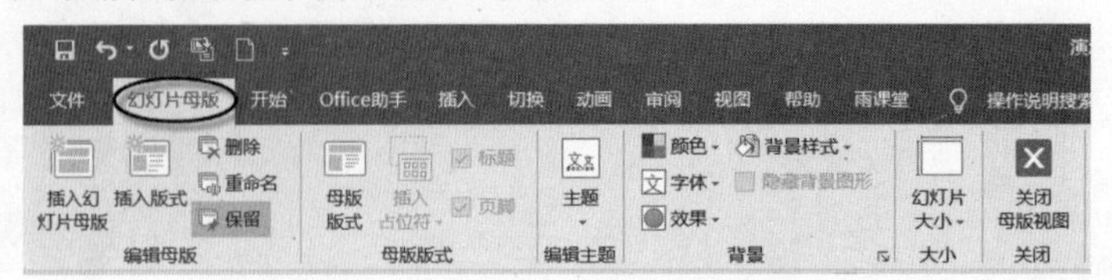

图 6.73　“幻灯片母版”选项卡

在幻灯片母版视图中，可以修改每一张幻灯片中要出现的字体格式、项目符号、背景及图片等，修改方法与修改一般幻灯片的方法相同，只是母版幻灯片的修改会影响到所有幻灯片。若只改变正文区某一层次的文本格式，在母版的正文区先选定该层次，再进行格式设置即可。例如，要改变第三层次的文本格式，应先选定母版文本“第三级”，然后进行格式设置。

母版格式设置结束后，需要将母版保存为 PowerPoint 模板(*.potx)，在新建演示文稿时就可以使用该模板。

虽然在幻灯片母版上所进行的修改将自动套用到同一演示文稿的所有幻灯片上，但也可以创建与母版不同的幻灯片，使之不受母版的影响。

若要使某张幻灯片的标题或文本与母版不同，应先选定要更改的幻灯片，再根据需要更改该幻灯片的标题或文本格式，其改变不会影响其他幻灯片或母版。

若要使某张幻灯片的背景与母版背景不同，应先选定该幻灯片，再单击“幻灯片母版”选项卡“背景”组中的“背景样式”按钮，在打开的下拉列表中选择背景色或设置背景格式。在某一背景样式上右击，从弹出的快捷菜单中选择“应用于所选幻灯片”命令，此幻灯片就具有与其他幻灯片不同的背景。

6.5 演示文稿的交互设置

演示文稿制作完成后，为了增强播放效果的生动性和趣味性，可设置演示文稿的交互效果，包括设置幻灯片内容的动画效果、幻灯片切换效果及超链接等。

6.5.1 设置幻灯片内容的动画效果

为幻灯片中的文本、图片、表格等内容添加动画效果，可以使这些对象按照一定的顺序和规则动态播放，这样既可突出重点，又可使播放过程生动且富有感染力。

1. 添加单个动画效果

PowerPoint 2016 中提供了 4 种类型的动画效果，分别是“进入”“退出”“强调”和“动作路径”，用户可根据需要为幻灯片中的文本、图形、图片等内容设置不同的动画效果。

选定要设置动画的内容，打开“动画”选项卡，单击“动画”组中的“其他”按钮，或单击“高级动画”组中的“添加动画”按钮，打开如图 6.74 所示的下拉列表框，从中选择一种动画效果，即可为选定内容添加该动画效果。

该下拉列表框除了包含“进入”“退出”“强调”和“动作路径”4 类内置的动画外，底部还包含了 4 个命令项。单击某一命令项可打开相应的对话框，其中包含了更多类型的动画效果供选择。例如，单击“更多进入效果”命令选项时，弹出如图 6.75 所示的对话框，在其中可以选择更多的进入动画效果。

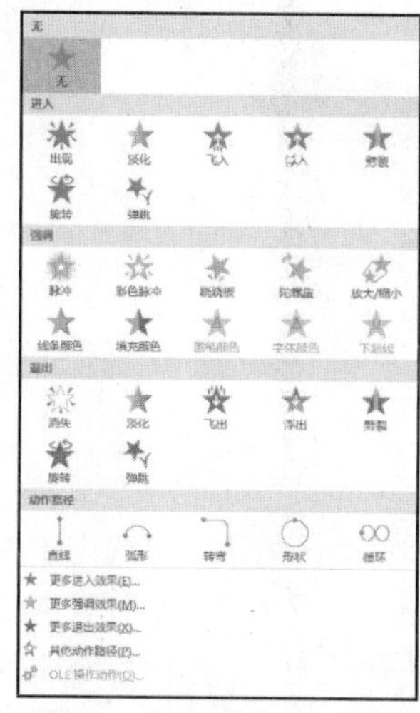

图 6.74　动画效果下拉列表框

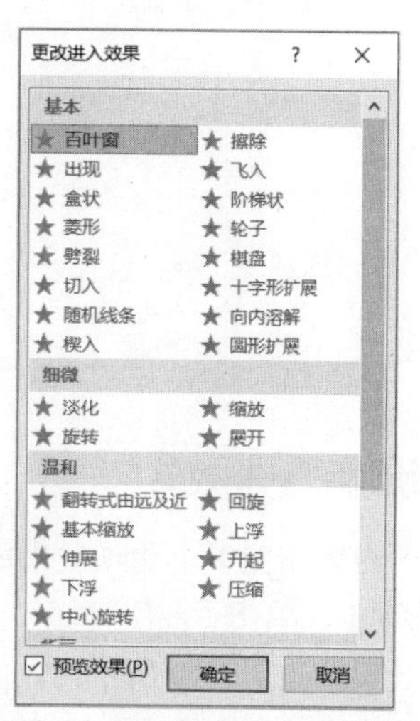

图 6.75　“更改进入效果”对话框

【例 6-2】 为“课程改革”演示文稿中的内容添加动画效果。

步骤 1：打开“课程改革”演示文稿，在第二张幻灯片中选定 SmartArt 图形，打开“动画”选项卡，单击“动画”组中的“其他”按钮。在打开的下拉列表框中选择“进入”中的“擦除”动画效果，此时，在 SmartArt 图形的左上方会显示动画序号 1，表明为 SmartArt 图形添加动画效果。

步骤 2：选定椭圆，单击图 6.74 下拉列表框中的“更多强调效果”命令选项，在弹出的对话框中选择“温和型”区域中的“跷跷板”，如图 6.76 所示，单击“确定”按钮，为椭圆添加跷跷板动画效果，并在椭圆的左上方显示动画序号 2。

步骤 3：选定矩形，单击图 6.74 下拉列表框中的“其他动作路径”命令选项，打开“更改动作路径”对话框，在“基本”区域中选择“圆形扩展”，单击“确定”按钮，如图 6.77 所示。

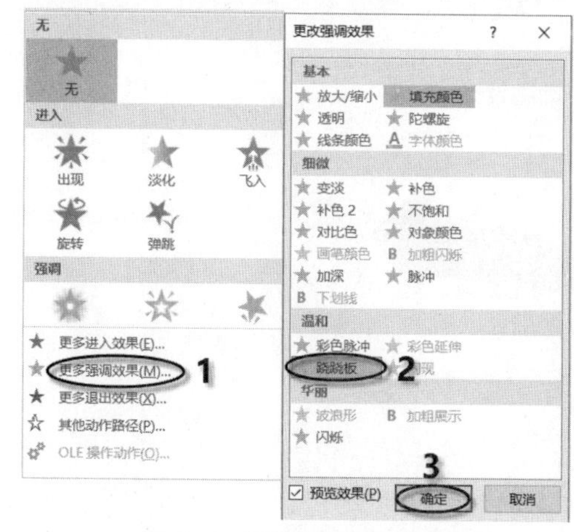

图 6.76　设置强调动画效果

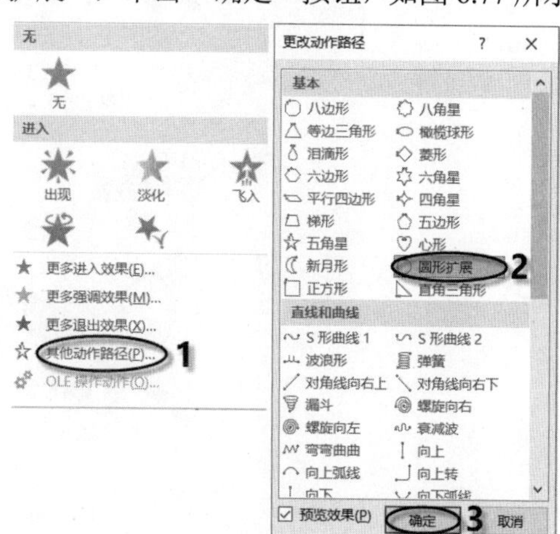

图 6.77　设置动作路径动画效果

步骤 4：单击“动画”选项卡“预览”组中的“预览”按钮，可在幻灯片中预览添加的动画效果，最终效果如图 6.78 所示。

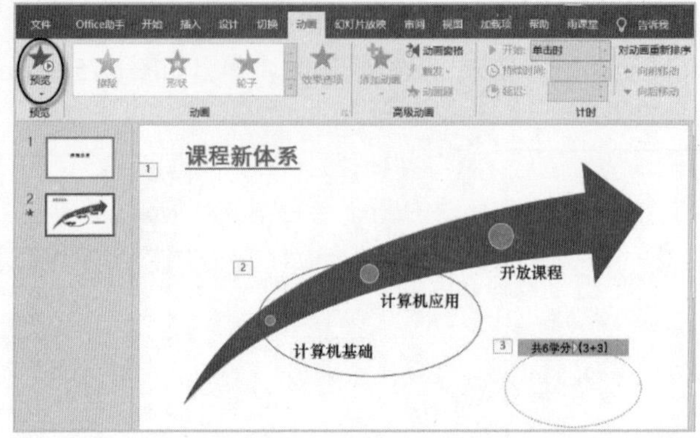

图 6.78　动画最终效果

2. 添加多个动画效果

为某一内容添加单个动画效果后，若还要为该内容再添加动画效果，可选定该内容，打开“动画”选项卡，单击“高级动画”组中的“添加动画”按钮。在弹出的下拉列表中，选择要添加的动画效果，如图 6.79 所示，为选定内容添加了另一个动画效果。一个内容添加多个动画效果后，在该内容的左上方会出现多个动画序号，该序号表示动画的播放顺序，如图 6.80 所示。

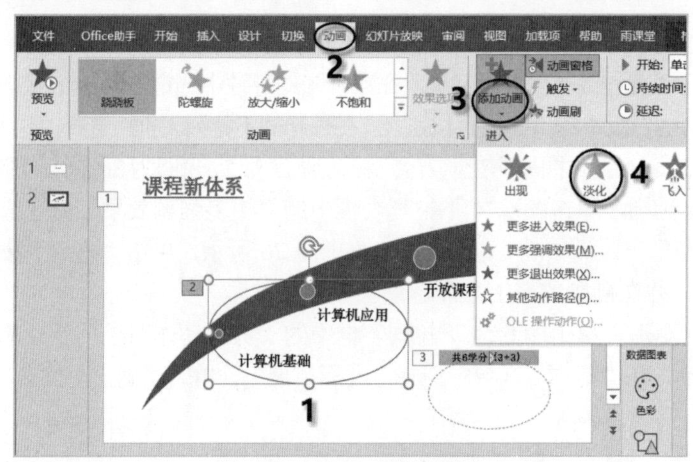

图 6.79　添加多个动画效果

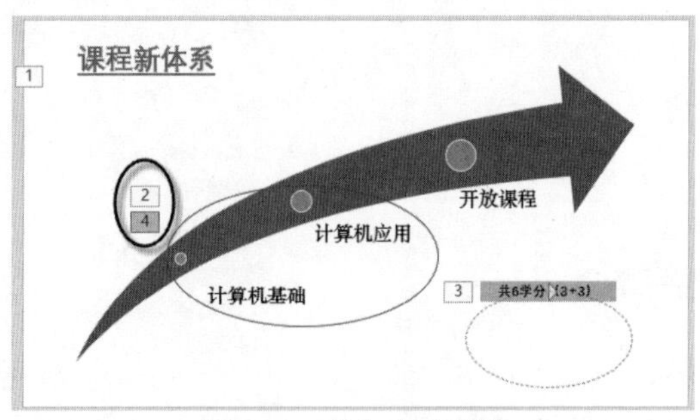

图 6.80　多个动画序号

3. 复制动画效果

单击“动画”选项卡“高级动画”组中的“动画刷”按钮 动画刷，可快速地将动画效果从一个对象复制到另一个对象上。该动画刷的使用方法与 Word 中的格式刷相同。

4. 编辑动画效果

在普通视图中，给幻灯片中的内容添加动画效果后，在每个内容的左侧和动画窗格中会出现相应的动画序号，表示动画设置和播放的顺序，如图 6.81 所示。

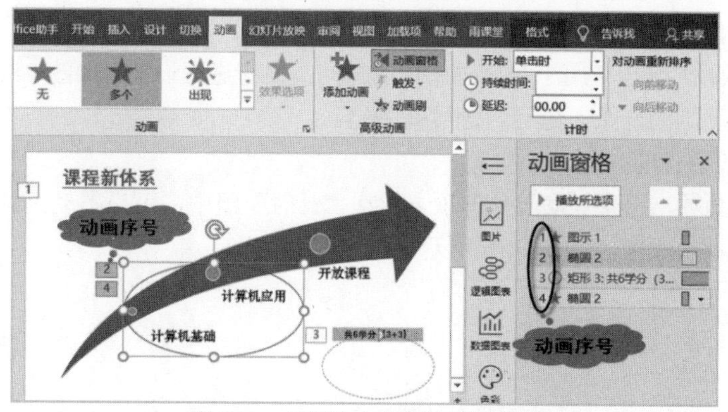

图 6.81　幻灯片中内容的动画序号

(1) 设置动画效果选项

① 利用功能区设置

在幻灯片中选定已添加动画效果的某一内容，打开“动画”选项卡，单击“动画”组中的“效果选项”按钮，在弹出的下拉列表中可对选定内容的动画进行效果设置，如图 6.82 所示。该下拉列表中的效果选项与选定内容及添加的动画类型有关。若内容及动画类型不同，其效果选项下拉列表中的内容也有所不同，有的动画类型没有效果选项。

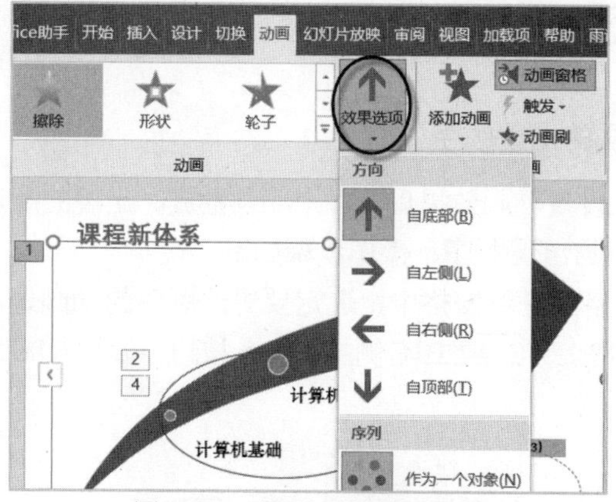

图 6.82　不同动画的效果选项

② 利用对话框设置

步骤 1：单击“动画”选项卡“高级动画”组中的“动画窗格”按钮，如图 6.83 所示，在窗口的右侧会弹出“动画窗格”任务窗格，此任务窗格中列出了已添加的动画效果。

图 6.83　单击“动画窗格”按钮

步骤 2：在任务窗格中的某一动画选项上右击，从弹出的快捷菜单中选择“效果选项”命令，进入选定动画效果设置对话框，对于不同的动画效果，此对话框中选项卡的名称和内容不尽相同，但基本都包含“效果”和“计时”两个选项卡。

步骤 3：“效果”选项卡用于对动画出现的方向及声音进行设置，如图 6.84 所示。“计时”选项卡用于设置动画的开始、延迟、速度等内容。

(2) 为动画设置计时

选定某一动画项，打开“动画”选项卡，在“计时”组中，可设置动画的开始方式、持续的时间、延迟和播放顺序，如图 6.85 所示。

图 6.84　“擦除”动画效果的选项设置

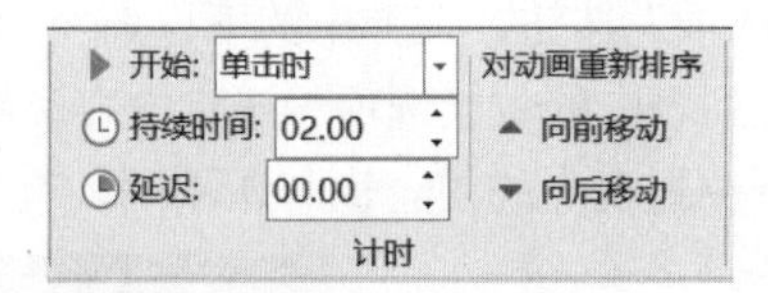

图 6.85　“计时”组中的设置选项

5. 更改幻灯片中动画的出现顺序

为幻灯片中多个对象设置动画效果后，各个动画播放时出现的顺序与设置顺序相同，根据需要可更改幻灯片中动画的出现顺序。操作步骤如下。

步骤 1：在“动画窗格”任务窗格中，选定要更改顺序的动画选项。

步骤 2：单击任务窗格上方“播放自”右侧的▲和▼按钮，如图 6.86 所示，可调整选定动画效果的出现顺序。

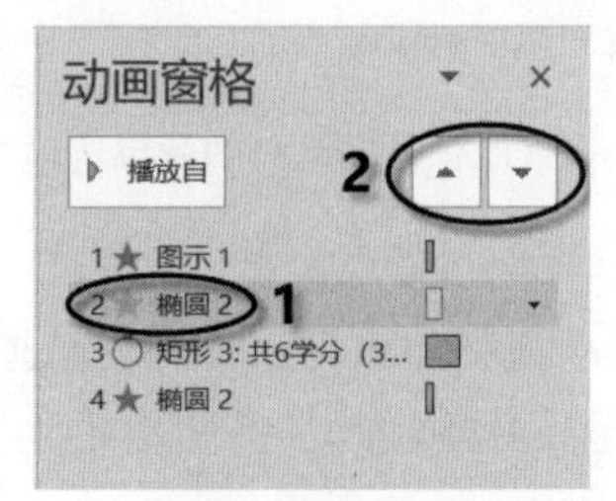

图 6.86　调整动画效果的出现顺序

如果要删除某一个内容的动画效果，可在“动画窗格”任务窗格中右击该动画效果，从弹出的快捷菜单中选择“删除”命令。

注意：

(1) 适当地使用动画效果，可突出演示文稿的重点，并提高演示文稿的趣味性和感染性。但过多地使用动画效果，会将使用者的注意力集中到动画特技的欣赏中，从而忽略了对演示文稿内容的注意。因此，在同一个演示文稿中不宜过多地使用动画效果。

(2) 在一张幻灯片中，可以对同一个内容设置多项动画效果，其效果按照设置的顺序依次播放。

6.5.2　设置幻灯片切换的动画效果

幻灯片切换的动画效果是指演示文稿放映过程中幻灯片进入和离开屏幕时所产生的动画效果。PowerPoint 2016 内置了 3 种类型共 47 种切换效果，可为部分或所有幻灯片设置切换的动画效果。设置步骤如下。

步骤 1：在“幻灯片缩略图”窗格中，选定需设置切换效果的一张或多张幻灯片，打开“切换”选项卡，单击“切换到此幻灯片”组中的“其他”按钮，在打开的下拉列表框中选择一种切换效果，这里选择“细微”栏中的“揭开”选项，如图 6.87 所示，该效果将被应用到选定的幻灯片上。

步骤 2：单击“效果选项”按钮，在打开的下拉列表中设置切换效果的进入方向，这里选择“自左侧”选项，如图 6.88 所示。

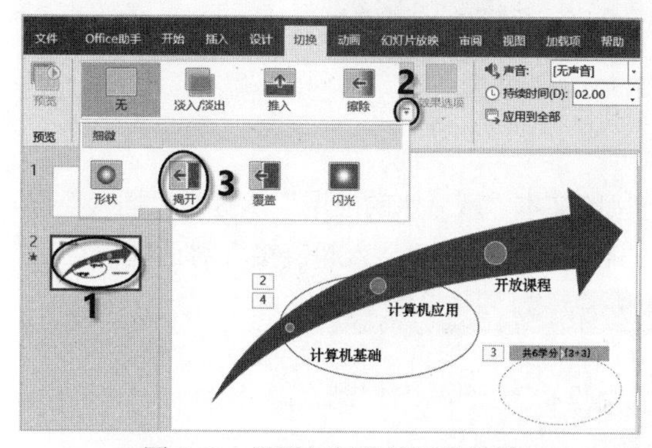

图 6.87　设置幻灯片的切换效果

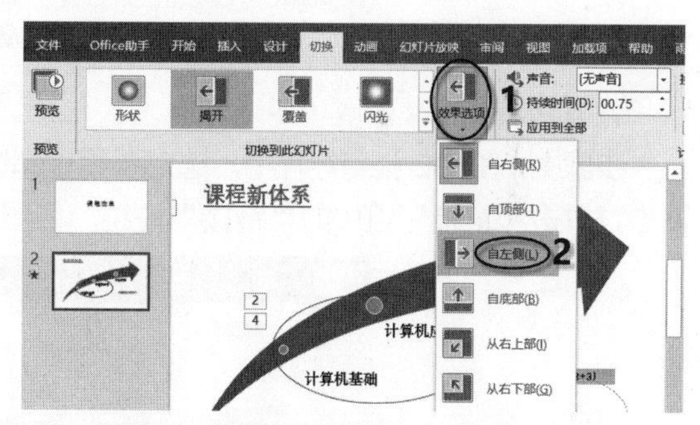

图 6.88　设置幻灯片切换效果的进入方向

步骤 3：在“计时”组中设置幻灯片切换时的声音、持续时间、换片方式。

在“声音”下拉列表中设置切换时是否伴随着声音；在“持续时间”数值框中，设置幻灯片切换的时间。

在“换片方式”区域中，设置幻灯片切换的方式，包括“单击鼠标时”和“设置自动换片时间”两种方式。如果选择了自动换片时间，单击其后的按钮，设定一个时间，如 00:03.00 表示每隔 3 秒自动进行切换。若☑单击鼠标时和☑设置自动换片时间两复选框都被选中，表示只要触发一种切换方式就换页。

步骤 4：若将上述设置应用到所有的幻灯片，则单击“应用到全部”按钮，否则只应用到当前选定的幻灯片。

步骤5：若要取消切换效果，则单击“切换到此幻灯片”组中的“其他”按钮，在打开的下拉列表中选择“无”。

6.5.3 设置超链接

PowerPoint 中的超链接与网页中的超链接类似，超链接可以链接到同一演示文稿的某张幻灯片，或者链接到其他 Word 文档、电子邮件地址、网页等。播放时，单击某个超链接，即可跳转到指定的目标位置。利用超链接，不仅可以快速地跳转到指定的位置，还可以改变幻灯片放映的顺序，增强演示文稿放映时的灵活性。

设置超链接的对象可以是文本、图片、形状或表格等。如果文本位于某个图形中，还可以为文本和图形分别设置超链接。

【例 6-3】 如图 6.89 所示，将演示文稿第 2 张幻灯片中的文本“贰　水的应用”超链接到第 7 张幻灯片，并在第 7 张幻灯片上设置一个返回到第 2 张幻灯片的动作按钮。

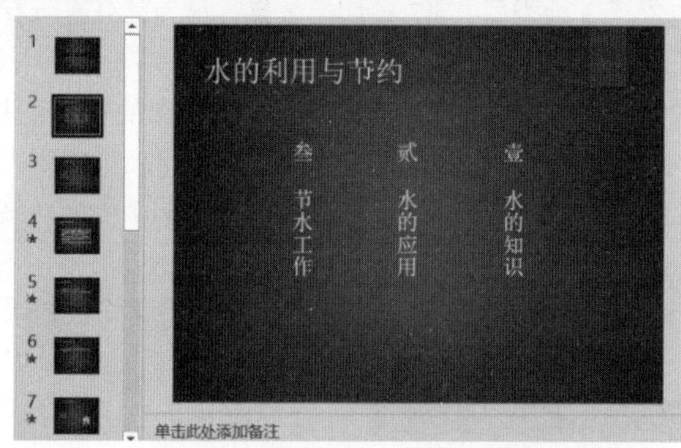

图 6.89　超链接演示文稿原型结构

设置步骤如下。

步骤1：在第2张幻灯片中，选定要设置超链接的文本“贰　水的应用”，打开“插入”选项卡，单击“链接”组中的“链接”按钮，如图 6.90 所示，弹出“插入超链接”对话框。

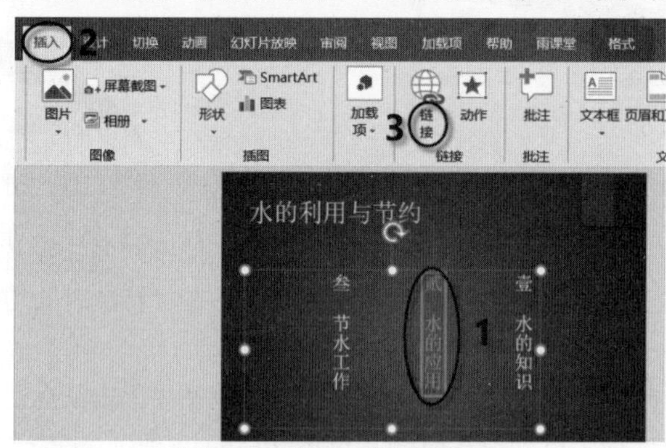

图 6.90　单击“链接”按钮

步骤2：在此对话框的“链接到”列表框中单击“本文档中的位置”，在“请选择文档中的位置”列表框中单击目标幻灯片“7.二、水的应用”，单击“确定”按钮，如图 6.91 所示。

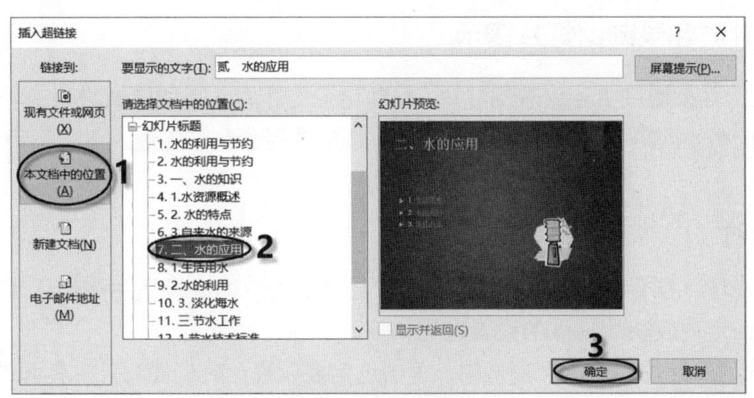

图 6.91 设置超链接

步骤 3：设置返回的动作按钮。将第 7 张幻灯片“二、水的应用”作为当前幻灯片，单击“插入”选项卡“插图”组中的“形状”按钮，在下拉列表的“动作按钮”区域中单击“动作按钮：转到开头”按钮，此时鼠标的光标变为“＋”形状，在当前幻灯片的右下角按住鼠标左键进行拖动，绘制一个适当大小的按钮图形，释放鼠标，弹出“操作设置”对话框。

步骤 4：在该对话框中，选中“超链接到”单选按钮，从打开的下拉列表中选择“幻灯片…”选项，弹出“超链接到幻灯片”对话框，在“幻灯片标题”列表框中单击目标幻灯片“2. 水的利用与节约”，再单击“确定”按钮，如图 6.92 所示。放映时，单击此动作按钮，将自动跳转到第 2 张幻灯片。

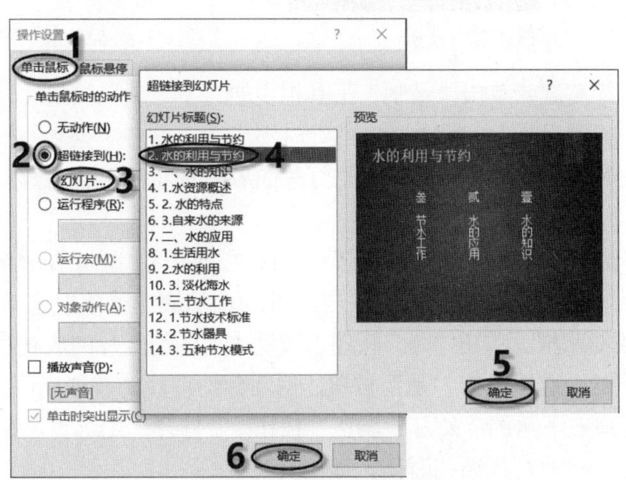

图 6.92 设置动作按钮的超链接

若想删除已设置的超链接，则在要删除超链接的内容上右击，选择快捷菜单中的“删除链接”命令。若要将超链接及其对象一并删除，则在选定后按 Delete 键或 Backspace 键。

6.6 演示文稿的放映设置

演示文稿的放映是指幻灯片以全屏或窗口的形式展示其中的内容，便于观众了解和认识其中的内容。本节主要介绍演示文稿放映的相关设置。

6.6.1 排练计时和录制幻灯片演示

“排练计时”是指通过实际放映幻灯片，自动记录幻灯片之间切换的时间间隔，以便在放映时能够以最佳的时间间隔自动放映。录制幻灯片是指录制旁白、墨迹、激光笔手势及幻灯片和动画计时回放。

1. 排练计时

幻灯片放映时，若不想人工放映，可利用“排练计时”命令设置每张幻灯片的放映时间，实现演示文稿的自动放映。具体的设置过程如下。

步骤 1：在“幻灯片缩略图”窗格中，单击选定要设置计时的幻灯片，打开“幻灯片放映”选项卡，单击“设置”组中的“排练计时”按钮，如图 6.93 所示，幻灯片开始放映，屏幕的左上角会出现“录制”工具栏，如图 6.94 所示，计时开始。

图 6.93 单击“排练计时”按钮

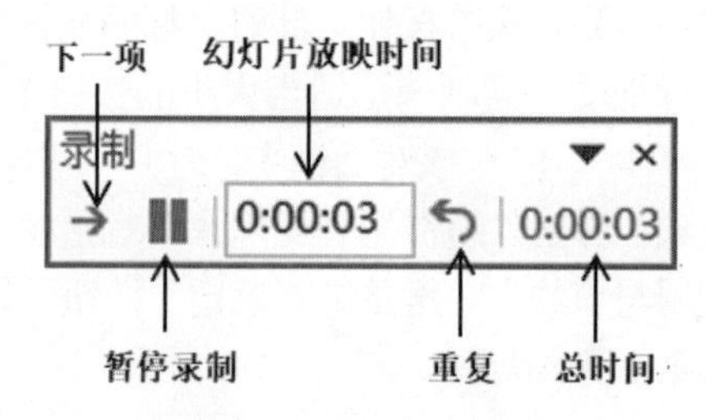

图 6.94 “录制”工具栏

步骤 2：单击鼠标左键或单击“录制”工具栏中的“下一项”按钮，开始放映下一张幻灯片并重新进行计时。如果对当前幻灯片放映的计时不满意，单击“重复”按钮重新计时，或者直接在“幻灯片放映时间”文本框中输入该幻灯片的放映时间值。若需暂停，则单击“暂停录制”按钮。

步骤 3：重复步骤(2)，直到最后一张幻灯片，在“总时间”区域显示当前整个演示文稿的放映时间。若要终止排练计时，在幻灯片上右击，从弹出的快捷菜单中选择“结束放映”命令，弹出如图 6.95 所示的提示框。单击“是”按钮，接受本次各幻灯片的放映时间；单击“否”按钮，取消本次排练计时。这里单击“是”按钮，返回到幻灯片的普通视图窗口中。

步骤 4：单击窗口右下角的“幻灯片浏览”按钮，打开“幻灯片浏览”视图，在排练计时的幻灯片右下角显示播放时需要的时间，如图 6.96 所示。

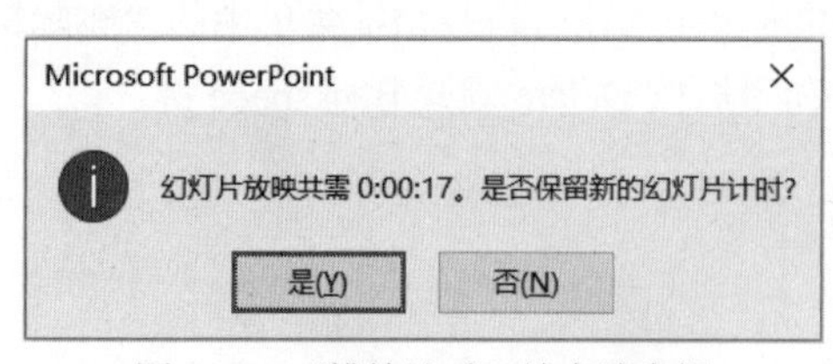

图 6.95 “排练计时”结束消息框

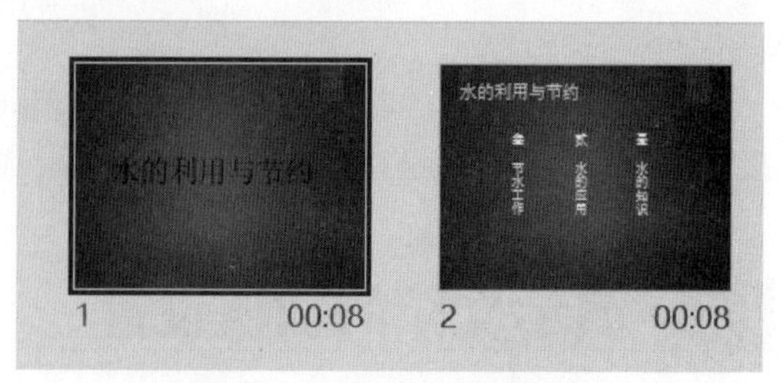

图 6.96 播放时的计时时间

2. 录制幻灯片演示

步骤 1：在“幻灯片缩略图”窗格中，单击要录制的幻灯片，打开“幻灯片放映”选项卡，单击“设置”组中的“录制幻灯片演示”按钮，在弹出的下拉列表中选择“从头开始录制”或“从当前幻灯片开始录制”命令。例如选择“从头开始录制”命令，则会打开“录制幻灯片演示”对话框，如图 6.97 所示。

步骤 2：单击“开始录制”按钮，进入幻灯片放映状态并开始录制幻灯片演示，单击屏幕左上角“录制”工具栏中的“下一项”按钮，如图 6.98 所示，切换到下一张幻灯片进行录制。

步骤 3：录制完毕后，在当前幻灯片上右击，在弹出的快捷菜单中选择“结束放映”命令，此时录制的每张幻灯片右下角都会显示一个声音图标。将演示文稿切换到“幻灯片浏览”视图，录制幻灯片的右下角就会显示录制时间。

步骤 4：若要删除某张幻灯片的录制，选定幻灯片中的声音图标，按 Delete 键删除即可。

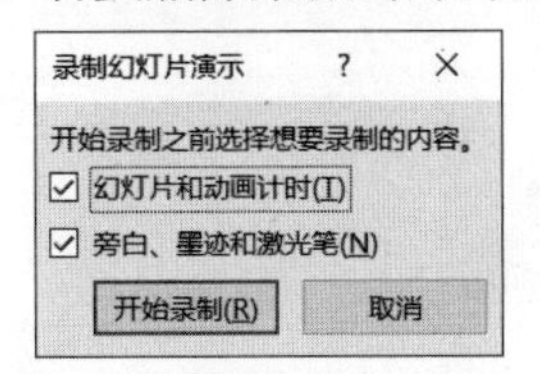

图 6.97　“录制幻灯片演示”对话框

图 6.98　“录制”工具栏

6.6.2　放映幻灯片

完成对演示文稿的编辑、动画设置后，为了查看真实的效果，需要对其进行放映。

1. 启动幻灯片放映

(1) 从头开始放映

打开“幻灯片放映”选项卡，单击“开始放映幻灯片”组中的“从头开始”按钮，或者按 F5 键，从第一张幻灯片开始放映。

(2) 从当前幻灯片开始放映

单击演示文稿窗口右下角的“幻灯片放映”按钮，或者按 Shift+F5 组合键，从当前幻灯片开始放映。

打开“幻灯片放映”选项卡，单击“开始放映幻灯片”组中的“从当前幻灯片开始”按钮，即可从当前幻灯片开始放映。

2. 自定义放映

若使同一演示文稿随着应用对象的不同，播放的内容也有所不同，可利用 PowerPoint 提供的自定义放映功能。将同一演示文稿的内容，进行不同组合，可以满足不同演示要求。设置自定义放映的步骤如下。

步骤 1：打开“幻灯片放映”选项卡，单击“开始放映幻灯片”组中的“自定义幻灯片放映”下拉按钮，在弹出的下拉列表中选择“自定义放映”选项，如图 6.99 所示，打开 “自定义放映”对话框。

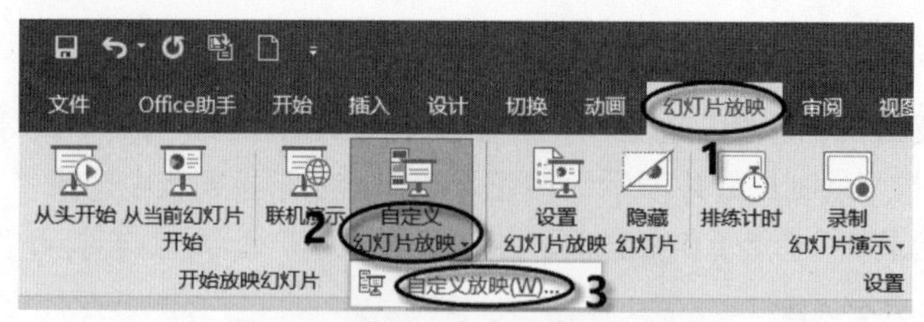

图 6.99　选择“自定义放映”选项

步骤 2：单击“新建”按钮，打开“定义自定义放映”对话框，在“幻灯片放映名称”文本框中输入自定义放映的名称(如输入“学生”)，在“在演示文稿中的幻灯片”列表框中选择自定义放映的幻灯片，单击“添加”按钮，如图 6.100 所示，将其添加到“在自定义放映中的幻灯片”列表框中。

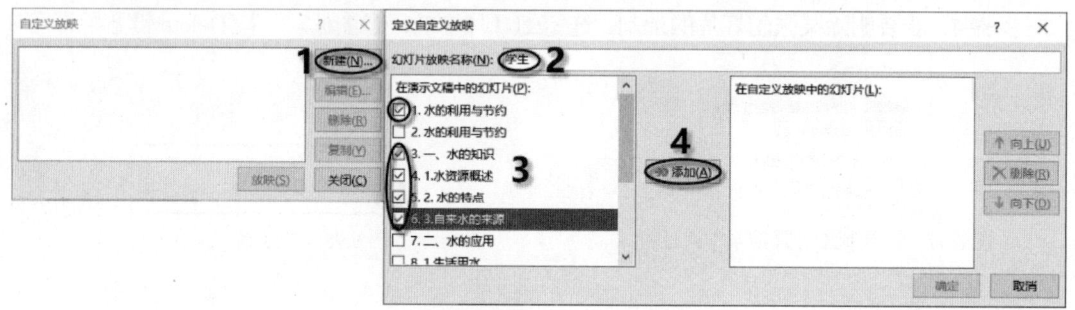

图 6.100　设置自定义放映

步骤 3：单击“在自定义放映中的幻灯片”列表框右侧的“向上”按钮和“向下”按钮，改变自定义放映中的幻灯片播放顺序。

步骤 4：设置完毕后，单击“确定”按钮，返回到“自定义放映”对话框，新创建的自定义放映名称会自动显示在“自定义放映”列表框中。

步骤 5：若要创建多个“自定义放映”，重复步骤 2～4。所有“自定义放映”创建完毕后，单击“自定义放映”对话框中的“关闭”按钮。

步骤 6：放映时，单击“开始放映幻灯片”组中的“自定义幻灯片放映”下拉按钮，在弹出的下拉列表中选择需要放映的名称，演示文稿将按自定义的名称进行放映。

在幻灯片放映过程中，可通过多种操作来控制幻灯片的进程。

单击当前幻灯片或选择快捷菜单中的“下一张”命令，或者按空格键、Enter 键、PgDn 键，可切换到下一张幻灯片。

按 Backspace 键、PgUp 键，或者选择快捷菜单中的“上一张”命令，可切换到上一张幻灯片。

选择快捷菜单中的“结束放映”命令，或者按 Esc 键，退出放映。

3. 放映方式的选择

打开“幻灯片放映”选项卡，单击“设置”组中的“设置幻灯片放映”按钮，弹出“设置放映方式”对话框，如图 6.101 所示。在此对话框的“放映类型”区域中选择放映的方式，共有如下 3 种方式。

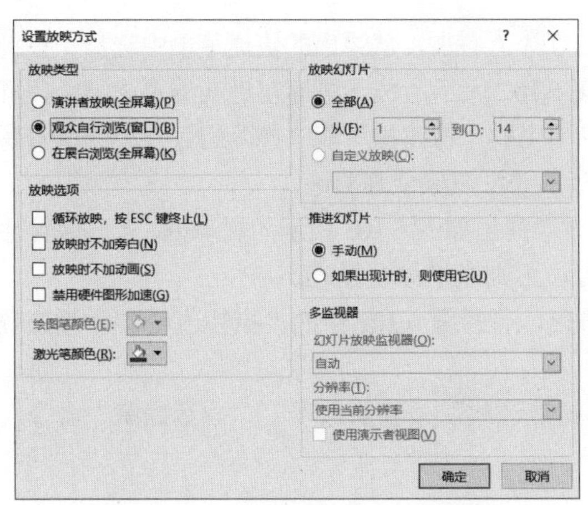

图 6.101　“设置放映方式”对话框

“演讲者放映(全屏幕)”：此方式以全屏形式显示演示文稿，是常用的放映方式。放映时演讲者可以控制放映进程、动画出现的方式、幻灯片切换的方式，也可录制旁白、用绘图笔进行勾画等。

“观众自行浏览(窗口)”：以窗口形式显示演示文稿。放映中可使用滚动条、鼠标的滚动轮对幻灯片进行换页，或者使用窗口中的“浏览”菜单显示所需的幻灯片，这种放映方式适合人数较少的场合。

“在展台浏览(全屏幕)”：以全屏形式显示演示文稿。一般先利用“排练计时”命令将每张幻灯片的放映时间设置好，在放映过程中，除了保留鼠标指针，其余功能基本失效，用 Esc 键结束放映，这种放映方式适合无人看管的展台、摊位等。

6.6.3　放映时编辑幻灯片

1. 切换与定位幻灯片

放映幻灯片时若要快速切换到某一张幻灯片，除了使用超链接定位，还可通过以下 3 种方法实现快速切换。

(1) 放映时输入页码定位

放映时输入幻灯片页码数字并按 Enter 键，可直接切换到指定页码数字的幻灯片。例如放映时输入数字 5，按 Enter 键，可切换到第 5 张幻灯片进行放映。

(2) 放映时快捷菜单定位

在放映的幻灯片上右击，在弹出的快捷菜单中选择“定位至幻灯片”选项，在其子菜单中单击要放映的幻灯片，则切换到定位的幻灯片进行放映。

(3)“幻灯片缩略图”窗格定位

在幻灯片放映过程中，按下键盘的减号(-)进入“幻灯片缩略图”窗格，单击需要切换的幻灯片，再单击放映按钮，可使指定的幻灯片进行放映。

2. 使用墨迹标记幻灯片

在幻灯片放映时，若要强调某些内容，或者临时需要向幻灯片中添加说明，可以利用 PowerPoint 所提供的墨迹功能，在屏幕上直接进行涂写。具体操作步骤如下。

步骤 1：在放映的幻灯片上右击，从弹出的快捷菜单中选择“指针选项”命令，在其子菜单中选择一种笔型，如图 6.102 所示，按下鼠标左键在屏幕上拖动，即可进行涂写。

步骤 2：利用快捷菜单中的“橡皮擦”和“擦除幻灯片上的所有墨迹”命令，可擦除部分墨迹或全部墨迹，按字母 E 键可清除全部墨迹。

步骤 3：在结束放映时会弹出如图 6.103 所示的提示框，若要保存涂写墨迹，则单击“保留”按钮，涂写墨迹将被保存，否则取消涂写墨迹。

若要更改绘图笔的颜色，选择图 6.102 中的“指针选项”|“墨迹颜色”命令，再选择所需的颜色即可。

选择图 6.102 中的“指针选项”|“箭头选项”|“永远隐藏”命令，可在幻灯片放映过程中隐藏绘图笔或指针。

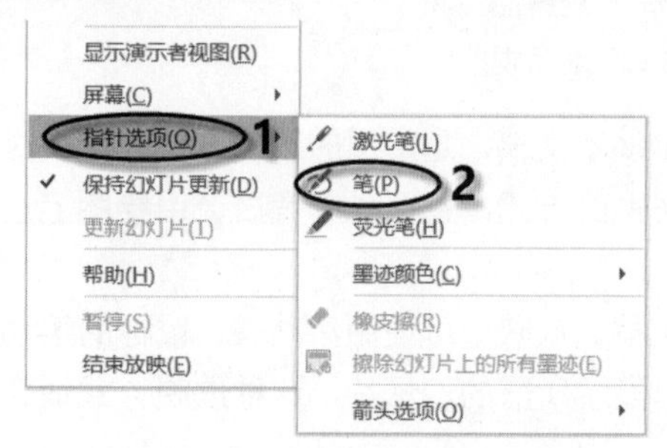

图 6.102 “指针选项”子菜单

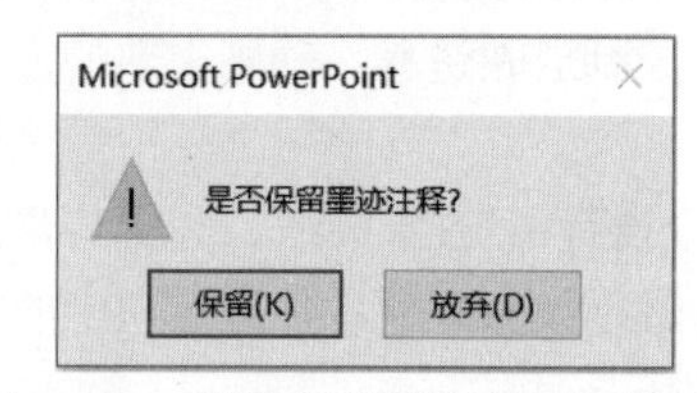

图 6.103 “是否保留墨迹注释”提示框

6.7 演示文稿的导出与打印

6.7.1 导出为 PDF 文档

PDF 是当前流行的一种文件格式，将演示文稿导出为 PDF 文档，能够保留源文件的字体、格式和图像等，使演示文稿的播放不再局限于应用程序的限制。将演示文稿导出为 PDF 文档的步骤如下。

步骤 1：打开要导出为 PDF 的演示文稿，单击“文件”|“导出”命令，在“导出”列表框中单击“创建 PDF/XPS 文档”选项，在右侧窗格中单击“创建 PDF/XPS”图标按钮，如图 6.104 所示。

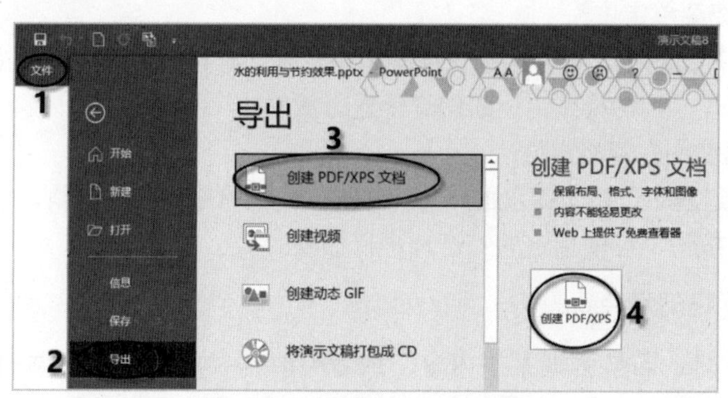

图 6.104 创建 PDF/XPS 文档

步骤 2：在弹出的“发布为 PDF 或 XPS”对话框中，选择文件的保存位置，这里选择文件的保存位置为“桌面”，输入文件名，在“保存类型”中选择“PDF”选项，如图 6.105 所示。

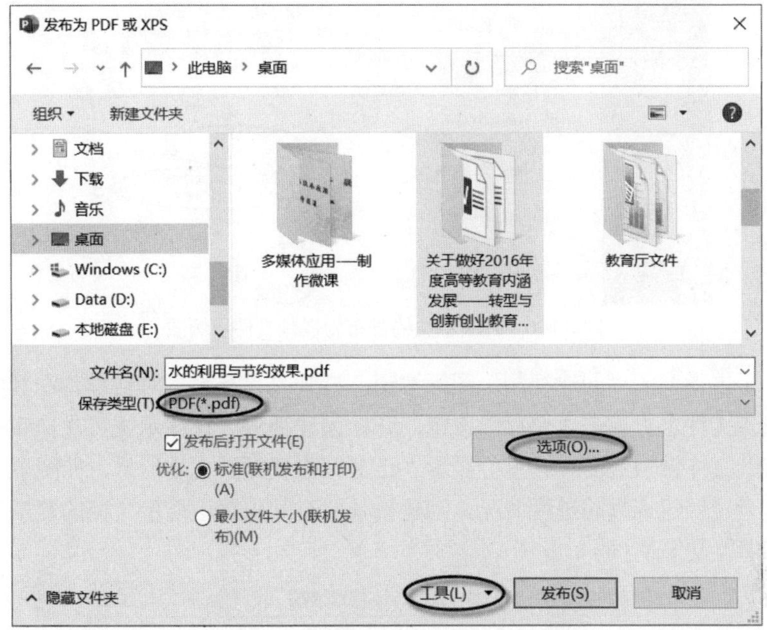

图 6.105　“发布为 PDF 或 XPS”对话框

步骤 3：单击“选项”按钮，打开“选项”对话框，在该对话框中设置幻灯片范围、发布选项等，设置结束后，单击“确定”按钮。

步骤 4：在“另存为”对话框中单击“工具”下拉按钮，从打开的下拉列表中选择“常规选项”命令，弹出“常规选项”对话框，在该对话框中可以设置 PDF 文件的打开或修改权限密码，单击“确定”按钮，返回到“发布为 PDF 或 XPS”对话框。

步骤 5：在该对话框中单击“发布”按钮，完成将演示文稿转换为 PDF 文档。

6.7.2　导出为视频文件

在 PowerPoint 2016 中，可将演示文稿转换为视频文件进行播放，演示文稿中的动画、多媒体、旁白等内容能够随视频一起播放，这样在没有安装 PowerPoint 的计算机上通过视频播放也可以观看演示文稿的内容。将演示文稿导出为视频文件的步骤如下。

步骤 1：打开导出为视频文件的演示文稿。单击“文件”|“导出”命令，在“导出”列表框中单击“创建视频”按钮，如图 6.106 所示。

步骤 2：单击“全高清(1080p)”下拉按钮，在打开的下拉列表中有 4 种显示方式，分别是超高清(4k)、全高清(1080p)、高清(720p)、标准(480p)，可根据需要选择一种显示方式。

步骤 3：单击“不要使用录制的计时和旁白”下拉按钮，在打开的下拉列表中选择是否使用录制的计时和旁白、是否录制计时和旁白、是否浏览计时和旁白。

步骤 4：如果不使用录制的计时和旁白，可在“放映每张幻灯片的秒数”微调框中设置每张幻灯片放映的时间，默认的时间是 5 秒。

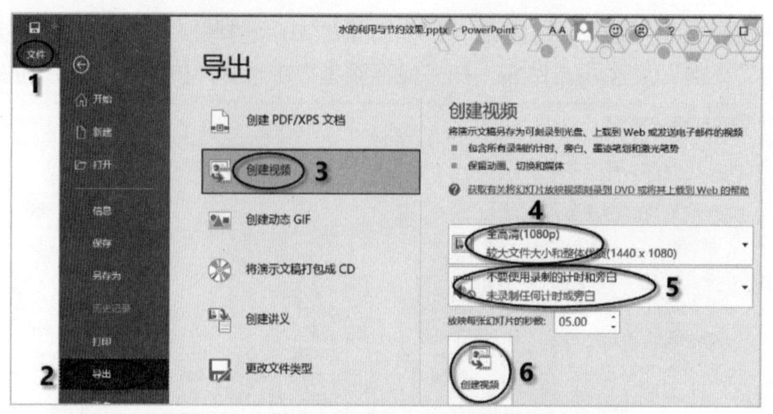

图 6.106　将演示文稿发布为视频文件示例图

步骤 5：单击下方的“创建视频”图标按钮，打开“另存为”对话框，在其中选择视频的保存位置，输入文件名，单击“保存”按钮，开始创建视频。在演示文稿窗口底部的状态栏中可以看到当前的文件转换进度，这里会显示“正在制作视频”文本信息，如图 6.107 所示。通过进度条可以查看创建视频的进度情况。创建视频的时间长短由演示文稿的复杂程度决定，一般需要几分钟甚至更长时间。

图 6.107　“正在制作视频”提示信息

步骤 6：转换结束后，在桌面上可以看到转换后的视频文件图标，双击该图标，演示文稿将以视频方式播放。

6.7.3　导出为讲义

PowerPoint 2016 中的“创建讲义”功能能够将幻灯片和备注等信息转换成 Word 文档，在 Word 中编辑内容和设置内容格式，当演示文稿发生更改时，会自动更新讲义中的幻灯片。将演示文稿导出为讲义的步骤如下。

步骤 1：打开需要创建讲义的演示文稿，单击“文件”|“导出”命令，在“导出”列表框中单击“创建讲义”选项，在右侧窗格中单击“创建讲义”按钮，如图 6.108 所示。

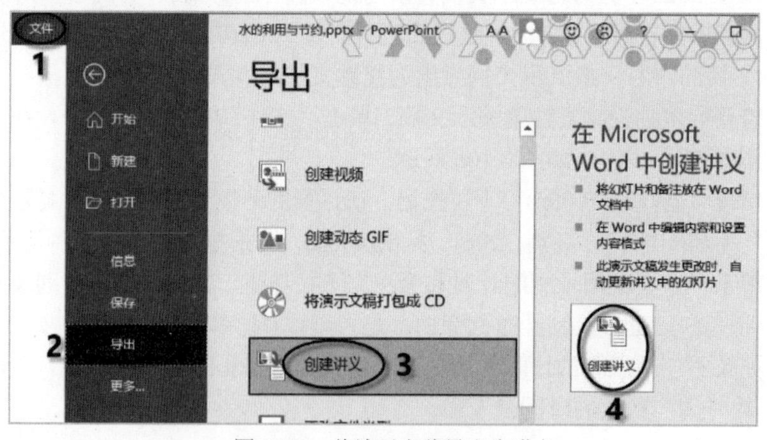

图 6.108　将演示文稿导出为讲义

步骤 2：弹出“发送到 Microsoft W…”对话框，如图 6.109 所示，在该对话框中选择一种使用的版式，本例中选择“只使用大纲”版式，然后单击“确定”按钮。

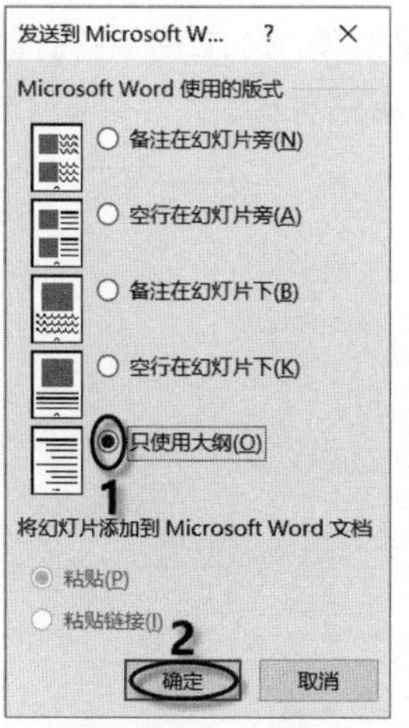

图 6.109　“发送到 Microsoft W…”对话框

步骤 3：此时会自动生成并打开一个名为“文档 1”的 Word 文件，其内容为该演示文稿中所有幻灯片的文字信息，包括字体、字号等都基本保持一致。用户可以对讲义进行修改，完成之后保存即可。

6.7.4　演示文稿的打印

在 PowerPoint 2016 中，为了便于交流与宣传，可改变幻灯片的显示大小，使其符合实际需要，或者将制作完成的演示文稿打印输出。

1. 设置幻灯片大小

打开“设计”选项卡，单击“自定义”组中的“幻灯片大小”按钮，在打开的下拉列表中选择“自定义幻灯片大小”命令，如图 6.110 所示。弹出“幻灯片大小”对话框，在此对话框中单击“幻灯片大小(S):”文本框右侧的下拉按钮，从打开的下拉列表中选择幻灯片的显示方式；在“宽度”和“高度”文本框中自定义幻灯片的大小；在“方向”区域中设置幻灯片纵向或横向显示，如图 6.111 所示。

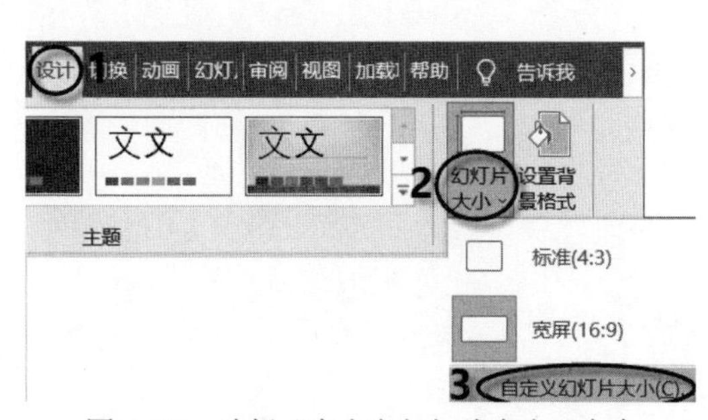

图 6.110　选择“自定义幻灯片大小”命令

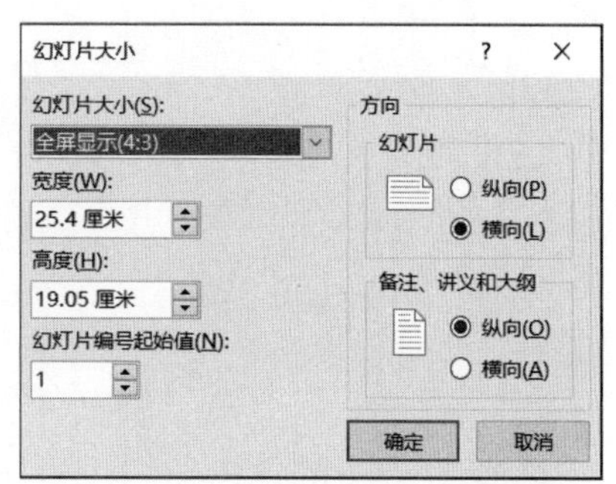

图 6.111　“幻灯片大小”对话框

2. 打印幻灯片或讲义

单击“文件”按钮，选择“打印”命令，在中间的“打印”窗格中设置打印的份数、打印机的类型、打印的范围等。例如，在如图 6.112 所示的打印设置中，表示打印第 1、3、5、7 张幻灯片，每页打印 2 张幻灯片，纯黑白打印。

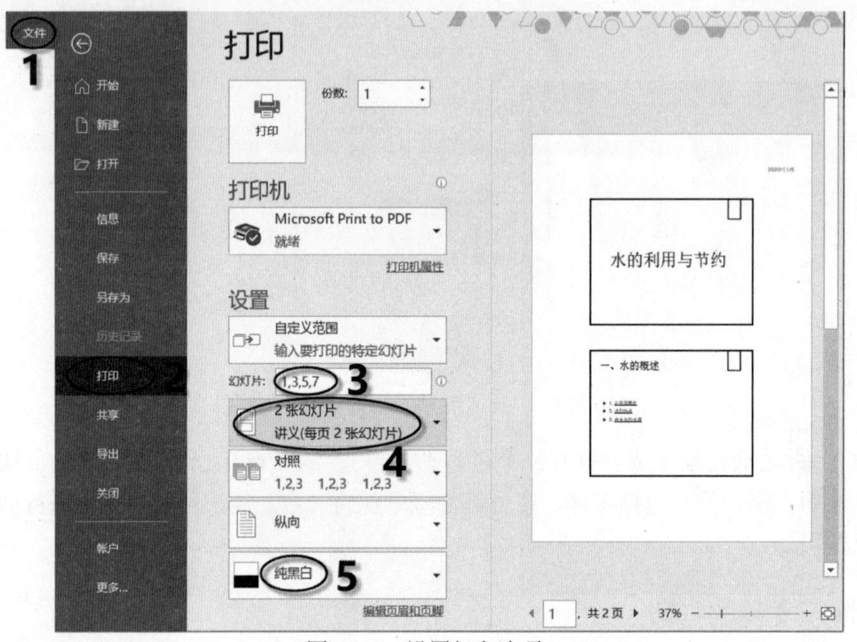

图 6.112 设置打印选项

在图 6.112 中，拖动右下角的“显示比例”进度条滑块，可放大或缩小幻灯片的预览效果；单击预览页中的“下一页”按钮▶，可预览每一页的打印效果；单击“编辑页眉和页脚”链接按钮，打开“页眉和页脚”对话框，可设置幻灯片的日期和时间、幻灯片的编号、页脚等内容。

ꟃ 第 7 章 ꟃ

多媒体技术

7.1 多媒体技术概述

7.1.1 多媒体技术的定义

多媒体的英文名称是 Multimedia，它由 Multiple(多重、复合)和 medium 的复数形式 media(介质、媒介和媒体)两部分组成。顾名思义，Multimedia 意味着非单一媒体，指的是文本、图形、视频、声音、音乐或数据等多种形态信息的处理和集成呈现，是多种媒体的综合。

多媒体技术就是利用计算机把文字、图形、影像、动画、声音及视频等多种媒体进行数字化采集、获取、加工处理、存储和传播，从而综合为一体化的技术，是计算机技术、音频技术、视频技术、图形图像技术、数据压缩和编码技术、网络通信技术等多种技术的融合，是一门综合性的高新技术。

近年来，多媒体技术得到了迅速发展，多媒体技术的应用更以极强的渗透力融入人类生活的各个领域，正在改变着人类的工作和生活方式。多媒体技术的应用主要表现在以下几个方面。

(1) 教育培训

教育领域是应用多媒体技术最早的领域，也是发展最快的领域。由于多媒体具有图、文、声、像一体化的特点，因此最适合教育培训。与传统教育相比，多媒体技术使教学内容丰富多彩，不仅扩大了信息量，提高了知识的趣味性，同时能够增加学习的积极性、主动性，提高学习效果。

(2) 商业广告

多媒体技术已经广泛地应用于影视商业广告、公共招贴广告、大型显示屏广告、平面印刷广告等。其色彩斑斓、形式多变的形态，丰富的信息量，特殊的创意效果，更能吸引人们的眼球。因此，在广告中应用多媒体技术是未来商业广告发展的必然趋势。

(3) 影视娱乐

多媒体技术作为影视娱乐业的核心技术，在电视、电影、卡通混编特技、MTV 特技制作、三维成像模拟特技、仿真游戏等作品制作和处理中起着至关重要的作用。多媒体的多感官刺激或互动使人们身临其境、进入角色，真正达到娱乐的效果，故大受欢迎。随着多媒体技术的日益成熟，大量特技、动画效果等被应用到影视娱乐中，影视娱乐行业已离不开多媒体技术，多媒体技术让影视娱乐行业更具有艺术效果和商业价值。

(4) 信息发布

各公司、企业、学校、甚至政府部门都可以建立自己的信息网站，用各种大量的媒体资料详细地介绍本部门的历史、实力、成果、需求等信息，以进行自我展示并提供信息服务。信息的发布并不是大型组织机构的特权，每个机构都可以建立自己的信息主页或网站。例如旅游业，利用多媒体可以将景点的人文、历史、风景等信息丰富多彩地呈现在人们的面前，既方便了人们，也给经营者带来新的商机。

(5) 电子出版

电子出版是多媒体传播应用的一个重要方面。多媒体大容量存储技术以及信息高速公路为人们提供了方便快捷的信息处理、存储和传递方式。利用多媒体技术制作的光盘出版物，在音像娱乐、电子图书、游戏及产品广告的光盘市场上，呈现出迅速发展的销售趋势。电子出版物的产生和发展，不仅改变了传统图书的发行、阅读、收藏、管理等方式，也将对人类的传统文化概念产生巨大影响。

(6) 虚拟现实

虚拟现实是一项与多媒体技术密切相关的边缘技术，它通过综合应用计算机图像、模拟与仿真、传感器、显示系统等技术和设备来模拟仿真的方式，给用户提供一个真实反映操纵对象变化与相互作用的三维图像环境所构成的虚拟世界，并通过特殊设备(如头盔和数据手套)提供给用户一个与该虚拟世界相互作用的三维交互式用户界面。受众利用多媒体系统生成的逼真的视觉、听觉、触觉及嗅觉的模拟真实环境，可以通过人类的自然技能对这一虚拟的现实进行交互体验，犹如在真实现实中一样。

7.1.2　多媒体技术的特征

多媒体技术所处理的文字、数据、声音、图像、图形等媒体数据是一个有机的整体，而不是一个个“分立”的信息类的简单堆积，多种媒体间无论在时间上还是在空间上都存在着紧密的联系，是具有同步性和协调性的群体。因此，多媒体技术的关键特征在于信息载体的多样性、交互性、协调性、实时性和集成性。

1. 多样性

多样性体现在信息采集或生成、传输、存储、处理和显现的过程中，要涉及多种感知媒体、表示媒体、传输媒体、存储媒体或呈现媒体，或者多个信源或信宿的交互作用。这种多样性，当然不是指简单的数量或功能上的增加，而是质的变化。例如，多媒体计算机不但具有文字编辑、图像处理、动画制作等功能，还具有处理、存储、随机地读取包括伴音在内的电视图像的功能，能够将多种技术、多种业务集合在一起。

信息载体的多样化使计算机所能处理的信息空间范围得以扩展和放大，而不再局限于数值、文本或特殊对待的图形和图像。人类对于信息的接收和产生主要在视觉、听觉、触觉、嗅觉和味觉五个感觉空间内，其中前三种占了95%的信息量。借助于这些多感觉形式的信息交流，人类对于信息的处理可以说是得心应手。然而计算机以及与之相类似的设备都远远没有达到人类的水平，在信息交互方面与人的感官空间相差更远。多媒体就是要把机器处理的信息多维化，通过信息的捕获、处理与展现，使交互过程中具有更加广阔和更加自由的空间，满足人类感官空间全方位的多媒体信息要求。

2. 交互性

交互性是指用户可以与计算机的多种信息媒体进行交互操作，从而为用户提供更加有效地控制和使用信息的手段。交互可做到自由地控制和干预信息的处理，增加对信息的注意力和理解，延长信息的保留时间。当交互性引入时，活动(Activity)本身作为一种媒体便介入了信息转变为知识的过程。借助于活动，我们可以获得更多的信息，比如在计算机辅助教学、模拟训练、虚拟现实等方面都取得了巨大的成功。媒体信息的简单检索与显示是多媒体的初级交互应用；通过交互性使用户介入到信息的活动过程中，才达到了交互应用的中级水平；当用户完全进入到一个与信息环境一体化的虚拟信息空间自由遨游时，这才是交互应用的高级阶段，但这还有待于虚拟现实技术的进一步研究和发展。

3. 协调性

每一种媒体都有其自身规律，各种媒体之间必须有机地配合才能协调一致。多种媒体之间的协调以及时间、空间和内容方面的协调是多媒体的关键技术之一。

4. 实时性

实时性是指在多媒体系统中多种媒体间无论在时间上还是在空间上都存在着紧密的联系，是具有同步性和协调性的群体。例如，声音及活动图像是强实时的(Hard Real Time)，多媒体系统提供同步和实时处理的能力。这样，在人的感官系统允许的情况下，进行多媒体交互，就好像面对面(Face-to-Face)一样，图像和声音都是连续的。实时多媒体分布系统是把计算机的交互性、通信的分布性和电视的真实性有机地结合在一起。

5. 集成性

集成性是指以计算机为中心综合处理多种信息媒体，它包括信息媒体的集成和处理这些媒体的设备的集成。多媒体技术是多种媒体的有机集成。它集文字、文本、图形、图像、视频、语音等多种媒体信息于一体。它像人的感官系统一样，从眼、耳、口、鼻、脸部表情、手势等多种信息渠道接收信息，并送入大脑，然后通过大脑综合分析、判断，去伪存真，从而获得准确的信息。

除了声音、文字、图像、视频等媒体信息的集成，还包括传输、存储和呈现媒体设备的集成。多媒体系统不仅包括计算机本身，还包括电视、音响、录像机、激光唱机等设备。

7.2 音频处理技术

音频(Audio)是指频率在 20Hz～20kHz 的可听见的声音。多媒体音频处理技术主要包括 4 个方面：音频数字化、语音处理、语音合成及语音识别。计算机处理音频信号前，首先要将模拟的声音信号数字化，产生数字音频。

7.2.1 音频数字化

日常生活中，我们接触到的声音是一种随着时间连续变化的物理量。例如，声音是一种波，通过空气传播，时大时小、时远时近，这种在时间和幅度上连续变化的物理量称为模拟信号，如图 7.1(a)所示。而计算机处理的是数字信号，数字信号是用一连串脉冲来代表所要传送的信息，不同的脉冲组合代表不同的信息。数字信号在数学上表示为在某区间内离散变化的值。因此，数字信号的波形是离散的、不连续的，因为脉冲只有“有”(0)、“无”(1)两种状态，如图7.1(b)所示。所以在计算机处理声音信息之前，需要将模拟信号转换为数字信号，也就是时间和幅度上连续变化的信号用时间和幅度上离散的数字来表示，这个转换的过程称为“模/数(A/D)转换”。

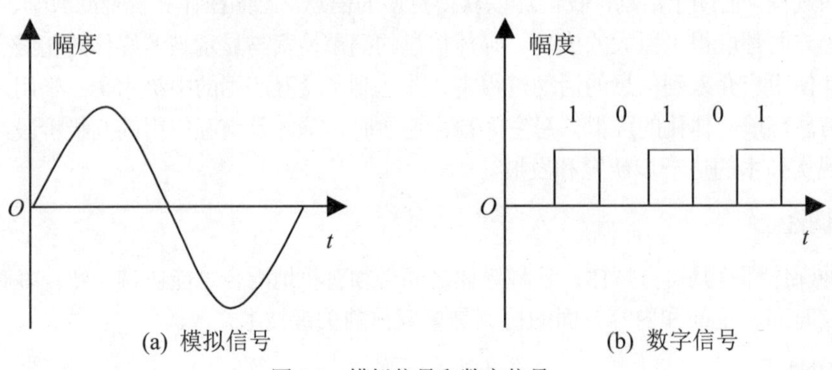

图 7.1　模拟信号和数字信号

1. 模拟信号转换为数字信号

模拟信号数字化过程有三个基本环节：采样、量化、编码。对输入的模拟信号波形以适当的时间间隔进行观测，将各个时刻观测到的波形幅值定量，并用“0”和“1”组成的二进制数码序列表示。其中，以适当的时间间隔观测模拟信号波形幅值的过程称为采样，通过采样过程使连续的信号变成离散的信号；将采样时刻的信号幅值四舍五入到与其最接近的整数值的过程称为量化，表示采样值的大小；将量化后的各个整数用一个二进制的数码序列来表示称为编码，如图 7.2 所示。

将这些连续、平滑变化的模拟量转换为数字化信息，需要通过模/数转换器进行转换，需要通过一定的传感器来进行量化，从而实现模/数转换。

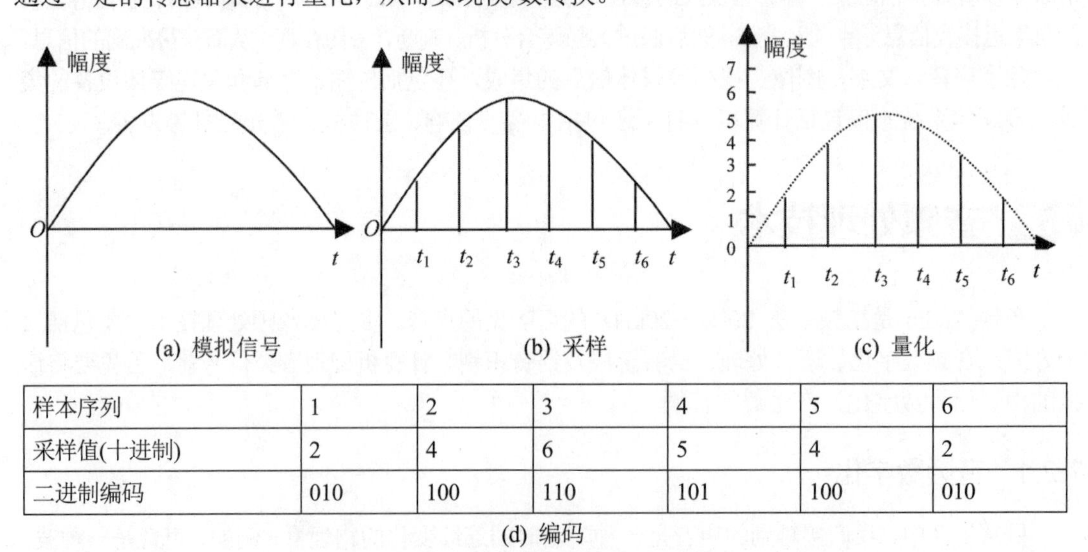

样本序列	1	2	3	4	5	6
采样值(十进制)	2	4	6	5	4	2
二进制编码	010	100	110	101	100	010

(d) 编码

图 7.2　多媒体信息的编码流程示意图

(1) 采样

采样过程，要求每隔一定时间对模拟信号抽取一个观测值，其中，经采样后得到的一系列离线的抽样数值称为样本序列；时间间隔的大小称为采样周期，用 T_s 表示；单位时间内的采样次数称为采样频率，用 f_s 表示；采样频率的选择遵循采样定理，又称为亨利·奈奎斯特采样定理。该定理指出：在进行模拟/数字信号的转换过程中，当采样频率 $f_{s,max}$ 大于信号中最高频率 f_{max} 的 2 倍时($f_{s,max}>2f_{max}$)，采样之后的数字信号将完整地保留原始信号中的信息，也就是说，要从采样信号中无失真地恢复原始信号，采样频率应大于被采样信号最高频率的 2 倍。当采样频率小于被采样信号最高频率的 2 倍时，由采样值通过插补技术恢复的信号波形会产生频谱混叠，重叠的部分是不能恢复的。例如，音频信号的频率上限为 20kHz，考虑信号还原过程中大约有 10%的衰减，可以用 22kHz 的 2 倍频率作为音频信号的采样频率。此外，考虑与电视信号的同步问题，我国电视选用的 PAL 制式的场频为 50Hz，美国等西方国家选用的 NTSC 制式的场频为 60Hz，取两者的整数倍，所以选用了 44.1 kHz 作为 CD 级音频信号的采样标准。

(2) 量化

采样后得到的信号在时间上是离散的，但是在幅值上是连续的，所以，量化过程是把经过采样得到的瞬时幅值离散化，通常用二进制表示。如果把信号幅度取值的数目加以限定，用有限个数值描述信号幅度，即实现了量化。例如，输入的模拟信号的幅值范围为 0～7，并将它的取值限定在 0～7 共 8 个值的范围内，如果采样到模拟信号的幅值为 3.012，则它的取值就记为 3(采用四舍五入的方式)，这就是量化的过程，量化后得到的数值就是离散的。

(3) 编码

编码是将采样、量化后得到的数值用二进制数码表示出来。编码时要考虑两个问题：数据的二进制表示和二进制数据的压缩。将量化后的数值运用二进制数码表示出来，这样计算机才能处理、存储和传输图像和声音。另外，还要考虑数据的传输问题，要采用特定的技术使得所要描述的数据的二进制符号数量达到最少。比如，一部 1080P 的高清电影，一帧图像的分辨率是 1920×1080 像素，颜色深度一般为 24bit/pix，它的数据量约为 49.8Mb/帧，电影的帧率为 24 帧/秒，一秒钟所产生的数据量为 1195Mb。也就是说，系统的数据传输速率必须达到 1195Mb/s。这是目前的技术无法达到的。所以，在对图像、音频、视频数据进行传输的时候，一方面要提高计算机本身的处理性能和通信信道的带宽，另一方面还要对大量的数据采取有效的压缩编码和传输编码。

2. 音频信息的数字化

数字声音的质量取决于采样频率和量化分级的细密程度。采样频率越高，量化的分辨率越高，所得数字化声音的保真程度也越好，但是它的数据量也会越大。

采样频率越高，模拟信号的波形就划分得越细，经过离散数字化的波形就越接近于原始波形。

量化级数是指对满幅度的模拟信号平均分得的份数，表示该级数的二进制数的位数称为量化位数。也就是说，当量化的位数为 n 时，量化级数为 2^n。对满幅度信号的量化级数越多，量化后的数值越接近于真实值，但量化位数的增加会导致数据量的增大，对数据的处理、存储和传输都会带来负面的影响。

通用的音频采样频率有 44.1kHz、22.05kHz 和 11.025kHz。量化位数有 8 位、16 位等。

对于量化后的波形声音文件数据量(存储空间)的计算公式为：

音频文件数据量(字节)=采样频率×时间(秒)×量化位数×声道数/8 位

例如，CD级音质的声音采用44.1kHz的采样频率，16位量化，立体声双声道，每秒的数据量是：441 00×1×2×16/8=176 400字节。

3. 音频数据的压缩

音频数据的压缩，一般考虑降低采样频率、降低量化位数。根据亨利•奈奎斯特采样定理以及音频信号的带宽等因素，一般考虑将音频的采样频率确定为44.1kHz，这个采样频率能够保证声音的高质量还原。在音频采样频率确定的情况下，音频数据的压缩就会考虑降低量化位数，当然量化位数的降低也要考虑声音的质量。

除此之外，声音数据量的压缩还可以考虑借助两个心理声学的模型：掩蔽效应和绝对听阈。声场中的强音能够掩蔽与之同时发生的相近频率的弱音，这种现象称为掩蔽效应。因为掩蔽效应的存在，又因为绝对听阈的存在，低于人耳听觉频率范围的声音也不必记录和传输。

人耳的听觉特征决定了人对于同样强度，但是不同频率的声音的主观感觉的强弱是不同的，比如，人的听觉频带是20Hz～20kHz，对于频率高于20kHz或者低于20Hz的声音，无论强度是多少，一般都是听不到的。为了全面地表示人类的听觉频率特性，人们定义了针对人类主观听觉的物理量“响度级”，单位为“方”。人们将具有相同响度级数的不同频率信号的点连接起来，就构成了等响度曲线，0方响度曲线以下的声音一般人是听不见的，称为绝对听阈，超过120方时，人耳就会感觉疼痛，又称为痛阈。绝对听阈是音频信号压缩的重要依据。

针对电话语音的压缩标准有G.711、G.721、G.723等。从电话里听到的人的声音和真实的声音是有区别的，原因是电话质量语音信号的频率范围是300Hz～3.4kHz，相较于人的听觉频带舍弃了很多。一般来说，电话语音的压缩采用的是脉冲编码调制标准(PCM)，采样频率为8 kHz，量化位数为16b，对应的速率为64kb/s。

国际上比较成熟的高保真的立体声压缩标准是MPEG(Moving Picture Experts Group，动态图像专家组)音频压缩标准。它采用了子带编码的方法，将音频频域划分为32个子带，然后把音频信号变换到频域中的32个对应的子带内，根据心理声学模型去控制频域中各个子带内分量的量化步长，对每个子带里的信号分别进行量化编码，从而保留主要的声音信号而舍去对听觉实际影响很小的部分，从而达到压缩数据量的目的。运用这种方法压缩的声音可以从1.41Mb/s降至0.3Mb/s，将其解码重放后，声音效果和压缩前几乎没有差别。

7.2.2 常用的音频文件格式

(1) WAV格式

WAV是微软公司(Microsoft)开发的一种声音文件格式，扩展名为“wav”，主要用于保存Windows平台的音频数据。通常使用量化位数、采样频率和采样点幅值三个参数来表示声音。量化位数分为8位、16位、24位三种，声道有单声道和立体声之分，采样频率一般有11.025kHz、22.05kHz和44.1kHz三种。WAV是最接近于无损的音乐格式，支持MSADPCM、CCITT A-Law等多种压缩运算法，但通常用于存放声道1或2的PCM编码声音数据，不进行压缩编码，一般文件的数据量较大，但其大小不随音量大小及清晰度的变化而变化。

(2) MP3格式

MP3格式是现今应用最多的音频文件格式，该格式主要用于存放MP3(Moving Picture Experts Group Audio Layer III，动态影像专家压缩标准音频层面3)编码压缩的声音数据。MP3

压缩标准将音乐以 1∶10 甚至 1∶12 的压缩率，压缩成容量较小的文件，而重放的音质与没有压缩的音频音质相比没有明显的下降。

(3) MIDI 格式

MIDI 是 Musical Instrument Digital Interface 的英文缩写，又称作乐器数字接口，是数字音乐/电子合成乐器的统一国际标准。它定义了计算机音乐程序、数字合成器及其他电子设备交换音乐信号的方式，规定了不同厂家的电子乐器与计算机连接的电缆和硬件及设备间数据传输的协议，可以模拟多种乐器的声音。在 MIDI 文件中存储的是产生某种声音的指令，这些声音指令包括使用 MIDI 设备时音量、音长、音符和触键力度等。计算机将这些指令发送给声卡，声卡按照指令将声音合成。由于 MIDI 文件只是对声音的一种数字化描述方式，并不记录声音信息本身，因此，与保存真实采样数据的声音文件相比，MIDI 文件要小得多。

(4) WMA 格式

WMA 是 Windows Media Audio 的英文缩写，是微软公司力推的一种音乐文件格式，WMA 格式是以减少数据流量但保持音质的方法来达到更高的压缩率目的，其压缩率一般可以达到 1∶18。它是一种失真压缩，与 MP3 音质相当，但存储容量更小。此外，WMA 还可以通过 DRM(Digital Rights Management)方案加入防止拷贝，或者加入限制播放时间和播放次数，甚至是播放机器的限制，可有力地防止盗版。

7.2.3　音频处理软件

音频处理软件能进行音频信号的录入、编辑、缩混等处理，利用音频处理软件能完成各种音频制作处理工作。常见的音频处理软件主要有：Adobe Audition、GoldWave、Sonic Foundry Sound Forge 等。其中 Adobe Audition 是目前较流行的专业数字音频处理软件，它具有强大的音频录入、编辑、特效功能，受到使用者的青睐。下面简要介绍 Adobe Audition 2020 的使用方法。

1. Adobe Audition 2020 的工作界面

Adobe Audition 2020的工作界面如图7.3所示，Audition提供了两个编辑环境: 波形视图和多轨视图。波形视图用于对单独的文件进行更改，多轨视图用于组合时间轴上的录音并将其混合在一起。

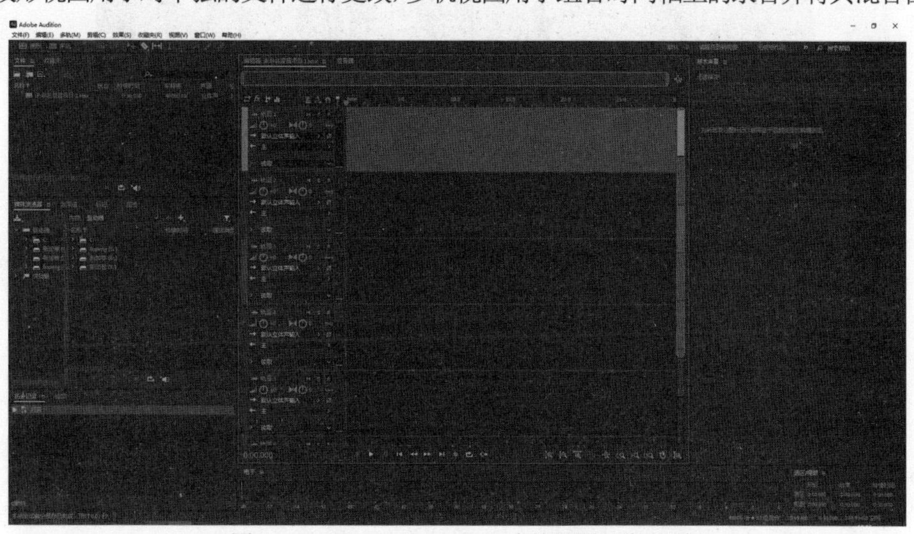

图 7.3　Adobe Audition 2020 多轨视图工作界面

2. 录入音频信号

(1) 波形视图下录制音频信号

① 切换到波形视图

单击工作窗口左上角的“波形”按钮，如图 7.4 所示，弹出“新建音频文件”对话框，在“文件名”文本框中输入文件名，如“和声”；在“采样率”“声道”“位深度”下拉列表中设置所需的数值，单击“确定”按钮，如图 7.5 所示，切换到波形视图。

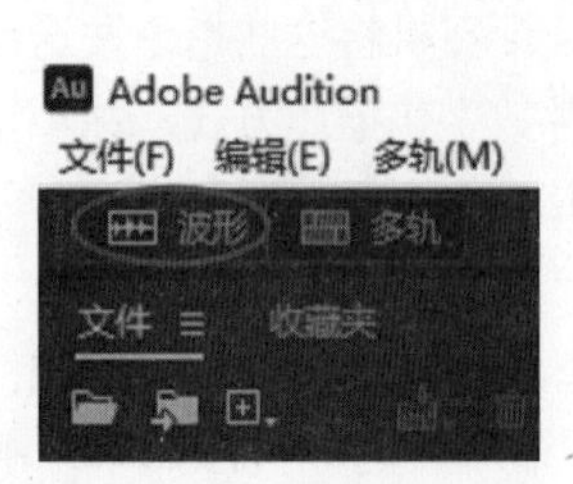

图 7.4　单击“波形”按钮

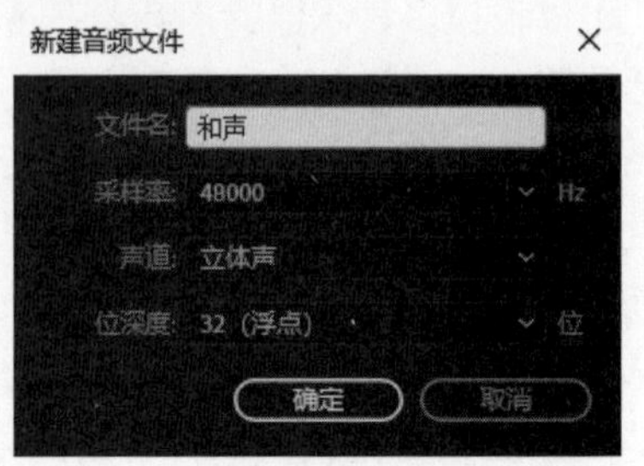

图 7.5　“新建音频文件”对话框

② 录制音频

单击窗口右下角的“录制”按钮，即可通过麦克风录入声音，如图 7.6 所示，录制结束后，再次单击“录制”按钮，结束录制。

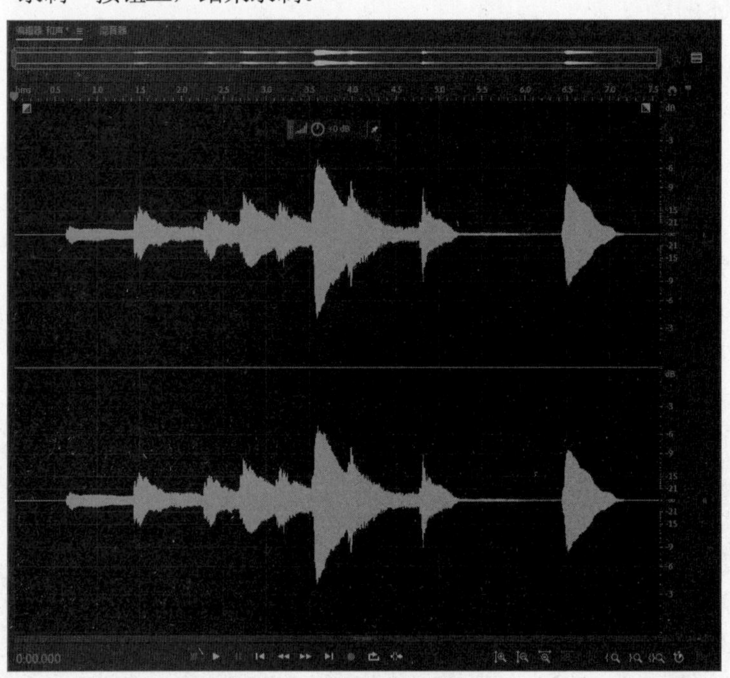

图 7.6　录制中的音频波形

(2) 多轨道视图下录制音频信号

① 切换到多轨视图

单击工作窗口左上角的“多轨”按钮，弹出“新建多轨会话”对话框，如图 7.7 所示。在“会话名称”文本框中输入文件名，如“声音合成”；在其余的下拉列表中设置所需的数值或参数，单击“确定”按钮，切换到多轨视图。

图 7.7　“新建多轨会话”对话框

② 录制音频

在“轨道组”面板中单击准备录音的音轨，单击该音轨区域中的“录制准备”按钮，单击后该按钮变红，再单击窗口右下角的“录制”按钮，即可通过麦克风将声音录入该轨道，如图 7.8 所示。录制结束后，再次单击这个红色的按钮，按钮将恢复为，结束录制。

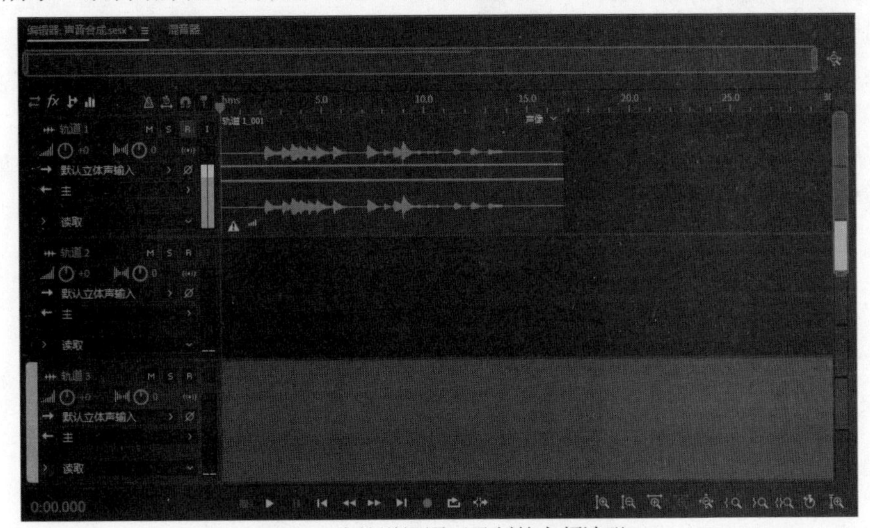

图 7.8　多轨道视图下录制的音频波形

3. 频谱编辑

(1) 波形视图下的频谱编辑

单击工具栏中的“显示频谱频率显示器”按钮，能够以不同方式显示音频，如图 7.9 所示。单击工具栏中的“选框工具”按钮，在频谱显示中选择音频片段，然后利用工具栏中的工具进行移除等操作，按空格键仅预览所选持续时间内的选定频率。可以使用显示在波形上方的 HUD(平视显示器)快速更改音量。

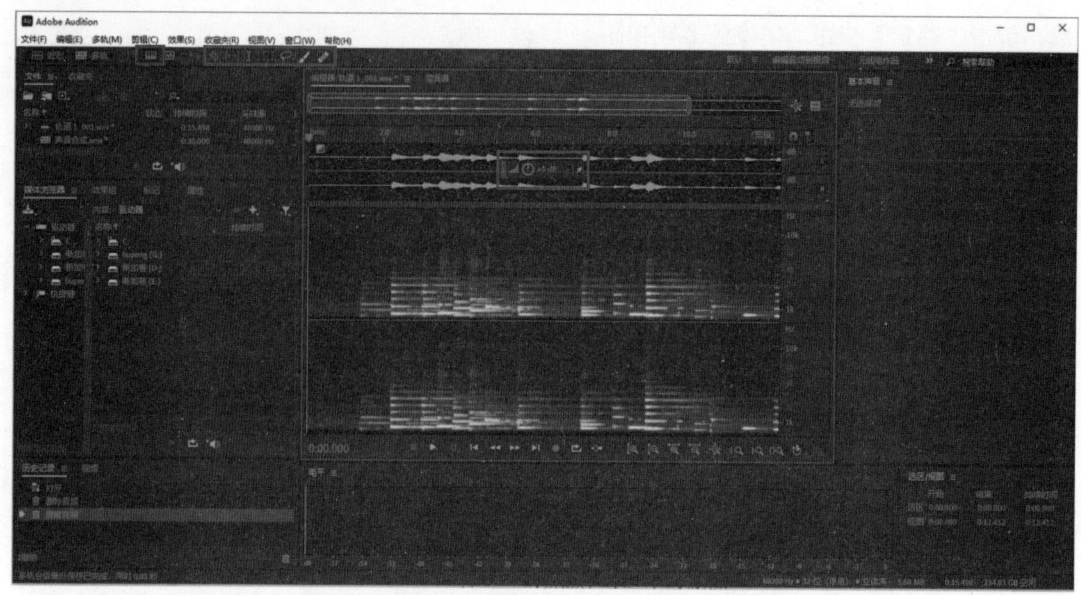

图 7.9 “显示频谱频率显示器”下显示的音频

(2) 多轨道视图下的频谱编辑

多轨道视图是用于在时间轴上放置多个音频剪辑以将它们混合到一个新文件的编辑环境。例如，用户可以将画外音、访谈和背景音乐组合起来制作一个混合声音，也可以向视频添加声音效果和旁白。编辑方法如下。

① 从“文件”面板中将音频和视频剪辑拖动到“编辑器”面板中的时间轴上，如图 7.10 所示，或者从如图 7.11 所示的“媒体浏览器”窗口中将要剪辑的文件拖动到时间轴上。

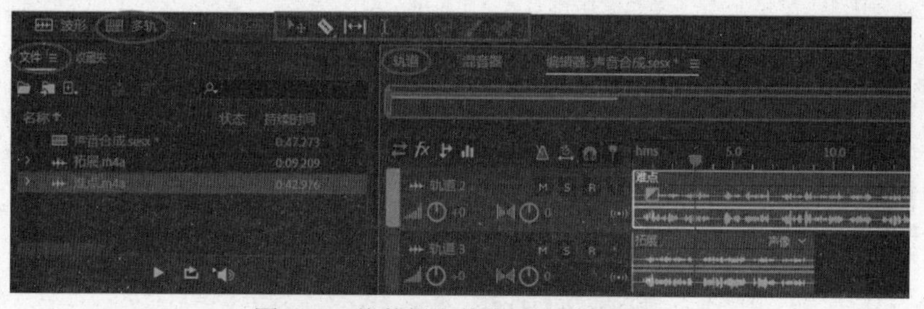

图 7.10 将剪辑文件拖动到时间轴上

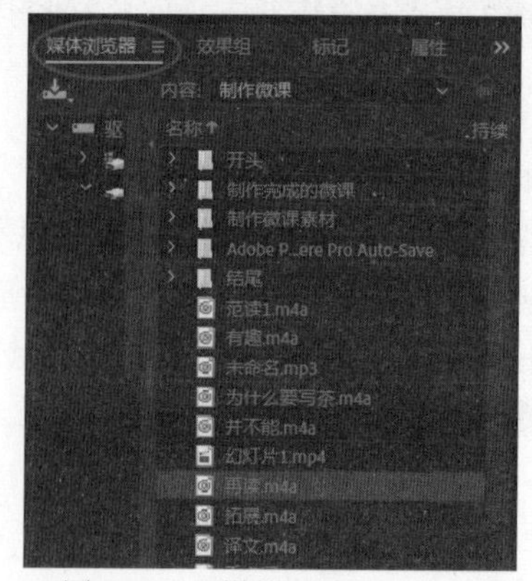

图 7.11 “媒体浏览器”窗口

② 利用工具栏中的“剃刀”和“选择”工具等常用编辑工具在时间轴上进行切割、移动、组合和滑动剪辑。

4. 制作音频特效

(1) 波形视图下的音频特效制作

Audition 有 50 多个音频效果，打开“效果”菜单，如图 7.12 所示，可设置用户所需的音频特效。例如，“匹配响度”命令可确保音频电平不会违反广播规定；“混响”命令可设置环绕声混响效果；“音频增效工具管理器(P)…”命令可以从其他地方提供的众多音频效果增效工具中获取其他工具等。

(2) 多轨道视图下的音频特效制作

使用强大的“混音器”面板可以调整电平、均衡(EQ) 和效果，如图 7.13 所示。通过单击“混音器”选项卡或者从“窗口”菜单中选择“混音器”命令，打开“混音器”面板，在该面板中可进行专业的声音特效混合。

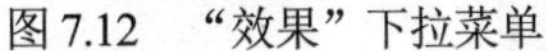

图 7.12　“效果”下拉菜单

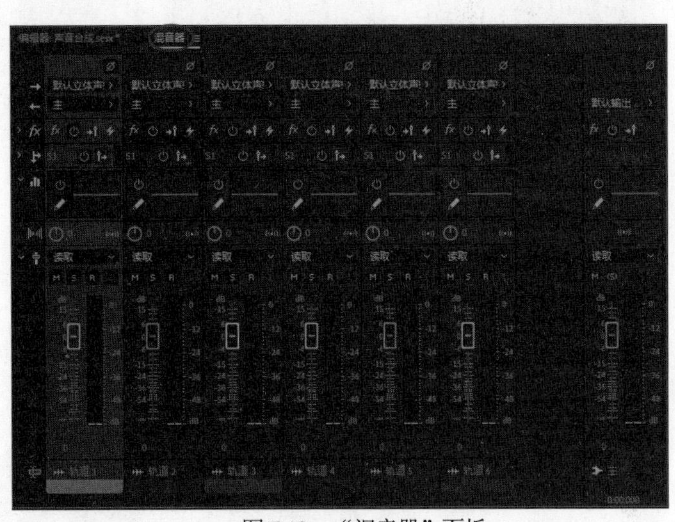

图 7.13　“混音器”面板

Audition 可以完成的音频相关任务远远超过上述提到的内容。用户可通过工作界面的菜单探索更多的功能。例如，单击“编辑”菜单，从打开的下拉列表中选择“批处理”命令，一次可对多个文件进行更改。也可以创建和编辑多种源数据，使用其他工具分析录音的频率、相位和振幅等。

7.3 图形图像处理技术

图形与图像是人类视觉所能感受到的一种形象化的媒体，它可以形象、生动、直观地表现出大量的信息，因而是人类自古以来获取和交流信息的重要形式之一。

7.3.1 图形图像的基本知识

1. 位图图像

位图图像，也称点阵图像或像素图像，是由像素组成的图像，每个像素都被分配一个特定的位置和颜色值。在处理位图图像时，用户编辑的是像素而不是对象或形状，也就是说，用户编辑的是每一个点。位图图像的优点是颜色细腻，主要用于保存各种照片图像。位图图像的缺点是文件占用的磁盘空间大，并且与分辨率有关。将位图图像放大到一定程度后，图像将变得模糊，如图 7.14 所示。

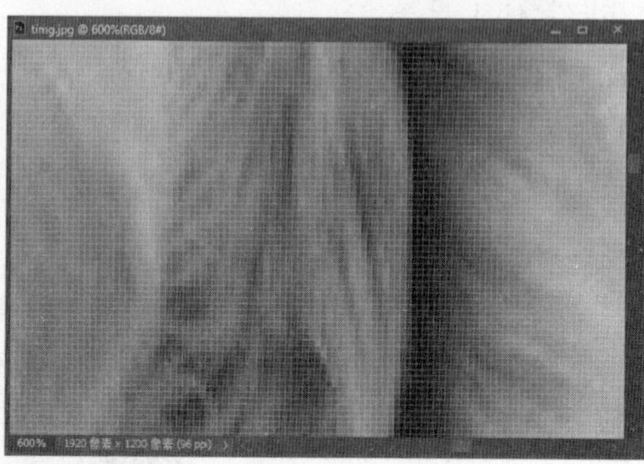

图 7.14　位图放大后变得模糊

2. 矢量图形

矢量图形，也称向量图形，是由矢量定义的直线和曲线组成的，保存图像时将存储其形状和填充特性。因此，它占用的磁盘空间小，并且不会出现失真(即与分辨率无关)。可以将其缩放到任意大小，或以任意分辨率在输出设备上打印出来，都不会影响清晰度，如图 7.15 所示。因此，矢量图形是绘制文字(尤其是小字)和线条图形(如徽标)的最佳选择。

图 7.15　矢量图放大后不影响清晰度

3. 像素

像素是构成图像的基本单位，它是一个正方形的颜色块。图像都是由若干的像素构成的，这些像素排列成纵列和横行。每一个像素都有不同的颜色值，单位面积上的像素越多，图像就越清晰。

4. 分辨率

分辨率是指单位长度上的像素个数。单位长度上的像素越多，图像就越清晰，反之则模糊，如图 7.16(a)、(b)所示。分辨率有多种，常见的有图像分辨率、显示分辨率和打印分辨率等。分辨率决定图像的清晰度，它在位图中是一个十分重要的概念。

在图像分辨率中，常以像素/英寸(ppi)为单位来表示。如 300ppi 表示图像中每英寸包含 300 个像素或点。分辨率越高，图像越清晰，图像文件所需的磁盘空间也越大。

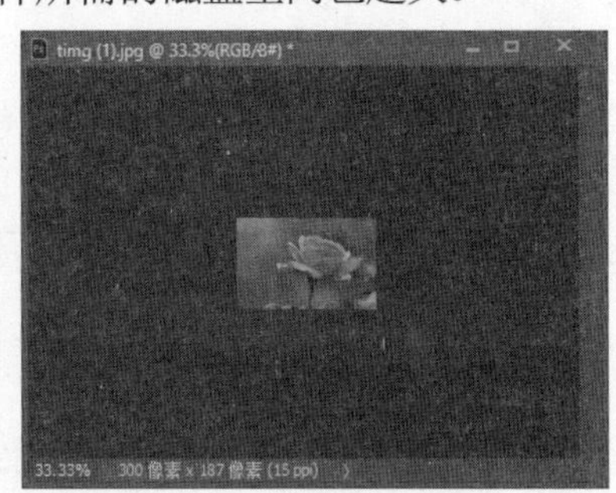

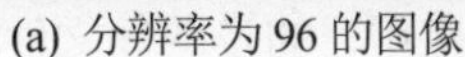

(a) 分辨率为 96 的图像　　(b) 分辨率为 15 的图像

图 7.16　图像的分辨率

5. 图形图像的色彩模式

色彩模式决定了用于显示和打印图像的颜色模型，以及描述和重现色彩的方式。常见的颜色模型包括 HSB(色相、饱和度、亮度)、RGB(红色、绿色、蓝色)、CMYK(青色、洋红、黄色、黑色)及 Lab(亮度分量、从绿到红、从蓝到黄)，因此，对应的色彩模式就有 RGB、CMYK、Lab 等。除此之外，还包括一些特殊的色彩模式，如灰度、索引、双色调、位图等。

(1) RGB 色彩模式

RGB 分别代表 3 种颜色：R 代表红色、G 代表绿色、B 代表蓝色，这 3 种基本色按照不同的比例混合，可以得到大部分人肉眼能见到的颜色。用于屏幕显示的图像通常都使用这种色彩模式进行编辑。

(2) CMYK 色彩模式

CMYK 色彩模式是一种用于印刷的模式，图像中的每个像素都是由青色(C)、洋红(M)、黄色(Y)和黑色(K)按照不同的比例混合而成的。这 4 种颜色都是以百分比的形式进行描述，每一种颜色所占的百分比范围是 0%～100%，百分比越高，颜色越深。

(3) Lab 色彩模式

Lab 色彩模式由光度分量(L)和两个色度分量组成，这两个色度分量即 a 分量(从绿到红)和 b 分量(从蓝到黄)。Lab 色彩模式与设备无关，不管使用什么设备(如显示器、打印机或扫描仪)创建或输出图像，这种色彩模式产生的图像颜色都保持一致。

Lab 色彩模式通常用于处理 Photo CD(照片光盘)图像、单独编辑图像中的亮度和颜色值、在不同系统间转移图像等。

(4) 索引色彩模式

索引色彩模式最多可使用 256 种颜色。将图像转换为索引色彩模式时，会构建一个调色板以存放并索引图像中的颜色。如果原图像中的一种颜色没有显示在调色板中，程序会选取已有颜色中与之相近的颜色或使用已有颜色模拟该颜色。

在索引色彩模式下，通过限制调色板中颜色的数目可以减小文件大小，同时保持视觉上的品质不变。网页中常常使用索引色彩模式的图像。

(5) 位图模式

位图模式的图像由黑色和白色两种像素组成，每一个像素用“位”来表示。“位”只有两种状态：0 表示有点，1 表示无点。位图模式主要用于早期不能识别颜色和灰度的设备。如果需要表示灰度，则需要通过点的抖动来模拟。

(6) 灰度模式

灰度模式最多可使用 256 级灰度来表现图像，图像中的每个像素有一个 0(黑色)～255(白色)的亮度值。灰度值也可以用黑色油墨覆盖的百分比来表示(0%表示白色，100%表示黑色)。与位图模式相比，灰度模式能够更好地表现高品质的图像效果。

7.3.2 常用的图形图像文件格式

在进行图像处理时，采用什么格式保存图像与它的用途密切相关。每一种格式都有它的特点和用途，在选择输出的图像文件格式时，应考虑图像的应用目的及图像文件格式对图像数据类型的要求。例如，若用于网页制作，则需要将图像保存为 JPEG 或 GIF 格式；若需要保留编辑过程中的更多信息，则需要将其保存为 PSD 格式。图像文件的格式由文件的后缀来标识，下面将介绍几种常用的图像文件格式。

1. PSD 格式(*.psd)

PSD 是 Photoshop 特有的图像文件格式，支持 Photoshop 中所有的图像类型，它可以将所编辑的图像文件中的所有有关图层和通道的信息记录下来。在编辑图像的过程中，通常将文件保存为 PSD 格式，以便于重新读取需要的信息。

2. BMP 格式(*.bmp)

BMP 是标准的 Windows 图像格式，支持 RGB、索引、灰度和位图色彩模式，但是不支持 Alpha 通道。BMP 格式采用无损压缩，其优点是图像不会出现失真，缺点是文件占用的磁盘空间较大。

3. JPEG 格式(*.jpg)

JPEG 是一种压缩率很高的有损压缩格式，适用于保存大尺寸的图像文件，以及用于网络输出的图像文件。当用户将图像保存为 JPEG 格式时，可以指定图像的品质和压缩级别。级别越高，图像的品质越佳，压缩量也越小。

需要注意的是，JPEG 格式会损失数据信息。因此，在图像编辑过程中需要以其他格式(如 PSD 格式)保存图像，将图像保存为 JPEG 格式，只能作为制作完成的最后一步操作。

4. GIF 格式(*.gif)

GIF 格式可以极大地节省存储空间，因此常常用于保存作为网页数据传输的图像文件。该格式的最大缺点是最多只能处理 256 种色彩，不能用于存储真彩色的图像文件。但 GIF 格式支持透明背景，可以较好地与网页背景融合在一起。

5. TIFF 格式(*.tif)

TIFF 是一种应用非常广泛的位图图像格式，几乎被所有的绘画、图像编辑和页面排版应用程序所支持。TIFF 格式常用于应用程序之间和计算机平台之间交换文件。

6. EPS 格式(*.eps)

EPS 格式用于存储矢量图形，几乎所有的矢量绘制和页面排版软件都支持该格式。在 Photoshop CC 2020 中打开其他应用程序创建的包含矢量图形的 EPS 文件时，Photoshop CC 2020 会对此文件进行栅格化，将矢量图形转换为位图图像。

EPS 格式支持 Lab、CMYK、RGB、索引、灰度和位图色彩模式，不支持 Alpha 通道，但该格式支持剪贴路径。

7.3.3　常用的图形图像处理软件

计算机中的图形图像分为矢量图形和位图图像两种。处理图形图像的软件分为两类：一类是进行图形绘制的软件，另一类是对已有的位图图像进行处理的软件。常见的绘图软件有 Adobe Illustrator、CorelDRAW 等软件，常用的图像处理软件有 Adobe Photoshop、Corel Photo Paint 等软件。

下面以常用的图形图像处理软件 Adobe Photoshop CC 2020 为例，说明处理图像的方法。

1. Photoshop CC 2020 的工作界面

Photoshop CC 2020 的工作界面由菜单栏、工具选项栏、工具栏、图像窗口、浮动面板和状态栏等部分组成，如图 7.17 所示。熟悉 Photoshop CC 2020 的工作界面是学习 Photoshop CC 2020 十分重要的一步。

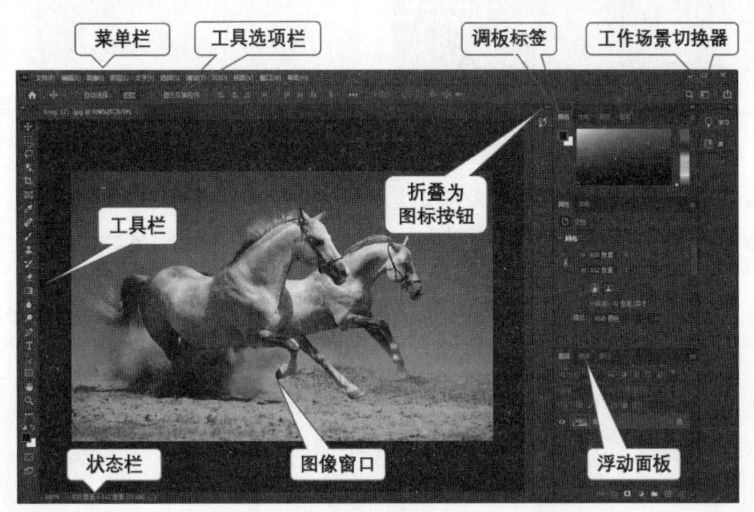

图 7.17　Photoshop CC 2020 的工作界面

2. 运用 Photoshop CC 2020 来制作《古代卷画》

该卷画的制作效果如图 7.18 所示。在本示例的制作中，将会综合运用图层、蒙版、混合模式、样式和变换等命令。具体制作步骤如下。

(1) 所需的纸质素材和古代女子素材如图 7.19 所示。

(2) 新建文档，背景为白色，分辨率为 72 像素/英寸，宽度为 400 像素，高度为 600 像素，如图 7.20 所示。

(3) 将纸质素材拖放进来，选择“编辑”|“自由变换”命令，适当放大或缩小图像，然后

按 Enter 键确定变换效果，效果如图 7.21 所示。

图 7.18 《古代卷画》最终效果

(a) 古代女子素材

(b) 纸质素材

图 7.19 素材

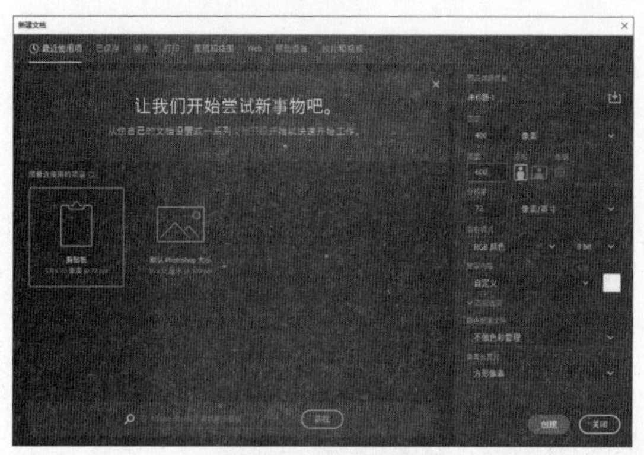

图 7.20 新建文档

图 7.21 拖放纸质素材后的效果

(4) 制作卷轴两端的部分，选择圆角矩形工具，将圆角矩形工具选项栏的填充设定为“无”，绘制出一个适当大小的圆角矩形，按 Ctrl+Enter 组合键转换为圆角矩形选区，如图 7.22 所示。

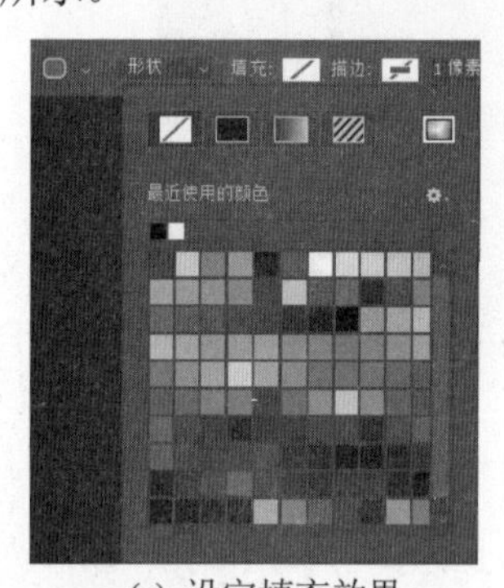

(a) 设定填充效果

(b) 绘制圆角矩形

(c) 转换为圆角矩形选区

图 7.22 制作卷轴的两端

(5) 选择“纸 1”图层，按键盘上的 Ctrl+J 组合键，Photoshop 将会把“纸 1”图层中该选区内部的纸复制到“图层 1”，效果如图 7.23 所示。

(6) 为“图层 1”添加图层样式“渐变叠加”，如图 7.24 所示。将弹出“图层样式”对话框，设定混合模式为“柔光”，如图 7.25 所示。设置渐变为“由黑到白到黑”，如图 7.26 所示。设置渐变叠加后的效果如图 7.27 所示。

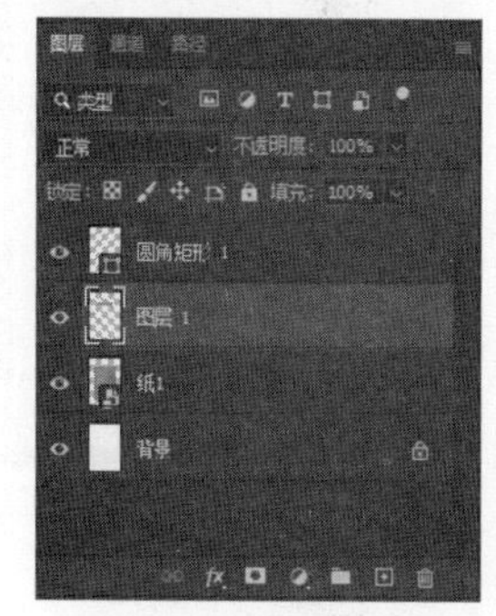

图 7.23　复制选区

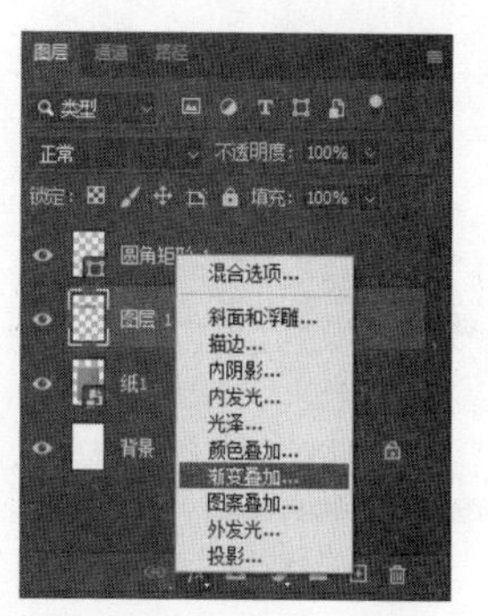

图 7.24　添加图层样式

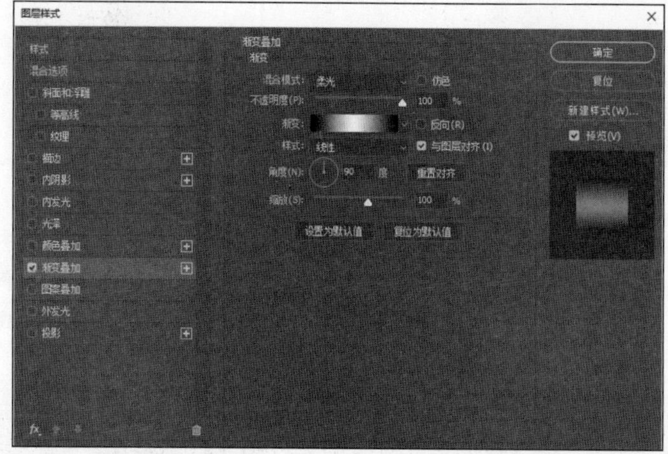

图 7.25　“图层样式”对话框

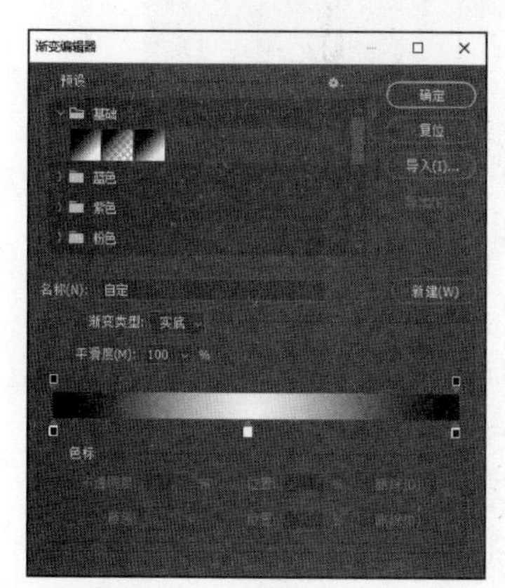

图 7.26　设置渐变样式

图 7.27　设置渐变叠加后的效果

(7) 选中图层 1，按自由变换命令快捷键 Ctrl+T，将该图层适当放大，按 Enter 键确认变换效果，如图 7.28 所示。

(8) 选中“图层 1”，拖动其至“新建”按钮，将“图层 1”复制，得到“图层 1 拷贝”，用移动工具将该图层拖放到卷轴的底部，如图 7.29 所示。

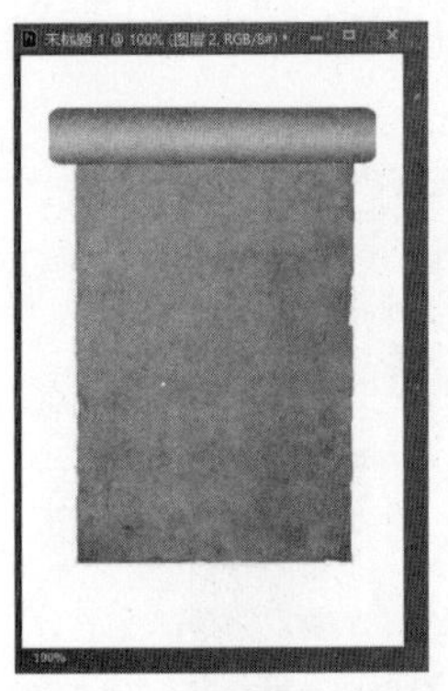

图 7.28　变换后的效果

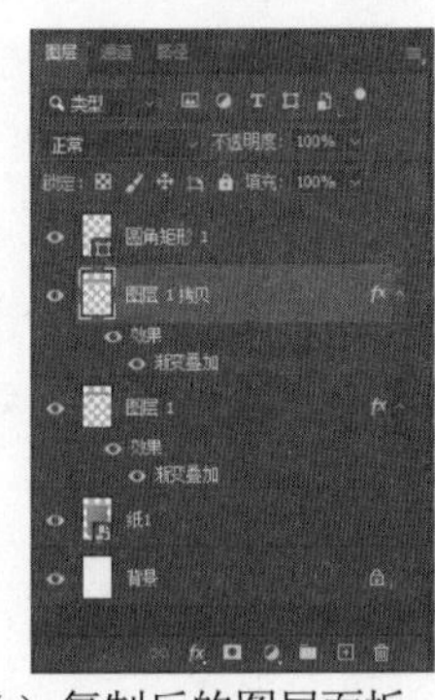

(a) 复制后的图层面板

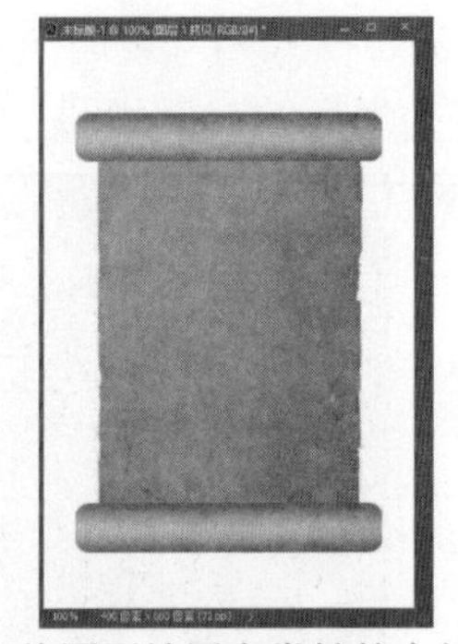

(b) 将图层放置在卷轴的底部

图 7.29　复制、移动图层副本后的效果

(9) 选择加深工具，单击“纸 1”图层，提示需要栅格化该图层，单击“确定”按钮即可，如图 7.30 所示。

图 7.30　选用加深工具栅格化图层

(10) 在工具选项栏上设置加深工具的属性，如图 7.31 所示。在“纸 1”图层中的卷轴与画布交界的地方涂抹，形成加深效果。加深后的效果如图 7.32 所示。

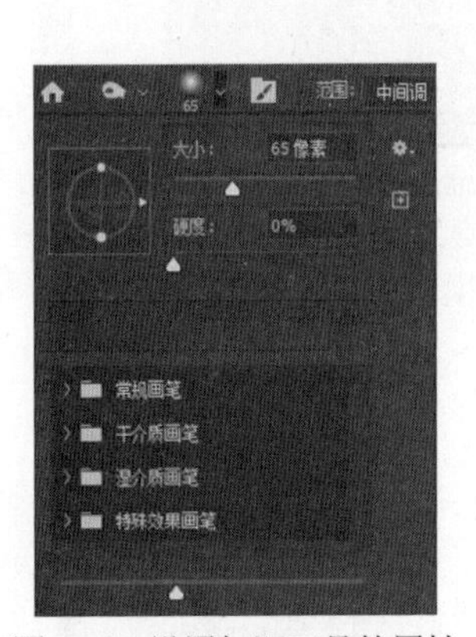

图 7.31　设置加深工具的属性

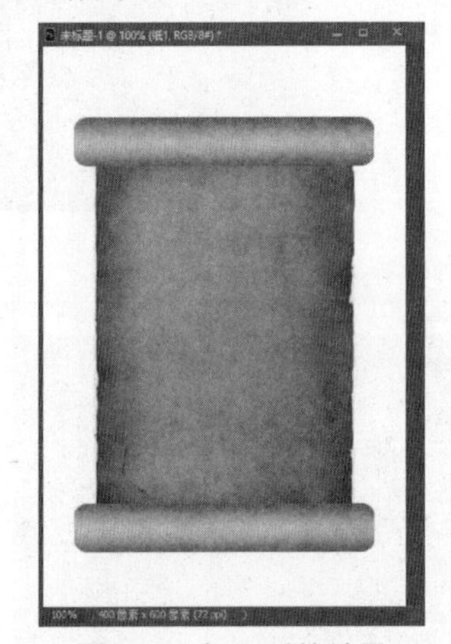

图 7.32　加深后的效果

(11) 将人物素材拖入并置于“纸 1”图层之上，按快捷键 Ctrl+T，将人物适当放大或者缩小，缩放过程中用鼠标拖曳图像边缘，将保持等比例变换，完成变换后按 Enter 键确认效果。将人物素材放置在适当位置，效果如图 7.33 所示。

(12) 对人物素材图层“timg(3)”执行“图像”|“调整”|“黑白(K)”命令，并将该图层的混合模式设置为“正片叠底”，效果如图 7.34 所示。

(13) 选中人物素材所在的图层“timg(3)”，添加图层蒙版，如图 7.35 所示。选择黑色画笔工具，在画笔工具选项栏中设置画笔参数，如图 7.36 所示。在蒙版层适当涂抹，淡化人物素材图层的边缘，效果如图 7.37 所示。

图 7.33　人物素材效果

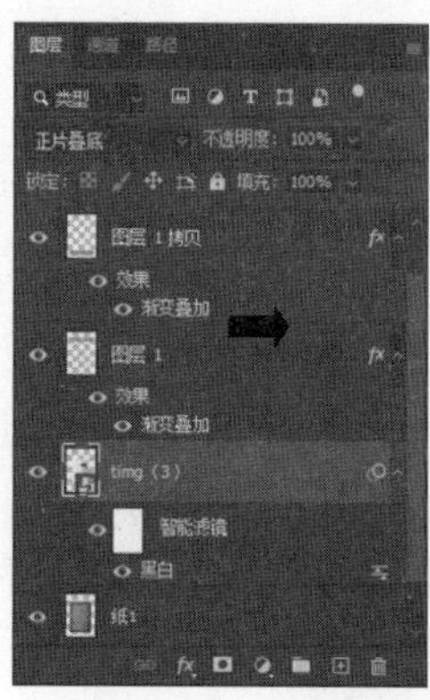

图 7.34　去色、更改图层混合模式后的效果

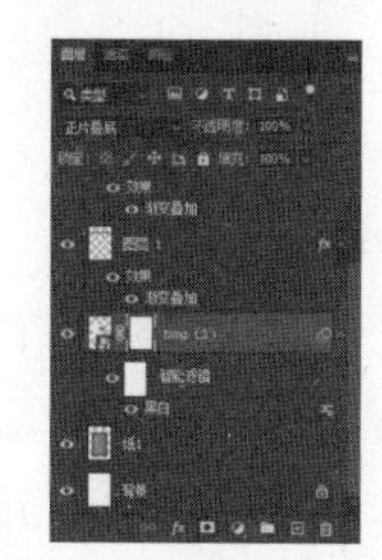

图 7.35　添加图层蒙版

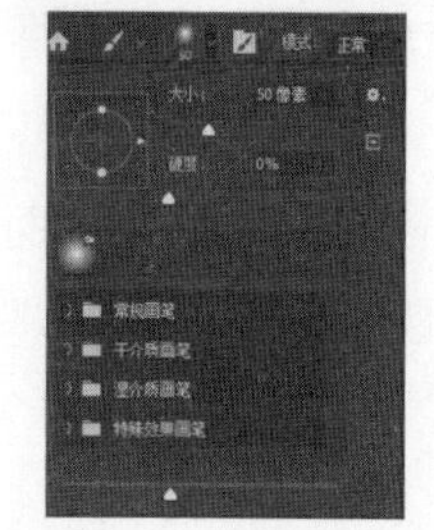

图 7.36　设置画笔参数

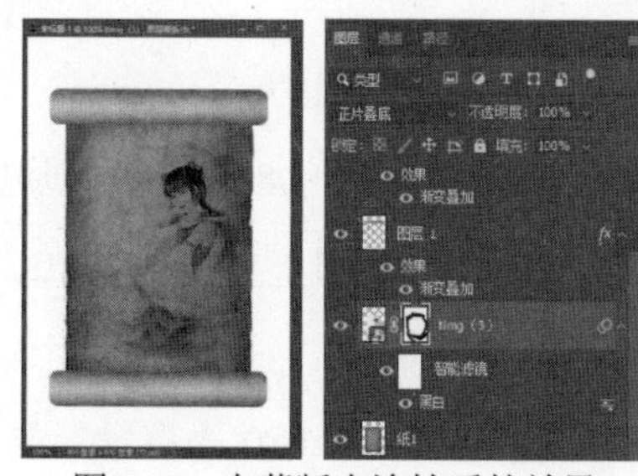

图 7.37　在蒙版中涂抹后的效果

(14) 选择直排文字工具，如图 7.38 所示。输入相应文本，并适当进行布局排列。最终效果如图 7.39 所示。

图 7.38　选择直排文字工具

图 7.39　添加文字后的最终效果

7.4 视频处理技术

7.4.1 视频概述

视频(Video)泛指将一系列静态影像以电信号的方式加以捕捉、记录、处理、存储、传送与重现的各种技术。日常生活中看到的电视、电影、录像或者使用手机、摄像机等拍摄的活动图像都属于视频。视频由一系列连续的静态图像画面构成，这些连续画面中的每一幅图像在视频中称为一帧，帧是构成视频图像的基本单元。连续的图像变化每秒超过24帧画面时，根据视觉暂留原理，人眼无法辨别单幅的静态画面，看上去是平滑连续的视觉效果，这样连续的画面就是视频。

1. 视频信息的主要技术指标

(1) 帧率

帧率(Frame Rate)也称为画面更新率，是指视频中每秒钟播放的静态画面数量，单位为帧/秒。根据人的视觉特性，典型的画面更新率一般不小于8帧/秒，影视一般应大于24帧/秒。不同国家对画面更新率的规定有所不同，我国采用的电视制式是PAL制，每秒钟显示25帧。美国、加拿大等大部分西半球国家以及日本、韩国、菲律宾等采用NTSC制式，每秒钟显示30帧。法国、东欧和中东一带采用的是SECAM制式，每秒钟显示25帧。

(2) 数据量

视频文件如果未压缩，数据量的计算公式则为：

视频文件的数据量(字节)=时间(秒)×帧频×水平像素数×垂直像素数×量化位数/8位

例如，在分辨率为1920×1080像素的计算机上显示“真彩色”高质量的视频图像，按照25帧/秒计算，显示60秒，则数据量是：

60(时间)×25(帧频)×1920(水平像素数)×1080(垂直像素数)×(24/8)(字节)≈8.7GB

一个4GB的U盘只能存放30秒左右的上述视频，可以看出，未压缩的视频文件的数据量非常大，需要大容量的存储器进行存储，这给存储工作带来了极大的困难，解决这个困难的最佳方法就是通过数据压缩来降低数据量。

2. 视频信息的压缩

数据压缩是指对原始数据进行重新编码，去除原始数据中冗余数据的过程。视频信息在数字化的过程中，为了获得满意的图像或视频画面，用户往往使用更高的图像分辨率和像素深度，这个过程会产生大量的冗余数据，这些冗余的数据是无用的数据，应通过数据压缩尽可能删除这些冗余数据，减少数据量。

一般来说，相邻的几帧画面变化不会很大，在组成视频图像的一系列连续的帧中，可能背景和图像画面的主体只有些许的差异。而在一幅视频图像的内部由于相同的纹理等因素存在大量重复的颜色信息，这些帧画面存在着很多无须存储、传输的冗余信息，因此压缩视频数据要考虑压缩帧内的冗余信息和帧间的冗余信息。从数学的角度来看是将原始图像尽可能地转换为不相关的数据。这个转换要在图像进行处理、存储和传输之前进行，之后需要将压缩的图像解压缩以重建原始的图像或近似的图像。

国际标准化组织和国际电报电话咨询委员会于 1991 年提出了针对连续色调静止图像的压缩编码标准——JPEG(Joint Photographic Experts Group，联合图像专家组)标准。该标准适用于黑白及彩色照片、彩色传真和印刷图片。JPEG 图像压缩算法能够在提供良好压缩性能的同时，具有比较好的重建质量，被广泛应用于图像、视频处理领域。

JPEG 标准支持很高的图像分辨率和量化精度，提供无损和有损的压缩模式，并且压缩比可调，一般能够将文件压缩到原有的 1/40～1/10 大小。使用 JPEG 算法处理的彩色图像是单独的颜色分量图像，它支持多种颜色模型，如 RGB 和 CMYK。

颜色模型是用来定量颜色的方法，RGB 颜色模型一般用于显示器这种发光物体显示的颜色。RGB 颜色模型通过叠加红、绿、蓝三种原色组成的色彩，几乎包括了人类视力所能感知的所有颜色，而 CMYK 一般用于打印机这类吸光物体输出的颜色信息。

针对视频图像的压缩标准主要有：针对 CD 级的视频和音频压缩格式 MPEG-1、针对标准数字电视和高清晰电视在各种应用下的压缩方案 MPEG-2，以及移动互联领域的低比特率压缩标准 MPEG-4 等。

7.4.2　常用的视频文件格式

1. MPEG 格式文件

MPEG 是 Motion Picture Experts Group 的英文缩写，是运动图像压缩算法的国际标准。它采用有损压缩方法减少运动图像中的冗余信息，最高压缩比可达 200∶1。MPEG 格式包含 MPEG-1、MPEG-2 和 MPEG-4 在内的多种视频格式，大部分的 VCD 制作都采用 MPEG-1 格式压缩，这种视频格式文件的扩展名包括 mpeg、mpg、mpe、dat，使用 MPEG-1 的压缩算法，可以把一部 120 分钟长的电影压缩到 1.2 GB 左右大小。MPEG-2 用于 DVD 制作和一些高清晰电视广播、高要求视频编辑上。使用 MPEG-2 的压缩算法压缩一部 120 分钟长的电影可以压缩到 5～8 GB 大小，因此 MPEG-2 格式的视频图像质量要远远高于 MPEG-1 的视频图像质量。

2. AVI 格式文件

AVI(Audio Video Interleaved，音频视频交错)是为 Windows 操作系统设计的数字视频格式，采用 Intel 公司的视频有损压缩技术，实现了音频和视频信息同步播放，是目前较为流行的视频文件格式，文件的扩展名为 avi。目前 AVI 文件主要用于多媒体光盘上，用来保存电影、电视等各种影像信息，有时也出现在 Internet 上，供用户下载、欣赏新影片的精彩片段。它的优点是可以跨多个平台使用，缺点是占用空间较大。

3. MOV 格式文件

MOV 格式文件是 Apple 公司在 Quick Time For Windows 视频应用软件中使用的视频文件格式。文件的扩展名为 mov。国际标准化组织(ISO)选择 Quick Time 文件格式作为开发 MPEG-4 规范的统一数字媒体存储格式，并采用了 MPEG-4 压缩算法。该格式支持 RLE、JPEG 等压缩技术，提供了 150 多种视频效果和 200 多种 MIDI 兼容音响和设备声音效果。通常，MOV 格式文件的视频图像质量高于 AVI 格式。

4. WMV 格式文件

WMV(Windows Media Video)格式是微软公司推出的一种视频文件格式，它是一种独立于编码方式的在 Internet 上实时传播多媒体的技术标准。WMV 格式的主要优点是：能实现本地或网络回放、可扩充或伸缩的媒体类型、多语言支持、流的优先级化、扩展性等。

5. MP4 格式文件

MP4(MPEG-4 Part 14)是一种常见的视频文件格式，它是在“ISO/IEC 14496-14”标准文件中定义的，属于 MPEG-4 的一部分，是“ISO/IEC 14496-12(MPEG-4 Part 12 ISO base media file format)”标准中所定义的媒体格式的一种实现，后者定义了一种通用的媒体文件结构标准。MP4 是一种描述较为全面的容器格式，可以在该格式的文件中嵌入任何形式的数据，各种编码的视频、音频等。大部分的 MP4 文件中存放的是 AVC(H.264)或 MPEG-4(Part 2)编码的视频和 AAC 编码的音频，文件扩展名为 mp4。

6. ASF 格式文件

ASF (Advanced Streaming Format，高级流格式)是微软公司推出的一种可以直接在网上观看视频节目的文件压缩格式。ASF 使用了 MPEG-4 的压缩算法，有较好的压缩率和图像质量。ASF 是网上即时观赏的视频流格式。

7.4.3 视频信息处理软件

视频信息处理软件有两类，一类是视频播放软件，一类是视频编辑软件。

1. 常用的视频播放软件

由于视频信息数据量庞大，因此几乎所有的视频信息都是以压缩格式存放在磁盘或光盘上的。这就要求在播放视频信息时，计算机有足够的处理能力进行动态的实时解压缩播放。目前，计算机已经实现了软件实时解压缩来播放视频信息。常用的视频播放软件有：Windows 操作系统自带的 Media Player 以及 Real Player 等，这些视频播放软件的界面操作非常简单，功能强大，支持大部分的音视频文件格式。

2. 常用的视频编辑软件

随着计算机处理视频信息技术功能的不断提高，各种视频编辑软件不断涌现。常见的视频编辑软件有：Video For Windows、Quick Time、Adobe Premiere 等。下面简要介绍视频编辑软件 Adobe Premiere Pro。

Adobe 公司推出的 Premiere Pro 是一款优秀的专门处理影视作品的视频和音频编辑软件，能将声音、动画、图片、文字、视频等多种素材合成或剪辑为各种格式的动态影像。Premiere Pro 功能强大，操作简单，能够满足众多视频用户的不同需求，已成为目前最流行的非线性视频编辑软件。

Adobe Premiere Pro 的主要功能如下。

- 有较好的兼容性，可以在各种操作系统平台下与硬件配合使用，且可以与 Adobe 公司推出的其他软件相互协作。

- 具有丰富的音视频特效、转场效果，能编辑和组接声音、图片、文字等各种素材，生成各种数字视频文件。其强大的功能与别具一格的操作使得它成为视频编辑必不可少的工具。
- 可为视频添加动态字幕。
- 将图片、视频、音频叠加，调整音频与图片、视频同步，设置音视频特性参数。
- 利用多重、可套用的时间线实现对复杂项目的高效控制。
- 音频功能强大，音频混音器、精确的降噪功能、内置的多种 VST 插件增强音频编辑特性，可以满足用户处理各种音频的需要。
- 色彩功能强大，可将普通色彩转换为适合 NTSC 或 PAL 的兼容色。
- 可直接输出适合多种设备的视频格式或静态图片序列格式。例如，适合 DVD 或蓝光光盘的 MPEG-2 格式，适应静态图片序列的 TIFF、GIF 等格式。

7.5 多媒体技术应用——制作微课

微课是指运用信息技术，按照认知规律，呈现碎片化学习内容、过程及扩展素材的结构化数字资源，是在传统教学案例、教学课件、教学反思、教学设计的基础上针对当下学生的学习特点而发展起来的新型教学资源。微课具有教学时间短、教学内容少、资源容量小、资源组成/结构/构成情景化、主题突出、针对性强以及趣味性浓的特点。本节主要介绍微课的一般制作方法。

制作微课大致分为以下五步。

第一步，准备大体的文案，这个文案通常以 Word 文档的方式呈现。

第二步，利用录音和摄像设备录制声音和主讲人的视频(录制时最好是纯绿色背景)。

第三步，将文档进行汇总分类，用演示文稿 PowerPoint 展示出来，将演示文稿以图片的方式导出。

第四步，将导出的图片导入 Premiere 中，将图片配对音频，并将录制的主讲人的视频加入微课的适当位置。

第五步，如果需要将主讲人的录音做成字幕，可用 Arctime Pro 软件或 Premiere 软件添加字幕。

下面以制作微课《宝塔诗•茶》为例，说明制作微课的过程。

1. 先确定微课的题目，例如《宝塔诗•茶》，根据题目准备微课的内容，然后将准备的内容制作成一份文案，以 Word 文档的方式呈现，如图 7.40 所示。在文案中要梳理出微课各个部分所需要的呈现方式，例如添加动态效果，字幕、图片的淡入淡出，内容的显示方式等。

2. 按照文案，利用录音和摄像设备录制声音和主讲人的视频(录制时最好是纯绿色背景)，本例录制了开头和结尾两个视频，以及音频文件“茶诗词 原课.mp3”。

3. 按照文案，将内容进行汇总分类，然后把内容以演示文稿 PowerPoint 形式展示出来，如图 7.41 所示。将演示文稿以图片的方式导出，设置方法如图 7.42 所示，单击“确定”按钮，弹出如图 7.43 所示的对话框，再单击“每张幻灯片”按钮，在弹出的对话框中单击“确定”按钮，如图 7.44 所示，将每张幻灯片都保存为图片格式。

宝塔诗·茶

播放茶的图片，视频，音乐柔和，引人入胜

一、导入

中国是诗词的国度，也是茶的国度。两者相遇，造就了最美的茶诗词，既能爽口，更能安心。让我们放下纷纷扰扰的一切，静静地品一杯茶。同学们，今天老师将与大家一起学习一首非常有趣的诗词，相信你学完以后呀，一定会感叹诗词的魅力，下面我们一起来看看吧!

二、范读

《一字至七字诗·茶》

（唐）元稹

茶

香叶，嫩芽，

慕诗客，爱僧家。

碾雕白玉，罗织红纱。

铫煎黄蕊色，碗转曲尘花。

夜后邀陪明月，晨前命对朝霞。

洗尽古今人不倦，将至醉后岂堪夸。

三、讲难点

一字至七字诗，俗称宝塔诗，顾名思义，它形如宝塔。从一字句或两字句的塔尖开始，向下延伸，逐层增加字数至七字句的塔底终止，如此排列下来，构成一个等腰三角形，即如塔形、山形。起始的字，既为诗题，又为诗韵。在中国古代诗中较为少见。元稹茶诗《一字至七字诗·茶》，从古诗形式上可看出，是一首典型的宝塔茶诗，后人又称为"宝塔诗茶"。

图 7.40　部分文案示意图

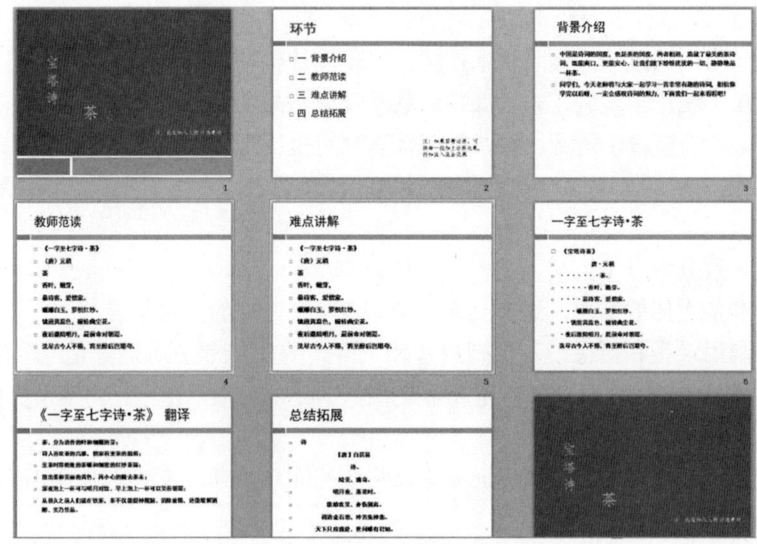

图 7.41　将文案内容导入演示文稿

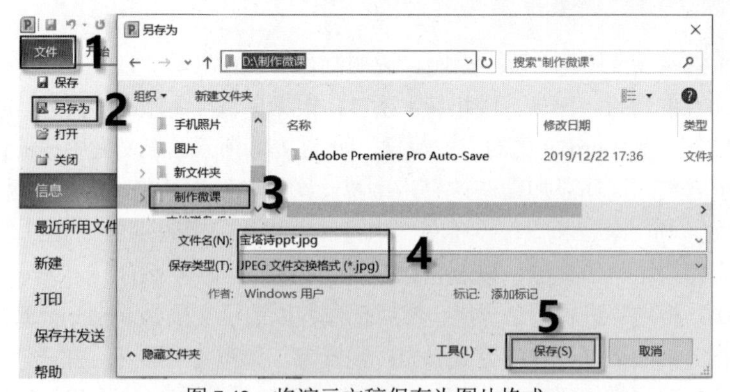

图 7.42　将演示文稿保存为图片格式

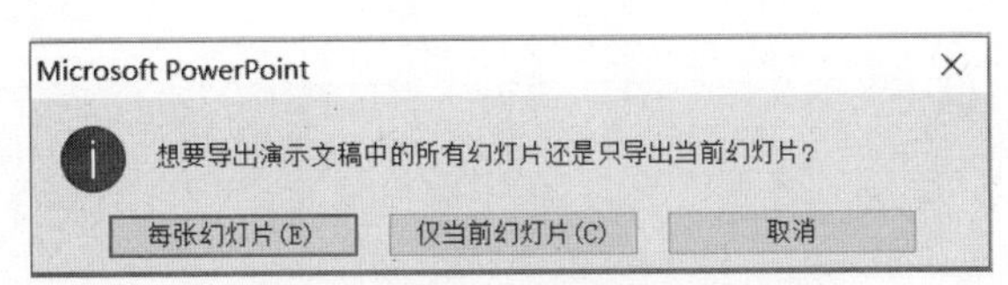

图 7.43 导出演示文稿中的所有幻灯片

图 7.44 将演示文稿中的每张幻灯片都以独立文件方式保存

4. 将微课的所有素材导入 Premiere 中进行剪辑、加工、合成。

(1) 启动 Premiere，新建一个项目并导入素材。第一次启动 Premiere 会出现一个欢迎界面，可以直接跳过，进入“开始”界面，如图 7.45 所示。单击“新建项目”按钮，打开“新建项目”对话框，如图 7.46 所示。在“名称”框中输入项目的名称，如输入“宝塔诗•茶”，单击“位置”栏右侧的“浏览”按钮，设置项目的保存位置，本例中选择“D:\制作微课”文件夹，也可以选择默认的保存位置，单击“确定”按钮，进入 Premiere 的工作界面，如图 7.47 所示。

图 7.45 Premiere 的“开始”界面

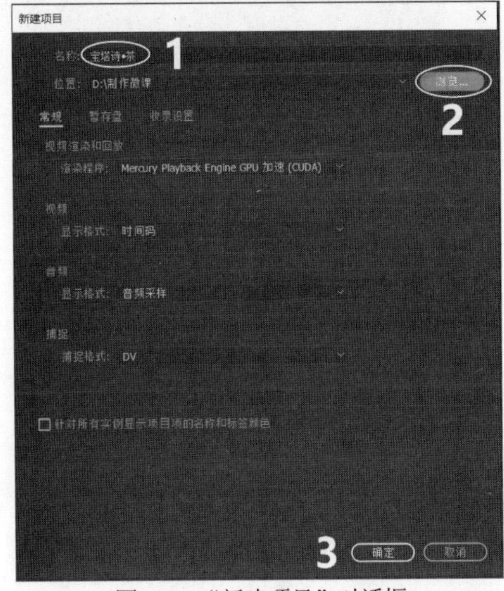

图 7.46 “新建项目”对话框

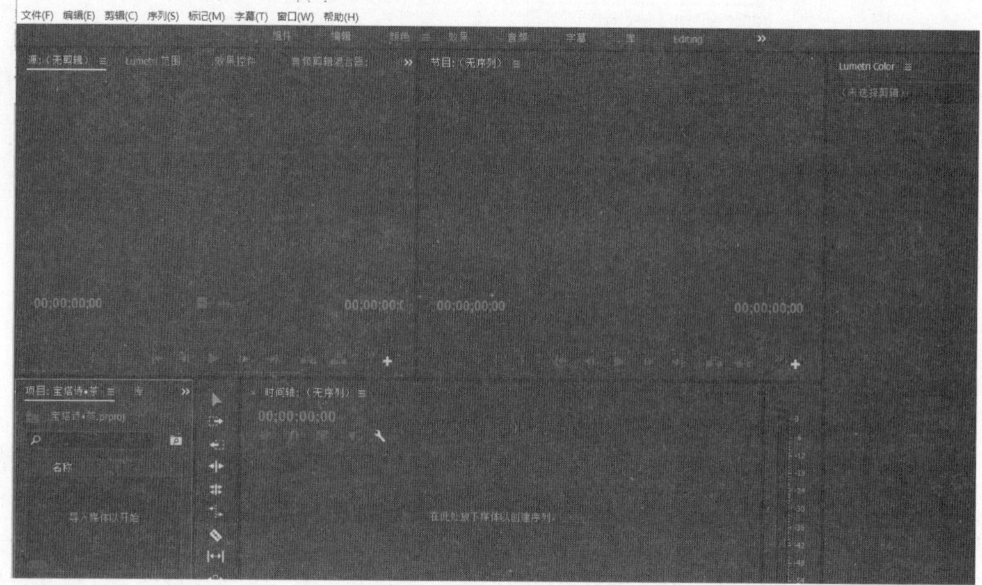

图 7.47　Premiere 的工作界面

(2) Premiere 工作界面分为 4 个窗口。左下角窗口叫作素材箱，可将需要剪辑、加工、合成的素材，如视频、音乐、图片等导入该区域。方法：双击该窗口，弹出“导入”对话框，找到素材的保存位置，本例中是“D:\微课制作”文件夹。然后选定要导入的素材，单击“打开”按钮，将选定的素材导入该窗口中，本例中导入“宝塔诗•茶.prproj”文件夹中的图片素材“幻灯片1.JPG”到“幻灯片 9.JPG”“开头.MOV”和“结尾.MOV”视频素材、“茶诗词 原课.mp3”音频素材，如图 7.48 所示。

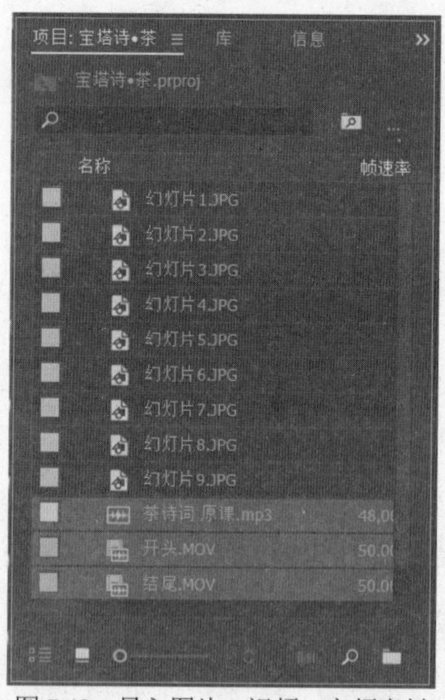

图 7.48　导入图片、视频、音频素材

(3) 右下角窗口是时间轴，主要用于对左下角素材箱中的素材进行加工，包括剪辑、添加效果等。将左下角窗口中的素材拖动到右下角窗口中的时间轴上，即可进行剪辑等操作。本例将左下角区域中的素材“幻灯片 1.JPG”和“开头.MOV”拖动到右下角窗口的时间轴上，如图 7.49 所示。

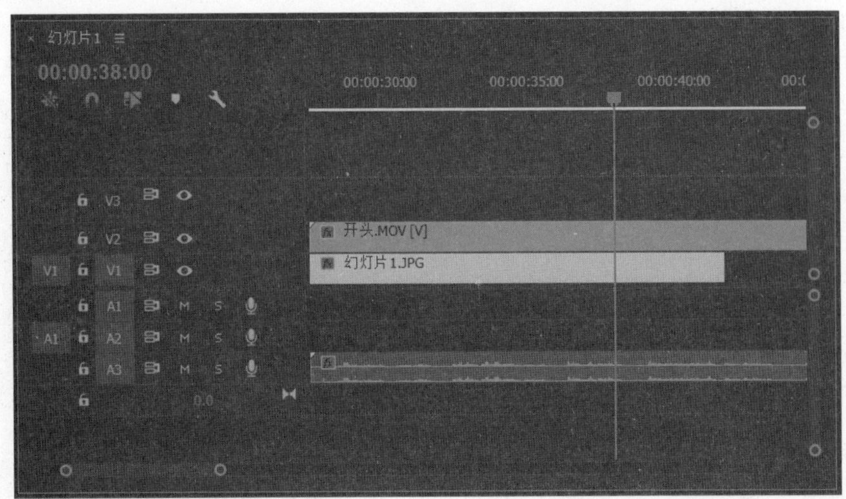

图 7.49　将素材“幻灯片 1.JPG”和“开头.MOV”拖动到右下区域的时间轴上

(4) 将鼠标放置在素材“幻灯片 1.JPG”右侧的结尾处，如图 7.50 所示，按住鼠标左键进行拖动，将素材“幻灯片 1.JPG”的长度调整为和素材“开头.MOV”等长，如图 7.51 所示，拖动底部的滚动条可以改变时间轴的长度。

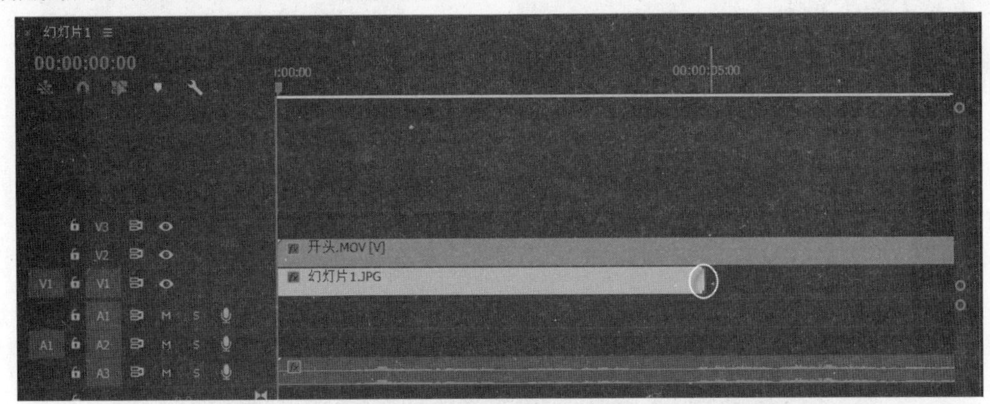

图 7.50　将鼠标放置在素材“幻灯片 1.JPG”右侧的结尾处

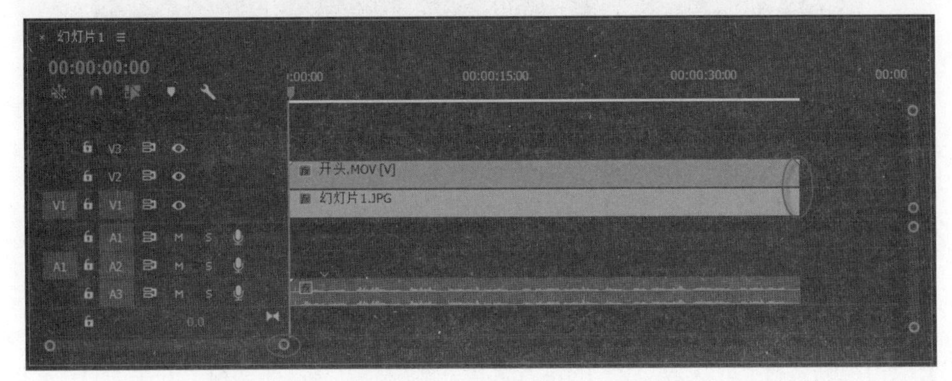

图 7.51　将素材“幻灯片 1.JPG”的长度拖动到与素材“开头.MOV”等长

(5) 将素材“开头.MOV”的绿色背景置换为素材“幻灯片 1.JPG”。方法：在左下角窗口中单击»按钮，选择下拉列表中的“效果”选项，如图 7.52 所示。在下拉列表框中双击“视频效果”选项，选择下一级的“键控”|“超级键”，如图 7.53 所示，按住鼠标左键将“超级键”拖动到右下角窗口中的“开头.MOV”素材上。

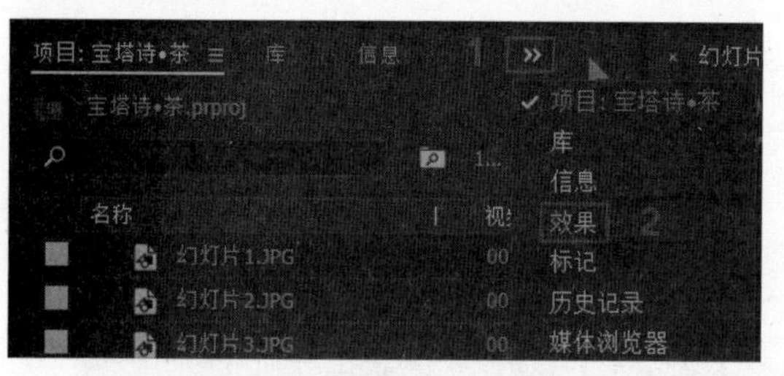

图 7.52　选择“效果”选项

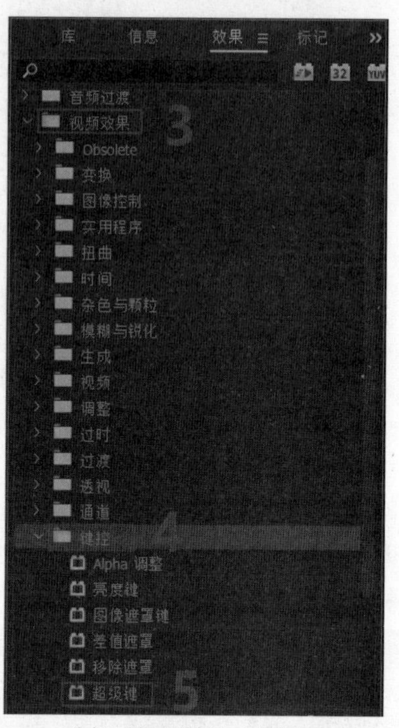

图 7.53　选择“视频效果”中的“超级键”

(6) 在左上角的窗口中单击“效果控件”，选择“吸管”工具，如图 7.54 所示。此时鼠标变为吸管形状，单击右上角窗口中的视频绿色背景中的任意位置，将绿色背景置换为素材“幻灯片 1.JPG”。

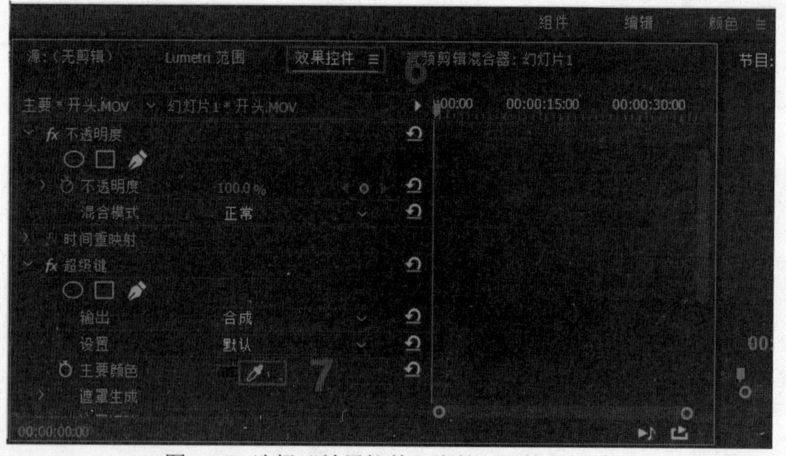

图 7.54　选择“效果控件”中的“吸管”工具

(7) 取消视频素材“开头.MOV”的声音链接并删除。方法：在素材“开头.MOV”上右击，在弹出的快捷菜单中选择“取消链接”命令，然后单击 A3 轨道上的音频，按 Delete 键删除声音，如图 7.55 所示。

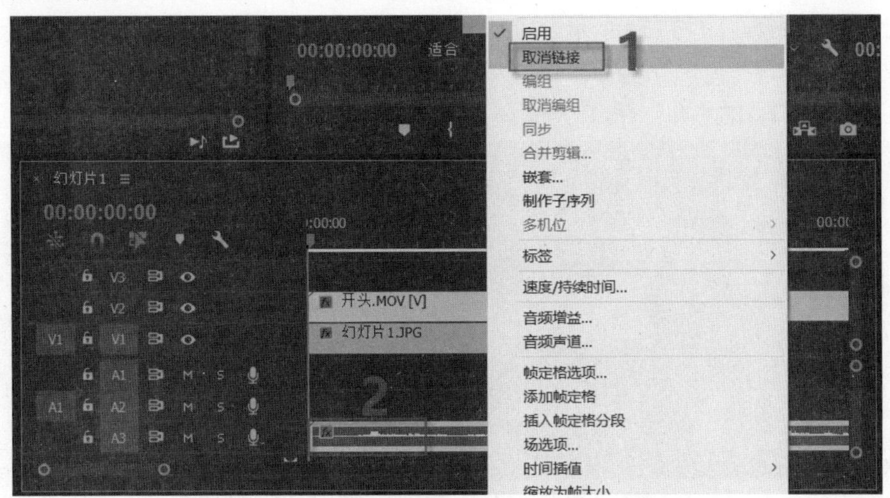

图 7.55　删除视频素材“开头.MOV”的声音

(8) 将左下角窗口中的音频素材“茶诗词 原课.mp3”拖动到右下角窗口中，如图 7.56 所示。单击右上角窗口中的“播放”按钮，按照视频、幻灯片内容将音频内容与它们对齐，如图 7.57 所示。

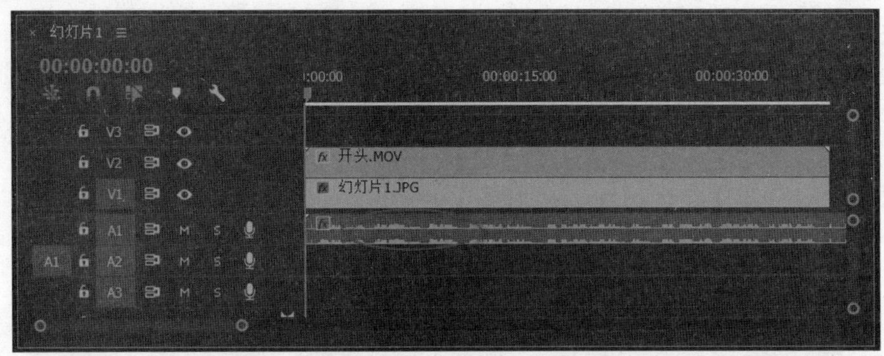

图 7.56　将左下角窗口中的音频素材“茶诗词 原课.mp3”拖动到右下角窗口

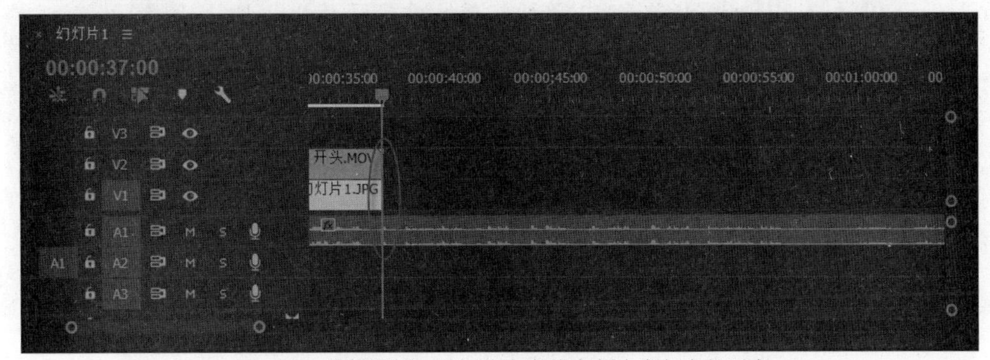

图 7.57　按照视频、幻灯片内容将音频内容与它们对齐

(9) 将左下角窗口中的素材“幻灯片 2.JPG”拖动到右下角窗口中，将其放置在“幻灯片 1.JPG”的结尾处，使两张幻灯片进行衔接，如图 7.58 所示。单击右上角窗口中的“播放”按

钮▶，然后将鼠标指向“幻灯片 2.JPG”的结尾处，按住鼠标左键进行拖动，将“幻灯片 2.JPG”的长度对齐音频内容，如图 7.59 所示。按照此方法分别将“幻灯片 3.JPG”到“幻灯片 9.JPG”拖动到右下角的窗口中，调整“幻灯片 3.JPG”到“幻灯片 9.JPG”每张的长度，使其分别对齐音频内容，如图 7.60 所示。

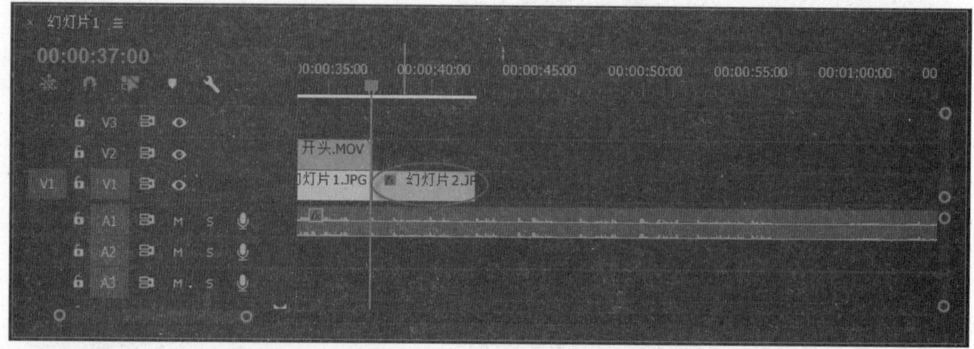

图 7.58　将“幻灯片 1.JPG”和“幻灯片 2.JPG”进行衔接

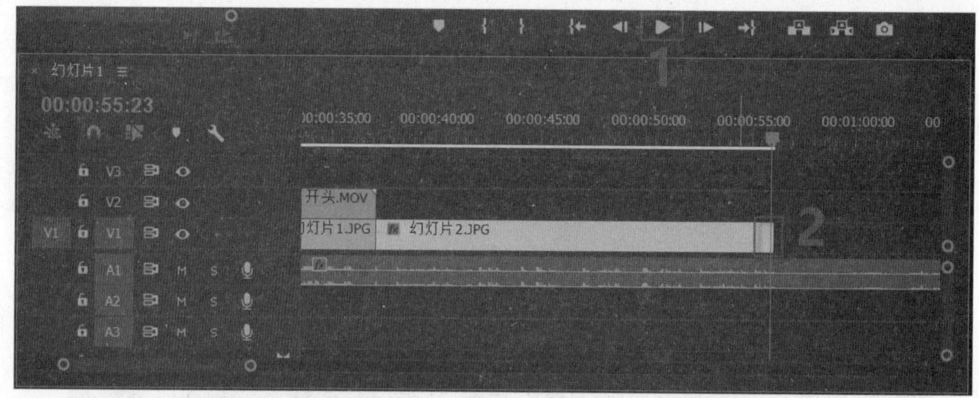

图 7.59　调整素材“幻灯片 2.JPG”的长度，对齐音频内容

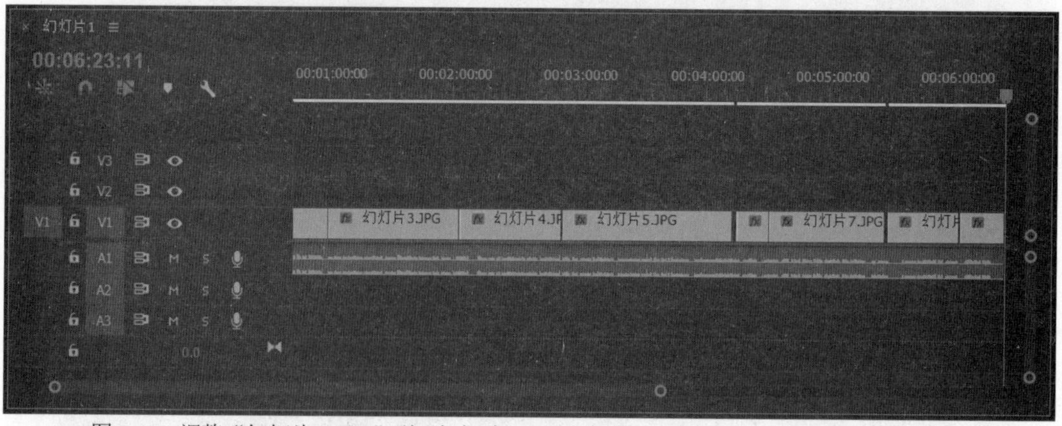

图 7.60　调整“幻灯片 3.JPG”到“幻灯片 9.JPG”每张的长度，使它们分别对齐音频内容

(10) 将左下角窗口中的素材“结尾.MOV”拖动到右下角窗口的时间轴上，调整其位置和长度，使其与素材“幻灯片 9. JPG”、音频内容对齐，如图 7.61 所示。然后按照步骤(7)的方法取消素材“结尾.MOV”链接，并按 Delete 键将其链接的声音删除。按照步骤(5)和(6)的方法将

素材“结尾.MOV”绿色背景置换为素材“幻灯片 9.JPG”。

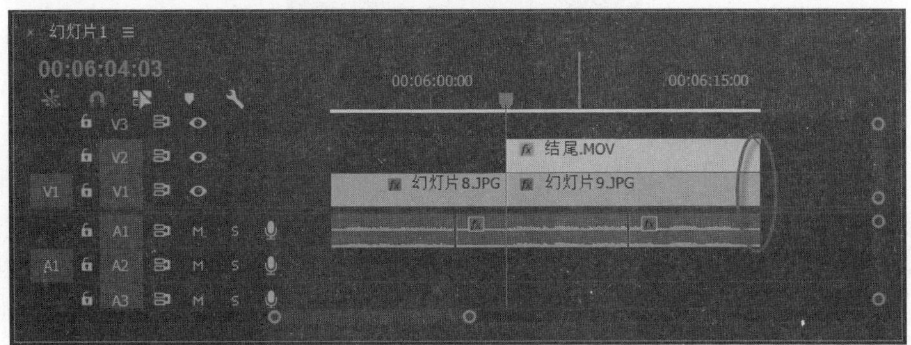

图 7.61　将素材“结尾.MOV”与素材“幻灯片 9. JPG”、音频内容对齐

(11) 添加视频过渡效果。例如，在素材“幻灯片 1.JPG”和“幻灯片 2.JPG”连接处添加“翻页”效果，方法：在左下角窗口中单击“效果”选项，在打开的列表中选择“视频过渡”|“页面剥落”|“翻页”，如图 7.62 所示，拖动“翻页”效果至右下角窗口中的素材“幻灯片 1.JPG”和“幻灯片 2.JPG”连接处，如图 7.63 所示。双击此处的“翻页”效果，弹出如图 7.64 所示的对话框。在该对话框中可设置过渡的持续时间，本例中设置持续时间为 00:00:02:00，单击“确定”按钮，完成视频过渡效果的设置。单击“播放”按钮，可预览添加的效果。按照此方法可以为全部幻灯片或部分幻灯片的素材添加视频过渡效果。

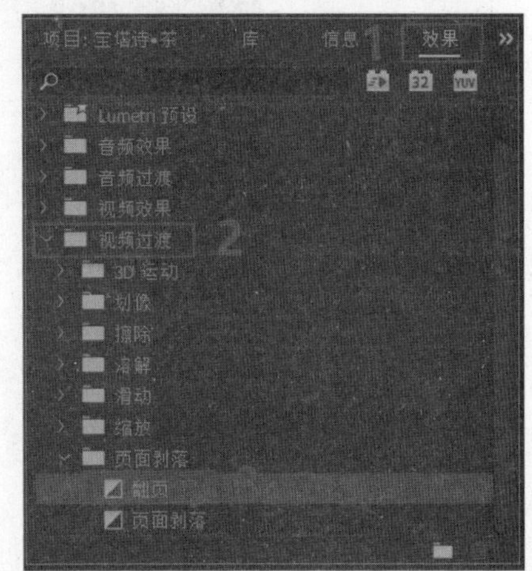

图 7.62　选择“视频过渡”中的“翻页”效果

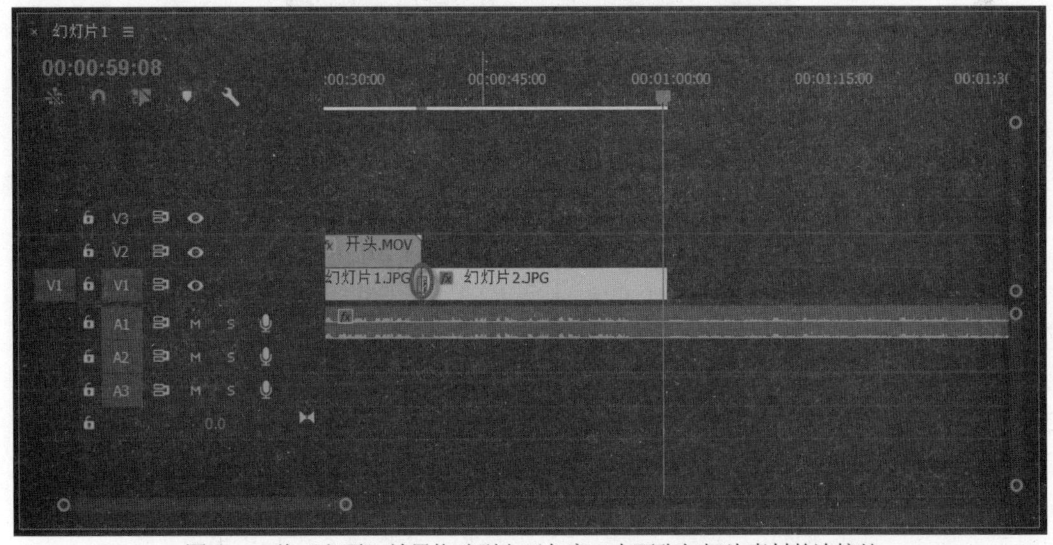

图 7.63　将“翻页”效果拖动到右下角窗口中两张幻灯片素材的连接处

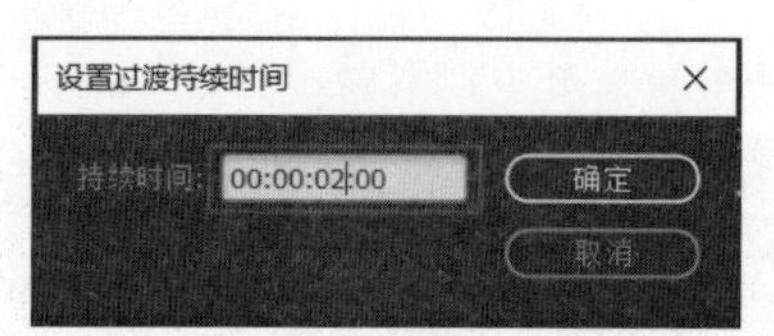

图 7.64　设置过渡的持续时间

(12) 设置结束后，将视频导出。方法：在 Premiere 窗口中，单击“文件”菜单，在打开的下拉列表中选择“导出”|“媒体”命令，弹出“导出设置”对话框，如图 7.65 所示。在“格式”下拉列表框中选择“H.264”(该格式是 1920×1080 的 16∶9 的高清格式，导出时是 MP4 的高清格式，全屏显示)，然后单击“导出”按钮，将视频文件输出到指定位置。本例视频文件的输出名称是“幻灯片 1.mp4”，保存位置为“D:\制作微课”。

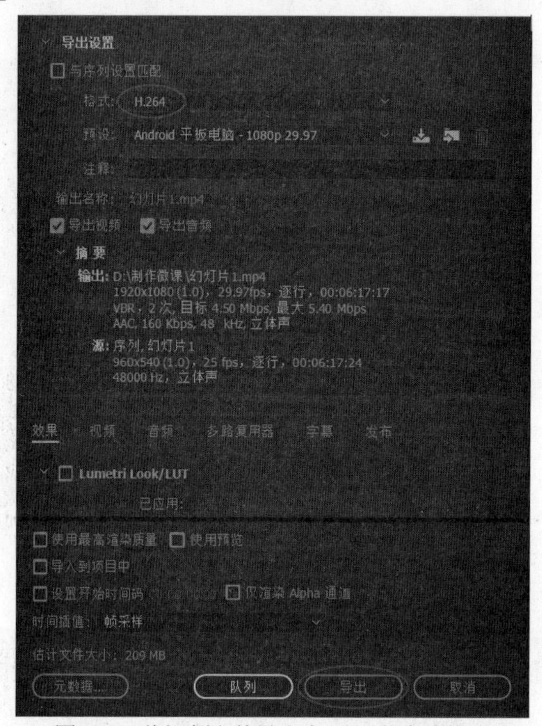

图 7.65　将视频文件导出为 MP4 的高清格式

5. 将录音转换成字幕。添加字幕的方法很多，本例利用“网易见外”工作台首先将音频转写为可在线编辑与导出的文档，然后在 Arctime Pro 软件中完成字幕的添加，操作步骤如下。

(1) 利用“网易见外”工作台将音频转写为可在线编辑与导出的文档。方法：在 IE 浏览器中搜索“网易见外工作台”并打开该工作台，如图 7.66 所示。单击“新建项目”按钮，打开“新建项目”窗口，单击“语音转写”链接，如图 7.67 所示。打开“语音转写”窗口，在“项目名称”文本框中输入“宝塔诗•茶”；在“上传文件”区域中单击“添加音频”按钮，将需要转写的音频文件上传，本例将“茶诗词 原理.mp3”上传；在“文件语言”框中选择“中文”；在“出稿类型”框中选择“字幕”，如图 7.68 所示。之后，单击“提交”按钮，将上传的音频文件进行转写，转写结束后，单击中间的“转写”按钮，如图 7.69 所示，可在线编辑与导出文档，如图 7.70 所示。单击“导出”按钮，将字幕文件“CHS_宝塔诗 • 茶.srt”导出。

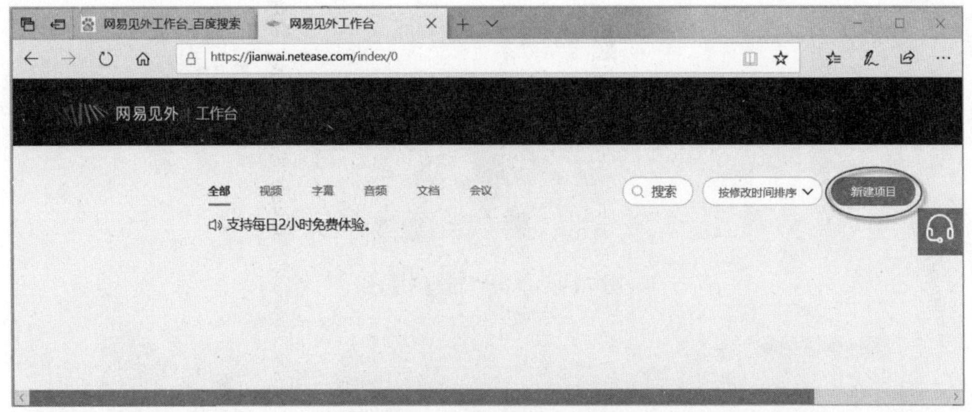

图 7.66　“网易见外”工作台

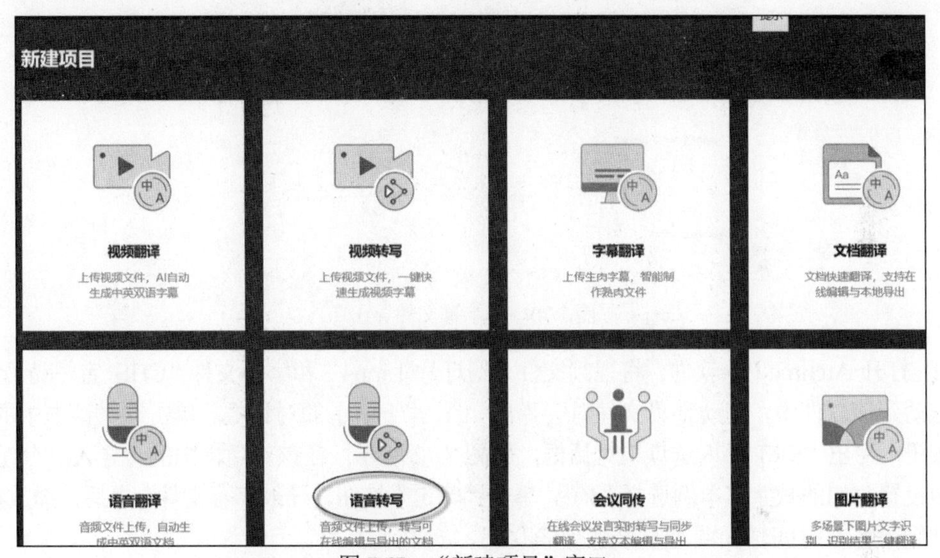

图 7.67　“新建项目”窗口

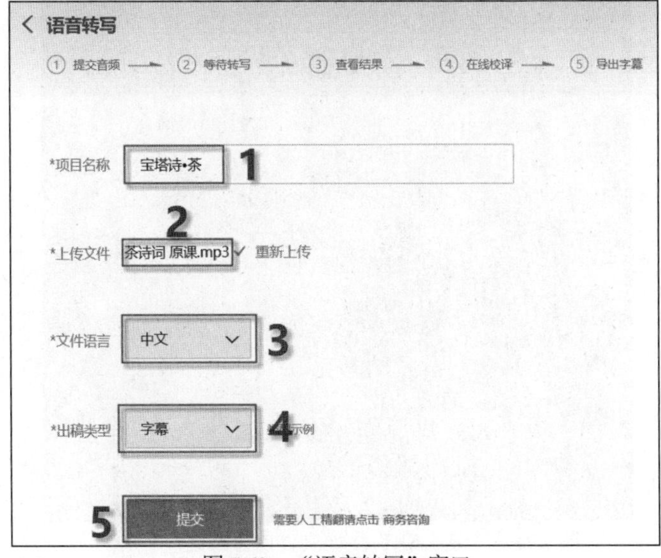

图 7.68　“语音转写”窗口

图 7.69　单击“转写”按钮

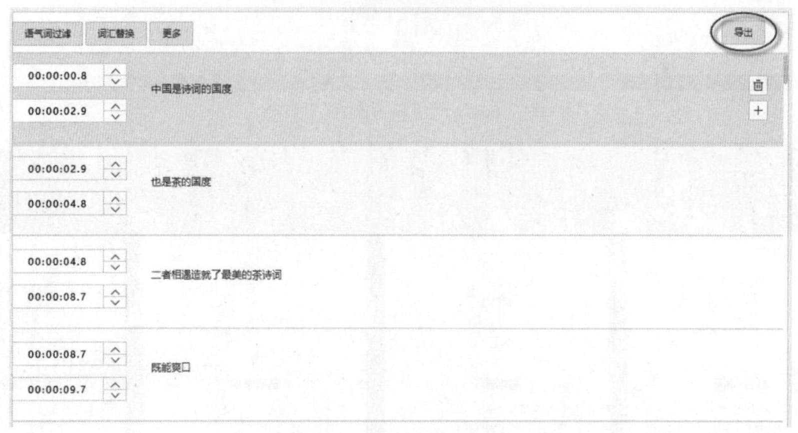

图 7.70　将字幕文件导出

(2) 打开 Arctime Pro 软件，将视频文件“幻灯片 1.mp4”和字幕文件“CHS_宝塔诗•茶.srt”分别拖动到该软件中，拖动字幕文件时会弹出如图 7.71 所示的对话框。单击该对话框中的“继续”按钮，弹出“SRT 导入选项”对话框，如图 7.72 所示。在该对话框中的“导入到分组”列表框中设置分组的数字，本例选择“1”，单击“确定”按钮，导入字幕文件。之后，播放视频，对照视频内容在时间轴区域对字幕进行修改。

图 7.71　“导入 SRT 数据-文件内容预览”对话框

图 7.72　“SRT 导入选项”对话框

(3) 如果要修改某一字幕内容，双击该字幕块，在打开的文本框中修改字幕内容，如图 7.73 所示，本例将“还钱九岁”改为“缓解酒醉，”，修改结束后，单击右侧的“提交修改”按钮，完成修改。

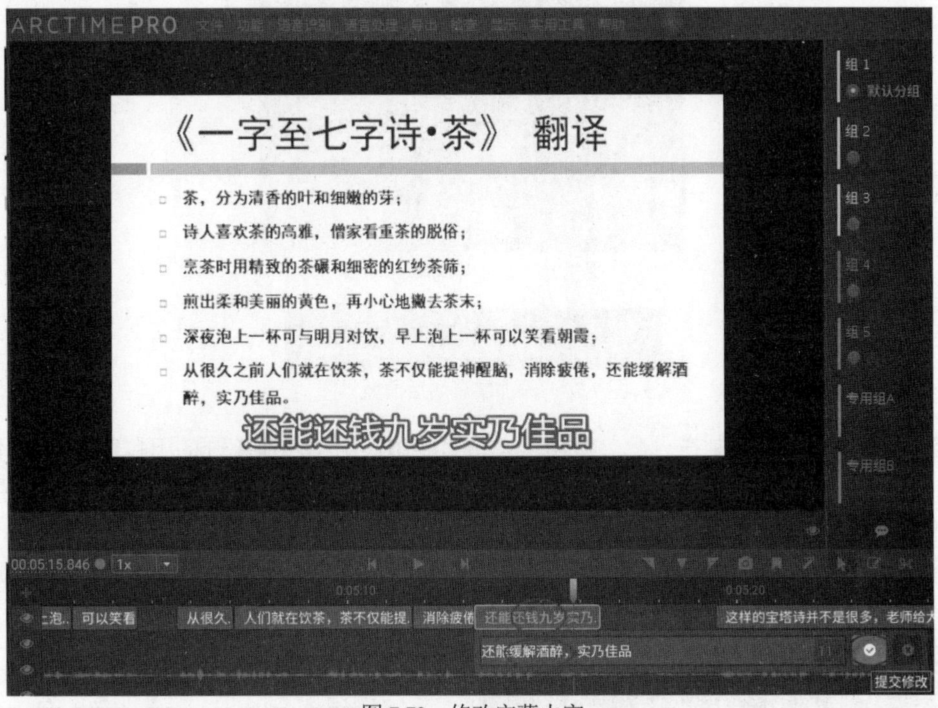

图 7.73　修改字幕内容

(4) 如果要增加字幕块，例如，将一个字幕块“四 总结拓展下面我们进入第一个环节～背景介绍”拆分成两个字幕块，一个字幕块的内容是“四 总结拓展”，另一个字幕块的内容是“下面我们进入第一个环节～背景介绍”。拆分方法：如图 7.74 所示，双击该字幕块，在打开的文本框中，删除文本“下面我们进入第一个环节～背景介绍”，单击“提交修改”按钮，调整该字幕块的长度至合适大小。然后在右上角的窗口中输入文本“下面我们进入第一个环节～背景介绍”，单击“快速拖动创建工具”按钮，如图 7.75 所示。播放视频，在需要创建字幕块的时间轴上按住鼠标左键进行拖动，添加新的字幕块，如图 7.76 所示。

图 7.74　字幕块

图 7.75　添加字幕块示意图

图 7.76　添加字幕块后的效果图

(5) 将字幕和视频压制在一起。方法：单击“导出”菜单，在打开的下拉菜单中选择“快速压制视频(标准 MP4)”命令，如图 7.77 所示。在弹出的“输出视频快速设置”对话框中，单击“开始转码”按钮，如图 7.78 所示。转码结束后，将字幕和视频压制到一起。如果压制前的视频保存在桌面上，压制后的视频也会保存在桌面上。通过这种方式可以快速地给视频添加字幕。

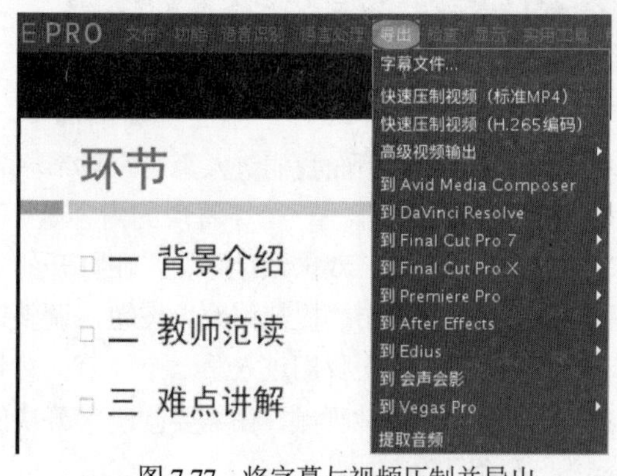

图 7.77　将字幕与视频压制并导出

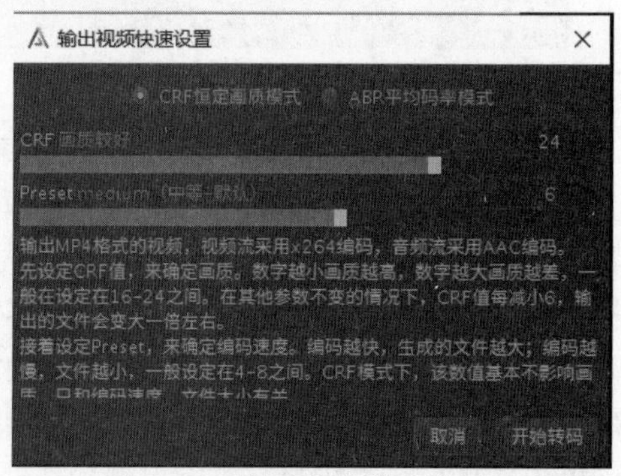

图 7.78　“输出视频快速设置”对话框

(6) 导出的压制文件就是制作的微课视频，至此，微课制作已完成。

在制作微课的过程中，可添加一些小动画或特效效果，也可利用 After Effects 软件制作动态效果作为微课的背景，以增强微课的活力和感染力。

ꕥ 第8章 ꕥ

网络基础与应用

8.1 计算机网络概述

8.1.1 计算机网络系统的组成

1. 计算机网络的定义

所谓计算机网络，就是把分布在不同地理位置的计算机及数字化设备用通信线路互连成的一个规模大、功能强的系统，从而使众多的计算机之间可以方便地传递信息，共享硬件、软件和信息资源。在一个计算机网络中，连接对象是计算机和数据终端等，连接的介质是通信线路和通信设备，实现传输控制的是网络协议和网络软件。计算机网络组成示意图如图 8.1 所示。

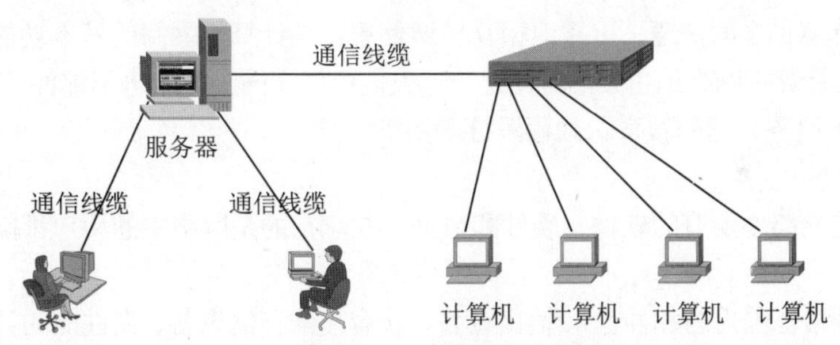

图 8.1　计算机网络组成示意图

2. 计算机网络系统的组成

计算机网络是计算机应用的高级形式，它充分体现了信息传输与分配手段、信息处理手段的有机联系。从用户角度来看，可将计算机网络看成一个透明的数据传输机构，网上的用户在访问网络中的资源时不必考虑网络的存在。从网络逻辑功能角度来看，可以将计算机网络分成通信子网和资源子网两部分，如图 8.2 所示。

(1) 通信子网

网络系统以通信子网为中心，通信子网处在网络的内层，由网络中的通信控制处理机(Communication Control Processor，CCP)、其他通信设备、通信线路和只用作信息交换的计算机组成，负责完成网络数据的传输、转发等通信处理任务。当前的通信子网一般由路由器、交换机和通信线路组成。

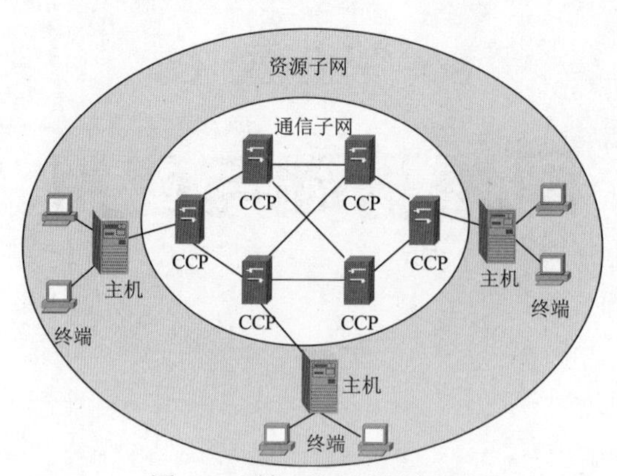

图 8.2 通信子网和资源子网

(2) 资源子网

资源子网处于网络的外围，由主机系统、终端、终端控制器、外设、各种软件资源与信息资源组成，负责全网的数据处理业务，向网络用户提供各种网络资源和网络服务。主机系统是资源子网的主要组成部分，它通过高速通信线路与通信子网的通信控制处理机相连接。普通用户终端可通过主机系统连接入网。

8.1.2 计算机网络的功能

计算机网络最重要的 3 个功能是信息交换、资源共享、分布式处理。

(1) 信息交换

计算机与计算机之间快速、可靠地相互传送信息，是计算机网络的基本功能。利用网络进行通信，是当前计算机网络最主要的应用之一。人们可以在网上传送电子邮件、发布新闻消息，还可以进行电子商务、远程教育、远程医疗等活动。

(2) 资源共享

资源指的是网络中所有的软件、硬件和数据。共享指的是网络中的用户都能部分或全部使用这些资源。

通常，在网络范围内的各种输入/输出设备、大容量的存储设备、高性能的计算机等都是可以共享的硬件资源，对于一些价格贵又不经常使用的设备，可通过网络共享提高设备的利用率和节省重复投资。软件共享是网络用户对网络系统中的各种软件资源的共享，如计算机中的各种应用软件、工具软件、语言处理程序等。数据共享是网络用户对网络系统中的各种数据资源的共享。通过计算机网络向全社会提供各种经济信息、科研情报和咨询服务，已越来越普遍。Internet 上的 WWW 服务，就是最典型、最成功的全球共享信息资源的例子。

(3) 分布式处理

所谓分布式处理是指网络中的若干台计算机可以相互协作共同完成一个任务。例如，当某台计算机负载过重时，网络可将新任务转交给空闲的计算机来完成，这样处理能均衡各计算机的负载，提高处理问题的实时性。对大型综合性问题，可将问题的各部分交给不同的计算机分头处理，以充分利用网络资源，扩大计算机的处理能力，即增强实用性。对解决复杂问题来讲，多台计算机联合使用并构成高性能的计算机体系，这种协同工作、并行处理要比单独购置高性能的大型计算机成本低得多。

8.1.3　计算机网络的分类

计算机网络有多种分类方法。按照网络中所使用的传输技术可分为广播式网络和点到点网络；按照网络的覆盖范围可分为局域网、城域网和广域网；按照网络拓扑结构可分为环状网、星状网、总线型网等。通常计算机网络按覆盖的范围来分类。

1. 局域网(Local Area Network，LAN)

局域网是指将地理范围在几百米到几千米内的计算机及外围设备通过高速通信线路相连的网络，适用于机关、校园、工厂等有限范围内的计算机联网。局域网传输速率较高、传输可靠、误码率低(误码率指每传送 *n* 位，可能发生一位的传输差错)、结构简单而且容易实现。通常，局域网的传输速率为 100Mb/s～10Gb/s，例如，计算机实验室内的网络、校园网就是局域网。

2. 城域网(Metropolitan Area Network，MAN)

城市局域网简称为城域网，是指在一个城市范围内建立的计算机通信网，其设计目标是满足几十千米范围内的企业、机关、公司的多个局域网的互联需求。城域网采用的传输媒体主要为光纤，传输速率在 100Mb/s 以上。

3. 广域网(Wide Area Network，WAN)

广域网又称远程网，它可以覆盖一个国家、地区，或横跨几个洲，并形成国际性的远程网络。世界上最大的广域网就是因特(Internet)网，它覆盖全球，构成了一个虚拟的网络世界，使人们的交流突破了地域或时空限制。

8.1.4　网络的体系结构

在计算机网络中，为了使网络中的不同设备之间能正确地传输信息，必须要有一套关于信息传输顺序、信息格式和信息内容等的约定。这些规则、标准或约定就称为网络协议。

由于网络协议包含的内容相当多，因此为了减少设计上的复杂性，近代计算机网络都采用分层的层次结构，把一个复杂的问题分解成若干较简单且易于处理的问题，使之容易实现。在这种分层结构中，每层都建立在它的前一层的基础上，每层都有相应的通信协议，相邻层之间的通信约束称为接口。在分层处理后，相似的功能就出现在同一层内，每一层仅与其相邻的上、下层通过接口通信，使用下层提供的服务，并向上层提供服务。上下层之间的关系是下层为上层提供服务，上层是下层的用户。

计算机网络的各层和在各层上使用的全部协议统称为网络系统的体系结构。

1984 年，ISO(International Standard Organization，国际标准化组织)制定了一个 OSI(Open System Interconnection，开放系统互连)模型。OSI 模型将网络结构划分为 7 个层次，规定了每个层次的具体功能及通信协议。如果一个计算机网络按照 7 层协议进行通信，这个网络就称为所谓的“开放系统”，就可以跟其他的遵守同样协议的“开放系统”进行通信，实现不同网络之间的互联。

OSI 模型如图 8.3 所示。模型中的第 1 层至第 3 层属于通信子网层，提供通信功能；第 5 层至第 7 层属于资源子网层，提供资源共享功能；第 4 层(传输层)起着衔接上下三层的作用。图中的双向箭头线表示概念上的通信线路，空心箭头表示实际的通信线路。

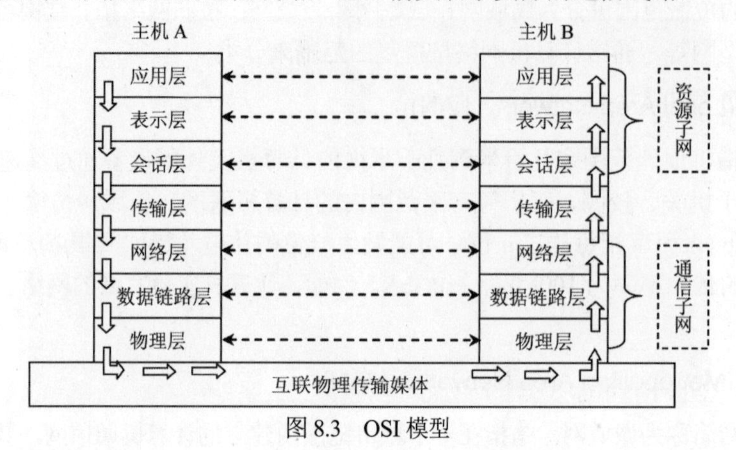

图 8.3　OSI 模型

图 8.3 给出了相互通信的两个节点(主机 A 和主机 B)及它们通信时使用的 7 层协议。数据从 A 端到 B 端通信时，先由 A 端的第 7 层开始，经过下面各层的接口，到达最底层——物理层，再经过物理层下的传输媒体(如光纤)及中间节点的交换，传到 B 端的物理层，穿过 B 端各层直到 B 端的最高层——应用层。各层间并没有实际的介质连接，只存在着虚拟的逻辑上的连接，即逻辑上的信道。

在 OSI 模型中，每一层的主要功能如下。

- 物理层：组成物理通路。
- 数据链路层：进行二进制数据流的传输。
- 网络层：解决多节点传送时的可靠性传输通路。
- 传输层：提供端到端的、可靠的数据传输服务。
- 会话层：进行两个应用程序之间的通信控制。
- 表示层：解决数据格式转换。
- 应用层：提供与用户应用有关的功能。

8.2 局域网的组建

局域网技术是当前计算机网络研究和应用的一个热点，也是目前技术发展最快的领域之一。局域网作为一种重要的基础网络，在企业、机关、学校等各种单位得到了广泛的应用。局域网也是建立互联网的基础网络。

8.2.1 局域网使用的设备

局域网一般由服务器、工作站、传输介质、网络连接设备(如网卡或交换机)和联网所需的网络软件系统等组成。图 8.4 所示是局域网的硬件设备组成示意图。

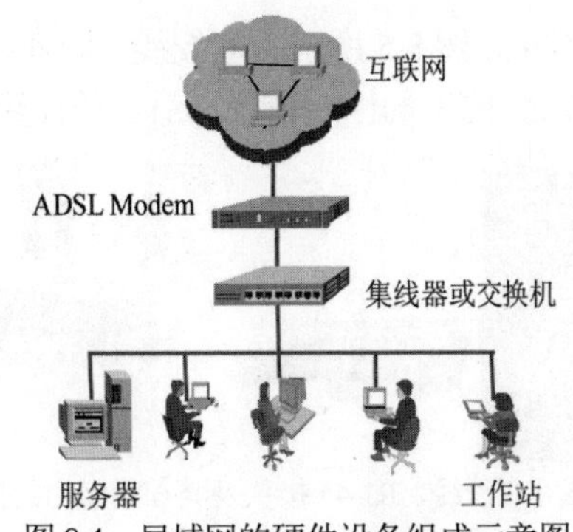

图 8.4　局域网的硬件设备组成示意图

1. 服务器

服务器(Server)是一台功能强大的计算机，它的运行速度快，存储量大，硬件性能也优于一般的工作站。此外，服务器上需要安装网络操作系统，例如 Windows Server 2003。它除了能管理自己和网络外，还具有文件共享、文件存储和网络打印等功能。

2. 工作站

工作站是用户登录上网的设备，即一般的计算机。除了可以访问网上的资源外，工作站本身具有一定的数据处理能力。

3. 传输介质

局域网采用的传输介质主要是双绞线、同轴电缆和光纤。

4. 网络连接设备

网络连接设备主要有网卡、集线器、交换机、路由器等。

5. 联网需要的软件系统

联网需要的软件部分包括网络操作系统和网络通信协议。

网络操作系统承担着整个网络范围内的资源管理、任务管理与任务分配等工作，典型的操作系统有 UNIX、Linux、Windows。

在网络上各台计算机之间交换信息需要遵守共同的语言，计算机之间交流什么，如何交流及何时交流，都必须遵守彼此都能接受的规则。网络协议就是为进行计算机网络中的数据交流而建立的规则、标准或约定的集合。不同的计算机之间必须使用相同的网络协议才能进行通信，如 TCP/IP 和 NetBEUI 协议等。

8.2.2　局域网传输介质

局域网在网络传输介质上主要采用了双绞线、同轴电缆、光纤与无线通信信道。目前，同轴电缆已逐渐停止使用，局域网使用最多的是双绞线，在局部范围内的中、高速局域网中使用双绞线，在远距离传输中使用光纤，在有移动节点的局域网中采用无线通信信道。

1. 双绞线

双绞线(Twisted Pair，TP)是一种综合布线工程中最常用的传输介质，由 4 组两条相互绝缘的导线按照一定规律相互缠绕组成。图 8.5 所示为双绞线、RJ-45 接头及其在网卡中的接口。双绞线价格便宜，易于安装使用，但抗干扰性能较差，最大的使用距离限制在几百米之内。

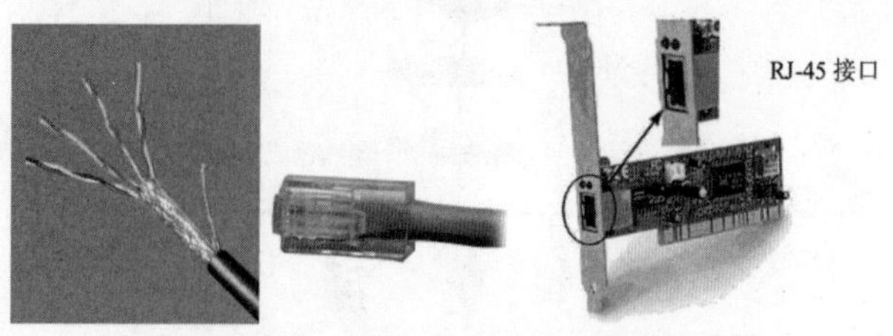

图 8.5　双绞线、RJ-45 接头及其在网卡中的接口

2. 同轴电缆

同轴电缆由内、外两条导线构成。内导线可以是单股铜线，也可以是多股铜线；外导线是一条网状空心圆柱导体。内、外导线之间有一层绝缘材料，最外层是保护性塑料外壳，如图 8.6 所示。同轴电缆价格高于双绞线，抗干扰能力较强，传输速率可达几兆字节每秒到几百兆字节每秒。

3. 光纤

光纤又称光缆，或称光导纤维，是一种能够传送光信号的介质，采用特殊的玻璃或塑料制作而成，如图 8.7 所示。光纤的数据传输性能高于双绞线和同轴电缆，传输速率可达几吉字节每秒，抗干扰能力强，传输损耗少，安全保密性好，通常用于计算机网络中的主干线。

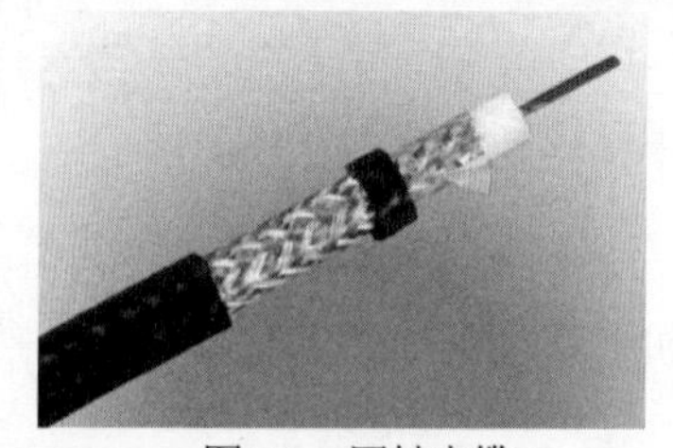

图 8.6　同轴电缆

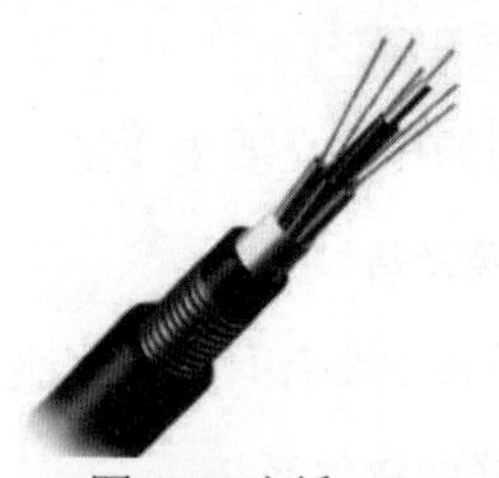

图 8.7　光纤

4. 无线通信信道

无线通信信道包括地波传播、短波电离层反射、超短波或微波无线电、卫星中继以及各种散射信道等。无线通信信道从发送端传送到接收端无任何的有形连接，它的传播路径也不是单一的，而是多条路径同时进行的。为了形象地描述发送端与接收端之间的工作，假设这两者之间有一条看不见的衔接通路，把这条衔接通路称为无线通信信道(也称频段、频道等)。

8.2.3　局域网互连设备

在实际应用中，局域网通常不是孤立存在的，而是互连到一起的。常见的网间互连设备有以下几种。

1. 中继器(Repeater)

在计算机网络中，当网段超过最大距离时，需增设中继器。中继器对信号中继放大，扩展了网段的距离。例如，细缆的最大传输距离为 185 m，增加 4 个中继器后，网络距离可延伸至约 1 km。

2. 网桥(Bridge)

网桥用来连接两个同一操作系统类型的网络，如图 8.8 所示。

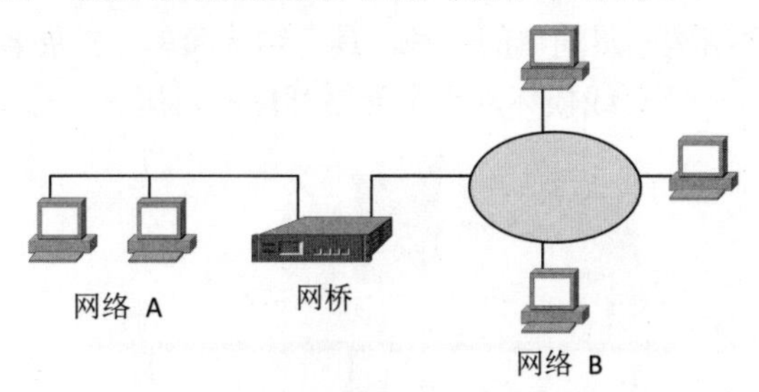

图 8.8　网桥连接示意图

网桥的作用有两个：“隔离”和“转发”。当信息要在局域网 A 中传送时，此时网桥“隔离”该信息，不允许传至另一局域网 B；当信息要从局域网 A 发送至局域网 B 中的某站点时，网桥则又起“转发”作用。

3. 交换机(Switch)

交换机是整合了集线器功能的多端口网桥，在同一时刻可进行多个端口对之间的数据传输。每一端口可被视为一个独立的网段，连接在其上的网络设备独自享有全部的带宽，一般用于互联相同类型的局域网。交换机使用硬件来完成过滤、转发等任务，而这些在网桥中是用软件来实现的。

4. 路由器(Router)

路由器用在具有两个以上的同类网络的互联上。当位于两个局域网中的两个工作站之间通信时存在多条路径，路由器能根据网络上的信息拥挤情况选择最近、最空闲的路由来传送信息。

路由器的主要功能是识别网络层地址、选择路由、生成和保存路由表等。

5. 网关(Gateway)

当具有不同的操作系统的网络互联时，需使用网关。例如，局域网与大型机互联，局域网与广域网互联，就要用到网关。网关除了具有路由器的全部功能外，还能实现不同网络之间的协议转换。

6. 调制解调器(Modem)

由于计算机中使用的是数字信号，而电话线路上传输的信号是模拟信号，因此，当计算机通过电话线连接时，必须连接一种信号转换设备。调制解调器的作用就是将计算机的数字信号转换成能在电话线上传输的模拟信号，在接收方，把传来的模拟信号再还原成数字信号。

8.2.4　局域网拓扑结构

网络是由两台以上的计算机连接而成的，计算机连接的物理方式决定了网络的拓扑结构。目前，常见的办公局域网结构有 4 种：总线型结构、星状结构、环状结构和混合型结构。

1. 总线型结构

总线型结构是将所有的计算机和打印机等网络资源都连接到一条主干线(即总线)上，如图 8.9 所示。它是局域网结构中最简单的一种，具有结构简单、扩展容易和投资少等优点，但是传送速度比较慢，而且一旦总线损坏，整个网络都将不可用。

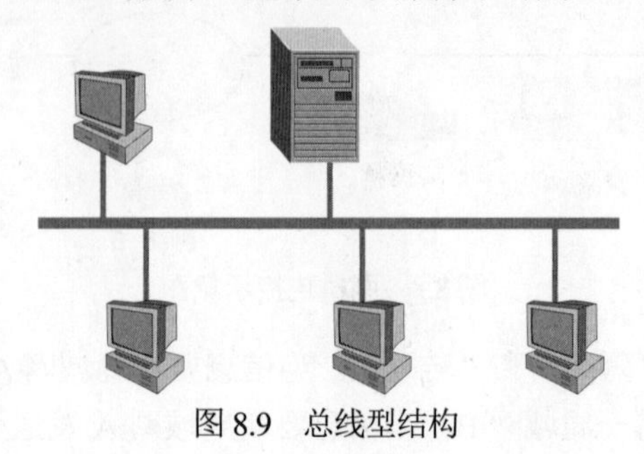

图 8.9　总线型结构

2. 星状结构

星状网络中所有的主机和其他设备均通过一个中央连接单元或交换机连接在一起，如图 8.10 所示。如果交换机遭到破坏，整个网络将不能正常运行。如果某台计算机损坏，则不会影响整个网络的运行。

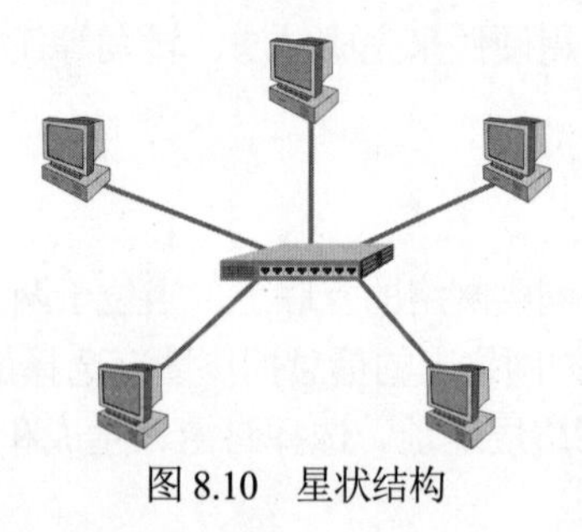

图 8.10　星状结构

3. 环状结构

环状局域网中全部的计算机连接成一个逻辑环，数据沿着环传输，通过每一台计算机，如图 8.11 所示。环状网的优点在于网络数据传输不会出现冲突和堵塞情况，但同时也存在物理链路资源浪费的缺点，而且环路架构脆弱，环路中任何一台主机故障即造成整个环路崩溃。

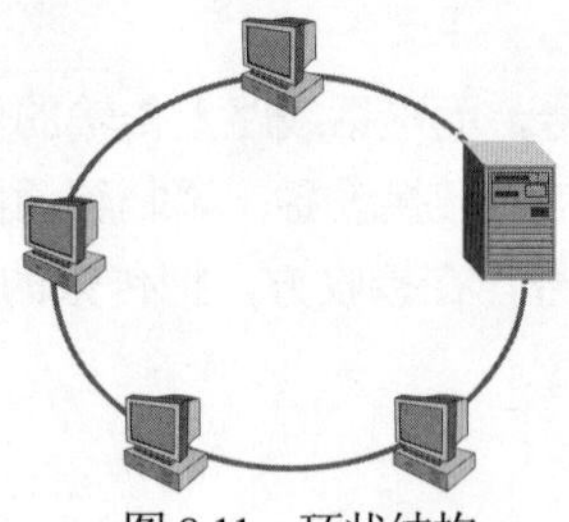

图 8.11　环状结构

4. 混合型结构

随着网络技术的发展，上述网络结构经常交织在一起使用，即在一个局域网中包含多种网络结构形式。例如，星-总结构就是结合星状结构和总线型结构的产物，它同时具有这两种结构的优点。它采用总线型结构将交换机连接起来，而在交换机下面，使用星状结构将多台计算机连接到交换机上。

8.2.5　局域网的两种工作模式

1. 客户机/服务器模式

一台能够提供和管理可共享资源的计算机称为服务器(Server)，而能够使用服务器上的可共享资源的计算机称为客户机(Client)。服务器需要运行某一种网络操作系统，如 Windows Server 2003、Novell Netware 和 UNIX 等。通常有多台客户机连接到同一台服务器上，它们除了能运行自己的应用程序外，还可以通过网络获得服务器的服务。

在这种以服务器为中心的网络中，一旦服务器出现故障或者关闭，整个网络将无法正常运行。

2. 对等模式

对等模式的网络中不使用服务器来管理网络共享资源，在这种网络系统中，所有的计算机都处于平等地位，一台计算机既可以作为服务器，又可以作为客户机。例如，当用户从其他用户的计算机硬盘上获取信息时，用户的计算机就成为网络客户机；如果是其他用户访问用户自己的计算机硬盘，那么用户的计算机就成为服务器。在这种对等网中，无论哪台计算机关闭，都不会影响网络的运行。

8.2.6　设置移动热点案例

本部分将介绍在 Windows 10 操作系统环境下，利用带有无线网卡的笔记本电脑设置移动热点的方法，具体操作步骤如下。

(1) 首先确保笔记本连接了网线，保证网络通畅。然后单击 Windows 10 操作系统左下角的“开始”菜单，接下来单击“设置”图标，如图 8.12 所示。

(2) 在弹出的“Windows 设置”窗口中找到“网络和 Internet”命令并单击，如图 8.13 所示。

图 8.12　单击“设置”图标

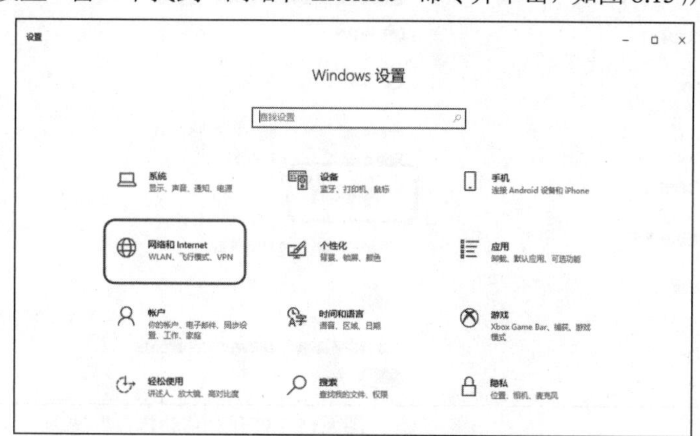

图 8.13　“Windows 设置”窗口

(3) 在弹出的“设置”窗口左侧找到“移动热点”命令并单击，如图 8.14 所示。

(4) 在右侧的界面中找到并打开“移动热点”选项，然后单击，使其处于开启状态，如图 8.15 所示。

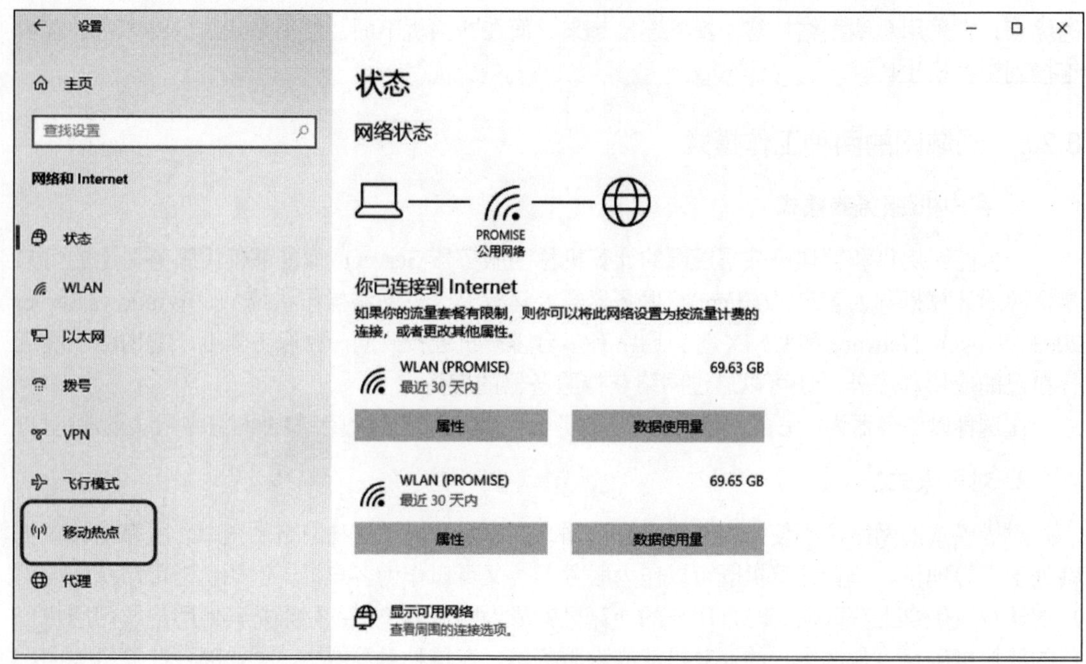

图 8.14 “状态”窗口

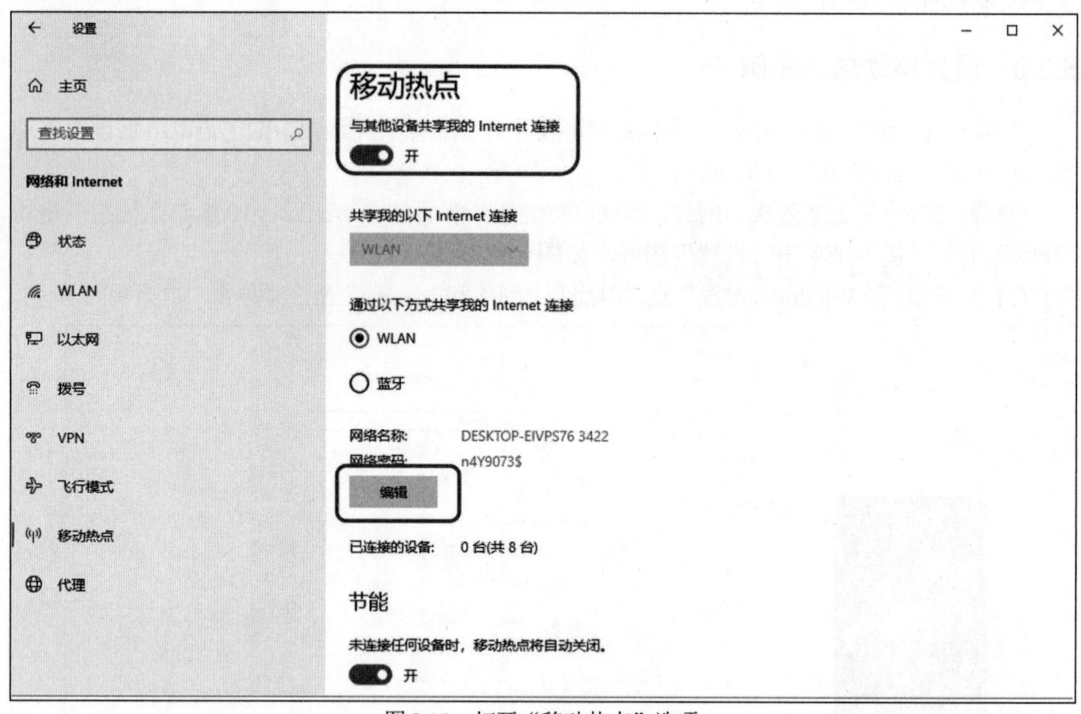

图 8.15 打开“移动热点”选项

(5) 打开“移动热点”选项后，Windows 10 系统会自动创建一个无线 Wi-Fi。系统会默认生成一个网络名称和网络密码，同时允许 8 台手机或移动设备与移动热点的无线网络进行连接。单击“编辑”按钮可以对“网络名称”和“网络密码”进行编辑。这里将“网络名称”设定为“test”，将“密码”设定为“12345678”，如图 8.16 所示。

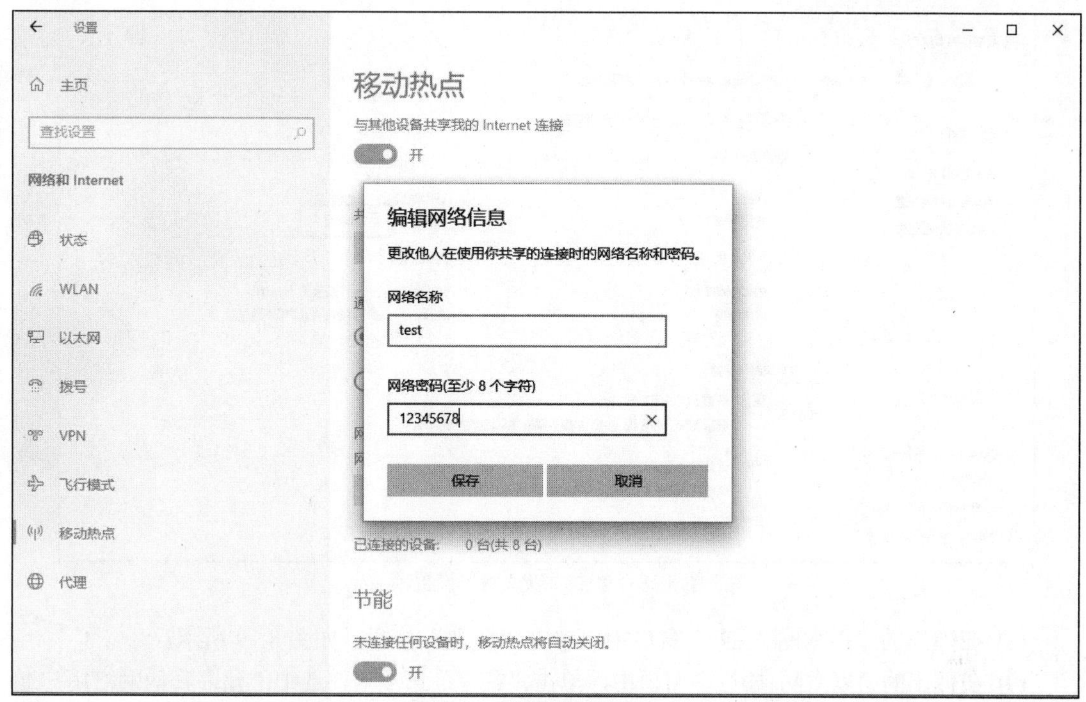

图 8.16　编辑网络信息窗口

(6) 设定相关网络信息之后，单击“保存”按钮。然后在“移动热点”界面窗口中找到“网络和共享中心”设置项，如图 8.17 所示。

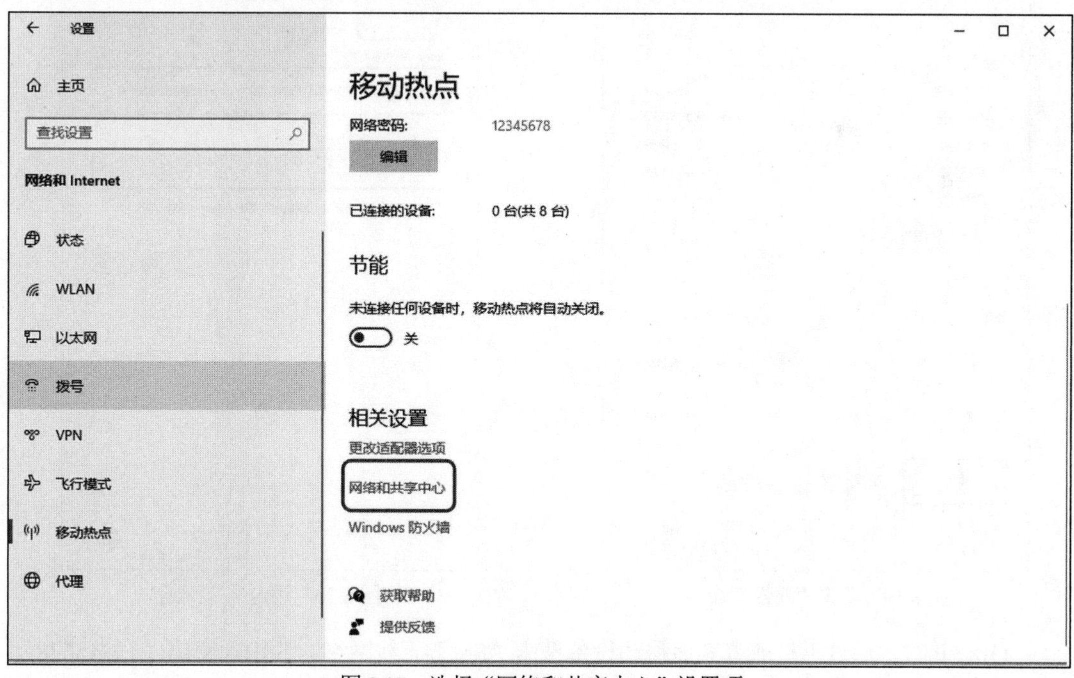

图 8.17　选择“网络和共享中心”设置项

(7) 在弹出的“网络和共享中心”界面窗口中，单击“以太网”设置项，如图 8.18 所示。

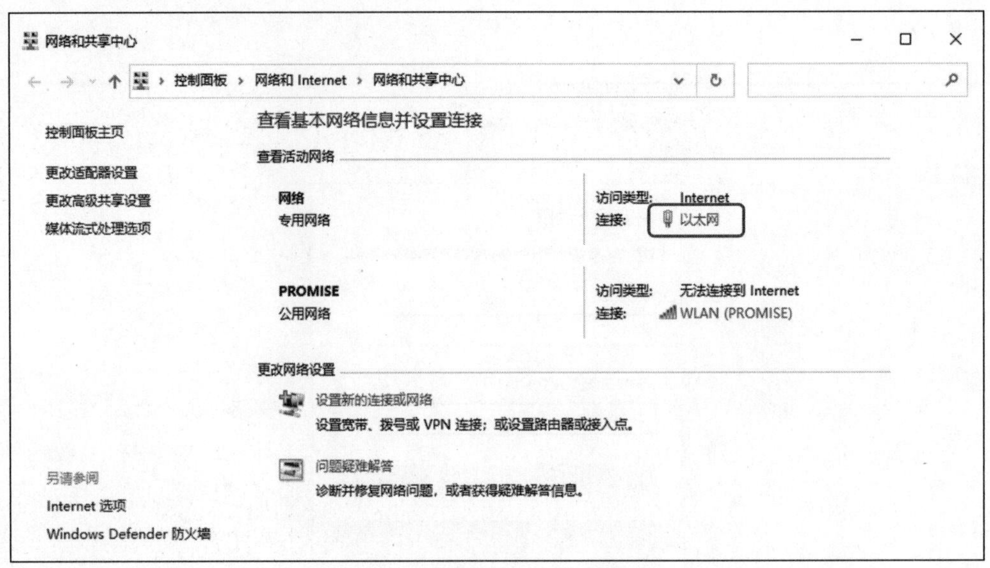

图 8.18　单击“以太网”设置项

(8) 在弹出的“以太网 状态”窗口中，单击“属性”按钮，如图 8.19 所示。

(9) 在弹出的“以太网 属性”窗口中，单击“共享”选项卡，选中“允许其他网络用户通过此计算机的 Internet 连接来连接(N)”复选框。在“家庭网络连接(H)：”下拉列表中选择“本地连接”。本案例在操作过程中选择的是计算机默认命名的“本地连接* 2”，如图 8.20 所示。

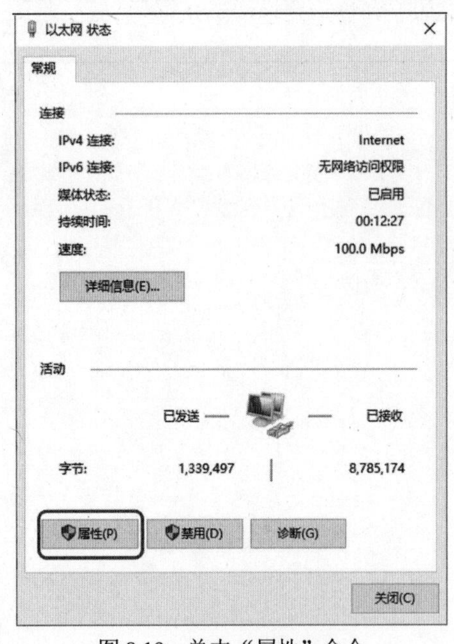

图 8.19　单击“属性”命令

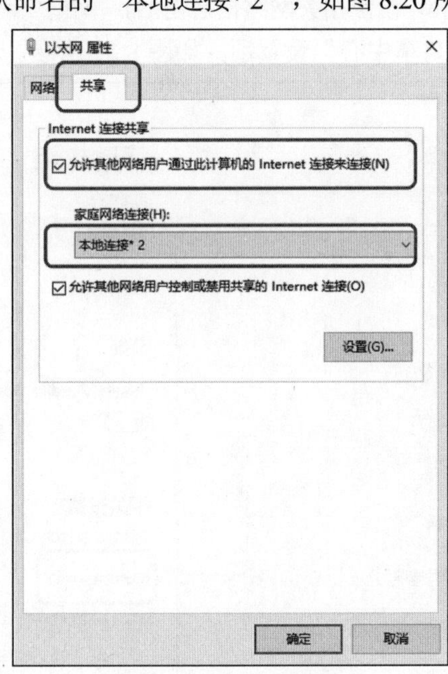

图 8.20　设定共享网络

(10) 此时，通过手机或者其他移动设备搜索“test”无线网络，并输入密码“12345678”后，即可实现与 Windows 10 系统创建的移动热点的无线网络连接了。本案例成功实现了 HUAWEI_Mate 系列手机与 Windows 10 系统创建的移动热点的连接，如图 8.21 所示。

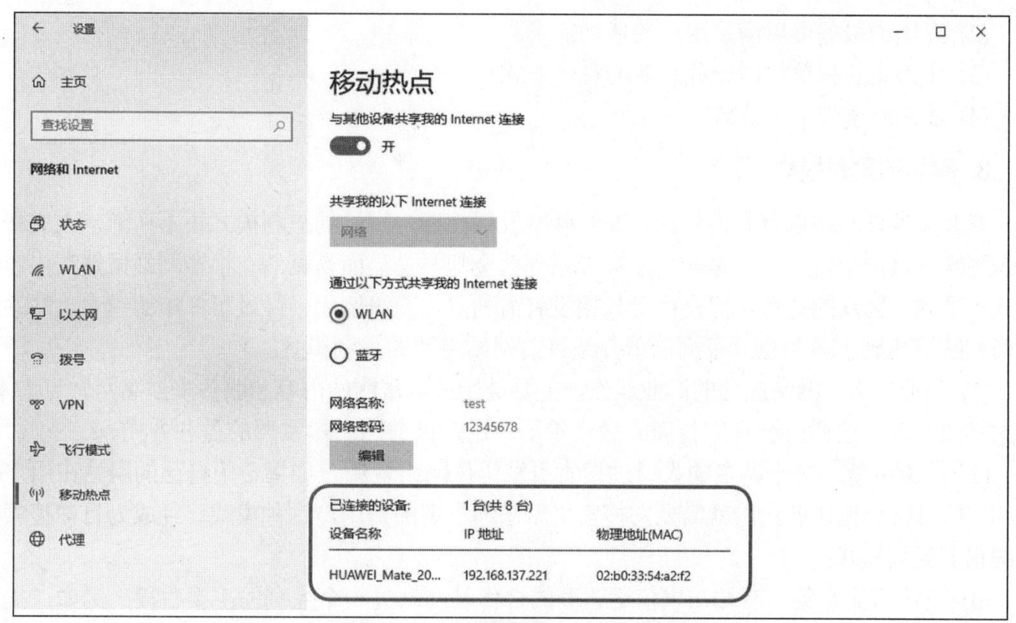

图 8.21　成功连接移动热点后的状态

8.3 网站的建立

8.3.1　网站概述

1. 网站建设的目的

网站是组成 Internet 的基本信息节点，是 ISP 向大众提供信息和服务的窗口。现在几乎每个公司、企业、学校、政府部门甚至很多个人，都建立了自己的网站，不同网站的作用是不同的，主要包括以下几个方面。

第一类是政府性网站，即由政府经营的网站。这类网站提供政治、文化、经济、科学、新闻等方方面面的信息，并且往往是免费服务。它的目的是促进社会发展和经济发展。相应地，它的盈利点就在于社会效益和经济效益。

第二类是企业性网站，即由企业自己经营的网站。这类网站的目的是促销企业自己的产品或服务，它的盈利点就在于企业销售额的增加。

第三类是商业服务性网站。这类网站采用某种商业模式作为其运营依据，如目前大量存在的电子商务网站、搜索引擎等。

第四类网站是具有管理功能的网站，一般应用于企业的内部，主要完成企业工作流程的数字化工作，如办公自动化系统、客户关系管理系统等。

2. 网站存在的条件

一个网站无论它的目的是什么，其运作都需要软硬件资源和维护成本，如果希望一个网站在 Internet 上能够长期存在，那么该网站必须有一定的价值。网站价值的主要表现如下：

(1) 内容丰富，吸引大众。

(2) 提供的服务可以满足用户的多种需求。

(3) 作为企业和单位的一种有效的宣传方式。

(4) 能为商家带来经济效益。

3. 网站的盈利模式

商业服务性网站以营利为目的，在互联网发展初期，网站的盈利模式还不清晰，人们普遍意识到网络是一个金矿，但是如何能够开采到黄金却不是显而易见的。很多网站虽然在内容和形式上受到了公众的认可，但是由于长期没有盈利点，纷纷倒闭。经过了多年的摸索，网站运营商们纷纷找到了盈利点，下面简单介绍目前网站主要的盈利模式。

(1) 商业广告：网站成功的商业运作，主要是通过丰富网站内容和服务来提高网站点击率，扩大其知名度，这样就会有广告商来做广告了，这是目前网站最重要的盈利方式。

(2) 搜索引擎：越来越多的人通过搜索引擎定位网络资源，如果希望自己的网站在用户检索相关信息时出现在前边，就需要向搜索引擎缴纳一定的费用，这种模式已经成为目前搜索引擎的主要盈利模式。

(3) 电信增值业务：网站与电信运营商的合作是网站另一个盈利的主要手段。例如，提供手机铃声下载、彩铃、彩信下载、短信发送等业务。

(4) 电子商务：B2C、B2B、网上销售，会员收费或交易额提成等，例如，当当网、易趣网、阿里巴巴等。

(5) 与传统媒体行业的合作：通过网站的增值服务进行收费，如凤凰网提供的时事节目收费下载，互联星空的电影、电视节目收费等。

(6) 网络游戏：游戏撑起了盛大、网易和新浪等网站，门户与游戏的结合被人们大肆推崇，更诞生了众多游戏装备网站、游戏论坛。网络游戏收入已成为这些网络公司收入的重要来源之一。

(7) 网上咨询及教育：各类远程教育网站以及各种网校等都属于这种模式。

(8) 信息内容收费：主要包括 3 种收费模式，即新闻和信息内容打包向其他网站或媒体销售；用户付费方能浏览网站；用户付费进行数据库查询。

(9) 网上收费业务：如收费电子邮件、校友录、即时通信系统等。

8.3.2　网站的基本构成

构成网站的基本元素有域名、网页和网站空间。

1. 域名

域名就是网站的名字，通过域名可以访问互联网上的所有网站。如果希望建设一个网站，在互联网上能够被别人访问，首先需要为网站申请一个域名，在互联网上标识该网站，即申请一个能让浏览者访问的网址。

2. 网页

简单地说，网站由若干网页集合而成。通常，通过浏览器看到的画面就是网页，网页从本质上讲就是一个文件，而网页浏览器正是用来解读这种文件的工具。

如果制作一个网站，就意味着需要编辑若干个网页文件，然后通过“超链接”把它们连接在一起。一般情况下，一个网站都有一个称作主页的页面，其作用就是网站的大门，起着引导访问者浏览网站的作用。

3. 网站空间

制作好网页之后就需要在互联网上找到一块空间，用于存放这些网页，它可以是专门的独立服务器，或是租用的虚拟主机。简单地讲，网站空间就是存放网站内容的空间。

8.3.3　建立网站的途径

建立网站的途径主要有以下 3 种。

1. ISP 型网站

ISP 型网站指一些大型的网络服务提供商建立的网站，提供网页空间和所需的资源，建立这类网站需要雄厚的资金和较高的技术，如中国电信和东方网景等网站。

2. 独立网站

独立网站指一般公司、企业、学校或者个人建立的网站，其自行购买搭建 Web 服务器所需要的软硬件资源，申请独立域名，向 ISP 租用国际互联网专线，自行进行网站的维护。

3. 免费网站

免费网站指网站建设者既不需要任何设置服务器的技术，也不需要配备自己的硬件设备和租用专线，只要向 ISP 申请即可建立的网站，一般租用 ISP 提供的硬盘空间来存放网页。目前有许多中小型的网站都采用这种方法。

8.3.4　建立网站的过程

网站的建立与开发软件一样是一个系统工程，必须经过良好的分析和设计才能够开始建立。很多人一说建立网站，就马上开始制作网页，这样是做不出高质量网站的。下面介绍建立网站的一般过程。

如图 8.22 所示，网站的建立过程主要分为 3 个阶段。

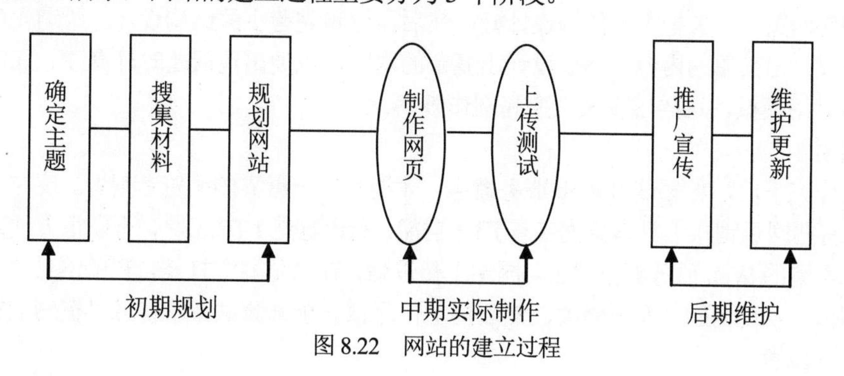

图 8.22　网站的建立过程

1. 初期规划

(1) 确定主题

网站主题就是建立的网站所要包含的主要内容，一个网站必须要有一个明确的主题。特别是对于个人网站，不可能像综合网站那样做得内容大而全，包罗万象。个人没有这个能力，也没有这个精力，所以必须要找准一个自己最感兴趣的内容，做深、做透，做出自己的特色，这样才能给用户留下深刻的印象。网站的主题无定则，只要是感兴趣的，任何内容都可以，但主题要鲜明。

(2) 搜集材料

明确网站的主题以后，就要围绕主题开始搜集材料了。要想让自己的网站有血有肉，能够吸引住用户，就要尽量搜集材料，搜集的材料越多，以后制作网站就越容易。材料既可以从图书、报纸、光盘、多媒体上获取，也可以从互联网上搜集，然后把搜集的材料去粗取精，去伪存真，作为自己制作网页的素材。

(3) 规划网站

一个网站设计得成功与否，很大程度上取决于设计者的规划水平，规划网站就像设计师设计大楼一样，图纸设计好了，才能建成一座漂亮的楼房。网站规划包含的内容很多，如网站的结构、栏目的设置、网站的风格、颜色搭配、版面布局、文字图片的运用等，只有在制作网页之前把这些方面都考虑到了，才能在制作时驾轻就熟，胸有成竹。也只有如此，制作出来的网页才能有个性、有特色、有吸引力。

2. 中期实际制作

(1) 制作网页

① 选择合适的制作工具

尽管选择什么样的工具并不会影响设计网页的好坏，但是一款功能强大、使用简单的软件往往可以起到事半功倍的效果。目前大多数网民选用的网页制作工具都是所见即所得的编辑工具，Dreamweaver是这些软件中的优秀者。除此之外，还有图片编辑工具，如Photoshop、Fireworks等；动画制作工具，如F1ash、Cool 3d、Gif Animator等；以及网页特效工具，如有声有色等，网上有许多这方面的软件，用户可以根据需要灵活运用。

② 正式制作网页

材料有了，工具也选好了，下面就需要按照规划一步步地把自己的想法变成现实。这是一个复杂而细致的过程，一定要按照先大后小、先简单后复杂的规则来进行制作。所谓先大后小，就是说在制作网页时，先把大的结构设计好，然后再逐步完善小的结构设计。所谓先简单后复杂，就是先设计出简单的内容，然后设计出复杂的内容，以便出现问题时好修改。在制作网页时要多灵活运用模板，这样可以大大提高制作效率。

(2) 上传测试

网页制作完毕后，要发布到Web服务器上，才能够让全世界的浏览者观看。现在上传的工具有很多，有些网页制作工具本身就带有FTP功能，利用这些FTP工具，可以很方便地把网站发布到自己申请的Web服务器空间上。网站上传以后，在浏览器中打开自己的网站，逐页逐个链接进行测试，发现问题，及时修改，然后再上传测试。全部测试完毕就可以把网址告诉给朋友，让他们来浏览。

3. 后期维护

(1) 推广宣传

网页做好之后，还要不断地进行宣传，这样才能让更多的浏览者认识它，提高网站的访问率和知名度。推广的方法有很多，例如到搜索引擎上注册、与其他网站交换链接、加入广告链接等。

(2) 维护更新

网站要注意经常维护更新内容，保持内容的新鲜，不要一做好就放在那儿不变了，只有不断地给它补充新的内容，才能够吸引住浏览者。

8.4 网页的制作

8.4.1 HTML 简介

HTML 的英文全称是 HyperText Markup Language，直译就是超文本标记语言，它由 W3C 组织商讨制定。HTML 是一种专门用于描述 Web 页文档结构的标记语言，用于描述超文本各个部分的内容，告诉浏览器如何显示文本，怎样生成与其他文本或图像的链接点。HTML 与操作系统平台的选择无关，只要有 Web 浏览器就可以运行 HTML 文件，显示网页内容。

HTML 文档由文本、格式化代码和导向其他文档的超链接组成。通过浏览器看到的网站都是由 HTML 构成的，HTML 文件可以用记事本、写字板等编辑工具来编写，用 HTML 编写的文件的扩展名为.html 或.htm，它们是能够被浏览器解释的文件格式。

HTML 由标记(Tag)组成，通过标记来确定网页的结构和内容。下面是一个典型的 HTML 文件，它的扩展名为.htm(或.html)，在浏览器上的显示效果如图 8.23 所示。

```
<html>
<head>
<meta charset="utf-8">
<title>你好，万维网！</title>
<link href="word.css" rel="stylesheet" type="text/css">
</head>
<body bgcolor="#FFFF99">
<p align="center">
<font color="#FF0000" size="6">你好，万维网！</font>
</p>
</body>
</html>
```

图 8.23　网页效果

HTML 文件中的<html></html>、<head></head>和<body></body>就是标记，它们通常写在尖括号“< >”内。

常用的 HTML 标记符号及简要说明如表 8.1 所示。

表 8.1　常用的 HTML 标记符号

分类	标记符号	功能
文档结构	<html>…</html>	声明 HTML 文档
	<head>…</head>	定义页面首部
	<body>…</body>	主体标记
控制符	<b>…</b>	粗体字标记
	 	换行标记(无结束标记)
	<i>…</i>	斜体字标记
	<u>…</u>	定义下画线
	<font>…</font>	定义字体、字号
	<hi>…</hi>	定义 i 级标题，i=1，2，…，6
	<hr>	定义一条水平线
	<p>	分段标记(无结束标记)
超链接	<a href="URL" >…</a>	定义一个页面链接
图像	<img src="图像文件名">	插入图像(无结束标记)
表单	<input type="类型"、name="变量名"、value="常量">	定义一个输入变量，读入浏览者输入的信息(无结束标记)
表格	<table>…</table>	定义表格
	<td>…</td>	定义表格内的一个数据项
	<tr>…<tr>	定义表格行

除了标记，在 HTML 中还常常引用脚本语言(Scripting Language)，如 JavaScript 和 VBScript。使用脚本语言，可以制作出网页特效和一些简单的动态效果。

制作网页实际上就是编辑 HTML 文件。HTML 语法简单、功能强大，但是想要快速编写漂亮的页面，往往还需要借助成熟的网页制作工具的支持。随着 HTML 技术的不断发展和完善，随之产生了众多网页编辑器。从网页编辑器的基本性质来看，可以分为所见即所得网页编辑器和非所见即所得网页编辑器(即原始代码编辑器)，两者各有千秋。所见即所得网页编辑器的优点就是具有直观性，使用方便，容易上手，在所见即所得网页编辑器中进行网页制作和在 Word 中进行文本编辑不会感到有什么区别，但它存在难以精确达到与浏览器完全一致的显示效果的缺点。也就是说，在所见即所得网页编辑器中制作的网页放在浏览器中很难完全达到真正想要的效果，这一点在结构复杂一些的网页(如分帧图像、动态网页结构及精确定位)中便可以体现出来。非所见即所得的网页编辑器的工作效率一般较低。

常见的 Dreamweaver、FrontPage、Go Live 和 HomeSite 等都是所见即所得的网页编辑工具，而 Word、Notepad 和 UltraEdit 等文本编辑工具都是非所见即所得的网页编辑器。

8.4.2　Dreamweaver CC 2020 的工作界面

Dreamweaver CC 2020 简单易用、功能强大，这不仅仅是因为其采用了标准的 Windows 风格的界面，还因为提供了大量的浮动面板，使得用户在使用上更简捷快速。

双击 Dreamweaver CC 2020 应用程序图标后，进入到它的工作界面，如图 8.24 所示。

从图 8.24 中可以看到，Dreamweaver CC 2020 的全部窗口和面板都被集成到一个更大的应用程序窗口中。其工作界面主要由以下几部分组成：标题栏、菜单栏、起始页、工具栏、属性面板及多个浮动面板或面板组。下面简单介绍各组成部分的功能。

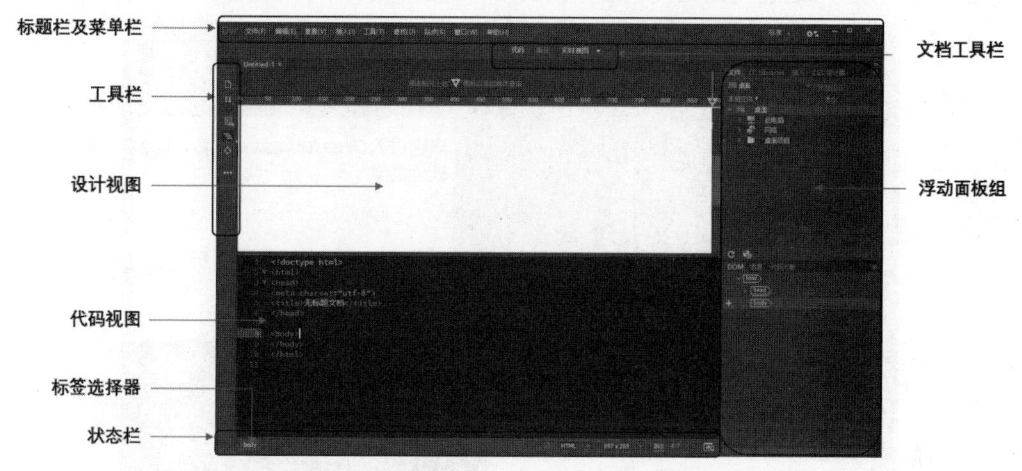

图 8.24　Dreamweaver CC 2020 的工作界面

1. 标题栏和菜单栏

标题栏中显示的内容主要是 Dreamweaver CC 2020 图标、最小化按钮、最大化和正常之间的切换按钮以及关闭按钮。菜单栏共包括 9 组菜单项：“文件”“编辑”“查看”“插入”“工具”“查找”“站点”“窗口”和“帮助”，这些菜单项包含了 Dreamweaver CC 2020 大部分的操作命令。

2. 起始页

默认状态下，进入 Dreamweaver CC 2020 界面后，就可以看到文档窗口区域内的起始页，如图 8.25 所示。通过起始页可以打开最近使用过的文档、创建新文档、从范例中创建新文档。还可以从起始页了解关于 Dreamweaver CC 2020 的更多信息。

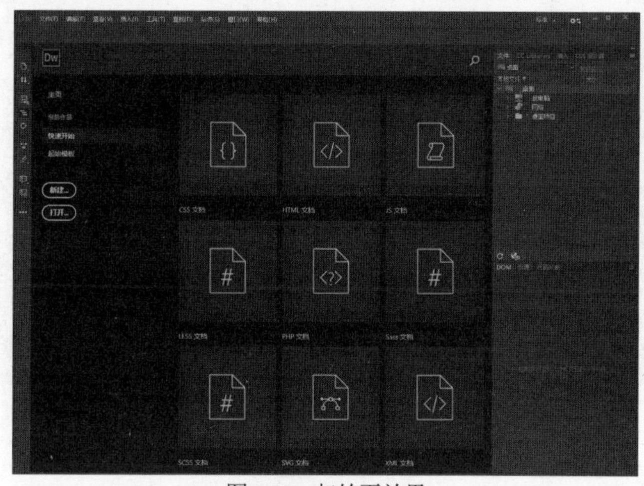

图 8.25　起始页效果

3. 工具栏

Dreamweaver CC 2020 工具栏中的快捷按钮提供快速地调节、编辑页面代码的功能。针对 Dreamweaver CC 2020 工作界面的“代码视图”“拆分视图”和“实时试图”，工具栏上呈现的按钮均有不同。可通过文档工具栏对不同的设计视图进行切换，如图 8.26 所示。

图 8.26　代码视图、实时视图和拆分视图

一般来说，工具栏中的默认按钮只显示“打开文档”按钮、“文件管理”按钮和“自定义工具栏”按钮。如图 8.27 所示，通过工具栏中最下面的命令按钮“自定义工具栏”可将所有隐藏的工具全部打开进行显示。

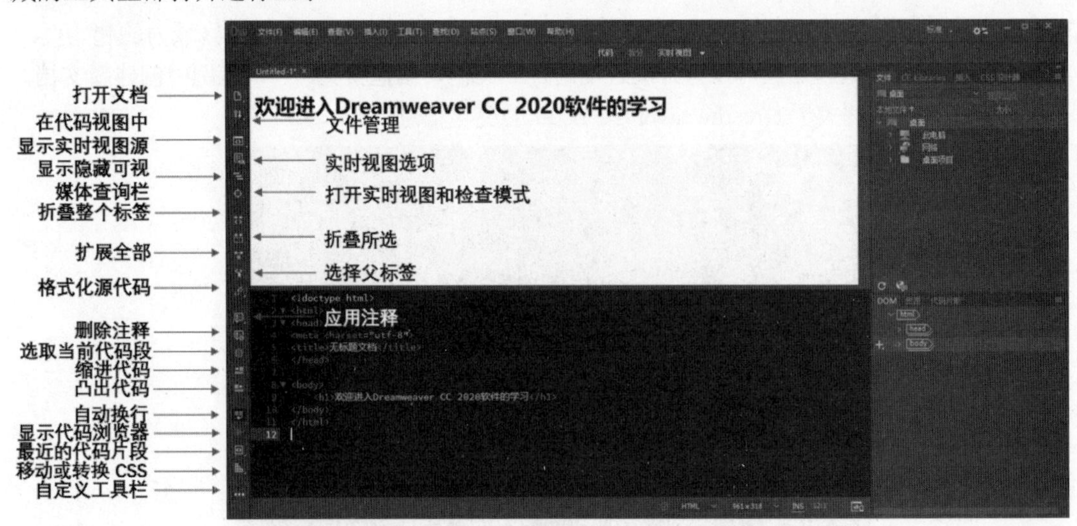

图 8.27　拆分视图下工具栏中显示的全部命令按钮

4. 属性面板

Dreamweaver CC 2020 中的属性面板在设计窗口默认不显示，可通过在菜单栏中选择“窗口”|“属性”命令打开浮动的属性面板。属性面板用于查看和更改所选对象或文本的各种属性。每种对象都具有不同的属性，如图 8.28 所示。打开的属性面板具有“展开”“半展开”和“折叠”3 种状态，可以通过单击面板左上角的“属性”标签折叠或展开面板，也可单击面板右下角的扩展箭头展开或半展开面板。

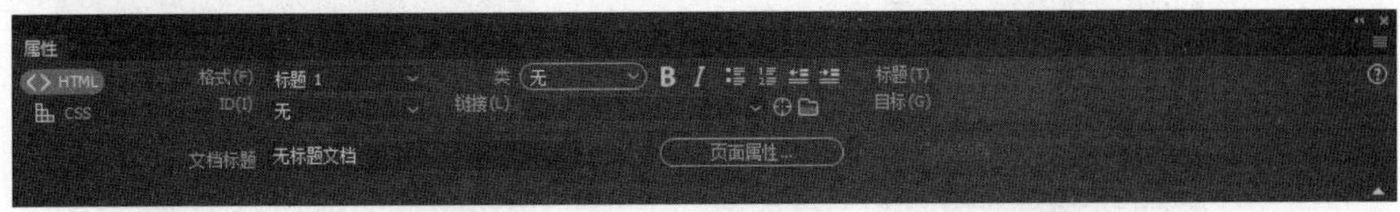

图 8.28　属性面板

通过使用属性面板，可以任意更改所选页面元素的属性，并且对属性所做的修改会立刻应用到文档窗口的页面中。

5. 状态栏

状态栏位于文档窗口的底部，内容包括左侧的“标签选择器”以及右侧的“错误检查”“窗口大小”“实时预览”等内容，如图 8.29 所示。其中，“标签选择器”用于显示当前页面选定内容的标签结构；“错误检查”用来显示页面代码是否存在错误；“窗口大小”用于设置当前页面窗口的预定义尺寸；“实时预览”用于在不同的浏览器或移动设备上实时预览页面效果。

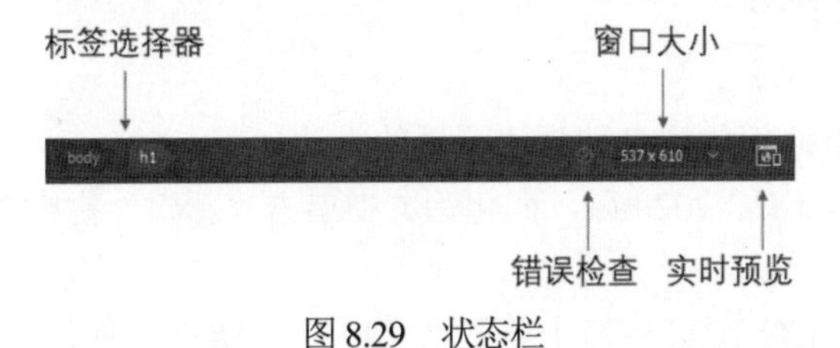

图 8.29　状态栏

6. 浮动面板组

Dreamweaver CC 2020 中的面板被组织到浮动面板组中。浮动面板组是组合在一个标题下面的相关面板的集合，位于 Dreamweaver 工作界面的右侧。浮动面板用来帮助设计者监控和修改页面设计，其中包括“插入”面板、“文件”面板和“CSS 设计器”面板等。如图 8.30 所示为“文档”浮动面板。用户可以根据需要显示或隐藏工作区中的面板和面板组，执行菜单“窗口”中的命令即可显示或隐藏面板和面板组。

Dreamweaver CC 2020 将常用的插入工具组合在一起成为浮动面板组中的一员——“插入”面板。选择“窗口”|“插入”命令，将会在面板工作区显示“插入”面板。用户可以根据需要将 Dreamweaver CC 2020 提供的“插入”面板随时显示或隐藏起来。

“插入”面板上提供了创建各种对象的快捷按钮，包括层、图像、段落、标题、表格、表单列表项以及布局命令等，如图 8.31 所示。使用“插入”面板可以轻松地将相关命令代码插入代码页面，实现便捷的代码插入操作。

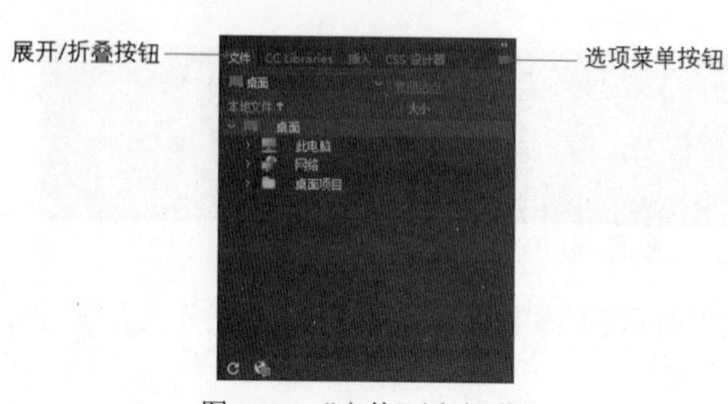

图 8.30 “文件”浮动面板

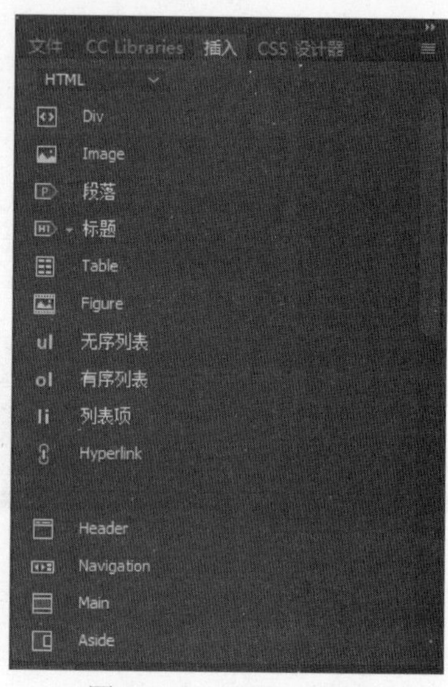

图 8.31 “插入”面板

8.4.3 使用 Dreamweaver CC 2020 创建网页

使用 Dreamweaver CC 2020 创建网页包括新建、打开、保存网页以及设置网页属性等操作，这些操作虽然简单，却是网页制作过程中使用频率很高的操作。

1. 新建、打开与保存网页

(1) 新建网页

Dreamweaver CC 2020 提供了多种创建网页的方法。

① 启动 Dreamweaver CC 2020 后，在起始页中单击“新建”栏中的 HTML 超链接，即可创建一个网页。

② 在 Dreamweaver CC 2020 窗口中单击“文件”|“新建”命令，弹出“新建文档”对话框，如图 8.32 所示。从该对话框的“页面类型”列表中选择一种类别，并在右侧列表中选择一种需要创建的文件格式，然后单击“创建”按钮即可。

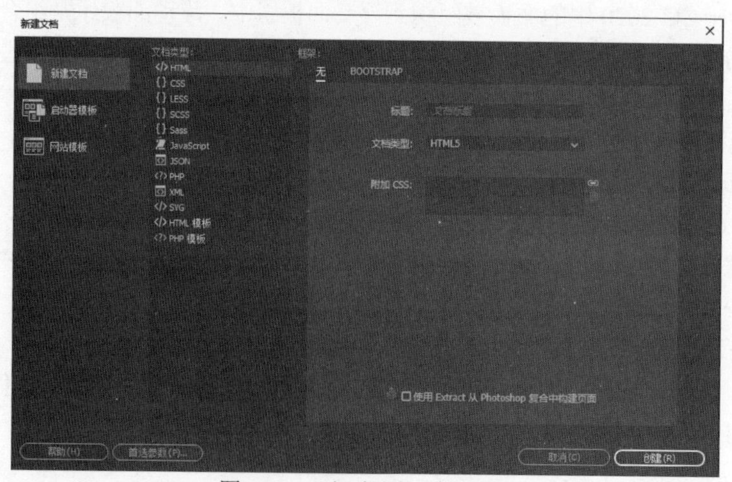

图 8.32 “新建文档”对话框

③ 如果要基于模板创建文档，则可以在“新建文档”对话框中单击“网站模板”选项卡，在中间的模板列表中选择一种模板，单击“创建”按钮，即可基于该模板创建新文档。

(2) 打开网页

要打开已存在的网页，有如下 3 种方法。

① 在“计算机”窗口中找到要打开的网页文件，在其上右击，在弹出的快捷菜单中选择 Adobe Dreamweaver CC 2020 命令(如图 8.33 所示)，即可启动 Dreamweaver CC 2020，并打开该文档。

图 8.33　用 Dreamweaver CC 2020 打开现有文档

② 启动 Dreamweaver CC 2020，显示起始页，单击“打开”按钮，弹出如图 8.34 所示的“打开”对话框，在其中选择需要打开的文档，再单击“打开”按钮即可。

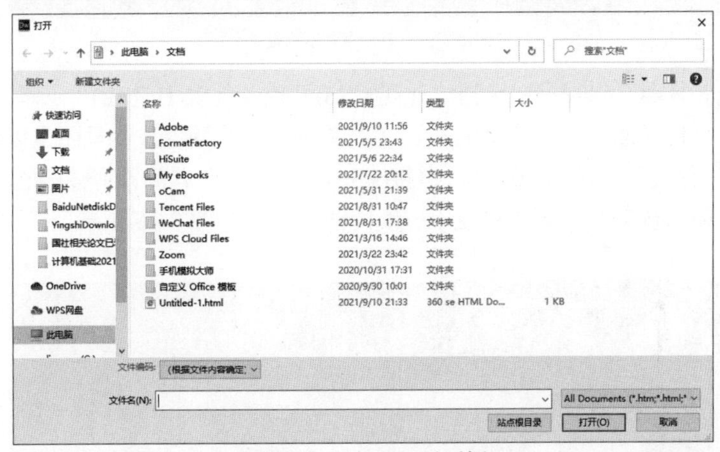

图 8.34　“打开”对话框

③ 在 Dreamweaver CC 2020 窗口中选择“文件”|“打开”命令，同样会弹出“打开”对话框，在其中选择需要打开的文档，再单击“打开”按钮即可。

(3) 保存网页

对于已编辑完成或者正在编辑的网页，应该及时进行保存。保存网页的方法有以下几种。

① 选择“文件”|“保存”命令，或按 Ctrl+S 快捷键，弹出“另存为”对话框，在其中选择路径并输入文件名，单击“保存”按钮即可。

② 如果要将网页以其他名称或在其他位置保存，可选择“文件”|“另存为”命令，或按 Ctrl+Shift+S 组合键，弹出“另存为”对话框，在其中选择保存路径并为网页命名，单击“保存”按钮即可。

③ 如果要将网页保存为模板以备使用，可选择“文件”|“另存为模板”命令，弹出“另存为模板”对话框，在其中选择目标站点，并为模板命名，然后单击“保存”按钮即可。

2. 设置页面属性

在编辑网页前，要对网页的页面属性进行设置。在 Dreamweaver CC 2020 中，网页的页面属性包括页面字体、背景图像、背景颜色、普通文本颜色、链接文本颜色以及边界宽度等。

设置页面属性的具体操作步骤如下。

步骤 1：选择“文件”|“页面属性”命令，弹出如图 8.35 所示的“页面属性”对话框，在“分类”列表框中选择不同的选项，该对话框右侧会显示相应的属性项。

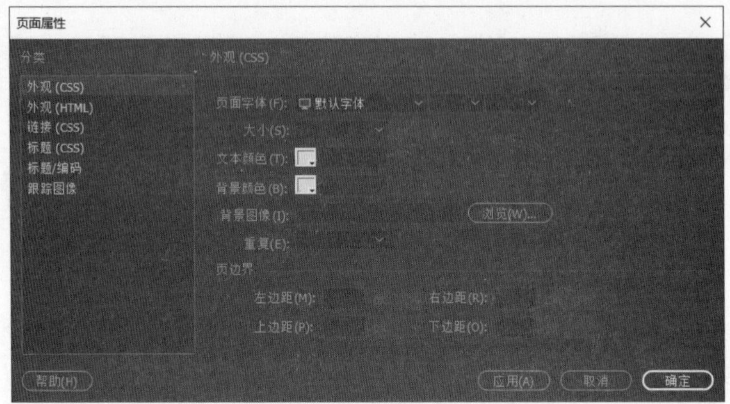

图 8.35 “页面属性”对话框

步骤 2：在“分类”列表框中选择“外观(CSS)”或“外观(HTML)”选项，在右侧设置页面的外观属性，包括页面字体、字体大小、文本颜色、背景颜色、背景图像以及页边距等。

步骤 3：在“分类”列表框中选择“链接(CSS)”选项，在右侧设置链接的属性，包括链接的字体、大小、不同状态时的颜色以及下画线的样式等，如图 8.36 所示。

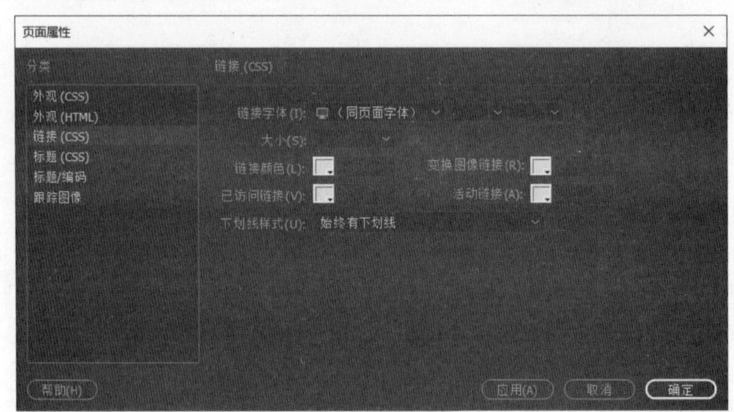

图 8.36 设置链接属性

步骤 4：在“分类”列表框中选择“标题(CSS)”选项，在右侧设置各级标题的属性，也包括字体、大小及颜色等。

步骤 5：在“分类”列表框中选择“标题/编码”选项，在右侧设置网页的标题和编码属性。

步骤 6：在“分类”列表框中选择“跟踪图像”选项，在右侧指定一幅图像作为网页创作时的草稿图，并设置跟踪图像的透明度。

步骤 7：设置完成后，单击“确定”按钮。

8.4.4　Dreamweaver CC 2020 网页基本操作

文本、图像和超链接是网页中使用最多的元素。网页中大部分内容都是通过文本和图像来描述的，人们通过 Web 了解的信息大部分是从文本和图像对象中获取的。而超链接是实现网页或网站之间互联的桥梁。因此，对文本和图像进行编辑和修饰，对超链接进行设置与管理，也成了网页制作中的重要内容。

1. 输入文本及设置文本格式

Dreamweaver CC 2020 提供了多种向文档中添加文本和设置文本格式的方法。对插入的文本信息可以设置字体类型、大小、颜色和对齐属性，以及使用层叠样式表(CSS)创建和应用自定义样式。

(1) 输入文字

与一般的文字处理软件一样，在 Dreamweaver CC 2020 的文档窗口中可以直接输入文字。也可以导入表格式数据文档，还可以从 Office 文档复制和粘贴文本。

如图 8.37 所示的页面为在文档窗口中直接输入文字。图 8.38 所示为对文本进行格式设置后的排版效果。

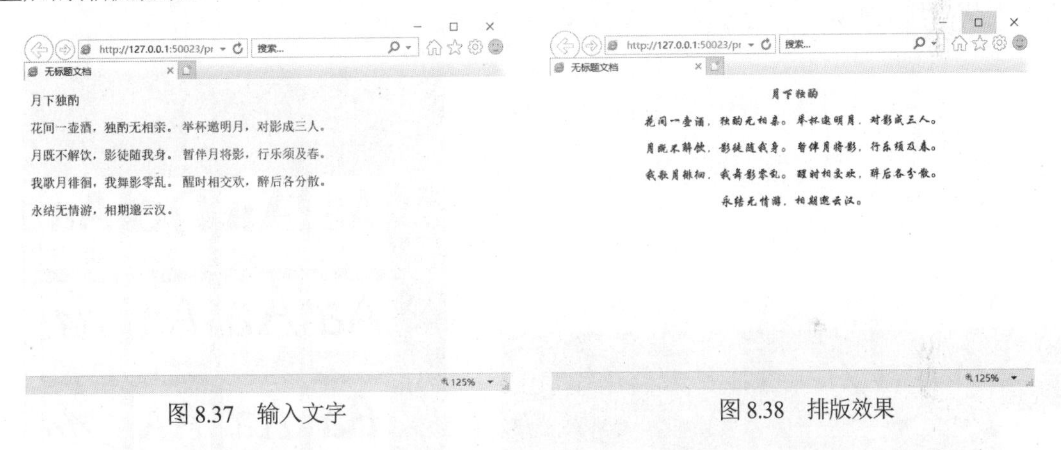

图 8.37　输入文字　　　　图 8.38　排版效果

(2) 文本的属性设置

在“属性”面板中(见图 8.39)可以对输入的文字进行格式化处理及段落排版操作。

- 设置标题格式

设置标题是为了对内容进行概括或分类，以保持层次分明。Dreamweaver CC 2020 在“属性”面板的“格式”栏列表中提供了段落和 6 种标题格式，显示效果如图 8.40 所示。当然，标题文字也可以按照一般文字的设置方法进行设置，以满足不同的需要。

图 8.39　设置文本属性

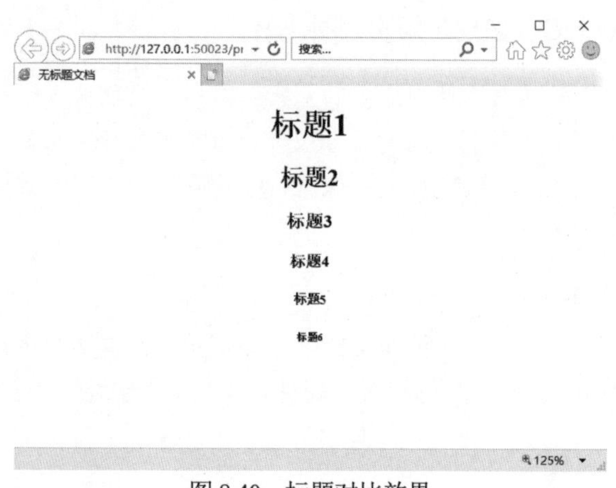

图 8.40　标题对比效果

● 设置字体、样式和大小

在“属性”面板中，单击“字体”下拉列表按钮，在图 8.41 所示的列表框中选择字体。若所列项不能满足需要，可以选择“管理字体” 命令，调出“管理字体”对话框，如图 8.42 所示，从中选择字体。

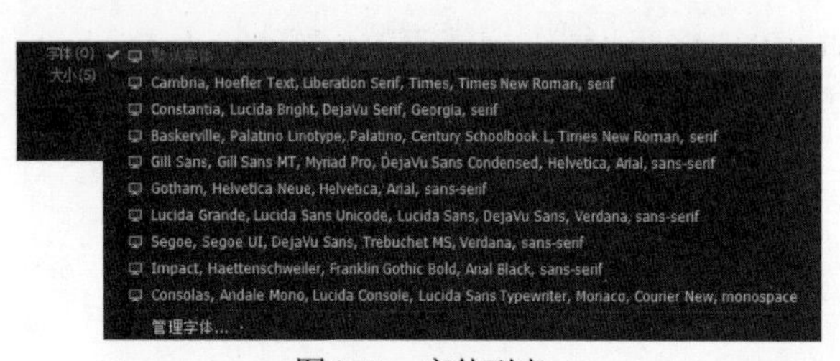

图 8.41　字体列表

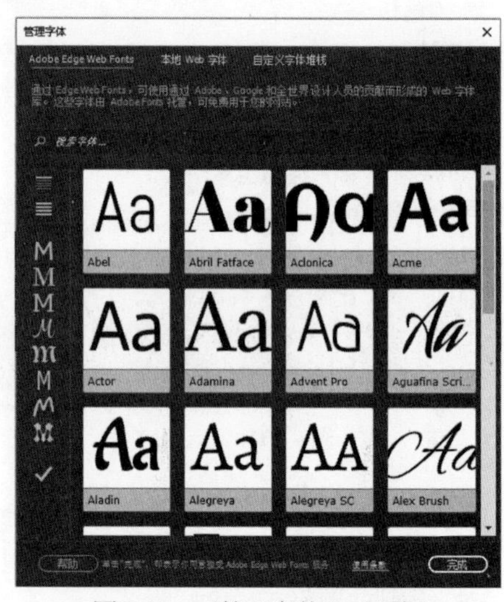

图 8.42　“管理字体”对话框

● 设置段落格式

通过“属性”面板可以控制文本的段落属性，但一般采用键盘操作来设置文本的段落格式。按 Enter 键可以进行分段，且两个段落之间会产生一个空行。按下 Shift+Enter 快捷键会产生换行符，使用换行符产生的换行文字会视为同一段落。

2. 插入和编辑图像

Dreamweaver CC 2020 提供了强大的图像控制功能，能够帮助用户创建图文并茂的页面。它支持网页中广泛使用的.jpg、.gif 和.png 格式的图像文件，并可以对图像进行基本的编辑操作。

(1) 插入图像

在网页中插入图像的具体操作步骤如下。

步骤 1：将光标定位在要插入图像的位置。

步骤 2：选择“插入”| HTML | Image 命令，或在“插入”面板中的 HTML 分类下单击 Image 命令按钮，弹出“选择图像源文件”对话框，如图 8.43 所示。

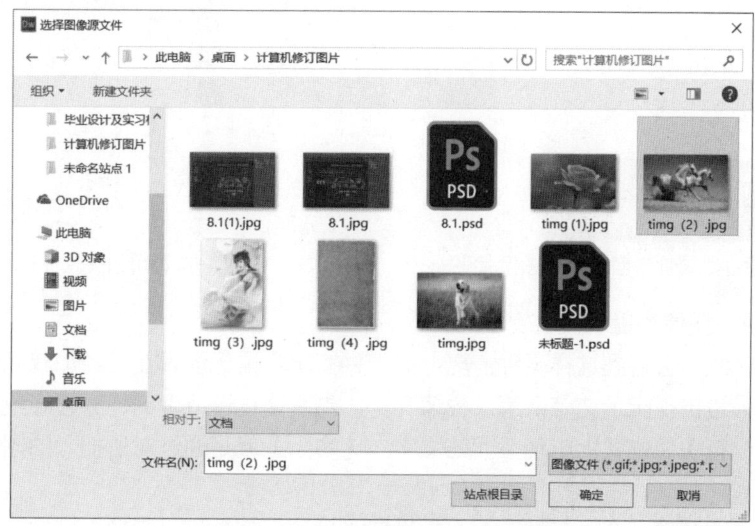

图 8.43　“选择图像源文件”对话框

步骤 3：在该对话框中选择需要插入的图像，单击“确定”按钮。

(2) 编辑图像

在网页中添加图像后，可以利用“属性”面板对其属性进行设置，包括调整图像大小、设置亮度和对比度等，如图 8.44 所示。

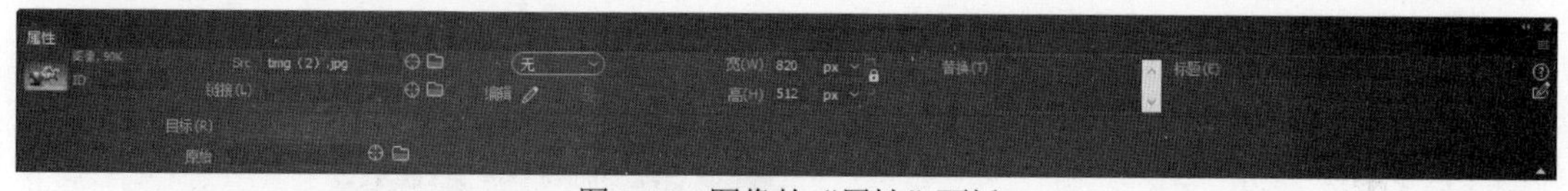

图 8.44　图像的“属性”面板

- 调整图像大小

在 Dreamweaver CC 2020 中插入所选图像后，可以在“属性”面板中设置图像的宽度与高度。一般来说，默认显示的是插入图像的原有尺寸，用户可以根据自己的实际需要进行图像显示尺寸的调整。要设置图像的显示尺寸可以分别调整“属性”面板中的宽度属性和高度属性。当宽度属性与高度属性被锁定时，宽度属性与高度属性进行等比例更改。当“切换尺寸的约束”状态被解除，也就是显示为这种状态时，可以按实际所需，精确地设置图像的宽度与高度，如图 8.45 所示。

- 单击“编辑”按钮进行编辑

选定图像后，单击“属性”面板中的“编辑”按钮，弹出如图 8.46 所示的“编辑”对话框，在其中可以调用相应软件进行编辑。相较于既往版本，Dreamweaver CC 2020 去掉了一些图像的裁切、锐化和亮度调整等功能，对图像素材的调整需要利用 Photoshop 等专门软件提前进行处理。

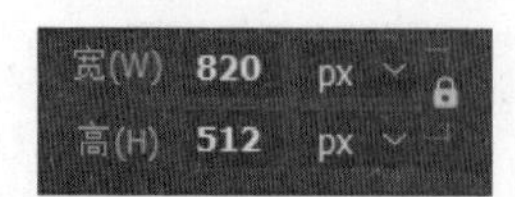

图 8.45 通过“属性”面板设置图像大小

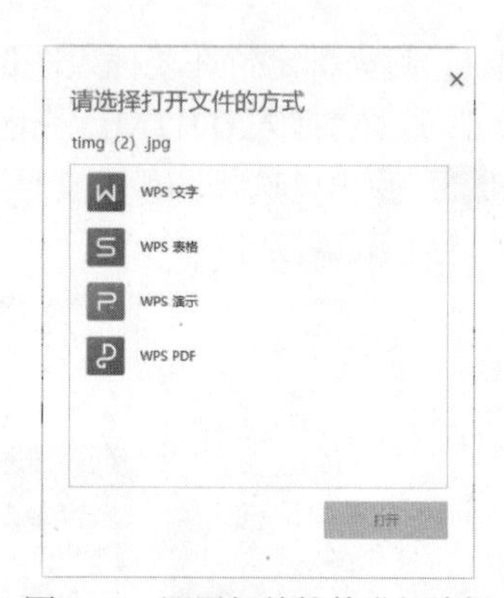

图 8.46 调用相关软件进行编辑

- 设置插入图像的提示文字

浏览网页时经常会遇到这样两种情况：第一种情况将鼠标放置在已经加载完成的图像上面时，会在鼠标旁边出现指示文字；第二种情况是，当网速过慢或者其他原因导致图像没有加载完成时，会在原有图像位置上出现替代的文字。这实际上就是通过对所插入的图像设置提示文字实现的。

选中页面中的图像，在“属性”面板中设定“标题”属性和“替换”属性，就可以分别实现以上两种效果。如图 8.47 所示为设置图像的文字提示效果。

图 8.47 设置插入图像的提示文字

3. 设置超链接

在 Dreamweaver CC 2020 中，有多种超链接类型，如网页间链接(普通链接)、网页内链接(锚记链接)、E-mail 链接、空链接、脚本链接、图形热点链接等。本小节将介绍网页间链接和 E-mail 链接两种链接方式。

(1) 网页间链接

在网页中创建网页间链接的具体操作步骤如下。

步骤 1：选定要作为超链接的文本、图像或其他对象。

步骤 2：选择“窗口”|“属性”命令，打开“属性”面板。

步骤 3：在“属性”面板的“链接”下拉列表框中输入路径或要链接的 URL 地址，如输入 www.sohu.com，如图 8.48 所示。这样，当浏览者单击该链接时，就会打开“搜狐”首页。

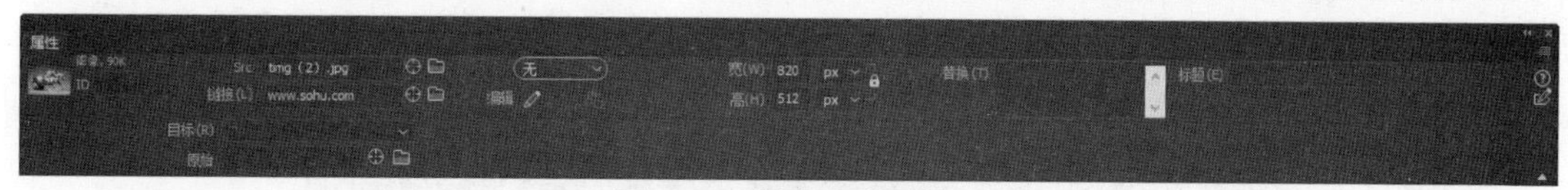

图 8.48　设置网页间链接

如果用户要为选定的对象创建指向文件的超链接，可以在“属性”面板中单击“链接”下拉列表框右侧的“浏览文件”图标，弹出“选择文件”对话框，在其中选择要链接的文件，单击“确定”按钮即可。

(2) E-mail 链接

网页浏览者单击设置的 E-mail 链接之后，将会自动打开 Outlook 等电子邮件客户端软件，这样就可以向链接中设定的电子邮件地址发送电子邮件。

在“属性”面板中设定电子邮件链接的步骤如下。

步骤 1：选定要设置电子邮件链接的文本。

步骤 2：在“属性”面板的“链接”属性处输入 mailto:***@***.com 即可，如图 8.49 所示。

图 8.49　E-mail 链接的设置

8.4.5　Dreamweaver CC 2020 站点管理

Dreamweaver CC 2020 在提供强大的设计和编写网页功能的同时，还提供了站点的创建和管理功能。在制作网页前，应该首先在本地硬盘中创建一个站点，用来存放和管理网页文件。

1. 创建本地站点

创建本地站点的具体操作步骤如下。

步骤 1：选择“窗口”|“文件”命令或按 F8 键，打开“文件”面板，单击该面板上部的下拉列表框，选择“管理站点”选项，如图 8.50 所示，弹出“管理站点”对话框，如图 8.51 所示。

图 8.50　选择“管理站点”选项

图 8.51　“管理站点”对话框

步骤 2：单击“新建站点”按钮，弹出“新建”下拉菜单，选择“站点”命令，可创建新站点；选择“服务器”选项，可创建 FTP 与 RDS 服务器的连接，这样就可以在远程服务器上直接工作。这里选择“站点”选项，弹出站点定义对话框，在文本框中输入站点的名称，这里输入 Dreamweaver CC 2020，如图 8.52 所示。单击“保存”按钮，完成站点的创建。

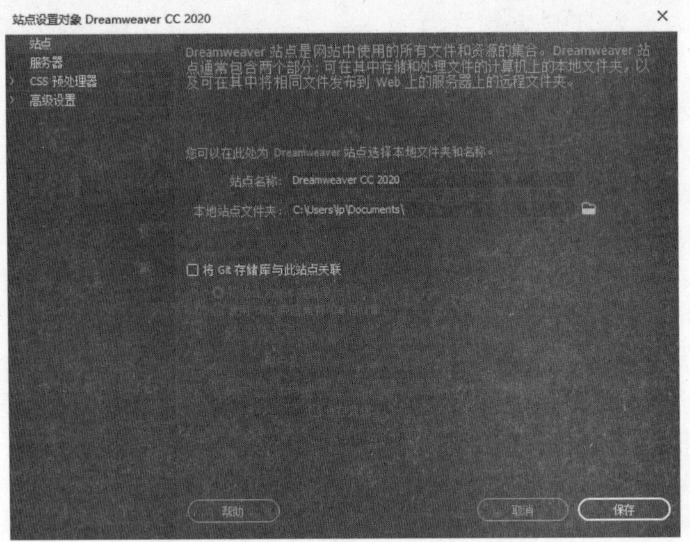

图 8.52　输入站点名称

2. 站点的基本操作

创建站点后，用户可以随时对站点进行编辑、修改，也可以将不再需要的站点删除。

(1) 编辑本地站点

在 Dreamweaver CC 2020 中，可以利用“站点”|“管理站点”命令对本地站点进行编辑，具体操作步骤如下。

步骤 1：选择“站点”|“管理站点”命令，打开“管理站点”对话框，如图 8.53 所示，在其中选择要编辑的站点。

图 8.53　“管理站点”对话框

步骤 2：在对话框的左下侧有 4 个快捷按钮，从左到右分别是：“删除当前选定的站点”“编辑当前选定的站点”“复制当前选定的站点”和“导出当前选定的站点”。

单击“编辑当前选定的站点”按钮，可以对站点的名称和站点的存放位置进行编辑。

(2) 删除站点

如果不再需要某个站点，可以将其从“管理站点”对话框中的站点列表中删除，具体操作步骤如下。

步骤 1：选择“站点”|“管理站点”命令，打开“管理站点”对话框，如图 8.53 所示。

步骤 2：选择要删除的站点，然后单击“删除当前选定的站点”按钮，此时系统弹出一个提示框，提示用户删除站点的操作不能撤销，如图 8.54 所示。

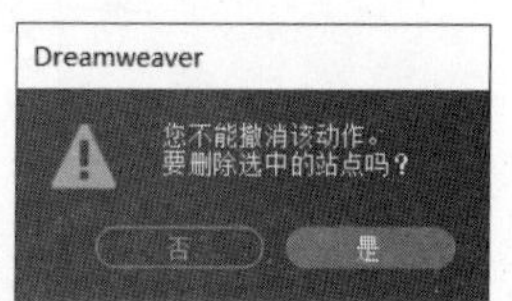

图 8.54　删除站点提示框

步骤 3：单击“是”按钮，即可删除选定的站点，返回“管理站点”对话框。

8.4.6　Dreamweaver CC 2020 页面布局

页面布局在网页设计的基本工作中显得尤为重要，页面布局的好坏直接影响到整体的页面效果和页面质量。

在 Dreamweaver CC 2020 中，可以采用多种方法对页面进行布局，包括“表格”布局、“布局模板”布局、“框架”布局及“CSS 样式”布局等。这里主要就“表格”布局的使用方法进行介绍。

表格是用于在页面上显示表格式数据以及对文本和图像进行布局的强有力工具。表格不仅可以对文本、图形、图像、动画等多种元素进行精准定位，还可以排列数据，使得页面整洁大方。很多网页设计者都使用表格来对 Web 页面进行布局。

(1) 创建表格

步骤 1：在文档窗口的“设计”视图中，在需要放置表格的位置单击鼠标左键，定位插入点。

步骤 2：选择“插入”|“表格”命令，或者在“插入”面板中单击 Table 按钮，弹出 Table 对话框，按照如图 8.55 所示的内容设置后，单击“确定”按钮，页面将生成如图 8.56 所示的表格。

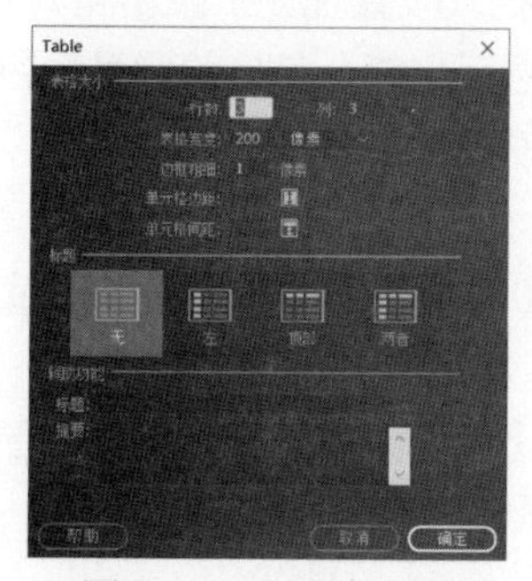

图 8.55　Table 对话框

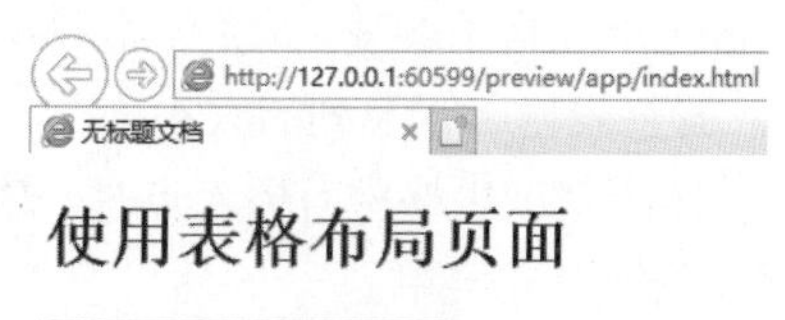

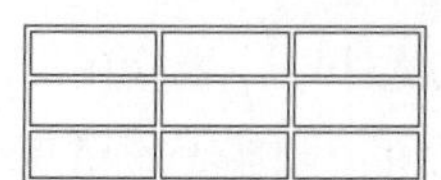

图 8.56　表格插入效果

(2) 选取表格元素

将鼠标指针移到表格的单元格上时，单击鼠标左键，可以实现单元格的选中效果。或者用鼠标单击表格内的单元格，光标插入点将以闪烁的方式出现在该单元格中，从而选中该单元格。当把鼠标指针移到整个表格的左上角或是右下角时，单击鼠标左键，然后单击 table 的部分，可以选中整个表格，如图 8.57 所示。

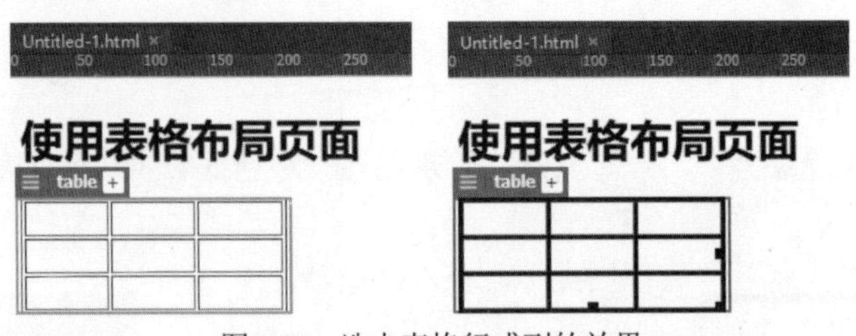

图 8.57　选中表格行或列的效果

除了用鼠标在表格区域直接选取以外，还可以通过文档窗口底部的“标签选择器”来实现表格的选取。运用这种方式可以一次选择整个表格、行，也可以选择一个或多个单独的单元格。例如，要选择第 2 行第 2 列的单元格，可将光标插入点确定在该单元格中，然后单击“标签选择器”中的“<td>”标签左侧的“<tr>”标签项即可选中该单元格所在的行，如图 8.58 所示。

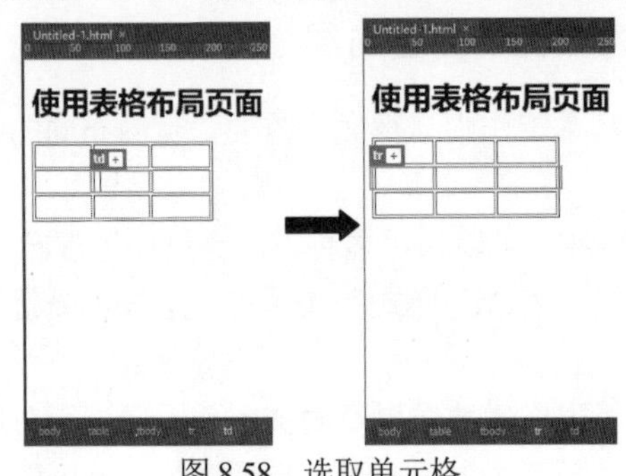

图 8.58　选取单元格

(3) 设置表格、单元格、行和列的属性

当在“设计”视图中对表格进行格式设置时，可以设置整个表格及表格中所选行、列或单元格的属性；在“属性”面板中查看要修改的表格、单元格、行和列的属性；选择对象，并根据需要更改属性。

如果将整个表格的某个属性(如背景颜色或对齐)设置为一个值，而将单个单元格的属性设置为另一个值，则单元格格式设置优先于行格式设置，行格式设置优先于表格格式设置。

例如，如果先将单个单元格的背景颜色设置为蓝色，然后将整个表格的背景颜色设置为黄色，则蓝色单元格不会变为黄色，因为单元格格式设置优先于表格格式设置。

(4) 调整表格、行及列的大小

当选定表格或表格中有插入点时，Dreamweaver CC 2020 将在该表格的顶部或底部显示表格宽度和表格标题菜单。

调整整个表格的大小时，表格中的所有单元格都将按比例更改大小。如果表格的单元格指定了明确的宽度或高度，则调整表格大小将更改“文档”窗口中单元格的可视大小，但不更改这些单元格的指定宽度和高度。

(5) 清除设定的行高或列宽

在 Dreamweaver CC 2020 中，选中表格，在表格属性面板上可以清除所设置表格的行高或列宽，如图 8.59 所示，使用“属性”面板中的清除按钮清除行高或列宽。

(6) 合并/拆分单元格

在 Dreamweaver CC 2020 中，可以将单元格拆分成任意数目的行或列，或者将多个单元格合并成为一个单元格，如图 8.60 所示。

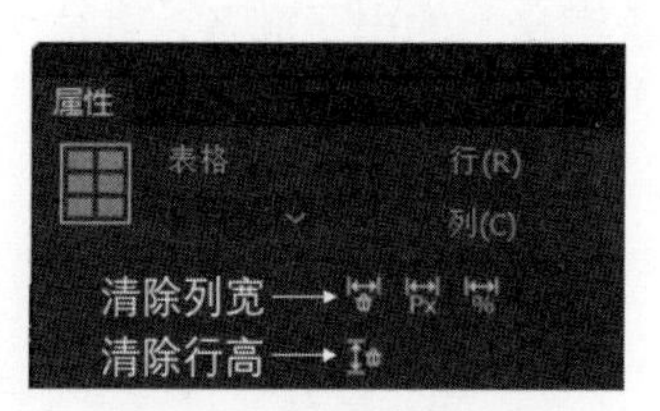

图 8.59　使用清除按钮

图 8.60　合并和拆分单元格

合并和拆分单元格的操作很简单。首先在设计视图下，选定需要合并或拆分的单元格，然后单击“属性”面板中的“合并”或“拆分”按钮，即可实现操作；也可以通过选择“编辑”|“表格”子菜单下的命令来实现操作。

(7) 插入/删除行或列

若要插入/删除行或列，可以选择“编辑”|“表格”子菜单中的命令来完成插入/删除行或列的操作。

8.5 电子商务

Internet 已经发展成为全世界规模最大、信息资源最多的计算机网络。Internet 在商业社会中表现出了极大的潜力。集信息技术、商务技术和管理技术于一体的电子商务新技术，推动着经济全球化、贸易自由化和信息现代化的发展步伐。

8.5.1　电子商务简介

1. 什么是电子商务

电子商务是 Electronic Business(EB)或 Electronic Commerce(EC)的中文意译。顾名思义，电子商务指在 Internet 上进行商务活动。其一般性定义：在供应商、客户、政府及各参与方之间利用计算机通信网络和信息技术(如 EDI、Web 技术、电子邮件)进行的一种电子化、交互式的商务活动。

2. 电子商务的起源和发展

电子商务起源于 20 世纪 60 年代。1997 年，IBM 公司率先向全球推出了基于 Web 技术的 e-Business 概念。电子商务的发展分为两个阶段。

(1) 基于 EDI 的电子商务(20 世纪 60～90 年代)

EDI(Electronic Data Interchange，电子数据交换)技术在 20 世纪 60 年代末产生于美国。当时，人们在贸易活动中使用计算机处理各种商务文件时，发现由人工输入到计算机中的数据，大部分是其他计算机中已经输入过的，完全可以用一台计算机的输出数据作为另一台计算机的输入数据。人们开始尝试在贸易伙伴的计算机之间进行自动的数据传输交换，EDI 就应运而生。

(2) 基于 Internet 的电子商务(20 世纪 90 年代以来)

20 世纪 90 年代中期，随着国际互联网的发展，Internet 的使用费用越来越低廉。Internet

可以极大地扩大参与 EDI 的交易范围而只需付出低廉的费用，Web 技术使 EDI 软件以网页的形式来实现，特别是 Web 技术的应用为多种媒体形式在网络上传播成为现实，为商品在网络上展示提供了许多方便，从而使电子商务从 EDI 走向了真正意义上的电子商务，并成为 Internet 应用的新热点。

8.5.2 电子商务的特点与分类

1. 电子商务的特点

(1) 交易虚拟化

通过 Internet 为代表的计算机互联网进行的贸易，贸易双方从贸易磋商、签订合同到支付等，无须当面进行，均通过计算机互联网完成，整个交易完全虚拟化。

(2) 交易成本低

① 距离越远，网络上进行信息传递的成本相对于信件、电话、传真的成本而言就越低。

② 买卖双方通过网络进行商务活动，无须中介者参与，减少了交易的有关环节。

③ 电子商务实行“无纸贸易”，可减少 90%的文件处理费用。

④ 卖方可通过互联网进行产品介绍、宣传，可以减少相关费用。

(3) 交易效率高

电子商务克服了传统贸易方式费用高、易出错、处理速度慢等缺点，极大地缩短了交易时间，使整个交易非常快捷与方便。

(4) 交易透明化

买卖双方从交易的洽谈、签约以及货款的支付、交货通知等整个交易过程都在网络上进行。通畅、快捷的信息传输可以保证各种信息之间互相核对，可以防止伪造信息的流通。

2. 电子商务的分类

按电子商务的交易主体来分类，可以把电子商务划分为 B to C、B to B、C to C 和 B to G 四种类型。

(1) 企业对个人的电子商务(B to C)

B to C(Business to Customer)电子商务是在企业与消费者之间进行的商务模式，也叫网上购物。是通过网上商店(电子商店)实现网上在线商品零售和为消费者提供所需服务的商务活动。它是指用户为完成购物或与之有关的任务而在网上的虚拟环境中浏览、搜索相关商品信息，从而为购买决策提供所需的必要信息，并实践决策和购买的过程。

(2) 企业对企业的电子商务(B to B)

B to B(Business to Business)是一种将买方企业、卖方企业以及服务于它们中间的如金融机构之间的信息交换和交易行为集成到一起的电子运作方式。它主要以批发业务为主，如阿里巴巴(http://china.alibaba.com)就是典型的 B to B 电子商务网站。

(3) 个人对个人的电子商务(C to C)

C to C(Customer to Customer)是指买卖双方都是普通消费者，即消费者之间的电子商务。拍卖网站就是一种典型的 C to C 类型，如雅宝拍卖网(http://www.yabuy.com)、易趣网(http://www.ebay.com)。

(4) 企业对政府之间的电子商务(B to G)

B to G(Business to Government)电子商务覆盖了政府与企业组织间的各项事务，包括政府采购、税收、商检、管理条例发布、法规政策颁布等。它是政府机构应用现代信息和通信技术，将管理和服务通过网络技术进行集成，在 Internet 上实现政府组织机构和工作流程的优化重组，超越时间、空间及部门之间的分隔限制，向社会提供优质和全方位的、规范而透明的、符合国际标准的管理和服务。

在电子商务中，政府担当着双重角色，既是电子商务的使用者，进行购买活动，属于商业行为；又是电子商务的宏观管理者，对电子商务起着扶持和规范的作用。

8.5.3　电子商务安全技术

互联网是一个公共开放的网络环境，本身又没有完整的网络安全机制，所以基于互联网的电子商务安全无疑会受到严重威胁。就目前而言，电子商务交易的安全性问题已是实现电子商务的关键所在。为保障电子商务能在网络上健康地开展，有必要采取一些措施以保障电子商务过程中涉及的信息流、资金流、物流的安全。

(1) 公钥密码技术(非对称加密方法)

商家拥有一对密钥，即公钥 PK 和私钥 IK，将 PK 公布于众，IK 自己妥善保管。通信过程：客户先用商家公开的 PK 对信息进行加密后再发往商家，商家利用与 PK 配对的 IK 解密收到的密文信息。其加密解密过程如图 8.61 所示。该方法的特点是：通过 PK 无法推算出 IK；PK 加密后，使用 PK 本身无法解密；PK 加密后可用 IK 解密；IK 加密后可用 PK 解密。

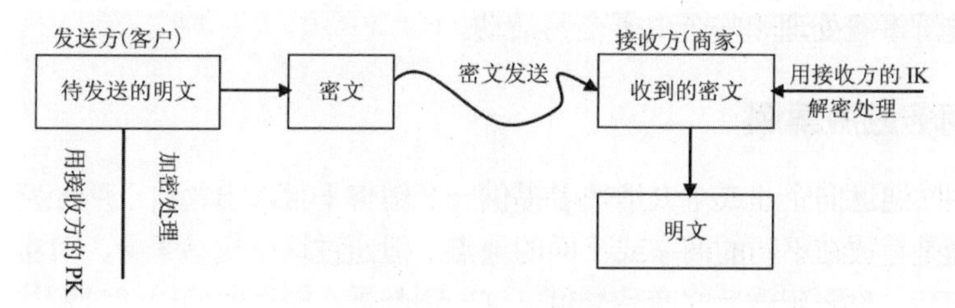

图 8.61　加密解密过程

(2) 信息摘要

信息摘要即 Hash 算法，它从原文中通过 Hash 算法得到一个固定长度的散列值。发送方首先对原文经 Hash 算法获得信息摘要 1，并将原文连同信息摘要 1 发往接收方。接收方用 Hash 算法再对原文处理，得到信息摘要 2。利用信息摘要技术对原文进行完整性检测的过程如图 8.62 所示。

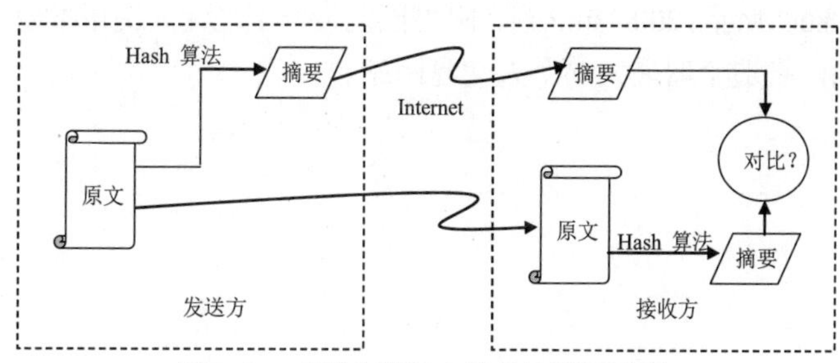

图 8.62　对原文进行完整性检测的过程

接收方对摘要1与摘要2进行比较，结果若相同，则表示收到的原文无篡改或无缺失。

(3) 数字时间戳

数字时间戳是由专门机构(数字时间戳服务中心DTS)提供的电子商务安全服务目录，用于证明信息的发送时间。数字时间戳的生成过程如图8.63所示。

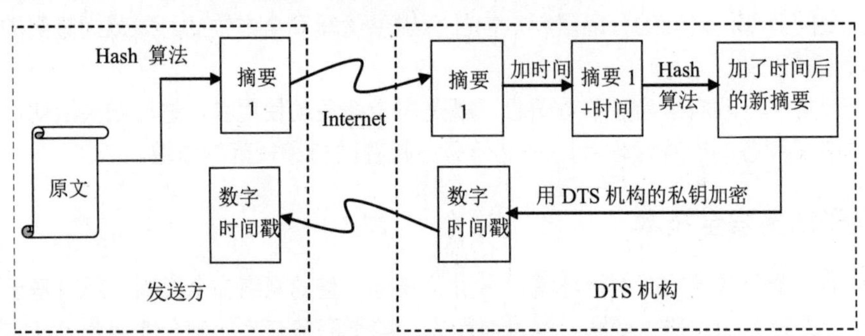

图8.63　数字时间戳的生成过程

经DTS机构处理获得原文的数据时间戳可对原文防篡改或完整性以及信息发送时间进行界定，为以后有可能出现的法律纠纷提供有效依据。

(4) 数字证书与CA认证

数字证书就是标志网络用户身份信息的一系列数据，在网络应用中用于识别通信各方的身份，它是由权威公正的第三方机构(CA中心)签发的。数字证书可用于：发送安全电子邮件、访问安全网站、网上证券交易、网上采购招标、网上办公、网上保险、网上税务、网上签约和网上银行等安全电子事务处理和安全电子交易活动。

8.5.4　电子商务应用案例

电子商务网站通过向企业或个人消费者提供一个销售平台，出售自己所经营的商品。尽管这些商品有可能是存放在不同的商家或不同的地点，但通过这个交易平台，可实现在这个虚拟的世界里挑选商品、付账到最后的商品交付。这一切都是在较短时间内通过网络完成的，并为商务网站创造利润。

1. 阿里巴巴中国控股有限公司(www.alibaba.com)

阿里巴巴是全球企业间(B to B)电子商务的著名品牌，是目前全球最大的网上贸易市场，它是全球首家拥有210万商人的电子商务网站。1997年7月，阿里巴巴中国控股有限公司在香港成立；同年9月9日，阿里巴巴(中国)网络技术有限公司在杭州成立。1998年底，阿里巴巴网站正式推出，如图8.64所示。2003年5月，阿里巴巴投资1亿元人民币推出个人网上交易平台淘宝网(taobao.com)，打造全球最大的个人交易网站。

图 8.64　阿里巴巴网站

2. 亚马逊(www.amazon.com)

亚马逊的创始人 Jeff Bezos 的目标是在零售领域与大量消费者迅速建立一种对双方都有利的销售关系。他首先选择了大约 20 种适合在线购买的商品，最后选择了图书作为网络销售的突破口。亚马逊是 1995 年 7 月成立的，1995 年 8 月卖出了第一本书。1997 年成为世界上最大的网上书店。1998 年开始，业务也开始拓展，完成了从纯网上书店向一个网上零售商的转变。它从建站以来一直亏损，直至 2003 年第一季度出现盈利。它是世界上最典型的 B to C 电子商务网站，如图 8.65 所示。

图 8.65　亚马逊网站

3. 京东(jd.com)

京东成立于 1998 年 6 月，是中国领先的自营式电商企业。经过多年深耕发展，目前京东旗下设有京东商城、京东金融、京东云、JIMI 机器人、京东房产、京东农牧、京东科技等诸多品牌。其中京东网站主要运营家用电器、3C 数码产品、服饰、个人护理用品、食品、书籍、医药、家居用品、奢侈品等，共 13 个大类数千万种商品，如图 8.66 所示。京东是我国典型的 B to C

电子商务网站，每天为成千上万的网上消费者提供方便、快捷的服务，给网上购物者带来极大的方便和实惠。

图 8.66　京东网站

4. 淘宝网(taobao.com)

淘宝网成立于 2003 年 5 月，由阿里巴巴集团投资创办。2005 年淘宝网便先后超越 eBay 易趣、日本雅虎和沃尔玛成为亚洲最大购物网站。2011 年，阿里巴巴集团将淘宝网拆分为沿袭原 C to C 业务的淘宝网、平台型 B to C 电子商务服务商淘宝商城(2012 年更名为天猫)以及一站式购物搜索引擎一淘网分别运营。2018 年，淘宝尝试与微软 HoloLens 合作推出“淘宝买啊”购物产品，进军 MR(混合现实)购物领域。消费者在淘宝旗下位于西湖边上的“未来购物街区”可以身临其境地体验“所看即所得”的超现实购物体验。随着淘宝网规模的扩大和用户的不断增加，淘宝网逐渐从单一的 C to C 网络购物网站发展成为包括 C to C、分销、拍卖、直供、众筹、定制等多种电子商务模式在内的综合性零售商圈，如图 8.67 所示。

图 8.67　淘宝网主页

8.6 网友交流

Internet 的发展与壮大使得人与人之间的交流方式变得丰富多彩，人与人的交流不再受制于彼此的地理位置。据《中国互联网络发展状况统计报告》显示，截止到 2012 年 12 月底，中国网民的规模达到了 5.64 亿，手机网民达到了 4.2 亿。这些数以亿计的网友利用网络传播着彼此的观点，丰富着网络上的信息资源，并推动着网络的良性发展。他们使用的交流工具主要有以下几种：即时通信、网络社区和社交网络、博客等。

8.6.1 即时通信(微信、QQ)

即时通信是一种基于互联网的即时交流消息的业务，这是它与 E-mail 不同的地方。一般来说，即时通信的软件会提供一份联系人的名单，可以与名单上显示的在线联系人即时地展开信息交流。这种即时交流从最初的文本交流逐渐扩展到图形、图像、语音、视频和数据资料的传送等方面。

(1) 微信

微信是腾讯公司于 2011 年 1 月 21 日推出的一款具有时效性跨平台的即时通信软件，它支持在线语音短信、视频、图片和文字，群聊等多种功能。微信提供公众平台、朋友圈、消息推送等功能，用户可以通过摇一摇、搜索号码、附近的人、扫二维码的方式添加好友和关注公众平台。微信强大的功能满足了大众的通信需求，在众多的通信软件中，微信占据了重要位置。

(2) QQ

QQ 是深圳市腾讯计算机系统有限公司开发的一款基于 Internet 的即时通信软件。它支持网友的在线聊天、视频通话、点对点的文件传送、文字识别、文件共享、网络硬盘以及 QQ 邮箱等多种功能，并可与移动通信终端等多种通信方式相连。

2021年，QQ的版本已经更新到了QQ Windows版 9.5.0、QQ手机版(Android 8.8.23 / iPhone 8.8.23)以及QQ办公简洁版TIM 3.4.0。功能越来越强大，新版的QQ Windows版 9.5.0用户界面如图8.68和图8.69所示。

图 8.68　QQ Windows 版 9.5.0 的软件界面

图 8.69　QQ Windows 版 9.5.0 的聊天界面

8.6.2 网络社区和社交网络

网络社区实际上就是社区的网络化、信息化。它的具体表现形式有论坛、BBS、贴吧、个人空间等。这些网络社区的交流主题涉及文体娱乐、金融商贸、办公管理、新闻军事等。网络社区的每一个交流主题都聚集了大量具有共同兴趣爱好的网友。如图 8.70 所示为天涯社区。

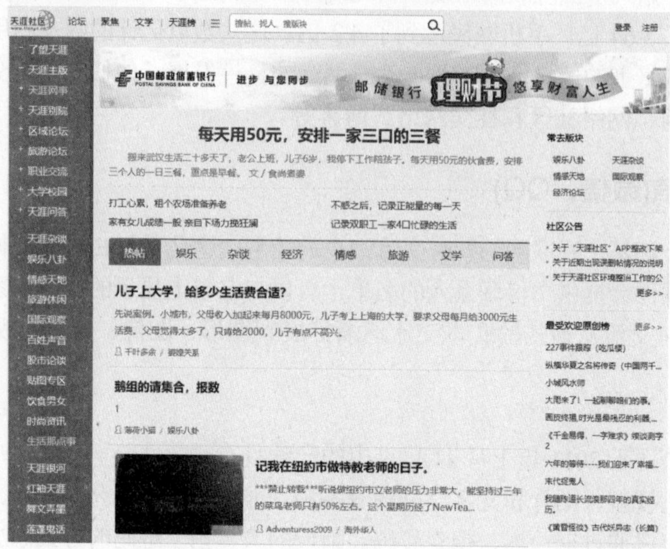

图 8.70　天涯社区

社交网络即社交网络服务，英文名称为 SNS(Social Network Service)。社交网络最初源自网络社交，而网络社交的起点是电子邮件，逐步发展为 BBS、即时通信以及博客等，如图 8.71 所示为全球最大的社交网站 Facebook。随着个体意识在这些交流手段上的逐渐体现，个人的网络形象日趋完整，这时候社交网络应运而生。如今，社交网络已将其范围拓展至移动通信领域，涵盖了以人类社交为核心的所有网络服务形式，包括一系列的硬件、软件、服务以及应用。

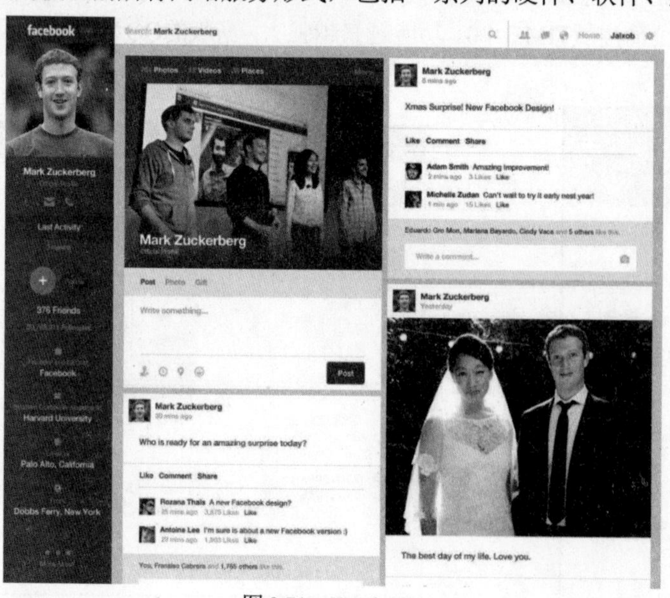

图 8.71　Facebook

8.6.3　博客、播客和微博

1. 博客

博客又称为网络日志，是一种由个人管理的、不定期发布新文章的网站，如图 8.72 所示。博客结合了文字、图像、视频、网站链接等与博客主题相关的媒体，表述博主对特定主题的见解、观点，并以互动的形式与读者交流意见。博客上的文章通常根据发布的顺序进行排列，大部分博客以个人日记为主题，也有一些博客关注科学、历史、艺术、音乐、影像等多种主题。

图 8.72　博客

2. 播客

传统的广播节目是依照节目的时间表进行的，在单一的时刻内提供单一的节目来源，而播客是一种在互联网上发布文件并允许用户订阅以自动接收新文件的方法。播客节目订阅者可以订阅多个想要收听或观赏的节目，而不必坐在计算机前实时收听，可以享受随时随地的欣赏自由。博客与播客的区别是，博客传播的内容以文字和图片信息为主，而播客传递的则是音频和视频信息。新浪播客网站界面(又称为新浪视频)如图 8.73 所示。

图 8.73　新浪播客网站界面

3. 微博

微博是基于用户关系而进行信息分享、传播以及获取的平台，如图 8.74 所示。它利用无线网络、有线网络、通信等技术进行即时通信。用户可以通过 Web、移动工具等各种终端组建个人微博，发表不超过 140 字的文本信息，并实现即时分享。在微博上，用户可以作为浏览者，也可以作为信息的发布者。微博发布的信息除了文本外，还有图片和视频。微博的最大特点是信息发布迅速，用户所发送的微博会在瞬间传播给所有的听众。

图 8.74　BBC 的 Twitter

最早也是最著名的微博是美国的 Twitter。中国的新浪微博在国内也有相当大的影响力。

8.6.4　基于数据挖掘的推荐引擎产品

随着数据挖掘技术的不断发展，越来越多的资讯类 App 和短视频类 App 倾向于通过算法来挖掘用户的兴趣，并有针对性地向用户推荐个性化的信息。下面以今日头条和抖音为例进行介绍。

1. 今日头条

今日头条是北京字节跳动科技有限公司于 2012 年开发的基于数据挖掘的推荐引擎产品，是国内移动互联网领域成长最快的产品服务之一。它能够在数秒钟内根据每个用户的社交行为、阅读行为、地理位置、年龄、性别、职业等多个维度结合媒体特征进行个性化的实时推荐，推荐的内容不仅包括传统的文字媒体，还包括视频新闻、电影、音乐、游戏和购物等资讯。今日头条的界面如图 8.75 所示。

2. 抖音

今日头条旗下的抖音是 2016 年 9 月上线的一款具有音乐创意的短视频社交软件。该软件基于用户对视频的点击、播放、停留、关注、评论、点赞、转发等行为特征，并结合提取的视频特征对用户进行离线或实时的个性化视频内容推荐。用户可以用抖音录制 15 秒至 1 分钟乃至更长时间的视频片段，同时也可以上传视频、照片，并用抖音内置的丰富特效、场景、滤镜和音乐对视频进行编辑。抖音内容丰富，涵盖个人影像、影视、音乐、时尚、美妆、美食、旅游、体育、生活资讯、奇闻趣事、新闻时事、科技知识等内容。抖音海外版 Tik Tok 凭借“Inspire Creativity and Bring Joy(激发创造，带来愉悦)”的理念风靡海外，曾多次登上美国、印度、德国、法国、日本、印尼和俄罗斯等国家的 App Store 或 Google Play 总榜的首位。抖音界面如图 8.76 所示。

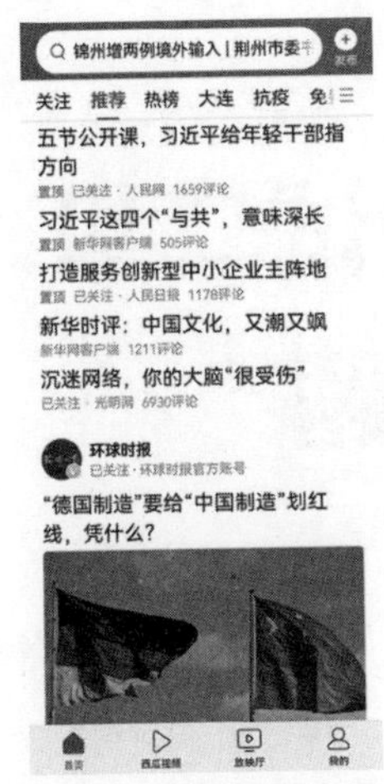

图 8.75　今日头条的界面

图 8.76　抖音界面

附录A

全国计算机等级考试二级 MS Office试题

上机操作题

一、Word 操作

公积金管理中心文员小谢负责整理相关文件并下发到各部门，利用考生文件夹下提供的相关素材、参考样例文档，按下列要求帮助小谢对文件进行修订与编排。

1. 打开考生文件夹下的文档“Word 素材_2.docx”，将其另存为“Word2.docx”(“.docx”为文件扩展名)，以下的操作均基于此文件，否则不得分。

① 按下列要求调整 Word2.docx 的页面布局：纸张大小 A4，对称页边距，上边距 2.5 厘米、下边距 2 厘米，内侧边距 2.5 厘米、外侧边距 2 厘米，装订线 1 厘米，页眉和页脚距边界均为 1.0 厘米。

② 分别用“样式.docx”文档中的样式“标题 1”“标题 2”“正文 1”“正文 2”“正文 3”替换“Word2.docx”中的同名样式。

③ 为与原文对应一致，适当调整每个章节的起始编号，使得每个标题 1 样式下的章、条均从一开始编号。将原文中重复的手动纯文本编号第一章、第二章……第十二章；第一条、第二条……第四十九条及其右侧的两个空格删除。

④ 在文档的“第七章　贷款偿还与回收”下红色标注文字“【在此插入公式】”处插入如下所示的公式：

$$R = P_0 \cdot I \cdot \frac{(1+I)^{n12-1}}{(1+I)^{n12-1}-1} + (P - P_0) \cdot I$$

⑤ 在文档的开始处生成包括第一、二级标题的目录，要求第一行输入“目录”二字，目录内容自第二行开始且显示在一页中。目录页不显示页眉且不占用页码。

⑥ 设置除目录页以外的正文页眉：在页眉左侧位置插入当前页所属标题 1 的标题内容，在右侧插入连续页号，页号自 1 开始。

⑦ 更新目录，并将其转换为不含链接的普通文本，最后关闭该文档。

2. 打开文档“业务网点素材.docx”，参考“表格示例.jpg”文档，按下列要求对其进行编辑。以下操作均基于此文件，否则不得分。编辑完成后保存并关闭该文档。

① 将素材中以“；”分隔的文本生成一个 5 列 22 行的表格。

② 在最左侧插入一列，列标题为“序号”，在该列中输入可以自动更新的序号 01、02、03……21，要求编号后不添加任何分隔符。

③ 为表格套用一个表格格式，适当调整行高和列宽，令表格位于一页中且整体居中。

④ 每个单位的地图存放在与“业务网点素材.docx”文档相同的考生文件夹下，地图图片的文件名为“序号+.jpg”，例如，“方庄管理部”的地图图片文件名为“04.jpg”。

3. 打开文档 Word1.docx，按照下列要求生成单个通知文件并发送给各个单位。以下操作均基于此文件，否则不得分。

① 在通知正文下方的“附件：”后以图标方式嵌入排版后的文档 Word2.docx，图标的说明文字为“管理办法”。

② 根据文档“业务网点素材.docx”中提供的信息，在文档中的蓝色文字标注的位置插入业务网点信息，并生成 21 份独立的通知文档，每份文档占用一页，以“通知.docx”为文件名保存于考生文件夹下。

③ 保存源文档 Word1.docx。

二、Excel 操作

小李是东方公司的会计，为提高工作效率，同时又为确保数据的准确性，她使用 Excel 编制了员工工资表。请帮助她完成下列任务。

1. 在考生文件夹下，将“Excel 素材.xlsx”文件另存为 “Excel.xlsx”(“.xlsx”为文件扩展名)，后续操作均基于此文件，否则不得分。

2. 在“2015 年 8 月”工作表中完成下列任务。

① 将 A1 单元格中的标题内容在 A1:M1 区域中跨列居中对齐。

② 修改“标题”样式的字体为“微软雅黑”，并将其应用于第 1 行的标题内容。

③ 员工工号的首字母为部门代码，根据“员工工号”列的数据，在“部门信息”工作表中查询每位员工所属的部门，并填入“部门”列。

④ 在“应纳税所得额”列中填入每位员工的应纳税所得额，计算方法为：应纳税所得额=应付工资合计−扣除社保−3500(如果计算结果小于 0，则应纳税所得额为 0)。

⑤ 计算每位员工的应交个人所得税，计算方法为：应交个人所得税=应纳税所得额*对应税率−对应速算扣除数(对应税率和对应速算扣除数位于隐藏的工作表“工资薪金所得税率”中)。

⑥ 在“实发工资”列中，计算每位员工的实发工资，计算方法为：实发工资=应付工资合计−扣除社保−应交个人所得税。

⑦ 将“序号”列中的数值设置为“001,002…”格式，即不足 3 位用 0 占位。

⑧ 将 E 列到 M 列中的数值设置为会计专用格式。

⑨ 为从第 2 行开始的整个数据区域的所有单元格添加边框线。

3. 复制“2015 年 8 月”工作表，将其置于原工作表右侧，并完成下列任务。

① 将新复制的工作表的名称修改为“分类汇总”。

② 使用分类汇总功能，按照部门进行分类，计算每个部门员工实发工资的平均值，部门需要按照首字拼音的字母顺序升序排序，汇总结果显示在数据下方。

4. 新建名称为“收入分布”的工作表，按照考生文件夹下的示例“收入分组.png”所示的分组标准在 A1:C5 单元格区域创建表格，在“人数”和“比例”列中分别按照“实发工资”计算每组的人数以及所占整体比例(结果保留为整数)。

5. 在“收入分布”工作表的A6:G25单元格区域中，参照考生文件夹下的示例“图表.png”创建簇状柱形图，比较每个收入分组的人数，并进行以下设置。

① 调整柱形填充颜色为标准蓝色，边框为“白色,背景1”。

② 设置分类间距为0%。

③ 垂直轴和水平轴都不显示线条和刻度，垂直轴在0和140之间，刻度单位为35。

④ 修改图表名称为“收入分布图”。

⑤ 修改图表属性，以便在工作表被保护的情况下，依然可以编辑图表中的元素，但不需要设置保护工作表。

6. 将“收入分布”工作表的单元格区域A1:G25设置为打印区域。

三、PPT操作

张晓薇是某企业人力资源部门的工作人员，她要为公司来自港澳地区的新入职的员工进行规章制度培训。请使用案例素材帮助她完成此项工作。

1. 在考生文件夹下，将“PPT素材.pptx”文件另存为“PPT.pptx”(“.pptx”为文件扩展名)，后续操作均基于此文件，否则不得分。

2. 比较与演示文稿“内容修订.pptx”的差异，接受其对于文字内容的所有修改(其他差异可忽略)。

3. 按照下列要求设置第2张幻灯片上的动画。

① 在播放到此张幻灯片时，文本中速(2秒)，文本“没有规矩，不成方圆”自动从幻灯片左侧飞入，与此同时文本“--行政规章制度宣讲”从幻灯片右侧飞入、右侧橙色椭圆形状以“缩放”的方式进入幻灯片，三者的持续时间都是0.5秒。

② 继续为橙色椭圆形状添加“对象颜色”的强调动画，使其在出现后以“中速(2秒)”反复变换对象颜色，直到幻灯片末尾。

4. 在第3张幻灯片上，将标题下方的3个文本框的形状更改为3种不同的标注形状，并适当调整形状大小和其中文字的字号，使其更加美观。

5. 将第4～15张幻灯片标题文本的字体修改为微软雅黑，文本颜色修改为“白色，背景1”，并令考生文件夹中的图片“logo.png”显示在每张幻灯片右上角(位置须相同)。

6. 在第5张幻灯片中，调整内容占位符中后3个段落的缩进设置，使得3个段落左侧的横线与首段的文本左对齐(注意：横线原始状态是与首段项目符号左对齐)。

7. 在第6张幻灯片中，将“请假流程：”下方的5个段落转换为SmartArt图形，布局为“连续块状流程”，适当调整其大小和样式，并为其添加“淡出”的进入动画效果，5个包含文本的形状在单击时自左到右依次出现，取消水平箭头形状的动画。

8. 在第8张幻灯片中，设置第一级编号列表，使其从3开始；在第9张幻灯片中，设置第一级编号列表，使其从5开始。

9. 为除了第1张幻灯片之外的其他幻灯片添加从右侧推进的切换效果，将所有幻灯片的自动换片时间设置为5秒。

10. 删除演示文稿中的所有备注。

11. 放映演示文稿，并使用荧光笔工具圈住第 6 张幻灯片中的文本“请假流程：”(需要保留墨迹注释)。

12. 将演示文稿的内容转换为繁体，但不要转换常用的词汇用法。

13. 设置演示文稿，以便在使用黑白模式打印时，第 4~15 张幻灯片中的背景图片(包含三角形形状的图片)不会被打印。

꧁ 附录B ꧂

全国计算机等级考试二级 MS Office试题答案

一、Word 操作“解题步骤”

第 1 题

步骤 1：打开考生文件夹下的“Word 素材_2.docx”文件，单击“文件”选项卡，选择“另存为”命令，单击“浏览”，定位在考生文件夹下，修改文件名为“Word2.docx”，单击“保存”按钮。

步骤 2：打开“布局”选项卡，单击“页面设置”组中右下角的对话框启动按钮。切换到“纸张”选项卡，设置纸张大小为 A4。切换到“页边距”选项卡，设置“页码范围”为“对称页边距”，设置上边距 2.5 厘米、下边距 2 厘米，内侧边距 2.5 厘米、外侧边距 2 厘米，装订线 1 厘米。切换到“布局”选项卡，设置页眉和页脚距边界均为 1.0 厘米，单击“确定”按钮。

步骤 3：打开“开始”选项卡，单击“样式”组右下角的对话框启动按钮，单击“管理样式”按钮，单击“导入/导出”按钮，单击右侧的“关闭文件”按钮，再单击“打开文件”按钮，在弹出的对话框中，定位到考生文件夹下，单击“所有 Word 模板”下拉按钮，选择“所有文件”，选中“样式.docx”，单击“打开”按钮。在“管理器”对话框中，选中“样式.docx”中的标题 1 样式，单击“复制”按钮，单击“是”，按照同样的方法，将其他样式复制到 Word2.docx 中。单击“关闭”按钮，关闭样式对话框。

步骤 4：将光标定位在标题“北京住房公积金提取管理办法”下的第一个自动编号“第七章”中，此时自动编号变为灰色底纹，单击右键，选择“重新开始于一”命令。选定编号“第五十条”，此时自动编号变为灰色底纹，单击右键，选择“重新开始于一”命令。按照同样的方法设置其他标题 1 样式下的编号，使得每个标题 1 样式下的章、条均从一开始编号。

步骤 5：将光标定位在文档开头，打开“开始”选项卡，单击“编辑”组中的“替换”按钮，单击“更多”按钮，选中“使用通配符”。在“查找内容”文本框中输入“第?条 ”(问号为英文状态，条后面有两个西文空格)，在“替换为”文本框中不输入任何内容，单击“全部替换”按钮，单击“确定”按钮。将“查找内容”修改为“第??条 ”，单击“全部替换”按钮，单击“确定”按钮。将“查找内容”修改为“第???条 ”，单击“全部替换”按钮，单击“确定”按钮，单击“关闭”按钮。按照同样的方法删除重复的手动章节号。

步骤 6：删除第七章下的红色文字段落，并按 Enter 键产生一个新的空行，将光标定位在空行中。打开“开始”选项卡，单击“段落”组中的“居中”按钮。在“插入”选项卡的“符号”

组中，单击“公式”下拉按钮，选择“插入新公式”。单击“在此处键入公式”，切换到“公式工具”|“设计”选项卡下，输入“R=”，在“结构”组中单击“上下标”下拉按钮，选择“下标”，分别输入P和0，输入0之后，按一下向右方向键，恢复正常输入格式，单击“符号”组中的下拉按钮，选择“加重号运算符”，输入I，再输入“加重号运算符”，单击“分数”下拉按钮，选择“分数(竖式)”，单击分子，单击“上下标”下拉按钮，选择“上标”，在左侧输入(1+I)，上标输入n和“加重号运算符”，再输入12-1。按照同样的方法输入分母以及公式其余部分，注意向右方向键的使用。

步骤7：将光标定位在文档开头，打开“布局”选项卡，单击“页面设置”组中的“分隔符”下拉按钮，选择“下一页”。将光标定位在第一页，在“开始”选项卡的“字体”组中，单击“清除所有格式”按钮，输入“目录”。在“引用”选项卡的“目录”组中，单击“目录”下拉按钮，选择“自定义目录”，“显示级别”设置为2，取消选中“页码右对齐”，单击“确定”按钮。

步骤8：选中整个目录，打开“开始”选项卡，单击“段落”组中右下角的对话框启动按钮，设置段后间距为0磅，单击“确定”按钮，使所有目录显示在一页中。

步骤9：双击正文第一页的页眉区域，进入页眉编辑状态。打开“页眉和页脚工具”|“设计”选项卡，单击取消“导航”组中的“链接到前一条页眉”按钮，在“页眉和页脚”组中，单击“页眉”下拉按钮，选择“空白(三栏)”。单击左侧控件，在“插入”组中，单击“文档部件”下拉按钮，选择“域”，类别选择“链接和引用”，域名选择“StyleRef”，样式名选择“标题1”，单击“确定”按钮。单击右侧控件，在“页眉和页脚工具”|“设计”选项卡中，单击“页眉和页脚”组中的“页码”下拉按钮，选择“当前位置”中的“普通数字”。再次单击“页码”下拉按钮，选择“设置页码格式”，设置起始页码为1，单击“确定”按钮。选中页眉中间控件，右击，选择“删除内容控件”命令，单击“关闭页眉和页脚”按钮。

步骤10：打开“引用”选项卡，单击“目录”组中的“更新目录”按钮，选中“只更新页码”，单击“确定”按钮。选定整个目录，按Ctrl+shift+F9快捷键取消超链接。

步骤11：保存并关闭文档。

第2题

步骤1：双击打开文档“业务网点素材.docx”，打开“开始”选项卡，单击“编辑”组中的“替换”按钮，在“查找内容”中，输入中文分号“；”，在“替换为”中，输入英文分号“;”，单击“全部替换”按钮，单击“确定”按钮，单击“关闭”按钮。

步骤2：选定文本内容，打开“插入”选项卡，单击“表格”组中的“表格”下拉按钮，选择“文本转换成表格”，在“文字分隔位置”中选择“其他字符”，在文本框中输入“;”，单击“确定”按钮。

步骤3：将光标定位在表格第一列中，在“表格工具”|“布局”选项卡中，单击“行和列”组中的“在左侧插入”按钮，在新增列输入标题“序号”，选定第一列的其他单元格，在“开始”选项卡的“段落”组中，单击“编号”下拉按钮，选择“定义新编号格式”，编号样式选择“01,02,03...”，在“编号格式”中，删除数字右侧的小数点，单击“确定”按钮。将光标定位在编号01中，右击编号，选择“调整列表缩进”命令，在弹出的对话框中，单击“编号之后”下拉按钮，选择“不特别标注”，单击“确定”按钮。

步骤 4：将光标定位在表格中，在“表格工具”|“设计”选项卡下，单击“表格样式”组中样式库的下拉按钮，选择任意一种表格格式。适当调整行高和列宽，使表格位于一页中。选定整个表格，在“表格工具”|“布局”选项卡中，单击“表”组中的“属性”按钮，在对齐方式中选择“居中”，单击“确定”按钮。

步骤 5：在“地图”列分别输入 01.jpg、02.jpg、…、21.jpg。保存并关闭文件。

第 3 题

步骤 1：双击打开文档 Word1.docx，将光标定位在通知正文下方的“附件：”后，打开“插入”选项卡，单击“文本”组中的“对象”下拉按钮，选择“对象”，切换到“由文件创建”选项卡，单击“浏览”按钮，在弹出的对话框中，打开考生文件夹，选择 Word2.docx，单击“插入”按钮。选中“显示为图标”复选框，单击“更改图标”按钮，在“主题”文本框中输入“管理办法”，单击两次“确定”按钮。

步骤 2：删除上方蓝色文字，打开“邮件”选项卡，单击“开始邮件合并”组中的“选择收件人”下拉按钮，选择“使用现有列表”，在弹出的对话框中打开考生文件夹，选择“业务网点素材.docx”，单击“打开”按钮。在“编写和插入域”组中，单击“插入合并域”下拉按钮，选择“单位名称”，按照同样的方法，删除表格中前三行蓝色文字，并插入对应合并域。

步骤 3：将光标定位在表格第 4 行第 2 列的单元格中，删除蓝色文字“插入地图”，打开“插入”选项卡，单击“文本”组中的“文档部件”下拉按钮，选择“域”，类别选择“链接和引用”，域名选择“Includepicture”，在右侧文本框中随意输入文字，如“11”，单击“确定”按钮。选定图片占位符，按 Shift+F9 快捷键切换到代码，将刚才输入的 11 选定并删除，在“邮件”选项卡的“编写和插入域”组中，单击“插入合并域”下拉按钮，选择“地图”。此时图片处于未显示状态，直接调整图片大小，使整个文档只占一页。

步骤 4：在“完成”组中，单击“完成并合并”下拉按钮，选择“编辑单个文档”，单击“确定”按钮，在生成的新文档中，单击“保存”按钮，将文件保存到考生文件夹下，并命名为“通知.docx”，关闭文件(文件保存并关闭后再次打开，即会显示对应图片)。

步骤 5：保存并关闭 Word1.docx。

二、Excel 操作“解题步骤”

第 1 题

步骤 1：打开考生文件夹下的“Excel 素材.xlsx”，单击“文件”选项卡，在“另存为”窗格中单击“浏览”，定位到考生文件夹输入文件名“Excel.xlsx”，单击“保存”按钮。

第 2 题

步骤 1：在“2015 年 8 月”工作表中选定 A1:M1 单元格区域，单击“开始”选项卡的“对齐方式”组右下角的对话框启动按钮，在水平对齐中选择“跨列居中”，单击“确定”按钮。

步骤 2：打开“开始”选项卡，单击“样式”组中的“单元格样式”，在“标题”样式上右击，选择“修改”命令，单击“格式”，切换到字体中，修改字体为“微软雅黑”，单击两次“确定”按钮。

步骤 3：选定 A1:M1 单元格区域，单击“开始-单元格样式-标题”。

步骤 4：在“部门信息”工作表中，将 A 列的数据复制到 C 列。

步骤5：在“2015年8月”工作表中，选定D3单元格，输入公式=VLOOKUP(LEFT(B3,1),部门信息!$B$1:$C$6,2,0)，并向下填充数据(在数据填充过程中，部门信息!$B$1:$C$6的数据需要绝对引用)。

步骤6：选定K3单元格，输入公式=IF(I3-J3-3500>0,I3-J3-3500,0)，并向下填充数据。

步骤7：在“审阅”选项卡的“更改”组中，单击取消“保护工作簿”。

步骤8：右击“2015年8月”工作表，选择“取消隐藏”命令，单击“确定”按钮。

步骤9：在“2015年8月”工作表中，选定L3单元格，输入公式=IF(K3>80000,K3*0.45-13505,IF(K3>55000,K3*0.35-5505,IF(K3>35000,K3*0.3-2755,IF(K3>9000,K3*0.25-1005,IF(K3>4500,K3*0.2-555,IF(K3>1500,K3*0.1-105,IF(K3>0,K3*0.03,0)))))))，并向下填充公式。

步骤10：选定M3单元格，输入公式=I3-J3-L3，并向下填充公式。

步骤11：选定A3:A351单元格区域，在“开始”选项卡的“数字”组中，单击右下角的对话框启动按钮，在数字格式的自定义中输入000，单击“确定”。

步骤12：选定“E:M”列，单击鼠标右键，选择“设置单元格格式”命令，弹出“设置单元格格式”对话框。切换至“数字”选项卡，在“分类”列表框中选择“会计专用”，在“小数位数”微调框中输入“2”，单击“确定”按钮。

步骤13：选定A2:M351单元格区域，在“开始”选项卡的“字体”组中，单击“下框线”，选择“所有框线”。

第3题

步骤1：在“2015年8月”工作表上右击，选择“移动或复制”命令，在“下列选定工作表之前”选定“部门信息”，选中“建立副本”，单击“确定”按钮即可。

步骤2：双击“2015年8月 (2)”后，修改工作表名为“分类汇总”。

步骤3：在“数据”选项卡的“排序和筛选”组中，单击“排序”，在弹出的对话框中，设置主要关键字为“部门”，排序依据为“数值”，单击“次序”下拉按钮，选择自定义序列，输入序列“管理,人事,市场,行政,研发”，单击“添加”，单击两次“确定”按钮(因为行是多音字，有xing和hang两个发音，所以在排序时会出错，因此需要自定义排序)。

步骤4：在“数据”选项卡中，单击“分级显示”组中的“分类汇总”。

步骤5：在“分类字段”下拉列表框中，选择“部门”；将“汇总方式”设置为“平均值”；将“选定汇总项”设置为“实发工资”，单击“确定”按钮。

第4题

步骤1：单击“插入工作表”，双击“sheet2”，重命名为“收入分布”。

步骤2：根据“收入分组.png”图例，在A1:C5单元格区域内输入内容，调整A列列宽。

步骤3：选定B2单元格，输入公式=COUNTIF('2015年8月'!M3:M351,"<3500")。

步骤4：选定B3单元格，输入公式=COUNTIFS('2015年8月'!M3:M351,">=3500",'2015年8月'!M3:M351,"<7999.99")。

步骤5：选定B4单元格，输入公式=COUNTIFS('2015年8月'!M3:M351,">=8000",'2015年8月'!M3:M351,"<12999.99")。

步骤6：选定B5单元格，输入公式=COUNTIF('2015年8月'!M3:M351,">=13000")。

步骤7：选定C2单元格，输入公式=B2/SUM($B$2:$B$5)，并向下填充。

步骤 8：选定 C2:C5 单元格区域，打开“开始”选项卡，单击“数字”组右下角的对话框启动按钮，在数字格式中选择“百分比”，小数位数为 0，单击“确定”按钮。

第 5 题

步骤 1：选定 A1:B5 单元格区域，打开“插入”选项卡，在“图表”组中选择“插入柱形图或条形图-簇状柱形图”，调整图表大小到 A6:G25。

步骤 2：在“图表工具”|“格式”选项卡中，单击“当前所选内容”组中的“图表元素”下拉按钮，选择系列“人数”，单击“设置所选内容格式”。

步骤 3：在“填充与线条”中设置“纯色填充-颜色-标准蓝色”；在边框中设置“实线-颜色-白色,背景 1”；在系列选项中设置“间隙宽度”为 0，单击“关闭”按钮。

步骤 4：在“图表工具”|“设计”选项卡的“图表布局”组中，单击“添加图表元素”按钮，在打开的下拉列表中选择“坐标轴”|“主要横坐标轴”|“更多轴选项”选项，打开“设置坐标轴格式”任务窗格，切换到“坐标轴选项”，将“主刻度线类型”设置为“无”。切换到“填充与线条”，将线条设置为“无线条”，单击“关闭”按钮。

步骤 5：单击“添加图表元素”按钮，在打开的下拉列表中选择“坐标轴”|“主要纵坐标轴”|“更多轴选项”选项，打开“设置坐标轴格式”任务窗格，切换到“坐标轴选项”，将“主刻度线类型”设置为“无”。切换到“填充与线条”，将线条设置为“无线条”，单击“关闭”按钮。

步骤 6：单击“添加图表元素”下拉按钮，在打开的下拉列表中选择“网格线”|“主轴主要水平网格线”选项。

步骤 7：右击“垂直(值)轴”，在弹出的快捷菜单中选择“设置坐标轴格式”命令，在打开的任务窗格中，设置“边界”最小值为 0，最大值为 140，单位中的最大值为 35，单击“关闭”按钮。

步骤 8：单击“文件”|“选项”|“快速访问工具栏”，在打开的对话框的“从下列位置选择命令”中选择“所有命令”，找到图表名称，单击“添加”按钮，再单击“确定”按钮，选中图表后在左上角快速启动栏设置图表名称为“收入分布图”。

步骤 9：右击图表，在弹出的快捷菜单中选择“设置图表区域格式”命令，在打开的任务窗格中，切换到“大小与属性”，将属性中的“锁定”取消选中，单击“关闭”按钮。

步骤 10：在“图表工具”|“设计”选项卡的“图表布局”组中，单击“添加图表元素”下拉按钮，在打开的下拉列表中将“图表标题”设置为“无”，将“图例”设置为“无”。

第 6 题

步骤 1：选定 A1:G25 单元格区域，在“页面布局”选项卡的“页面设置”组中，单击“打印区域”下拉按钮，选择“设置打印区域”。

步骤 2：保存并关闭文件。

三、PPT 操作“解题步骤”

第 1 题

步骤：打开考生文件夹下的“PPT 素材.pptx”文件，单击“文件”|“另存为”命令，单击“浏览”，将“PPT 素材.pptx”重命名为“PPT.pptx”，单击“保存”按钮。

第 2 题

步骤 1：打开“审阅”选项卡，单击“比较”组中的“比较”按钮，在“选择要与当前演示文稿合并的文件”对话框中选定考生文件夹下的“内容修订.pptx”，单击“合并”按钮。

步骤 2：在“审阅”选项卡的“比较”组中单击“接受”下的“接受对当前演示文稿所做的所有更改”。单击“结束审阅”按钮，在弹出的提示框中单击“是”按钮。

第 3 题

步骤 1：选定第 2 张幻灯片，选定文本框中的文字“没有规矩，不成方圆”，打开“动画”选项卡，单击“动画”组中的“其他”下拉按钮，选择“飞入”，单击“效果选项”下拉按钮，选择“自左侧”；选中文字“--行政规章制度宣讲”，单击“高级动画”组中的“添加动画”下拉按钮，选择“飞入”，单击“效果选项”下拉按钮，选择“自右侧”；选定橙色椭圆，单击“高级动画”组中的“添加动画”下拉按钮，选择进入中的“缩放”效果。

步骤 2：单击“高级动画”组中的“动画窗格”按钮，弹出动画窗格。选定动画窗格中的第 1 个动画，在“计时”组里单击“开始”下拉按钮，选择“上一动画之后”，在“计时”组里设置持续时间为 0.5 秒(00.50)；按照相同的方法分别设置第 2 个动画和第 3 个动画，设置结束后，关闭动画窗格。

步骤 3：选定橙色椭圆，单击“高级动画”组中的“添加动画”下拉按钮，选择强调中的“对象颜色”效果。单击“动画窗格”按钮，弹出动画窗格，选定动画窗格中的第 4 个动画，单击下拉按钮，选择效果选项。在弹出的“对象颜色”对话框中，在“计时”选项卡中单击“开始”下拉按钮，选择“上一动画之后”；单击“期间”下拉按钮，选择“中速(2 秒)”；单击“重复”下拉按钮，选择“直到幻灯片末尾”；单击“确定”按钮，关闭动画窗格。

第 4 题

步骤：选择第 3 张幻灯片，选定标题下方的第一个文本框，在“绘图工具”|“格式”选项卡下，单击“插入形状”组中的“编辑形状”下拉按钮，选择更改形状，设置适当的标注形状，例如“椭圆形标注”。在“开始”选项卡下，单击“字体”组中的“字号”下拉按钮，选择合适的字号，例如“24”，适当改变形状大小。按照同样的方法设置其他的文本框(标注形状选择三种不同的)。

第 5 题

步骤 1：打开“视图”选项卡，单击“母版视图”组中的“幻灯片母版”按钮。选择“标题和内容”版式，选定标题文本框，单击“开始”选项卡“字体”组中的“字体”下拉按钮，选择“微软雅黑”；单击“字体颜色”下拉按钮，选择“白色,背景 1”。

步骤 2：单击“插入”选项卡“图像”组中的“图片”按钮，定位到考生文件夹下，选择图片“logo.png”，单击“插入”按钮。选定图片，在“图片工具”|“格式”选项卡中，单击“排列”组中的“对齐”下拉按钮，选择“右对齐”，再次单击“对齐”下拉按钮，选择“顶端对齐”。

步骤 3：单击“幻灯片母版”选项卡“关闭”组中的“关闭母版视图”按钮。

第 6 题

步骤：单击第 5 张幻灯片，选定第一段文字，右击，选择“段落”命令，在“缩进和间距”

栏中可看到“缩进-文本之前 0.64 厘米”，单击“取消”按钮。选定后三段文字，右击，选择“段落”命令，设置文本之前为“0.64 厘米”，单击“确定”按钮。

第 7 题

步骤 1：选定第 6 张幻灯片中下方的 5 个段落，右击，选择“转换为 SmartArt”命令，选择“其他 SmartArt 图形”，单击“流程-连续块状流程”，单击“确定”按钮。

步骤 2：选定 SmartArt 图形，单击“SmartArt 样式”组中的“其他”下拉按钮，选择适当的样式，例如“细微效果”。适当调整 SmartArt 图形的大小。

步骤 3：选定 SmartArt 图形，在“动画”选项卡中单击“动画”组中的“其他”下拉按钮，选择进入中的“淡出”效果，单击“效果选项”按钮，选择“逐个”。单击“高级动画”组中的“动画窗格”按钮，弹出动画窗格，展开所有动画，选定第 1 个动画右击，选择“删除”命令。关闭动画窗格。

第 8 题

步骤 1：单击第 8 张幻灯片，选定编号 1 后的文字，单击“开始”选项卡“段落”组中的“编号”下拉按钮，选择“项目符号和编号”，设置起始编号为 3，单击“确定”按钮。

步骤 2：选定第 9 张幻灯片编号 1 后的文字，单击“段落”组中的“编号”下拉按钮，选择“项目符号和编号”，设置起始编号为 5，单击“确定”按钮。

第 9 题

步骤 1：单击任意一张幻灯片，打开“切换”选项卡，单击“切换到此幻灯片”组中的“其他”下拉按钮，选择“推进”，单击“效果选项”下拉按钮，选择“自右侧”。在“计时”组中设置自动换片时间为 5 秒(00:05.00)，单击“全部应用”按钮。

步骤 2：选定第 1 张幻灯片，单击“切换到此幻灯片”组中的“其他”下拉按钮，选择“无”。

第 10 题

步骤 1：在“文件”选项卡中选择“信息”命令，单击“检查问题”下拉按钮，选择“检查文档”(若文档没有保存会弹出提示，单击“是”按钮)，弹出“文档检查器”对话框，选中“演示文稿备注”复选框，单击“检查”按钮，在演示文稿备注旁单击“全部删除”按钮(这里可以单击“重新检查”按钮，看是否将备注全部删除)，单击“关闭”按钮。

第 11 题

步骤：选定第 6 张幻灯片，在“幻灯片放映”选项卡中，单击“开始放映幻灯片”组中的“从当前幻灯片开始”按钮，右击幻灯片区域，选择“指针选项”|“荧光笔”，圈中文本“请假流程：”。右击幻灯片区域，选择“结束放映”，在弹出的提示框中单击“保留”按钮。

第 12 题

步骤：单击“审阅”选项卡“中文简繁转换”组中的“简繁转换”按钮，在弹出的对话框中，选中“简体中文转换为繁体中文”单选按钮，取消选中“转换常用词汇”复选框，单击“确定”按钮。

第 13 题

步骤 1：打开“视图”选项卡，单击“母版视图”组中的“幻灯片母版”按钮，选择“标题和内容”版式。

步骤 2：打开“视图”选项卡，单击“颜色/灰度”组中的“黑白模式”按钮，选中包含三角形形状的背景图片，在“黑白模式”选项卡下，单击“更改所选对象”组中的“不显示”按钮，单击“关闭”组中的“返回颜色视图”按钮。

步骤 3：在“幻灯片母版”选项卡中，单击“关闭”组中的“关闭母版视图”按钮。

步骤 4：保存并关闭演示文稿。